上海美学家当代文选

祁志祥／主编

ANTHOLOGY

OF CONTEMPORARY

WRITINGS

BY SHANGHAI

AESTHETES

复旦大学 出版社

上海美学家当代文选

祁志祥／主编

ANTHOLOGY

OF CONTEMPORARY

WRITINGS

BY SHANGHAI

AESTHETES

复旦大学
出版社

目　　录

前　　言

　　上海是中国美学研究的重镇。上海市美学学会汇集着上海各大高校和科研院所的美学与文艺理论研究人才。在过去的四年,上海市美学学会走过了第十届的历程,在理论研究方面留下了可贵的奋斗足迹。本书即是当代上海美学学人奋斗足迹的记录。全书收录 40 多位作者的论文,集中体现为 12 个主题,分别是基本理论研究、美育问题研究、中国古代美学研究、中国现代美学研究、外国美学研究、音乐美学研究、戏剧美学研究、绘画美学研究、影视美学研究、设计美学研究、艺术传播研究、品牌美学与创意写作研究,代表了上海美学研究界的最新成果,反映了上海当代美学研究的动态。

　　经过八年的发展,学会会员从原来的 50 多人发展到现在的 270 多人。由于会员众多,为了控制文选篇幅,我们在征文时对入选论文的门槛和字数作了限定。主编对这些论文作了后期的编辑、处理与加工。现分十二个主题略加评述。

　　第一个主题是基本理论研究。

　　美的形上之维与美学理论的宏观思考,是美学的基本理论研究。它关乎学科建设的深化与进步。祁志祥教授出版《乐感美学》《乐感美学原理体系》,提出"美是有价值的乐感对象"之后,又深入到"美"下摄的六大范畴中去,分析美的范畴在坚守价值底线的同时,都与"乐感"发生着联系,具有统一的"乐感特征"。"乐感",俗称"快感"。"优美"是单纯、温柔、宁静、和谐的快感的对象。"壮美"是亢奋、昂扬、激动、和谐的快感的对象。"崇高"是现实中包含着痛苦、恐惧、敬畏、惊叹的快感的对象。"悲剧"是艺术中包含着痛苦、恐惧、敬畏、惊叹的快感的对象。滑稽是生活中荒谬悖理、令人发笑的快感对象。喜剧是艺术中令人发笑、自感优越的快感对象。这些范畴以不同方式产生着有价值的快感,从而被人们统称为"美",印证着"美"的乐感语义,启发人们:"美"从乐处寻,应当从"乐感"入手探寻"美"的基本义项。

　　具有民族特色和现代性能的中国文论建构是新时期以来中国文学理论界与古

代文论界的共同心愿。陈伯海先生念兹在兹,一直不放弃对这个问题的思考。他在耄耋之年撰文指出:我国近现代一批知名学者如王国维、朱光潜、宗白华等人早已在"中国文论"的构建之路上有所拓展,取得了一定业绩。认真审视他们的成果,好好总结其经验教训,将有利于推进此项工作,使之逐步趋向成熟。

艺术史对于艺术学学科的整体建设具有举足轻重的意义。如何建设艺术史,决定着艺术学学科建设的基本走势。上海交通大学的谢纳教授指出:"艺术史"与"艺术学"之间经常呈现出亲缘、纠葛、冲突、融通的复杂多变样态。其中,最为显著的特征就是"艺术学历史化"。"艺术学历史化"推崇"历史优先"而非"理论优先"的原则来进行"艺术学"的理论建构。探讨"艺术学历史化"或者"艺术史取代艺术学"这一现象产生的缘由及效应结果,对于今天的艺术学学科建设具有重要的参考价值。

马克思的《资本论》本来是一部经济学著作,但从中发掘其美学思想,成为近来学界的一种新的动向。复旦大学张宝贵教授研究指出:《资本论》虽然没有直接对艺术问题发表意见,但实际上潜含着丰富的艺术思想。特别是在艺术可否成为商品的问题上,马克思似乎承认了艺术可以成为商品这个事实,又因其"本性"不予考虑。究其缘由,艺术在使用价值方面当有本位属性和附加属性之分,物性的后者可以用"社会必要劳动时间"予以计量,审美的前者则处于价值的模糊地带。于是便有了一个奇怪现象,艺术一旦成为商品,价值却无可计量;一旦可以计量,却又不是艺术。此即为艺术商品的内在悖论。这应该是《资本论》"撇开"艺术不谈的根本原因,也是艺术商品化引发众多争议的逻辑节点。

评估马克思主义文艺学当代性的一个要点,是看其对客观存在于文艺活动中的非理性的无意识采取何种态度。刘阳教授指出:新时期我国马克思主义文艺学存在着审美反映论、艺术实践论、艺术生产论、艺术活动论四种代表形态,在对无意识理论的改写方面不同程度地存在着疑点,面临研究深化与推进的困难。常见的"由意识转化出无意识"的改写策略,便属于理性主宰传统的变相表现。承认无意识的存在并将其纳入马克思主义文艺学实事求是的思考范围,创造性地融合基于群体的实践论与侧重个体的人生论,可望推进马克思主义文艺学走向更为深入的当代形态。

第二个主题是美育问题研究。

美学研究的旨归是美育。伴随着现象学、存在论美学思潮的兴起和生活美学的倡导,器物陈设的美育功能引起学界的关注。复旦大学的李钧教授跟踪这一动态作出研究。他指出:器物的"陈设"是一种将实用器物艺术化的行为。这种行为抽离器物的实用性,使其脱离有限目的,成为一种超功利性的"长物",彰显了更深层的存在意蕴。这种意蕴意味着人的本真存在不仅是功利存在,而且是超功利的审美存在。因而,"长物"陈设乃是人自身存在乃至世界存在的本体性建构行为。对于实用器物的这种艺术化的转化与形成过程,西方美学家黑格尔曾有深度表述,海德格尔在"艺术作品的本源"思想中也有类似表述。在中国的审美理论中,从近代王国维的"古雅"说,到古代董其昌的"藉物"说,以及宋明时期赵希鹄、高濂等人的著述,也有相关的思想。李钧教授对这一问题作了别开生面的关联分析,揭示了中西美学关于器物陈设行为在艺术建构及生活美育中意义的思考。

在 20 世纪初至 30 年代,新文化运动与传统文化的碰撞与化合,为这个时期美育观念的诞生提供了丰富的思想资源,进步知识分子救亡图存的迫切愿望为美育观念的阐释带来了强烈的现实指向。上海外国语大学的青年教师尹一帆研究指出:这一时期的中国美育观念主要呈现为以情育为本质、以德育为目的、以艺术教育为手段的"三位一体"结构。这种结构模式推动了美育研究的体系化,以鲜明的实践品格对后世乃至当下中国的美育观念产生了深远影响。她试图通过 20 世纪早期中国美育观念发生与建构的历史回顾,探寻中国传统美育观念的现代转化路径,为当下和未来的中国美育发展提供借鉴。

五育并举是中小学教育的基本方针。提升学生的审美素养,是基础美育的基本任务,而课程的审美化建设则是达到这一目标的重要途径。上海市艺术特色学校、华东师范大学附属枫泾中学特级校长陆旭东博士结合枫泾中学的美育实践,对这个话题作了理论探索与经验总结。他指出:课程审美化是遵循审美化原则,以课程建设为载体,挖掘课程内部及实施过程中的审美元素,在课程教学中促进学生审美能力提升的教育过程,包括课程目标、课堂形态、教学过程、师生关系、课程环境、教师队伍建设规划设计等多方面的审美化措施。这些理论探索与实践总结,对基础教育工作者不无启示意义。

美育是情感教育,也是提升精神境界的价值教育。因而,美育与德育存在交叉面。在高校教育中,如何寓教于乐,在送给学生情感快乐的同时提升灵魂、净化精神是摆在教育工作者面前的一道重要课题。作为高校音乐教育工作者,上海理工大学音乐系主任李花副教授以红色题材的音乐剧为例,探讨音乐剧实践教学中的德育渗透路径。如何结合红色文化创作红色音乐剧,运用红色故事、经典歌曲、乐器、音乐等多种元素,以艺术表演形式开展德育工作?她从高校精神成长德育塑人的重要性、音乐剧实践教学中德育渗透的可行性以及德育渗透的实施路径三方面提出了自己的对策性思考。

处于数字技术时代,高校美育教学如何引进数据分析,以提升美育教学的有效性?上海立信金融会计学院艺教中心负责人魏启旦副教授结合自己的教学实践,介绍了常用的教育数据挖掘算法,提出了一种新的基于数据挖掘的现代大学美育教学模式。采用数据挖掘技术收集学生的在线学习行为数据和学习绩效数据,对其进行整理,可为完善高校美育的个性化教学,对教学资源进行有效管理奠定新的基础。

第三个主题是中国古代美学研究。

美学是情感学。中国古代的礼乐文化旨在控制人的情感活动,使之不走极端,符合儒家道德规范。从这个意义上说,它既是道德学,也是美学。上海师范大学人文学院的潘黎勇副教授以《礼记》为个案,抓住“人情”管理中的“天道”追求,阐释先秦儒家礼乐美学的形上之维。他指出,先秦礼乐文化的天道本原及其审美化特质决定了儒家礼乐美学具有一种形而上的思想维度。按照中国哲学体用不二的显证方式,礼乐乃是一套交通天人、兼摄圣俗的价值系统和行动规范。其践行机制源于一种可以“上下其悦”的情感。情感不仅是人间礼乐的发生原理和功能依据,而且指涉、含蕴形上维度,与“性”和“天道”紧密相连。正确理解情感在礼乐文化中的思想属性和价值特质,是把握礼乐美学形而上精神的关键所在。

由于海德格尔存在论的唯心倾向影响,明代阳明心学近来颇受当代美学研究者的青睐。在阳明心学的美学思想中,《周易》的影响至关重要。复旦大学谢金良教授致力于研究《周易》美学及其对阳明心学的影响。他在以往阳明心学研究成果的基础上,结合《王阳明全集》,从易学、美学的角度较为全面深入地就这个话题作出实证析论,得出五个方面的结论:《周易》是王阳明一生中最用心精研的经典;龙场悟道是王阳明对儒家易学精髓的顿悟;阳明心学是以《周易》学说为指导的儒学思想体系;阳明心学旨在传承超凡成圣的儒学美学智慧;“良知即易”是阳明心学美学的思想精髓。

在清初诗人中,吕师濂的研究着墨不多。上海交通大学人文艺术研究院青年研究人员周庆贵的研究弥补了这一空缺。作者新见吕师濂存诗近千首,其思想内容、艺术风格及表现形式共同指向“诗史”传统。吕师濂的“诗史”书写聚焦心史历程、苦难书写以及社会现象的歌咏,由“师杜”而自铸伟辞。目前学界对于吕师濂及其文学成就的研究寥落,就此予以开掘,有助于还原清初文人事迹、心史衍变和诗歌生态,尤其有助于理出中国“诗史”的完整发展脉络。

从先秦来到民国初年,话本体小说创作在清末“小说界革命”后仍不绝如缕,民初还曾一度复振。上海师范大学人文学院的孙超教授以研究明末清初的小说为专攻,为我们揭示了这个时期的话本体小说对古代话本小说的继承与在新形势下的变异。他指出:明末清初的话本体小说主要通过报载行世,仍保留说话人的风格,内容与旨趣承袭传统,以演述社会现实、滑稽故事与家庭生活为主,表达市民思想,充满娱乐性和世俗性,但文体已发生较大变异,呈现出不少现代性特征:使用第一人称叙事,讲谈时新对象,关注热点话题;采用插叙、倒叙、补叙,进行横截面式描写;注重心理、景物刻画,等等,是古代话本小说向现代转型的变体,其虚拟情境产生的逼真效果仍能吸引读者。由于说话人已失去集体代言资格,话本小说逐渐退出历史舞台。20世纪20年代中叶以后,话本体小说已难觅踪迹,我国短篇白话小说完成了由"说—听"的虚拟情境到"写—读"的创阅模式的现代转型。

第四个主题是中国现代美学研究。

在中国现代文学史上,茅盾与张爱玲是两位大作家,引来后人无数的研究。"民族形式"论争是"中国现代三次学术论战"之一,茅盾是重要参与者,其作品也是公认的"民族形式"的代表。如何学习文学的民族形式?如何处理传统的民族文学形式与"五四"新文学追求之间的关系?上海师范大学人文学院朱军教授的研究指出:茅盾一方面为文艺大众化和"民族形式"辩护,另一方面也不赞成对"五四"新文学追求的片面否定,同时又对"五四"新文学"欧化"追求中否定民族形式的偏颇之处作出反思,主张在检讨"欧化"得失中捍卫"五四"白话文运动及其启蒙精神,同时从古典、传统的民族文学中获取资源,创造充实、壮健与美丽的民族文学形式,促进了一种新的古典风格的现实主义文学形态的兴起,推动了新文艺从"欧化"向"中国化"的转变。

如果说朱军的文章研究的是新中国成立之前的茅盾,上海政法学院副教授肖进的文章研究的则是此后的茅盾。他将茅盾的《夜读偶记》研究延展到同时期茅盾大量的小说阅读札记和眉批,分析茅盾晚期批评文体从形式到内容的内在分裂。茅盾的《夜读偶记》,写于1956年到1957年,其间经历了"双百"与"反右"两重天的巨大反转,于是造成了文风表述上的前后不一,呈现出内在的矛盾龃龉。他依托茅盾这个时期的小说阅读札记和眉批,分析了《夜读偶记》实际展示的两个茅盾或者说茅盾的两副面孔,揭示了《夜读偶记》文本背后包蕴的写作方式与文体新变,探析以札记和眉批为代表的批评写作如何构建了茅盾晚期文学批评的文体、风格与思想真相。

张爱玲小说中吸引人的艺术魅力之一,是心理写实主义。上海交通大学人文艺术研究院的青年学者徐可君博士通过对张爱玲20世纪40年代发表的三部小说《金锁记》《倾城之恋》《茉莉香片》的深入剖析,揭示了意识流或心理写实主义在这一时期张爱玲的作品中有着生动的体现,它赋予了张爱玲小说独特的审美现代性。在张爱玲的小说中,中国古典美学传统与西方现代美学追求取得了完美融合。通过参差对照的手法,张爱玲的小说完成了"内面的发现",即对第三人称客观心理分析叙述的艺术探索。

在中国当代美学研究界,祁志祥教授以史论互证、体量庞大的标志性成果《乐感美学》《中国美学全史》等,被《学术月刊》前常务副总编夏锦乾誉为"当代美学研究中的'祁志祥现象'"(《人文杂志》2019 年第 11 期)。上海视觉艺术学院副教授潘端伟以祁志祥教授的学术生涯为个案,折射与透视中国文艺美学四十年的发展历程。他认为,研究学人学术生命历程是学科史研究的一种重要视角和方法。一位具有代表性的学者个人的学术史,可以折射学科知识的学术脉络和传承,体现该学科形态、学科知识发展和学术话语体系的变迁,反映出学科与社会环境的互动。祁志祥教授个人的学术历程恰好与新时期中国文艺美学的历程同频共振。通过他可以看到这一代学人与中国当代文艺美学四十年学术发展的内在互动关系。

第五个主题是外国美学研究。

20 世纪 80 年代,我国文艺美学界曾兴起了"方法论热",其中的"老三论"——系统论、控制论、信息论为人文研究引入了科学主义方法,推动了中国新时期美学的转型。汪济生、黄海澄、王明居是这种转型并取得重要成果的代表人物。对此,我在《中国现当代美学史》中曾有专章评述。我以及学界大多数学者普遍以为,系统论、控制论、信息论在中国学界的引入是西方理论译介的结果,忽视了苏联理论的作用与贡献。上海大学中文系曹谦教授通过独特的研究弥补了这一视野盲区。他指出:80 年代初期,中国自然科学界译介了大量苏联控制论、系统论和信息论成果。我国对苏联哲学界"系统论是辩证法具体化"观点的讨论,为此后系统论以及控制论、信息论从自然科学跨入人文社科领域开辟了道路,推动了 80 年代我国美学和文论研究科学主义方法论的转型。

来自意大利、在巴黎及美国多所大学执教的阿甘本教授是当代西方最活跃的美学学者之一。"神圣人"是阿甘本美学的核心概念之一,可它的来龙去脉及内涵并不清晰。上海交通大学韩振江教授致力于研究阿甘本美学。他的研究揭示:"神圣人"既是神圣的,又是受诅咒的。关于"神圣人"概念的复杂性,或许在文化人类学视角下可以得到合理解释。其一,"神圣人"的双重性质源自原始时期农神节、酒神节等大型节日庆典中人们杀死"人神"仪式与替罪者仪式的融合。其二,杀死"神圣人"而不算犯罪,有两个原因,一是在农神节中杀死作为"人神"的"神圣人"是正常的事情,因为死亡即生命的更新。另一原因是,如果被选中的农神节国王不履行节日职责,那么依人间法律,杀死他不算犯罪。其三,"神圣人"的神圣性与亵渎性并存,源于农神节核心仪式就是神圣的加冕与亵渎的脱冕的交替,以及农神节中国王—小丑的形象演绎。由此可知,亵渎神圣也是农神节仪式之一。在审美意义上,亵渎神圣的重要形式就是对神圣的滑稽模仿,这恰恰是西方古代戏剧和艺术诞生的途径和土壤。

美学、文学与政治的关系,历来是一个非常重要而又纠缠不清的问题。一方面美学宣称超功利,文学要求自律;另一方面美学又不能彻底摆脱政治功利,文学也不能彻底离开政治。然而,关于政治的概念,我们的认识却比较模糊,产生过许多误解。华东政法大学的张弓教授通过对法国当代著名美学家雅克•朗西埃基于"政治"(politics)和"治安"(police)的区分提出的追求平等的"元政治"概念的研究,指出美学和文学不能脱离的政治主要指这种"元政治",即审美的艺术对预设平等的追求。因此,美学和文学服务的政治不是指"服从于权力",更不是"图解政府政策""服务治安管理",而是有责任促使社会中的每一个人都成为平等、自由发展的人。雅克•朗西埃的这种美学和文学的政治观,对于建设当代中国的政治美学和文艺政治学,具有可贵的借鉴价值。

笛卡尔的身心二分几乎奠定了法国哲学之后儿百年的认知范式。但到了梅洛-庞蒂,身体—知觉被放在重要位置得到重新考量,德勒兹接过梅洛-庞蒂的衣钵,继续探索感觉的逻辑和身体的解放。于是,在当代法国哲学与美学思想中,身体、知觉、感觉作为首要问题被提出来,受到人们高度重视与关注。华东师范大学中文系吴娱玉教授将哲学认知与绘画表现结合起来,在西方现代绘画分析中揭示出一种新的哲学-美学的感觉认知模式。她以现代西方画家塞尚和培根为例,聚焦二人的绘画对身体的呈现和对感觉的释放,探索德勒兹对梅洛-庞蒂的继承与推进,分析美学从传统的重"知觉"到当代的重"感觉"的演变轨迹,勾勒出一条从斯宾诺莎、尼采、梅洛-庞蒂到德勒兹的感觉谱系。

第六个主题是音乐美学研究。

中国少数民族器乐艺术深植于各民族多元且深厚的文化土壤中,是各族群勾连天地人神的重要文化表达与表征。新中国成立以来,少数民族器乐艺术在中华民族多元一体的格局下,形成了自然传承、国家在场、市场发展等多元化的传播局面,在现代社会政治、资本和科技交织交叠之下,构建出多维度、多模式、多路径的全新发展态势。无论于学术理论还是实践发展而言,从"整体论"出发,厘清已有传承与传播的类型与模式,绘拟"全观"的历史与当代图景至关重要。上海音乐学院副院长冯磊先生作为国家重大项目这项子课题的负责人,对此作了专门的研究,指出：少数民族器乐艺术的传承主要有自然传承、院校传承和"非遗"传承三类，文化持有者、学者和政府相互协调与对话，音乐文化也在适应新的传承方式的过程中发生变迁与转型。少数民族器乐艺术的传播主要涉及国家在场、市场主导和数字时代三个维度，打破以"亲缘、地缘、业缘"为典型的音乐传播关系，转而以一种破除圈层、跨越边界的方式传播、生长和蔓延，建构出全新的关系网络。在理论研究之外，少数民族器乐艺术的传承与传播还涉及应用实践的层面，需从国家政策、院校教育和商业市场三个层面搭建起当代实践的体系与框架，贴合市场与大众需求产出具有实用性的材料。通过学术与实践的紧密结合以及跨学科合作，实现少数民族器乐艺术的繁衍永续。

如何以"音乐学的"或者"音乐学家的"方式言说音乐，是具有学科范式意义的音乐学命题。上海音乐学院伍维曦教授试图以"音乐作品"为对象，探讨不同分支学科背景的音乐学家如何面对和诠释这一对象、以何种方式进行书写，以及"音乐作品"对于汉语音乐美学学科范式建设的意义。他同时从"三度创作"的角度，对于音乐学家的"非学术性写作"与音乐实践的关系作了独到的学理辨析。

中国的音乐美学有着悠久的历史。上海音乐学院研究员杨赛致力于研究中国古代乐制史。《汉武帝歌诗与汉乐府制乐》是他系列研究中的一个新篇。文章指出：汉武帝热衷于歌诗创作，为汉乐府制乐的隆盛发挥了关键的促进作用。其歌诗代表作《秋风辞》采用楚辞体，用楚乐，以"兮"字为句，旋律性很强，表现了踌躇满志的一代雄主形象，奠定了汉乐府雄浑悲壮的审美取向。他命李延年为协律都尉，设置汉乐府，大量采集俗乐和胡乐，制作了《郊祀歌》十九首、《横吹曲》二十八首，完善了宗庙歌《安世房中歌》十七首，实现了从周、秦雅乐到汉乐的转变，对后代清商乐的发展产生了深远影响。

中国传统音乐美学有着与西方音乐美学截然不同的书写习惯与研究理路。复旦大学艺教中心青年学者赵文怡博士研究指出：中国古代音乐美学无论是概念、范畴还是命题，都呈现出一种有别于西方音乐美学"思性"传统的"诗性"表达。追根溯源，这种"诗性"的表述习惯与中国音乐美学理念中的古典范式诗性根因有关，从而不断调和着音与声、内容与意蕴、美感与气韵之间相辅相成、互为依托的平衡关联。虽然这种诗性根因在乐论文字中时常"体匿性存"，但当具体的音声与文字互印时，仍然"无痕有味"，有迹可循。这种"诗性"恰好可以用一对意涵相反的词语来形容，即"直白"与"含蓄"。作者以古琴为例，通过对其"器""乐""技"中多重能指与所指的探讨，揭示中国音乐美学在音与意、意与象间如何"直白"并"含蓄"地操作。

江南丝竹音乐是20世纪初产生并流行于长江三角洲的重要乐种。作为国家非遗项目传承人,上海财经大学艺教中心主任阮弘副教授长期致力于江南丝竹的演奏与研究。她指出:20世纪初,随着农村人口大量进入市区,节庆庙会时演奏的民间丝竹音乐在城市繁荣发展起来。城市的多元化、商业化和大众化推动了传统音乐在近现代的转型。在城市居民的居住环境与变化了的欣赏要求中,以往乡村中那种锣鼓喧天的合奏形式逐渐被废弃,"清丝竹"演奏形式应运而生,江南丝竹受到青睐。相对于传统八大曲,江南丝竹曲目名为"丝竹文曲"。文曲以箫代笛,不用打击乐器,音调柔美,旋律婉转,节奏舒缓,风格典雅。文曲演奏是江南丝竹从农村到城市嬗变的一种重要体现。

上海是一座国际化的大都市,每年都有若干场世界级的音乐盛会在上海上演。上海三联书店的编辑王赟是上海声名鹊起的音乐评论人士。他通过对伦敦交响乐团与中国钢琴家的合作、英国钢琴家席夫对巴赫作品的演绎两则评论,阐述了对西方古典音乐肌理与灵魂的独特理解。

第七个主题是戏剧美学研究。20世纪下半叶,世界戏剧理论界出现了一种新动向。法国学者韦尔南和维达尔-纳凯提出一种新的悲剧理论,借助对古希腊剧场的社会、审美与心理三个功能领域的考察,凸显古希腊悲剧开展历史叙事的独特时间结构:多重时间性。复旦大学王曦副教授近些年致力于剧场美学研究。她指出:多重时间性起初是悲剧创作介入城邦政治、发挥讽谏作用的结果,通过不同时代的社会观念、伦理意识的交叠共存,使得批判性的视域得以呈现。当代剧场研究者从中看到艺术介入社会现实的潜能,开始将剧场表演视作一种新型历史书写,希望运用多重时间性,呈现社会结构与伦理观念中的多重历史逻辑,防范单线性历史叙事对社会矛盾的虚假和解,发挥戏剧干预政治、推动社会进步的积极作用。

在中国现代话剧史上,田汉是南国社的精神领袖和核心人物。南国社把戏剧教育、戏剧创作与戏剧演出紧密结合在一起,产生了巨大的社会影响。从1928年到1929年,田汉率领南国社先后在上海、南京、广州、无锡多地举行话剧公演和其他艺术活动,创作了大量剧本,影响遍及全国。上海戏剧学院陈军教授长期致力于话剧研究。他以"创作-演出-接受"三维立体的研究范式,阐释、揭示田汉南国社时期戏剧创作、演出、接受之间的关联与互动。田汉的创作从南国演员身上汲取灵感和资源,同时对南国演员的表演方式和唯情演技产生重要影响。南国社演员的表演真挚感人,反响强烈,既有肯定,又有批评,推动了南国社后来转向左翼戏剧运动阶段。从此田汉成为中国现代革命戏剧运动的奠基人。

文戏改良是越剧发展史上一个重要事件。改良文戏的得失究竟应如何评价?是否昙花一现后就走向衰弱?它对新越剧的改革影响何在?以往的研究认为,文戏改良从 1938 年夏天开始走向红火,持续了四年后逐渐衰落,影响有限。上海政法学院的曾嵘副教授通过对演出广告、评论、戏刊、戏单的研究揭示,文戏改良红火了四年后其实并没有衰弱,相反依然非常红火,只是红火的表象下蕴藏着深刻的危机。以袁雪芬为代表的新越剧改革者继承改良文戏的成果,同时从改良文戏遗留的突出问题——陈旧的剧目意识和杂驳的舞台表现出发,在剧目、表演、音乐和语音等方面进行变革,取得了越剧阶段性改革的成功。

越剧《梁山伯与祝英台》是越剧百年历史和越剧改革 80 年历史中成就最高、影响最大的一部作品。其衍生的作品遍及曲艺、音乐、唱片、电影、电视剧。周锡山研究员以研究戏剧美学享誉学界。他站在新时代越剧文化价值与艺术内涵再审视的高度,重新梳理和总结此剧的思想意义和艺术成就,对于加强越剧美学研究,推进越剧的保护、传承与发展,具有重要参考意义。

歌剧戏剧结构因素是一个专业性很强的美学话题。陈莉女士既是歌剧歌唱家,也是歌剧学博士。她以实践与理论相结合的方法,对歌剧戏剧结构的创作规律作出了独特探索。以音乐承载戏剧是歌剧的本质属性。歌剧综合性强,其戏剧结构因素呈现出有别于其他戏剧体裁结构的多元性,包括时间结构、角色结构、主题结构、情节结构。这些结构因素在歌剧创作中体现了独特的审美品质、要求和规律。

第八个主题是绘画美学研究。神经美学是近来世界范围内美学研究出现的热点现象之一。上海社会科学院的胡俊研究员致力于神经美学的译介与研究。她以神经美学的视角对中国山水画的审美意象创构作出的解读别有心会。中国山水画运用线条勾描和水墨笔法来再现物象,在审美早期快速激活大脑视觉皮层中的视觉神经元和视觉神经通路,欣赏者更快识别物体、更流畅进行审美感知加工。中国山水画采用"以大观小"等空间构图审美法则,在审美中后期激活了大脑的情感边缘系统、内颞叶的记忆创造系统、背外侧前额叶的推理系统、颞极的语义系统等,引发主体对真实山水的想象、情感记忆及社会意义的赋予,创构出充盈着生命和性情的山水意象,达到言志、抒情和悟道的目的。中国山水画强调实境和留白的虚境融为一体,虚实相生中气韵生动,生成意境之美。这主要是通过大脑反思内省的默认网络与镜像神经元系统、奖赏系统等区域的同时性激活,达到"情"与"境"的高度统一,在情感共鸣中产生审美愉悦。

数字媒介改变了艺术作品的创造、欣赏和保存方式,也改变了人们对于艺术数据的访问、获取和传播路径。上海外国语大学的青年教师王静博士以《美术经典中的党史》《艺术里的奥林匹克》《诗画中国》等为代表的新形态文化类节目的研究为据,揭示媒介化、视听化、档案化是数字时代美术经典传播的独特方式,勾画了审美活动从审美创造、审美欣赏到审美评价的完整流程结构。数字媒介重塑美术经典的审美公共性,由此构建出美术经典传播的新图景。

中国外销瓷是海上丝绸之路艺术传播的一张重要名片。上海大学的任华东教授研究指出:中国外销瓷在釉色、纹饰、造型方面拥有极为丰富的美术元素,在审美风格上呈现为前后相继的三副审美面孔,即"中式面孔""中洋杂糅面孔""洋面孔"。这些面孔的形成经历了向域外输出到被域外追捧模仿,再到中外陶瓷美术交流融合的过程,承载着中国人及瓷路沿岸各民族多元的审美文化诉求。其中,"中式面孔"在世界范围内千余年来的风行从侧面显示,中国陶瓷美术曾较早地对域外众多国家和民族产生过强大且持久的审美影响。

第九个主题是影视美学研究。

福柯是20世纪最有影响的思想家之一。这种影响从人文社科广及艺术领域。福柯曾就文学、音乐、绘画、电影等诸多艺术门类发表过为数不多的意见,带来的反响却相当深广。其电影思想尤其如此。一方面,福柯论电影被动且稀少;另一方面,他的电影评论又备受关注。上海戏剧学院支运波教授将福柯的电影美学思想概括为三个方面:一是从"事件论"出发,以独异性和事件化对电影做了历史分析;二是从"权力观"出发,以生命政治学阐释了电影的政治批判意义;三是从"异托邦学"出发,解读电影异托邦的差异政治,最终揭示电影作为国家治理工具的文化政治功能。

电影是对原有现实素材的再现与再创。在上海开放大学姜美教授看来,这种再创必须融入创作主体的社会性反省,才能引起广大受众的视觉刺激和精神冲击。一是注重"意味"的反省,实现内容的再现与再创,引发受众的内容理解和审美解读;二是注重"组合"的反省,实现形式的再现与再创,彰显形式所赋予的生命价值;三是注重"符号"的反省,实现情感的再现与再创,追求受众的审美情趣和情感共鸣;四是注重"灵魂"的反省,实现创作精神的再现与再创,产生内在的独有价值与教育意义。

作为文化工业的产物,电视真人秀自诞生以来引发了种种"疯癫",将电视屏幕变成了一个巨大的实验场。如何理解电视真人秀的美学特质?上海戏剧学院包磊副教授指出:电视真人秀是人类社会生活的虚拟的"镜像游戏"。在这种游戏中,真人秀成了被他人全方位考察的实验样本,观众则跳出自己身处的社会角色,以一种无所不知的视角观赏真人秀,仿佛成为实验室内观察实验样本的研究者。这种全知全能的视角与福柯、布尔迪厄、阿多诺等社会学者对于大众媒体的"祛魅"反思高度契合,是一种科学研究的"观察态"。而人们在设计或参与这些真人秀时,则接近于一种生活上的"游戏态"。

第十个主题是设计美学研究。

设计学是美学与工学的交叉学科。设计美学是美学研究的重要组成部分,它渗透在社会生活的方方面面。中国邮票一百四十多年的发行史实际上是一部完整的邮票设计美学史。上海师范大学周韧教授通过对中国邮票设计历史的研究考察揭示,邮票的图像艺术、色彩、齿孔或者造型形式,是以实用工具性为起点,在观念和技术推动下逐渐成为超功利的审美对象,蜕变成艺术作品。从"工具性"到"超功利性",就是中国邮票设计史的演进逻辑。从中可以看出设计美学始终包含着实用与艺术这两种功能,功利性与超功利性的辩证统一。

有数据统计,近代在华外籍建筑师群体有来自 22 个国家的 3 000 多人。亨利·墨菲(1877—1954)是与中国渊源最深的一位美国建筑师。他在民国时期参与了中国城市规划、大学校园、商业建筑的设计,贡献至大。以研究外滩建筑历史著称的畅销书作家肖可霄对墨菲在民国时期的大学校园建筑设计作出了独到考证与阐释。相比同一时期中国国立大学普遍采用西式建筑风格的时尚,墨菲提出"适应性建筑"的设计理念,肯定了中国古代建筑的审美价值,照顾与适应中国传统的建筑审美习惯,在此基础上融合西方建筑风格,传播西方文化价值,由此启发了之后的吕彦直等创立了中国建筑流派。

时尚艺术作为日常生活审美化的重要表征,在设计美学层面应当如何理解和把握?上海工程技术大学胡越教授提出应当从时尚学、艺术学和设计学三个交叉的论域加以探究。由此出发,他阐述了时尚艺术设计所应具备的设计美学观念,构建了相应的框架体系。基于时尚学理论,提出顺应大众潮流、追求创新创异、平衡矛盾统一。基于艺术学本源,提出创制时尚艺术符号、保有艺术格调品位、探究人类社会价值意义。基于设计学意旨,主张营造文化审美情境、优化大众生活方式、构建事物感知系统。读者从中可对时尚艺术的设计美学实践获得某种启示。

第十一个主题是艺术传播研究。

生成式 AI 模型中的"文字转图像"技术正在被广泛应用,其崭新的交互方式向大众宣告了当代艺术正步入"艺术大众化"时代。复旦大学汤筠冰教授的研究揭示:生成式 AI 技术促使艺术传播媒介发生了巨大转变。艺术媒介从"聚块"模式发展为多元形态。艺术媒介不仅具有传统质料媒介被动反映内容信息的属性,而且具有新媒介能动生成内容信息的创生属性。艺术传播的方式也从传统的"再现"走向"再生产"。人机艺术传播中的"媒介在场"和"社会在场"共同建构着社会景观,塑造着社会现实。

人工智能、数字化技术的迅速发展,不仅引领了艺术创作的革命,也促使美育进入了全新的发展阶段。人工自然美,作为数智时代的产物,成为这一美学转型的核心概念。同济大学邹其昌教授基于数智时代的背景,从人工自然美的基本原则、发展历程、教育价值等方面展开探讨,分析人工自然美在手艺美学、机械美学和数智美学时代中的演变,探索人工自然美对美育体系转型的影响以及在未来美育体系中的地位和作用,提出了许多初步构想。

在全媒体快速发展的今天,新传播媒介的崛起给我国社会公益事业提供了新的机遇。善良是天下最美的语言。公益是道德美中的一个重要组成部分。全媒体的全民属性将有助于打造一个所有人都能够参与的公益社会。上海视觉艺术学院的孙智华教授指出:目前我国大多数的公益传播实践缺乏相应的媒介意识,未能很好贴合全媒体属性,严重降低了公益活动的传播效能和社会影响力,阻碍了我国公益事业的发展。她从全媒体公益宣传及作用原理、全媒体资源整合、传播模式创新以及元宇宙和大数据四个方面探讨全媒体时代的公益事业发展的可能路径,以期达成"人人公益"的最终目标。

第十二个主题是品牌美学与创意写作。

品牌美学是美学界的前沿话题。恒源祥作为享誉国际的民族品牌,改革开放以来靠品牌经营获得巨大成功,第二代掌门人刘瑞旗被国际权威人士誉为"中国的品牌营销大师"。实践使他们认识到,品牌问题不仅是商业营销问题,也是一个生活美学、应用美学问题。公司董事长兼总经理陈忠伟是一位怀有文化底蕴和美学情结的企业家。2021年起与第十届上海市美学学会进行战略合作,资助出版了恒源祥美学文选书系《中国当代美学文选》2022、2023、2024和《中华美育演讲录》。作为恒源祥第三代掌门人,他结合品牌兴企的经验加以理论提升,探究品牌美学的研究途径,阐述品牌管理的美学策略,就品牌美学的未来走向提出了展望,对"美好生活"视野下的品牌美学概念给出了自己的思考。

"国潮"作为一种创意观念,在我国综合国力不断增强的背景下,发展越来越迅速。上海交通大学品牌研究中心主任皇甫晓涛副教授抓住中国产品、中国品牌、中国潮品等"中国元素",梳理了"国潮"创意观念变迁的历程及变迁的形式,展现了中国文化的自信,提出了相应的对策。

豫园股份有"中华商业第一股"之称。大豫园片区的发展将以"东方生活美学"为抓手。因此,豫园股份成立了"东方生活美学研究院"。研究院秘书长刘喆慧聚焦东方生活美学在当代社会的发展,探讨媒介传播、消费场景及文化身份认同在东方生活美学构建过程中的核心作用与相互关联。通过剖析相关理论与典型案例，揭示东方生活美学如何借助媒介创新、特色场景塑造及精准用户定位，实现传统与现代的交融、本土与全球的对话，为提升文化软实力、推动文化产业升级提供有力支撑。文章采用跨学科的方法，系统梳理东方生活美学的实践路径与理论框架，试图为该领域研究与实践提供全面深入的理论参考与实践启示。

文化经济时代，审美作为重要的生产力受到各国高度重视，文化创意成为经济社会发展的核心动力，创意写作作为文学创作的新宠应运而生。创意写作作为艺术创作的一种形态，说到底属于打动人心、使人愉悦的审美创作。上海大学张永禄教授致力于文化创意审美写作的研究。他撰文指出：英、美等发达国家先后实施创意国家战略，把科技创新和文化创意作为国家发展的双驱动力。这意味着，高校文学和艺术专业的培养重点应是艺术创作型人才，而不是文艺批评家。新文科战略也要求高校发展创意写作学科，培养具有创意能力的写作人才，回应时代之需。

本书留下了第十届学会会员的奋斗足迹。这是上海美学工作者对中国美学的一份贡献。或许存在诸多不足，敬请读者诸君批评指教，共同推动中国美学事业的进步。

学会副秘书长胡俊研究员协助本人做了部分编务，学会书画专委会名誉主任金柏松先生、主任钟景豪先生分别为本书封面、封底插画，在此一并鸣谢。

祁志祥

2025 年 4 月 23 日

第一章　基本理论研究

　　主编插白：美的形上之维与美学理论的宏观思考，是美学的基本理论研究。它关乎学科建设的深化与进步。上海交通大学人文学院的祁志祥教授出版《乐感美学》《乐感美学原理体系》，提出"美是有价值的乐感对象"之后，又深入到"美"下摄的六大范畴中去，分析美的范畴在坚守价值底线的同时，都与"乐感"发生着联系，具有统一的"乐感特征"。"乐感"，俗称"快感"。"优美"是单纯、温柔、宁静、和谐的快感的对象。"壮美"是亢奋、昂扬、激动、和谐的快感的对象。"崇高"是现实中包含着痛苦、恐惧、敬畏、惊叹的快感的对象。"悲剧"是艺术中包含着痛苦、恐惧、敬畏、惊叹的快感的对象。滑稽是生活中荒谬悖理、令人发笑的快感对象。喜剧是艺术中令人发笑、自感优越的快感对象。这些范畴以不同方式产生着有价值的快感，从而被人们统称为"美"，印证着"美"的乐感语义，启发人们："美"从乐处寻，应当从"乐感"入手探寻"美"的基本义项。

　　具有民族特色和现代性能的中国文论建构是新时期以来中国文学理论界与古代文论界的共同心愿。上海社会科学院文学所的陈伯海先生念兹在兹，一直不放弃对这个问题的思考。他在耄耋之年撰文指出：我国近现代一批知名学者如王国维、朱光潜、宗白华等人早已在"中国文论"的构建之路上有所拓展，取得了一定业绩。认真审视他们的成果，好好总结其经验教训，将有利于推进此项工作，使之逐步趋向成熟。

　　艺术史对于艺术学学科的整体建设具有举足轻重的意义。如何建设艺术史，决定着艺术学学科建设的基本走势。上海交通大学人文艺术研究院的谢纳教授指出："艺术史"与"艺术学"之间经常呈现出亲缘、纠葛、冲突、融通的复杂多变样态。其中，最为显著的特征就是"艺术学历史化"。"艺术学历史化"推崇"历史优先"而非"理论优先"的原则来进行"艺术学"的理论建构。探讨"艺术学历史化"或者"艺术史取代艺术学"这一现象产生的缘由及其效应结果，对于今天的艺术学学科建设具有重要的参考价值。

马克思的《资本论》本来是一部经济学著作，但从中发掘其美学思想，成为近来学界的一种新的动向。复旦大学张宝贵教授研究指出：《资本论》虽然没有直接对艺术问题发表意见，但实际上潜含着丰富的艺术思想。特别是在艺术可否成为商品的问题上，马克思似乎承认了艺术可以成为商品这个事实，又因其"本性"不予考虑。究其缘由，艺术在使用价值方面当有本位属性和附加属性之分，物性的后者可以用"社会必要劳动时间"予以计量，审美的前者则处于价值的模糊地带。于是便有了一个奇怪现象，艺术一旦成为商品，价值却无可计量；一旦可以计量，却又不是艺术。此即为艺术商品的内在悖论。这应该是《资本论》"撇开"艺术不谈的根本原因，也是艺术商品化引发众多争议的逻辑节点。

评估马克思主义文艺学当代性的一个要点，是看其对客观存在于文艺活动中的非理性的无意识采取何种态度。华东师范大学中文系的刘阳教授指出：新时期我国马克思主义文艺学存在着审美反映论、艺术实践论、艺术生产论、艺术活动论四种代表形态，在对无意识理论的改写方面不同程度地存在着疑点，面临研究深化与推进的困难。常见的"由意识转化出无意识"的改写策略，便属于理性主宰传统的变相表现。承认无意识的存在并将其纳入马克思主义文艺学实事求是的思考范围，创造性地融合基于群体的实践论与侧重个体的人生论，可望推进马克思主义文艺学走向更为深入的当代形态。

第一节　论美的范畴的乐感特征[①]

尽管"美"本质的探讨令人扑朔迷离，但"美"的用语还是有一个稳定统一的含义的。当对象引起我们快感的时候，我们便用"美"这个词指称这个对象。康德指出："至于美，我们却认为，它是对于愉快具有着必然的关系。"[②]"美……趋向于直接的快乐。"[③]"美直接使人愉快。"[④]美产生于"用愉快的感觉去意识它"[⑤]。"判别某一对象美或不美，我们不是把它的表象凭借悟性连系于客体以求得知识，而是凭

① 原载《社会科学战线》2025 年第 4 期。作者祁志祥，上海交通大学人文学院兼职教授，海南师范大学人文社会科学高等研究院特聘教授，上海市美学学会会长。
② 康德：《判断力批判》上卷，宗白华译，商务印书馆 1996 年版，第 75 页。
③ 康德：《实用观点的人类学》，转引自《西方美学通史》第四卷，第 53 页。
④ 康德：《判断力批判》上卷，宗白华译，商务印书馆 1996 年版，第 202 页。
⑤ 同上书，第 40 页。

借想象力连系于主体和它的快感和不快感。"①所以,有学者指出:"美从乐处寻"②;应当从"乐感"入手探寻美学的理论基点③。美虽然不等于全部快感对象,但美必定是具有某种特质的那部分快感对象。我把它叫作"有价值的乐感对象"④。

"美"是一个属概念、总范畴,在它下面,还存在着一系列的种概念、子范畴。它们以不同方式与"快感"相联系,从而被人们统称为"美",从另一侧面印证着"美"的乐感语义。

一、"优美"是单纯、温柔、宁静、和谐的快感的对象

先从"优美"说起。"优美"又叫"秀美""秀丽""柔美",与"崇高"对举时,也叫"美"。它的特点是引起单纯、温柔、宁静的快感,或者说,"优美"是单纯、温柔、宁静的快感的对象。这种美的对象的特性,就在有助于引发单纯、温柔、宁静的快感。线条蜿蜒、表面光滑、色泽明净、力量轻柔等,就是这类美的对象特征。生活中常见的女性的美、柳条的美、溪流的美、春风的美等,就属于此类美。柏拉图最早借苏格拉底之口指出:优美使"感官感到满足,引起快感,并不和痛感夹杂在一起"⑤,是单纯、绝对的美。古罗马的西塞罗将美分为女性的"美貌"和男性的"尊严"两类形态:"有两种美:在一种美中是美貌占支配地位,在另一种美中是尊严占支配地位;在这两种美中,我们应该把美貌看作是妇女的属性,而把尊严看作是男人的属性。"⑥这令人喜爱的女性的"美貌"就属于"优美"的范畴。18世纪英国的休谟分析:"秀丽和美丽在许多场合下并不是一致绝对的,而是一种相对的性质,而其所以使我们喜欢,只是因为它有产生一个愉快的结果的倾向。"⑦稍后的博克著《崇高与美》,书中分析的"美"就是"优美"。⑧ 博克第一次把"优美"当作与"崇高"并列的美学范畴加以讨论,使这两个范畴的美学含义有了清晰、丰富的揭示。他认为,与"以痛感为基础"的崇高相比,优美"以快感为基础"⑨,"通过松弛全身的实体起作

① 康德:《判断力批判》上卷,宗白华译,商务印书馆1996年版,第39页。
② 杨守森:《美从"乐"处寻:〈乐感美学〉的独到发现》,《上海文化》2018年第2期。
③ 马大康:《从"乐感"探寻美学的理论基点》,《人文杂志》2016年第12期。
④ 参祁志祥:《论美是有价值的乐感对象》,《学习与探索》2017年第2期。另参祁志祥《乐感美学原理体系》,复旦大学出版社2023年12月版,第67—107页。
⑤ 柏拉图:《文艺对话集》,朱光潜译,人民文学出版社1963年版,第298页。
⑥ 塔塔科维兹:《古代美学》,杨力等译,中国社会科学出版社1990年版,第272页。
⑦ 休谟:《人性论》,关文运译,商务印书馆1983年,第619页。
⑧ 如他说:"优美这个观念和美没有多大的区别,它包含在差不多相同的东西里。"马奇主编:《西方美学史资料选编》,上海人民出版社1987年版,第560页。
⑨ 北京大学哲学系美学教研室编著:《西方美学家论美和美感》,商务印书馆1982年版,第123页。

用"①，引起"松弛舒畅"的"特有的效果"②，"激发我们爱的感情或某种相应的情感"③。优美物体的视觉特点是体积较小、表面光滑、线条圆润、没有棱角、颜色明净、力量娇弱等。听觉特点是清晰而轻柔；触觉特点是摩擦力小、不突然改变方向等。德国的艺术史家温克尔曼在分析古希腊艺术史第三阶段的时代特征时，从"典雅"方面揭示了优美在处理情感表现时的特征："心灵似乎通过宁静、流动的外表表现出来，任何时候都不带汹涌澎湃的激情，在描绘痛楚时，激烈的折磨仍然是隐蔽的。"④康德早年继承博克的传统，著《论优美感和崇高感》，将"优美"的美感特点与"崇高"感对应起来加以比较研究。他认为"优美的性质则激发人们的爱慕"⑤，比如文雅、谦逊、谨慎、精细等。而女性是优美的标志。女性的优美体现在温柔的形象、秀媚的打扮、轻松的行为方式、内秀的智慧和德行之中⑥。在后期著作《判断力批判》中，康德分析揭示：优美和崇高都是令人愉快的，"美（即优美——引者）和崇高在下列一点上是一致的，就是二者都是自身令人愉快的。""前者愉快是和质结合着，而后者却是和量结合着。"⑦"美……必须是没有一切的利害兴趣而令人愉快的。壮美是那个通过它的对于官能的利益兴趣的反抗而令人愉快的。"⑧与崇高的愉快更多地体现为"消极的快乐"⑨相比，优美的快感是一种"积极的快乐"。康德之后，席勒著长文《秀美与尊严》，继续比较研究。文中将"优美"（grazie）进一步区分为"秀美"（anmuth）和"美丽"（reiz），"秀美"是沉静的"优美"，"美丽"是活泼的"优美"，它们在引起的快感反应上有动静之分。叔本华将美区分为"优美"与"壮美"，指出优美感是一种认识从意志的奴役下得到解放的超功利、超时间的审美喜悦。尼采则用"日神精神"和"酒神酒神"来说明优美和崇高。相对于"酒神精神"产生的"狂喜"之情，"日神酒神"则以"静穆的伟大，高贵的单纯"产生宁静和适度克制的愉快。桑塔亚那则揭示：优美与崇高"两者都是快感，但美的快感是热情的，被动的，遍布的；崇高的快感是冷静的，专横的，尖锐的。美使我们与世界合成一体，崇

① 博克：《崇高与美》，李善庆译，上海三联书店 1990 年版，第 177 页。
② 北京大学哲学系美学教研室编著：《西方美学家论美和美感》，商务印书馆 1982 年版，第 122 页。
③ 博克：《崇高与美》，李善庆译，上海三联书店 1990 年版，第 128 页。
④ 温克尔曼：《论古代艺术》，中国人民大学出版社 1989 年版，第 212 页。
⑤ 康德：《论优美感和崇高感》，何兆武译，商务印书馆 2001 年版，第 6 页。
⑥ 同上书，第 28—33 页。
⑦ 康德：《判断力批判》上卷，宗白华译，商务印书馆 1996 年版，第 83 页。按《判断力批判》中译为"美"的单词与《论优美感和崇高感》中译为"优美"的是同一个单词 schoen。
⑧ 康德：《判断力批判》上卷，宗白华译，商务印书馆 1996 年版，第 108 页。
⑨ 同上书，第 84 页。

高使我们凌驾于世界之上。"①优美使人宁静地愉快而又充满热情地爱恋,崇高则使人在冷静的理性考量中体悟快乐。

二、"壮美"是亢奋、昂扬、激动、和谐的快感的对象

与"优美"相对的范畴首先是"壮美"。"壮美"是能够引起粗犷、高亢、昂扬、激动的兴奋感的愉快对象。适合产生这种快感的"壮美"对象具有如下特征:体积巨大、厚重有力、富于动感、直露奔放、棱角分明、光色强烈。质地粗糙、触感坚硬。"优美"与"壮美"相比较而存在。关于二者的异同,陈炎指出:"'优美'与'壮美'在本质上都是和谐的,都是顺应于主体感官和心理需求的形象引发而来的正面的、肯定性的情感,但'优美'是以委婉柔和的形象引发平静的愉悦感,'壮美'则是以刚毅巨大的形象引发激昂的愉悦感。"②"总之,无论'优美'还是'壮美',从本质上讲都是和谐,都是美。但相对而言,'优美'更偏于感性,'壮美'更偏于理性。前者隐含着情感的愉悦,并提供了向'滑稽'过渡的可能性;后者隐含着伦理的诉求,并提供了向'崇高'过渡的可能性。"③值得注意的是,尽管"壮美"与"崇高"相通,但并未像"崇高"那样趋于极致与无限,对象压垮主体,达到主客体对立、分裂的地步,恰恰相反,主体可以在与壮美之物处于和谐的状态下不夹杂痛感地感受到粗犷、亢奋、昂扬、激动的愉快感。

三、"崇高"是现实中包含着痛苦、恐惧、敬畏、惊叹的快感的对象

与"优美"相比较而存在的另一范畴是"崇高"。"崇高"也引起快感,但不是单纯的快感,而是复合的快感,这种快感包含着痛苦、恐惧、敬畏、惊叹。崇高的事物在形式和内容上呈现出来的特征,都是由这种快感决定并为引起这种快感服务的。巨大的体积和力量、刚劲有力的线条、粗糙不平的表面、奇特不凡的形象、汹涌澎湃的激情、令人仰慕的道德、高不可攀的才智、趋于无限的想象等,都是崇高的对象。西方美学史上,最早提出"崇高"美学范畴并加以分析的是古罗马朗吉弩斯的《论崇高》。《论崇高》虽然讨论的是一种文章风格,但具有一般的美学范畴意义。朗吉弩斯讨论的"崇高",具有"庄严伟大的思想"、"慷慨激昂的热情"、豪放旷达的气势、刚劲雄健的力量、不同凡响的特征,能够引起包含"惊叹"和"自豪"的"快乐"。17世

---

① 北京大学哲学系美学教研室编著:《西方美学家论美和美感》,商务印书馆1980年版,第288页。
② 陈炎:《艺术与技术》,人民出版社2012年版,第14页。
③ 同上书,第16页。

纪英国的爱笛生指出:"凡是新的不平常的东西都能在想象中引起一种乐趣,因为这种东西使心灵感到一种愉快的惊奇,满足它的好奇心。""那种想象的乐趣……是由见到的一种伟大的、不平常的或美的东西所引起的。"[①]"我们一旦见到这样无边无际的景象,便陷入一种愉快的惊愕中;我们在领悟它们之际,感到灵魂深处有一种极乐的静谧与惊异。""这样广漠渺茫的远景对于想象是可喜可爱的。"[②]爱笛生虽然没有使用"崇高"这个词,但"无边无际"的、"广漠渺茫"的、"不平常"的、"伟大"的景象,与"崇高"的概念是相通的。博克以研究"崇高"著称。他指出:令人"恐怖""敬畏"的"危险"与"痛苦"是"崇高的本原"[③],然而,"当恐怖不太迫近时,他总是产生一种愉快的感情。""在一定的距离之外,受到一定的缓解时,危险和痛苦也可能是愉快的。"[⑤]当然,这种"愉快"不是单纯的,而是参和着"惊惧""欣羡"和"崇敬"等元素的复合情感[⑥]。康德在早年所著的《论优美感和崇高感》一书中,指出"崇高"的美感特点是引起人们的"敬意",比如勇敢、真诚、正直、守职。[⑦] 在《判断力批判》中,康德指出:"崇高"与"优美"(简译为"美")一样都令人愉快,"美和崇高在下列一点上是一致的,就是二者都是自身令人愉快的"。"前者愉快是和质结合着,在后者却是和量结合着。"[⑧]"对于崇高和对于美的愉快都必须就量来说是普遍有效的,就质来说是无利害感的,就关系来说是主观合目的性的,就情况来说须表象为必然的。"[⑨]"美……必须是没有一切的利害兴趣而令人愉快。壮美是那个通过它的对于官能的利益兴趣的反抗而令人愉快的。"[⑩]崇高引起的愉快是一种独特的快感:"崇高感是一种仅能间接产生的愉快,那就是这样的,它经历着一个瞬间的生命力的阻滞,而立刻继之以生命力的更加强烈的喷射,崇高的感觉就产生了……崇高的愉快不只是含着积极的快乐,更多的是惊叹或崇敬,这就可称作消极的快乐。"[⑪]桑塔亚那也将"崇高"与"美"加以比较,他认为美与崇高"两者都是快感,但

---

① 北京大学哲学系美学教研室编著:《西方美学家论美和美感》,商务印书馆 1980 年版,第 97、96 页。

② 转引自朱立元主编:《西方美学范畴史》第三卷,山西教育出版社 2006 年版,第 101、102 页。

③ 博克:《崇高与美》,李善庆译,上海三联书店 1990 年版,第 36 页。

④ 同上书,第 53 页。

⑤ 同上书,第 37 页。

⑥ 同上书,第 59 页。

⑦ 康德:《论优美感和崇高感》,何兆武译,商务印书馆 2001 年版,第 6 页。

⑧ 康德:《判断力批判》上卷,宗白华译,商务印书馆 1996 年版,第 83 页。

⑨ 同上书,第 86 页。

⑩ 同上书,第 108 页。不过,康德有时又自相矛盾地说"崇高感是一种不愉快的感觉"(同书第 97 页);"崇高情绪的质是:一种不愉快感"(同书第 99 页)。

⑪ 康德:《判断力批判》上卷,宗白华译,商务印书馆 1996 年版,第 84 页。

美的快感是热情的、被动的、遍布的;崇高的快感是冷静的、专横的、尖锐的。美使我们与世界合成一体,崇高使我们凌驾于世界之上。"①尼采指出:"人生诚然充满痛苦,然而,痛苦磨练了意志,激发了生机,解放了心灵。没有痛苦,人只能有卑微的幸福。伟大的幸福正是战胜巨大的痛苦所产生的生命的崇高感。"②崇高意味着战胜巨大痛苦,由此产生"伟大的幸福"感。要之,"崇高"是包含着痛苦、恐惧、敬畏、惊叹的快感的对象。

四、"悲剧"是艺术中包含着痛苦、恐惧、敬畏、惊叹的快感的对象

与"崇高"相似的美学范畴是"悲剧"。如果说"崇高"是一个包含现实美和艺术美在内的美学范畴,"悲剧"则较多体现为艺术美范畴。"悲剧",顾名思义,引起我们的感觉是伤悲、苦痛,但如果仅此而已,它就不是"美"下辖的范畴,而属于"丑"的范畴了。它之所以被视为"美"的范畴之一,原因就在于同时给人快感。由于现实中的悲剧只会给人痛苦,人人避之唯恐不及,而艺术中的悲剧给人带来的痛苦已不是真实的而是虚拟的,同时还能给人带来同情、敬畏、庆幸、愉悦,所以"悲剧"作为美的范畴一般限制在艺术美范围内。关于悲剧快感,柏拉图最早有所论及。在《高尔吉亚篇》中,他声称:悲剧的"所有的目的和愿望,只是给观众提供快感而已。"在《斐莱布斯篇》中指出:"人们在看悲剧时""又痛哭又欣喜",悲剧的"快感"是和"痛感"混合在一起的。其弟子亚里士多德在《诗学》中指出:悲剧"借引起怜悯与恐惧"使情感得到"净化",同时唤起"快感"。"我们不应要求悲剧给我们各种快感,只应要求它给我们一种它特别能给的快感。既然这种快感是由悲剧引起我们的怜悯与恐惧之情,通过诗人的摹仿而产生的,那么显然应通过情节来产生这种效果。"③"具有净化作用的歌曲可以产生一种无害的快感。"④文艺复兴时期意大利戏剧理论家卡斯特尔维特洛通过对亚里士多德《诗学》的诠释,对悲剧快感作了进一步的阐释:悲剧中特有的快感来自一个由于过失、不善亦不恶的人由顺境转入逆境所引起的恐惧和怜悯。从恐惧和怜悯产生的快感是真正的快感。一方面,当别人不公正地陷入逆境,我们感到不快的时候,我们同时也认识到自己是善良的,厌恶不公正的事,由此产生很大的快感;另一方面,认识到苦难可能会降临到我们自己或者

① 北京大学哲学系美学教研室编著:《西方美学家论美和美感》,商务印书馆 1980 年版,第 288 页。
② 转引自周国平主编:《诗人哲学家》,上海人民出版社 1987 年版,第 228 页。
③ 亚里士多德:《诗学》,罗念生译,人民文学出版社 1962 年版,第 43 页。
④ 北京大学哲学系美学教研室编著:《西方美学家论美和美感》,商务印书馆 1980 年版,第 45 页。

与我们一样的人的头上,明白世途艰险和人事无常的道理,比起道德灌输更能使我们喜悦,这种经过认识、领悟产生的精神愉悦是相当强烈的快感。波瓦洛指出:"为我们娱乐,那悲剧涕泪纵横","它迫使我们流泪却为我们遣怀"。① 博克分析指出:人类具有悲天悯人的"高尚精神","在悲剧中揭示出来的正是人类的高尚精神。人在观看痛苦中获得快感,是因为他同情受苦的人"。② 席勒专门著《论悲剧题材产生快感的原因》,指出悲剧快感是以道德上的合情合理为基础的,悲剧快感是一种由痛苦和快乐组成的混合的情感。一方面,坏人听从"自然的合目的性"而牺牲道德法则,作恶多端,摧残、毁灭悲剧英雄;另一方面,悲剧英雄听从"道德的合目的性",为了真理和正义的事业不徇私情,大义灭亲,为了祖国的前途和民族的命运而牺牲个人的安危。在两种力量构成的情节冲突中,道德的力量最终战胜非道德的自然力量,产生一种高级的、完美的心灵愉快。悲剧中受难的好人既给我们强烈的痛感,也给我们无比的快感,原因在于人们体验到道德的威力,从而在自由的王国里协调一致。所以悲剧快感是一种"自由的快感"。③ 黑格尔继承并改造了席勒的悲剧观,提出理想的、真正本质的悲剧冲突是两种具有片面性的伦理力量的冲突;冲突的结果是通过毁灭否定各自的片面性,达到"永恒正义的胜利",从而给人以胜利的欢愉和满足。在此基础上,别林斯基指出:"悲剧性包含在心灵的自然爱好和责任概念的冲突中"④,悲剧冲突是自然欲望与社会道德之间的冲突;这种冲突具有不可避免的必然性;冲突的结果是"充分地、壮伟地实现道德法则的胜利","那是精神的最高的胜利"。"没有一种诗像悲剧这样强烈地控制着我们的灵魂,以如此不可抗拒的魅力,使我们心向神往,给我们如此高尚的享受"。⑤ 因此,悲剧是最崇高、最深刻的艺术,"是戏剧诗的最高阶段和冠冕"⑥。别林斯基还深刻指出:悲剧的场景只有在以高度的艺术真实显示了必然性的时候,才能实现愉快的效果,否则就会触怒人们,令人倒胃口:"只有当我们看不到必然性的时候,只有当作者故意让舞台上摆满死尸,流遍鲜血,借以取得效果的时候,死尸和流血才会激怒我们的感情。"由于滥用,"这些效果"就会失去"全部的力量","引起的已经不是恐惧,而是哄堂大笑了"⑦。雪莱强调:"悲愁中的快乐比快乐中的快乐更甜蜜些。""悲剧之所以

① 波瓦洛:《诗的艺术》,任典译,人民文学出版社 1959 年版,第 30 页。
② 转引自叔本华:《作为意志和表象的世界》,石冲白译,商务印书馆 1982 年版,第 53 页。
③ 席勒:《论悲剧题材产生快感的原因》,《古典文艺理论译丛》第六册,人民文学出版社 1963 年版,第 74 页。
④ 别林斯基:《别林斯基选集》第二卷,满涛译,上海译文出版社 1979 年版,第 114 页。
⑤ 同上书,第 71 页。
⑥ 伍蠡甫主编:《西方文论选》下卷,上海译文出版社 1982 年版,第 383 页。
⑦ 别林斯基:《别林斯基选集》第三卷,满涛译,上海译文出版社 1979 年版,第 74 页。

使人愉快,是因为它提供了存在于痛苦中的一个快乐的影子。"①总之,悲剧虽然令人流泪,感到悲痛,但由于诉诸理解,满足了审美主体的道德感,仍然令人觉得愉快,而且是刻骨铭心、饱含震撼的痛快。这种痛快感,就像吃麻辣火锅一样。在这个意义上,悲剧作品是以悲为美,越悲越美。如果一部悲剧作品不够"悲",不能引发强烈而深刻的伤痛之情,产生不了一种情感上的痛快之感,就会觉得不带劲,不过瘾。这就是悲剧快感的特点和力量,也是悲剧所以为美的根据。

五、滑稽是生活中荒谬悖理、令人发笑的快感对象

"滑稽"是与"崇高"相对的一个美学范畴,以形式的怪诞和内容的荒诞而不自知为特征,一方面引起观赏者无害的痛感,另一方面又唤起观赏者的优越感,产生一种嘲笑的快感,其美感特点如同品尝怪味豆。从审美对象说,它包含某种丑的因素,但丑的分量远不能构成对审美主体的伤害,是无足轻重的;从审美感受说,它引起主体的嘲笑,表明审美主体对这种丑的荒谬所背离的常识有清醒的认识和良好的自信。柏拉图指出:"滑稽"的对象是"没有势力"的弱者,但他"无知","不认识自己",没有自知之明,妄自尊大,自以为"具有实在并没有的优良品质",这就使人觉得"滑稽可笑":"没有势力者的无知是滑稽可笑的。"②亚里士多德指出:喜剧模仿的"坏人"的"坏","不是指一切恶而言,而指丑而言,其中一种是滑稽。滑稽的事物是某种错误或丑陋,不致引起痛苦或伤害,现成的例子如滑稽面具,它又丑又怪,但不使人感到痛苦。"③车尔尼雪夫斯基说:"丑,这是滑稽的基础、本质……然而,到了这个丑并不可怕的时候,它就在我们心里激起完全不同的感情——我们的智慧嘲笑我们的荒唐可笑。""丑只有到它不安其位,要显出自己不是丑的时候才是荒唐的,只有到那时候,它才激起我们去嘲笑它的愚蠢的妄想,它的弄巧成拙的企图。说老实话,只有不得其所的东西才是丑的……只有到了丑强把自己装成美的时候才是滑稽。""凡是无害而荒唐的领域——也就是滑稽的领域;荒唐的主要来源,就是愚蠢,迟钝。因此,愚蠢是我们嘲笑的主要对象,滑稽的主要来源。"④"滑稽在人们心中所产生的印象,总是快感和不快之感的混合,不过在这种混合中,快感通常总是占优势,有时这种优势是这样强烈,那种不快之感几乎完全给压下去了。这种感觉总是通过笑而表现的。丑在滑稽中我们是感到不快的;我们所感到愉快的是,

---

① 《为诗辩护》,《古典文艺理论译丛》第1册,知识产权出版社2010年版,第102页。
② 柏拉图:《文艺对话集》,朱光潜译,人民文学出版社1963年版,第295页。
③ 伍蠡甫主编:《西方文论选》上册,上海译文出版社1982年版,第55页。
④ 车尔尼雪夫斯基:《论崇高和滑稽》,《车尔尼雪夫斯基论文学》中卷,辛未艾译,上海译文出版社1979年版,第89—90页。

我们能够洞察一切,从而理解,丑就是丑。既然嘲笑了丑,我们就超过它了……滑稽在我们的心里唤起自尊的感情。"①

"滑稽"引起人们的嘲笑,所以又称为"可笑性"。文艺复兴时期意大利诗人特里西诺在其《诗学》中分析说:什么样的对象才能引起可笑的快感?"那些带有一点丑的对象"。看到美女、闻到芳香、尝到美食,是不会发笑的,"然而,如果诉诸感官的对象含有一点儿丑的成分,它就会惹人发笑了,例如,丑怪的嘴脸,笨拙的举动,愚蠢的说话,读错的字音,难看的书法,恶味的醇酒,奇臭的蔷薇,都会立刻引起笑;而那些品质不符所望的东西,尤其能令人发笑"。② 由于对常识的"无知",引发了人们"期望"的落空,人们一下子感到对象的愚蠢和自己的聪明,产生一种"突然的荣耀"。于是笑既是对对象愚蠢行为的嘲笑,也是对自己优越感的喝彩和夸耀。英国霍布斯分析说:"骤发的自荣是造成笑这种面相的激情,这种现象要不是由于是自己感到高兴的某种本身骤发的动作造成的,便是由于知道别人有什么缺陷,相比之下自己骤然给自己喝彩而造成的。"③"人拿自己同别人的缺点比较,或者同从前的自己比较,一旦发现自己的优越,就突然产生一种自豪感,于是不禁笑起来。"④英国的菲尔丁也指出:"真正可笑的事物的唯一源泉是造作。""虚荣促使我们装扮成不是我们本来的面目以赢得别人的赞许,虚伪却鼓动我们把我们的罪恶用美德的外表掩盖起来,企图避免别人的责备。"⑤戳穿造作,观众就会感到惊奇、可笑和快乐。康德指出:"在一切引起活泼的撼动人的大笑里必须有某种荒谬背理的东西存在着。笑是一种从紧张的期待突然转化为虚无的感情。正是这一对于悟性绝不愉快的转化却间接地在一瞬间极活跃地引起欢快之感。"⑥所谓"从紧张的期待突然转化为虚无","一瞬间极活跃地引起欢快之感",即由假象唤起的期待在假象被揭穿后令人大失所望产生的喜剧效果。所以,黑格尔说:"任何一个本质与现象的对比,任何一个目的因为与手段对比,如果显出矛盾或不相称,因而导致这种现象的自否定,或是使对立在实现之中落了空,这样的情况就可以成为可笑的。""笑是一种自矜聪明的表现,标志着笑的人足够聪明,能认出这种对比或矛盾而且知道自己就比较高明。"⑦这里,"笑"产生于无知愚蠢,产生于对常识的背离"乖

---

① 车尔尼雪夫斯基:《车尔尼雪夫斯基美学论文选》中卷,缪灵珠译,人民文学出版社 1975 年版,第 97 页。

② 周靖波主编:《西方剧论选》上卷,北京广播学院出版社 2002 年版,第 32 页。

③ 霍布斯:《利维坦》,商务印书馆 1986 年版,第 41 页。

④ 转引自缪朗山:《西方文艺理论史纲》,中国人民大学出版社 1985 年版,第 56 页。

⑤ 伍蠡甫主编:《西方文论选》上册,上海译文出版社 1982 年版,第 506 页。

⑥ 康德:《判断力批判》,宗白华译,商务印书馆 1996 年版,第 180 页。

⑦ 黑格尔:《美学》第三卷下册,朱光潜译,商务印书馆 1981 年版,第 291 页。

论"。叔本华说:"笑……是以直观的和抽象的认识不吻合为根据的……笑的产生每次都是由于突然发觉这客体(滑稽的表现本身——引者)和概念(主观对常识的期待——引者)两者不吻合,除此之外,笑再无其他根源。"[1]苏珊·朗格引述说:"笑是一种得意的歌声。它表示了发笑的人突然发现自己比被笑的对象有一种瞬间的优越感。"[2]

如果说"滑稽"因为自己愚蠢而无知引人发笑,"幽默"则通过自己机智地对荒谬悖理的故意模仿引人发笑。黑格尔揭示:"在幽默里是艺术家的人格在按照自己的特殊方面乃至深刻方面来把自己表现出来。"所以幽默"要有深刻而丰富的精神基础","于无足轻重的东西之中见出最高度的深刻意义","纵使是主观的偶然的幻想也显示出实体性的意蕴"[3]。弗洛伊德指出:"幽默"具有诙谐和滑稽所没有的"庄严和崇高的东西";"幽默不是屈从的,它是反叛的。它不仅表示了自我的胜利,而且表示了快乐原则的胜利。"[4]

六、喜剧是艺术中令人发笑、自感优越的快感对象

如果说"滑稽""可笑""幽默"是广泛的现实美范畴,那么,"喜剧"则是以模仿、表现"滑稽""可笑""幽默"为主的艺术美范畴。它给人们的快感也是如同"滑稽""可笑"一般的轻松、谐谑的复合快感。柏拉图指出:喜剧"引起快感和痛感的混合"[5]。在"剧场"和"人生"中的一切"喜剧"里,"痛感都是和快感混合在一起的"。[6] 喜剧的特点是愚蠢无知,喜剧的快感是人们怀着幸灾乐祸、看笑话的心理从愚蠢无知的人和事的模仿中感到快乐,因而是一种"恶意的快感"。亚里士多德指出:"喜剧总是模仿比我们今天的人坏的人。""喜剧是对于比较坏的人的模仿。"[7]因为这种"坏"是"不致引起伤害"的丑陋滑稽,所以不会"使人感到痛苦",而给人欢乐。公元 10 世纪佚名作者的《喜剧论纲》指出:"喜剧是对于一个可笑的、有缺点的、有相当长度的行动的模仿……借引起快感与笑来宣泄这些情感。"[8]黑格尔指出:"喜剧只限于使本来不值什么的、虚伪的、自相矛盾的现象归于自毁灭"[9]。

① 叔本华:《作为意志和表象的世界》,石冲白译,商务印书馆 1982 年版,第 100 页。
② 苏珊·朗格:《情感与形式》,刘大基、傅志强译,中国社会科学出版社 1986 年版,第 392 页。
③ 黑格尔:《美学》第二卷,朱光潜译,商务印书馆 1981 年版,第 372、374 页。
④ 弗洛伊德:《弗洛伊德论美文集》,知识出版社 1987 年版,第 143 页。
⑤ 柏拉图:《文艺对话集》,朱光潜译,人民文学出版社 1963 年版,第 294 页。
⑥ 蒋孔阳、朱立元主编:《西方美学通史》第一卷,上海文艺出版社 1999 年版,第 358 页。
⑦ 伍蠡甫主编:《西方文论选》上册,上海译文出版社 1982 年版,第 53、55 页。
⑧ 《古典文艺理论译丛》第七册,人民文学出版社 1964 年版,第 1 页。
⑨ 黑格尔:《美学》第一卷,朱光潜译,商务印书馆 1981 年版,第 84 页。

别林斯基指出："可笑构成喜剧的特色。""喜剧的可笑，则是从现象和高度理性现实法则之间连续不断的矛盾而来的。"①喜剧表现生活与理想、内容与形式、现象与本质的矛盾、倒错而显出荒谬、不合情理，这种矛盾、倒错引人发笑。

综上所述，美的范畴尽管不同，但只是以不同方式产生愉快而已，都与乐感相联系，从而被人们统称为"美"。这启发人们：美从乐处寻，应当从"乐感"入手探寻美的基本义项。诚如尼采所指出："如果试图离开人对人的愉悦去思考美，就会立刻失去根据和立足点。"②当然，美是乐感对象，但并不等于乐感对象，而是指有价值的那部分乐感的对象。而把美混同于娱乐对象，是人们最容易犯的毛病，也是当前最值得防范的审美误区。

第二节　"中国文论"的构建之路③

建设切合当今需要的"中国文论"这一主题，近两三年间在一些相关人士中讨论得很热闹，实际上，这一论题在世纪之交有关"古文论现代转换"的激烈争辩中便已萌发。有人积极主张对"古文论"加以创造性转化，俾使其更好地融入现代社会及其文化的建设活动，但也有人严加质问道："你们要把古文论'转换'到哪里去？'转换'后的文论还算不算'古文论'？"于是在一次古文论学会的年会上，有学者郑重建议，我们从事的学科不应局限于"古文论"，应改称"中国文论"，就好比中医渊源于传统医学，但不称之为"古医"，而应名曰"中医"，便于与"西医"对举并列。我当即表示赞成这个想法，但提出了一点质疑，即"中医"眼下的职责并不限于保守和清理传统医学资源，他同西医一样仍活跃在当下，仍在从事给病人把脉、处方、针灸、调理等一系列医疗活动之中，自不能归为"古医"而须称"中医"。回看我们从事的"古文论"专业，它原先也是作为活生生的诗文评以至小说、戏曲评点而活在它的"当下"的，但进入现代社会之后，因难以与新文学乃至新思想相契合，遂被搁置一旁而仅作为文化遗产予以清理传承，至多以"批评史"的名义将其整合成历史形态的叙述，实际上解除了其现实的功能。长期停留于这样的状态之中，要从"古文论"跃升至"中国文论"，看来会有一定难度。若立意打造依托传统资源而又具现代性能的"中国文论"，亟需适当改造我们的古文论。前提是改变我们的研究方法，即不

①　别林斯基：《别林斯基选集》第二卷，满涛译，上海译文出版社 1979 年版，第 118 页。
②　尼采：《悲剧的诞生：尼采美学文选》，周国平译，生活·读书·新知三联书店 1986 年版，第321 页。
③　原载《美学与艺术评论》第 27 辑，2023 年 12 月版，题目略有改动。作者陈伯海，上海社会科学院研究员。

能光停留于文本考订、注释、串解乃至作历史整理的层面上,当力求从既有资源中发掘其尚有活性潜能的因子,更以我们自身的创造性研究予以"激活",使之适用于现代社会及其文化建设。按哲学大师冯友兰的说法,乃是将对前人的"照着讲"转变为"接着讲",通过传统资源的现代阐释让其焕发新意,这也便是构建"中国文论"的必由之路。实际上,这个论题非自今人发端,近现代一批有识之士如王国维、朱光潜、宗白华等都已开始行进在这条道路上,尤其是宗白华明确提出构建"中国美学"的设想,并做出了很有创意的实践。回视他们走过的路,总结其经验与教训,或将有助于我们今天的建设工作。

一、王国维与《人间词话》

王国维作为近代文学研究的先行者,主要活动于 20 世纪初期,其学术理念大体仍立足传统,但已受西方康德、叔本华等思想的濡染,具见于其《人间词话》为代表的词学批评之中,我们即以其词论来探测其诗学主张。

众所周知,王氏论词以"境界"(或曰"意境")为尚,"境界"或"意境"之说皆承自传统,但王氏在阐释中自有其发明创新之处。

按其所述,"境界"("意境")系由情意与境象二端合成,或以"情"(意)胜,或以"景"(象)胜,二者不可或缺,且皆须"真"。须加注意的是,所谓景物之"真",非谓其属实有之物象,乃缘于渗入其中之诗人情意感受为"真"。所举例子如"红杏枝头春意闹",着一"闹"字而境界始出,"云破月来花弄影",着一"弄"字而境界亦出,着眼点均在词人真切感受之传达上,可见"情意"实居于境界之主导位置。还要看到,王氏所属意的"真情",又并不等同于人们日常生活中偶发的各种感受。《人间词话》里鲜明地反对"游词"和"儇薄语"(以其属一时之念想与戏言,非出自衷心认可),进以主张"艳词可作,唯万不可作儇薄语"[①],甚至认为一些被目为"淫鄙之尤"的率意言情之作,因其情真意切而读来"但觉其精力弥满""亲切动人"[②]。这个看法显然已突破传统"温柔敦厚"诗教的匡范,而略具近代个性解放的色彩,可视以为王氏"境界"说的新意所在。

在标举"境界"论词的主旨之下,《人间词话》进以提出"有我之境"与"无我之境"这两大类别。前者指以词人自身之情意活动为直接观照对象,故所成境界中多显露"我"之身影,欣赏时也重在"观我";后者则多以外在物象为观照对象,词人之情意大抵潜伏其中而不显痕迹,欣赏重点也在于"观物"。实质上,不管"有我"与

---

① 周锡山编校:《王国维文学美学论著集》,北岳文艺出版社 1987 年版,第 382 页。
② 同上书,第 367 页。

"无我",皆有词人之情意感受在,否则不成其为"意境"。

还要看到,这里所谓的"我",仅就词中所表现的对象形态而言,至于观照的主体则另是一回事,这就是王氏所谓"观我之时,又自有我在"①一语所突出的含义。他将作为表现对象的"我"与充当观照主体的"我"明确地区分开来,且不管前者取隐显有无何种姿态,而后者作为词作"主体"且负有统摄材料成一整体的责任始终不变。这两个"自我"的分立,明确体现了王氏文艺审美观中主体意识的发扬与强化,亦是其步入近代学人行列的一个重要标志。

在阐明"境界"的内涵及其基本类别之后,《人间词话》对词境建构的途径也作出了自己的解说,这就是"能入"与"能出"这对范畴所要说明的问题了。"能入"意谓词人首须进入并真切感受其所要表达的物象境界,即所谓"与花鸟共忧乐";"能出"则特指其于感受之余,又能凭借自身的观照能力,以实现对具体物象的超轶性把握和提升,即所谓"以奴仆命风月"。"入乎其内,故有生气;出乎其外,故有高致"②,二者交相为用。但总体上说,"入"仍是"出"的先决条件,未"入"就谈不上能"出";而"出"又是"入"的进一步拓展,它要求词人运用自己的观照能力,将感受中初步形成的物我交融境界更上升至理性反思的高度上来予以新的体认。以"出入"说来解说"境界"的酝酿成形及其进一步深化的取向,是王国维对传统诗歌意境说的重要总结和提升。

缘于"能入"和"能出"的运作工夫不在一个层面上,以此来区分词境之高下,便成为王氏论词的另一个重要批评标准。他据以考察唐宋词坛上众多作者,其崇尚北宋而贬抑南宋的观念虽被人目为一偏之见,却自有其理论依据在。不过"出入"说的核心意义还在于突出了审美主体的能动创造作用,特别是其寓于具体生命感受活动中的理性反思功能。如果说,以"能入"为标志的诗人对生命境界的体验心理(即"物我同一"境界),在前人有关诗歌意境的阐说中多所涉及,则以"能出"为指向的主体反思作用的强调,则传统诗论中尚不多见。且就王氏的命意而言,"能出"还不限于一般性的反思,乃是要求将"入乎其内"所获得的具体感受经反观、淬炼而提升至具有哲理意味的高度上来加体认,如其所谓南唐中主词"菡萏香销翠叶残,西风愁起绿波间"之句"大有众芳芜秽,美人迟暮之感",以及晏殊"昨夜西风凋碧树,独上高楼,望尽天涯路"词近于诗人之"忧生",冯延巳"百草千花寒食路,香车系在谁家树"词近于诗人之"忧世"③,而宋徽宗《燕山亭》词虽真切动人,但仅限于一

---

①　周锡山编校:《王国维文学美学论著集》,北岳文艺出版社1987年版,第397页。
②　同上书,第367页。
③　同上书,第351、355页。

己之身世情怀，未若李后主词泛述人生感慨，"俨有释迦、基督担荷人世罪恶之意"①。比拟未必尽然贴当，而企求将个人生活经历提升至理性反思高度的宗旨则皎然可见，这应该说是《人间词话》超轶于既往诗词批评传统的一大亮点。

从"能入"与"能出"关系的把握上，王国维又对词境作了"常人之境"与"诗人之境"的新的界分②。依据他的解说，一般抒述悲欢离合、羁旅行役之情的作品，大抵属于"常人之境"，其所写情事多为普通人众有所经历且能感受得到；只有那些"高举远慕"且具"遗世独立"情怀的作品，才称得上"诗人之境"，也只有具备人生哲理意识的诗人和哲人始得以进入其境界并加领悟。不难看出，对词境的这一分判，恰与其"出入"说紧相关联。"能入"而尚未"出"，打造的词境虽具感染力，却只停留在"常人"对生活的感受上，难以进入更高层次的领会；"能入"且又"能出"，则既有对所写对象的活生生的体验，更利于将感性体验提升至理性反思的角度上来加审视和体认，从中生发出某种对人生事象的哲理性观感与省悟，于是形成了"诗人之境"。王氏不排斥"常人之境"，却更推崇"诗人之境"，这从他竭力要从南唐、北宋词人的言情写景作品中去发掘其可能含带的哲理性寄托上充分反映出来，同时表明其所向往的哲理性境界并非抽象的教言，乃要融化于具体的人事观感及物象描绘之中，与真情感、真景物构成"境界"本义的说解仍相贴合。

在这个问题上须加申说的是，王国维本人的哲学观深受西方叔本华哲学思想的影响。叔氏以生命之"欲"为人的本性，且认为"欲"的发动既构成生命的动力，而又给人生造成极大的烦恼，故哲学反思的要务在于让人从"欲"的枷锁下解脱出来，方案是突出一个"观"字，即通过观照自身因欲求产生的痛苦，以觉悟到须祛除欲望以返归合理的人生。王国维则以其艺术活动的实践体现了这一思路，他以"真情感"与"真景物"的结合来表征"境界"，"真情感"中自含有"意欲"的成分在。"境界"的生成在"入乎其内"后更要求"出乎其外"，即以超越的人生态度来观照所体验到的境界。至其心仪的"诗人之境"，则更寄希望于打造富于人生哲理的启示，进以提升并祛除人们日常情意感受中的一己苦闷与烦恼。由此观之，王氏不光在其《红楼梦》论评中贯彻了叔本华的思想，其词学研究也若隐若现地显示出这一影响，将其视为近代学人中立足本土而又面向世界的先行者，自是当之无愧。不过又要看到，王氏并非一味地追随叔本华。叔氏宣扬的生命之"欲"，建基于抽象的人性本然，其以自我观照为解脱手段，亦仍然立足于个体本位。而王氏的"境界"说虽亦注重个

① 周锡山编校：《王国维文学美学论著集》，北岳文艺出版社1987年版，第353页。

② 按：此说不见于《人间词话》，系王氏于其《清真先生遗事》中所提出并加阐说，但"词话"论述中实已初见端倪。

人情怀的真切表达,却属于词人在其现实生活中所生发的情意,具有丰富的社会内容,与抽象的生命之"欲"不是一回事。尤须注意的是,当王氏倡扬以"入"而能"出"的方式以超越词中咏写的具体情事,便于词人的感受能上升到"诗人之境"所具有的理性反思高度时,其所着眼的"忧生""忧世"之类表白,均含带深切的社会人生关怀的用意在,也绝不是一个轻巧的"解脱"所能概括得了的,当视以为词人身处民族危亡与社会大变革时际的真切心理写照。这意味着探讨王氏学理的构建,在承接传统与借鉴西方的交合作用外,还自有一个近现代中国的本位意识须加考量,不当轻易略过。

二、朱光潜及其《诗论》

不同于王国维的前朝遗老身份,晚于其二十余年后登上学坛的朱光潜,则已属饱览"西学"的通识之士了。其代表作《文艺心理学》以克罗齐的"直觉"说用为基点,综合了现代西方多家学说,建立起他自己的美学观,并尝试应用于解说当时中国社会生活中的若干审美现象。而若说《文艺心理学》主要建立在西方资源之上,则其所撰《诗论》一书因讨论对象重在中国古典诗歌,便引用了不少中国传统文论资源用为佐证,从而形成"中西合璧"式的建构,或可视为建设现代性"中国文论"的另一种路向。我们即以此书重点述及的有关诗的"境界""表现"与"声律"这三个问题来加考量。

在"境界"篇里,朱氏开宗明义就诗的本原问题作了一个界定:"诗是人生世相的返照。"[1]此乃承袭西方通行的"反映论"艺术观,其以"人生世相"为艺术根底的说法,跟我国传统用"诗言志"来突出作者主体本位的思路自有差别。但朱氏并未据以作进一步发挥,却笔头一转,跳到"每首诗都自成一种境界"的话题上来,并以"境界"作为其探论诗歌内在质性的中心话题,这就使西方话语与我国传统思想接上了茬。

朱氏对"境界"的把握集中表见于这两句解说之中,即"纯粹的诗的心所观境是孤立绝缘。心与其所观境如鱼戏水,忻合无间"。[2] 这里突出了两个要点:一是诗境有别于现实生活中的实境,它是孤立自足而无需借助实境为依托的;二是诗境由诗人心境所创造,诗人的情意贯穿于整个诗境之中,从而使诗境获得了生命。为了阐释这两句话的含义,他引用克罗齐的"直觉"说加以论述。按克罗齐的说法,"直觉"作为人的原初本觉,其于外在事象只有一种囫囵式的观感,即只注重把握并感

---

① 朱光潜:《诗论》,生活·读书·新知三联书店1984年版,第45页。

② 同上。

受其整体形象所呈现的活力态势,而对各事物间的相互关系与实际意义不加分辨,这一直觉式的观照即构成了审美。然则,"直觉"何以能达致审美的效果呢?据克氏所言,是因为它具有"表现"的功能,即能将审美者自身既有的情怀注入其所观照的形象之中,从而使外在形象转换成饱含主体内在情感生命的意象,让审美者在观照中得以重新品味自身的情意体验,这就是审美活动的意义所在了。这一"抒情直觉"的说法,很接近于我国传统以"情景交融"来构建"意境"的方式,且更突出抒情主体在其间的主导地位,可视为西方"表现论"诗学观对传统诗论的一种阐发,但因其过于强调"移情"的决定作用,将直觉式观照仅限于自我情意的表现形态,不免忽略了诗人情意在根底上自是"心物交感"的产物,而"意境"内含的"情景相生"与"交互融合"关系也并非"抒情直觉"一语所能概括得了的。

朱氏论"境界",还袭取了王国维以"有我"与"无我"为境界类别和以"能入"与"能出"为境界成因的说法,但解说上自有差异。在他看来,打造美的境界必有诗人情趣的注入,不可能真正"无我",区别只在于"我"之显身状态如何。若情趣与物象浑然一体,见不出诗人自身活动的影迹,就被视作"无我",而若诗人的身影尚余留于物象之外,"情"与"物"处在互动状态,则将构成"有我"。故"有我"与"无我",实质上当是"超物"与"同物"之别,这一从物我关系上来把握境界的说法,较之传统"情景"说自是提升了一步。据此,朱氏更进以将作为境界生成原理的"出入"说联系起来考察。按他之说,正因为诗人对宇宙人生能"入乎其内",故能与物象打成一片而形成"同物之境",而又缘于他有能力超然物外以宁静观照其所感知的物态人情,从而又造就了"超物之境"。故"能入"(感物)与"能出"(观物)实属诗人必备之修养。一般人大多能感而不擅长观,往往停留于个人审美感受的阶段;诗人则在感受之余还常通过回味自己的感受,进以观照和把玩感受中所获得的境界,遂宣之而成其为诗。这样的解说未必皆合乎王国维的原意,但注意将审美直感与含带理性反思作用的观照区别开来,以突出诗歌创作中艺术思维的能动作用,确乎借助西方学理对传统"意境"说给予推进,而亦回过头来对克罗齐的"抒情直觉"论作了必要的补充,对构建当代中国文艺思想自有其独特的贡献在。

《诗论》的另一个重要话题是论"表现"。在朱氏信奉的克罗齐美学思想中,"表现"与"直觉"属同义语,"直觉"作为一种原生态的"觉",体现出人的本初感受与构形能力,因亦是主体在其审美活动中的独特的自我表现。故直觉的正式成形亦便是表现的宣告完成,至于直觉生成后更须付诸语言文字或其他形式的表达,则属于向他人传达自身审美体验的问题,不属于表现范围内的事了。这一极端化的看法自不为众人认可。按一般人的意见,作者由情思引发至意象酝酿成形,属艺术构思活动,一般不称作"表现",至其将酝酿成形的意象(连同其内在情思)用语言文字等形态表白并发露于外,以形成艺术作品,这才称之为"表现",同时也就具有"传达"的功能了。"表现"与"传达"都属于艺术创作的后续阶段,是艺术家自身内在构思基本成形后的行为。朱光潜对上述对立的见解似乎采取了某种折衷态度。他以情感、想象和语言能力均属于人自身机能为理由,主张将克罗齐认可的"表现"由审美心理活动延伸至语言表达层面,而单将文字记载排除在外,似乎有点费解。实际上,其根本立足点仍在克罗齐这一边,即以"表现"来囊括整个艺术活动,只不过克氏光注目于审美,"表现"及于直觉心理即可告成,而朱氏探讨的是诗歌艺术,不将语言表述收纳进来便不成其为诗。论"表现"一章在朱氏诗论中之不可或缺,且起着将"境界"与"声律"绾接起来的纽带作用,盖缘于此。至其将文字传达的功能仅限于"记录"而一意剔除于艺术活动之外,则仍属克氏偏见之延续了。

在突出"境界"、界定"表现"之余,《诗论》对诗歌声律给予特别关注,不单在"诗与乐""诗与散文"等章节里涉及声律的缘起与性能等问题,还在结尾专设好几章来集中探讨其具体构成方式。据其考察,声律的起因当追溯至人类早期以巫术降神时的诗乐舞合奏,诗歌作为乐舞中的有机组成,自不能不遵循乐曲的节奏与旋律,且即使后来诗乐分化,诗仍保有其合律的特点,不过所遵循的不再是音乐节律,而是自身的语言声律了。讲求声律这一特点使诗歌作为独特文体与散文区别开来,在表现性能上宜于抒情而不宜于具体叙事和周密说理,这可能也是诗之致力于营造"意境"的重要缘由。

书中就"声""韵""顿"这三个方面具体论析了诗的语言声律的具体规范,且有中西诗歌的相关比照。如论"声"的一章明确指出汉语不同于古希腊和拉丁语有长短音的分殊,也不近于英语之轻重音明显,故调声以平仄相间为基本原则,但平仄的区分不如轻重、长短来得明显,且各地方音的发声不一,从而为口语化的白话新诗所扬弃。在论"顿"的章节里解析了中国传统五七言诗以"二·三"(实为2·2-1)及"四·三"(2-2·2-1)分顿的来由,指出这与汉语的一字一音以及古代单音词特多的现象密切相关,故与西诗按"音步"分顿有所差异,但在当前白话新诗里多音节词增强而难以维持齐言体式的情况下,如何改造"顿"的既有体式而又继续发扬其节律的功能,自须作精心推敲。至于"韵",朱氏认为它已成为中国诗歌讲声律的一个主要标志,不但古典诗歌离不开押韵,白话新诗在四声难调、顿法变异的情况下,更需坚持用韵脚以打造诗歌声律,这跟西方自有无韵诗的格局大不一样。总的看来,其从"声""韵""顿"的不同角度对诗歌声律问题做了相当细致的探讨,有助于我们具体把握"诗"的体式以及中国诗歌的声律传统与发展取向,不足处在于其对"声律"的具体说解与前面论"境界"及"表现"似乎扣得不甚紧密,若能在详解律法的同时更关注从声情关系上来把握诗歌声律的由来与发展变化轨迹,或许能让这方面的论述站得更高,而《诗论》整体也更为完美。

三、宗白华的"中国美学"构想

作为与朱光潜同时代的学人,宗白华现身于美学界似乎更早一些,其论学所涉及的各门类艺术也更为广泛。将其置于朱氏之后来叙述,是考虑到他由西学归返中学的特殊经历,且也只能就其与文学关系稍密切的角度试作一探。

总体上说,宗氏毕生论学,是以"生命论"为其主旨的。他早年留学欧洲,接触较多的是当时流行的进化论思想和新康德主义哲学。进化论意味着整个自然界和人类本身常处在不断演化的过程之中,没有什么固定不变的东西可以视为世界的本根。新康德主义则继承康德的学说,要以先验的人性甚或超验的"存在"来统合人的精神世界。折衷下来,宗白华选择了"生命哲学"作为自己的信条。"生命哲学"视生命活动为万事万物的动力源,它既是一种本原,而又非固定不易之实体,恰可用以为调和进化论与"形上"思考的有力支撑,且更与中国传统的"生生"之说相契合。这一"生命论"的信念于是成为宗氏终身论学的主旨,其美学观亦便建立在此基底之上。

宗白华的美学思想又有一个发展变化的过程。20 世纪 20 年代,他以学习和信奉西方美学为主,30 年代后却转向中国艺术精神的倡扬。在前期,他接触了较多的西方近现代艺术,于其技法革新有相当的了解和肯定,但对其中着力表现的对人的意志、欲望乃至下意识心理活动的宣扬,则采取批判态度,认为会导致"物欲横流"的弊病。为此,他着力肯定歌德对生命意义的阐释和狄尔泰等人的生命哲学观与美学观,缘于其中突出了人的精神生命追求的趋向,在他看来,这才是艺术文化应有的发展方向。

宗氏对中国艺术传统的关注,20 年代已有所表现,但予以大力弘扬,则始自1932 年后发表的一系列文章。此后,他即以"中国美学"的倡扬者和构建者身份显形于学坛,走上了一条迥然不同于一般西学人士的治学道路。转向的导因在于他认定中国艺术的审美指向在弘扬"生命"的意义上要超越西方,其所达致的境界和采取的方法均有西学不逮之处,将这笔文化遗产发掘出来并给予理论的阐发,会大有助于人类精神生活的提升。看来其根底仍在于"生命论"的论学宗旨,即出于对"生命"终极意义的关怀所致,这也应该是我们把握宗氏思想的根本出发点所在。

宗白华生命论美学的核心观念在于"艺术意境"说,具见于其 40 年代前期发表的《中国艺术意境之诞生》一文,让我们稍稍展开来探讨一下。

文章"引言"部分的开篇即展示出"世界是无穷尽的,生命是无穷尽的,艺术的境界也是无穷尽的"这一宏大的视野,进以指明"现代中国站在历史的转折点上,新的局面必将展开",就中国艺术——"这中国文化史上最中心最有世界贡献的一方面","研寻其意境的特构,以窥探中国心灵的幽情壮采,也是民族文化的自省工作"。① 这一开场白不单点明了艺术意境说与其生命论美学观的息息相关,且将其置于民族历史与文化更新的大背景下来加体认,其着眼点当予高度重视。

进入本文第一节后,宗氏对"艺术意境"的概念先加阐释。他引述清人方士庶《天慵庵随笔》所谓"山川草木,造化自然,此实境也;因心造境,以手运心,此虚境也"之说,将自然境界(实在之境)与艺术境界(意造之境)区别开来。接着用自己的体会解说道:"以宇宙人生的具体为对象,赏玩它的色相、秩序、节奏、和谐,藉以窥见自我的最深心灵的反映,化实景而为虚景,创形象以为象征,使人类最高的心灵具体化、肉身化,这就是艺术境界。艺术境界主于美。所以一切美的光是来自心灵的源泉,没有心灵的映射,是无所谓美的。"② 这不单讲明了艺术活动中"凭心造境"的实在依据和具体方式,还将艺境的审美性能及其缘由作了简要提挈,较之传统"意境"说多停留于情景关系的解说,在观照点上自是大大提升了一步。

不过宗氏"意境"论中最具创意的内涵,还当归属于文章第四节有关意境三层次的分析。其以"直观感相的模写""活跃生命的传达"和"最高灵境的启示"来标示三个层次所达致的不同境界,而又将其设定为逐层推移和逐步提升的进程,这一自成统系的说解不光具有较周密的学理性,且进以将"中国美学"推上了世界前沿位置。所谓"直观感相的模写",是肯定艺术意境所必具的形象性,这对于古今中外的艺术创作概莫能外,用为"意境"的底基自无争议。"活跃生命的传达"则突显了艺术形象内含的精神向度,这是"生命美学"论者所着意关注的艺术审美特质,也常为一般人士的审美经验所认可,其意义自是将外在的"直观感相"提升了一步,使之进入内在的生命体验。至于"最高灵境的启示",更是将人所共有的审美体验提升至"悟道"层面上来加体认,属人生哲理的启示乃至终极关怀的追求,而又不凭借抽象说理或单纯膜拜,仍是在活生生的体验中求得开悟。这样的境界关怀在西方美学中探论甚少,中国传统时或涉及,但也罕见理念上的概括解析。宗氏以"意境三层次"说给予明确分疏并提升至理论高度,鲜明地体现了其构建"中国美学"的用心。

"艺术意境"说之外,宗氏探讨各门类艺术的论述还有许多,未必都能贴合文论的要求,我们且以其阐释中国传统画论的"气韵生动"说为例来略加品味。"气韵生动"一语本出自南朝谢赫《古画品录》中的"绘事六法",属"六法"中的首法,其意义应当如何把握?按一般艺术人士讲"生动",多用以指称作品中的形象描绘,有"形

① 宗白华:《美学散步》,上海人民出版社 1981 年版,第 58 页。
② 同上书,第 59 页。

象"才谈得上生动。谢赫之说却将"生动"归诸"气韵","气韵"属精神层面之事,为何也要讲"生动"呢?这实际意味着中国艺术传统最关注的是表现人的精神世界,内在的精神灵动了,外在的形象才得以生动起来,且显形为一种根底上的生意盎然与活泼泼的灵气灌注。故画家不光要画出事象的具体形貌,更当究心于揭示其内在生命力量与意趣,连同画家本人对世间万象的鲜活的生命感受与领悟,这才是"气韵生动"得列于"绘事六法"之首,且于后世一直为人宗奉而得以流传广远之故,其与"境界"论之崇尚精神生命境界自是桴鼓相应,而与西方艺术审美之唯形象观则拉开了一段距离。

不过要看到,"气韵生动"说的关注点虽在事象的精神领域,而其落脚点却仍归之于艺术技法。它本就是作为"六法"中的一"法"而被推举出来的。或者也可以说,它在"六法"中被列居首位,可能就是要以它来规范和统领其他法式,为各种具体法式树立明确的导向。比如说,同列于"六法"中的"骨法用笔"这一项,具体谈论的是用笔之法,这显然属于艺术技巧问题,但明确标出"骨法"这个特点,就让它与"气韵生动"说相沟通了。我们知道,中国传统绘画(尤其是通行的水墨画)所使用的工具与原料大不同于西方近现代盛行的油画,它不能借助涂设大块颜料的方法来构成物象鲜明的立体感,也难以细致地捕捉各种色彩、光线、阴影等气氛的变化。中国画的主要凭借在于笔法,特别是以墨笔或彩笔所勾勒成的线条。"骨法用笔"的提法乃是要求将画面打造成具有骨力的各种线条组合,用以勾勒物象的基本轮廓与状貌,更进以写照其内含的精神气质,而由此亦体现出画家自身的内在精神,这不正是"气韵生动"所要达致的境界吗?以此观之,"气韵生动"之说实际上是为技法树了一个标杆,成为运用各种艺术手段所要依据的准则,它一头指向了艺术审美所需追求的精神境界,另一头则连接起各种具体的表现手法,于是构成了艺术创造活动中"形上"与"形下"之间必不可少的中介桥梁。也正缘于把握住了这个中介,宗氏才得以将中国传统艺术思想的各种资源统合到其"艺术意境"之名下,为"中国美学"的体系性构建创造了条件。

为此,"气韵生动"说不仅成为"绘事六法"的总管,在其他有关技法的问题上也常发挥着某种统领作用,如宗氏早年论画时常提及画中"虚白"的问题便是如此。如上所述,中国绘画的笔法是以"飞动的线纹"为基础的,于是会在画面上留下相当的空白处,这"虚白"绝不能视作画中的死角,它恰恰是构图的基本要素,即以"虚实相生"来启发人们的想象,借以显示画面内含的盎然生机。两千多年前的《老子》书即曾以"有无相生"来解说万物发生的原理,后世文艺论评中也常有"境生于象外""含不尽之意见于言外"以及"象外之象""味外之味"诸种说法,皆是要为艺术表现留下一定的空白,便于在虚白处生发想象,用以拓展艺术表现的整个空间,同时亦便是为发挥主体的创造性能及其内在生命力提供了更广阔的天地。据此,将这一"虚实相生"的技法拿来同"气韵生动"的理念并观,其内在联系不也清晰地显示出来了吗? 至于宗白华一贯持有的"诗画同源"观念(特别是其所强调的"画中有诗"之说),以及他后来从敦煌壁画中生发出对乐舞表现生命意识的关注,多指向了"气韵生动"的规范,且经由这一规范而上达其"意境论"所着力标举的"活跃生命的追求"与"最高灵境的启示",也就不在话下了。

总之,宗白华毕生以"生命美学"为论学宗旨,且以"艺术意境"的创造为达致其"生命"追求的基本依托,终于导致他转向弘扬中国美学,从而为传统思想的现代转化开启了一种有相当发展前景的取向。可以说,作为现代化的"中国美学"的创建者,宗氏自当之无愧,其不足之处须待后人续补。

四、走向构建"中国文论"之路

王国维、朱光潜、宗白华三人虽不足以概括近现代中国学界对构建"中国文论"乃至"中国美学"的探讨研究,却是其中极具代表性的三位。如果说,王国维主要还是立足传统并吸取若干西学因子以开创面向现代之路,大体算得上"中体西用";朱光潜的《诗论》以西学观念阐释中国传统诗歌理论与实践,即属于道地的"西体中用";宗白华由学习西方现代美学进以大力倡扬中国传统艺术经验,并试图在此基点上来打造能适应当前社会生活及其精神向度的"中国美学",更俨然有"会通中西"的用意。考察他们的探索道路,在总结其经验教训的基础上营造适合我们今天形势的新思路,将会使我们的构想更有依据也更利于向深广度不断提升。

然则,他们的艰辛探索究竟为我们提供了一些什么样的经验或教训呢? 我以为,有这样几条特别值得重视。

首先要看到,他们对中国传统资源做了比较深入细致的发掘工作,为打造"中国文论"乃至"中国美学"提供了一定的材料基础。众所周知,我国古代并无"美学"抑或"文艺学"这类学科,大量有关审美的信息散见于诗歌、绘画、音乐、雕塑以至工艺、建筑等各门类艺术形态的论评之中,以独特的审美眼光将其挑选并汇聚拢来,更从中拣择出最有意义的论题加以阐发,自是创建这门学科的必不可少的前提条件。宗白华以"审美"为切入口,对各门类艺术形态加以全方位考察且交互引证,功不可没。王国维与朱光潜虽专就词论或诗论从事构建,亦常关联到其他艺术类别乃至思想文化层面,其对传统的把握与开发较之前人也更具深广度。这一博览综取的手眼应是他们有可能在前人基础上继续推陈出新一大缘由。

其次,要构建具有现代意义的中国文论或美学,还须立足于现代社会生活的高度上来看待传统,要着力把握传统与现代之间的关联及其张力所在,始有可能引发传统自身尚具的活力因素,经适当改造后,使之参与现代话语的构成。我们看到,王国维论词或朱光潜说诗,虽然都引证了不少前人经验之谈,却并未停留于原有话语的层面上,而是力求从自己所处的当下境遇出发,以提出个人的独特体验和思考,其中自有其所处时代的投影在。至于宗白华之着意开发"中国美学",将各门类艺术创造的经验熔为一炉而加提炼与粹化,本身就体现了现代人的思维方式,更不用说其处处以"西学"作为参照了。这一"中西合璧"、互参互用的方法论原理(王、朱身上亦各有体现),当属有意识地将"西学"为代表的现代观念引入本民族传统的开发和研究中来,使传统得以"推陈出新"并进入现代话语世界,不单迥然有别于守旧派的"保存国粹",亦与欧化派的"全盘西化"调门不一,确属给后人指明了一条构建具有现代意义的"中国文论"乃至"中国美学"的康庄大道,虽仍不免时或带有某些"生糙"之痕迹。

立足传统和面向世界,是建设当代中国文论的基点,基础确立后,还有一个具体途径的问题须加考量,即如何才能有效地切入传统,使其涵盖的有用资源尽可能充分地开示出来。回看本文所论列的三位学者,我们不无惊讶地发现,他们不约而同地选择"意境"(境界)作为中心话题,且皆围绕"意境"以组织起成系统的论述,当非出自偶然。"意境"之说属我们民族艺术思维传统所特有,西方文艺美学中并无全然相应的范畴可与之并比,用为抓手,自足以凸显民族艺术文化之特点与精髓所在。且"意境"一语虽较为晚出,而容涵甚大,由此上推,当可涉及情景、意象、心物、形神、"象内"与"象外"、"能入"与"能出"诸多审美范畴,更进以打通"形下"与"形上"的分畛,还有可能升华至"道"的层面,以达致"最高灵境的启示"而通往"天人合一"的存在本原了。故抓住这一有效的切入口以览观全局,也应是这三位学者为我们提供的一种经验,足资参考。当然,"中国文论"的建设并无需定格于一个模子之内,尽可从不同角度切入。即如朱自清先生于 20 世纪 40 年代所作《诗言志辨》一书,本意是要阐说中国诗学的这一"开山的纲领",却广泛涉及诗歌的源起,其与政教人伦应合功能的演化,乃至"志"与"情"、"言"与"意"、"群体之志"与"一己之志"、"知人论世"与"以意逆志"众多方面问题,若更沿此下推,或可开出感兴、意象乃至意境诸范畴以成一完整之系统。这意味着为构建"中国文论"自可选择不同的门径与路向,进以开发出不同的模子,就像西方文论那样取姿各别而又各擅胜场一样。至于开发过程中如何来阐释这类传统资源,特别是在与现代及西方理念的交接互动中如何将其"激活",使之生发出现代意蕴以进入当前话语系统,本人曾提出以"双重视野下的双向观照与互为阐释"用为方法论原则,这个问题已在多处作了解说,毋庸赘述。

末了,还须强调指出的是,构建拟议中的"中国文论",只能视为我们当前文论建设的一个方面的任务,并不意味着其整体发展的取向。实际上,缘于中国当代社会生活及其文化形态的特殊复杂性,文论形态也应该是多元化的。可以借传统资源的推陈出新为主干而打造"中国文论",其功能重在以现代眼光来考量民族传统并从中汲取养料,抑或取资近现代西学并结合国情而假名"西方文论"或"现代文论",用以评论"五四"以后效学西方的新文艺创作,更当有以革命导师教言为依据而形成的"马列文论",重在总结我们自身革命文艺实践的经验教训并引导整个文艺发展的大方向。只要立足于当前中国社会生活与文艺活动的实际,便都属于现当代中国文论话语的有机组成。故并不存在"跟着朱光潜走"还是"跟着宗白华走"的问题,倡扬"中国文论"或"中国美学"的建设仅只是其中的一格,不能抱有"独领风骚"乃至"包打天下"的雄心。当然,这并不意味着不同形态文论之间不存在互动与交融的关系,它们面临的是同一个世界——当今中国社会生活及其文艺审美活动,尽管言说方式与具体功能有别,也自有相互启发与会通之处,至于如何在分途并驱之时而又达致交流会合之效,则更须我们作进一步努力了。

第三节 "艺术学历史化":艺术史哲学的思考[①]

一、艺术学历史化:艺术史能否取代艺术学?

应该说,在以往关于"艺术学"学科初创、设立、建设、调整与完善等相关问题的讨论中,当代中国学者尚缺少从"知识社会学"的角度来思考"艺术学"的方法论意识,对"艺术学"学科内部知识生产的纠葛、争执与博弈始终关注不够,尤其是对"艺术学"与"艺术史"之间所构成的"此消彼长"的话语争夺有所忽视。从通常的未经反思的视角看,"艺术学"与"艺术史"之间似乎并不存在什么复杂多变的关系问题,因为,作为一级学科的"艺术学"与作为二级学科的"艺术史"之间的学科层级似乎已经标识得十分清晰——两者之间构成一种上下级的从属关系结构。然而,实际的情况要远比我们通常所见十分稳固的等级结构关系复杂得多。

以往,在相关"艺术学"与"艺术史"讨论中,我们谈论更多的是"艺术史"对于"艺术学"的重要性,或者,是否存在一般意义上的"艺术史"、如何处理"一般艺术史"与"特殊艺术史"关系等学科议题。诚然,这些问题无疑是我们思考艺术学"史(历史)、论(理论)、评(批评)"的重要视角和理据,但不容忽视的是,这种"史论评"的学科基本架构并非是一种先验而固定的结构。因为,"我们为何从事艺术的历史

---

① 原载《艺术百家》2023 年第 2 期。作者谢纳,上海交通大学人文艺术研究院教授。

研究,这未必是不证自明的事情。……艺术的历史研究不单是获得关于已成为过去的知识,而是去逼近现在正在产生着的、正在作品中创造出意义的创造作用本身"。① 当我们说艺术史研究并非一件"不证自明"或"不言自明"的事情时,实际上是在说,"史论评"三种基本结构是社会历史发展语境中不断变动生成的结果,这意味着,"理论"与"历史"、"共时"与"历时"、"结构"与"解构"之间始终处于冲突、纠葛与变动的过程之中。因此,从知识社会学的角度,反思"艺术学"与"艺术史"之间的复杂多变性,辨析其学术话语生产和学科体系建制之间的知识社会学动因,对于当代艺术学学科体系建设无疑具有方法论的功能和意义。

　　"1900 年前后的几十年间,德国艺术史的根本危机主要是艺术史与艺术科学之间的战争。"②这就是说,在艺术学学科创立之初,学者们就开始关注并不断讨论"艺术学"与"艺术史"之间的复杂多变关系,两者之间的争执、纠葛与博弈便也随之展开而影响至今。较早从学科意义上提出"艺术学"与"艺术史"关系问题的是现代艺术学的重要开创者埃拉斯特·格罗塞。1900 年,格罗塞在《艺术学研究》中向人们描述了艺术史家与艺术理论家的理论争执与博弈:"一方面艺术史家不顾艺术理论,尽量搜集艺术的事实,另一方面艺术理论家也同样不顾艺术史的方法,组织其一般的理论。因此,前者搜集满堆庞杂的资料,后者设计其冒险的空中楼阁。而事实上则只有两者的统一,即有了明确的设计,在牢固的基础上面,使用优良的材料,然后始能建立起一个科学。"③1914 年,德国一般艺术学运动的主将埃米尔·乌提兹在《一般艺术学基础原理》中,特别探讨了"艺术学"与"艺术史"之间的关系问题。针对有些学者担心"艺术学"会侵犯"艺术史",埃米尔·乌提兹予以了直接回应:"他担心,艺术学可能会降低艺术史的地位,然后独占所有有价值的研究任务,这种担心是毫无道理的,就好像怀疑,一般艺术学会统治艺术史学一样。艺术学从没有想要触动历史学的地位,也不会对它的意义认识不清。"④显然,在艺术学创立之初就已经出现了"艺术学"与"艺术史"之间的纠葛、争执与博弈。从当时情况看,"艺术学"似乎占据着强势的理论地位,而"艺术史"则处于守势,担心"历史"被"理论"取而代之,要为"历史"守住一块自己的学术地盘。

---

① 吉冈健二郎:《现代艺术史学的基本课题:艺术、历史与风格》,李心峰选编:《国外现代艺术学新视界》,广西教育出版社 1997 年版,第 191 页。

② 泽尔曼斯、范丹姆主编:《世界艺术研究:概念与方法》,刘翔宇、李修建译,中国文联出版社 2021 年版,第 61 页。

③ 格罗塞:《艺术学研究》,见马采:《艺术学与艺术史文集》,中山大学出版社 1997 年版,第 7 页。

④ 埃米尔·乌提斯:《一般艺术学基础原理》,窦超译,中国文联出版社 2019 年版,第 13 页。

值得注意的是，与德国一般艺术学运动基本同步，在 1942 年中国现代艺术学的开拓者马采先生也同样提出了"艺术学"与"艺术史"之间的复杂关系问题，并指出如何处理这种关系对于艺术学学科建设的至关重要性。显然，在格罗塞和乌提兹等学者的影响下，马采先生在《从美学到一般艺术学》一文中，辨析了艺术学与艺术史之间的复杂关系："艺术理论本来是以艺术史所提供的资料为基础去建设原理，但实际上并不如此简单。艺术史和艺术理论之间，常常发生极为矛盾复杂的现象。"①马采将艺术学分为"事实艺术学"和"基础艺术学"。在马采看来，艺术史属于"事实艺术学"，而艺术理论则属于"基础艺术学"："艺术史研究艺术的生成和发展的历史事实和艺术的形式、内容的变迁的问题，目的在于确立艺术的事实，在学术上代表客观具体的倾向，可以称为事实艺术学。和这艺术史对立的是艺术理论（Kunsttheorie），处理艺术的一般现象，在学术研究上代表主观抽象倾向，可以称为基础艺术学。"②马采指出两者之间的矛盾复杂，但他认为，作为"基础艺术学"的艺术理论与作为"事实艺术学"的艺术史，都属于"艺术学"，只不过它们构成了"一般艺术学"的两面，因而两者之间应该相互融通，以达成协调统一，构成一个完整有机的"艺术学整体"。

我们看到，无论是学科外部，还是学科内部，结构层级的基本稳定固然是一门学科走向成熟的重要标志，但另一方面，结构层级的变动甚至解构也往往表明一门学科充满活力，这一点对于新设立的"艺术学"学科来说或许显得尤为重要。如前所述，"艺术学"与"艺术史"之间经常呈现出亲缘、纠葛、冲突、融通的复杂多变样态。其中，最为显著的特征就是"艺术学历史化"。何为"艺术学历史化"？简要地说，就是"艺术史优于艺术学"甚至于"艺术史取代艺术学"的一种知识生产话语体系建构。在"理论"与"历史"、"共时"与"历时"、"结构"与"解构"等选择之间，"艺术学历史化"推崇"历史优先"而非"理论优先"的原则来进行"艺术学"的知识生产和理论建构。因此，探讨"艺术学历史化"或者"艺术史取代艺术学"这一现象产生的缘由及其效应结果，对于我们今天的艺术学学科建设具有特别重要的参考价值。

简言之，中外艺术学学科建设的历史与现在均表明，艺术史对于艺术学学科的整体建设而言始终具有举足轻重的意义和价值。因此，如何建设艺术史，艺术史建设的怎样，决定着整个艺术学学科建设的基本走势甚至于功败垂成。从西方艺术学发展来看，自一般艺术学运动开始，德国艺术学界较为重视基本原理方面即艺术基本理论方面的体系化建设，如格罗塞的《艺术学研究》（1900）、德索的《美学与一

---

① 马采：《艺术学与艺术史文集》，中山大学出版社 1997 年版，第 7 页。
② 同上。

般艺术学》(1906)、乌提兹的《一般艺术学基础原理》(1914)等,但其后发展的主攻方向却越来越集中于艺术史建构。第二次世界大战之后,随着德裔学者逐渐适应并主导美国艺术学界的发展方向,尤其是在欧美大学艺术教育上越来越倾力于艺术史的教学与研究,20世纪40年代,美国大学开设的艺术史课程多达800多门,仅哈佛大学一个学校就开设有60多门艺术史类的通识课程。随着艺术史通识课程在各个大学的全面开设,艺术史学科在欧美得到了进一步的强势发展,呈现出"艺术史取代艺术学",即"艺术学历史化"的学科发展态势。

相较而言,中国艺术学在"艺术学历史化"方面的表现程度并非特别强烈,至少尚未呈现出"艺术史取代艺术学"的显明态势,但"艺术学历史化"的发展趋势或倾向依然清晰可见、显明突出。回顾中国现代艺术学学科建设历史,受德国"一般艺术学运动"的影响,第一代中国艺术学学科的开拓者如宗白华先生和马采先生的早期学术努力,基本上承继了格罗塞、德索、乌提兹等人试图通过艺术学的理论建构来实现艺术学从美学中独立出来的策略,亦可将其称之为"艺术学理论化"或"艺术学体系化"的一种学科建构方式和路径。作为在中国积极推进艺术学学科建构的重要学者,宗白华主张要先建立起艺术学,之后才有可能建构艺术史;宗白华在《艺术学》的讲稿(1926—1928)中明确写道:"艺术史必在艺术学成立之后,始能发生。"[1]也就是说,宗白华先生在早期的艺术学建构过程中偏重的是"艺术学理论化"的建设,之后才逐渐转向了"艺术学历史化"——进行中国艺术史和中国美学史的相关"历史化"的研究,呈现出一个从"理论化"到"历史化"的转换过程。同样,马采也较早地意识到艺术理论与艺术史之间的矛盾复杂关系,但他强调艺术理论与艺术史之间的协调统一。值得注意的是,马采在《艺术源流:发生与发展——艺术学散论之六》中专门论述了"艺术史",马采看来,艺术史可以分为"哲学的艺术史"和"科学的艺术史"。"哲学的艺术史"以黑格尔的艺术史研究为代表——"把艺术的本质归之于形而上学的概念——理想的表现"。[2]"科学的艺术史"又分出截然不同的两种模式:一种是"否定艺术的社会性的艺术史",另一种是"肯定艺术的社会性的艺术史"。前者主要是指注重客观实证的艺术史研究模式,后者主要是指注重文化和社会价值意义的艺术史研究模式,此方面又可以分为"艺术文化史"和"艺术社会史"[3]。与宗白华相似,马采在"艺术学理论化"的推广建构之后,也将研究的重心转移到世界艺术史和中国艺术史领域。[4]

---

① 《宗白华全集》第1卷,安徽教育出版社1996年版,第496页。
② 马采:《艺术学与艺术史文集》,中山大学出版社1997年版,第79页。
③ 同上书,第79—80页。
④ 参见马采的《中国美学思想漫话》《世界美学艺术史年表》等艺术史方面的资料和著作。

伴随中国现代艺术学的不断发展,以各艺术种类为主体的艺术史叙事也逐步取得了开创性的成果,这种以门类为主体的艺术史写作从一开始就呈现出比较明确的"艺术学历史化"的倾向。或者可以说,正是这种艺术史写作真正开创并建立了中国艺术学"历史化"过程,由此基本奠定了中国现代艺术史学的方法、策略与路径。其中,滕固的《中国美术小史》(1926)、郑午昌的《中国美术史》(1935)、岑家梧《史前艺术史》(1936)等,开启了"艺术学历史化"的种类艺术学发展路径。此外,以普列汉诺夫、丹纳的艺术社会学传入为标志,伴随马克思主义唯物史观在艺术学领域的广泛运用,艺术社会史、艺术发展史、艺术思潮史等译介研究越来越兴盛起来,李朴园的《中国艺术史概论》(1931)、王钧初(胡蛮)、《中国美术的演变》(1934)等新兴艺术史的写作,进一步推动了"艺术学历史化"的发展态势。也正是在不断"历史化"的"历史叙事"知识生产过程中,广泛意义上的"艺术史学意识"趋于成熟并形成坚固的学科建构基础,其标志性在于:从艺术种类划分上看,有美术史、音乐史、文学史、戏剧史、工艺史、建筑史等;从空间地域划分上看,有中国艺术史、西方艺术史、东方艺术史等;从时间断代划分上看,有古代艺术史、近代艺术史、现代艺术史、当代艺术史等。如果"艺术学历史化"基本上可以概括中国现代艺术学知识生产的大致走势,那么,显然这种"历史化"与宗白华、马采所致力于的"先艺术理论而后艺术史"的线路完全不同,或许这也间接导致"艺术学"在学科建制上,即进入国家正式学科目录的时间,一直在10多年前才真正实现。而且,"艺术理论"与"艺术历史"之间的学术话语争执至今依然持续不休。

二、艺术史的哲学:人文艺术史如何可能?

大致上说,"艺术学历史化"的主要意图乃是为了"去理论化",即改变"艺术学理论化"的知识生产方式和学科体系建构的模式。这是因为,在许多艺术史家看来,要想克服传统艺术学过于"理论化""概念化""抽象化""一般化"的形而上学弊端,就必须走"历史化"的道路。在此,我们再一次遭遇到"理论"与"历史"之间相互争执、纠葛与博弈的"历史哲学"难题,即我们经常必须面对与处理的"论与史"关系的理论难题。提到历史,人们往往只会想到"已经发生的过去",因而历史研究的任务也就是客观地还原已经发生的"过去"。然而,"历史"并非"已经发生的过去"。从某种意义上说,我们几乎无法真正地回到"历史"或者还原"历史",无论是宏大的历史,还是微小的历史。如此说来,何为"历史",何为"艺术史","历史如何进入艺术","艺术如何进入历史",概言之,"人文艺术历史如何可能"等艺术史的相关议题,依然需要我们面对和解决,而要想解决这些"历史性"的问题,依然需要我们具有"历史哲学"的视域和方法。

从方法论意义上说,我们所面对的理论难题是艺术史研究如何处理历史与逻辑、科学实证与哲学理论、历史事实与价值判断之间的矛盾,即通常所说的"史与论"之间的矛盾。如前所述,从艺术学创立之初这一问题就成为必须面对和解决的难题。为此,现代艺术史学科创始人之一格罗塞把现代艺术学研究分为艺术史和艺术哲学,他认为:"艺术史是在艺术和艺术家的发展中考察历史事实的。……它的任务,不是重在解释,而是重在事实的探求和记述。但是单单断定事实及联结事实的研究,不管做得怎样彻底,怎样周到,总还不能满足人类的求知精神。因此在这种艺术史的研究之外,早就有了一种关于艺术的性质、条件和目的的一般研究。这些研究,无论它们是片段的或是有系统地发表出来的,就代表着我们所谓艺术史和艺术哲学的那两种课程。"在格罗塞看来,"没有理论的事实是迷糊的,而没有事实的理论是空洞的。"因此"史与论""史与思"应该结合起来,"艺术史和艺术哲学合起来,就成为现在的所谓艺术科学"。① 按照格罗塞的理解,我们也可以将作为一般艺术理论的艺术史研究表述为"艺术史的哲学"。因为,从更为宽广的历史视野看,艺术的历史总是意义的历史,而对于历史意义的把握则离不开历史哲学的高度。关于艺术史的人文价值,潘诺夫斯基也许表达得最为清晰而坚定,在那篇著名的《作为人文艺术学科的艺术史》讲演中,潘诺夫斯基说:"艺术史应该被视为人文学科之一,我认为这是理所当然不在话下的。"作为人文学科的艺术史与作为自然科学的艺术史,亦即"科学实证"与"人文价值"之间的分野与融合,这直接关涉艺术史学科的性质定位和未来走向。潘诺夫斯基特别强调"艺术史家"与"艺术理论家"之间的互动,对于人文艺术史的重要意义:"艺术史家倘若不用包含着一般理论概念的术语重构艺术意图,就难以描述他那再创造体验的对象。如果他这样做了,他就会自觉或不自觉地对艺术理论的发展作出贡献,如果没有历史的例证,艺术理论依旧是一幅关于抽象的共相世界的粗陋图式。但另一方面,艺术理论家不论是从康德的《判断力批判》或新经院哲学家的认识论角度,还是从格式塔心理学的角度研究他的课题,倘若不求助于在特定的历史环境下所产生的艺术作品,就无法建立一般概念体系;然而,如果他这样做了,他就会自觉或不自觉地为艺术史的发展作出贡献,如果没有理论定向,艺术史依旧是一堆散乱的个体。"②我们看到,从一般艺术学的创立到当代艺术史的发展,经由格罗塞、李格尔、沃尔夫林、潘诺夫斯基、

---

① 格罗塞:《艺术的起源》,蔡慕晖译,商务印书馆1984年版,第1—2页。
② 潘诺夫斯基:《作为人文学科的艺术史》,曹意强、波罗德等:《艺术史的视野》,中国美术学院出版社2007年版,第15页。

29

豪泽尔、贡布里希等学者的不断努力,艺术史的整体建构、理论旨趣和学科任务始终坚守着"人文艺术"的方向,确立起当代人文学科研究的一个高地。正如当代艺术史家达娜·阿诺德所言:"所有这些思考艺术的方式都存在一个问题:我们怎么看待美学? ……在我看来,它是艺术史的砥柱之一。没有美学,艺术不过就是通向历史的又一块垫脚石、又一道门径而已,不过就是我们探索往昔的社会、政治、心理和符号环境的一个视觉手段而已。身为艺术史家的我们,假如我们试图否认存在着美学这个目类,否认对大多数人来说的确存在的'伟大的艺术'——不论他们是怎么定义的,那么我们就是在冒险,就可能把精华和糟粕一起扔掉了。"①因此,从艺术学的学科内部看,还需要辩证的理解"艺术理论"与"艺术历史"、"艺术哲学"与"艺术历史"、"审美价值"与"历史史实"等诸多复杂关系,其实质,依然是如何看待和处理"史论评"之间的关系问题。诚然,这种结构关系处于复杂的发展变动之中,并不存在一个固定静止的模块和规制可以一劳永逸的解决问题,但是无论社会历史文化如何变动,人文艺术的精神底蕴始终如一,因为,艺术总是人所创造的艺术作品,艺术史总是人所创造的艺术历史。

值得注意的是,由于对历史的不同理解,艺术史研究也呈现出不同的研究路径和方法。大致上说,艺术史研究方法主要有两种模式:一是认为存在着艺术发展的客观历史事实,强调以科学实证的态度面对艺术及其历史,注重运用考古学、考据学、编年史或田野调查等方法对艺术历史进行实证性的科学研究;二是认为并不存在绝对客观的历史,艺术的历史意义与价值只有在叙述或阐释中才可能建构起来,因此,艺术史学不应离开对历史的理论把握或哲学概括。

我们认为,科学实证的艺术史研究是艺术史研究的前提和基础,正如我们面对一件艺术品,如果对它的作者、创作年代一无所知,便不能很好地欣赏和理解其中的魅力。但是,品味和理解艺术毕竟不同于一般的客观性知识解答,正如我们仅仅知道某一件艺术作品是哪位艺术家在哪个具体时间创作的,并不意味着就真正领会体悟到艺术品内蕴的意义与价值。虽然,科学实证的研究模式对于艺术史学科具有十分重要的前提和基础意义,但它也容易导致艺术研究被大量的客观事实所淹没,从而迷失了艺术史研究的人文学科旨趣。正如当代艺术史学研究者杜罗、格林哈尔希在反思西方艺术史学科的历史与现状时指出:"自现代艺术史的产生起,它就开始关注特定艺术家、流派或时期是艺术作品的身份确认,而且如果可能,就应该弄清作品制作的精确时间、为谁而作、制作的目的,以及该作品产生以来的有

---

① 达娜·阿诺德:《走近艺术史》,万木春译,外语教学与研究出版社 2015 年版,第 128—129 页。

关经历。这种方法主要是为了社会公众,而对于许多艺术史家来说,艺术史究竟是什么仍是一个需要不断反思的问题。"①可以说,单一的科学实证化的艺术史研究模式已经导致当代艺术史学科的危机。因此,哲学的艺术史研究模式即"艺术史哲学"研究方法,成为当代艺术学理论关注的热点。

但是,另一方面,以黑格尔为代表的哲学化的艺术史研究,也同样面临着理论的危机。黑格尔将历史发展理解为某种绝对理念的抽象运动,将丰富多变的历史高度抽象为一般概念演绎的历史,并认为这种抽象概念就是客观的历史发展规律。历史在此被抽象化、概念化、客观化,历史成为某种概念教条或某种客观规律的注脚,历史本身所具有的丰富性和复杂性消失了。更为严重的是,在黑格尔艺术史哲学中,创造历史的主体——人也被抽象化、概念化、客观化,我们现在常说的"不以人的意志为转移的客观历史规律",其实质是黑格尔历史哲学的一种表述。这里的问题是,是否存在一种缺失人的主体的纯粹客观历史?是否存在一种没有生动流变的抽象的概念历史?如果是这样,艺术史哲学研究就变成了从丰富多变的历史中抽取出某种规律和概念的形而上学,艺术历史的鲜活性势必被抽象的概念所蒸发风干,历史中的艺术也就成了"概念的木乃伊"。

总体而言,艺术史研究表现出与纯粹理论研究的不同旨趣,它更注重艺术的历史实践,强调艺术研究对象与方法的历史性和实践性特征,试图从艺术自身生成与发展的历史实践中寻找艺术的特征。从当代历史哲学视域看,我们谈到历史与哲学、历史与美学的关系,就不能不提到克罗齐,在论及历史与哲学的关系时,克罗齐提出了一个著名的当代历史哲学命题,那就是"哲学是历史学的方法论"。学者们普遍认为,"哲学是历史学的方法论"是继提出"一切历史都是当代史"这一重要命题之后,克罗齐提出的又一个极其重要的命题。而要更好地理解这一命题,就需要了解克罗齐关于历史与美学的关系论述,因为,在克罗齐看来:"历史学的原理是关于历史学的性质与范围的。……这原理难得圆满,除非它问津于讨论直觉的那一个普遍科学,即美学。"②克罗齐以直觉为核心在艺术、哲学与历史之间建立起整体性关联,为当代历史哲学克服实证主义传统历史观开辟了道路,其中最为关键的是直觉、艺术与美学。当代历史哲学的发展为艺术史哲学研究提供了坚实的理论基础。当代历史哲学展示了与传统历史哲学完全不同的历史视野,瓦解了传统历史哲学对历史的客体化、科学化和抽象化的理解,其中最突出的特征是将历史性与人

---

① 杜罗、格林哈尔希:《西方艺术史学:历史与现状》,汉斯·贝尔廷等:《艺术史的终结:当代西方艺术史哲学文选》,常宁生编译,中国人民大学出版社2004年版,第34页。

② 克罗齐:《美学原理 美学纲要》,朱光潜译,人民文学出版社1983年版,第49页。

文性、历史性与价值性结合为一体。历史性与人文性的结合，凸显了作为历史主体的人的优先地位；历史性与价值性的结合，凸显了作为历史意义的价值关怀维度。

首先，从历史性与人文性相结合的角度看，"历史人类学"提出了"历史主体性"和"主体历史性"的问题。马克思曾引用意大利学者维科的观点，来论述人类社会史与自然演化史的区别："如维科所说的那样，人类史同自然史的区别在于，人类史是我们自己创造的，而自然史不是我们自己创造的。工艺学揭示出人对自然的能动关系，人的生活的直接生产过程，从而人的社会生活关系和由此产生的精神观念的直接生产过程。"①我们看到，正是在自然史与人类史的比照分析的辩证思考方式中，马克思通过对动物生命活动与人类生命活动的比照分析，阐明了人的本质及其特征，由此奠定了马克思主义实践哲学和美学的理论基础。以马克思实践哲学为基础的历史人类学，提出人的生命存在的优先性原则，指出"全部人类历史的第一个前提无疑是有生命的个人的存在"②；进而将人理解为历史性的生成过程，认为"整个历史也无非是人类本性的不断改变而已"。同时也将历史理解为人所创造的历史，认为"整个所谓世界历史不外是人通过人的劳动而诞生的过程，是自然界对人来说的生成过程"。③ 历史人类学将"人类之谜"与"历史之谜"的解答融合为一体，为艺术史哲学的历史性研究提供了崭新的方法论视域。由此观之，不存在所谓纯粹客观的与人无关的艺术历史规律，艺术的历史性也就是人类生存境遇的历史性展开，艺术史也就是人性史的展开，艺术历史学也就是人类历史学。其次，从历史性与价值性相结合的角度看，"历史人类学"提出了"历史的意义"和"意义的历史"的问题。当代历史哲学凸显了人对于历史的意义与价值，以及历史对于人的意义与价值。在此，我们将之称为"历史人类学"。显而易见，人的优先性原则规定了历史的意义与价值，因为只有人才追问生命存在的意义与价值，只有人才会追问："我们从哪里来？我们是谁？我们到哪里去？"这是人类对于生命存在意义的永恒追问，同时也是艺术价值关怀的永恒命题。在马克思看来，历史不能离开人这一历史创造的主体，因为，"历史什么事情也没有做，它'并不拥有任何无穷尽的丰富性'，它并'没有在任何战斗中作战'！创造这一切、拥有这一切并为这一切而斗争的，不是'历史'，而正是人，现实的、活生生的人。'历史'并不是把人当作达到自己目的的工具来利用的某种特殊的人格。历史不过是追求着自己目的的人的活动而已"。④ 正是因为有了创造历史的主体，有了追求着自己目的的活生生的人，历史

---

① 《马克思恩格斯全集》第44卷，人民出版社2001年版，第429页。
② 《马克思恩格斯选集》第1卷，人民出版社2012年版，第146页。
③ 《马克思恩格斯全集》第3卷，人民出版社2002年版，第310页。
④ 《马克思恩格斯全集》第2卷，人民出版社2016年版，第118—119页。

才因之充满善恶美丑、喜怒哀乐、悲欢离合,而拒绝成为客观化、冰冷化的铁的规律。正是由于人的目的追求而赋予历史以人文的价值取向,正是由于人在创造历史的过程中不断地求索生命的意义与价值,历史才不再是凌驾于人的超然客体或外在之物,而是意义生成的时间性展开。因为,艺术的历史始终处于"生生不息"的创新流变过程之中,从历史语境出发研究艺术的流变发展,就是坚持以流变的历史观点来看待艺术,从而避免以某种永恒不变的法则规约艺术,使之趋于凝固僵死。或许,所谓"价值中立"的客观历史研究是不存在的,艺术的历史一定是意义的历史,艺术史哲学一定是意义阐释的历史哲学。

"艺术史是研究人类历史长河中视觉文化的发展和演变,并寻求理解不同的时代和社会中视觉文化的应用功能和意义的一门人文学科。"①显然,这种理解意在强调艺术学作为人文学科的理论性质和精神旨趣。如果说,历史哲学的理论任务就是在理论思维中实现对历史的哲学把握,从而彰显人类历史的意义与价值,那么,艺术史哲学的理论任务就是在人文精神中实现对艺术历史的哲学把握,其宗旨都是为了彰显人类历史的意义与价值。从此意义上说,我们更倾向于将艺术史研究理解为一种艺术史的哲学,以此寻求"艺术理论""艺术美学""艺术哲学"与"艺术历史"之间的"史与论"的辩证融合。这应该是,我们以通变的意识应对当代中国艺术学学科不断发展变化的理论策略和价值坚守。

第四节　艺术一旦成为商品:《资本论》美学思想探绎②

一、艺术产品的本位属性与附加属性

按马克思从质、量两方面的规定来看,艺术作品或产品,至少在"质"上符合商品的条件,或者说,它们具备使用价值。什么是使用价值? 马克思在下面的这些话中交代得很清楚。"商品首先是一个外界的对象,一个靠自己的属性来满足人的某种需要的物。这种需要的性质如何,例如是由胃产生还是由幻想产生,是与问题无关的。""物的有用性使物成为使用价值。但这种有用性不是悬在空中的。它决定于商品体的属性,离开了商品体就不存在。因此,商品体本身,例如铁、小麦、金刚石等,就是使用价值,或财物。"③商品是"物",是"商品体",它的使用价值就是它的

---

① 杜罗、格林哈尔希:《西方艺术史学:历史与现状》,汉斯·贝尔廷等:《艺术史的终结:当代西方艺术史哲学文选》,常宁生编译,中国人民大学出版社2004年版,第23页。
② 原载《首都师范大学学报》2023年第5期。作者张宝贵,复旦大学中文系教授。
③ 马克思:《资本论》第一卷,人民出版社2004年版,第47、48页。

"有用性",也就是"靠自己的属性来满足人的某种需要"。

摆在我们面前的第一个问题是:艺术产品是"物"吗？回答起来并不容易。

绘画、雕塑、建筑这类视觉艺术无疑符合这个条件,它们占据着空间,是静止的,有形有色,老老实实就在我们眼前。音乐艺术呢？舞蹈、戏剧艺术呢？情况就复杂了一些,音乐是声音的流动,舞蹈是身体的流动,戏剧是言语和身体的综合流动,它们不是我们平时理解的"物",不是静止的,一旦静止,一个音符不是音乐,一个 pose 不是舞蹈,两个加在一起也不是戏剧。最麻烦的是文学,《红楼梦》肯定不只是案头的那本书,它需要我们去看里面的文字,或听文字的声音,但文字和声音也不是文学,它要我们通过大脑,去认知、联想或想象文字或字音承载的画面、动作、姿态、声音、情感、情节等,任何一个都不能拆分、静止下来,否则就不是小说、不是诗歌,显然这更不是"物",而是一个更为复杂的综合艺术。

艺术产品作为"物",似乎只能是占有空间,或者占有时间,或者同时占有空间和时间的"物"。我们平时只是在空间上理解物,但理解艺术时,必须加入时间。实际上,"物"(ein Ding, a thing)无论在德语或英语中,也有"事情""行动""自在之物"之义。而且,在马克思的哲学中,时间是把抽象对象从脑袋里拉回现实的重要力量,"时间是把一切确定的定在加以抽象、消灭并使之返回到自为存在之中"。商品、艺术产品之为"物",也该当作如此解。甚至视觉艺术作品,也是时空之物,要和人的感觉发生关系,因为"人的感性就是形体化的时间,就是感性世界的存在着的自身的反映"。① 在这个意义上,艺术产品和其他"商品体"一样,都是时空存在形式,铁、小麦、金刚石,静止的只是表象,空间中的运动才是它们的实质,它们无非是矿工、农民、淘金者的运动的静态表现形式。

从马克思所用"物"(ein Ding)这个词来看,它和"物质"(Materie)还不一样,Materie 就是我们平常以为的"物""物性",和精神、意识相对的"物",马克思所讲的"物质生产"(der materiellen Produktion)用的就是这个物质,和"精神生产"不一样。这时候,作为商品的 ein Ding,不分物质、精神,是作为认知的"物",当然这里是经济科学认知的"对象"(Gegenstand),本来的时空属性全部抹除,像手术台上的标本,是个死物。海德格尔批判科学认知,说它认知到的只是"现成品",就是这个意思。艺术作品即为此"物",不管它们本来的时空属性如何具体、灵动、特殊,此时只能简简单单作为一个摆在我们面前的"对象",和铁、衣物等一般商品体并无区别。

当然,这只是在认知思维中发生的情形,实际存在的艺术作品,其本身携带的

---

① 马克思:《德谟克利特的自然哲学和伊壁鸠鲁的自然哲学的差别》,《马克思恩格斯全集》第1卷,人民出版社1995年版,第52、53页。

时空属性依然存在,也正是这些"自然属性"的实际存在,才使艺术作品和其他商品区分开来,就像铁不同于上衣,各种商品的区别,在其属性蕴含的功能,也就是它们的"有用性"。

所以第二个问题是:艺术产品的"有用性"来自哪里?和其他商品体一样,是艺术产品本身被开发出来的"属性",使它具有了"有用性",即使用价值。这是从"质"的方面看的,从"量"的方面看,每一部艺术作品也和其他商品体一样,"都是许多属性的总和,因此可以在不同的方面有用"。① 这就意味着,艺术产品一旦成为商品,天然尊重各种购买动机,直接地说,可以买来供欣赏消费,可以买来炫耀品味,炫耀实力,当然也可以买来作为扩大再生产的资本。

第三个问题是:不管购买者的动机何在,艺术产品作为"有用性"的基本属性是什么?马克思这里回答得也很清楚,是满足"由幻想产生"的需求。下面他还加了一个注释,引自重商主义者巴尔本的话:"欲望包含着需要:这是精神的食欲,就像肉体的饥饿那样自然 …… 大部分〈物〉具有价值,是因为它们满足精神的需要。"②马克思这个注释显然是为了说明幻想、精神的需要也是商品的属性,这是不同于其他一般商品的属性。这里先需要确认的一个事实是,艺术作品是幻想或精神的产品吗?答案无疑是肯定的。从《巴黎手稿》《德意志意识形态》《政治经济学批判》到《资本论》,艺术一直是作为"意识形式""意识形态的形式""精神生产""非生产劳动"等,与物质生产(der materiellen Produktion)相区别,它是精神的运作方式,产品也是精神产品。于是便可以得出一个结论:按马克思经济学的思路,艺术作品的基本属性也满足成为商品的条件,尽管它针对的不是马克思最为关注的物质方面或"由胃产生"的需要。

由前面三方面的问题,特别是第二、三个问题,还可以得出一个微观的结论:既然商品体因其属性而"有用",从而具备使用价值,那么,由于艺术产品的基本属性在观念,在意识,在精神,包括精神感觉,它的使用价值似乎就可以分为两类:一类是满足直接需要、内部需要或者本位需要,即精神的需要,指交换者直接消费这种精神性使用价值,另一类是满足间接需要、外部需要或附加需要,也就是处于艺术作品基本属性之外的需要。

内部需要好理解,艺术美学史上对艺术的本位思考均属此列。抛开诸多分歧不论,一些共识性的看法主要包括:一,艺术是自由、无利害感(非功利性)的,康德、席勒、马克思、杜威、唯美主义者等在这一点上都同意。二,艺术的直接性或非话语

---

① 马克思:《资本论》第一卷,人民出版社2004年版,第48页。
② 转引自马克思:《资本论》第一卷,人民出版社2004年版,第47—48页。

性,庄子讲的"大美无言",杜威讲的"无法言传"等。三,艺术是有意味的形式(如克莱夫·贝尔、苏珊·朗格等人的观点),让色彩、构图、造型、声音、动作等本身说话。四,艺术是某种趣味的感性表现,比如欧洲古典时期或传统中国绅士阶层钟爱的优雅韵致,本雅明、维特根斯坦、福柯、舒斯特曼等表达的"震惊"或断裂感,也属此列。其中最根本的是第一点,即不带功利色彩的自由性,马克思早期谈的自由风格,创作、劳动以自身为目的,中后期讲的"自主劳动",劳动本身为第一需要等,说的都是精神层面的审美自由,没有了这种自由,也就没有了美,不成其为艺术。

外部需要却不是这样。一旦对艺术品产生外部需要,就意味着艺术作品的基本或本位属性已经消失,成为抽象的 ein Ding,和其他商品一样,满足外部需要的艺术作品,此时可以被任何动机来左右,无论是金钱的、肉欲的、地位的、炫耀的,等等。既然艺术作品具有 ein Ding 这种"物"的属性,它们可以满足这方面的需要,也并不是匪夷所思的事情。

于是就可以肯定,艺术产品作为"物",它有其属性,具备"有用性",也就是可以具有使用价值,不管满足的是外部还是内部需要。同时也要清楚,使用价值只是商品的一个方面,一个必要条件,真正决定艺术产品成为商品的,是看它是否具备交换价值。

二、艺术审美价值的量度

理解商品的交换价值,先要弄清"消费"环节。消费是承接需要而来,没有需要也就没有消费。人的需要是没有止境的,很多需要是幻想,都要落空,比如太空旅行,现在只看到希望,尚不能满足。有的需要则可以满足,想看《红楼梦》,借来或买到了,读它,就是消费。这时,《红楼梦》的使用价值就在消费(阅读)中得以实现。所以马克思说:"使用价值只是在使用或消费中得到实现。不论财富的社会的形式如何,使用价值总是构成财富的物质的内容。"[①]

需要注意的是,虽然"物"的使用价值在消费中实现了,但使用价值的消费,并不保证此"物"一定就是商品。艺术产品若想成为商品,如恩格斯所讲,"必须通过交换",是一种使用价值同另一种使用价值的交换,它的使用价值不是生产者自己消费,也不是出于某种依附关系,被迫供他人消费,而是一个人拿着自己的产品同另一个人的产品自由交换,你情我愿,这种情况下,艺术产品才成为商品。问题是,艺术产品可以用来交换吗?

从事实来看,答案似乎不言而喻。无论是在历史上的"空隙中",还是现代艺术

① 马克思:《资本论》第一卷,人民出版社 2004 年版,第 49 页。

生产的流行实况,都有艺术产品交易或交换的情况存在。而且在伦勃朗时代的荷兰,"占主导地位的是面向自由市场的艺术品生产",屠夫、面包师乃至农民也都会去集市上去找画家买画。① 清代画家任熊、费丹旭也都曾在"街边摆卖画作",或"于货摊小店挂画出售",明代唐寅甚至就是靠卖画为生。② 这种交换使艺术产品具有了交换价值,成为事实上的商品。

那么,交换根据什么标准进行的呢?

马克思的回答很明确,交换价值就是凝结在商品身上的抽象人类劳动。供消费使用的商品"天然属性"有质的区别,所以要交换。交换只能考虑两件商品相同的东西,在马克思看来,这个相同的东西即是二者身上都体现着人类劳动,二者都是劳动的结晶。可是,商品所凝聚的劳动摸不着看不见,是"幽灵般的对象性",是抽象的,又如何在"量"上计算呢? 马克思说有办法,看劳动所持续的时间。交换价值所依据的劳动时间,不是指商品生产的个别劳动时间,而是社会必要劳动时间,这种劳动时间"是在现有的社会正常的生产条件下,在社会平均的劳动熟练程度和劳动强度下制造某种使用价值所需要的劳动时间。……可见,只是社会必要劳动量,或生产使用价值的社会必要劳动时间,决定该使用价值的价值量"。③

既然艺术产品具备使用价值的一切条件,在事实上也常常出现在交换市场,按马克思的商品理论,它们的交换价值当然也要依据社会必要劳动时间来计量。问题就在这里出现了。

第一个问题是,创作时间难以平均化。"诗囚"贾岛"两句三年得,一吟双泪流"所写出的《送无可上人》,交换价值一定就超过了"诗仙"李白酒后很快写出的《将进酒》吗? 恐怕谁都不会这样想。然而,这并不是说创作时间就该被排除在交换价值之外。石涛在写给友人的信札中论及自己画作的价格,说通常屏画"以二十四金为一架",但一幅连续构图的"通景"屏画,"要五十两一架",理由就是这样的画需要更多的时间和精力。④ 这也如胡克所言,"同一名艺术家的两份作品,它们有着相同的美学价值,那么尺寸更大的那幅画最后将会被认定经济价值更高"⑤,里面考虑更多的同样是创作时间因素。

① 阿尔珀斯:《伦勃朗的企业:工作室与艺术市场》,冯白帆译,江苏凤凰美术出版社 2014 年版,第 143 页。
② 高居翰:《画家生涯:传统中国画家的生活与工作》,杨宗贤、马琳、邓伟权译,生活・读书・新知三联书店 2012 年版,第 50—54 页。
③ 马克思:《资本论》第一卷,人民出版社 2004 年版,第 52 页。
④ 郑为:《论石涛生活行径、思想递变及艺术成就》,《文物》1962 年第 12 期,第 47 页。
⑤ 菲利普・胡克:《苏富比的早餐:职业拍卖大师写给你的艺术启蒙》,北京联合出版公司 2018 年版,第 204 页。

第二个问题是,非但艺术创作本身,其产品同样无法量化。艺术产品作为精神生产的"凝结"物,可以测量的只是它们的外部属性,绘画尺幅的大小,戏剧表演及音乐演奏时间的长短,节奏变化,等等,但身体与精神融于一体的审美感觉,或者说美,这种艺术本位属性却是无法计量的。胡克就讲:"艺术是神奇的、超脱的,并且因其不可定价和不可量化而总能物超所值。"[①]20 世纪初,休伯特·史密斯先是用专业领域的不同,拒绝了艺术产品使用价值的定量问题,说:"我们无须探究美和艺术现象的终极本质与原因,那是审美哲学而非经济学的正当研究对象。"[②]但后来他又解释了这种近于推诿的做法,源自量化方面的难处。[③] 戴夫·比奇(Dave Beech)说:"确定性是艺术判断挥之不去的痛,这也是休伯特·史密斯为其辩护时弄巧成拙的原因所在。"[④]这种"痛",指的就是艺术产品的不可计量,经济方法无法介入,这也是比奇"经济例外论"的由来之所。

采用经济学方法,不可计量的只是艺术产品的本位属性,也就是所谓审美价值,但其附加属性或外部属性却是可以计量的。事实上,无论是历史上还是今天,艺术产品的可计量性交换价值,均依据的是艺术的附加或外部属性。布鲁诺·弗雷在这方面说得最为坦诚,他不像史密斯或胡克那样强不能为能,而是避开了对艺术本位属性的考量,干脆就用艺术机构、供求关系等外部属性来计量艺术产品的交换价值,甚至直言不讳地讲,一位歌剧演唱者"如果人们对她的艺术表演的需求低到她作为歌剧演唱者的工作时间为零,我们就无法把她归为艺术家的行列。同样,如果她的收入中很少一部分来自她的艺术活动,她也不能被称为一名艺术家"。[⑤] 话里面似乎没有丝毫人情味,但这或许就是艺术交换价值的真相。

三、艺术商品的悖论与命运

这样,我们就看到了两种艺术商品的计量方式。第一种方式看到了艺术产品的本位属性,也试图从这一方面给出艺术商品的交换价值,但精神产品的不可量化性,让艺术商品价值的时间计量尺度失效,转到人的主观判断身上。第二种方式依

---

① 菲利普·胡克:《苏富比的早餐:职业拍卖大师写给你的艺术启蒙》,北京联合出版公司2018 年版,第 7 页。

② Hubert Llewellyn Smith, *The Economic Law of Art Production*, Oxford University Press, 1924, p.6.

③ Ibid., p.16,18.

④ Dave Beech, *Art and Value: Art's Economic Exceptionalism in Classical, Neoclassical and Marxist Economics*, Brill Rodopi and Hotei Publishing, 2015. p.38.

⑤ 布鲁诺·弗雷:《艺术与经济学:分析与文化政策》,易晔、郝青青译,商务印书馆 2017 年版,第 30 页。

据艺术的外部属性而来,画幅大小、需求多少等,这类属性虽在交换价值上可做量化处理,可一旦这样做了,没有了本位属性的艺术商品就很难说是艺术了。就像买椟还珠,作为珍珠外部属性的装饰盒子的价值,当然已不是珍珠的价值。

当艺术成为商品时,价值却无可计量;当其价值可以计量时,却又不是艺术。这就是艺术商品内含的悖论。

为什么会有这个悖论?按马克思的思路,原因倒也不复杂,就是人的历时活动被变换成"物",用物性的商品规则来权衡人的生命活动,或者说是用物的关系来代替人的关系:"商品形式在人们面前把人们本身劳动的社会性质反映成劳动产品本身的物的性质,反映成这些物的天然的社会属性,从而把生产者同总劳动的社会关系反映成存在于生产者之外的物与物之间的社会关系。由于这种转换,劳动产品成了商品,成了可感觉而又超感觉的物或社会的物。"① 这里的表述比较抽象,《1844 年经济学哲学手稿》讲得却很明白。当时马克思引了歌德和莎士比亚的诗句,说明人的活动和劳动一旦成了物,用货币来衡量,就会发生这样的情形:"我是什么和我能够做什么,绝不是由我的个人特征决定的。我是丑的,但我能给我买到最美的女人。可见,我并不丑,因为丑的作用,丑的吓人的力量,被货币化为乌有了。"这就是"物"的力量,它会抹平一切个性、变化、感性的东西,"是个性的普遍颠倒:它把个性变成它们的对立物,赋予个性以与它们的特性相矛盾的特性"。② 人的劳动或活动产品变成商品后,就会发生这样的情形,所以马克思在《资本论》中再次将其定为"拜物教",而且以肯定的口气说,"劳动产品一旦作为商品来生产,就带上拜物教性质,因此拜物教是同商品生产分不开的"。③ 他的意思无非是:物质产品生产者包括艺术家,一旦出于商品的目的进行生产,他们的活动个性,就得忍受被物性左右的代价,比如市场需要爽文,作家非要由着性子提供悲剧,产品命运就可想而知,用布鲁诺·弗雷的计量标准来说,这样的作家就完全有可能被剥夺作家的身份。

由之也可以推想马克思对此悖论的态度。相对失去自己本位属性的艺术商品,他倒是能够接受不可量化状态的艺术交易。早期马克思的这种态度表现得尤为明显,比如他针对现代物化世界就曾直言不讳地说:"我们现在假定人就是人,而人对世界的关系是一种人的关系,那么你就只能用爱来交换爱,只能用信任来交换信任,等等。如果你想得到艺术的享受,那你就必须是一个有艺术修养的人。"④ 这

---

① 马克思:《资本论》第一卷,人民出版社 2004 年版,第 89 页。

② 马克思:《1844 年经济学哲学手稿》,人民出版社 2000 年版,第 143、145 页。

③ 马克思:《资本论》第一卷,人民出版社 2004 年版,第 90 页。

④ 马克思:《1844 年经济学哲学手稿》,人民出版社 2000 年版,第 146 页。

就是以一方的本位属性交换另一方的本位属性。在 1863—1864 年《资本论》第一册的手稿中,马克思将精神生产与物质生产做出区分,进一步确认了艺术商品的本位交换属性:"整个说来,这样一些劳动,即只能作为服务来享受,不能转化为与劳动者分开的、从而作为独立商品存在于劳动者之外的产品,但能够直接被资本主义剥削的劳动——这些劳动同资本主义生产的大量存在相比是微乎其微的量。所以,可以把它们完全撇开不谈,只有在研究雇佣劳动时,在论及同时不是生产劳动的雇佣劳动的范畴时,才能考察它们。"①联系这段话前面马克思对弥尔顿、"无产作家"、歌女的分析,就该明白,艺术商品若不想失去自己的本位属性,须满足两个条件。第一,在生产方面,无论是弥尔顿还是歌女,均按"天性"创作,或"像鸟一样唱歌"。实际上,这也即是无功利的生产状态。早期马克思说创作要"用自己的风格","作者绝不把自己的作品看作手段",②后来讲的"自主活动"等,指的都是这个条件,都是让人释放个性,做自己愿意做的事情,而不是被活动之外的目的牵着鼻子走。第二,通过交换得到艺术商品的人也是一样,他买的是艺术的使用价值,不是"物",不是交换价值;他是"享受"于作者构建的个性世界,游情山海,并驱风云,不是视之为手段,借此获取剩余价值或达到其他目的。他同样置功利于身外,如马克思讲的资本家,他把歌女叫到家里,付给报酬,是聆听优美的歌声,沉浸于其中,不是借剧场门票换取超额利润③,也只有在如此情形下,他才丧失资本家的身份,保证了艺术的本位属性。

第五节　新时期马克思主义文艺学对无意识理论的改写④

马克思主义文艺学走向当代的关键,是从唯物史观出发积极吸收当代思想新成果来丰富和发展自己。对尽管非理性,却客观存在于文艺活动中的无意识的态度,即为其中一个重要选项。这在西方,主要体现为西方马克思主义中将经典马克思主义与精神分析相结合所取得的形态与成果,理论资源相对清晰而不存在大规模改写的做法,各家都从弗洛伊德这一原点演化出来。但在中国,由于并未出现过精神分析这一自觉前提,新时期以来我国马克思主义文艺学,便不同程度地对无意识采取了改写策略,而促使我们今天通过考察这些改写策略,将相关思考引向合理的方向。

---

①　《马克思恩格斯文集》第 8 卷,人民出版社 2009 年版,第 527 页。
②　《马克思恩格斯全集》第 1 卷,人民出版社 1995 年版,第 111、192 页。
③　《马克思恩格斯全集》第 33 卷,人民出版社 2004 年版,第 142 页。
④　原载《学术月刊》2024 年第 10 期。作者刘阳,华东师范大学中文系教授。

一、规训式改写及疑点

新时期我国马克思主义文艺学,主要包括审美反映论、艺术实践论(含艺术价值论)、艺术生产论与艺术活动论四种代表性理论形态。它们都试图既坚持马克思所说的"自由的有意识的活动恰恰就是人的类特性"[①],又关注并吸收现代无意识理论成果,创建马克思主义文艺学当代形态。但鉴于意识与无意识这对概念在理论形式与学理逻辑上的冲突,四派又都不能不选择改写无意识理论、将之纳入自身理论的策略,就像同时期的西方马克思主义文艺学也对无意识理论进行改写,如詹姆逊1981年提出"政治无意识",吸收了拉康与阿尔都塞的思想,旨在"揭示文化制品是社会的象征行为"[②],谈论的是明确建立在语言结构基础之上的无意识。相形之下,新时期我国马克思主义文艺学对无意识理论的改写,出现了诸多值得审辨之处。

先看审美反映论。它无法回避的理论难题是:文艺活动中大量存在的无意识因素,如何在"反映"这一根本框架中得到有效说明? 为了澄清这一点,审美反映论提出,无意识也和意识一样是对现实的反映,不过此时的无意识已不再是弗洛伊德意义上前于和低于意识水平的、接近于动物性的无意识,而"也包括由意识活动的不断重复转化而来的自动化了的熟练动作(如'动力定型')和心理状态(如'意向''定势')等",即"由意识活动转化而来,是意识的积极成果"的无意识。[③] 尽管主张者在此用了"也包括"三字,似乎并不排斥弗洛伊德所说的无意识,但在具体论证"无意识心理本身"同样也具有"反映现实的能力"时,为免"把无意识这种心理现象的解释权拱手奉献给弗洛伊德"[④],他们抛开弗洛伊德,强调由意识转化而来的无意识的用意是明显的,相信这便已将无意识因素纳入了"反映"范畴。

这条论证路线本身有某些学理问题值得讨论。比如既承认"梦的实质,说到底不过是人的潜意识对人的现实生活的一种反映",又同时承认"梦是一个人的内心世界的全面的暴露"[⑤],这就让包括无意识因素在内的"内心世界"也充当起"反映"的宾语。又如在意识与无意识之间,其实还存在着"默会意识"[⑥],那是交流中尚无

---

① 马克思:《1844年经济学哲学手稿》,人民出版社2000年版,第57页。

② 弗雷德里克·詹姆逊:《政治无意识》,王逢振、陈永国译,中国人民大学出版社2018年版,第5页。

③ 王元骧:《艺术创作中的意识与无意识》,《审美反映与艺术创造》,杭州大学出版社1998年版,第242页。

④ 王元骧:《反映论原理与文学本质问题》,《审美反映与艺术创造》,杭州大学出版社1998年版,第29—31页。

⑤ 刘文英:《梦的迷信与梦的探索》,中国社会科学出版社1989年版,第4页。

⑥ 杨国荣:《人类行动与实践智慧》,华东师范大学出版社2022年版,第238页。

法以明晰的语言加以表述、而以人格为具体存在形态的意识。但首先窥察到这条论证路线的来源是更有意义的。就对无意识的上述处理而言，审美反映论受到了苏联心理学界 20 世纪 20 年代的"文化历史学派"代表人物维戈茨基、鲁宾斯坦、肖洛霍娃与列昂捷夫等的观点影响。这批学者认为，无意识既是心理过程的"开端"，即意识活动前提，又是心理过程的"末梢"，即意识活动结果。① "既是……又是"句式，显然并未否定弗洛伊德无意识理论，只是补充意识转化出无意识的可能，与审美反映论否定弗洛伊德无意识理论（认为其"对无意识的解释就导致本能主义和神秘主义"而"足见这种泛性论观点的荒唐"②），独取从意识转化出无意识的解释是不同的。

疑点在于，被如此构造的"无意识从意识中转化出来，因此带有一定的理性成分而并不简单反理性"的解释思路，把理性作用下的意识看成是自明而绝对合法的，这就掩盖了理性的权力规训风险：明明是权力在理性中的塑造和渗透，却不让作为被统治者的对象感到不适，相反，权力主体与对象都认同这一包裹于理性中的权力。理性与非理性的界限不是自明的，就像文明换个角度看，恰恰可能是一种疯癫那样，我们以为自明的理性，其实是权力建构的产物，对这一点的掩饰，会导致权力以理性的合法性名义展开，由此"转化"出的结果——无意识，其实是权力驯化的结果。有论者曾列举新时期初我国文论界那种认为"艺术直觉的非自觉性实际上是一种特殊形式的理性"的观点，针对这些观点所臆造的理由——"长期的逻辑、理性训练会改变人的心理结构，理性积淀为本能，自觉的有意识实践造成了在非自觉精神状态中的信息处理现象，因而人们会不假思索地直觉地应用理性心理结构"，批评指出这样的想法默许了"可以在理性的名义下，蓄意将一种荒谬的观念通过训练而沉潜到人们的心底深处，让它以直觉的形式起作用，这样它就可以冒名为理性了"，被做了这番设定后的直觉却"与柏拉图、托马斯·阿奎那的直觉-理性存在根本区别"③，因为它与这些学理背景并没有关系，其思路来源于自我设想的生理-心理学路线。审美反映论对无意识的如上解释，和此处对直觉的解释明显有相通之处，也是着眼于理性经长期训练后积淀为非理性的无意识这一角度，在同样的乐观设定中埋下了话语权力：一种事实上荒谬的观念，可以找到一条以训练为名义、"从（理性）意识转化而来"并以无意识形式起作用的合法路径。这正是福柯警惕的规训。这种解释的根本症结，在于把理性当成了自明的，忽视了理性的

---

① 康斯坦丁诺夫主编：《苏联哲学百科全书》第一卷，上海译文出版社 1984 年版，第 50—52 页。
② 王元骧：《艺术创作中的意识与无意识》，《审美反映与艺术创造》，杭州大学出版社 1998 年版，第 239—240 页。
③ 徐亮、苏宏斌、徐燕杭：《文论的现代性与文学理性》，浙江大学出版社 2005 年版，第 145 页。

权力建构性。其权力建构实质是:既不便否认无意识的客观存在,又事先占据了想要批判弗洛伊德学说的立场,便很自然地想到求助于马克思主义,以及受其影响的苏联心理学界对意识/无意识关系的论述,而在找不到马克思对这种关系的正面论述的情况下硬要交出答卷,便很容易强行产生"无意识由意识转化而来"的解释路径。这条解释路径因而和弗洛伊德的学理无关,在自创中蹈袭着规训的窠臼。

审美反映论对此可能作出的辩解,是依据唯物辩证法的普遍—特殊—个别三层次观,认为(理性)意识处于普遍性层次,无意识处于个别性层次,似乎两者在审美反映过程中因所处的层次不同,而可以合法地呈现上述"转化"局面。这里存在着用普遍压倒个别的规训嫌疑,在其进入 20 世纪 90 年代的发展走向——艺术实践论中得以持续。艺术实践论将"主客体的关系"这一反映对象深化为"应如何"的实践指向。"应如何"涉及价值判断,艺术实践论因而又每每与艺术价值论结合在一起,后者认为"价值是实践活动的内容"①,并"将人学价值论引入实践论"②,因此也可以被视为艺术实践论以及新时期马克思主义文艺学的组成部分。但艺术实践论将无意识改写为意识形态作用于人的心理中介,认为意识形态与人的感性意识不可分,必须融入人的情感、意志、愿望与无意识心理中,才能转化为人的实践动力与实践行为,这当中就包含"西方马克思主义者赖希、马尔库塞、弗洛姆等人所阐述的意识形态与社会无意识、人格无意识的关系"。③ 诚然,赖希确实表示过"无意识也包含着完全遵循自然要求的欲望"④,马尔库塞也在谈论新感性及艺术造反功能时,指出"意识和行为的变化才是戏本身的组成部分——幻想得到强化"⑤,但这种把无意识定位为意识形态得以转化的枢纽的处理,套用的是拉布里奥拉与普列汉诺夫有关文学艺术通过社会心理与社会现实发生关系的公式。也正如这一公式所示,意识形态如果存在着认识功能之外的实践功能,应该是通过社会心理而非个体心理(感性意识)来实现,那么,属于个体心理的无意识如何能成为意识形态的载体? 这不是上述西方马克思主义者的本意,而属于我国艺术实践论的改写。在反映论立场上将意识理解为意识形态(这证明审美反映论与审美意识形态论是同一种理论),又

① 黄海澄:《艺术价值论》,人民文学出版社 1993 年版,第 60 页。
② 赖大仁:《当代文学及其文论——何往与何为》,江西高校出版社 2008 年版,第 292 页。
③ 王元骧:《文学理论与当今时代》,浙江大学出版社 2002 年版,第 510 页。
④ 威廉·赖希:《性革命——走向自我调节的性格结构》,陈学明、李国海、乔长森译,东方出版社 2010 年版,第 14—15 页。
⑤ 马尔库塞:《艺术作为现实的形式》,邢培明译,董学文、荣伟编:《现代美学新维度——"西方马克思主义"美学论文精选》,北京大学出版社 1990 年版,第 256 页。

在实践论立场上将无意识视作传达意识形态的通道,便仍是在用意识形态规训无意识。

这种规训是否也若隐若现于艺术生产论与艺术活动论对无意识的处理中?较之于审美反映论在坚持"反映"这一宏观基点的前提下、努力向审美反映的微观形态积极发展,艺术生产论相对而言则是马克思主义文艺学的宏观形态,它在涉及无意识问题时,一方面与审美反映论一样,也试图从意识转化出无意识的角度论证,认为"只有在情感体验的深刻性与创作技巧的成熟性达到了一定的程度时,才能⋯⋯达到创作心理高度协调和有序的灵感状态"①,另一方面则出于宏观研究的立场而宣判"'直觉''无意识''非自觉性'等可能是艺术创作复杂过程中的个别现象",并援引马克思"劳动过程结束时得到的结果,在这个过程开始时就已经在劳动者的表象中存在着,即已经观念性地存在着"的论述以及建筑师已在头脑中将蜂房建好的譬喻,指出对无意识的肯定将会"引到神秘主义那里去"②。这里把原本在物化阶段必然体现出来的无意识因素,纳入构思阶段,不仅从事实上否认了,而且从价值上批判了无意识心理内容在文艺活动中的地位,用存在于头脑中的意识来规训无意识的用意很明显。依据这一论证,即使在文艺创作构思中偶然调动无意识成分,那也是在根本上巩固和加强意识的生产性,或者说,对无意识在理论形式上的解放,实则表现为对它在理论立场上的压抑。

比起以上三派来,艺术活动论更多地触及了无意识理论的弗洛伊德学理来源。这是由于艺术活动论以马克思有关"人的活动"的学说为理论出发点,人的活动作为"感性的活动",不能脱离个体和群体意义上的无意识成分。主张者一方面承认艺术"不能摆脱'本我',却又上升到'自我'和'超我'"③,试图统一意识与无意识的用心颇为明显;另一方面,考虑到经典马克思主义对人的活动与活动的人的关系的辩证论述,主张者又在思考人的活动历史性这一视野中,将集体无意识理论直接当成马克思主义文艺学在无意识理论上的应有取径,沿此联系原始思维研究成果,认为"列维-布留尔、荣格等人关于'集体表象'、'集体无意识'的论述以及他们的'原型'理论,有助于我们揭示主体审美结构的潜意识层次",由这种潜意识文化结构形成的无意识原型则是"人类艺术和审美活动的重要中介"④。但当艺术活动论将集体无意识与基于原始思维的集体表象置于同一序列看待时,未看到集体表象接近

---

① 何国瑞主编:《艺术生产原理》,武汉大学出版社 2010 年版,第 155 页。

② 董学文:《文艺学的沉思》,人民文学出版社,1992 年版,第 37 页。

③ 杜书瀛:《论人类本体论文艺美学》,《艺术的哲学思考》,辽宁人民出版社、辽海出版社 2001 年版,第 195 页。

④ 蒋培坤:《审美活动论纲》,中国人民大学出版社 1988 年版,第 84—85 页。

维柯所说的"想象的类概念"①,后者仍是意识活动的产物,与无意识并不发生关系。"类"观念如克罗齐所说"将维柯学说中含糊的矛盾融贯于自身之中,既然结合了想象性要素,在这种思想结构中,从普遍性自身获取的要素才是真正的"②,依然体现出了规训。

上述四种改写,证明了新时期马克思主义文艺学对无意识进行规训式改写的现状。其中有的较为直接显著,有的则表现得较为间接隐晦,如试图强调无意识的理性根源和意识形态实质、由此默认了假借理性为名义行荒谬之实的权力合法性。对无意识理论的这些改写策略,因而都不同程度地存在着学理上的疑点和推进上的困难,提出了重新考虑推进切入口的论题。这个新切入口,应当既还原出无意识的非理性性质,又同时去除再用理性对无意识造成权力规训的可能。此后需要做的工作,便是考察当代文艺学在无意识研究方面,是否出现了符合上述期待的学理进展,以此为理据来判断马克思主义文艺学对无意识理论的调整性吸收前景。

二、无意识研究的当代进展

当代文艺学在无意识研究方面的显著学理进展,是充分吸收差异论、事件论思想,将无意识及其所依托的整个精神分析背景,与"重复"问题联系起来深入思考。这才是今天谈论无意识问题时需要进入的时代学理语境,也才为马克思主义文艺学吸收无意识理论来发展自己,提供了科学理据。下面先阐明无意识与"重复"正在发生的深刻联系这一当代学理进展,再具体从基于重复的独异历史观及其政治转向这相互关联的两个层面,来考察其影响。

弗洛伊德无意识理论与当代思想重新发生持续关联的学理点,在于人们发现需要重新考虑"重复"这一概念与精神分析的特殊关系。这源于一个基本事实:精神分析学所研究的无意识过程,几乎总是涉及重复,但"这并非对同一事物的简单回归,而是将重复的事物与重复的事物分离开来的差异的重现",如"在《释梦》中,弗洛伊德对于愿望谱系的描述提供了一个例子,他认为愿望源自'满足体验'的幻觉记忆:幻觉寻求在'感知的同一性'中重复记忆体验,同时确认它的存在,这就是幻觉。正是这种重复与重复之间的距离,打开了愿望的空间,因此允许梦想发生"③。人之所以会产生愿望,无非是想让体验得到满足,即产生出对不断熟悉、而

---

① 维柯:《新科学》,朱光潜译,商务印书馆1989年版,第120页。

② 贝奈戴托·克罗齐:《维柯的哲学》,陶秀璈、王立志译,大象出版社2009年版,第39页。

③ Samuel Weber, *Return to Freud: Jacques Lacan's Dislocation of Psychoanalysis*, Cambridge University Press, 1991, p.5.

逐渐趋向理解同一性的现实体验模式的不满足感,渴望获得不同于趋同体验的差异性体验,对充满新鲜感的差异的向往便成为愿望的内在驱动力。但这个得到满足的过程,总是在感知的同一性中重复记忆中的体验,如同当代理论所概括,"如果剧场实际上是利比多能量的产物,那么,它对能量的明显反对也是能量本身的一部分"①,愿望由此成为一种不断基于重复的幻觉。

　　试图去实现差异的无意识愿望,总是同时在重复中,维持着使差异得以可能的那套产生机制,因而实际上始终以某种同一性范式抑制着差异。如果差异在重复中趋向另一种同一形态,这便为理性规训无意识留下了可乘之机。为将无意识纳入马克思主义文艺学体系而把它说成是从意识转化而来的,这样的做法看起来就与此很相像。但这不是无意识在重复中实现差异的真相。真相如弗洛伊德在上面所表示,作为幻觉的愿望在无意识中的每一次重复,又都是不同的,也就是说,重复与重复之间始终存在着无法趋同的差异,对某种重复来说,始终无法估计和预测到接下来的重复将会怎样,下一次重复永远幽灵性地溢出着它不具备的东西。正是这关键的一点,祛除了任何试图在无意识中进行理性权力规训的变相企图,因为规训所赖以出发的始源也被挟裹进了无尽的差异之流,权力从而失去了指向。

　　此处的"重复"在英文中是 iterability 而非 repetition。repetition 是基于同一性的重复,其间不发生差异,就像说"世界上每天都从早晨开始"一样,表达着不可分割之义——重复形成了不重复而相对稳固的序列。与之异趣,iterability 则在重复中被不断分割为"重复的残余或幽灵性的余波"②,"幽灵"一词形象地喻指个体在差异而非对称意义上的裂变,其间便发生出了重复与重复之间的新差异,表达着可分割之义——重复本身始终需要被继续进行分割而变得不可重复,打破了任何试图将自己仍定于一尊的同一性冲动。而在重复中不断获得分割的 iterability,形成的是"潜在交流行为"③,潜在性作为现实性的对立面,消弭了原物与重复物之间的界限,就消弭了原本建立在界限意识基础上的可能性信念(有/无),证明了"'重复性'通常是削弱可能性本身的定义,即自亚里士多德以来一直理解的现状或实现方式,从而定义了反对它的否定,不可能性,排除"④。重复因而是积极涵容潜在性的重复,"它的现实将与它的潜在实施、它的实现一致"⑤,其潜在性即"分叉"

---

① Geoffrey Bennington, *Lyotard: Writing the Event*, Manchester University Press, 1988. p. 25.

② Samuel Weber, *Benjamin's-abilities*, Harvard University Press, 2008. p. 203.

③ Ibid., p. 44.

④ Ibid., p. 6.

⑤ Ibid., pp. 44-45.

(branch)式地溢出差异性个体实体、①从而带有幽灵性色彩的事件。潜意识(无意识)之"潜"因而是潜在、潜能之意。

因此,表面同为重复,iterability 与 repetition 的根本区别在于:后者在重复过程中设置了个体与个体之间的界限,令重复体现为可能性方向指引下的现实序列;前者却在重复过程中消弭了个体与个体之间的界限,使重复体现为失去了可能性方向指引的潜能运动。而潜能作为潜在的能量,便触及了无意识。

无意识在重复理论方面取得的当代进展,不仅限于个体共时层面,也逐渐被拓展至历史历时层面,深化了人们对历史的理解。因为按传统的理解,历史现场不是被从实证主义角度、就是被从反过来的叙述角度理解,都在试图揭示出历史发展的某种必然性之际,流失了历史内部细微的事件,后者本植根于无意识中的种种质素,总是难免被历史书写的意识加以规训。作为对此的纠偏和补缺,历史学家同样需要"假设了一个无意识的理念与精神分析的医疗行为"②,并"发明某种心理分析"③,来全面观照历史中被传统理解所悬置的空当。这就需要引入基于无意识的重复理论,将历史的现场起源理解为一种恰恰来自重复的独异之物。即当我们谈论一件历史上的事时,它既不必被还原出所谓原貌,也不必被单纯加以叙述,而在被提出谈论(即被从其他事中比较性地分离出来)时就在无意识中被重复了。这种重复,首先是在把它提出谈论时便已有了一个看似解放它、实则压抑它的无意识结构,但其次随着重复与重复之间的距离的张开,新的差异不断从重复中生成出来,幽灵性地决定了人们对这件事的看法:它不仅只能在重复中得到理解,而且恰恰在重复中才是独异的,才是与众不同(但不是标新立异意义上的与众不同)、真正如其所是的它。

这种基于重复的独异历史观,正引出今天的政治转向,而提供了作为新时期马克思主义文艺学核心范畴的实践在今天介入政治的学理进路。晚近学者借助精神分析这一桥梁,主张引入分裂的、在重复自身中保持区别的主体概念,那不能被理解为意向性,而是"强调'想象'如何不仅会加强自我认同,而且会通过标志着弗洛伊德'不可思议'的重复性与双重性来使自我认同错位"④。主体不是在精神的主

---

① Michel Serres, *Branches: A Philosophy of Time, Event and Advent*, Bloomsbury Academic, 2020, p.22.

② 雅克·朗西埃:《历史之名:论知识的诗学》,魏德骥、杨淳娴译,华东师范大学出版社2017年版,第125页。

③ 同上,第136页。

④ Samuel Weber, *Singularity: Politics and Poetics*, University of Minnesota Press, 2021, p.325.

观体验中、而是在作为感觉的颤抖中逐步而费力地走向自治与稳定。这种基于无意识成分参与的颤抖感，并不是某种内在与私人化的特定感觉，而是对独异与普遍的矛盾关系的身体调整姿态，不简单地在财产意义上属于主体，却在令主体内外部摩擦交汇的意义上征服主体。这个过程是自我的免疫：在免除了外部之疫的同时，粉碎自身内部更为隐秘之疫。其逻辑从无意识角度得到了深入的观照：对外疫的防御，以主体内部无意识地重新塑造（预设）外疫为必然的前提；因此，抗外疫必然同时造就主体内疫，那对主体来说是无意识的；对内疫的有效粉碎，便只能来自无意识在重复中不断地再重复所造成的距离空间。

从个体到历史再到政治转向，无意识以解放为名，行压抑之实，又通过差异的幽灵形成差异之间的距离与梦的空间，提供了理解历史起源和发展的新角度，以及谈论无意识理论的当代学术语境。志在更完善地走向当代的马克思主义文艺学自然也不例外。

三、生产式改写的突破口与意义

基于以上分析，马克思主义文艺学从无意识理论的当代学理进展中获得的根本结合点，便是将无意识在重复中形成的潜能运动，吸收入自身的根本并由此探求推进之道。这就提出了马克思主义唯物史观的根本范畴——实践如何来吸收上述学理进展的成果、对实践的差异性展开深入补充、以完善被传统马克思主义文艺学所忽视的一环的核心问题。

新时期我国马克思主义文艺学的根本发展轨迹，可以描述为从 20 世纪 80 年代侧重从认识论静态思维方式探讨文艺问题，逐渐转向 90 年代以后试图推陈出新的实践论动态思维方式。当然，这并不意味着 80 年代的马克思主义文艺学完全未涉及实践维度。如审美反映论在当时也阐述了审美反映的不是"关系中的客体"（即"是什么"）而是"主客体的关系"（即"应如何"），这便已触及了反映的价值维度而成为实践论的先声；艺术生产论也在当时试图克服从静态立场出发考虑作品成果的不足，而动态地转向艺术生产与消费的相互作用，这便以需要为中介，将对读者的指向初步纳入了理论视野，客观上为艺术的价值引导问题留出了空间，也触及了价值论与实践论。尽管如此，这一阶段中的我国马克思主义文艺学却并未从整体上超越认识论思路，主要仍从狭义的技艺制作（即物化）层次上理解实践，而尚未自觉着眼于实践在艺术审美活动的整个过程中发动与调控读者的情感与意志、引导读者介入社会人生的根本意义。直到 90 年代以后，我国马克思主义文艺学在这方面的研究才得以推进。人们逐渐开始认识到，对实践的理解，不应只局限于纯认识论意义上处于审美心理结构中的情感和意志评价这一层面，而应突破纯认识论立场,从作家—作品—读者这一整体动态流程来更为深入地加以把握,从而以实践为基点将性质论与功能论有机统一起来。这在学理上应该说是一种发展和进步。

但这种发展与进步,迄今看来还远谈不上达到了圆满的地步。尽管迈出超越认识论思路的第一步,从传统静态思维方式开始向现代动态思维方式转变,然而这一转变仍是范式内部的调整,它仍未完全跳出认识论理论框架。因为从"知"到"行",从语言游戏角度看仍是遵循预定规则的逻辑推导,属于托马斯·库恩所说的范式内部的维护或辩护,却回避了库恩所向往的"反常和危机",以及进而将可能"在新的基础上重建该研究领域的过程"①。主要表现为,虽然进入90年代后的马克思主义文艺学强调实践作为广义的人生实践的重要,但把实践同质化的倾向是明显的,即每每仍把实践看成一种确立了意志方向的社会性活动,相对忽视了它内部的差异性。基于这种同质化倾向,艺术活动论自90年代后关于"人的活动"的、已带有一定现代性色彩的理解,也很容易遭致马克思主义文艺学研究者的批判,即被认为走向了生命哲学与生存哲学的歧途,混淆了马克思主义活动观与现代人本主义活动观的本质区别。尽管这种学理辨析在理论原则上也不乏价值和启发性,但落实到现实行动中便不难让人感到,它所认可的同质化实践形态,在具体操作上落入了常数化、均质化的实践观念,从而也在某种程度上把实践中原本含有的因人而异、丰富多变的因素——这便包括无意识因素——化简了。

把国内马克思主义文艺学的上述嬗变轨迹,和当代西方文艺学的嬗变轨迹稍作比较,便可看出问题所在。虽然从总体上看,中西方文艺学进入当代后都面临着走出静态思维而走向动态思维的有益嬗变,但两者的区别也很明显:西方文艺学是从认识论过渡至语言论,我国马克思主义文艺学则是从认识论过渡至实践论。将认识论改变为语言论,意在用语言的任意性(非理性)学理彻底扭转认识论所建立于其上的二元论(理性)思维方式,在这一过程中发生出的,是原先看似被理性清晰规定好的主体和对象,在语言论地平线上被搅扰为一团因符号系统自具运作规则、而始终测不准并呈现为"下一个"的未知事实,艺术的创造性和意义之所以由此在语言论机制中被充分释放出来,是因为这当中经历了一个理性向非理性质变的事件,这个事件从同质中引出无法再被传统立场所同化的异质,重建了世界。相比之下,将认识论改变为实践论,却显然忽视了这个学理关键,谈实践问题时基本不涉及在国际上已展开为当代学术语境的语言论视野,仍还是在认识论惯性中,看待与认识活动相对立的实践活动,这就不仅在思维流程上呈现为逻辑推导的顺向路线,

---

① 托马斯·库恩:《科学革命的结构》,金吾伦、胡新和译,北京大学出版社2003年版,第111、78页。

而且回避了语言出现后将会带给实践的不确定因素与差异性前景,没有进入前人所说的学术预流。按当代学理进展,无意识也是一种语言结构。基本不谈无意识在实践中的作用,或者在谈论无意识时有意无意地对之加以各种规训,即为回避语言论的明证。

根据这一比较来审视马克思主义文艺学对无意识的吸收,就应承认吸收的关键在于还原无意识及其潜能运动过程带给实践的差异性。这一点得到了晚近西方学者的初步论证。他们将艺术创作看成一个充满变化而不可预测、识别的事件,认为这些事件与概念将艺术创作过程解释为实例的流动性继承,这一过程代表了制作艺术的经验所产生的不可估量的复杂关系,并启发人们对艺术发展方式中的因素进行更细致的思考。这便需要重审有关艺术创作的一些传统观念、比如视创作为实践的观点。艺术创作过程固然涉及实践问题,但实践概念是通过经验的反复而发展来的,这些经验构成了艺术创造的惯习,促使人们进一步考虑其间的差异:"在艺术创作中,实践的概念是通过重复的经验发展起来的,这些经验建构了对艺术创作意义的习惯性认识。德勒兹指出习惯与记忆是产生事物固定表征的关键因素,但他认为只有虚拟差异的背景才能使这些重复成为可能。也就是说,尽管体验中可能存在重复的相同性,但也会有许多改变体验的差异。"[1]

不反对习惯与记忆,也认为它们是产生事物固定表象的关键因素,但强调只有通过虚拟的差异性背景才使这些重复成为可能,这是走向实践论的马克思主义文艺学所忽视的。研究者接下去进一步论证道,艺术完全可以和应当成为改变既定关系的事件,关系的变化是艺术创作成为事件的枢纽。重要的是应以一种非常规的方式了解此处的经验,经验不是已发生的事,而是正在发生的事,所有的想法都是通过对不断发展的经验条件进行试验而发生的,这不仅指非常规的创作方法,也指将艺术创作实践理解为过程事件以及关系不断变化的动态性交汇。而对经验在实践中的差异性更新的理解,又以重构时间观念、摈弃使用未经审查且显得自明的时间概念为前提。时间不只随艺术品的产生而在背景中延续,它是通过艺术创作而产生的。在理解时间时,人们很容易从序列的角度将其降为背景测量值,从而降低了其重要性,以至于创作过程的重要性,被通过从这一连续状态中出现的那些值得注意的、显得成功的或不难得到理解的时刻来解释,是被从时间中有意地挑选出来的,整个过程的进展以可观察的结果来衡量,可量化的成果之间的时间间隔(即无意识中产生的重复与重复之间的距离)中同样需要得到处理的经验,其实并未被

---

[1] Jack Richardson, Sydney Walker, "The Event of Making Art", *Studies in Art Education*, Vol. 53, 2011.

创作所认可。这切中了实践论逐渐趋于同质化的要害。

作为对实践中同质化趋向的反拨，当代思想相信创作过程不仅包括上述可量化的时刻，还包括丰富细腻的智力、情感与体验，它们不一定是序列化的，不只包括进步的方式，体验可以是重复而非线性的，这些重复的事件，代表原始的与分离的瞬间，才有助于对艺术创作与时间的关系进行有效的重估。被理解为多重而非单向流动着的时间，使创作成为一个富于节奏的事件，而破除了与时间顺序进行经验性谈判(妥协)的做法，有效表达对时间的流畅体验，即遭遇世界中出现的节奏和力量体验。时间由此被看作是事件而非度量，事件被理解为力量的始终出现与瞬时的配置，这些力量经历着事件的发生，直接带出了经验的更新。存在于所有这些当代思想中的要点——正在发生的经验、过程事件与变化关系的动态交汇、非序列化的时间、对重复的体验、遭遇世界过程中的节奏感等，都与无意识因素有关，都为无意识在以事件为实质的潜能运动中的合法地位，提供了学理证明。

一种双向互补格局由此浮出地表。以事件及独异性为实质的潜能运动，使现场唯有成为独异的才能进入历史，这便破除了传统所以为的"起源"是一个逻辑性范畴的观念，而赋予"起源"以历史性范畴的定位。因为独异性通过与其本身直接矛盾的过程——重复来达成，"重复"在此不仅由相似性组成，而且由不可化约的差异(包括无意识因素)组成。这是正得到当代思想认同的基本思路。但从马克思主义文艺学角度考量，这条思路又毕竟由于缺少"实践"这一社会历史维度的奠基，而流于人本主义色彩。现在，从马克思主义文艺学对无意识理论当代进展的吸收这一角度来看问题，有助于克服这一局限，赋予重复性潜能运动以"实践"的社会历史基础。这样贯通的双重意义在于，既将无意识因循学理逻辑纳入了马克思主义文艺学的当代形态，又反过来用唯物史观置换当代无意识理论及其"重复"内质的非实践性基础，实际上同时激活了无意识理论的当代进路，是在扬弃了现有规训式改写方式后，对无意识理论的生产式改写方式。

第二章　美育问题研究

主编插白：美学研究的旨归是美育。伴随着现象学、存在论美学思潮的兴起和生活美学的倡导，器物陈设的美育功能引起学界的关注。复旦大学的李钧教授跟踪这一动态作出研究。他指出：器物的"陈设"是一种将实用器物艺术化的行为。这种行为抽离器物的实用性，使其脱离有限目的，成为一种超功利性的"长物"，彰显了更深层的存在意蕴。这种意蕴意味着人的本真存在不仅是功利存在，而且是超功利的审美存在。因而，"长物"陈设乃是人自身存在乃至世界存在的本体性建构行为。对于实用器物的这种艺术化的转化与形成过程，西方美学家黑格尔曾有深度表述，海德格尔在"艺术作品的本源"思想中也有类似表述。在中国的审美理论中，从近代王国维的"古雅"说，到古代董其昌的"藉物"说，以及宋明时期赵希鹄、高濂等人的著述，也有相关的思想。李钧教授对这一问题作了别开生面的关联分析，揭示了中西美学关于器物陈设行为在艺术建构及其生活美育中意义的思考。

在 20 世纪初至 30 年代，新文化运动与传统文化的碰撞与化合，为这个时期美育观念的诞生提供了丰富的思想资源，进步知识分子救亡图存的迫切愿望为美育观念的阐释带来了强烈的现实指向。上海外国语大学的青年教师尹一帆研究指出：这一时期的中国美育观念主要呈现为以情育为本质、以德育为目的、以艺术教育为手段的"三位一体"结构。这种结构模式推动了美育研究的体系化，以鲜明的实践品格对后世乃至当下中国的美育观念产生了深远影响。她试图通过 20 世纪早期中国美育观念发生与建构的历史回顾，探寻中国传统美育观念的现代转化路径，为当下和未来的中国美育发展提供借鉴。

五育并举是中小学教育的基本方针。提升学生的审美素养，是基础美育的基本任务，而课程的审美化建设则是达到这一目标的重要途径。上海市艺术特色学校、华东师范大学附属枫泾中学特级校长陆旭东博士结合枫泾中学的美育实践，对这个话题作了理论探索与经验总结。他指出：课程审美化是遵循审美化原则,以课程建设为载体,挖掘课程内部及实施过程中的审美元素,在课程教学中促进学生审美能力提升的教育过程,包括课程目标、课堂形态、教学过程、师生关系、课程环境、教师队伍建设规划设计等多方面的审美化措施。这些理论探索与实践总结,对基础教育工作者不无启示意义。

美育是情感教育,也是提升精神境界的价值教育。因而,美育与德育存在交叉面。在高校教育中,如何寓教于乐,在送给学生情感快乐的同时提升灵魂、净化精神是摆在教育工作者面前的一道重要课题。作为高校音乐教育工作者,上海理工大学音乐系主任李花副教授以红色题材的音乐剧为例,探讨音乐剧实践教学中的德育渗透路径。如何结合红色文化创作红色音乐剧,运用红色故事、经典歌曲、乐器、音乐等多种元素,以艺术表演形式开展德育工作?她从高校精神成长德育塑人的重要性、音乐剧实践教学中德育渗透的可行性以及德育渗透的实施路径三方面提出了自己的对策性思考。

处于数字技术时代,高校美育教学如何引进数据分析,以提升美育教学的有效性?上海立信会计金融学院艺教中心负责人魏启旦副教授结合自己的教学实践,介绍了常用的教育数据挖掘算法,提出了一种新的基于数据挖掘的现代大学美育教学模式。采用数据挖掘技术收集学生的在线学习行为数据和学习绩效数据,对其进行整理,可为完善高校美育的个性化教学,对教学资源进行有效管理奠定基础。

第一节　器物"陈设"美育功能的中西方思想述论[①]

人是伴物而存在的,人的所有物是人的客体化形式。伴随的物品,有的是具有实用价值的,还有些是没有实用价值的,也就是所谓"身无长物"的"长物"。有意思的是,后者虽然无用,但却是人类生活中的一种普遍现象,它甚至附带产生了"收藏""博物""玩物"这么一类社会活动。有必要对于我们生活中这一普遍现象进行理论探讨,器物就其本身而言,对于人的非实用目的的意义何在。

在这个思考中,器物在其对人非实用性的陪伴中,有一个现象应该引起注意,那就是器物大多是通过"陈设"而伴人的。这里说的陈设或摆设是一种自由的行为,似乎是人对于物品随意、自主地安放,它体现了主体的一种心境和意蕴投射,呈现出意向不同和境界高下。在这种看起来最无意义的行为中,也许我们能找到人之伴物现象中一些较为深层的意义。古今中外,其实有不少著述正题或非正题地

---

① 原载《社会科学辑刊》2022年第6期。作者李钧,复旦大学中文系教授。

阐述了这个问题,表达了通过"长物"的设立,其实把器物的功利性和特殊性转换为非功利性和整体性,从而将器物艺术化,与此同时,艺术化的器物,给人带来对于世界的整体性和历史性的领悟,从而给人带来审美的享受,以及精神境界的提升。这个互动过程,建立起了博物行为与现象最基本的价值。

一、规定与座架:精神的实存与进步方式

在西方,对于陈设这么一种行为,多和"博物"研究联系在一起,并不成为一个专题。随着近代博物馆的兴起,博物馆的展示方式,其本身隐然含有对于展示物的建构性作用,这种几乎被人忽略的意义,直到以揭示意识形态深度建构为重点的黑格尔这里,被注意到。而且,它的意义,被黑格尔直接与作为真理——"事情本身"的"精神"的实际存在这一本体论性过程联系在一起。精神不仅直接实存为具体事物,并且,它还以某种方式把异化着的自己表现在实存物中,这种表现,需要实存物摆脱具体的实用约束,更深地表达它的建构过程,也因而表现出与其他实存物的系统性与历史性联系。只有这样,实存物才脱离狭隘的限定性,启示出精神的整体性。在黑格尔看来,要达到这种超越,某种方式具有优势意义,那就是博物馆式的系统与历史性的陈设与展览。在这样的方式中,出现的不仅仅是具体特殊的器物或者艺术品,陈设本身提供了一个精神的实存的整体,提供了历史。这种历史,当然是客观世界的历史,但由于它是人的创造,它更是精神的"内在"性的历史,是精神的自我的直接历史,是主体性的客体化。它对于人提升自我、看见自我、实现自我具有根本性的意义。这种看法,直接赋予了陈设行为最深的形而上意义和理论基础。

黑格尔清晰地表达他对于陈设的重视,是在 1828 年冬季学期进行的第四次美学讲座中。这次讲座里,他提到柏林将有一个新场所适合绘画鉴赏:"适合研究和欣赏的陈列是顺历史次第的陈列。这样一种按历史安排的绘画结集我们不久将有机会在建立在本地的皇家博物馆的绘画廊里欣赏到。这是一种独特的无比珍贵的绘画结集,不仅可以使人清楚地认识到技巧发展的外表历史,还可以使人清楚地认识到内在历史的本质性的发展,包括各流派之间的差异,题材及其构思和处理的方式。"[1]黑格尔在这里提到的是将于 1830 年开幕的柏林老博物馆。这座由洪堡建议,由申克尔设计的王室博物馆,收藏着普鲁士王室多代的古代艺术品积蓄,不仅体现帝王家的内涵,更重要的是对广大的市民阶层进行文化教育。博物馆采取古典风格,内部空间模仿罗马万神殿,高大的穹顶,整齐的科林斯式石柱,柱间各种方

---

① 　黑格尔:《美学》(第三卷上册),朱光潜译,商务印书馆 1979 年版,第 306 页。

格里,古代雕像及绘画等各种艺术品面对着观众的凝视而泰然自处。

黑格尔对于柏林博物馆画廊的期许并非是讲座中随意偶然的言谈,因为"画廊"竟然是这位大哲学家在其庞大理论体系建立中,对于理念或精神的最高展现方式的隐喻。并且看来这个隐喻在他心中持续了几十年。在二十多年前出版的《精神现象学》里,黑格尔阐述了他的认识论。精神在意识层面表现为现象和知识,知识在不断进步,精神也一步步在意识里呈现出自己的真相和整体,最终,精神达到了自己最高的形式:概念。因为这种概念不是抽象的、与对象对立的主观的,所以,这种概念是以所有的非概念的意识或者对象为内容的,这个概念的形式就是内容,概念就是意识和对象,它是自我否定的,不停留在自己抽象的形式的,而是能够"回复"和"外在化"的。简言之,就是说,精神最初是一个个意识形态,意识形态在进步,最后达到最高的意识形态:概念,而由于这种概念的科学性和完全性,这个概念又不是固守在一个僵化抽象的形式里,它反而又同时表现为那些它一步步走过的意识形态。当然,此时那些意识形态,已经不再是曾经的样子,它们已经脱去了其当下的狭隘,而是在整个概念的自我把握中,与整体联系在一起,获得了必然性,从而与其他意识形态发生了一种不再是有限视角的联系,而是新的整体性的联系。与此同时,概念虽然把自己就等同于这些意识形态(形式等于内容),但是它不再是最初的茫然探索自己的等同,而是已经把握了自己整体的等同,所以,它不再是"现时存在"的意识形态,而是在"回忆"中拥有这些意识形态。不仅拥有一个,而是拥有所有它走过的形态,在回忆中看着它们一个接一个,明明灭灭,相互交替。在这个变化中,精神的概念拥有自己的呈现(黑格尔称为"启示"),并且,这种呈现是时间性的(接续性的),所以,它是"历史"。也就是说,精神在回忆中外化自己为历史。因为被外化的意识形态已经脱离了它在迷茫探索中当下浅层的牵绊,而是在更高的境界里被更新,被赋予了一种整体性的环节意义,所以,那些意识形态黑格尔比喻为"画",具体事物脱化为一种回忆的藏品。于是,就有了《精神现象学》这个最高也最著名的隐喻:"(精神的变化过程)呈现一种缓慢的运动和诸多精神前后相继的系列,这是一个图画的画廊,其中每一幅画像都拥有精神的全部财富……它抛弃了它的现时存在并把它的形态交付回忆……这个被扬弃了的定在——先前有过的然而又是从知识中新产生出来的定在——是新的定在,是一个新的世界和一个新的精神形态。"①

在黑格尔看来,时空中存在的事物,都是被"规定"的。起初,这些事物显然地在人的意识里被规定,并且伴随着"认识"这种行为。随着认识的发展,把所有事物

①　黑格尔:《精神现象学》(下),贺麟、王玖兴译,商务印书馆1979年版,第310页。

55

普遍联系在一起的整体性的"精神"或"理念"被认识到。事物的被规定,也由被人规定,转而被认识到是有这个普遍整体规定,甚至,认识主体这个主动者,也成为这个整体的一个环节,成了这个整体自我认识、自我规定的一个自我意识和自我确定。精神通过自我的规定产生一系列意识形态,在精神还没达到自我认识的最高高度时,这些事物仅仅是这些事物;但当精神的自我认识达到最高高度时,那些曾经作为精神当时的自我认识和规定的事物,就脱离了它们狭隘的环境和实用性,成了精神最高认识的一种外化,它们被精神物化了的主体收拢,和这个主体一起体现为连续变化,传输转让的历史性。这种"画廊"隐喻深刻地表现了精神的整体性自我认识的状态和活动。在这里我们看到,这里面的重点是一种整体性的"自我规定",即精神把自我设定为一个存在物的这个设定行为本身,只有这种体现精神本身的设定(规定)本身才能把自己的不同形象脱离特殊实用性、特殊的时间性与空间性,从而在更高的时间性和空间性的关系中陈设在世界中。形象在陈设模式中的缤纷和变化,才能体现这种所有具体规定行为的整体和本身。当然,能够做到这一点或者看到这一点,也必须犹如黑格尔所说的在主体认识水平上达到最高的与对象合一的高度。对此,黑格尔反过来也指出,艺术品的涌动和铺陈,它们集合成一个"万神殿",成了最高精神出现的"条件"。①

黑格尔这个潜藏在理论大厦里的深邃思想,在很长的时间里并未被人重视。但它在现代西方著名思想家海德格尔那里却得到了呼应和发挥。

海德格尔提出了存在哲学,在他看来,任何一个存在者,都体现着"存在"这个根源,存在是存在者的依据和真理。不同的存在者有不同的内容,这内容是同一个存在在不同的处境中的体现。这犹如黑格尔所说的精神的规定或者定在。因此,存在者的真理,应当是打开自身,把自身作为存在在特殊的处境中的自我设立展示出来,也因为此,海德格尔称真理为"无蔽"。任何一物,自然物、工具或者艺术品,其第一个本质就是无蔽。物是一个无蔽的凝聚,而更具体地说,无蔽又是以这个物为视点的一个这个物的世界的打开。《艺术作品的本源》是海德格尔关于真理与艺术是存在打开与流行理论的重要文本。在这里他说:"真理"即"存在者之无蔽状态",也是"早就开始规定着一切在场者之在场的东西"。② 物之"无蔽",就是物坚硬黑暗的形态融化透明了,把它内在的生命世界展示出来。正如梵高的绘画《农鞋》,农鞋之实现,在于它融入和助成农妇的生命与劳作,借农妇这个主体打开了它

① 黑格尔:《精神现象学》(下),贺麟、王玖兴译,商务印书馆1979年版,第262—263页。
② 海德格尔:《艺术作品的本源》,《林中路》,孙周兴译,上海译文出版社1997年版,第34—35页。

的世界。当然,这个作为一个世界的物的真理,必须要有一个和不能打开世界的日常视角不同的打开方式,也就是海德格尔所说的这个世界"建立于其上"的东西,这个世界之所依据和来源,作为这个世界的相对部分,也以一种否定的方式呈现在这个世界里,于是,"世界"就变为"世界—大地"的二元模式,"无蔽"就变为"无蔽—遮蔽"的二元模式。那么,在具体的现实中,这个"大地"和"遮蔽"对应着什么呢?那就是把这个真理的世界创造、制造以及呈现和设置出来的环节。因此,它可以是艺术行为中艺术家的创作过程,可以说就是包含着这个世界的物的"物性",也可以是一种"陈设":"要是一件作品安放在博物馆或展览厅里,我们会说,作品被建立了。"①总之,一切使物、作品里的世界打开,使那个物与自己根源相联系的命运呈现的行为和方式,都是"大地"的维度。海德格尔也把这种依托性称为"形态",他说:"作品的被创存在意味着:真理之被固定于形态中……这里所谓的形态,始终必须根据那种摆置和座架来理解;作品作为这种摆置和座架而现身,因为作品建立自身和制造自身。"②这也就是说,物的内容和世界是和它的形态外形重合的,而物的外形又就是它的建立和设置的体现。当然,这是一种穿透人们日常对于物、工具和艺术品的理解,是对于一种物的真理、命运以至于世界整体真理、天命的理解。在这种视线里,有一个行为被呈现出来,也被强调地把握住,那就是"座架"。这种座架,是各种具体的座架本身,具体的座架改头换面隐藏为事物的具体实用的样子,但所有这些特殊之用的根本依托,在于存在运动的创生与托举。在海德格尔理论里,"座架"是非常重要的范畴,他用它来思考"技术"的本质和拯救,它是"存在"和"真理"的基本模式。

海德格尔的理论与黑格尔其实是高度契合的,在这两位近代以来最重要思想家这里,我们看到他们对于世界本体理解里一些特别强调的东西。一种纯粹的设立、摆设,这普通的生活行为,其实也可以深化为一种本体模式。我们注意到这两点:一是设立的行为就是设立的东西,设立要体现在设立的东西上。二,但设立的东西必须超越日常地呈现,否则,那本体性的设立行为就会被埋没僵化,而不能体现出它的整体性和本体性。因此,设立之物是脱离实用与功用处境的,它只为一种超然的看而存在,这种超然的看呈现出事物超越功用的形式,这种形式体现出事物整体性和本体性的存在运动和存在形态。

如果从这些角度出发,我们可以领悟到我们生活中某些基本的无用的日常行为的深刻意义,也让我们注意到那些惯常关注的理论中人们不太注意的价值点。

① 海德格尔:《艺术作品的本源》,《林中路》,孙周兴译,上海译文出版社 1997 年版,第 27 页。
② 同上书,第 48 页。

而且我们看到,这个理论空间,不仅潜藏在西方思想中,在中国古代有关生活审美和收藏的理论中,具有虽然更为简略,但却更为深刻的体现。

二、"古雅"说探寻艺术的本源

相对于西方,中国古代思想中对于"陈设"其实具有更加丰富的思想资源。陈设赏玩器物,也在其中领略文化和历史,这种"雅"兴行为,是中国人的日常。以较为明确的审美与历史意识,甚至以形而上的意识来进行器物收藏与陈设,从而获得精神性提升和陶冶,至少在宋代就开始,而在明代就达到顶峰。因为各种感悟性表述较多,很多关于对这一现象的理论性较强的深度思考,往往湮没其中。

首先让我们注意到的是中国古典审美理论的总结与转型人物王国维的某些观点。王国维的《"古雅"之在美学之位置》是一篇引起广泛关注及多重阐释的名文。在此文中,他借助西方美学理论话语来试图建立中国古典审美活动中熟悉而难以言说的"古雅"范畴。一般来说,"古雅"论首先是主要关于一般物的审美价值的讨论。他并不讨论专门的艺术品,而是一般的"玩物",原本是实用具的东西,如果加以玩赏的态度待之,那也可以纳入考察。王国维特别注意这个"无关于利用"的"缥缈宁静之域"。这个"域"具体立足在哪里呢? 王国维根据他对于康德美学的理解,认为如果"一切之美,皆形式之美也",也就是说,一切事物如果是美的,那么它要形式化,脱离狭隘的功用。那么,事物出脱为"优美"或"崇高"的形式,要靠什么呢? 他说:"而一切形式之美,又不可无他形式以表之,惟经过此第二之形式,斯美者愈增其美,而吾人之所谓古雅,即此种第二之形式。即形式之无优美与宏壮之属性者,亦因此第二形式故,而得一种独立之价值,故古雅者,可谓之形式之美之形式之美也。"让事物出脱为形式的,是另一种形式,名为"古雅","古雅"是让事物呈现其纯粹化的无形的"第二形式"。这个无形之处正是那个"缥缈宁静之域",是中国古人对于物的独特的玩赏行为的施展之处。在《"古雅"之在美学之位置》中,他继而指出,这个无形的东西,不仅使原本美的东西的美得以展现,甚至"虽第一形式之本不美者,得由其第二形式之美(雅)而得一种独立之价值。茅茨土阶与夫自然中寻常琐屑之景物,以吾人之肉眼观之,举无足与于优美若宏壮之数,然一经艺术家(若绘画,若诗歌)之手,而遂觉有不可言之趣味。"也就是说,这种"形式"具有一种创造性,它创造性地显示了事物的飘渺之域,这个领域被利用所遮盖,但又是事物一切利用之依托。它在创造性地展示中,和这种事物本体性的根基融为一体。

王国维此文的理论价值是巨大的。首先他能够把千百年来不仅东方、其实也包括西方人类生活中一种非常熟悉但又忽视的审美行为和领域标举出来,那种制造"古雅"的行为确实是一种独立而富有价值的行为。其次,他把这种几乎无形的东西形式化、范畴化,犹如亚里士多德因于对世界的"惊异"而把"存在"标举出来一样。第三,最为重要的,这种无形的东西被称为"形式",是对于"第一形式",也就是一般事物的形式里面存在或者真理运行的洞见。也就是说,他洞见到了一般的形式里的形式本身,感受到了一般形式需要建立和被托举,而这种建立和托举,与一般形式其实是本质关系,因此,他将之称为"第二形式"、"形式的形式",也就是形式的本体,形式的形成与建立的意思。

尽管王国维没有把"古雅"直接与陈设行为联系起来,但我们看到,王国维看到了一种使艺术成为艺术的深度的东西,固然,这种东西可以有种种解释和阐明,但这个"雅"字确实也指引人们关注古代生活方式中"雅"的行为,包括使器物进入某种特别光晕中的陈设行为,指引人们对它们在审美活动中的意味进行思考。

在《"古雅"之在美学之位置》中,王国维还特别提到"古雅"的美育功能。他说:"至论其实践之方面,则以古雅之能力,能由修养得之,故可为美育普及之津梁。……故古雅之价值,自美学上观之诚不能及优美及宏壮,然自其教育众庶之效言之,则虽谓其范围较大成效较著可也。"他认为,古雅是一种能力,但这种能力并非如天才那样不可传输,经过修养,这样的基本技术和视野、品味是可以获得的,因此可作为"美育"的手段。

三、"闲"与"长物"的生活形式对于器物的转换

从王国维的"古雅"出发,在前文所提的引导下,我们可以发现在中国古代生活美学中非常重要的一种构建,或者帮助我们理解这种构建的内在动机以及理论意义,凸显出中国古代美学一种独特的取向,这就是关乎物品的趣味性陈设、玩赏的理论。这种玩物领域的"义理性"与"辞章性"结合、本体论性质的理论构建,滥觞于宋,主要流行于明,成为这个时代的一种特色。但因为理论掘进的缺乏,后则沦为一种关于博物的基本性但又缺乏深度的无足轻重的东西。但在对其考察中我们看到,其实从生活的这个领域刚被打开,前人即抓住了这个空间里虚无缥缈的部分:"人生一世间,如白驹过隙,……殊不知我辈自有乐地。悦目初不在色,盈耳初不在声。尝见前辈诸老先生,多蓄法书、名画、古琴、旧砚,良以是也。明窗净几,罗列布置,篆香居中,佳客玉立相映。时取古人妙迹以观,鸟篆蜗书,奇峰远水。摩挲钟鼎,亲见商周。端砚涌岩泉,焦桐鸣玉佩。不知身居人世,所谓受用,清福孰有踰此者乎? 是境也,阆苑瑶池,未必过,人鲜知之,良可悲也。"①赵希鹄提出的"清

---

① 赵希鹄:《洞天清禄集·序》,《美术丛书》(初集第九辑),黄宾虹、邓实编,江苏古籍出版社1997年版,第553页。

福",依托于古物的"罗列"与赏玩。罗列即是赏玩,而玩者之称为玩,仅因其无涉实用,但这种创建雅趣的行为,所给予的"清福"却是阆苑瑶池也比不过的大用。在"骨董"的罗列中,人之生存已经化身为流连于罗列中的时光,这时光不是空虚与抽象的,而是凝聚为不同的时代、不同的生活的物品,这物品不是静默无聊的,而是在光影中诉说着自己的命运的。但中国古代理论对于这些"清福"的"为什么",并不多做分析或对之做系统性理论性范畴建立与勾连。不过这种隐含的动机,推动着这种生活方式的发展,它的"怎么样"到明代发展到非常精致的地步,产生了诸如《遵生八笺》《长物志》这类著名的论述。

《遵生八笺》所要推出的是"闲":"孰知闲可以养性,可以悦心,可以怡生安寿,斯得其闲矣。余嗜闲,雅好古。"①《长物志》则加推一个"长物":"于世为闲事,于身为长物。而品人者于此观韵焉,才与情焉。"②无用而多余的人生与事物的这个部分与方面,具有一种深长的意义蕴含。它们在玩味中化身为我的无用的部分,而其玩味方式,可以以综合动、静方式的"陈设"作为基本模式的。这里面,"骨董"化的诸般事物,是以古物为核心的,古物在此,内涵丰富的历史与家国命运,但是关键在于已经脱离其当时的牵萦处境,在落闲之处,面貌可以摆脱狭隘的功用线索,呈现它被掩盖着的、更深的、看起来是无用的作为整体生活与历史环节的内涵。从古物方面来说,玩味者沉浸于其中的是时间性和历史性的生命延伸。但是,用以"养性"的,并不仅仅是时间性的东西,同时也有空间性的东西。说起来,玩物是有"制"有"度",以及有"经""目""风""味"等的,这些制度,并非主要是传统使用中的规矩,更主要的是陈设玩味中的美学的考虑以及时空感的引发。这两部著作尽管有大量的名物介绍以及考订内容,但其突出而显然的内容,是一种生活方式以及独特的审美范畴(似乎可以名为"古雅")的发挥。粗略说来,它们分为几个层次:一是浅层的审美享受。陈设讲究搭配,这种搭配不仅是形式和色彩的讲究和配合,还有器物本身意蕴的选择以及生活、历史意蕴的配合。事物本身的形式呈现给人以愉悦的感受。其次是深层的审美感受。在对事物玩味中,主体精神性的意向得到抒发。比如:"观古法书,当澄心定虑,先观用笔结体,精神照应,次观人为天巧,自然强作。"③如果说前两个方面还都是以主体为主,引发应和主体的审美旨趣,停留在"才""情"层次,那么,第三层次则是对于"道"之领悟,走在审美自我超越和提升的极致边缘,

① 高濂:《遵生八笺·燕闲清赏笺》,王大淳校点,巴蜀书社1992年版,第500页。
② 沈春泽:《长物志·序》,《美术丛书》(三集第九辑),黄宾虹、邓实编,江苏古籍出版社1997年版,第1864页。
③ 文震亨:《长物志》,《美术丛书》(三集第九辑),黄宾虹、邓实编,江苏古籍出版社1997年版,第1876页。

"一洗人间氛垢"①。在这种层次上,陈设玩味的意蕴就比较隐含,比如在古物中领会"唐虞之训"或"宣尼之教";或者依照节气陈设不同的物品。表面看来是应时与修养,更深的是对于充实着历史与生存的时空的体味。

四、"藉物"说建立的陈设的形而上学

但是明代理论并非完全是关于"怎么样"的论述,传为董其昌所作的明末论述《骨董十三说》对于骨董的形而上意义做了一个直接的论说,在中国古典生活美学论说中具有重要意义,同时我们将发现它和前述西方思想家在关于陈设问题的看法上,具有富有意味的共鸣。在这个论述中,作者揭示了"陈设"绝非无足轻重的习惯,它在看起来含混不清的雅兴举动中具有对于这个鉴赏活动的奠基性意义。陈设本身正是所有陈设之物的本意与隐含指向,所有陈设之物,最根本的就是表达陈设,而陈设也因此体现为形而上的创造、托举,是使器物超越自身的特殊化从而艺术化,同时也使欣赏者领略到自身力量以及道之力量的线索和根源。

在《骨》文看来,骨董一般人认为是无用的,但是,一个能够具只眼的贤者,可以在骨董的赏玩中"即物见道""进德修艺",使骨董能够发挥"大用"。为什么这样说呢? 该文提出了两个理由。第一个理由在骨董的外在表意中。所谓"骨董",整体意义是杂陈,但杂陈不是没有意义的,该文开篇指出:"易曰:杂物撰德。又曰:物相杂故曰文。文生于杂,有自来矣。文德修而人道立,非入德无以明道,德何以入? 总其别,同其异,名消实化,繁兴大用,突焰飞光,莫可测识,乃有骨董一句,用举形上之道也,不可以训诂论说通之者也。"杂物形成文明,在这纷繁里能够领略到文明之变化和各种呈现,进而总合融化而体悟"德"与"道"。

但是,纷繁的领略和学识并非唯一的目的,更重要的是进而体悟形上的东西,这个东西,当然是具体化为纷繁的,但它又潜藏于纷繁中,需要透视的,这么一种透明的东西,才是该文要着力揭示的东西。这个道,体现在"骨董"的内在蕴含里。首先是"骨"。"去肉而骨存,故云骨。"人天然喜爱感官的享受,但内心却也能感悟到"声色臭味"之后的"平淡"与"清虚",这些"无声无臭"之物,"即为万声万臭之大本",是后者"有赖以存"的东西,这叫"骨","骨"即是万般缤纷剥落之后留下的内核,正如器物在生活与历史应用之后残余的符码,坚硬沉默又围映着过去的幻影。它指示着一切变化的依赖和根基。声色呼应感官,而"骨"则呼应"心知",心知之物才能"可永我乐","得我安生立命之地"。但更深的涵意还有"董"字来继续发掘。"董"是治理控制之意,骨董如何会有这个主控性的意义呢? 该文解释说,"董"字从

---

① 高濂:《遵生八笺·燕闲清赏笺》,王大淳校点,巴蜀书社1992年版,第501页。

草从重,所以意思要从草如何重要去寻找。它说:"读易曰:藉用白茅。夫茅之为物薄,而用可重也,于是征其文有合于董治之义也。凡置物必有藉之以成好,薄如草茅,用之为藉即重。重其物,即重其藉物也。制器物者,亦用以藉我养生供物之用耳。"原来,茅草虽然是很被人忽视的东西,但它总是用来作为器物的保护凭借的材料,它们保护着器物,守护着器物,其实正是器物所赖以在世间有用的可靠性的来源,因此,它其实是最重要的,是器物之用的基础和主控者。当然,草之为物藉,只是一个引子,它只是指示事物是具有一个发挥自己呈现自己的基础的。"骨董"正是这样一个基础,是诸般事物的凭借:"骨董古之垫物多,凡物必有垫,所以藉之也。……藉之即所以治之使成其用也。求古人之服食制度不可见,见藉服食之器而贵重之。"在玩物行为中所玩之器物,总是一种"垫物",即用来装东西的器物,或者其实泛指某些用处、某些表达所在其中的器物,相对于应用或意义,器物总是"藉物"。"藉物"本身就是那些意义,意义是被"垫"出来的,是有"藉"的,在意义被藉的过程里,藉以适应于意义的方式铺陈出意义,藉就是意义的形态,因此,世界是意义的交织,其表现为各种藉物的杂陈,变现为各种藉的方式的运行。这是《骨》文最强调的意义:"然物藉之以存焉者也,而物又莫不相藉也;食物以器藉之,器物以几藉之;几以筵藉,筵以地藉,而地孰藉之哉? 能进而求知藉地之物,则天人交而万物有藉矣。……则天下皆藉之矣,天下一大骨董也。人皆画于小而遗其大,特未之思耳。"①这论述里体现出来形上思辨是令人钦佩的。天下是一个互相凭借的网络,这网络又在一个根本的凭借中各自走出呈现意义的线索。对于骨董的玩味,不在于表面器物的声色润美,而在于对于其后生产的追寻;不仅追寻它们后面各自的命运,更在于把这些命运在一个整体的运行设立的"道"中,视为各个环节,并且在这些环节的杂陈中透视到"道",这才是不拘于器物形式和内容的"小",而把握其"大"的玩物之道。

我们看到《骨》文的这个理论,与前述王国维的"古雅"有一致的地方,它把无形的"大"揭示出来,而且在思路上也是以把握呈现来立论。当然,我们更可以看到,它和前述黑格尔、海德格尔的更加相契之处,"规定""座架"与"董""藉",都是复杂的事物之后无形而让人忽视的"骨"。而对于这个"骨",这种几乎不会被人关注的陈设本身的关注和领悟,呼唤着人也是整体性的生存以及形而上的生存。古今中西,人们都有这么一种生活方式,审美性地伴物而在,但是,人们多不会追问为何这种方式会具有如此力量和必然性,只是在它潜在的作用下,孜孜以求。这些论说

---

① 董其昌:《骨董十三说》,见《美术丛书》(二集第八辑),黄宾虹、邓实编,江苏古籍出版社1997年版,第1192—1195页。

的意义,正如王国维把"古雅"言说出来因此赋予它有意识的存在那样,把这个基本动力提取出来,使我们沿着这个启示,继续思考。

第二节 20世纪早期中国美育观念的发生与建构①

早在1901年,蔡元培就在《普通学报》的第一、二期上发表了《哲学总论》一文,他在文中指出"智育者教智力之应用,德育者教意志之应用,美育者教情感之应用"②,蔡元培也因此成为现代中国最早对美育概念进行阐述的学者。1903年,王国维在《教育世界》56号上以文章《论教育之宗旨》对美育的作用和价值进行了较为系统的分析,他认为在教育活动中美育应与智育、德育并举,不可偏废,故而"完全之人物不可不备真、善、美之三德"③。至此,经由蔡元培、王国维两位学者对美育观念研究的前期探索,20世纪早期中国美育观念的发生逐渐拉开了帷幕。

一、20世纪早期中国美育观念的发生及其功能论倾向

从知识背景上来看,20世纪早期中国美育观念的产生主要有两个方面的理论助推力,其一是西方哲学、美学以及美育观念所带来的先进理论武器,其二则是中国传统哲学、审美文化以及美育思想的历史底蕴。

首先,以康德和席勒的哲学、美育思想为代表的西方理论资源为20世纪早期中国美育观念的发生提供了理论助推。一方面,康德的审美无利害说以及其所构建的"知情意"和"真美善"之对应逻辑关系成为这一时期中国的美育观念言说的本体论依据。另一方面,席勒所赋予美育的独立性、自由性和现实性成为20世纪早期中国美育观念研究的功能论参照。其次,中华传统美育文化的熏陶滋养为这一时期的美育研究提供了观念上的自信。尽管在中国传统"礼教""诗教""乐教"的思想观念中,以礼乐教化实现"君子"人格的养成带有鲜明的伦理道德指向,但这一传统的儒家美育精神却与20世纪早期中国社会的时代需求存在着某种契合,故而成为这一时期美育观念研究的历史参照。诸如作为20世纪早期美育的积极倡导者,王国维在《孔子之美育主义》(1904年)一文中就利用大量的篇幅对席勒和康德的审美、美育思想进行了介绍,并认为"观我孔子之学说,其审美学上之理论,虽不可得而知,然其教人也,则始于美育,终于美育",可见王国维这一时期的美育观念就

① 原载《中南民族大学学报》2022年第9期。作者尹一帆,上海外国语大学讲师。
② 蔡元培:《蔡元培全集》第1卷,浙江教育出版社1997年版,第357页。
③ 王国维:《王国维全集》第14卷,浙江教育出版社2010年版,第10页。

是以席勒和康德的西方理论资源为明线、以孔孟儒家之美育精神为暗线而共同推进的。质言之,从知识背景上看,20世纪早期的美育观念研究是基于中、西方美育思想的激烈碰撞而积极生发而成的。

值得注意的是,在20世纪早期中国的学术语境下,西方美学、美育理论资源传入中国的路径主要有直接的西方—中国路径和间接的西方—日本—中国路径。其中,由于日本在哲学、美学领域对西方理论资源的现代性转换成果较为显著,且出于日本与中国一衣带水的地缘优势,日本间接路径成为20世纪早期中国美学以及美育研究的主要理论知识来源[①]。明治维新以来打破旧弊、追求文明开化已成为日本近代学者的学术志向,而近代日本所接纳、吸收和转化的西学思想都必然与其政府所提倡的"实学"政策密不可分,这种以启蒙为目的的功利主义"实学"倾向在日本从兵学、医学和法律等学科领域逐渐扩展到哲学、美学领域。故而,以日本为中介传播而来的西方、日本美学和美育思想也必然带有鲜明的"实学"色彩,这也使得日本间接路径所提供的理论成果更加迎合20世纪早期中国美育观念研究的现实需求,因此蔡元培、梁启超、王国维、吕澂、李石岑、丰子恺等留学过或旅居过日本的学者们也必然成为这一间接路径的见证者和参与者。

从具体呈现上看,20世纪早期中国的美育观念除了被赋予培养修养、陶冶情操的本体意义以外,还包含了疗救动荡社会、治愈精神创伤等现实的功能指向。

以20世纪早期中国的社会背景来看,美育观念研究所呈现出的功能论倾向是历史的、必然的选择。伴随着西方船舰炮弹的强势入侵,处于封建愚昧状态的中国人这才渐渐感到惶惶不安,自此民族的劣根性和文化的落后性成为先进知识分子的困顿和屈辱。也正是在这样的现实境遇下,近代以来以救亡图存、改造旧弊为目标的西学东渐之风才得以在中国兴盛不已,这也为20世纪早期的美学、美育研究定下了功能论的基调。1913年,鲁迅在《儗播布美术意见书》中曾提到,"美术之目的,虽与道德不尽符,然其力足以渊邃人之性情,崇高人之好尚,亦可辅道德以为治。物质文明,日益曼衍,人情因亦日趣于肤浅。今以此优美而崇大之,则高洁之情独存,邪秽之念不作,不待惩劝,而国又安"[②],由此可见一斑。尽管从本体论上看,20世纪早期的美育观念最初是作为舶来品从西方引入中国的,然而从功能论层面来看,这一时期的美育观念则与中国传统儒家美育思想是休戚相关的。作为

① 彭修银:《中国现代文艺学、美学形成过程中的"日本因素"》,《陕西师范大学学报(哲学社会科学版)》2012年第2期,第19—24页。
② 鲁迅:《鲁迅全集·编年版:第1卷(1898—1919)》,人民文学出版社2014年版,第253—254页。

中国古代美育概念的最早提出者①，汉末魏初的徐幹在《中论·艺纪》中提出了"美育群材，其犹人之于艺乎"②的思考，并将以礼乐教化实施之的美育看作是君子得以养成的重要途径，这种强调以"文质彬彬"的君子修养为旨归的美育观念，与20世纪早期中国学者主张的以美育实现情感陶冶、道德教育以及社会改造的功用说一样，都自觉将功能论视角纳入了其理论体系的构建之中。

在20世纪早期中国的学术语境下，美育观念研究的功能论倾向比以往任何时候都更加鲜明。首先，得益于西方现代教育制度的推广和发展，20世纪早期中国美育观念的社会功用愈加凸显。1912年，蔡元培在《对于教育方针之意见》一文中提出应以军国主义、实利主义和德育主义三者的"政治之教育"和世界观、美育主义二者的"超轶政治之教育"共同推进教育的发展③，同年9月，蔡元培又在其主持颁发的《教育宗旨令》中将美育作为国家教育政策最终确立下来，从而使得美育的社会功能得到了更大程度的彰显④。其次，除却社会功能以外，这一时期的美育观念更加关注个体的完善性实现。不同于以礼乐教化、君子养成来实现政治稳定、社会和谐的中国传统美育观念，20世纪早期的学者们由于普遍受到西方现代人本主义文化的影响，其美育观念往往表现出对"人"之实现的关注。不管是王国维所追求的"完全之人物"，还是蔡元培推崇的"陶养"之说，抑或是吕澂、丰子恺等人对艺术化人生的向往等，他们所言之美育也必然包含着"立人"这一功能取向。质言之，20世纪早期的中国美育观念所体现的不是"一种指向本体构建的观念形态"，而是"一种致力于实现精神的现实目标、体现人的内在恢复性要求的功能存在形态"，故而这一时期关于美育探讨必然首先被"置于功能实现的可能性之中"⑤。

二、20世纪早期中国美育观念的"三位一体"结构模式

正如前文所言，尽管20世纪早期中国美育观念的发生呈现出杂糅性和多义性的时代印记，但从整体上来看美育与情育、德育和艺术教育三者的关系研究共同构架出了这一时期中国美育观念的基本内核。具言之，这一时期的学者诸如王国维、蔡元培、梁启超、丰子恺等在探讨美育的概念和内涵之时，都不约而同地构建起了以情育为本质、德育为目的、艺术教育为手段的"三位一体"结构模式。"三位一体"

---

① 祁海文、徐幹：《"美育"概念的最早提出者》，《长白学刊》2002年第6期，第81—83页。
② 徐幹：《中论》，泰东图书局1929年版，第28页。
③ 蔡元培：《蔡元培教育论集》，湖南教育出版社1987年版，第42—48页。
④ 蔡元培：《蔡元培教育论著选》，人民教育出版社1991年版，第1页。
⑤ 王德胜：《"以文化人"：现代美育的精神涵养功能——一种基于功能论立场的思考》，《美育学刊》2017年第3期，第20页。

的结构模式不仅赋予 20 世纪早期中国美育观念研究以更加形象化、具体化的言说方式,也正是通过这种逻辑对应关系的构筑,美育观念的内涵得到了进一步的确立和丰富。

1. 以情育为本质

1901 年,蔡元培就通过《哲学总论》一文将美育解读为"教情感之应用",由此可知蔡元培的美育观念一开始就与情育保持着亲密的关系。1903 年,王国维在《论教育之宗旨》一文中将"美育"专门用括号标注为"情育",并在此基础上进一步对其内涵进行阐释,他认为"独美之为物,使人忘一己之利害而入于高尚纯洁之域,此最纯粹之快乐也"[①],也就是说,王国维在这里所倡导的美育观念实则是以不涉利害的审美情感教育为核心而展开的。1922 年,梁启超通过《中国韵文里头所表现的情感》《美术与生活》《为学与做人》等文章反复阐发了自己的美育观。值得注意的是,他在这些文章中并未直接使用"美育"二字进行相关的表述,而是直取"情感教育"一词来阐述自己的观念,从中可以见出梁启超美育思想的情育本质。特别是在《中国韵文里头所表现的情感》一文中,梁启超曾言道:"天下最神圣的莫过于情感""古来大宗教家大教育家,都最注意情感的陶养。老实说,是把情感教育放在第一位"[②],梁启超还将艺术看作为情感教育之"最大的利器",并认为音乐、美术和文学为其"三大法宝"。除此之外,丰子恺的美育思想也表现出以情为本质的特征与倾向,诸如在《关于学校中的艺术科——读〈教育艺术论〉》(1930 年)一文中,丰子恺就指出科学、道德和艺术的不同属性,分别以真、善、美和知、意、情对三者进行了解读,从而得出了艺术教育就是"美的教育,就是情的教育"[③]这一结论。从总体上来看,20 世纪早期的中国学者在探讨美育问题时都自觉将"知情意""真美善"的逻辑统一纳入其美育思想之中,并在其美育观念的具体探讨中表现出与情育关系的亲密无间。

由于西方哲学特别是康德哲学和席勒美育思想在中国的传播与影响以及中国传统审美文化中素来对情感的注重,故而这一时期的学者们将情育作为美育观念的本质内涵进行探讨是必然的、合理的。具体而言,这一时期康德哲学特别是康德关于"知情意"与"真美善"的逻辑对应结构为中国学者自觉构建美育与情育之间亲密关系提供了知识性资源,而中国传统文化中重情、抒情、传情的审美导向也为这一时期倡导以情感教育为内核的美育观念提供了历史性参照。也就是说,将情育

① 王国维:《王国维全集》第 14 卷,浙江教育出版社 2010 年版,第 11 页。
② 梁启超:《饮冰室诗话》,时代文艺出版社,1998 年版,第 206—207 页。
③ 丰子恺:《丰子恺文集·艺术卷》,浙江文艺出版社、浙江教育出版社 1990 年版,第 225 页。

作为美育的本质内涵而展开的观念研究并非仅仅是 20 世纪早期中国学者生搬硬套而来的学术舶来品，也是中国传统审美文化在现代中国学术语境下的一种转换性尝试。

2. 以德育为目的

1903 年，王国维在文章《论教育之宗旨》中提到，"美育者，一面使人之情感发达，以达完美之域；一面又为德育与知育之手段"①，从而将德育作为美育的目的而正式提了出来。1922 年，梁启超在《中国韵文里头所表现的情感》一文中也谈到了美育与德育的关系，他指出，"情感教育的目的，不外将情感善的美的方面尽量发挥，把那恶的丑的方面渐渐压伏淘汰下去。"②1927 年，蔡元培在《创办国立艺术大学之提案（摘要）》中也发表了相关论述，他指出"美育之目的，在陶冶活泼敏锐之性灵，养成高尚纯洁之人格"③，1930 年蔡元培还在《教育大辞书》中对美育进行了专门性的解读，他认为"美育者，应用美学之理论于教育"，然而由于人与人之间的关系无外乎取决于人的行为，故而"教育之目的，在使人人有适当之行为，即以德育为中心是也。"④这里需要指出的是，不同于蔡元培美育思想中对于"人人有适当行为"的道德伦理追求，梁启超的美育思想尽管也包含着"善""美""恶""丑"的内在逻辑性，但出于西方哲学中审美无利害思想以及"天人合一""物我同一"的中华传统美学精神的双重指引，梁启超并没有将美育的目的诉诸社会道德水平的提升，而是将其寄托于探寻审美趣味以求人生价值的人之"美化"过程中。可见，梁启超在论及美育与德育的关系时不仅是将美育作为实现德育的具体手段来看待的，他更多地是将二者置于一种互动生成的模式中进行探讨的，故而梁启超为这一时期美育与德育的关系研究提供了新的思路。

这一时期的学者们往往将德育作为美育的终极目的而展开了积极的论述，而这不仅与中国社会之现实境遇所赋予美育的历史使命息息相关，也与中、西方传统美育思想的承续脱不开关系。在中、西方传统文化的演变历程中，美育长期以来都是被作为统治阶级治国安邦的重要工具而存在的，统治阶级或以宗教准则，或以诗教礼乐作为美育的载体，然其目的都指向了德育的养成。进入 20 世纪以来，特别是在新文化运动、"五四"运动的洗礼下，中国先进知识分子往往对传统文化表现出较为消极的态度，但中国传统士大夫"文以载道"的匹夫精神却在民族危难之时逆向而生，同时以席勒为代表人物的西方现代美育思想也让中国的先进知识分子开

---

① 王国维：《王国维全集》第 14 卷，浙江教育出版社 2010 年版，第 11 页。
② 梁启超：《饮冰室诗话》，时代文艺出版社 1998 年版，第 207 页。
③ 蔡元培：《蔡元培教育论集》，湖南教育出版社 1987 年版，第 434 页。
④ 同上书，第 208 页。

始重新认识到了美育的社会功能和政治功能,故而20世纪早期的中国美育研究者便在现代与传统的冲撞与夹缝中寻找到了新的出路。

3. 以艺术教育为手段

在20世纪20年代,中国美育界就曾先后出现过两本关于美育的专门性刊物,它们所宣扬的美育主张主要体现于艺术教育的实践和普及工作中。其中,1920年由吴梦非、丰子恺创刊的《美育》杂志在其《本志宣言》中就曾发出以"'艺术教育'来建设一个'新人生观'"①的呼声。1928年,李金发及其夫人创刊的《美育》杂志则将西方艺术作品、艺术思潮的引介和推广工作作为刊物的主要宗旨。除此之外,梁启超在《美术与生活》(1922年)一文中也对提供美术教育的学校提出了两点具体的要求,他认为这类学校"一方面要多出些供给美术的美术家,一方面要普及养成享用美术的美术人"②,进一步提倡以艺术教育带动美育事业的推广。1927年,蔡元培在《创立国立艺术大学之提案(摘要)》中也提出了关于艺术教育的具体观点,他认为美育的实施与开展应"直以艺术为教育,培养美的创造及鉴赏的知识,而普及于社会"③。然而,不同于这一时期大多数学者将艺术教育等同于门类艺术教育的观念,丰子恺的艺术教育理念则具有更广泛的维度,他将艺术教育从传统的艺术学校的门类艺术教育中解放出来,并将艺术的功能实现置于人生艺术化的实践之中。诸如前文曾提到过的文章《关于学校中的艺术科——读〈艺术教育论〉》(1930年)实则是由丰子恺1928年发表的《废止艺术科——教育艺术论的序曲》一文改编而来的,在这篇文章中丰子恺对艺术教育与艺术科教育进行了根本性的区分,在丰子恺看来,以图画、音乐等展开的艺术科教育则只是"直接用艺术品来施行艺术教育的一种手段而已",同时他还认为艺术教育的范围"是及入日常生活中的一茶一饭、一草一木、一举一动的"。总之,他将"凡属人生的事"都纳入艺术教育的范围之内,并指出"美的教育、情的教育,应该与道德的教育一样,在各科中用各种手段时时处处施行之"④。

在这一时期,不论是号召以美育为旗帜的报纸杂志,还是以推广美育为己任的学者们都将美育的具体实践落脚到了艺术教育的实现上,具体看来主要有两个方面的因素:其一,在美育与艺术教育的关系研究中,学者们往往忽略了美与艺术在概念和内涵上的区别,故而艺术教育就顺理成章地成为美育的方法论和实践论;另

① 美育杂志社:《美育》,国光书局,1920年第1期,第1页。
② 梁启超:《中国现代美学名家文丛·梁启超卷》,浙江大学出版社2009年版,第12页。
③ 蔡元培:《蔡元培教育论集》,湖南教育出版社1987年版,第434页。
④ 丰子恺:《丰子恺文集·艺术卷》,浙江文艺出版社、浙江教育出版社1990年版,第228—232页。

一方面,受西方、日本现代艺术教育制度、政策和相关活动的影响,这一时期的学者将艺术活动看作是人人都应该享有的权利,并认为唯有民众整体的艺术水平提升,才能唤醒社会的审美认知和情感认知,才能实现道德、宗教或科学主义层面的社会性完善。故而这一时期的学者们大多都不遗余力地投入艺术教育的推广工作中,以期假借艺术教育之手实现美育的通达之路。

另外,需要指出的是,尽管前文对美育和情育、德育、艺术教育三者的关系进行了拆分式的详细解读,但必须明确的是,这一时期的美育观念研究更多的是将美育与三者的关系看作是一个有机的整体。以蔡元培为例,在《美育与人生》(1931年)一文中他就曾提到,人类之所以缺乏伟大的、高尚的行为关键在于人类"感情推动力的薄弱",故而他提出了"陶养"——一种可以使人类感情"转弱而为强""转薄而为厚"的美育观念,他还指出"陶养的工具,为美的对象;陶养的作用,叫作美育"。而在如何运用"陶养的工具"这一问题上,蔡元培也提出了自己的看法,他认为诸如文学、音乐、美术的鉴赏活动都可以"谋知识与情感的调和"[①],是以"陶养"实现人生价值的具体手段。这篇作于1931年前后的文章可以看作是蔡元培在20世纪早期美育观念研究的一次总结,从文章中可知这一时期蔡元培所主张的美育观念是基于对情育、德育和艺术教育三者的整体性和系统性追求上。总之,"三位一体"结构模式的确立是20世纪早期中国学者对于美育观念研究的一种建构性成果。

三、20 世纪早期中国美育观念研究的问题与思考

"三位一体"结构模式的形成与确立是20世纪早期中国美育观念建构的自觉探索,这种以情育为本质、德育为目的、艺术教育为手段的结构模式为这一时期的美育观念研究带来了完善的系统性和丰富的言说性,也为整个20世纪的中国美育观念研究提供了基础和方向。然而,伴随着20世纪早期中国美育观念的发生与建构,特别是在"三位一体"结构模式的确立过程中,美育观念的内部研究也必然遭遇到了情育、德育和艺术教育三者的"外部绑架",从而在一定程度上削弱了美育观念的独立性和独特性。基于此,一些美育观念研究者也在历史的境遇中做出了更为多样的判断和抉择,从而为这一时期美育观念研究的学术史梳理提供了更为辩证和全面的参照。

一方面,在20世纪早期的美育观念发生与建构中,情育往往被学者们解读为美育的本质属性,然而美育与情育是否能够在观念上完全等同或替换使用则是值得思考的。尽管以情育为本质的美育观念不失其合理性,然而这一时期的研究成

---

① 蔡元培:《蔡元培美育论集》,湖南教育出版社1987年版,第266—267页。

果往往无法从概念上对情育和美育进行相应的界定和区分，并在二者的概念使用上存在着模棱两可的混用，从而导致这一时期的学者们在谈论美育之时，普遍地将美育与情育进行了对等性的解读。1924年，李石岑在《美育论》一文中就提出了不同的看法，他指出"美育之解释不一，然不离乎审美心之养成"，美育的陶冶作用应统摄于"知的情操""意的情操""美的情操"三者之中，故而"经一度之美的刺激，则精神生活扩张一次，即人类本然性多得一次发展之机会"，同时他还认为"美育实为德智体三育之先导"①。具体而言，在李石岑的美育观念中，美育从本质内涵上来看并不是完全等同于情育的，他将美育的目的统摄于知、情、意三个方面的整体实现中，并将美育进一步阐释为"审美心之养成"，摆脱了将美育与情感教育完全对等的窠臼，进一步扩大了美育观念的内涵和意蕴。尽管李石岑的美育观念不免有过分抬高美育之嫌，但其研究成果在20世纪早期中国的学术语境中却显得尤为独特。

另一方面，在20世纪早期中国美育观念的建构中，以德育为目的、以艺术教育为手段所构建的互动关系也在一定程度上消解了美育研究的学术价值和社会意义。从内在逻辑上看，"三位一体"结构模式一面明确地将美育的目的指向了德育，另一面又暗含了德育是可以直接通过艺术教育得以实现的可能，故而美育何以存在的必要性就被消减了。面对"外部绑架"的尴尬境遇，吕澂的文章《艺术和美育》(1922年)为这一时期的美育观念研究提供了一种新的参考，吕澂认为美育的范围是"很广泛地遍及全人间，又很长久地关涉全人生"，故而他在文中对当时盛行的美育代替(德育、智育)论和美的享乐养成(陶冶、改善人生)论进行了批判，他指出美育替代论过于激进却无法自圆其说，而美的享乐养成论则过于温和没有触及人生的"转移"，故而他呼吁当时的美育家在进行研究之前应先搞清美育与艺术的关系。同时，吕澂也在文中提出自己的美育观，他认为美育实则是连接艺术与现实生活的桥梁，因此唯有"普遍地实现了艺术的人生"，才是"美育唯一的目的"②。由此可见，吕澂的美育观念没有试图扩大美育的现实功能，也没有将美育沦为艺术教育的代名词，而是尽力还美育以真实性和独立性，从这点来说是难能可贵的。然而，吕澂的美育观念始终与20世纪早期现代中国的现实语境保持着一定的距离，这也使得他的美育思想在很大程度上沦为一种仅仅具有象征意义的口号，在现实社会之困境中不免显得有些无力。

从20世纪早期中国美育观念发生与建构的历史语境来看，以蔡元培、王国维、

---

① 李石岑：《李石岑论文集》，《李石岑讲演集》，上海书店出版社1991年版，第162—164页。

② 李石岑、吕澂：《美育之原理》，商务印书馆1925年版，第30—33页。

梁启超、鲁迅、丰子恺等为代表的学者们大多持有汲取西方先进文化之养分以求改变落后中国的现实愿景,因而他们对于美育观念的积极探究并非仅仅得益于其对科学主义精神的神圣追求,更多的是源于他们所承担的改造社会之历史使命和责任,故而美育与情育、德育和艺术教育三者关系的自觉建构更多的是基于美育研究的功能论视角而展开的。从 20 世纪初现代中国美育的发生,至今已有一百多年的历史,在民族危难时期美育曾被赋予救亡图存的改造功用,而在和平发展年代美育也曾被看作是审美素养和艺术修养的普及手段,可见美育观念的功能指向随着时代的变迁而不断被赋予新的内涵。然而,无论美育观念在 20 世纪的学术史进程中发生了何种具体的转变,以功能论为视角的探讨在整个 20 世纪乃至当下的美育研究中从未离场,而美育观念的"三位一体"结构模式也依然在当代葆有鲜明的实践品格。

值得注意的是,在 20 世纪早期的中国美育观念研究中,也曾暴露出美育与艺术教育的混用,以及美育观念的绝对功能化等问题,然而遗憾的是,这些问题尚未在学术史的发展进程中得到合理的解决。即使在当代,如何界定美育与艺术教育的关系,如何正视美育观念的功能论立场,以及如何防范美育功能的绝对泛化等,依然是美育研究中备受争议的重要命题。除此之外,关于中华传统美育精神的传承与转换、美育功能的时代变迁以及艺术教育的实践方法等问题的探讨,也是百余年间一代又一代中国学者的共同话题。故而,回望 20 世纪早期中国美育观念的学术史,就是试图以其发生和建构的动态发展历程建立起历史与当代的学理渊源,并以期从中探寻出解决当代美育问题的线索和思路。

第三节　课程审美化实施的理论与实践[①]

美育是有关审美的教育,艺术教育是美育的重要途径之一。在笔者多年的美育实践过程中,逐渐认识到,学生审美情感的发展与提升,不光在艺术课程领域实现,而是在所有学科领域中实现;不只在活动中实现,还应该在课堂中实现;不只在书本上实现,还要在校园环境中实现。课程审美化的最终目标是将审美精神融合到所有课程科目之中,发展学生的审美力和思维力,提升学生的审美情趣,让学生拥有自由幸福与全面发展的人生。本文基于华东师范大学附属枫泾中学多年的美育实践,从学理与实践两个层面,尝试对学校课程审美化这一主题进行探讨,并在

---

① 原载《现代教学》2019 年第 5 期,2024 年 5 月作为特色学校创建经验进行交流。作者陆旭东,华东师范大学附属枫泾中学特级校长。

此基础上提出有效落实高中课程审美化的若干建议。

一、课程审美化的美学视野与时代背景

课程审美化是指学校遵循审美化原则，以课程建设为载体，通过统整、优化课程诸要素，挖掘课程内部及实施过程中的审美元素，在课程中实施提升学生的课程审美能力，将学生的课程审美需要转化为课程审美理想，从而提升学生审美素养、促进学生核心素养全面发展的教育过程，它包括课程目标、课堂形态、教学过程、师生关系、课程环境、教师队伍建设的审美化等多个方面。在课程审美化的过程中，学校对"课程目标、课堂形态、教学过程、师生关系、课程环境、教师队伍建设"进行全面整体性地构架。课程审美化不只是追求课程内容和方法上的"寓教于乐"，而是以教育审美化原则来建设学校课程体系，使学校课程建设走出唯科学化倾向，达成美善相谐、美真互融的境界。

因此，我们认为，课程审美化的实质是让学生个体生命得以自由生长。学生的生命活力得到激发，并在学习和发展中产生愉悦之情，最终不但理解学习的意义，而且使心灵在审美中得到升华，使自主、自由、自信等心理品质得到提升。

在美学视野下，美与真善的关系，直接影响课程审美化研究与实践的走向。自古希腊至今，美的地位由低到高、逐步提高，有关美的观念的发展史，基本反映了人们精神境界和文化教育提高的过程，也反映了课程审美化的发展程度。[①] 在"美从属于真善"的美学观的观照下，以"七艺"为代表的古希腊课程，其主导价值在于传承人类文明，强调使学生掌握、传递和发展人类积累下来的文化遗产。

康德以后"真主导美善"的课程观倾向于课程知识或学科的理解，强调受教育者掌握完整系统的科学知识，课程的体系是以相应学科的逻辑、结构为基础组织的，学习者对于课程主要是接受者的角色。这样的课程主要关注学习者的认知过程。以海德格尔为代表的现当代哲学家主张美居于比真更高的地位，"美比真更优越，美高于真又包含着真"。[②] 与此对应的课程，强调学习者作为主体的角色以及在课程中的体验，强调学习者是课程的主体以及作为主体的能动性，强调以学习者的兴趣、需要、能力、经验为中介实施课程，强调学习者个体的主动参与，等等。在对美的诉求日益高涨的现代社会，在新的美学观的观照下，随之对应的课程更关注解放人的本性、促进全人发展的核心素养的生成，关注学生的精神世界、心灵世界与物质世界的和谐统一，因此，对课程审美化的要求也越来越高。

---

① 陆旭东：《美术特色高中课程审美化建设研究》，天津教育出版社 2017 年版，第 17 页。
② 张世英：《哲学导论》，北京大学出版社 2016 年版，第 210—211 页。

新中国成立以来,对美育的理解有一个逐步完善和发展的过程。1961年,《文汇报》发起了美育大讨论,明确了美育应当是全面发展教育的组成部分。随后在持续20余载的关于教育本质的讨论中,美育工作者运用马克思关于人的全面发展的理论,进一步凸显了美育在人的全面发展中的地位和作用,揭示了美与审美教育的发展规律。

21世纪前后倡导的素质教育以及学生发展核心素养的教育理念,使美育的发展摆脱了长期以来受制于德育的局面。美育理论与实践工作者较为一致的看法是,审美素养是审美情感与态度、审美知识与能力、审美价值与行为的总和。审美素养作为学生的核心素养之一,越来越受到国家的高度重视。2015年11月,国务院印发了《关于全面加强和改进学校美育工作的意见》,强调了审美素养培育对提高学生审美与人文素养、促进学生全面发展所起的重要作用。2017年,党的十九大报告为学校美育改革发展指明了新的方向。2018年5月,教育部在上海召开全国美育工作会议,与全国31个省份签署了学校改革发展备忘录。2018年8月,习近平总书记给中央美术学院老教授回信强调,要做好美育工作,弘扬中华美育精神,让祖国青年一代身心都健康成长。2023年,教育部发布《全面实施学校美育浸润行动的通知》,要求通过艺术实践普及、教师素养提升等方式,实现"以美育人"的常态化,将美育作为"促进学生健康成长、全面发展"目标的关键路径。

学校美育迎来了崭新的发展时代。新时代呼唤全方位、立体化美育。学生个体对自身既有低层次感性满足的情感需求,也有高层次自由全面发展的情感需求,如何满足并提升学生的这种情感需求,让他们达到自由、和谐、全面的发展,就是新时代美育的本质诉求。在此前提下,提升人的审美素养,包括审美情趣、审美观念、审美能力等,成为美育的基本任务。该任务的达成,最终要通过课程审美化落实在所有课程中——不仅是艺术人文课程,而且包括科学类课程的所有课程。当然,各课程所包含的审美元素,其程度是不一样的。有些是直接的美育,有些是间接的美育;有些是显性的美育,有些是隐性的美育。活动类课程,如球类比赛、歌咏比赛、舞蹈比赛、朗诵比赛等,也渗透了许多美育元素。

课程审美化的研究,既涉及课程目标、课程内容、课程管理等问题,也涉及课程美、学科美、对话合作美、校园环境美等方面的研究。它体现了新时代"立德树人"的根本要求,也体现了新时代美育发展的新趋势。

二、课程审美化的心理动力机制及实施原则

课程审美化与审美情感的发展紧密相连,有其自身发展的心理动力机制。只有当学生充分认识到课程的价值,并内化为自身的精神、认知、文化实践活动时,课

程审美需要才能转化为课程审美理想,课程才变得有意义。其心理动力机制见图1。

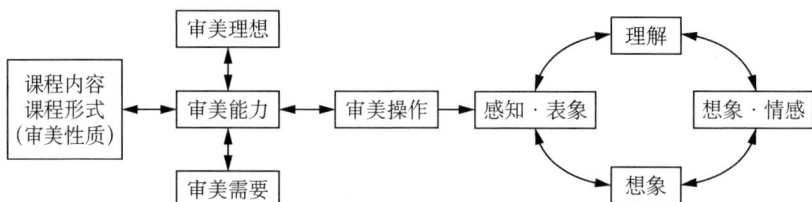

图1 心理动力机制

根据心理动力机制图,针对学生千姿百态的审美需要,学校需要做的,并不是判断谁错谁对、谁好谁坏,而是应该尊重不同学生最初的课程审美要求,从提高学生的课程审美能力出发,努力将学生的课程审美需要提升为课程审美理想。由于课程审美能力的培养能够分解到不同学科,课程审美化就有了着力点,美育也就得以真正落地。

课程审美化心理动力机制反映了课程审美需要与课程审美理想之间的矛盾统一。在理想的审美活动中,两者是统一的,课程审美理想是课程审美需要的目标。但在现实的审美活动中,两者常发生冲突。通过课程审美化,努力提升课程审美能力,成为解决理想与现实冲突的不二选择。

关于课程审美化的实施原则,我们总结出如下四点。

1. 艺术教化原则

艺术教化原则是指充分发挥艺术育人的作用,通过塑造审美的人,使得感性的人和理性的人之文明生态得以均衡。简言之,教之、化之、成就之。教之,就是指通过教师适当的引导,学生对艺术对象发生兴趣,并开始主动、愉悦地感受艺术外在的美。化之,就是指学生与欣赏对象(艺术)两者合一,在与艺术融合的过程中把审美需要上升为审美理想,充分感受到艺术内在美,并把这种美与自身人格的美融合在一体。成就之,就是指学生通过感受、理解、融合艺术的美,创新原有的人生经验。

2. 课程体验原则

课程体验原则是指让学生以"体验"的方式开展学习活动。体验就是与生命活动密切相关的人生经历。学生将自己的情感、需要、理想等全部心灵投入课程学习中,使自身与课程融为一体,其内心会产生一种由衷的喜悦,这就是美。当学习是一种审美性体验时,学生以整个生命活动参与到学习中去,学习热情得以点燃,学习的内在能动性得到极大的激活,学习效率有大幅度的提升。

3. 课堂优化原则

课堂优化原则是指课堂教学要构建以"目标设计美、教学流程美、师生合作美、方法运用美和教学辅导美"为主要特征的课堂形态,凸显知识与技能,展示过程与结构,推动思维与情志,课堂逐步从一言堂向以师生互动、生生合作的新型课堂转变。从学习目标和教学目标出发,制定课堂教学的细化指标,通过环节把控、师生合作、设疑激趣等方法与策略,优化课堂的每一个环节,使学生真正成为课堂的主人。

4. 审美引导原则

审美引导原则是指教师通过评价引导,将教学过程审美化,引导学生在学习的过程中通过积极的情感体验,寻找美、发现美、感受美、体验美、欣赏美,并且会用恰当的词汇描述美,使学生在美的体验过程中润物细无声地受到影响。教师通过实施审美评价引导后,学生学会用多样化的标准去欣赏别人,积极地、全面地去发现他人的闪光之处,并用恰当的、丰富的积极词汇进行描述,从而逐渐提高自身审美评价的水平。

三、审美五力与思维五力的相互促进

课程审美化的核心,不仅在于提升学生对美的感知与体验,更在于促进学生思维品质的跃升。为此,需要在教学与实践中综合关注"审美五力"与"思维五力"这两大能力群,并通过"共情力"与"问题意识"两大关键因素,将二者紧密联结,真正实现审美力与思维力的共同提升。

所谓"审美五力",是指学生在审美活动中所展现的五种核心能力:感受力、体验力、欣赏力、批判力、创造力。它们从初步感知到深入体验、从独立判断到创新生成,构成了审美素养成长的递进路径。

1. 审美感受力:捕捉美的感官能力,通过视觉、听觉、触觉等感官渠道获得初步的美感信息,强调对细节的敏锐观察和对外界刺激的敏感度。评价标准涉及感官敏锐度、对细节的观察能力、对外界刺激的反应速度与强度。

2. 审美体验力:将感官获得的美感上升为内在情感共鸣,强调对艺术或生活情境的个人投入与沉浸感。其评价标准涉及情感共鸣深度、想象力的丰富性、对审美对象的情感投射与认同程度。

3. 审美欣赏力:在理性分析的基础上深入理解审美对象所蕴含的内涵与价值,通过对文化、历史背景的了解来把握美的本质与意义。其评价标准强调对审美内涵的理解力、对文化价值和美学要素的解读力、对不同审美对象之间关联的挖掘能力。

4. 审美批判力:既能站在独立立场审视美的真伪与优劣,也能在多元文化、社会价值之间辨别和选择,从而形成独到的审美判断。其评价标准强调审美判断的独立性、对流行审美的反思能力、对美的鉴别与分类能力。

5. 审美创造力:将审美感受转化为新的艺术表达或创意成果,体现个性化、创新性,是审美活动的升华。其评价标准强调创作的原创性、情感表达的深度、对既有审美规律的突破或重构能力。

上述五种能力从感官到情感、从理性到批判,再到创新表达,循序渐进又相互影响,构成了学生完整的审美能力体系。

与审美五力相互呼应,学生在认知与思维层面表现出五种关键能力:分析力、统筹力、鉴别力、创新力、应变力。它们从信息加工到价值判断、从逻辑推理到创造突破,构建起学生面向复杂问题的思维框架。在"思维五力"的互动中,分析是思维的起点,统筹是全局把控,鉴别聚焦精准判断,创新着眼突破与创造,应变则强调动态适应。它们共同构建了学生理性思维的核心支柱。

在审美与思维两大能力群之间,"共情力"发挥了至关重要的桥梁作用。共情力不仅是对他人情感的理解和投入,更是对自然、社会、艺术、科学等多元对象的情感回应。具体表现在以下几个方面:一是丰富审美的情感维度。当学生具有更强的共情力时,他们的感受力与体验力会变得更加细腻、投入与深刻;欣赏力与批判力也会多一分人文关怀与温度;创造力更能贴近人性的需求,作品更容易引发共鸣。二是提升思维的情感融入度。共情力使学生在分析、统筹、鉴别、创新与应变过程中更容易关注到"人"本身,以价值关怀、情感投入为依托,寻求更具包容性、深层次的人性化解决方案。三是弥合感性与理性的隔阂。纯粹的理性思维往往较为冷峻,而缺乏理性的审美体验容易停留在感性冲动。共情力正好为二者搭建桥梁,让学生在"审美五力"与"思维五力"交互时,更加自然地平衡感性与理性。

"审美五力"更多关注情感维度与人文气息,"思维五力"更多关注理性维度与逻辑思维。通过"共情力"的情感润泽与理性牵引,师生的情商与智商在审美教育中得到同步发展,价值观也在不断地内化与升华。

综上所述,"审美五力"与"思维五力"的相互促进,是一种兼具情感与理性的教育路径。通过强化"共情力"这一关键要素,我们能够更加有效地引导学生在追求美的同时强化理性思考,在锤炼思维的同时提升审美眼界。这样的教育实践不仅为学生奠定良好的艺术基础、思维能力和人文素养,也为他们未来的自由、创造和可持续发展打下坚实的综合素质根基。

四、课程审美化的实践探索

华东师范大学附属枫泾中学是一所有着多年艺术特色办学传统的普通完中。最近几年,在课程审美化实践方面做了一些初步的尝试。

1. 尊重学生的课程审美需要

学校为尊重并保护每一个学生最微小的课程审美需求,安排了初级、中级、高级、创新四个层面的课程,建立了"人人会画画、个个懂欣赏、时时有体验、处处有创新"四个特色课程群,最大限度上满足不同层次学生的课程需求。学校建立了学生自主选课的机制,初中部每学期安排4个半天的级本课程,学生走班上课。高中部开设了素描、色彩、速写等必修课程,还开发了泥塑、农民画、剪纸等12门选修课程,每周三、五下午走班教学。高中部70%以上的学生选择了美术,对于没有选择美术专业的小众学生,学校开设了"高中生美学基础读本""艺术欣赏""礼仪美育"等课程,普及美学基本知识。对学有余力的特长生,学校组建创新班,开设了"创新设计""综合材料绘画""平面设计""电脑绘画"等创新型课程。

2. 发展学生的课程审美能力

学校制定了发展学生课程审美能力的中长期规划,对中学7年的学生审美素养培育提出不同的要求。学校从三大方面统一学科教学中的美育目标。(1)从外部形式上:反映学生掌握艺术知识和技能的水平;(2)从内部结构上:体现"感受、欣赏、判断、批判、创新"能力的发展水平;(3)从实践层面上:显现学生的审美态度和价值观。

课程审美化的核心是让学生的情感由低到高得到升华。譬如,高中历史学科老师在讲授王安石变法时,很巧妙地用到了枫泾镇地名的由来。她以枫泾名人陈舜俞的故事,让学生欣赏家乡名人陈舜俞"清风亮节"的个人品格美,引发学生对家乡的自豪感。再由陈舜俞以强烈的社会责任感反对变法,与王安石以"天变不足畏,人言不足恤,祖宗之法不足守"的大无畏精神推行变法相呼应,让学生体会王安石不断革新的精神和陈舜俞为国为民的高尚情操,感悟陈舜俞的社会理想美。由此,学生的审美情感得到升华:从对家乡名人的敬仰之情上升到对其为国为民的崇高理想的理解与欣赏,从感性的情感转化为理性的情感,从对某个人的道德判断上升到理性分析历史事件本身,学生的课程审美能力得以提升。

3. 升华学生的课程审美理想

学校开展从自然到人文、从艺术到人格、从科学到人生、从他人到自身的美育实践活动,主要解决学生自由发展过程中的三大关系:个人与自然、个人与社会、个人与自我,让学生的审美素养上升到更高的境界。

学校通过对班级活动的审美化改造,构筑了一个由"欣赏、关爱、对话、合作、尊重、宽容"这六方面组成的美育情感场,在时间维度上横跨整个中学阶段,在内容维度上包括"学校系列、家庭系列和校外系列"。学校对整个美育情感场进行整体设计、系列构架、纵向衔接、横向贯通、分层递进、螺旋上升,使其在目标内容、方法途径、管理评价等方面都有发展。

学校积极倡导欣赏型德育模式。师生建立起民主平等、对话交流式的生态型关系。以"美"为起点,以"德"为终点,通过对教育情景的审美化改造,让它具有艺术特征和"可欣赏性",让学生在美的自由想象和美的自由体验中达到道德学习的目的,使美育活动聚焦于学生的自由发展,让学生在自由觉醒中促进自我发展,在主动、愉快的欣赏过程之中自觉接受我们想要传达的价值观。

4. 让教师成为审美者

当前学校美育最缺的不是传授艺术技能的教师,而是整个教师队伍审美素养的提升。在传统的课堂教学中,很多教师认为审美素养培育是艺术教师的责任,因此不能很好地落实审美素养培育的目标。

要使教师成为审美者,首先,教师必须树立正确、合理的审美教育理念,掌握审美素养培育的知识与理论,提升自我的审美能力,以美育人,提升学生素养。其次,教师必须注意仪表端正,举止大方,教态自然,给学生一种美的形象。再次,教师的课堂语言要既亲切又富有激情,让学生受到语言氛围的感染。最后,教师还要重视审美课堂的创设,把教学活动作为一种创造性的、能给人带来美感的艺术活动来对待,让学生受到美的熏陶,在促进学生智力与情感的发展的过程中,培养学生正确的审美意识。

综上所述,课程审美化是从课程实践中萌芽、发展并逐步完善的一个概念,涉及美学、心理学、管理学等多学科的交叉研究。课程审美化作为学校审美活动的主要形式,是构建师生艺术化人生不可或缺的内容,融合着真与善的美,是构筑诗意栖居的人生环境的终极追求。在课程中,教之,化之,成就之——这就是课程审美化的真谛,也是课程审美化发展的理想追求。

第四节　音乐剧实践教学中的德育渗透路径[①]

"十年树木,百年树人。"大学生作为促进国家发展的重要人才资源,对于实现国家富强、民族复兴具有不可估量的作用,我们必须使其沐浴在红色文化的环境中,不断提高个人思想道德水平,将先辈们所流传下的宝贵精神财富薪火相传,最

---

① 原载《戏剧之家》2021年第7期。作者李花,上海理工大学音乐系副教授。

终成长为合格的社会主义接班人。音乐剧在中国音乐史上具有举足轻重的地位，是国人宝贵的精神财富，以其独特的表演形式深受社会各界的好评。在当前我国构建社会主义和谐社会的背景之下，音乐剧应与红色文化相结合展现出新的魅力，在校园内奏响红色旋律，促进高校德育事业的发展，培养出一批批具有较高思想道德素养的社会主义接班人，为实现中华民族伟大复兴的目标添砖加瓦。接下来，本文将对高校如何在音乐剧实践教学中的德育渗透路径进行详细阐述。

一、德育教育在精神成人中的重要性

随着我国高等教育事业的不断发展，大学生人数呈几何倍增长，我们在为我国高等教育事业的发展感到自豪时，也应看到背后所隐藏的种种问题，其中最重要的莫过于大学生们的思想品德问题。大学生们处于人生的高速发展阶段，可塑性强，但是也易受到外界不良因素的影响，给其树立正确的世界观、人生观、价值观带来一定的挑战。因此，高校必须重视对于在校大学生们的德育教育工作。其重要性主要体现在以下几方面：

首先，有助于促进现阶段高校精神文明建设。当前，我国精神文明建设主要包括两大方面，一是学科文化建设，二是思想道德建设，而其中最主要的还是思想道德建设。大学阶段是帮助大学生培养个人思想品德和良好行为规范的重要时期，在高校德育工作中引进红色音乐剧，营造红色校园，不仅有利于学生在日常生活中运用道德自觉约束自身行为，摒弃倦怠懒散的习惯，追求高尚，努力实现个人价值，还有助于促进对校内各项工作的有序开展，使整个校园内部的风气焕然一新。

其次，丰富在校大学生的精神世界。随着互联网技术的高速发展，网络社交媒体使大学生们的业余生活变得丰富多彩，了解世界的方式变得更加多样。我们在看到互联网对丰富大学生精神世界所带来的积极影响时，也应注意网络世界中拜金主义、封建迷信、享乐主义等错误思想对于大学生精神世界的污染。因此，加强高校内部德育工作刻不容缓。校方可借鉴国内原创优秀红色音乐剧《追梦·青春》《初心晨启·宣言》《追寻》等作品的创作经验，因地制宜，挖掘当地红色文化，并结合时代特点创作出具有当地特色的音乐剧本，组织大学生艺术团进行排演，并在校内公开演出，将红色之声传遍校园，让学生们潜移默化地接受红色文化的洗礼，从而促进个人思想道德与情感的良性发展。

第三，有效激发大学生爱国热情。生活在和平年代之中的高校学子们，没有经历过外敌入侵、战火纷飞、民不聊生的艰难岁月，对"爱国"二字的理解并不深刻，也不知如何"爱国"。加强德育不仅有助于大学生感受先辈在家国危亡时"苟利国家生死以，岂因祸福避趋之"的满腔热血，还能够体会那份"先天下之忧而忧，后天下之乐而乐"的博大胸怀。例如各班组织同学们观看《国之当歌》《冰山上的来客》等经典红色音乐剧后，能够在一定程度上唤起学生的爱国情怀，以先辈为榜样，从而反思自我，明确自身所肩负的重大使命，在今后的学习生活中不断勉励自我，塑造自我。

二、音乐剧实践教学中德育渗透的可行性

首先，音乐剧实践教学与德育教育目的相同。德育教学是一种为了规范社会及群体思想政治观念、道德行为而实施的一种有目的、有计划、有组织的教学方式，其目的在于使接受者能够形成符合当前统治阶级需要、社会需要的思想道德观念，并在生活中有效规范自我行为。红色音乐剧也具有"德育"的教育目的，其主要围绕革命历史所创作，其中所涉及的南昌起义、秋收起义、长征等著名事件，毛泽东、周恩来、邓小平等领袖人物的成长历程，以及建国后期的大庆精神、焦裕禄精神、"两弹一星"精神等内容，都能够成为"德育"的素材，是对大学生进行德育的最佳载体。两者殊途同归，相辅相成，通过颂扬先辈们争取国家独立、人民幸福的英勇事迹，为提高大学生思想道德水平开辟新途径。

其次，音乐剧实践教学与德育教育内容可互融。音乐剧作品的产生与整个社会的思想道德发展是密切联系的，从某种程度上而言，它反映着当前社会文明的发展状况。在当前构建社会主义和谐社会、追求中国梦的背景下，音乐剧教学在内容方面也与时俱进地将红色文化贯穿其中，利用"音乐"净化社会风气、移风易俗的功能，从而与"德育"融合。将一种积极向上的世界观、人生观、道德观、政治观、法治观通过音乐剧的形式呈现于实践教学中，有效地规范大学生的行为，塑造良好个人品格，达到以德育人的目的，最终促进整个社会文明的发展。

第三，音乐剧实践教学与德育具有情感共通性。音乐剧教学与德育都是以"人"为中心的教学，一部优秀的音乐剧作品不仅应用美妙的旋律抓住听众的耳朵，还应用深层次的精神文化内涵与之产生强烈的情感共鸣。例如在音乐剧实践教学中加入红岩精神、西柏坡精神、抗战精神等红色精神文化，使之以"星星之火，可以燎原"之势迅速蔓延开来，让听众们在精神上产生共鸣、情感上得到升华，从而在潜移默化中提升自我的精神境，严于律己，追求高尚。同时，教学时教师应投入自身的真情实感，从生活、学习、情感等方面以德育人、以德服人，与学生在心灵上产生共鸣，从而引导学生摒弃庸俗，走正确的道路，做有思想有道德的人。

三、音乐剧实践教学中德育渗透的路径

1. 传递高尚的民族美德

红色文化是革命先辈留给我们的宝贵精神遗产，其中蕴含着大量的高尚人文情怀、民族美德，对于今日提升大学生思想道德水平、促进社会文明建设具有重要意义。红色文化以音乐剧为艺术载体，将先辈们在民族危亡时期保家卫国、艰苦卓绝、百折不挠的精神贯穿其中。例如在教学中可以抗日精神、抗美援朝精神为主题原创剧本，再结合经典的红色歌曲、演员们精湛的表演生动地再现革命时代的故事，展现了先辈们为实现国家富强、民族复兴的奋斗精神，以及身先士卒的奉献精神。在无形中对于生活在和平年代中的大学生们进行"德育"，使之产生一种强烈的民族自豪感，启发引导大学生们继续传承这份民族美德，珍惜当下，明确使命，不懈奋斗，把我们国家建设得更加美好、更加文明。

2. 树立典型的公德榜样

道德是社会的底线，更是每一个大学生都应具备的基本素质。道德不仅对于大学生今后的人生有重要意义，而且决定着一个国家的未来发展。因此，高校必须加强"德育"工作。高校德育工作应积极与红色音乐剧相结合，将红色文化中所包含的高尚道德情操充分展现出来，从而使大学生变得更加文明有礼、遵守法纪。例如在教学中可以《初心晨启·宣言》为范本，将张人亚的事迹进行二度创作，重新填词谱曲，使学生们走进他的一生，感受他在战火中为革命事业舍生取义的精神，从他的故事中得到启示，自觉地在生活中以先辈们为榜样，提高自我精神境界。

3. 彰显深刻的道德观念

在信息爆炸的时代，大学生们较以往能够了解到更加多元的信息，若无法有效筛除不良信息，无疑将会对他们的思想道德观念造成一定的影响，大学生是国家的财富，处于思想道德意识观念形成的关键阶段，需要有人对其进行正确的引导，才能使他们在未来走得更远、飞得更高。红色音乐剧集中体现了革命先辈们的先进事迹，是红色文化的精神结晶。在教学中教师应利用毛泽东、周恩来、邓小平的先进事迹，让学生在接受音乐艺术熏陶的同时正面引导学生们优化自身思想道德，反思自我，摒弃负能量，提高思想觉悟，正确看待社会上出现的种种现象，并在生活中付诸行动，以更加高尚的道德情操投入社会主义事业的建设之中。

管子云："仓廪实而知礼节，衣食足而知荣辱"。当前我国的物质生活水平已达到了一个较高水平，应当更加重视思想道德建设。因此，高校应将德育工作进一步

加强,深挖当地红色文化,结合大学生的特点及需求创作出优质红色音乐剧,充分展现德育工作的艺术性、教育性,最大限度发挥红色文化的德育功能,实现提高大学生思想道德水平的目标。

第五节　高校美育课程教学效果数据挖掘方法新探[①]

美育教育,作为培养学生审美观念、审美情趣和审美能力的重要途径,对个人全面发展与社会文化建设具有深远意义。从孔子的“诗教”思想到蔡元培提出的“五育并举”,美育始终是中国教育传统的重要组成部分。然而,随着时代的发展,传统美育教学模式逐渐暴露出资源分散、个性化教学不足等问题,难以满足现代教育的需求。在数字化时代背景下,高校美育迎来了新的发展机遇。通过整合在线课程、交互平台等资源,数字化手段为美育教学提供了更加丰富多样的教学手段。而数据挖掘技术,作为信息技术的重要分支,能够从海量数据中提取有价值的信息,为教学优化提供有力支持。因此,将数据挖掘技术应用于高校美育教学,成为一种值得探索的全新路径。

本文聚焦于数据挖掘技术在高校美育中的应用,结合聚类、关联规则等算法,构建了一种现代美育教学模式,并通过实验验证了其有效性。同时,本文还深入分析了教学效果的影响因素,提出了优化教学资源的建议,以期为推动美育教育的创新与发展提供参考。

一、数据挖掘支持下的现代美育教学模式

高校美育的核心目标是提升学生的人文素养与审美能力。为了实现这一目标,我们需要构建一个开放化、个性化的在线教育框架。在线教育平台通过提供丰富的数字化资源(如视频教程、试题库、艺术作品库等)和多样的互动功能(如论坛讨论、作业互评、在线创作等),为学生打造了一条灵活多样的学习路径。在这个框架下,学生可以随时随地访问课程资源,根据自己的兴趣和需求进行学习。同时,平台还能够记录学生的学习行为数据(如登录频率、资源浏览时长、互动参与情况等),为教学优化提供宝贵的数据支持。

聚类分析是一种常用的数据挖掘算法,它能够将相似的对象归为一类。在高校美育教学中,我们可以采用 K-means 等聚类算法对学生进行分群。通过分析学

---

① 原载美国《应用数学与非线性科学》2024 年第 1 期。此为翻译修改稿。作者魏启旦,上海立信会计金融学院副教授。

生的学习行为特征(如参与度、资源利用率、学习进度等),我们可以将学生划分为不同的学习类型,如"主动探索型""被动接受型""实践创作型"等。针对不同类型的学生,我们可以设计不同的教学策略和干预方案。例如,对于"主动探索型"学生,我们可以提供更多自主学习的机会和资源;对于"被动接受型"学生,则需要加强引导和激励,提高他们的学习积极性和参与度。

关联规则挖掘是一种用于发现数据集中项与项之间有趣关系的算法。在高校美育教学中,我们可以利用 Apriori 等关联规则挖掘算法分析课程内容与学生成绩之间的关联。通过挖掘课程内容、学习资源、学习行为与学生成绩之间的关系,我们可以发现哪些因素对学生成绩具有显著影响。例如,我们可能会发现完成特定模块的学习任务、参与特定类型的互动活动或浏览特定类型的资源能够显著提高学生的成绩。这些信息可以为教师优化课程设计、调整教学策略提供有力支持。

二、教学质量评价与资源优化

粗糙集理论是一种处理不确定性和模糊性数据的数学工具。在高校美育教学中,我们可以利用粗糙集理论对教学效果进行不确定性评价。首先,我们需要构建决策表。决策表的条件属性可以包括教师的教学行为(如课堂互动频率、教学资源更新速度、教学方法多样性等),而决策属性则是学生的学习效果(如测试成绩、作业完成度、课堂参与度等)。然后,我们可以利用粗糙集理论中的属性约简和规则提取等方法,分析条件属性对决策属性的影响权重。通过这种方法,我们可以识别出哪些教学行为对学生的学习效果具有显著影响,从而为教学改进提供有力支持。

为了验证数据挖掘技术在高校美育教学中的有效性,我们设置了实验组和对照组进行对比分析。实验组采用基于数据挖掘的教学模式,而对照组则分别采用传统线下教学和新媒体教学模式。实验结果显示,实验组在实施准备、教学过程及学习效果三个维度上的评分均高于 0.8,达到了优秀等级。相比之下,对照组 A(传统线下教学)仅在教学过程这一维度上勉强合格,而对照组 B(新媒体教学)虽然在教学过程和学习效果上有一定提升,但整体效果并不稳定。进一步分析发现,实验组的学生在课堂参与度、资源完成度、互动频率等方面均有显著提升。同时,学生的陈述性知识测试平均分也有了显著提高。这些结果表明,基于数据挖掘的教学模式能够显著提高美育教学的效果和质量。

在实施数据挖掘干预后,我们对学生的学习行为和知识掌握情况进行了深入分析。结果发现,学生的学习行为投入显著改善,具体表现在以下几个方面:

课堂参与率提升:学生的课堂参与率从平均 4.3/5 提升至 4.5/5(满分为 5 分),表明学生对课堂的投入程度有所增加。

资源完成度提高:学生在线资源的完成度从 1.4% 提升至 99.4%,说明学生能够更加充分地利用平台提供的资源进行学习。

互动频率增加:学生在论坛、作业互评等互动环节中的参与频率显著增加,从 0.8 次/周增至 20.5 次/周,表明学生的互动意愿和积极性得到了提高。

知识掌握情况方面:学生的陈述性知识测试平均分提高了 27.42 分。同时,成绩分布也更加集中,两极分化现象明显减少。这些结果表明,数据挖掘技术能够帮助学生更好地掌握美育知识,提高他们的学习能力和水平。

三、教学资源优化配置建议

基于上述分析,我们提出了以下教学资源优化配置的建议。

加强优质课程建设。对于优质课程(如"艺术基本原理""音乐理论"等),我们应继续增加其授课的比重,保持其在教学质量上的领先地位。同时,我们还应积极探索和创新教学方法和手段,以满足学生日益增长的学习需求。

改进中等课程设计。对于中等课程(如"视觉艺术""大学语文"等),我们需要对其课程设计进行改进和优化。例如,我们可以加强课程内容的互动性和实践性,提高学生的学习兴趣和参与度。同时,我们还应注重课程资源的更新和维护,确保学生能够及时获取最新的学习资源和信息。

重点加强薄弱课程建设。对于薄弱课程(如"书法""影视赏析"等),我们需要给予重点关注和加强建设。首先,我们应整合跨学科资源,引入更多优秀的师资力量和教学资源。其次,我们可以借鉴其他高校的成功经验,结合本校的实际情况进行创新和改进。最后,我们还应加强课程评估和反馈机制的建设,及时发现和解决教学中存在的问题和不足。

提升教师的数字化教学能力。为了推动美育教育的创新与发展,我们需要不断提升教师的数字化教学能力。一方面,我们可以组织教师参加相关的培训和交流活动,提高他们的信息技术素养和数据分析能力。另一方面,我们还应鼓励教师积极探索和创新教学方法和手段,将数据挖掘等先进技术应用于实际教学中,以提高教学效果和质量。

本文通过将数据挖掘技术应用于高校美育教学,构建了一种全新的教学模式,并通过实验验证了其有效性。研究结果表明,该模式能够显著提高美育教学的效果和质量,优化学生的学习行为投入和知识掌握情况。同时,本文还提出了优化教学资源的建议,以期为推动美育教育的创新与发展提供参考。

展望未来,我们将继续深入探索数据挖掘技术在美育教学中的应用领域和潜力。一方面,我们将进一步完善和优化教学模式和算法设计,提高数据挖掘的准确性和效率。另一方面,我们还将加强与其他学科的交叉融合和创新合作,推动美育教育向更加多元化、个性化的方向发展。同时,我们也将关注国内外美育教育的最新动态和发展趋势,积极借鉴和引进先进的理念和方法,为我国美育教育的创新与发展贡献更多的智慧和力量。

第三章　中国古代美学研究

主编插白：美学是情感学。中国古代的礼乐文化旨在控制人的情感活动，使之不走极端，符合儒家道德规范。从这个意义上说，它既是道德学，也是美学。上海师范大学人文学院的潘黎勇副教授以《礼记》为个案，抓住"人情"管理中的"天道"追求，阐释先秦儒家礼乐美学的形上之维。他指出，先秦礼乐文化的天道本原及其审美化特质决定了儒家礼乐美学具有一种形而上的思想维度。按照中国哲学体用不二的显证方式，礼乐乃是一套交通天人、兼摄圣俗的价值系统和行动规范。其践行机制源于一种可以"上下其悦"的情感。情感不仅是人间礼乐的发生原理和功能依据，而且指涉、含蕴形上维度，与"性"和"天道"紧密相连。正确理解情感在礼乐文化中的思想属性和价值特质，是把握礼乐美学形而上精神的关键所在。

由于海德格尔存在论的唯心倾向影响，明代阳明心学近来颇受当代美学研究者的青睐。在阳明心学的美学思想中，《周易》的影响至关重要。复旦大学谢金良教授致力于研究《周易》美学及其对阳明心学的影响。他在以往阳明心学研究成果的基础上，结合《王阳明全集》，从易学、美学的角度较为全面深入地就这个话题作出实证析论，得出五个方面的结论：《周易》是王阳明一生中最用心精研的经典；龙场悟道是王阳明对儒家易学精髓的顿悟；阳明心学是以《周易》学说为指导的儒学思想体系；阳明心学旨在传承超凡成圣的儒学美学智慧；"良知即易"是阳明心学美学的思想精髓。

在清初诗人中，吕师濂的研究着墨不多。上海交通大学人文艺术研究院青年研究人员周庆贵的研究弥补了这一空缺。作者新见吕师濂存诗近千首，其思想内容、艺术风格及表现形式共同指向"诗史"传统。吕师濂的"诗史"书写聚焦心史历程、苦难书写以及社会现象的歌咏，由"师杜"而自铸伟辞。目前学界对于吕师濂及其文学成就的研究寥落，就此予以开掘，有助于还原清初文人事迹、心史衍变和诗歌生态，尤其有助于理出中国"诗史"的完整发展脉络。

从先秦来到民国初年，话本体小说创作在清末"小说界革命"后仍不绝如缕,民初还曾一度复振。上海师范大学人文学院的孙超教授以研究明末清初的小说为专攻,为我们揭示了这个时期的话本体小说对古代话本小说的继承与在新形势下的变异。他指出:明末清初的话本体小说主要通过报载行世,仍保留说话人的风格,内容与旨趣承袭传统,以演述社会现实、滑稽故事与家庭生活为主,表达市民思想,充满娱乐性和世俗性,但文体已发生较大变异,呈现出不少现代性特征:使用第一人称叙事,讲谈时新对象,关注热点话题;采用插叙、倒叙、补叙,进行横截面式描写;注重心理、景物刻画,等等,是古代话本小说向现代转型的变体,其虚拟情境产生的逼真效果仍能吸引读者。由于说话人已失去集体代言资格,话本小说逐渐退出历史舞台。20 世纪 20 年代中叶以后,话本体小说已难觅踪迹。我国短篇白话小说完成了由"说—听"的虚拟情境到"写—读"的创阅模式的现代转型。

第一节　天道与人情:先秦儒家礼乐美学形而上之维[①]

礼乐不仅是华夏文明之根株主脉,亦是儒家思想主导下的古代生活世界的行动规范与价值支柱。唐君毅说:"中国古代……合礼乐于社会、政治、伦理之生活,整个皆表现审美艺术之精神。"[②]唐君毅对礼乐文化慧眼独照的体察从一个思想侧面说明,礼乐本身关涉重要的美学问题,礼乐美学实构成中华美学重要的思想形态与理论内容。在我们看来,要深度把握礼乐美学的精神要义,理解其作为一种中华美学思想形态和儒家文化叙事形式的深层价值所在,就不能停留于对器物形制的考究、品赏,也不能仅从世俗文化层面来阐发礼乐美学的政教意义,而须直探其本,超乎其上,从形上之维切入礼乐文化的终极之思,厘定礼乐美学在哲学上的合法性根基。本文以儒家经典《礼记》为中心文本,通过阐述先秦儒家礼乐美学形而上之维的构成路径和结构特征,揭证前者对礼乐美学学术品格和精神旨趣的塑造作用。

一、"礼必本于天":礼乐的形而上之原

礼乐审美的存在本体和先天原理是寻证中华美学之精神境界与价值理想的思想渊薮,但我们对礼乐审美的形而上考辨不能像西方哲学那样径直从对事物(世界)本质的探求与玄思开始,而须首先聚焦于礼乐的起源问题。在传统礼学中,关于礼乐起源的多重探讨构成了礼乐哲学、美学叙事的重要思想基础。

---

① 原载《西北大学学报》2023 年第 3 期。作者潘黎勇,上海师范大学人文学院副教授。
② 唐君毅:《中国文化之精神价值》,九州出版社 2016 年版,第 20 页。

《礼记》对礼乐起源问题的思考相当自觉而深入。《礼记·礼器》云："礼也者，反本修古，不忘其初者也。"《礼记·祭义》道："君子反古复始，不忘其所由生也。""反本修古""反古复始"便是强调探求礼的本初起始，追寻礼产生的历史条件和精神动因。揆诸儒家典籍和历代学者研究，关于礼之初始存在一个基本共识，即礼的产生与祭祀活动或原始宗教密切相关。

《礼记·礼运》曰："夫礼之初，始诸饮食，其燔黍捭豚，污尊而抔饮，蒉桴而土鼓，犹若可以致其敬于鬼神。……以炮以燔，以亨以炙，以为醴酪；治其麻丝，以为布帛。以养生送死，以事鬼神上帝，皆从其朔。"这里揭示了将食物作为事鬼敬神之祭物的祭祀活动在礼的创制过程中的作用，说明礼的起源确有宗教性的根由。"养生送死""致敬鬼神"的礼俗皆谓之"从其初"或"从其朔"。"朔"者，"初"也，"初"者，始也，就是起源的意思。可见，"事鬼神上帝"不仅是礼乐创始之初的功能，亦是后世礼仪所保有的宗教性意旨，若要准确理解礼乐的文化真义，便须"不忘其初""反古复始"。众所周知，尊神、尚鬼、好巫是殷商文化的显著特征。在殷人的鬼神体系中，族群信拜的至上神称"帝"或"上帝"。[①] 他统领诸神祇构成一个与世俗生活相对的等级森严的神灵世界，成为殷人日常生活的精神依恃和整个族群生存繁衍的终极信靠。殷人时常要通过占卜、祭祀来取悦讨好上帝和众神灵，这些占卜祭祀的程式仪节就是礼乐的早期形态。上帝之于殷人类似宗教中超验者的存在，可以说，正是殷人的上帝信仰孕育了礼乐文化超越性的思想元素，塑造了礼乐哲学、美学形而上精神的最初维度。

西周时期，以周公为首的统治集团所开启的文化变革极大削弱了殷商古礼中的原始宗教和神巫元素，促使宗教礼乐向人文礼乐转变。礼乐的宗教精神不再表现为对一切人间事务直接的启示、审判和导引作用，却是隐退、转化为由人文礼乐规导的政治、道德活动的超越性本原和价值依据，而其中的思想关键在于周人将"天"或"天命"设立为新的精神标识，并视"天命"为王权统治的合法性来源。周人相信，天命的获得和移易与人（统治者）的道德条件直接相关，所谓"皇天无亲，唯德是辅"（《尚书·蔡仲之命》）。"德"的引入使"天"获得了道德性意涵。徐复观指出，"春秋承厉幽时代天、帝权威坠落之余，原有宗教性的天，在人文精神激荡之下，演变而成为道德法则性的天，无复有人格神的性质"。[②] 尽管不能断定春秋时期的天已全无人格神性质，但相比于殷商之"上帝"，其时之"天命"或"天道"确已更多显现

① "上帝"或"帝"在殷墟卜辞中大量出现，昭示了殷人的至上神观念。相关卜辞材料可参看陈梦家《殷墟卜辞综述》第十七章，中华书局1988年版，第562—571页。
② 徐复观：《中国人性论史·先秦篇》，九州出版社2014年版，第47页。

为一种"无声无臭""于穆不已"的宇宙法则,超越而神圣。在这种天道观的支配下,礼与天的关系也被迅速构建起来。

"天"在《礼记》中的意涵十分丰富,但对于礼乐哲学、美学来说,最具思想意义的乃是作为万物存在之依据和人性道德之本原的形上义理之天。《礼记》对天道观的宣扬首先表现在其将天作为最高的祭祀、信仰对象。如我们所知,祭礼在整个礼仪体系中占有突出重要的地位,两周尤其是春秋时期的祀神祭祖仪式虽仍保有上古宗教和殷商神巫文化的遗传,但此时的天在祭祀体系中已成为凌越于鬼神、祖先的宇宙创生之原。《礼记·礼运》道:"祭帝于郊,所以定天位也;祀社于国,所以列地利也;祖庙,所以本仁也;山川,所以傧鬼神也;五祀,所以本事也。"祭"帝"是为了确立天的至高无上的地位,"帝"在这里俨然是一个陪衬性的虚化概念,这也构成殷周之际礼乐精神变革转化的根本关节。《礼运》中的几段材料有助于深化对此问题的认识,其言曰:"夫礼,先王以承天之道,以治人之情,故失之者死,得之者生。……是故夫礼,必本于天,殽于地,列于鬼神,达于丧、祭、射、御、冠、昏、朝、聘。""是故夫礼,必本于大一,分而为天地,转而为阴阳,变而为四时,列而为鬼神,其降曰命,其官于天也。""夫礼必本于天,动而之地,列而之事,变而从时,协于分艺。其居人也曰养,其行之以货力、辞让、饮食、冠昏、丧祭、射御、朝聘。"这三段材料遵循了相同的叙述逻辑,即首先从形上义理层面确证礼的存在根据,然后说明礼如何协和效法自然,运转、落实于现实世界和世俗社会。其言"礼必本于天","本"即天道本原,乃礼所出、所化之根据。《大戴礼记·礼三本》云:"礼有三本:天地者,性之本也;先祖者,类之本也;君师者,治之本也。"一般认为,此中"性之本"应作"生之本"解。[①] 究其实,"生之本"是侧重于从宇宙论层面昭示天作为礼乐世界和礼仪形制创生之源的意义,此"天"属自然形气之天。"性之本"则从存在论上说明天是礼乐精神和礼义价值的本原,礼乐乃效法天地之道而设,此"天"是形上义理之天。无论是形气之天还是义理之天,都已脱落了殷商巫礼信拜的"帝"那样的人格神属性而成为创化万物、生产意义的超越性力量,亦正是这两种"天"合构成所谓"礼本于天"的形而上之义,从而在哲学上为礼乐形而上学奠定了坚实的思想基础。

无论礼乐文化的整体功能如何聚焦于世俗政道秩序的建构,礼的终极源头在天,礼作为人间秩序依然有天道作为其超越性的依据。天道观念一方面赋予礼乐以全新的超越性的精神内涵,也为礼乐的哲学(美学)形而上学提供了核心思想构件。可以说,两周时期特别是至春秋而成熟的礼乐形而上学因天道观的成熟而真

---

① 傅斯年指出,先秦没有独立的"性"字,先秦典籍中的"性"字多作"生"解,参见《性命古训辨证·上卷》。《荀子·礼论》中这句话便是作"生之本"。

正具有了哲学性的品格。

二、"天地有大美":生生之道与礼乐之美

如果确证天道为礼乐之形上本原,则该如何立足美学视阈来理解天道之于礼乐美学的形而上意义呢?最简易直截的做法便是阐证天道本身便是一种审美化的形上本体,其美学意蕴乃是哲学上的应有之义。那么,如何理解天道的美学意蕴呢?牟宗三在评判中西存有论(ontology,即本体论)之差异时说:"中文说一物之存在不以动词'是'来表示,而是以'生'字来表示。……但是从'是'字入手,是静态的,故容易着于物而明其如何构造成;而从'生'字入手却是动态的,故容易就生向后返以明其所以生,……故中国无静态的内在的存有论,而有动态的超越的存有论。"[1]牟宗三指出了中国哲学本体论的一个关键特质,即,中国哲学所谓本体不是固定不变的孤悬的实体,而是表现为一种生化流行的动态过程,它是万物存在的根据和本原且又通过万物显示自身。

礼乐形而上学的天道观就典型地体现了上述中国哲学的本体之义,其关键特征便是充塞宇宙、从不止息的生生之力。《周易》对天道的这种创化力量及其哲学意蕴作出了经典性的描述,稍举几例:

> 大哉乾元,万物资始,乃统天。(《乾卦·彖》)
>
> 天地养万物。(《颐卦》)
>
> 天地感而万物化生。(《咸卦》)
>
> 天地之大德曰生。(《系辞下》)
>
> 天地絪缊,万物化醇。男女构精,万物化生。(《系辞下》)

天地的创生力量是自然生命滋长化育、盛衰存亡的根本,也是宇宙大化流行、发展变易的原理,而支配这样一个恒久不绝的运动、变化、发展过程的则是阴阳变化之道。阴和阳是宇宙中两种既对立又统一的功能与力量,阴阳二气的流变、聚散、和合构成创化天地自然、推动宇宙流化更新的根本动力。《周易》言"生生之谓易",孔颖达疏曰:"生生不绝之辞,阴阳转变,后生次于前生,是万物恒生,谓之易也。"[2]一阴一阳施受交汇、化合消长的规律便是穷极万物变化的宇宙神机、天道至理,此即"一阴一阳之谓道"(《易传·系辞下》)。

《周易》的天道思想和以"天"为中心角色构造的生生宇宙对《礼记》的天道观产

---

① 牟宗三:《圆善论》,吉林人民出版社 2010 年版,第 259 页。

② 《周易正义》,孔颖达疏,北京大学出版社 2000 年版,第 319 页。

生重要影响。试看：

> 天地合而后万物兴焉。（《礼记·郊特牲》）
>
> 天地和同，草木萌动。（《礼记·月令》）
>
> 天地之道，可一言而尽也。其为物不二，则其生物不测。（《礼记·中庸》）
>
> 天地䜣合，阴阳相得，煦妪覆育万物。（《礼记·乐记》）
>
> 天地相荡，鼓之以雷霆，奋之以风雨，动之以四时，暖之以日月，而百化兴焉。（《礼记·乐记》）

无论从内容还是语言来看，《礼记》的天地生生之道明显是承传于《周易》，此种生生之道也是制礼作乐的本始力量。

依上述，生生之道其实就是美的根源和美本身，是浸润万物、散发生香活意的天地大美，故生生之道即生生之美。方东美说："天地之大美即在普遍生命之流行变化，创造不息。……天地之美寄于生命，在于盎然生意与灿然活力，而生命之美形于创造，在于浩然生气与酣然创意。"①在中国古典美学视阈中，美不在比例的和谐，也不在机械的秩序，而必显耀于盎然生意、活泼生命之中，美只能存在于一个气韵生动、万物含生的世界，绝不能寄托于一个干枯死寂的宇宙。天道之为美，就在于它是宇宙生机之本枢所在。生生之道之能含章吐华、美耀德彰，还在其能够不断创造、维持着天地位、万物育的和谐秩序。这种宇宙的和谐秩序不是静态的、机械的，而是动态的、创造的，其根本原理是阴阳施受交汇、化合消长产生的无限动机，宗白华称之为"生命节奏"。②这种和谐的生命节奏既是天道流行的频率，亦是美的根源和表现。万物在和谐的自然节律中展现生命创造的无穷妙趣，个体深契宇宙大化而浩然与天地同流，达至善至美之胜境。

作为广大无穷的天道流行的一部分，礼乐无疑享有天道的精神特质和价值功能。"天的性格，也是礼的性格"③。由是可以看到，天道以创生、护生为作用特征的生生之性同样显著地存在于礼乐观念与实践之中。《礼记》中存在不少有关礼乐创生之义的论述，如《礼记·郊特牲》："乐由阳来者也，礼由阴作者也，阴阳和而万物得"；"乐著大始，而礼居成物。著不息者，天也；著不动者，地也。一动一静者，天地之间也。故圣人曰礼乐云"等。礼乐分为天地、阴阳、动静，表明其本原于天道而具有类同于天道的创生化育之力。

---

① 方东美：《生生之美》，北京大学出版社 2009 年版，第 290 页。

② 宗白华：《中国诗画中所表现的空间意识》，《宗白华全集》第二卷，安徽教育出版社 1994 年版，第 438 页。

③ 徐复观：《中国人性论史·先秦篇》，九州出版社 2014 年版，第 47 页。

天地大化流行以其无尽不息的生生之力和由之昭显的生生之美构成天道美学的核心意蕴,礼乐美学的初旨本义首先似应基于如下理解:效天法地之礼乐,无论是为事神致福还是政教德化,目的都是在现实文化活动中激发和养护人的源源不竭的生命力与创造力,并将之同流合融于宇宙大化之中,这种生命力与创造力不仅是审美创造的条件,其借由礼仪、礼制的活跃显发本身即是礼乐精神的审美化表达。与此同时,正如天道生生之美在于一阴一阳的生命节奏达成的宇宙秩序与万物和谐,这样的秩序与和谐同样是礼乐本有的一种存在属性和精神旨趣。在《礼记》中,礼乐被视为宇宙和世界的存在样态。《礼记·乐记》云:"天高地下,万物散殊,而礼制行矣;流而不息,合同而化,而乐兴焉。"天地万物形态各异,品性有殊,却自然呈其所是,相宜而安,似是礼制的秩序安排。另一方面,万物同处天地之间而能和谐共生,在变化不已的过程中吟奏出宇宙的和声谐律。孙希旦据此指出天地自然本身具有礼乐性:"天地定位,万物错陈,此天地自然之礼也。流而不息,而阖辟不穷,合同而化,而浑沦无间,此天地自然之乐也。"①"天地自然之礼""天地自然之乐"指一种本体意义上的礼乐。如《乐记》言:"乐者,天地之和也;礼者,天地之序也。""大乐""大礼"并非现实生活中的礼乐,而是超乎其上、合融于天地大道的至乐、至礼。人间礼乐的现实品格固然以天道为形上本原,但天地宇宙的秩序性与和谐性亦体现了天道的礼乐性内涵,礼和乐由此成为结构世界的方式,"和"与"序"及其审美意蕴则为天地宇宙和礼乐的共同特征。在此意义上,天道(天地宇宙)、礼乐(本体意义的)实质是一种一体同构性的存在。进一步亦不难理解,天道之能构成礼乐美学的形而上之维不只因其在存在论、价值论层面上创化万物的绝对性和普遍性,更因天道本身含具一种审美化的礼乐本体("天地之序"与"天地之和"),故不妨说,礼乐审美的形而上本原恰是一种审美的形而上礼乐(天道)。

然而,按照中国哲学的思想特征与显证方式,天道、人道从来不能隔断来看,对天道的领受不是依靠智性的玄思,而是通过政教德化的人事活动与个体的心性修养实践来体证,天道的形而上意涵亦只能在人道中把握。王船山叹曰:"大哉礼乎!天道之所藏而人道之所显也。"②天道、人道皆交合同构于礼乐之中,故要深入理解礼乐的天道本原及其形而上意义,势必要将视角下落到现实礼乐中,通过探查礼乐审美活动的一般特质及其潜含的天人关系来进一步把握礼乐美学形上之维的构造特征与价值意旨。

---

① 孙希旦:《礼记集解》,沈啸寰、王星贤校,中华书局 1989 年版,第 992 页。
② 王夫之:《礼记章句序》,《船山遗书》第四册,中国书店 2016 年版,第 3 页。

三、"达天道而顺人情"：礼乐美学形而上精神的情感内核

在一系列对于理解礼乐本质具有关键意义的问题当中，礼与情的关系问题处于统驭整体的核心位置。先秦儒家对礼与情关系的深刻认识和丰富阐释构成有关礼乐起源、本质、功能等礼学关键问题的观念基础乃至论述核心。

在先秦儒家文献中，没有其他经典比《礼记》更能集中典型地反映出礼与情的思想关系和价值纠联。根据李天虹的考察，《礼记》全篇"情"字凡六十六见，涵括了先秦文献中"情"的全部四种用法，①除了事物之情实、实情（共三例）和事物的本质、质实（共七例）这两种意思外，其他用法基本都是或直接或间接地指涉情感的意涵。② 然而，相比肯定礼乐之"情"的情感意义这一点，更加重要的应该是准确理解情感在礼乐思想叙事和实践形态中的存在属性与价值内涵，这将是我们本诸天人之际的宏阔视野把握礼乐美学形而上精神的关键所在。

检诸《礼记》文本不难发现，一方面，人情被视为礼乐之本，乃礼之发生、制作的根本依据。③ 同时，又特别强调礼对情的制约功能，主张以礼治情。④ 应该说，治情、节情正是展开为社会、政治、伦理等多重价值实践的人间礼乐的主要功能所在。不过，包括《礼记》在内的先秦儒家文献所言之"情"很少直接表达生理欲望或物欲的意思，更多是指以孝悌为本的血缘亲情及由之扩展延伸而来的道德情感。在儒家看来，这种基于血缘亲情的道德情感是一种与生俱来、自然而然的人类天性，它是一切道德行为的根本动力和道德观念的心理基础。然而，对于现实境遇中的普通个体来说，道德情感的表达难免有过与不及之患，由此必然导致荀子所揭示的因欲而求、因求而争、因争而乱、因乱而穷的政治衰败逻辑。于是，礼乐之于道德精神秩序和社会文化制度的建构功能与规范意义便被发挥出来，而其功能机理就在于"治人之情"，即情感的教化与涵养。《礼记》中有关道德情感和世俗人情的论述材料十分普遍、丰富，如："圣王修义之柄、礼之序以治人情。"（《礼记·礼运》）；"教民相爱，上下用情，礼之至也"（《礼记·祭义》）；"哭泣无时，服勤三年，思慕之心，孝子之志也，人情之实也"（《礼记·问丧》）等等。显然，这些材料中的"情"不是个体的

---

① 参见李天虹：《郭店竹简〈性自命出〉研究》，湖北教育出版社 2003 年版，第 31 页；欧阳祯人：《先秦儒家性情思想研究》，武汉大学出版社 2005 年版，第 89—91 页。

② 参见李天虹：《郭店竹简〈性自命出〉研究》，湖北教育出版社 2003 年版，第 38—44 页。

③ 如《礼记·乐记》："先王本之情性，稽之度数，制之礼义。"《礼记·三年问》："三年者，称情而立文，所以为至痛极也。"

④ 如《礼记·坊记》："礼者，因人之情，而为之节文，以为民坊者也。"《礼记·礼运》："何谓人情，喜、怒、哀、惧、爱、恶、欲，七者弗学而能。……故圣人之所以治人七情，……舍礼何以治之？"

自然情欲,而是表诸君臣、父子、夫妻等世俗伦常关系的道德情感。《礼记·问丧》曰:"礼义之经也,非从天降也,非从地出也,人情而已矣。"礼生于情而能治情,非礼亦无以治情。由是不难理解,礼乐实是一套借由涵育、节制情感来培养道德人格、教化社会人伦以合政教之用的形式化(审美化)、制度化的规范系统,这也正是作为"人道之极"的礼乐文化的价值所在。

如果形而上之天道必然要下贯到人间场域和世俗世界而凝聚为以礼乐为主要形式的人道文化实体,则在儒家体用不二、天人一体的思维模式和精神结构中,人间礼乐必然也要反溯天道、回证天命。《礼运》言礼乃"承天之道,以治人之情"或谓"达天道,顺人情"。既然作为"天道之所藏而人道之所显"的礼乐可以贯通天人、接合内外,则不得不问的是,礼乐何以能藏天道而显人道? 天与人在藏、显之间贯通合一的介质路径是什么? 在我们看来,这一介质和通路就是情感。蒙培元曾阐发"情可上下说"的观念,"这里所说的上、下就是形而上、形而下的意思,……从下边说,情感是感性的、经验的,是具体的实然的心理活动。从上边说,情感能够通过性理,具有理性形式。或者说,情感本身就是形而上的、理性的。"[1]这种"理性情感或者叫'情理',与天道相联系。"[2]这里对情的上下分判或许失之武断和绝对,但对情的形而上之维的揭证却为我们从情感通路把握礼乐美学的形而上精神提供了重要的学理支持。如果人间礼乐的价值依据与功能指向是基于血缘亲情的形而下的道德情感,那么理解礼乐语境中关联于天道的超越的形而上之"情"就成为问题的关键。

先看《礼记·礼运》和《乐记》中几则有关"情"的材料:

> 夫礼,先王以承天之道,以治人之情。(《礼记·礼运》)
> 礼义也者,人之大端也……所以达天道,顺人情之大窦也。(《礼记·礼运》)
> 情深而文明,气盛而化神。(《礼记·乐记》)
> 故乐者,天地之命,中和之纪,人情之所不能免也。(《礼记·乐记》)
> 先王本之情性,稽之度数,制之礼义。(《礼记·乐记》)

细审以上材料,其所谓"情"或"人情",确有心理层面"感于物而动"的情欲、情绪的经验性,但更指向一种超越感性活动的恒常存在,包含了"情"作为人本来既有、本来应有的某种价值规定的先验色彩和本质意义,是《乐记》所言"情之不可变者"。这种不可变之情向下展开显现为世俗人情,向上原系于天道性命,是人与人、

---

① 蒙培元:《漫谈情感哲学》,《新视野》2001年第2期。
② 蒙培元:《人·理性·境界——中国哲学研究中的三个问题》,《泉州师范学院学报》2004年第3期。

人与天地鬼神之间的一种独特的存在关联,具有一定的本体性内涵与形而上色彩,或可名之曰"本原之情",而要深入理解此"本原之情",便不得不将之回置到先秦儒家性情论哲学背景中加以探证。

"中国哲学里的情,一般都得随性而出",①"情"之哲学本原正来自它与"性"的结构性关联。《礼记》中的"性"具有多种内涵,但最重要的定义便是《中庸》首句:"天命之谓性,率性之谓道,修道之谓教。"朱熹注曰:"命,犹令也。性,即理也。……人物之生,因各得其所赋之理,以为健顺五常之行,所谓性也。"②简单来说,性得于天,是人秉受天理或天道而含具的完满和谐之态,是人性圆融未发的原初本体。不能否认,无论孔子罕言"性与天道"(《论语·公冶长》)的缘由、孟子性善论依系的天命观还是《中庸》"天命之谓性"的存在论评断,都说明"性"在先秦儒家那里具有形而上的思想意义。但与此相对,"情"却并不纯指形而下的道德情感乃至感性欲望,而是具有向人、向天的两个指向。

作为思孟学派重要文献的郭店楚简《性自命出》篇是先秦儒家论"情"的经典,其年代、内容与《礼记》十分相近,③两者之性情论实可构成互证。《性自命出》所论之"情",不仅指世俗生活中的真挚情感,更突出强调了超越具体情感的情的一般性本质,后者集中体现在开篇一段:"性自命出,命自天降。道始于情,情生于性。始者近情,终者近义。"(简3-4)这里展示了一个由天而命,由命而性,由性而情,由情而道的宇宙生化模式。不难看出,"性自命出,命自天降"与《礼记·中庸》"天命之谓性"一句语意切近。性由天所命,情生于天命下降之性,是性之本体原质的显现,如此性情互证,性与情都具有形而上的意味。再看"道始于情"一句。从同属思孟学派经典并关联整个战国思想语境可以相信,此"道"之义当类同于《中庸》"道也者,不可须臾离也"中的道。朱熹注此句曰:"道者,日用事物当行之理。"④其当指社会伦常、礼乐政教等人事规律与法则,即人道。但同时,此"道"循天命之性贯落而出,朱熹言"道之本原出于天而不可易",⑤其必然指涉天命而内具形上之维。我们从"道"的双重性意涵(《中庸》所谓"合内外之道")可合理推知,其所源出之"情"同样应是"上下其说"、天人同摄的。很难说这个"情"与《礼记·礼运》"承天之道,

① 余治平:《性情形而上学:儒学哲学的特有门径》,《哲学研究》2003年第8期。

② 朱熹:《四书章句集注》,中华书局2011年版,第19页。

③ 陈来指出,"荆门郭店楚墓所出土的竹简中,《缁衣》等十四篇为战国时儒家所传文献。以现存文献与荆门竹简十四篇相比照,最接近者为《礼记》,这在内容、思想、文字上都是如此。这也是大家所公认的"。见氏著《郭店简可称"荆门礼记"》,《人民政协报》1998年8月3日。

④ 朱熹:《四书章句集注》,中华书局2011年版,第20页。

⑤ 同上。

顺人之情""达天道,顺人情"的"情"不是同一个"情",即情显道,道由情生,即道用情,情从道化,情与道在此意义上可谓相生而在,贯通无碍。

可见,在由天、道、性、命等概念构成的形而上学语境中,"情"绝不会停留于"血气心知"层面,也不仅止于道德情感畛域,而必然要在个体情理互证、身心相得的修养实践中回归天道性命的源头,这种修养实践正是藉由礼乐活动展开的。《性自命出》曰:"礼作于情,或兴之也。当事因方而制之。其先后之序则义道也。或序为之节,则文也,致容貌所以文,节也。"面对大千万物,要依据事实、义理来安排事物的先后次序,这符合道的价值指向,这种秩序安排的形式化、制度化就是礼仪,而礼仪有此功能的关键在于节制人情。在这里,"礼作于情"之"情"者,确实含有人情、情感的意思,礼的制作是出于节制、教化情感的需要,这是从功能论角度讲。类似说法在《礼记》中同样十分普遍。另一方面,"礼作于情"之"作"者,又有始、生的意思,郭店简《语丛二》亦有"礼生于情"一句。从宇宙生成论角度说,礼是由情生产、创造出来的,这种情自然不是感物而动的心理情绪或日用伦常中的道德情感,而是一种具有始源性质的创生力量,即《礼记·乐记》所说的"天地之情"[①]。《礼记·丧服四制》道:"凡礼之大体,体天地,法四时,则阴阳,顺人情,故谓之礼。""人情"与天地、四时、阴阳这些自然元素都是统一的宇宙力量的构成部分,从而也一同成为礼的创生条件。礼固然是为节情、治情而作,但这也正表明情在礼先,情之于礼就存在逻辑言具有优先性。《乐记》云:"先王本之情性,稽之度数,制之礼义。"所谓"本之情性",既是从生成论意义上说明礼乐所出之源,又揭示了圣王制礼作乐的本体依据和价值关怀。这种先在于礼的"情性"之"情"显然超越了世俗人情的范畴,它既指包括前者在内的自然万物、人间世界呈其所是的本然情态,更含有圣人"情顺万物而无情"[②]的天地情怀。本然情态乃宇宙规律和万物原理的自然显现,天地情怀则是儒家个体身心修养和政教实践所企冀达成的生命境界和精神气象。两种"情"虽分言物与我、外与内,却都是本于天而显诸人的。

综上所论,情感不仅是人间礼乐的发生原理和功能依据,它更指涉、含蕴形而上维度而具有超越性的精神意蕴。作为"情之不可变者",这种超越的本原之情尽管与性和天道紧密相连,但它本身绝非是与经验世界相隔绝的抽象的形而上本体,而是深刻嵌入到人的生命情境和生活境域之中,并借由礼乐文化实践获得具体表现。在此意义上,情感因能同时涵盖形上、形下之域而成为主体在礼乐世界中接连

---

① 《乐记》原文:"礼乐偩天地之情,达神明之德,降兴上下之神,而凝是精粗之体,领父子君臣之节。"

② 程颢:《答横渠张子厚先生书》,《二程集》,中华书局1981年版,第460页。

天人的精神通路,也正是这种基于情感内核所构造的礼乐形而上学与西方以纯粹理性思维考辨存在本体的哲学形而上学区分开来。

实际上,在先秦儒家礼乐哲学、美学视阈中,"情"的义涵与用法并非如现代知识学所辨析得如此泾渭分明,情之本原与发用无法判为两截,离却世俗人情更无以言天地情怀。天道与人道、超越与世俗、本体与工夫、已发和未发皆有且仅有在一个"情"上见出,此"情"可谓彻上彻下,道通为一,即凡而圣,应天而从人。礼乐"称情而立文"(《礼记·三年问》),实谓礼乐之上下、四方之精神结构和价值世界皆由情而张立而运行,亦由情贯通一体,成其文化之整体。事实上,无论是天地神人在礼乐活动中的感通交流还是礼乐制构下的政道教化,其本质都是基于日常现实中的人的情感需求所展开的精神叙事和生命实践。由此不妨说,礼乐正是一套以天道为依归、以现实生活为场域、以身心情感为对象、以政治伦理为目标的具有强烈审美风格的人文价值系统,礼乐美学的形而上精神也只有从这样的人文价值视角才能获得准确的理解。

第二节 《周易》对阳明心学美学思想的影响[①]

一、阳明心学是以《周易》学说为指导的儒学思想体系

综观阳明心学,不外乎三个方面的观点:"心即理,为本源""知行合一""致良知"。而这三个观点的论证,都离不开《周易》思想的指导。以下拟通过查考《传习录》中与《易》相关的文句,来加以疏证。

从表面上看,阳明心学主要是对《大学》《中庸》《孟子》《论语》重新加以解读和认识,而实际上起指导作用的是易学思想。如:"身之主宰便是心;心之所发便是意;意之本体便是知;意之所在便是物。如意在于事亲,即事亲便是一物;意在于事君,即事君便是一物;意在于仁民爱物,即仁民爱物便是一物;意在于视听言动,即视听言动便是一物。所以某说无心外之理,无心外之物。《中庸》言'不诚无物',《大学》'明明德'之功,只是个诚意。诚意之功只是个格物。"[②]这段引文融摄了阳明心学的许多思想,而至为关键的就是对物的理解。为什么意之所在的对象"便是一物"呢? 此处虽然没有提及《周易》,但明显包含了易学中的太极思维,即"物物一太极"。不妨先来分析《语录一》之《传习录》上篇中的几段文字:

---

① 原载《复旦学报》2022 年第 3 期,有删节。作者谢金良,复旦大学中文系教授。
② 《语录一》,王守仁:《王阳明全集》,上海古籍出版社 1992 年版,第 6 页。版本下同。

"自伏羲画卦，……于是取文王、周公之说而赞之，以为唯此为得其宗。于是纷纷之说尽废，而天下之言《易》者始一。"①

"知者行之始，行者知之成，圣学只一个功夫，知行不可分作两事。"②

"'一阴一阳之谓道'……仁智岂可不谓之道？但见得偏了，便有弊病。"③

"中只是天理，只是易，随时变易，如何执得？须是制宜，难预先定一个规矩在。如后世儒者要将道理一一说得无罅漏，立定个格式，此正是执一。"④

"道无方体，不可执着。却拘滞于文义上求道，远矣。……即无时无处不是此道。亘古亘今，无终无始，更有甚同异？心即道，道即天，知心则知道、知天。"又曰："诸君要实见此道，须从自己心上体认，不假外求始得。"⑤

有必要简括一下以上诸条引文中的易学与心学思想。首先是略加考辨早期易学源流，充分肯定孔子易学思想的正统地位；其次是辩证分析经与史的关系，提出"事即道，道即事"的观点；再次抛出一系列同一思维模式指导的观点：知行合一（事）、辞象变占合一（《易》）、仁智合一（道）、蓍龟合一（《易》）、中只是天理只是易、心即道即天。综而论之，不证自明：在阳明看来，万殊合一，事即道即易即中即理即心即天，环环相扣，处处相通。换而言之，易学是圣人之学，经学与史学相通，象数与义理相通，易学与心学相通，因此只"须从自己心上体认"，便可直接出经入史，悟《易》得中，明心通道，而纯乎天理。明于此，方能读懂《孟子》的"反身而诚"、《中庸》的"自诚明"与"自明诚"、《大学》的"明明德"等思想主张。再来分析《语录二》之《传习录》几通书信中的文字：

《答顾东桥书》："知之真切笃实处，即是行；行之明觉精察处，即是知，知行工夫本不可离。""心之体，性也；性即理也。"⑥"吾心之良知，即所谓天理也。致吾心良知之天理于事事物物，则事事物物皆得其理矣。致吾心之良知者，致知也。事事物物皆得其理者，格物也。是合心与理而为一者也。"⑦"道心者，良知之谓也。"⑧

《启问道通书》："心之本体即是天理，天理只是一个，更有何可思虑得？天

---

① 《语录一》，王守仁：《王阳明全集》，上海古籍出版社1992年版，第7—8页。

② 同上书，第13页。

③ 同上书，第18页。

④ 同上。

⑤ 同上书，第21页。

⑥ 《语录二》，王守仁：《王阳明全集》，上海古籍出版社1992年版，第42页。

⑦ 同上书，第45页。

⑧ 同上书，第52页。

理原自寂然不动,原自感而遂通,学者用功虽千思万虑,只是要复他本来体用而已,不是以私意去安排思索出来。"①

《答陆原静书》在谈及"寂然感通"之后,"太极生生之理,妙用无息,而常体不易。太极之生生,即阴阳之生生。……所谓动静无端,阴阳无始,在知道者默而识之,非可以言语穷也。"②"夫良知即是道,良知之在人心,不但圣贤,虽常人亦无不如此"。③

《答欧阳崇一》:"良知之外,别无知矣。故'致良知'是学问大头脑,是圣人教人第一义。"④"良知是天理之昭明灵觉处,故良知即是天理。"⑤

以上引文中阳明的论述都很浅白,只需稍加归纳便很明晰。在《答顾东桥书》中,既以《系辞》证诸《大学》以明"穷理尽性"即"致吾心之良知",又援引《易》辞而"正知行合一之功",从而感悟"道心即良知"。在《启问道通书》中,又借助《易传》思想解悟回复本体之道。在《答陆原静书》中,详析太极之易理,进而又提出"良知即是道,良知之在人心"。在《答欧阳崇一》中,进一步运用《易传》"乾易坤简"的主旨思想来论证"良知之在人心"。不难发现,阳明"知行合一""致良知"的心学思想,最终都是通过印证《周易》经传思想而推导出来的。

二、阳明心学旨在传承超凡成圣的儒学美学智慧

通过前文的论述,我们发现阳明心学并非横空出世,而是根植于传统的儒家易学、经学、理学,是对千古圣学的继承和发扬。但是,让人难免疑惑的是:阳明学是一门什么样的学问呢?对人而言有什么功用呢?如果以中国特色的学科术语而言,阳明学既是儒学、易学,也是理学、心学、性学、道学、圣学等。如果以国际化的学科术语而言,阳明学主要归属于哲学(包括美学)。如果对哲学与美学再作进一步的区分和比较,哲学更侧重于形而上的追问,美学更侧重于主客体的融通,那么从阳明学思想内容来看并非对客观世界无休止的追问,而是在顿悟客观真相的前提下追求愉悦的审美体验,蕴含着中国千古学人孜孜以求的超凡成圣的美学智慧。从这个意义上说,我们还必须从美学的角度才能更好地理解阳明学(易学、心学、儒学)的奇妙功用,因此把阳明学理解成一门心学美学或许更有助于把握该学问的核心思想。对此,以下拟略引《全集》中的相关表述加以佐证。先看《文录四》中的几

---

① 《语录二》,王守仁:《王阳明全集》,上海古籍出版社1992年版,第58页。

② 同上书,第64页。

③ 同上书,第69页。

④ 同上书,第71页。

⑤ 同上书,第72页。

处引文：

> 《稽山书院尊经阁记》(乙酉)："经,常道也。其在于天谓之命,其赋于人谓之性,其主于身谓之心。心也,性也,命也,一也。……是常道也,以言其阴阳消息之行焉,则谓之《易》……《六经》者非他,吾心之常道也。故《易》也者,志吾心之阴阳消息者也……君子之于《六经》也,求之吾心之阴阳消息而时行焉,所以尊《易》也……故《六经》者,吾心之记籍也。"①

> 《重修山阴县学记》(乙酉)："夫圣人之学,心学也。学以求尽其心而已。"②

> 《谨斋说》(乙亥)："君子之学,心学也。心,性也;性,天也。圣人之心纯乎天理,故无事于学。"③

在王阳明看来,一切都是相通的,是合而为一的。所谓经学,实质上也是道学、天学、性学、命学、心学、易学、圣人之学、君子之学。但是,王阳明为什么独以心学标榜自己的学问呢? 一言以蔽之,"心也,性也,命也,天也,理也,道也,易也,一也",而"学以求尽其心而已"。换而言之,尽其心,即能周知宇宙天地万物,即能致知格物。因为人心与天地一体,天下无心外之物。如：

> "可见人心与天地一体,故上下与天地同流。"④

> "人的良知,就是草木瓦石的良知……盖天地万物与人原是一体,其发窍之最精处,是人心一点灵明……只为同此一气,故能相通耳。"⑤

> "先生游南镇,一友指岩中花树问曰：'天下无心外之物,如此花树,在深山中自开自落,于我心亦何相关?'先生曰：'你未看此花时,此心与汝心同归于寂。你来看此花时,则此花颜色一时明白起来。便知此花不在你的心外。'"⑥

既然心与一切事物息息相通,那么如何才能"尽其心"呢? 这无疑便是儒门圣学最为关键的法门,也是王阳明俯思仰疑才得以感悟的真理。既知"心也,性也,命也,天也,理也,道也,易也,一也",那么要"尽其心"就要穷理、尽性、知天、知命、悟道、通易、归一、合中,才能止于至善。而要达到如此完美的境界,是艰难? 还是简易呢? 我们知道,阳明自少年时代起便有成圣之志,而后出经入史,修道学佛,格竹

---

① 《文录四》,第254—255页。
② 同上书,第256页。
③ 同上书,第263页。
④ 《语录三》,第106页。
⑤ 同上书,第107页。
⑥ 同上书,第107—108页。

子,练静坐,可谓上下求索,尝尽苦头,不仅身体多病,而且惨遭迫害,几乎置于死地,差点作鬼,哪能成圣?直至龙场玩《易》日久,才悟出"尽其心"的方法原来是极其简易的。根据笔者的理解,王阳明的彻悟至少有以下几方面:

(一)此尽心之法,自伏羲作《易》始。如:"师乃曰:'伏羲作《易》,神农、黄帝、尧、舜用《易》,至于文王演卦于羑里,周公又演爻于居东。二圣人比之用《易》者似有间矣。孔子则又不同。……况孔子玩《易》,韦编乃至三绝,然后叹《易》道之精。'"①又如《答杨子直》:"大抵《孟子》所论求其放心,是要诀耳。"②

(二)儒家圣学才是大道根本,始迷后悟。《传习录下》:《附朱子晚年定论》之朱熹《答张敬夫》:"旧读《中庸》'慎独'、《大学》'诚意'、'毋自欺'处,常苦求之太过,措词烦猥;近日乃觉其非,此正是最切近处,最分明处……训诂经文不相离异,只做一道看了,直是意味深长也。"③又如"圣人与天地民物同体,儒、佛、老、庄皆吾之用,是之谓大道。二氏自私其身,是之谓小道。"④

(三)无人欲之私,便是"尽其心",此外更无别法。《外集四》之《附山东乡试录》之《易》之论《先天而天弗违后天而奉天时》:"惟圣人纯于义理,而无人欲之私。其礼即天地之体,其心即天地之心,而其所以为之者,莫非天地之所为也,故曰:'循理则与天为一。'"⑤又如《答梁文叔》:"日用之间,不得存留一毫人欲之私在这里,此外更无别法。"⑥

(四)天理之心,即无私欲之心,则易知易得。如"先生曰:'易则易知'。只是此天理之心,而你也是此心。你便知得人人是此心,人人便知得。如何不易知? 若是私欲之心,则一个人是一个心,人如何知得?"⑦

正如王阳明在《答陆原静》中所言:"夫良知即是道,良知之在人心,不但圣贤,虽常人亦无不如此。"⑧无论是圣贤,还是常人,其心皆有良知,而良知即是道,即是易,即是天理,即是无私欲,因此只要"致良知",便能"尽其心",止于至善,臻于理想的审美境界。所谓"中和一也"⑨,既是修行的工夫,也是感悟的本体,更是吾华夏千古圣学的审美境界。从某种意义上说,王阳明得以感悟的超凡成圣的心法,可以

① 《补录》,第 1177 页。
② 《语录三》,第 138 页。
③ 同上书,第 132—133 页。
④ 《补录》,第 1180 页。
⑤ 《外集四》,第 845 页。
⑥ 《语录三》,第 135 页。
⑦ 《补录》,第 1173 页。
⑧ 《语录二》,第 69 页。
⑨ 《补录》,第 1174 页。

说就是几千年儒学源流中"一以贯之"的美学智慧。这种智慧之于王阳明,只是传承而已,并非他的发明。在王阳明看来,这种智慧始于《易经》八卦的创始人伏羲,并在儒学的传承和演变过程中不断发扬光大。所以,理解"良知即易",乃是理解阳明心学思想的关键之处。

三、"良知即易"是阳明心学美学的思想精髓

在阳明心学体系最重要的三个观点中,对"心即理""知行合一"的理解还是相对容易的,而如何"致良知"则是不容易参透的。在笔者看来,只有充分理解"良知即易"的思想,才能明白王阳明对"致良知"的深刻理解。有鉴于此,本文有必要再进一步论述"良知即易"的思想意义。

"致良知"是王阳明对易道的彻悟之后,对《大学》之"致知"的重新解读和阐释。如《文录二》之《与陆原静》之《二　壬午》:"《易》谓'知至,至之。'知至者,知也;至之者,致知也。此知行之所以一也。近世格物致知之说,只一知字尚未有下落,若致字工夫,全不曾道著矣。此知行之所以二也。"[1]在阳明看来,《大学》之"致知",就是"致良知",这也是他经常开导门徒的不二法门。如《寄薛尚谦》(癸未):"但知得轻傲处,便是良知;致此良知,除却轻傲,便是格物。致知二字,是千古圣学之秘,向在虔时终日论此,同志中尚多有未彻。"[2]《答季明德》(丙戌):"圣贤垂训,固有书不尽言,言不尽意者。凡看经书,要在致吾之良知,取其有益于学而已。则千经万典,颠倒纵横,皆为我之所用。"[3]《别诸生》:"绵绵圣学已千年,两字良知是口传。欲识浑沦无斧凿,须从规矩出方圆。不离日用常行内,直造先天未画前。握手临歧更何语?殷勤莫愧别离筵!"[4]由此可见,"致良知"无疑是阳明心学美学的思想精髓。

在《全集》中,阳明对"良知"的理解,有许多明确的表述,但说法有别。如《与道通周冲书(四)》:"所谓良知,即孟子所谓'是非之心,知也'。是非之心,人孰无有?但不能致此知耳。能致此知,即所谓充其是非之心,而知不可胜用矣。"[5]再如《答人问良知二首》:"良知即是独知时,此知之外更无知。谁人不有良知在,知得良知却是谁?""知得良知却是谁?自家痛痒自家知。若将痛痒从人问,痛痒何

①　《文录二》,第189页。
②　同上书,第199页。
③　《文录三》,第214页。
④　《外集二》,第791页。
⑤　《补录》,第1207页。

须更问为?"①而在《传习录》中相关论述颇多,前文所引《语录二》中就有谈及良知的,不仅认为"良知"即所谓的天理、道心、道,而且把"致良知"看作是圣人教人第一义。如:

《答顾东桥书》:"吾心之良知,即所谓天理也。"②"道心者,良知之谓也。"③
《答陆原静书》:"夫良知即是道。"④
《答欧阳崇一》:"良知之外,别无知矣。故'致良知'是学问大头脑,是圣人教人第一义。"⑤"良知是天理之昭明灵觉处,故良知即是天理。"⑥"盖良知之在人心,亘万古,塞宇宙,而无不同,不虑而知……"⑦

为什么良知既是天理、道心,而又长存于人心呢? 如何才能更准确地理解良知的含义? 对此,有必要再来分析一下《语录三》之《传习录》下篇中的精彩问答。先分析几段文字:

"问:'《易》,朱子主卜筮,程《传》主理,何如?'先生曰:'卜筮是理,理亦是卜筮。天下之理孰有大于卜筮者乎? 只为后世将卜筮专主在占卦上看了,所以看得卜筮似小艺。不知今之师友问答,博学、审问、慎思、明辨、笃行之类,皆是卜筮,卜筮者,不过求决狐疑,神明吾心而已。《易》是问诸天人,有疑自信不及,故以《易》问天;谓人心尚有所涉,惟天不容伪耳。'"⑧

"天理在人心,亘古亘今,无有终始;天理即是良知,千思万虑,只是要致良知。良知愈思愈精明,若不精思,漫然随事应去,良知便粗了。"⑨"先生曰'先天而天弗违',天即良知也;'后天而奉天时',良知即天也。""良知只是个是非之心,是非只是个好恶;只好恶就尽了是非,只是非就尽了万事万变。"

"问:'良知一而已:文王作《彖》,周公系《爻》,孔子赞《易》,何以各自看理不同?'先生曰:'圣人何能拘得死格? 大要出于良知同,便各为说何害?……'"⑩

良知是什么呢? 从上面引文可知,阳明认为:良知是义,是个无执着的头脑,是造化

footnote
① 《外集二》,第 791 页。
② 《语录二》,第 45 页。
③ 同上书,第 52 页。
④ 同上书,第 69 页。
⑤ 同上书,第 71 页。
⑥ 同上书,第 72 页。
⑦ 同上书,第 74 页。
⑧ 《语录三》,第 102 页。
⑨ 同上书,第 110 页。
⑩ 同上书,第 112 页。

的精灵,是知昼夜变化的,是天理,是天,是个是非之心;良知一而已。换句话说,无论什么都是良知。良知,是客观存在而又亘古不变的天道,是一以贯之而又随时变易的天理,是始终如一又不虑而知的人心,是蕴含在卦爻文字符号和儒学经典著作中的正义,是潜藏在不断繁衍的人类群体中的公心,是任何个体在任何时刻所能独自体察的境界。良知,是道,是易,是只可意会不可言传的,但确是可通过"致中和"的审美手段和方法来达到的。此论,再看几段引文便可知晓:

> "圣人一生实事,尽播在乐中"、"和声便是制律的本"、"先生曰:'古人具中和之体以作乐'"①"知得过不及处,即是中和"、"所恶于上,是良知;毋以使下,即是致知。"②

> "已后与朋友讲习,切不可失了我的宗旨:无善无恶是心之体,有善有恶是意之动,知善知恶的是良知,为善去恶是格物,只依我这话头随人指点,自没病痛。"③

> 先生曰:"吾与诸公讲致知格物,日日是此,讲一二十年俱是如此。诸君听吾言,实去用功,见我讲一番,自觉长进一番。否则,只作一场话说,虽听之亦何用。"先生曰:"人之本体常常是寂然不动的,常常是感而遂通的。未应不是先,已应不是后。"④

> "诸君常要体此人心本是天然之理,精精明明,无纤芥染着,只是一无我而已;胸中切不可有,有即傲也。古先圣人许多好处,也只是无我而已,无我自能谦。谦者众善之基,傲者众恶之魁。""此道至简至易的,亦至精至微的。""良知即是易,其为道也屡迁,变动不居,周流六虚,上下无常,刚柔相易,不可为典要,惟变所适。此知如何捉摸得?见得透时便是圣人。"⑤

综合以上引文,不难参透阳明的"良知说"。笔者是这样理解的:阳明心学的宗旨是"四句教":"无善无恶是心之体,有善有恶是意之动,知善知恶是良知,为善去恶是格物。"⑥而知善恶,从根本上说便是知阴阳。诚如王阳明在《与道通周冲书》所言"《易》者,吾心之阴阳动静也,动静不失其时,《易》在我矣。自强不息,所以致其功也"⑦,吾心之阴阳即《易》,那么知阴阳即知易,知易即知阴阳。良知即是易,即是

---

① 《语录三》,第113—114页。
② 同上书,第114页。
③ 同上书,第117—118页。
④ 同上书,第122页。
⑤ 同上书,第125页。
⑥ 《年谱三》,第1307页。
⑦ 《补录》,第1205页。

阴阳，即是善恶，即是是非，即是正邪。《周易》的思想，就是追求阴阳的中正和谐。因此，"致良知"即是"致易"，即是"致中和"，即是"具中和之体以作乐"、致"知得过不及处"之"中和"之"良知"。恰如《答或人》所指出："中和二字，皆道之体用。"①

话说回来，良知即是道，即是易，是随时变易的，如何"致中和"呢？又该如何"知行合一"呢？且看王阳明的真知灼见：

> "良知之妙，真是'变动不居，周流六虚'。若假以文过饰非，为害大矣。"临别，嘱曰："工夫只是简易真切，愈真切愈简易，愈简易愈真切。"②

> 《文录三》之《答友人问》(丙戌)："行之明觉精察处，便是知；知之真切笃实处，便是行……元来只是一个工夫。""行之明觉精察处，便是知；知之真切笃实处，便是行……知天地之化育，心体原是如此。乾知大始，心体亦原是如此。"③

> 《答人问道》："饥来喫饭倦来眠，只此修行玄更玄。说与世人浑不信，却从身外觅神仙。"④

尽管王阳明反复申明"致良知"是简易真切的，但无疑仍是玄之又玄的。正如《老子》第七十章的感叹一样："吾言甚易知，甚易行。天下莫能知，莫能行。"此知与彼知，如何能捉摸得透呢？参透了便是得道之人，便是圣人。《易》曰"与时偕行""穷理尽性以至于命"、《老子》曰"和光同尘""致中和，守静笃"、《论语》曰"子绝四：毋意、毋必、毋固、毋我"、《庄子》曰"安时处顺""与时俱化"、《大学》曰"止于至善"、《中庸》曰"极高明而道中庸"、《孟子》曰"万物皆备于我""求其放心而已"、佛经曰"缘起性空"、"随缘不变，不变随缘"……要言之，三教心法相通，都是一种"中正和谐"的美学智慧，都是对阴阳消息之时间世界的证悟而已。但在阳明看来，此种心学美学智慧乃源于伏羲之易学，与天地民物同体，惟有儒学以天下为公，以礼乐正其心，以仁义尽其心，恪守中庸，大公无私，修齐治平，自强不息致其功，厚德载物守其仁，易知易行，只须知行合一，人人便能超凡成圣，共享美好的审美境界。而道、佛二教自私其身，成小道而已，未得华夏千古圣学之正宗也。明于此，方能明白阳明子的良苦用心，也才能明白其心学的美学智慧和易学真谛！

笔者历三载而成此文，苦参力讨，似有所悟：知易行难，关键在行；与时偕行，问心无愧；自足自乐，尽心尽性；反身而诚，诚达于天；天人和合，美不胜收。但说不可说之

---

① 《语录三》，第 141 页。
② 《补录》，第 1182 页。
③ 《文录三》，第 208 页。
④ 《外集二》，第 791 页。

道、易、良知，终究无法说清。不妨以阳明子临终之语作结："此心光明，亦复何言？"①

第三节　清初诗人吕师濂的"诗史"书写②

因为作品遭到清廷禁毁而流传极少，所以清初诗人吕师濂尚未引起学界足够关注，至今游离于文学史之外。吕师濂（1626—？），字犀字，号守斋，浙江山阴人，是明朝内阁大臣、大学士吕本的玄孙，著名戏曲家吕天成的族侄，在诗歌、戏曲、书法、篆刻等领域皆有不俗的成就。笔者尝试在新见吕师濂诗集——《何山草堂诗稿》（中国科学院图书馆藏，清康熙间刻本）、《何山草堂诗二集》（清华大学图书馆藏，清康熙间刻本）的基础上加以系统考察，不唯对吕师濂的个案研究寻求突破，亦期待为清初诗歌史构建以及文人思想领域的研究提供参考。

一、吕师濂的"诗史"书写

目前所见吕师濂诗歌近千首，大体可分为三个创作阶段：康熙三年北上游历以前为第一阶段，主要抒发国破家亡的嗟叹愤恨，逐渐形成了雄健苍劲的诗风。对此，朱士稚指出，吕师濂"怀忧抱愤，发为诗辞，语必当机，事必极情，去一切淫靡浮丽、柔缓轻妖之态，息怒不颇，哀乐合宜，时或过哀而不轨于怒者，和之至也"，具有"英雄快志，不屑绳墨之间"的豪放不羁特征（朱士稚《何山草堂诗稿序》）。第二阶段自康熙三年北上游历始，至启程赴吴兴祚两广总督幕府止，凡二十载。此阶段正值吕氏壮年，诗风愈发成熟雄肆，被誉为"杜少陵夔州之后诗"（方孝标《何山草堂诗稿序》）；加之饱阅乱离浮沉，故沉郁哀绝尤剧。第三阶段，自吕师濂进入吴兴祚幕府起，直至他辞幕还乡，漫游荆楚滇黔终其一生。该阶段吕诗以古体为主，"不拘于法而法未尝或失"（吴晋《何山草堂诗二集序》），跳脱诗法之外，随意挥洒，较以往更加朴厚自然。概言之，在时代背景与个体生命经验的交织中，吕师濂继承和发扬了"诗史"传统。

1. 心史记录

甲申之变后，吕师濂名宦后裔的优越感在动荡的社会现实的冲击下消磨殆尽。组诗《述怀》十二首（《何山草堂诗稿》卷一）有诗人对身份认同的集中思考。《述怀》（其一）上溯吕尚，"我祖钓磻溪，心迹良幽独"，"惟王德务滋，事功霸始速"，面对吕尚的功绩，诗人发出"咄哉三千年，兴亡寄吾目"的感慨。《述怀》（其二）则言及明朝

---

① 《年谱三》，第1324页。
② 原载《绍兴文理学院学报》2022年第5期。作者周庆贵，上海交通大学人文艺术研究院研究人员。

大学士吕本的显赫，"太傅参军国，实荷特达知"，并记叙了吕本修建城池抵御倭寇的事迹。在此身份认同下，吕师濂往往思出其位，托物言志，使得书写对象和诗人的情感交融无间。《双松歌》(《何山草堂诗稿》卷二)作于顺治十五年(1658)，吕师濂游天坛目睹名贵的两棵苍松，联想到祖上勋德与自身困窘，自嘲双松高大名贵亦无益处，"君不见殷周柏粟久无踪，徂徕大夫亦枉封"；结尾"蛟宫剩有珊瑚树，也入而今铁网中"，将不遇与困顿皆归咎于严峻的政治形势。吕诗写人亦注重揭示人物事迹或性格的深层次象征意义，折射出鼎革之际的厚重历史背景，这以《八子咏》(《何山草堂诗稿》卷一)和《七哀诗》(《何山草堂诗稿》卷三)为代表，前者是对刘孟雄、钱去病、严端溪、祁奕庆、毛大可、童振公、赵禹公、陈仲文等八位友人风采和事迹的歌咏，后者则记朱朗诣、陈章侯、舅氏谢公、张朗屋、徐云吉、程耳瞻、孟元晦等七位死难烈士，堪补史缺。

"三藩之乱"后，吕师濂作五言古诗《述怀》十二首总结生平感悟，尤有"心史"意味。吕师濂对"三藩之乱"的态度转变相当显著。《述怀》(其九)记录了吴三桂幕府的盛大场面，"东向张子房，西顾马相如。邹枚狎董贾，陶谢江鲍俱。或笑主簿短，或美参军须"，军中人才济济，毫不吝惜赞美之词，并指出由于吴三桂的礼贤下士方成就了这一局面，"公但敦吐握，庶几广规模"。《述怀》(其十)记录某次行军途中的艰苦，但吕师濂对草檄的工作却十分亢奋且自豪："刀锥怀袖间，写作膝为几。憔瘁安足论，蒭荛可容拟。苍天何悠悠，感激故知己。"对吴三桂知遇之恩的感激亦溢于言表。然而，当吕师濂认清了吴三桂的自私面目后，心态逐渐发生转变。《述怀》(其十一)："何以鼠与狐，城社公忝窃。溪壑不测深，美名盗贞洁。作福更作威，穷奇而饕餮。"他认为吴三桂势力被歼灭实属天意，"上帝俨鉴临，一一蒙奸厥"。"除苛洗甲兵，天下因大悦"，当战火熄灭，诗人也心生喜悦。《述怀》(其十二)，以"兔丝依乔松"比拟诗人与吴三桂的关系，以"泰畤禅云亭，铿锵造其膝"暗讽吴三桂登基称帝，野心暴露，从而"欢娱从此失"，宾主之间的信任烟消云散。

2. 苦难书写

吕师濂记述苦难之作洋溢着感染力，具有两个鲜明特征。其一，作者不是旁观者，而是在场者、亲历者。对于"三藩之乱"的书写，吕诗不同于众多非亲历之作的空洞感怀。以严绳孙《平滇恭进诗》(其二)为例："六诏南交地，昆明控百蛮。天连花马国，山拥碧鸡关。雨露知新泽，疮痍动圣颜。赦书怜父老，扶杖泪痕斑。"[①]虽也有"泪痕"，却不免隔靴搔痒之讥。其二，此类书写是即时性的，亦是历时性的，贯穿吕师濂一生。"三藩之乱"后，诗人通过鲜活的回忆进入到苦难书写这一主题，堪

---

① 严绳孙：《秋水集》，《四库禁毁书丛刊》集部第 133 册，北京出版社 1997 年版，第 581 页。

称对"三藩之乱"期间史实和情感的真实补录。

康熙二十七年,吕师濂返回山阴后创作《生日早起有感,书于小像之后》(《何山草堂诗二集》卷一),诗中详细回忆了逃离衡阳的情状,哀切凄惨,沉郁苍凉。"糊口役四方,惭借涂鸦笔。浪荡海岳穷,寒暑头颅白。中间患难奇,刀兵兼盗贼。万死而一生,性命寄呼吸。揽镜自猜疑,扪心犹怵怵。"这是从宏观上回忆生平所受苦难,揽镜自照,惊魂未定,恍如梦寐。接下来是一段细节描写:"所赖母贤慈,欢喜降怜惜。依然怀抱中,摩挲顶至膝。焦糜焚灼瘢,股肱牵心肋(原注:戊午秋,余四体为群盗烧烂,死三日而苏)。恐令母见惊,遮掩故周密。"母子深情,为了避免母亲受到惊吓,诗人将烧灼疤痕遮掩起来,感慨至深。"三藩之乱"所带来的苦难已由身体侵入灵魂,成为诗人一生挥之不去的噩梦。

吕师濂的目光还投向更为深切的社会苦难,充满了强烈的忧国忧民、悲天悯人情怀。张献忠在成都建立政权,各方势力之间攻伐屠戮,生灵涂炭,对此,吕师濂作《寄怀行先开先两表弟》(《何山草堂诗稿》卷二)一诗,记载入蜀期间目睹的社会凋敝,对张献忠的残暴统治予以抨击,对民生寄托了深切同情:"西风飒飒度阴平,我亦迢迢入锦城。白骨如山恼献贼,龙孙邸第遭焚倾。丰碑虽仆字还楚,低徊细读沾秋襟。新都风景更荒恶,猿啼鬼哭凄黄昏。次早忽见双桂树,芬芳花朵开断垣。棘蔓之中何有此,戍卒说是杨家园(原注:杨文忠公故第)。丞相状元昔在日,花里楼台缦金碧。流寇残屠鲜子遗,县官住此门为席。且弗多言防虎来,翻身走别惊心魄。"这一触目伤情的景象持久地留存在吕师濂的记忆中,当他抵达昆明随同吴三桂猎游路过杨升庵太史祠,不禁又联想起蜀中见闻,写道:"伤心昨岁过新都,城郭曾遭献贼屠。"(《猎游诗》,《何山草堂诗稿》卷四)正是这种难以磨灭的可贵精神增添了吕师濂诗歌的多元价值。

3. 社会现象的歌咏

吕师濂还对各种社会现象予以关注。进入吴兴祚两广总督幕府,吕师濂迎来"三藩之乱"后的一段安逸生涯,广泛参与文学创作、文士雅集、作品评点等文化活动。吕师濂的许多作品记录了吴兴祚幕府的日常状况,并且敏锐地捕捉到明清易代的完结乃至康熙盛世即将来临的气息。清初,海上贸易全球化的趋势已经不可逆转。康熙二十三年(1684),清廷废除禁海令,设立粤、闽、浙、江四大海关,广州的海外贸易空前兴盛起来,影响到社会生活的方方面面。吕师濂在吴兴祚幕府得以率先享受到通商贸易的红利,其《齐天乐·五日宴锡祉堂》①不仅呈现了丰盛的海外佳肴美酒,"登柈物怪,却都产龙宫,故屏虾菜。椀内香醪,亦从番船万钱买",更

---

① 程千帆:《全清词(顺康卷)》,中华书局 2002 年版,第 2347 页。

有"黑鬼蹒跚,红儿窈窕,喜得宾僚无奈"的生动宴乐情景。吕师濂在岭南期间融入幕府的娱乐氛围,为不堪回首的苦难人生增添了一抹亮色的同时,对于贸易全球化背景下的特权阶层生活做了忠实记录。

吕师濂具有敏锐的洞察力,以异域景物、风俗入诗自不必说,他还擅长概括繁复细微的社会现象,进而阐发真知灼见。《奉赠留村先生十六首》(《何山草堂诗稿》卷四)是他离粤还乡之前所作,通过联章的形式对吴兴祚的家世、才干、品德、功业等方面做了系统的总结和颂扬,其十四云:"国家最亟惟财用,九府规模本太公。配入铅铜宜四六,持来滑泽费磨砻。一时出纳民情便,万里舟车货殖通。欲致富强元有术,夷吾煮海意教同。"他强调财政是国家百废待兴的当务之急,指出吴兴祚在广东铸币的金属比例为"铅四铜六",这既为百姓提供了便利,又促进了通达万里的商品贸易。他还认为,与海外国家通商是富国的重要策略,相比闭关锁国、重农抑商等传统观念,这是非常进步的商业思想。

二、吕师濂的文学史意义

吕师濂作品的"诗史"特征和成就在其生前即为一些学者所称道。作为一种高度的肯定,有学者将吕师濂与杜甫建立联系,试图探求二人的相似性。吴晋《何山草堂诗二集序》称:"黍字学力富而才气弘,且久蹈艰危,其经济智虑不难出险守常,因念世之何山诗当取少陵集比类而并观之,始知黍字所造之大,则益信诗人之不易矣。子美遭逢丧乱,窜身失志,与黍字事异而迹同,共感时触事,托讽寓怀,一一自写胸臆,以故忠厚悱恻,沉雄博大,不拘于法而法未常或失,入之甚深,出之甚婉,极其排宕,极其蕴藉,非学力与才气欤?其久蹈艰危,非经济智虑有以出险守常欤?是子美固唐之诗人,黍字实今之诗人,信不诬也。"吴晋从身世、学力、才气等方面着眼,认为二人在身世上极为接近,虽然时代和所经历的事件不同,但是步伐踪迹或心灵轨迹却异常相似,"遭逢丧乱,窜身失志";在学力方面,强调"感时触事,托讽寓怀,一一自写胸臆",故而能够达到"忠厚悱恻,沉雄博大"的境界;论才气,则关注他们对于诗法的高超驾驭能力,"不拘于法而法未常或失","入之甚深,出之甚婉,极其排宕,极其蕴藉"。在肯定吕师濂诗史书写价值的基础上,我们不妨就其文学史意义作进一步评价。

首先,吕师濂以特立的形象丰富了清初文人的群体图像。学界对明清之际文人群体已经有相当深入的研究,诚如钱穆先生所言,该时期的人物"较唐宋之亡,倍有生色。以整个奋斗力言,亦为壮旺"[①]。吕师濂栖身吴三桂幕府时间久,于文人

---

① 钱穆:《国史大纲》,九州出版社2011年版,第890页。

群体中声望高,尤其是他参与"三藩之乱"的曲折而丰富的经历在清初文人群体中屈指可数。就诗歌创作而言,吕师濂借助诗歌记录了明清易代之际的个体生命体验和社会演进历程,以血泪书写践行并诠释了"诗史"传统。明清易代的历史是复杂的,清初文人个体的面貌也各自不同,只有就其不同展开充分阐释才能尽可能地还原历史真相。

其次,吕师濂的一生贯穿了清初诸多重要历史事件,"以诗证史"成为可能。例如,吕师濂的诗歌对吴三桂发动叛乱的始末有发覆之功。康熙十六年(1677),距吴三桂起兵已四年,处于战局拐点,51 岁的吕师濂随吴三桂在衡阳军中,有诗云:"舵楼高稳俯晴波,玉镜光寒初罢磨。海味入盘龙虱怪,故人把盏凤毛多。三更舞扇双垂手,四载征途一放歌。况有雪儿能媚客,风生酒政奈他何。"(《春夜同诸公船顶看月饮周仪郎》,《何山草堂诗稿》卷四)真实地记录了吴三桂政权人士的日常生活状况,战事胶着时刻尚且如此奢华,则幕府的日常可想而知。透过此类书写,对于了解吴三桂政权的种种细节不无裨益。

最后,吕师濂的"诗史"书写实践是清初"诗史"衍变谱系的重要一环。明清易代之际,以"诗史"著称的杜诗受到政治立场和文化心理都很复杂的诗人群体的追捧实非偶然。杜诗以其忠君爱国和"穷年忧黎元"的精神内核,不仅为抗清斗士、江湖遗民提供了思想武器和精神寄托,而且对于出仕新朝的"贰臣",无疑也是灵魂忏悔与救赎的重要途径。以有"江左三大家"之誉的钱谦益、吴伟业、龚鼎孳为例,他们对杜诗或"诗史"观念均有所涉及。钱谦益注杜诗;吴伟业倡导"诗与史通"[1],创作出《圆圆曲》《贺新郎·病中有感》等杰作;龚鼎孳亦多和杜韵之作,寄托其幽渺难言的苦衷。与他们不同的是,吕师濂一生无愧"故人慷慨多奇节",故不至于发出"为当年、沉吟不断,草间偷活""竟一钱不值何须说"[2]的悲号,这正是吕师濂诗歌在思想以及艺术层面的一大特殊性。他的"诗史"书写既是对杜甫这一典范的继承,又是对同时期"诗史"氛围的突破与开拓,充满了厚重的诗学价值。

就明清易代之际众多湮没无闻的文人展开发掘研究,还原真实的文学史面貌,推进作家作品的经典化,都尚有漫长的路要走。正如严迪昌先生所冀望的,清代诗歌是"特定文化时空里'三千灵鬼'历劫多难的心灵搏动之最见具体深微的抒情载体遗存。毋论就中国诗史抑或文学史、文化史,乃至'士'之心灵史而言,一代清诗的认识价值、审美意义以及文献参酌、补苴功能,均值得今人投入学术心力,予以深

---

① 吴伟业:《吴梅村全集》,上海古籍出版社 1990 年版,第 1205 页。
② 同上书,第 585 页。

入研究"①。吕师濂的相关研究正是该语境下的一种努力。

第四节　清末民初报载话本体小说的承传与变异②

对于话本体小说的消亡时间,鲁迅认为止于明末清初,郑振铎将其推至《娱目醒心编》刊行的清中叶,欧阳代则说 1899 年刊刻的《跻春台》是最后一部拟话本小说集。事实上,该体小说在 1902 年"小说界革命"发起后的二十余年间仍在持续创作,只是通过报载行世且多文体变异,以致过去很少有人注意其话本小说体制。本文拟由话本体小说概念的形成切入,观其承传与变异,以确认其话本体小说的文体身份,并对其主题题材、文体特征等展开探讨,以推助其重新浮出历史地表、并由此拓展当下话本体小说研究的视域。

一、保留说话人声口的话本体小说

话本小说作为小说文体概念出现于 20 世纪 20 年代初,鲁迅在 1923 年出版的《中国小说史略》中说:"说话之事,虽在说话人各运匠心,随时生发,而仍有底本以作凭依,是为'话本'。"③后经郑振铎、孙楷第、赵景深等不断进行建构与使用,话本小说概念遂在学界确立。作为小说文体概念,1931 年郑振铎在《明清二代的平话集》中的界定得到比较一致的认同,他说:"'话本'为中国短篇小说的重要体裁的一种,其与笔记体及'传奇'体的短篇故事的区别,在于:她是用国语或白话写成的,而笔记体及传奇体的短篇则俱系出之以文言"④。20 世纪中期以后,这一文体概念继续演进并定型。现在一般所谓话本体小说是指传统白话短篇小说,它是一种"源于'说话'技艺并且仍然保持着'说话'的叙事方式的小说"⑤。由此判断,清末民初报载的白话短篇小说中仍有一些作品属于话本体,当时有人称之为"平话短篇"⑥。

据笔者所见,清末报载话本体小说有 10 余篇,作者既有吴趼人、包天笑这样的当红作家,也有徐卓呆、胡适这样的文坛新秀,还有今天已不清楚其生平的阆仙、依更有情等。这些作品还在模拟说话人声口讲短篇故事,都保留着"话说""却说""且说""单表""诸公""列位""看官""闲话休提""有事话长,无事话短""说时迟,那时

---

①　严迪昌:《清诗史》弁言,人民文学出版社 2011 年版,第 1 页。
②　原载《明清小说研究》2022 年第 3 期。作者孙超,上海师范大学人文学院教授。
③　鲁迅:《中国小说史略》,人民文学出版社 1973 年版,第 90 页。
④　郑振铎:《明清二代的平话集(上)》,《小说月报》1931 年第 7 期。
⑤　石昌渝:《中国小说源流论(修订版)》,生活·读书·新知三联书店 2015 年版,第 228 页。
⑥　详见凤兮:《海上小说家漫评》,《申报·自由谈·小说特刊》1921 年 1 月 16 日。

快"等话本体小说标识词。有的作品还具有比较完整的话本小说体制,例如吴趼人发表在《月月小说》1906年第4期上的《黑籍冤魂》,就由入话(用叙述文,而不用诗词)、头回(一则年羹尧化佛身铸钱以充军饷、因其身死未还债的相关故事)、正话("我"巧遇倒毙路边的鸦片烟鬼、得其一本残缺的小册子,并以此册所记惨史劝人戒烟)和篇尾(总结全篇,做出劝诫)等构成。不过,清末的报载话本体小说是在"新小说"观念影响下产生的,其文体变异很大,绝大多数作品打破了传统话本小说的体式规范,只保留了由说话人声口形成的说话虚拟情境。甚至出现了俍更有情刊于《杭州白话报》1902年第21期的《儿女英雄》那样古代话本与现代演讲杂糅的混合体,包天笑刊于《广益杂志》1911年第7期的《刘竟成》那样去掉"看官"即变为新体白话短篇小说的作品。

民初报人小说家接续这一演变趋势,希图更充分地运用好这一具有鲜明民族特色的小说文体,因而更积极地进行话本体小说创作,曾使之一度复振。据笔者统计,在《小说月报》《礼拜六》《中华小说界》《小说画报》《民国日报》等民初主流报刊上登载了50余篇话本体小说,其作者多为小说名家,如包天笑、周瘦鹃、姚鹓雏、程瞻庐、徐卓呆,等等。

民初报载话本体小说赓续古代"说话"传统,"是以说话人的口气写的"[1],"作者始终站在故事与读者之间,扮演着说故事的角色"[2],作品中的"诸位""列位看官""在下""你道""他道""你想""话说""我今且说""看官听着"等修辞套语正是其显著的文体标识。在语体上,民初报载话本体小说沿袭传统,基本上用白话讲述,并夹杂着少量文言词汇。在体式上,则接续清末话本体小说出现的变异继续演化。诸如多数作品不再使用入话,而直接进入故事主体;基本不再使用叙事韵文,叙事完全散文化;一般篇幅不大,叙事模式和具体描写都呈现出现代性新变,等等。当然,也有少量民初报载话本体小说保留了入话和韵文套语,但一般入话较短,韵文套语也较简单。如半侬的《奴才》[3],引述梁启超的曲词《皂罗袍》入话,并接着有一番简短议论,但正话中却已无韵文套语。

整体观之,清末民初报载话本体小说是古代话本小说向现代转型的一种变体,其创新的叙事模式、新旧杂糅的形式,以及独特的描写技巧和说话虚拟情境富有古今转型期的特点。这批作品承袭古代话本小说为市井细民写心、注重发挥娱乐和教化功能的传统,总体上以表现市民生活为主,写的是社会现象、滑稽故事、家庭生

---

①　程毅中:《宋元小说研究》,江苏古籍出版社1998年版,第242页。
②　石昌渝:《中国小说源流论(修订版)》,生活·读书·新知三联书店2015年版,第264页。
③　半侬:《奴才》,《小说画报》1917年第4期。

活等内容,充满了娱乐性和世俗性。

二、演述社会现象、滑稽故事与家庭生活

清末民初的报载话本体小说主题题材比较集中,大致可分为如下几类:社会小说、滑稽小说和家庭小说。

1. 社会小说

在梁启超发起"小说界革命"后,清末小说家普遍受到小说新民、文学救国思想的影响,他们关心政治体制改革以及民众生活状态,非常重视社会小说的撰写,其中有些作品就采用了话本体。吴趼人所作的《预备立宪》①《大改革》②和《黑籍冤魂》就是其中的代表。面对清末民众无智、政府无信,吴趼人著书总以开化为宗旨,然而黑暗的现实让他禁不住一哭再哭。他极端憎恨时人的"鸦片顽癖",这三篇作品都以鸦片烟鬼为主人公。《黑籍冤魂》直接讲述一人因吸食鸦片成瘾而毁家丧命的故事,让这个倒毙路边的无名烟鬼现身说法来劝世人戒烟。《预备立宪》《大改革》里的鸦片烟鬼则是清政府"预备立宪"的积极拥护者,前者讲述鸦片烟鬼希望通过拥护"立宪"来谋求个人私利,从而由侧面揭示民众对"立宪"的误解;后者讲述鸦片烟鬼对自己烟、赌、嫖的旧办法进行"改革",实际换汤不换药,从而由正面揭露朝廷"预备立宪"的骗人实质。另外,天笑所作《刘竞成》和胡适所作《东洋车夫》③观察社会的视角独特,值得注意。前者讲述留学生刘竞成回国后创业屡屡失败,最后在朋友的指点下抛弃专业而做了官,暴露了当时人才不得其用的社会现状;后者通过讲述上海的东洋车夫见了外国人就极力招揽而被"西洋叫化子"白坐了车的故事,讽刺当时国人极端媚外的社会情态。

民初报载话本体小说延续了对各类社会现象的重视,尤其关注底层民众的生活。如包天笑刊于《半月》1921 年第 4 期的《云霞出海记》通过讲述上海两个名妓的葬礼来探讨所谓人生"荣耀"问题。两个妓女同一个堂子出来,同一天出丧。一个仪仗显赫,在旁人看来荣耀无比;而另一个白棺一具,十分冷清可怜。作者给出的答案是上海的"大出丧"十分荒谬,实为一种社会乱象。江红蕉刊于《礼拜六》1921 年第 118 期的《电车司机人》重点讲述了一位老年电车司机因生活所迫带病坚持上班而导致严重车祸的故事。中间穿插了卖票人与无理乘客的争吵,关于卖票人揩油问题的争辩,以及人们对于大罢工的议论,等等。这篇小说是较早反映工

---

① 偓:《预备立宪》,《月月小说》1906 年第 1 卷第 2 期。

② 趼:《大改革》,《月月小说》1906 年第 1 卷第 3 期。

③ 适广:《东洋车夫》,《竞业旬报》1908 年第 27 期。

人阶级备受压迫、生活痛苦的文学作品，表达了作者对受难工人的同情。

另外，民初还出现了一些表彰良好人际关系的话本体社会小说，如许廑父刊于《小说季报》1918年第1期的《车笠遗风》讲述李介卿幼年丧父，由其父好友徐干臣教养成才，后官居江西首府；徐干臣病逝后，无人教养其子徐惟贤，李介卿则辞官返回徐家担当处理家政、教育顽弟之职，最终使惟贤中举并做高官。该小说一方面赞扬了徐惟贤为代表的传统友道之车笠之交，一方面颂美了李介卿为代表的传统美德之感恩图报。又如周瘦鹃刊于《小说月报》1918年第5期的《良心》、刊于《小说画报》1917年第3期的《最后之铜元》、刊于《礼拜六》1915年第67期的《噫之尾声——噫，病矣》等，或讲良心，或赞诚信，或劝人工作勤恳。这些作品实有利于引导广大市民形成新型的都市公共德行。

2. 滑稽小说

滑稽小说是清末民初报载话本体小说的另一大宗。清末的此类作品在供人一笑中常含政治讽刺的意味，民初的作品则大多在兴味消遣中贯彻醒世警世的宗旨。

清末吴趼人所作《立宪万岁》①《平步青云》②均属游戏笔墨，但无一不在揭露当时社会的丑恶现象，无一不意在新民启蒙。《立宪万岁》由光绪皇帝降上谕预备立宪惊动天庭讲起，叙说了天庭的种种立宪言行，最终以群畜围观《天曹官报》结尾，并借他的口来讽刺清廷的立宪骗局，所谓"原来改换两个官名，就叫做立宪"。《平步青云》讲述"我"到李公馆拜年遇到的一桩让人笑痛肚皮的怪事，主人为平步青云而把上司送的西洋溺器用香花灯烛供养起来，犹如见了上司一般极为恭敬，这讽刺官场丑陋真是入木三分。卓呆《葫芦旅行记》③讲述"我"在农学馆观看大葫芦时走进葫芦中的一番奇遇，其所闻所见所思所议均滑稽有趣又处处针砭现实，最后以"我"选择做和尚来讽刺留学生太卑鄙。阊异《介绍良医》④讲述"我"巧遇外国医生，全身由他换了动物脏器的滑稽故事，意在讽刺人不如兽。当然，清末报载话本体滑稽小说中也有纯粹供人发噱的作品，比如吴趼人《无理取闹之西游记》、笑《鸭之飞行机》等等。

民初报载话本体滑稽小说的代表作家是程瞻庐，他的作品以世俗生活为内容，以滑稽诙谐为特色，以醒世警世为宗旨，受到当时广大读者的欢迎。如刊于《快活》1922年第16期的《快活之福》通过写三兄弟对快活生活的实践，展示了作者对快活真谛的理解；刊于《快活》1922年第17期的《鬼趣》通过写鬼世界里的趣事来讽

①　趼：《立宪万岁》，《月月小说》1907年第5期。
②　趼：《平步青云》，《月月小说》1907年第5期。
③　卓呆：《葫芦旅行记》，《小说月报》1910年临时增刊。
④　阊异：《介绍良医》，《月月小说》1908年第9期。

刺人世界的无聊;刊于《快活》1922 年第 19 期的《夫妻小说迷》通过讲述作者拜会一对夫妻小说迷的趣事冷嘲热讽当时仍抱守"旧小说"观念的人物;刊于《红玫瑰》1924 年第 11 期的《预言家》则围绕城隍庙里新来的算命先生刘再温讲述市井中各色人物上当受骗的趣事。姚鹓雏的此类小说写得也很有趣,如刊于 1916 年 10 月 18—25 日《民国日报》的《眼镜谈话会》通过一次眼镜们的谈话写了当时社会上几种有特色的人物:迂腐可笑的"大近视"、善吊膀子的"时髦人物"、爱发牢骚的"老先生"、想着行乐消遣的"我",等等。凭实来说,民初报载话本体滑稽小说流于油腔滑调、纯供消遣的作品也不少。譬如,张冥飞刊于《民权素》1915 年第 13 集的《粉骷髅》演述武则天死后纠集鬼姊妹吕雉、贾南风、徵侧、徵贰等设立机关,吸引各路女子为开辟独霸称尊的女子世界而斗争的荒诞故事。吴双热刊于《民权素》1914 年第 2 集的《雀声》讲述苏州某少年设计报复巡警阿四,诱使他抓赌而犯了私闯民宅的错误。恨水刊于 1919 年 3 月 10—16 日《民国日报》的《真假宝玉》由宝玉烦闷而到潇湘馆闲游写起,一路上遇到好几位"林妹妹",也遇到好几位假宝玉。他疑心是梦,而芳官却告诉他那些都是伶人扮演的。该小说并无深意,不过是将时下剧场中扮演的宝玉、黛玉与原型人物做比较来产生滑稽效果罢了。

3. 家庭小说

由于"小说界革命"强调群治,要求书写"公性情",清末以男女婚恋为中心的话本体家庭小说难得一见。时至民初,由于受到西方自由婚恋及小家庭观念的强烈冲击,用话本体讲述家庭生活的小说不断出现于报端。其中最为精彩的是表现青年男女婚恋生活的作品。徐卓呆发表在《小说月报》上的《死后》《微笑》堪称杰作。《死后》[①]讲述女子中学第一名卒业的碧云嫁给邬子良后不甘心做丈夫及家庭生活的附属物,在偶然获知心仪的小说家孤帆租住在娘家隔壁后,通过借书还书与孤帆建立起了微妙关系。她全力以赴地完成了一部小说,并希望得到孤帆指点,然而孤帆不辞而别后自杀了。碧云在病中产下男婴后也死去了。三年后,邬子良偶然发现妻子遗物中的孤帆小说,看着扉页上的孤帆肖像,再看看眼前的男孩,他明白了一切。该小说对女性爱情婚姻观的发掘很富现代性,碧云所追求的自我价值实现和人格独立自由超越了同期大多数作品,即使与十年后的五四小说相比也毫不逊色。《微笑》[②]讲述一对青年男女因在路上常常相遇而日渐熟稔,由行注目礼到微笑再到脱帽致意,二人心中暗生情愫,却始终没有交谈。正当男子设想如何表白时,却发生了误会。二人都以为对方已有配偶而大失所望。最后,女子抑郁自杀,

---

① 卓呆:《死后》,《小说月报》1911 年第 11 期。
② 卓呆:《微笑》,《小说月报》1913 年第 11 期。

男子知情后陷入了更大痛苦之中。这是一个令读者扼腕的爱情悲剧,无论是对纯洁爱情的细致描写,还是对人物心理的真切刻画在当时都非常独特和现代。

《小说画报》上包天笑的《友人之妻》①也是一组佳作,写了4位"友人之妻",多角度地演述了在社会新旧转型期婚姻家庭中的诸多问题。第一篇讲述留学生赵伯先与两任妻子钱美玉、孙玉辉的婚姻故事。以钱美玉产后生病为转折点,之前写赵、钱新式婚姻的美满,之后写孙玉辉如何以其勤恳言行取得同学钱美玉信任并在钱氏病殁后成为赵伯先的后妻,结尾讲的却是钱美玉所遗子受到了孙玉辉的虐待。第二篇讲述新学堂校长陈佩青与妻子周小姐的家庭生活,其重点是写由新式女子教育引起的一些家庭小矛盾,是作者所谓"欢乐的"家庭轻喜剧,反映的是青年夫妻对现代新生事物不同的认知。第三篇讲述留学生冯侠心与大户人家小姐方惠贞的婚姻家庭故事。这个故事是个彻头彻尾的悲剧,一个年轻有为的丈夫每天都要承担过劳的工作,一个贤惠的妻子时而要与娘家亲朋进行高额花费的应酬,而丈夫过劳的工作在很大程度上正是为了应付妻子高额的消费。后来,丈夫得了肺痨,妻子典当首饰、悉心照顾,但终究不能挽回丈夫的生命。第四篇讲述留学生何茗士与日本妻子巧结良缘的故事。一日骑自由车的松子意外撞翻了何茗士,从此,两人交往起来,最终成就百年之好,如今已儿女绕膝。

姚鹓雏《焚笔》②也颇具代表性。《焚笔》写毕业于北京大学的吴先生面对只懂操持家务的妻子,感觉家庭生活实在乏味。因此,在收到女学生李碧绡的情诗后,他深感其诗风华绝代,立即想约见"玉人",在约见时,却发现李碧绡竟是自己夫人。吴先生惭愧骇异之余,便向夫人焚笔明志。从而揭示乏味的家庭生活才是常态。周瘦鹃《真假爱情》③则将爱情与爱国熔于一炉,讲述最初陈秀英与郑亮恋爱,而当郑亮参军后,她便与郑亮的同学张伯琴订婚。后来张伯琴也从军且牺牲,陈秀英竟成了寡妇。小说同时讲述当郑亮因从军失去陈秀英的爱恋后,亦有报国心的李淑娟以女性特有的温柔安慰他,郑亮与李淑娟相爱并最终成为被人艳羡的"神仙眷侣"。江红蕉《造币厂》④将社会热议的金融事件糅入男女婚恋故事之中,令人耳目一新。该小说讲述何伯仁与章佩霞、章涵如之间友谊与爱情交杂的故事。小说以美貌之佩霞突然出现在章家,成为涵如的姐姐来设置第一层悬疑;以伯仁与佩霞相爱、但求婚却遭佩霞拒绝,同时佩霞又许诺待伯仁有一定商业基础便提供父亲的商业计划以助其商业发达来设置第二层悬疑;最终谜团揭破,原来佩霞是涵如父亲战

① 天笑:《友人之妻》,《小说画报》1917年第1、4、8、12期。
② 鹓雏:《焚笔》,《小说画报》1917年第6期。
③ 瘦鹃:《真假爱情》,《礼拜六》1914年第5—6期。
④ 江红蕉:《造币厂》,《礼拜六》1921年第103期。

友的女儿,她在伯仁求婚前一天收到了律师送来的父亲遗嘱,大意是已将自己许配给涵如为妻,并留下一笔遗产。

三、现代新变、虚拟情境与说话人隐形

作为古代话本小说的变体,清末民初报载话本体小说已呈现出不少现代性特征:使用第一人称叙事,讲谈时新对象,关注热点话题;采用插叙、倒叙、补叙,进行横截面式的断片描写;注重心理和景物刻画,等等。

古代话本小说叙事模式往往采用第三人称,以全知视角演述旧事,而登载于清末民初报刊上的话本体小说有不少作品采用了第一人称,以限制性视角讲述近今时事。比如吴趼人的《预备立宪》《大改革》都使用"我",讲谈的是正在发生的清廷立宪改革;卓呆《葫芦旅行记》、笑《鸭之飞行机》、闳异《介绍良医》都使用"我",所谈均是最新的事物;胡适《东洋车夫》是以"在下"的眼光叙说时人崇洋媚外的现象;包天笑《友人之妻》演述的是"我"的友人之妻,谈论的对象是受到西学熏染的留学生和新派人物,关注的是现代小家庭建设这一社会热门话题;姚鹓雏《纪念画》①展演的是"我"与外祖母的情感故事;周瘦鹃《噫之尾声——噫,病矣》讲述的是"我"因笔墨生涯过劳而生病的事情。

古代话本小说往往采用由头至尾的顺序叙事模式,清末民初报载话本体小说常将其打破。例如吴趼人《黑籍冤魂》通过第一人称和第三人称视角的转换插叙虚构的康熙时年羹尧旧事及眼前无名鸦片烟鬼的近事;天笑《刘竟成》直接从"那一天清早上"写起,然后插入一些补叙,他的《富家之车》②则聚焦于某富翁、儿子、孙子用车的问题做横截面式描写;姚鹓雏《姹女》③截取妻子出轨的那一夜来讲述;周瘦鹃《噫之尾声——噫,病矣》是一种类似于意识流的叙述;江红蕉《电车司机人》《造币厂》采用的都是倒叙法。

古代话本小说往往缺少直接的人物心理描写和环境景物描摹,清末民初报载话本体小说却突破这一固有传统,借鉴西方小说技巧进行细致的心理与景物刻画。像吴趼人《大改革》《平步青云》,天笑《刘竟成》等都开始改变通过外部言行来展现人物心理的传统做法,而是用"暗想""呆想""心中想道"等领起对人物心理活动的直接描写。徐卓呆《微笑》《死后》更以现代性的心理摹写见长。《微笑》的叙述主线是男青年的心理活动,小说的情节推进与其心理活动相辅而行。当他误会了美人

---

① 鹓雏:《纪念画》,《小说月报》1919 年第 8 期。

② 天笑:《富家之车》,《小说画报》1917 年第 10 期。

③ 鹓雏:《姹女》,《民国日报》1917 年 4 月 16—25 日。

已为人妇时,"宛如掘得了宝玉被人夺去了一般,又怒又悲。……暗道那女子不应如此戏弄我,好不叫我痛恨,以后永不愿再见他了。若可自由谈话,我必畅骂千遍万遍,方泄我心头之恨"①。《死后》则将一个不安于做家庭主妇的知识女性如何追求人格独立、如何成就文学梦的心理过程真实地描摹出来,其中对碧云遇到小说家孤帆前后的心理变化刻画得尤为细腻。有关新颖的景色描摹可举周瘦鹃和姚鹓雏的作品为例,如周瘦鹃《良心》开头即细描景物:"这礼拜堂在一条很寂寞的小街上,是一座四五十年的建筑物。檐牙黑黑的,好似涂着墨,两边粉墙,白垩都已剥落,露着观木,长满了绿苔,……"②再如姚鹓雏《纪念画》这样描写景色:"靠河边十亩广场,场边几株杨柳树儿,从那丝丝金缕之中,漏出一片斜阳,直射到河面上,……"③前者恰好配合着下面的现代都市叙事,后者与乡村叙事正相吻合,这样细致的景物描摹在传统话本小说中是难以寻觅的。

上述现代性新变是清末民初报人小说家主动学习域外小说的结果,其目的是探索我国固有小说文体的现代转型之路。不过,正如本文第一部分所言这些小说保留了说话人声口,具有话本体特有的说话虚拟情境,并未从根本上改变话本小说的文体体制。这便形成了一种新旧杂糅的文体面貌,恰也契合了古今转型期一部分读者的阅读兴味,正如凤兮所说"尤能曲写半开化社会状态,读之无不发生感想者"④。

清末民初报载话本体小说的现代新变令读者耳目一新,固有的说话虚拟情境也继续粘住读者。这种熟悉的"说—听"虚拟情境带来了小说人物言语毕肖的似真效果,让正由传统走向现代的读者产生一种亲切的在场感。比如天笑《友人之妻》中闺蜜间的对话,"钱玉美叹口气道:'妹妹,我现在觉悟世界上终没有美满的事儿,回想我初嫁的时候,哪一样不如人意。就是他……'说到那里,不觉得眼圈儿一红,……孙玉辉道:'姐姐别说这样悲观的话。年灾月晦,谁没个病儿、痛儿的。哪里就说起这些话来呢?从来病是要养的。古语说得好,病来似箭,病去似线。你别只管胡思乱想,心上把喜欢的事儿想想,能够一天一天地硬朗起来。我们依旧出去游玩。岂不好呢?'"读之,如聆其声,如睹其面,钱玉美的病况愁心引动读者不由得同情扼腕。再看胡寄尘《爱儿》⑤中所写,"这时瓶居夫妇二人饭都吃完,只有琪儿还没吃完,忽听得瓶居说要出外游玩,便丢下勺箸,连声说道:'爹爹!我也要去。'

① 卓呆:《微笑》,《小说月报》1913 年第 11 期。
② 瘦鹃:《良心》,《小说月报》1918 年第 5 期。
③ 鹓雏:《纪念画》,《小说月报》1919 年第 8 期。
④ 凤兮:《海上小说家漫评》,《申报·自由谈·小说特刊》1921 年 1 月 16 日。
⑤ 胡寄尘:《爱儿》,《妇女杂志》1916 年第 12 期。

琪儿方在学着吃饭,凡是用勺箸不能送入嘴里的,都用五指相助,大块肥肉又往往误送在两腮上。这时正吃得油腻满面,听他父亲要出外游玩,连忙走过去,一把拖住他的衣角。瓶居新的洋装燕尾衣,竟做了琪儿抹油脸的毛巾,虽然连忙让避,却已弄腻了一大块。幸松雪忙将琪儿拖过去,拿毛巾将他揩抹,琪儿还抵死的不肯,因此又哭了一回,待松雪替他揩完,他才止哭"。读这样的小说,仿佛观赏一集名为"成长之烦恼"的情景剧,更有趣的,听到作者的一声"看官",读者也仿佛走入剧中来。

然而,对比古代话本小说,清末民初报载话本体小说虽然还能借助虚拟情境来"建立起真实客观的幻影"①,但已不能通过说话人之口讲出"一种集体的社会意识"②。原因在于我国古代相对稳定的道德伦理及善恶观念可以推出说话人作代言,而清末民初思想混乱、道德重构的现实使说话人失掉了集体代言的资格,只能作为某一个体发声。清末民初凡是坚持集体代言的话本体作品其思想力量都很微弱,只有那些个性化演述才拥有一定的动人力量。因此,我们看到吴趼人、包天笑、徐卓呆、胡适等的话本体作品在说话虚拟情境里大胆革新,不再通过说话人的评议进行跳出情节以外的劝惩教化、抒情言志,而是借助情节自身的推动力量,自然流露出个人对于演述事件的态度。如吴趼人的《预备立宪》《大改革》《黑籍冤魂》表达的均是"我"对"预备立宪""鸦片顽癖"的态度。包天笑的《富家之车》,结尾也是顺着之前的情节自然讲述,通过讲述祖孙三代不同的出行方式不露声色地传达出作者的褒贬态度。姚鹓雏《纪念画》的结尾类似于古代话本体的下场诗,不同的是那诗是顺着小说情节自然生发的,是"我"为外祖母扫墓之后和在轮船之上两次万感如潮而作的,言说的是个人化的情感。周瘦鹃《良心》通篇是一种类西方短篇小说的结构,故事也在情节叙述中自然收束,并借梅神父的态度传达作者对小说中追求至情真爱的赞赏。

上述带着个人色彩的评判采用话本体显然是内设了理想读者,但同样显著的事实是:在清末民初混乱的思想状态中,赞同的读者会与反对的读者一样多,大概还有些读者会不置可否。这样一来,保留原为集体代言的说话人声口以设置虚拟情境变得越来越没有必要,用之为个体发声最终成为赘疣。随着现代白话短篇小说的兴起,说话人完全隐形成为小说发展之必然。正如王德威所说:"在作家强调抒发个人欲望及企图的冲动下,说话传统无可避免地被贬抑甚至消失。"③

---

① 王德威:《想象中国的方法:历史·小说·叙事》,百花文艺出版社 2016 年版,第 84 页。
② 同上书,第 86 页。
③ 同上书,第 93 页。

综合来看,话本体小说之所以在清末民初报刊上留下最后一抹浅淡的余晖,一是因"撰平话短篇,尤能曲写半开化社会状态"①,一是试验、转型的时代语境使然。实际上,话本体小说在清末民初发展的空间已变得非常逼仄,不仅白话章回体这种同源的小说几乎完全遮住了它,笔记体、传奇体等文言短篇小说的繁荣也挤占着有限的阅读市场,还有代表短篇小说现代走向的新体短篇小说、五四短篇小说更是势不可挡地要将其淘汰。随着清末民初报载话本体小说偏重于技巧方面的某些文体变革成果被现代白话短篇小说吸收,20世纪20年代中期以后,话本体小说已难觅踪迹,我国短篇白话小说基本完成了由"说—听"虚拟情境到"写—读"创阅模式的现代转型。

---

① 凤兮:《海上小说家漫评》,《申报·自由谈·小说特刊》1921年1月16日。

第四章　中国现代美学研究

主编插白：在中国现代文学史上，茅盾与张爱玲是两位大作家，引来后人无数的研究。

"民族形式"论争是"中国现代三次学术论战"之一，茅盾是重要参与者，其作品也是公认的"民族形式"的代表。如何学习文学的民族形式？如何处理传统的民族文学形式与"五四"新文学追求之间的关系？上海师范大学人文学院朱军教授的研究指出：茅盾一方面为文艺大众化和"民族形式"辩护，另一方面也不赞成对"五四"新文学追求的片面否定，同时又对"五四"新文学"欧化"追求中否定民族形式的偏颇之处作出反思，主张在检讨"欧化"得失中捍卫"五四"白话文运动及其启蒙精神，同时从古典、传统的民族文学中获取资源，创造充实、壮健与美丽的民族文学形式，促进了一种新的古典风格的现实主义文学形态的兴起，推动了新文艺从"欧化"向"中国化"的转变。

如果说朱军的文章研究的是新中国成立之前的茅盾，上海政法学院副教授肖进的文章研究的则是1949年之后的茅盾。他将茅盾的《夜读偶记》研究延展到同时期茅盾大量的小说阅读札记和眉批，分析茅盾晚期批评文体从形式到内容的内在分裂。茅盾的《夜读偶记》，写于1956年到1957年，其间经历了"双百"与"反右"两重天的巨大反转，于是造成了文风表述上的前后不一，呈现出内在的矛盾龃龉。他依托茅盾这个时期的小说阅读札记和眉批，分析了《夜读偶记》实际展示的两个茅盾或者说茅盾的两副面孔，揭示了《夜读偶记》文本背后包蕴的写作方式与文体新变，探析以札记和眉批为代表的批评写作如何构建了茅盾晚期文学批评的文体、风格与思想真相。

张爱玲小说中吸引人的艺术魅力之一，是心理写实主义。上海交通大学人文艺术研究院的青年学者徐可君博士通过对张爱玲在20世纪40年代发表的三部小说《金锁记》《倾城之恋》《茉莉香片》的深入剖析，揭示了意识流或心理写实主义在这一时期张爱玲的作品中有着生动的体现，它赋予了张爱玲小说独特的审美现代性。在张爱玲的小说中，中国古典美学传统与西方现代美学追求取得了完美融合。通过参差对照的手法,张爱玲的小说完成了"内面的发现",即对第三人称客观心理分析叙述的艺术探索。

在中国当代美学研究界,祁志祥教授以史论互证、体量庞大的标志性成果《乐感美学》《中国美学全史》等等,被《学术月刊》前常务副总编夏锦乾誉为"当代美学研究中的'祁志祥现象'"(《人文杂志》2019年第11期)。上海视觉艺术学院副教授潘端伟以祁志祥教授的学术生涯为个案,折射与透视中国文艺美学四十年的发展历程。他认为,研究学人学术生命历程是学科史研究的一种重要视角和方法。一位具有代表性的学者个人的学术史,可以折射学科知识的学术脉络和传承,体现该学科形态、学科知识发展和学术话语体系的变迁,反映出学科与社会环境的互动。祁志祥教授个人的学术历程恰好与新时期中国文艺美学的历程同频共振。通过他可以看到这一代学人与中国当代文艺美学四十年学术发展的内在互动关系。

第一节 茅盾论如何学习文学的"民族形式"[①]

"民族形式"论争与20世纪20年代的科玄论战、30年代的中国社会性质论战并列为"中国现代三次学术论战"[②],其重要性不言而喻。随着当下中华文化复兴进程的推进,国内学者近年来重新展开新一轮热烈讨论。原因在于,这一论争不仅是"五四"一系列文/白、新/旧、东/西、现代/传统、都市/乡村、文学革命/革命文学论争的延续,与较早展开的文艺大众化讨论有直接联系,而且其间各方观念纷繁驳杂,并没有形成统一且步调一致的论述,正是这一政治话语、大众话语与知识者话语共同发声、彼此交锋的空间,提供了各方极大的阐释余地。

鲁迅与茅盾是系列论争的两大旗帜,他们的作品也是得到多方认可代表"民族形式"的作品。譬如艾青、孙犁等都强调鲁迅、茅盾是我们民族形式发展中宝贵的收获。王若飞《中国文化界的光荣,中国知识分子的光荣》代表了党中央的权威发言,高度评价茅盾从五四"欧化"向"中国化"的转变,"茅盾先生在中国新文艺的'大众化'工作和'中国化'工作上,一直是站在先驱者的行列,而且是认认真真在实践中探索着前进的道路的"[③]。茅盾不仅从理论层面贡献了具有深度、系统性与思辨力阐述,也从创作层面做出了极具说服力的亲身示范,为我们揭示了"民族形式"创

---

① 原载《山西大学学报》2024年第3期。作者朱军,上海师范大学人文学院教授。
② 李泽厚:《中国现代思想史论》,生活·读书·新知三联书店2008年版,第47—76页。
③ 王若飞:《中国文化界的光荣,中国知识分子的光荣——祝茅盾先生五十寿日》,《解放日报》1945年7月9日。

造的具体路径,这在左翼文艺理论家群体中是绝无仅有的。尤为不同的是,在"民族形式"一系列讨论中,茅盾的"同路人"视角,能够与鲁迅、瞿秋白、郭沫若、胡适、周扬、胡风、穆木天、郑伯奇,乃至梁实秋、李长之等不同立场知识人形成广泛地碰撞与共鸣,是探究 20 世纪 30 年代后一系列论争的缘起、流变与旨归的重要基本文献,理应得到更多重视。

一、为"民族形式"辩护

在"民族形式"讨论中,市民文学传统遭遇了前所未有的责难,但茅盾能够据理力争为之一辩,"现在我们就毫不客气地撩开那百分之九十九,专来谈那百分之一。我打算给那百分之一,题一个总名,将就称为'市民文学'罢"①,展现出坚守启蒙立场、平民精神与反封建的姿态。

"民族形式"讨论中,向林冰的观点最为系统,也最富争议。分歧的焦点在于,"民间文艺"应该被确立为中国文学的正宗,进而成为创造"民族形式"的起点、归宿和中心源泉,而茅盾、胡风、周扬等人认为"五四"新文艺及其市民文学传统应该担当民族形式源泉的重任。"五四"新文学在胡风眼中是以市民为盟主的中国人民大众的文学革命运动,是市民社会突起以后的产物,代表世界进步文艺传统的一个新拓的支流。茅盾则一贯提倡应该到那些不朽的、古典的市民文学中学习民族的形式,五四文艺的浪漫风格正是市民阶级趣味的凸显。即便瞿秋白所言的"无产阶级文艺复兴"也是推崇五方杂处的大都市产生的"中国的普通话"。

"市民文学"不是文艺大众化的对立面,应该是"民族形式"的重要组成部分。对民间文艺的过度抬高,往往会忽视了新兴民族资本的知识分子的贡献,如反礼教,争取科学、民主与个人自由等,并且平民文学之"平民"的主体仍然是"市民",士大夫白话的特征难以避免,远没有确立民间文艺的主体性。都市的"亭子间语言"与"大众口头语"尽管有隔阂,但民族战争激发了不同阶层的文化向心力,因此相较大众化运动初期,立场亟需有所转变,譬如胡风认为,"在民族战争下面的,急激发展着的强大的新的现实内容,一切旧的形式,民间的以至士大夫的形式得到复活机会"②。

茅盾具有"复古"色彩的文学形式论,源于其一直对西方古典时期文学和精神

---

① 茅盾:《论如何学习文学的民族形式——在延安各文艺小组会上的演说》,《中国文化》1940 年第 5 期,第 3 页。

② 胡风:《论民族形式问题的实际意义——对于若干反现实主义倾向的批判提要,并以纪念鲁迅先生底逝世四周年》,徐迺翔编:《文学的"民族形式"讨论资料》,知识产权出版社 2010 年版,第 417 页。

的追慕。《我阅读的中外文学作品》中，茅盾坦言，对于外国文学，他更喜欢古典作品，特别是希腊、罗马、文艺复兴时代各大师和19世纪的批判现实主义文学。也曾经对波兰、匈牙利等东欧民族的文学有兴趣，其中有政治上的考虑，而后来英、美、法、德文学，除少数大作家外，看得很少。①"穷本溯源"正是茅盾研究文学的基本旨趣。他对中西古典都颇有兴趣，同时能转益多师，"既要借鉴于西洋，就必须穷本溯源，不能尝一脔而辄止。我从前治中国文学，就曾穷本溯源一番过来，现在既把线装书束之高阁了，转而借鉴于欧洲，自当从希腊、罗马开始，横贯十九世纪，直到'世纪末'"②。

茅盾常以西方文艺复兴中的市民文艺观照中国文学形式，援引的论据也是为胡适、陈独秀、钱玄同等人和京都学派津津乐道的"宋代近世"论。在他看来，自汉到南北朝，民间形式依然是歌谣和韵文，而宋代才有作为"散文"和"评话"的民间形式。这与胡适等人认为中国的文艺复兴"当自宋起"是一致的。胡适将中国文艺复兴追溯到唐宋转型，因为此时佛教的传入带来了口语化的讲义语录体的流行，而及至宋代，语录体便开始成为讲学正体。胡适在中国文艺复兴相关论述中一再强调佛学对中国白话传统的推动，而宋元之间，中国文学走向言文合一，白话成为文学的语言，几乎出现了"活文学"，"但丁、路得之伟业几发生于神州"③。继1923年"The Chinese Renaissance"一文后，胡适在1933年进一步从宋追踪到唐代的"古文复兴运动"和"禅宗的产生"。沿着胡适的进化论思路，茅盾进一步以市民社会为线索重写了文学史。《论如何学习文学的民族形式》中，茅盾甚至将市民意识的萌芽追溯到先秦和西汉，而唐宋之际是市民文学逐渐成熟的时代。唐代"传奇"奇幻的外衣下是真实的人情世态，向来不是文学描写对象的"市民"成为主人公。市民文学往往是城市无名氏创作，其文字是"语体"，其形式是全新的、创造的，其传播的方法则为口述（"讲评"），从其诞生伊始，便是"口头的""街头的"，充满了教育的、斗争的意义。

茅盾与胡适都是以"五四"新文化观回溯中国传统中的白话文学与市民文化，是一种历史的倒叙，其差异则在于：其一，茅盾没有过分强调文学形式内部的演化，而是立足于更广大的社会视野，从政治经济阶层的变迁和社会生产方式的底层找寻文化生成的基础。这与京都学派"中国文艺复兴"和"宋代近世说"的研究思路是一致的。这一思想也贯穿了茅盾整个文艺复兴的研究，譬如他认为文艺复兴的高

---

① 茅盾：《我阅读的中外文学作品》，《茅盾全集》（第26卷），人民文学出版社1996年版，第426页。

② 茅盾：《商务印书馆编译所》，《茅盾全集》（第34卷），人民文学出版社1997年版，第150页。

③ 胡适：《文学改良刍议》，《胡适全集》（第1卷），安徽教育出版社2003年版，第14—15页。

潮立足于"希腊精神"的追索，然而这并不是思想家和文学家的灵光乍现，而是中世纪黑暗中新的社会阶级已经开始孕育，希腊精神正符合新阶级的追求。中国市民文学的产生源于唐宋两代中国的经济再度向上发展，尤以宋为甚。当时海外贸易也开始了，官私工业（手工业）有雇用到数千工人的手工业工场出现。市民阶级的壮大，与利用变相农奴的封建剥削（庄园制），并行发展，成为经济生活上的两大主潮。

其二，茅盾淡化了佛教的影响，市民文学生成的基础显然不是唯心主义的宗教，而是人文主义视野下人性的解放、人的发现。由"评话"而"小说"正是文艺复兴时期市民阶级独特的文艺形式。在《西洋文学通论》中，茅盾将"文艺复兴"单独成章，特别强调文艺复兴运动并不是时钟上的某一刻，而是一个长期的演进过程，都市、商人群体、大学及其人们追求生活享乐的精神催生了文艺复兴。

这一对文艺复兴与都市文化关系的描述代表了新文化知识人的普遍看法，"基督教欲灭体质，以求灵魂，导人与自然离绝，或与背驰"；文艺复兴"则导人与自然合，使之爱人生，乐光明，崇美与力，不以体质与灵魂为仇敌，而为其代表，世乃复知人生之乐，竟于古文明中，各求其新生命"①。文艺复兴时期意大利、英国、法国、西班牙和德国的主要文学家及其著作倡导"乐生享美之精神"，注重"人生生力之发现"，深刻影响了"五四"的人间本位主义、人性的发现和养生享乐精神，这正是市民阶级独特文化的体现。

其三，文学形式的发展是由社会经济形态决定的，具有内在规律性和历史必然性。"旧形式"和"民间形式"之所以比较粗劣，原因在于封建社会教育水平的低下，譬如"韵文"在中外民间文学中有压倒性的优势，欧洲中世纪主要的文艺形式也是韵文的"罗曼司"，其后乃有一半韵文一半散文的"罗曼司"，这种形式和我国的"弹词"一样。我国现有的"民间形式"，十之八九也是韵文，原因是古代教育不发达，文盲众多。莎士比亚和莫里哀的作品中，也常用"独白"和"旁白"，这也无非因为那时一般观众的感觉还不大锐敏，联想力也差。"韵文"除了通俗的一面，也有繁复、细腻与铺张的特征，这与封建贵族的奢华生活有关。此外，宋代评话和元杂剧的写作和表演多由一人担任，这正是城市手工业社会的典型特征。它们虽然文体各异，但都具有封建时代"民间形式"的共同特质。

茅盾对民间形式的封建与落后一直是非常警惕的。郭鹏程提出，茅盾《论如何学习文学的民族形式》与《旧形式·民间形式·与民族形式》两文观点前后不一致，前者讴歌作为文学遗产的市民文学，后者将绝大部分文学遗产视为封建阶级的落

---

① 周作人：《欧洲文学史》，岳麓书社 2010 年版，第 125 页。

后产物。事实上这有待商榷的。"民族形式"论争中，茅盾不惜笔墨引证中国不朽的、古典的作品作为市民文学的杰作，旨在批驳民族形式的中心源泉在"民间形式"的彻底论调，因为所谓的口语化的"民间形式"不一定比市民文学和庙堂文学更先进，反而就纯"形式"而言，某些"旧形式"更具艺术性，更能代表中国文学的历史成就。无条件地保存各种地方性的民间形式，更可能成为藏污纳垢的垃圾堆，一些打着"民间形式"的新文艺运动，表面上虽欲建立民族形式，实际上却是延长了应该被淘汰的封建文艺形式的寿命，而这些封建的"民间形式"尽管占据"百分之九十九"，但不如"百分之一"的市民文学经典有价值，这一思想是一以贯之的。

郭鹏程认为"将文学遗产中先进与落后的部分区别对待本来不存在什么矛盾，问题在于，处于漩涡中心的两个概念'市民文学'和'民间形式'无论是在学理层面或在茅盾的话语体系中都不是截然对立的"①。事实上，文艺大众化和"民族形式"相关论争的焦点在于，新文学作为新兴市民阶层的产物，不能植根于广大群众的基础上，因此需要代之以大众化的民间形式。鲁迅曾批评这一"借大众语以打击白话"的现象，换言之，"民间形式"被建立在了对白话文和市民形式否定的基础上，茅盾、胡风以及"文化首都"上海的左翼知识人对此自然难掩忧虑。因此，茅盾对"市民文学"的定位是"生于民间"的形式，而非"民间形式"，所谓"市民"，也是指城市商业手工业的小有产者，乡村中农富农也应当包括在内，而向林冰所谓的"民间形式"被茅盾视为封建社会最落后的阶层的产物，两者是有明确界限的。

在一系列论争中，茅盾对民间形式中的封建性，一直有着激烈的批判，而这是从维护市民知识分子写作立场出发的。譬如他认为与瞿秋白的最大分歧在于，所谓"大众化"应该是知识分子使用大众语言创作大众喜闻乐见的作品，而非强调大众自己写文艺作品，因此不能一味迁就"民间形式"和旧小说的通俗性，要以"技术为主"，这呼应了鲁迅强调文艺大众化不能流于"迎合"与"媚悦"大众。即便茅盾承认《水浒传》等市民文学经典也包含了农民阶级的喜怒爱憎以及政治经济要求，但其中"农民意识"也是经过了市民文学的"说评话者"转辗"润色"而发挥，加进了市民阶级的思想内容，才成为值得学习的文学模板。正因为背负着鲁迅一样的国民性思考，"民间形式"在茅盾看来尽管闪烁着智慧的光芒，但总体而言呈现出胡风所谓的"封建意识是体化在生活样相里面"②。

---

① 郭鹏程：《"市民文学"的玄机——茅盾延安之行的精神轨辙》，《中国现代文学研究丛刊》2021 年第 11 期，第 199 页。
② 胡风：《论民族形式问题底提出和争点——对于若干反现实主义倾向的批判提要，并以纪念鲁迅先生逝世底四周年》，徐迺翔编：《文学的"民族形式"讨论资料》，知识产权出版社2010 年版，第 383 页。

譬如《水浒传》是"市民阶级急求出路,恰好宋江等人的事迹给予市民阶级借以发表思想情绪,乃至政治理想的壳子"①,甚至堪称"民族民主革命文学";《西游记》则是"幻想的寓言文学作品之中国民族形式的代表",一方面反封建思想(儒家),另一方面也不满"特权化"的佛教,虽然充满妖魔鬼怪,但洋溢着可爱的"人间味"。同样,《红楼梦》不失为从思想上对于儒家提出抗议的一部杰作,是"问题小说之民族形式的代表"。正如胡风说,"当封建文艺(民间文艺)依靠着'历史的惰性'在发挥它底威力的时候,市民阶级作为一个强大的物质力量在中国土地上站了起来,以它为盟主的中国人民爆发了一个伟大的文学革命"②。可见文学革命中所提倡的"到民间去",与民族形式讨论中的"民间形式"有不小差异,不能混为一谈,茅盾、胡风和胡适一样,更看重市民阶级的提炼与雅化,是具有思想、具有启蒙性质的作品。

"文学革命"是以"市民阶级"为主的文学运动,胡适希望将其推进为全面的"中国的文艺复兴",而瞿秋白、茅盾、胡风等则希望在"无产阶级的文艺复兴"基础上,创造具有中国气派与中国作风的民族形式。从更长的历史时段考量,唯有正确地评价民间形式和市民文学的历史地位,然后能够综合研究,善为取择,才更符合辩证唯物主义的立场。

总的来看,围绕"旧形式""民间形式""民族形式"的讨论充满了显而易见的多重误置。茅盾的论述有纠偏的意图,譬如他对市民社会及其文化特征的认识,对乐生享美精神的推崇,对"旧形式"中经典文学形态及其艺术成就的肯定,能够在社会经济基础、阶级母体和生产方式的宏观把握中科学认识文学形式的变迁和优劣。他虽然不像胡适一样将五四直接定位为"中国的文艺复兴",但同样以文艺复兴比照中国文学发展史,认同不朽经典和民族形式的创造存续于市民文艺复兴之中,这导致茅盾重视市民阶层和白话文学的贡献,对农民阶级和民间形式评价较低,其庸俗的经济决定论的倾向也较为明显,并且有以今鉴古之嫌。

二、对"五四"新文学追求的坚守与反思

在"民族形式"讨论中,茅盾不仅直接传承了鲁迅、瞿秋白,将他们的观念系统化、辩证化,也呼应了胡风、周扬等对"五四"新文学优秀传统的坚持,对论争中一些偏向有着深入地反思和纠正。另外,值得注意的是,在抗战救国统一战线的背景

---

① 茅盾:《论如何学习文学的民族形式——在延安各文艺小组会上的演说》,《中国文化》1940年第5期,第6页。

② 胡风:《论民族形式问题底提出和争点——对于若干反现实主义倾向的批判提要,并以纪念鲁迅先生逝世底四周年》,徐迺翔编:《文学的"民族形式"讨论资料》,知识产权出版社2010年版,第379页。

下,不同战线的知识人在诸多问题上有不少共鸣,这不仅体现在他们常以"文艺复兴"论"五四",也体现在他们相似的新文艺反思上,特别是对浪漫主义与理想(现实)主义相结合,创造充实与壮健的民族文学形式的共同追求。

鲁迅与茅盾何以堪称"民族形式"的代表?孙犁《"接受遗产"问题》认为,要接受中国的文学遗产,要接受那些代表中国历史发展的,充分表现当时大众的生活和希望的那些文学。譬如《诗经》、唐诗、宋词、元曲、明清小说,以及"五四"以后的优秀新文艺(鲁迅的《呐喊》和《彷徨》,茅盾的《子夜》),而不是末流、乔装打扮的东西。并且"接受遗产"不只是接受中国文学的遗产,也要接受外国文学的遗产。不只是接受昨天的遗产,而也要接受明天的遗产。不只是接受"文学的"遗产,而也要接受中国外国整个历史生活的遗产。①

孙犁对"文学遗产"的回溯与茅盾对不朽的、古典的市民文学的推崇是一致的。此中缘由李长之也曾有所揭示:胡适等人移植的西方文化,并非西方文化的全部,只截取了科学与民治,对古典文化充耳不闻,因此吸收甚浅。譬如"有什么话,说什么话""大胆地假设,小心地求证""生活要问一个问什么"等耳熟能详的呼喊,在李长之看来体现了所谓"清浅而理智"的特质,虽然"明白清楚"但"缺少深度",茅盾对之的评论则是更严厉的"惨淡贫乏"。针对杜威式口号,茅盾批评这是一种只有客观观察没有主观批评的写实主义,是"只诊病源,不用药方",胡适《尝试集》正是这一贫乏尝试中的一点功绩②。对此,李长之和茅盾共同的归因是没有真正领略古典文学和浪漫主义的精髓,这才有了他们对鲁迅共同的推崇,对新文学创作贫乏有余、深度不足的反思,进而共同呼吁生产出"壮健性"的文学作品。某种程度说,他们都并非真正的古典主义者,但有着新古典主义的共同趣味。

俞兆平将这一转向称为"中国现代文学中古典主义思潮",周作人、梁实秋、闻一多、邓以蛰、徐志摩等人皆为代表。③这一思潮有两点批评取向值得注意,其一是对 20 世纪 30 年代后浪漫主义趣味的批评,其二是进而对全盘西化的新文学观的纠偏。譬如从古典时代汲取灵感,将新文学的本质特征标示为具有自我表现性质的"言志",以示与"载道"的对立。闻一多、梁实秋则指出新文学整体上"趋向浪漫主义",导致文坛充满了"新奇主义""抒情主义""印象主义",普遍推崇情感轻视

---

① 孙犁:《"接受遗产"问题》,徐廼翔编:《文学的"民族形式"讨论资料》,知识产权出版社 2010 年版,第 461 页。

② 茅盾:《"五四"运动的检讨——马克思主义文艺理论研究会报告》,《茅盾全集》(第 19 卷),人民文学出版社 1991 年版,第 242 页。

③ 俞兆平:《中国现代文学中古典主义思潮的历史定位》,杨春时、俞兆平主编:《现代性与 20 世纪中国文学思潮》,广西师范大学出版社 2005 年版,第 58 页。

理性,对人生的态度则是"悲伤的虚幻"与"假理想主义"。究其根源,梁实秋认为"文学并无新旧可分,只有中外可辨"。"临水鉴影,忧郁成疾"的少年维特背后,欧化新思潮的影响不可忽视,"凡是极端的承受外国影响,即是浪漫主义的一个特征",因为"浪漫主义者所最企求者即'新颖','奇异'"①。深谙古典与浪漫的李长之如此总结新的文化偏离:第一,一个移植的文化运动;第二,一个资本主义的文化运动;第三,在文化史一个未得自然发育的民族主义运动;第四,在文化上的最大的成就是自然科学;第五,西洋思想演进的一个匆遽的重演等。② 这客观上导致"五四"精神的退潮。

类似批评在茅盾的反思中也清晰可见。其一,过度求"新"。体现了移植性文化的不足,也难掩"西洋思想演进的一个匆遽的重演"。为迎合知识饥荒,西欧的各派思想一时并进,康德哲学、黑格尔哲学、柏格森的"创造的进化论"、无政府主义、虚无主义、尼采主义、空想的社会主义、修正派的马克思主义、进化论、观念论、唯心论、唯物论……但都是"斩首去足,残缺不完,似是而非"的"新"的知识。这不仅导致了主流思潮的混乱乃至退潮,《新青年》沦为单纯"白话文运动"的刊物,更为严重的是影响了一批标新立异、耽于空想、精神脆弱、矛盾蒙昧的青年③。萧公权指出茅盾的作品集中呈现了这一时期青年知识人思想上迷惘、情绪上挫折以及道德上的麻木,"无目标而伪善的知识分子"揭示了危机时代的普遍症候,"到1930年代后期,整个国家的生存都成了问题。在危急之时,不论中国和西方的价值,似乎都无关宏旨。迷惘和失望的年轻人乱抓主义,就像溺水之人乱抓可见的浮木一样"④。

其二,"思想"缺陷。一味求"新",本身便是一种认识论的缺陷,也是一种对"形式论"的执迷。这不仅表现为对古典文化的漠视,也使得青年一代对欧战后文艺各种新奇主义——如表现主义、未来主义的曲解。茅盾形容之为一种"杂拌儿"文化。这一"杂拌儿"文化不仅表现为中西的混杂,也有古今的错位。譬如"形式"论述方面多"拣出古人的一二'突破时代'的议论来替自己'张目'",以古人为奥援,从而造成对思想的忽略,进而导致新旧文学之争沦为文白之争。这一批评集中体现于胡适、周作人等有关白话文学史、新文学源流和"中国文艺复兴"的认知。胡适比附西

---

① 梁实秋:《现代中国文学之浪漫的趋势》,《梁实秋论文学》,时报文化出版事业公司1978年版,第4页。
② 李长之:《迎中国的文艺复兴》,《李长之文集》(第1卷),河北教育出版社2006年版,第23—25页。
③ 茅盾:《"五四"运动之检讨》,《茅盾全集》(第22卷),人民文学出版社1993年版,第66页。
④ 萧公权:《近代中国与新世界:康有为变法与大同思想研究》,汪荣祖译,江苏人民出版社2007年版,第296页。

方文艺复兴的历史,将白话文学的"形式"变革和平民文化的兴起,追溯到唐宋以来的历史上几个"突破时代",在茅盾看来,这显然是不能建构新的深刻的文艺理论。其根本原因在于,胡适没有深刻认识到历史上历次反封建文化运动的内在规律,只考证出封建思想"古已有之",因此只能成为"纸上的痛快文章而已",这源于小布尔乔亚式的动摇审慎,因而不能把解放运动和启蒙精神坚持到底,本质上也是一个未能充分发育的民族主义运动,一个"阉割"的新文化运动。

其三,"形式"陷阱。茅盾指出,"初期的'解放运动'总算是顾到了思想与形式两方面的。后来不久,就由思想与形式的兼顾到了专门注力于形式"①。由"新症"意识到落入"形式论"的陷阱,其中的核心问题是"形式"与"内容"不匹配。许多口号都是属于形式方面的,导致新文学的建设纲领并没落实到新的内容。譬如主张写实主义,"易卜生主义"在文学上表现为客观观察却没有主观批评,导致"只诊病源,不用药方",沦为心理的自我解嘲,而"吾口写吾心"则流露出浪漫气味。19世纪30年代法国器俄一派,充满了热情与发扬踔厉的气概、坚决的乐观的斗争的气氛,新文学并没传承西方浪漫精神的精髓,而弥漫着动摇妥协、颓废苦闷,时常徘徊于浪漫主义与自然主义之间。李长之同样认为五四浪漫主义充满了个人化的穷和愁,缺少理想的色彩、主观的色彩和热情的色彩②,这也是茅盾批评五四缺少"壮健性"文学的重要缘由。因此,穆木天等人在"民族形式"讨论中把"五四"到"五卅"定位为"一个浪漫主义的时代",要以"五卅"之后的民族文学方向予以纠正,恢复五四真精神。

三、新的现实主义文学观

茅盾后期反省对于普罗文学和青年的创作评价偏低,但还是坚持鲁迅、瞿秋白均支持他的观点。这一批评立场事实上带有作家自我剖析的色彩,瞿秋白坦陈其"生来就是一浪漫派"与"自幼倾向于现实派"在内心左冲右突。这一时期的青年作为敏感忧郁的零余者,一个"欧化文化的冲突"的牺牲品,表现在文学上则是"童子痨""论文化""公式化""身边琐事""脸谱主义""灵感主义"等诸多病症,容易被"形式论"的浪漫铺张俘获,从而缺少对于作为内容的生活真实的体悟。茅盾因此总结:"将来的伟大作品之产生不能不根据三个条件:正确的观念,充实的生活,和纯熟的技术;然而最最主要的还是充实的生活。"③

---

① 茅盾:《我们有什么遗产》,《茅盾全集》(第20卷),人民文学出版社1990年版,第54页。
② 李长之:《论人类命运之二重性及文艺上两大巨潮之根本的考查》,《李长之文集》(第3卷),河北教育出版社2006年版,第76页。
③ 茅盾:《"左联"前期》,《茅盾全集》(第34卷),人民文学出版社1997年版,第469页。

文学要有"壮健性",这来源于正确的观念、充实的生活和纯熟的技术,集中反映了茅盾新的现实主义文学观。苏联文艺界的"现实主义"代表一种新古典主义的崛起。这主要体现于两点,一是对政治理性的强调,二是理想主义倾向。这不仅催生了文艺大众化讨论中对"感情主义""个人主义""脸谱主义"等倾向的集中批判,也激发茅盾以理想主义重塑新文学的憧憬,"将来的真正壮健美丽的文艺将是'创造'的:从生活本身,创造了斗争的热情,丰富的内容,和活的强力的形式,转而又推进着创造着生活。将来的真正壮健美丽的文艺因而将是'历史'的:时代演进的过程将留下一个真实鲜明的印痕,没有夸张,没有粉饰,正确与错误,赫然并在,前人的歪斜的足迹,将留与后人警惕"①。

"壮健美丽的文艺"继承了社会主义现实主义,同时以理想主义区别于19世纪现实主义,一方面信任理性,因而以乐观态度看待人类命运和社会发展;另一方面,把浪漫主义理解为理想主义,以纠正新文艺苦闷彷徨颓废的情调和写实主义对黑暗的暴露,因为伟大作品的产生"最主要的还是充实的生活",所以要以社会主义现实主义包容革命浪漫主义。杨春时注意到这代表了中国式的新古典主义方向的转变②。进一步说,新文艺暴露的种种不足,也与其作为"在文化史一个未得自然发育的民族主义运动"难脱干系。叶维廉《历史整体性与中国现代文学研究之省思》将革命文学的得失、民族形式的论争,以及社会主义现实主义胜于批判的现实主义所引起的激烈的论争等,都归结为"国粹"和"西方"论争的一部分。③ 20世纪30年代后文艺界返归本源,推进"中国的文艺复兴"和"民族形式"再造也是中西、古今论争的反复重演。

在《迎中国的文艺复兴》中,李长之详细评述了中国人的根本精神,最后归入充实壮健的人生哲学。虽然"打倒孔家店"风起云涌,然而在中国人的精神深处,能够浸润于全民族的生命,依然是中华民族的独特伦理价值。特别是一部分茅盾所批评的"五四型新青年",逐渐堕入妥协、苦闷颓废,缺少踔厉坚决乐观的气概。孔子所代表的"刚强,热烈,勤奋,极端积极的性格"④,对于重塑"充实与壮健"的民族文学精神尤为重要。譬如胡适开始宣扬"三不朽"作为"我的信仰"并重建"中国的文

① 茅盾:《文艺大众化的讨论及其它》,《茅盾全集》(第34卷),人民文学出版社1997年版,第566页。
② 杨春时:《百年文心:20世纪中国文学思想史》,黑龙江人民出版社2000年版,第94页。
③ 叶维廉:《历史整体性与中国现代文学研究之省思》,《中国现代文学研究丛刊》1988年第3期,第198页。
④ 李长之:《迎中国的文艺复兴》,《李长之文集》(第1卷),河北教育出版社2006年版,第58页。

艺复兴"。对于"新青年"的代表罗家伦和冯友兰新作,李长之则评价他们最大的长处是给人以向上的勇气,提示做一个健朗的现代人,肯定人生,求人生的充实和发扬,[①]进而主张"由中国文学的新建设,以备人类的美丽健康的文学采择的!"[②]延安"民族形式"讨论的发起者们1939年也重新讨论孔子的哲学思想,高度评价胡适的《说儒》,扭转了郭沫若起初对此的过度指摘,称颂孔子"划时代的精神事业",开启了左翼知识界"中国化"的转向。尽管立场有别,但在超越性的理想上,胡适、茅盾、郭沫若与李长之此时有一致性,这使得他们最终都能以民族文艺复兴的视角讨论"五四",并且提出复兴的真谛在于复兴一个充实、壮健的文学与人生。

左翼文艺界"民族形式"讨论呼应了后五四时代的民族文艺复兴运动,郭沫若说"七七事变"后中国方真正进入"文艺复兴期"[③],1946年甚至有"中国文艺复兴年"之称,"文艺复兴"无疑是"民族形式"的复兴,是时代向心力的真正来源。"民族形式"虽然可以溯源自斯大林的"社会主义的内容,民族的形式",但被注入了"中国化"的内容与形式,因此郑伯奇提醒,同时流传到中国的"接受文学遗产"的呼声,似乎影响更大一点。[④] 文艺界提出了"抗战的内容,民族的形式""民主主义的内容,民族的形式""现实主义内容,民族的形式""抗日的现实主义,革命的浪漫主义"等民族文学形式主张,并不是简单移植苏联民族文艺思想,而是呼应了中国传统的思想方式、人生方式和艺术方式。赵炎秋指出,"民族形式"讨论"对于促进广大民众和文艺工作者的国家民族意识,对于中国共产党引领文艺发展的主导权,对于民族形式观念的形成和文艺发展,对于中国马克思主义的建设与发展,都是有意义的"[⑤]。

肤浅的西化以及本土价值的式微,会导致中国丧失自我认同。抗日民族统一战线重新凝聚了民族的自豪感,激发了知识分子亲近传统,探索民族文艺更生的路径。方东美指出,生命之本身即是阳刚劲健,充实为美,乃是一切中国诗人的会通处。[⑥]"民族形式"讨论更重视鲜活的民间形式,崇理性,有理想,提倡理智与情感、写实与浪漫的统一,要求回归充实、壮健的美学追求,代表了中国化的新古典趣味的酝酿与探索。

---

① 李长之:《迎中国的文艺复兴》,《李长之文集》(第1卷),河北教育出版社2006年版,第46页。
② 李长之:《论研究中国文学者之路》,《李长之文集》(第3卷),河北教育出版社2006年版,第113页。
③ 郭沫若:《中国战时的文学与艺术——一九四二年五月二十七日在中美文化协会演讲词》,《郭沫若全集》(第19卷),人民文学出版社1992年版,第189页。
④ 郑伯奇:《关于民族形式的意见》,《抗战文艺》1940年第3期,第218页。
⑤ 赵炎秋:《延安时期的"民族形式"讨论及其反思》,《文艺争鸣》2022年第11期,第148页。
⑥ 方东美:《生生之美》,北京大学出版社2009年版,第280—281页。

第二节　茅盾晚期批评文体的内在矛盾①

1958 年，茅盾以《夜读偶记》为题在《文艺报》连载酝酿已久的理论文章，全文总共约 6 万 7 千字，分五期(第一、二、八、九、十期)陆续刊出，同年 8 月百花文艺出版社发行单行本。此文不仅是茅盾晚期文学批评的代表作，也是"十七年"文学理论的代表性著作。尽管茅盾在文中阐述的现实主义和反现实主义"公式"引发了何其芳和刘大杰等人的论争，但关于《夜读偶记》的讨论并未形成富有成效的结果。20 世纪 80 年代以来，随着"十七年"文学制度成为研究的热点，作为理论文字的《夜读偶记》几乎已成为"过时"的代名词。为数不多的以《夜读偶记》为对象的一些研究，大多未跳脱原文本的论述框架，焦点仍然集中于"十七年"期间的现实主义与现代派问题，属于《夜读偶记》的"阐释论"。本文尝试从文本发生学的视角，以《夜读偶记》的文本生成作为切入口，依托茅盾在 50—60 年代写下的大量札记和眉批，寻找并分析支撑《夜读偶记》得以生成的"前文本"，进而将其与茅盾晚期的文学批评进行有机关联，尝试揭示文本背后所包蕴的写作方式与文体新变等关键"症候"，探析以札记和眉批为代表的批评写作如何构建了茅盾晚期文学批评的文体与风格。

一、《夜读偶记》的"前文本"

关于《夜读偶记》的写作缘由，茅盾在单行本的"前言"中曾经这样表述："去年(指 1956 年)九月《人民文学》发表了何直同志的《现实主义——广阔的道路》以后，社会主义现实主义创作方法问题已经在国内引起了相当热烈的讨论。截至本年(指 1957 年)八月，国内八种主要的文艺刊物登载的讨论这一问题的文章，就有三十二篇之多。'极大多数'是拥护社会主义现实主义的。我利用了晚上的时间，把这些论文(约有五十万字罢)陆续都读过了；读时偶有所感，便记在纸上。现在整理出来，写成这篇文章，还是'偶记'和'漫谈'的性质，而且涉及的范围相当广泛，故题名为《夜读偶记》。"②这是茅盾自己谈《夜读偶记》的一段广为人知的文字，其中，茅盾对"三十二篇"文章中的"极大多数"的批判意识的强调，似乎坐实了《夜读偶记》的"批判"本位。长期以来，学界围绕《夜读偶记》的研究基本上沿袭了茅盾的这一言说并在此基础上进行分析论证。但是，这一解释也存在一定的"矛盾"之处，至

---

①　原载《文学评论》2022 年第 2 期。题目有改动。作者肖进，上海政法学院副教授。
②　茅盾：《夜读偶记》，《茅盾全集》第 25 集，黄山书社 2014 年版，第 188 页。

少,"前言"中的"批判说"论断无法解释,既然是针对现实主义问题的批评,为什么要在《夜读偶记》中赋予"现代派"文学这么多的篇幅?

在写于1959年的"后记"中,茅盾明确承认,《夜读偶记》最初动笔的原因,就是想解决现代派问题。这个动因,和茅盾对50年代苏联和东欧社会主义国家的文艺思潮动向的关注有关。现代派作为20世纪初期兴起于欧洲的艺术流派,在第二次世界大战前后得到快速的发展,很多欧洲左翼知识分子本身就是现代派的艺术家,如阿拉贡之于超现实主义,马雅可夫斯基之于未来主义等。面对现代派艺术的发展大潮,社会主义现实主义应该如何自处成了一个迫切需要探讨的问题。波兰文艺理论家杨·科特认为,我们对现代派的复杂性了解远远不够,他主张"波兰作家应该向二十世纪西方的'现代派'文学学习"。① 捷克作家兹丹涅克·尼耶德利早在1948年就从现实主义的视角看到现代派的可取之处,"并非说所谓现代派的艺术所创造的一切东西,……都是能够为现实主义艺术应用的",但是,现实主义的"音乐家、画家、雕塑家、演员也会在自己的领域内利用现代派的长处"。② 这表明,社会主义现实主义如何应对现代派文艺的冲击已经成为一个不得不面对的问题。这些关于现代派的话题虽然没有在中国引发公开的讨论,但相关的消息却通过公开的和内部发行的刊物如《译文》《外国文学参考资料》《学习译丛》《现代文艺理论译丛》《外国文学情况汇报》等译介到国内。作为《译文》的主编,茅盾对这些信息应该不仅知晓而且非常关注。从1956年到1957年,茅盾陆续以笔记的形式写下了一些关于现代派的思考文字。如《关于艺术流派的笔记》《法国的古典主义文学运动》《一九五九年文艺杂记》等,③其中,《关于艺术流派的笔记》谈西洋文学的发展历程,涉及面极广,所谈有古典主义、浪漫主义、现代主义、形式主义、印象主义、野兽主义、表现主义、未来主义、达达主义、超现实主义和弗洛伊德主义等,几乎涵盖西方现代主义艺术的全部。这些札记虽然只是纲要性的,还不算完备意义上的论文,行文也不过多考虑逻辑的严谨,但应该可以被看作是茅盾为写作《夜读偶记》中的"古典主义和现代派"部分提前作的功课。

某种意义上,茅盾的这些札记共同构成了《夜读偶记》的"前文本"。所谓"前文

---

① 《关于社会主义现实主义的讨论》,《译文》1956年第10期。
② 兹丹涅克·尼耶德利:《论真实与不真实的现实主义》,《译文》1957年第3期。
③ 据黄山书社版《茅盾全集》的解释,茅盾的这些笔记,原本没有题目,现有标题为编者所加。其中《一九五九年文艺杂记》和《关于艺术流派的笔记》先后刊登于1999年《文艺理论与批评》的第1期和第3期。从茅盾对现代派文艺的反应与思考的时间来看,这几篇文章很有可能是他在《夜读偶记》中所说的现代派部分的笔记,不会迟于《夜读偶记》的写作时间。笔者判断有些文章的写作时间可能有误,如《一九五九年文艺杂记》,在写作上应与《关于艺术流派的笔记》相一致。

本",是法国批评家让·贝勒曼-诺埃尔在考察文本诞生阶段时所提出的一个概念。其意图是想要从文本的封闭圈子中走出来,动态的考察文本形成的历史过程。① 德比亚齐在《文本发生学》中也谈到,"前文本"是对笔记、草稿、提纲等资料的"解码"与认读。② 可见,"前文本"既是呈现文本形成之前的动态历史过程,又是借以解读文本的重要资料。进一步言之,"前文本"并不会天然地构成文本本体,而是与文本自身"相异"的另一个文本,二者之间有交错也有合集。"前文本"既不是文本的附庸,也不是文本的"半成品"。"前文本"一旦形成,就具有属于自己的属性,无论是内容、风格,还是文体,都有自己的独特品质。在《夜读偶记》的"前文本"中,茅盾从理论和创作两个方面对欧洲古典主义和现代派文学的源流进行了较为客观的梳理,而在《夜读偶记》这一正式文本中,"前文本"里作为背景部分的内容消失不见,批评的重点集中在现代派文学的"颓废"能否被现实主义接受的问题上。由此,"前文本"和文本之间就产生了必然的裂隙。

二、"夜读"与"偶记"

"前文本"的发现,让我们得以跳脱《夜读偶记》的文本局限,进入到由众多"前文本"构建而成的广阔领域,并借此探索茅盾在"十七年"期间的阅读和批评状况。20 世纪 90 年代出版的茅盾眉批本和 2014 年新版《茅盾全集》中,收录了茅盾在50 年代中期以后撰写而未发表的大量眉批文本和札记文字。札记大多数没有题目,有些篇章被直接标识为"夜读抄"或"读书杂记"。与《夜读偶记》等公开发表的文章相比,这些"前文本"散漫、琐碎,没有一个明确的主题,看起来像是个人的阅读感受,篇幅长短不一,体例相对松散。

"夜读抄"和"读书杂记"提醒我们注意茅盾在"十七年"时期的读书和写作状态。茅盾自己也曾透露,《夜读偶记》的写作,就是"读时偶有所感,便记在纸上……,是'偶记'和'漫谈'的性质",③经过"整理"后才形成较为完整的文章,但内容仍然具有散、短、随意等"偶记"的性质。检读茅盾在建国后十七年的写作与批评,"偶记"(包括札记、笔记、批注等)不仅是一种写作状态,也是他在这一时期进行文学批评的独特形态(《夜读偶记》即可以看作是一系列"偶记"的整合),某种意义上也折射出茅盾对一些问题和现象进行思考的方式。同时,"偶记"的写作方式在时间长度上提醒我们,这篇长文的写作可能不像茅盾事后追认的"写于一九五七年

① 冯寿农:《法国文学渊源批评:对"前文本"的考古》,《外国文学研究》2001 年第 4 期。
② 皮埃尔-马克·德比亚齐:《文本发生学》,汪秀华译,天津人民出版社 2005 年版,第 29 页。
③ 茅盾:《夜读偶记》,《茅盾全集》第 25 集,黄山书社 2014 年版,第 188 页。

九月至次年四月"，①而是经历了一个相对漫长的过程。从这个角度来看，抓住"偶记"的写作方式是我们读解《夜读偶记》的关键，给我们提供了一条进入茅盾的阅读与写作过程的线索。换言之，茅盾选择将这篇讨论现代派和现实主义的文章以《夜读偶记》为题，而不是以现实主义或现代派等名目来命名，潜在的有一种对自己从阅读到写作的状态的自况，"夜读"是一种阅读状态，"偶记"是一种写作文体。在茅盾的日记中，确实不断出现与"夜读"有关的字句。如"阅书至十一时入睡"，"又阅书至十二时入睡"，"晚阅书至十时"等，几乎每天都有类似的表述，这意味着，"夜读"已然成为茅盾日常生活的常态。由于患失眠症，茅盾晚上往往需要服药才能入睡，在日记中也能经常见到这一类的文字，"服药二枚，又阅书至十一时入睡"，"服药二枚如例，又阅书至十一时入睡"。由此看来，所谓的"夜读"是既虚又实，也许是失眠睡不着，需要打发时间。但无论如何，茅盾确实几乎每天睡前都要阅书两小时左右，这给他的写作带来了充足的累积。

借助于《茅盾全集》中收集的大量笔记、札记，我们得以一窥茅盾"夜读"的书都有哪些。在标以《夜读抄》的读书笔记中，茅盾把自己所读书的题目，作者，出版社和出版时间，或发表的刊物名称和发表时间都标示得非常清楚，显示出札记的条理性。仅从这些标注出来的阅读对象来看，就包括孙犁的小说集（《采蒲台》《风云初记》《风云二记》）、刘溪的《草村的秋天》、羽扬的《三号闸门》、李克与李微含的《地道战》、井岩盾的《辽西纪事》、李维西的《性急的人》、曲波的《林海雪原》、杨沫的《青春之歌》、梁斌的《红旗谱》、冯德英的《苦菜花》和《迎春花》②等当代文学作品，以及《人民文学》《解放军文艺》《剧本》《延河》《边疆文艺》等文学期刊上刊载的大量文学创作。从这些作品的发表时间分析，茅盾对发生于当代的文学创作非常关注，时常采取横断面的扫描方式集中阅读新发表的文学作品，并及时给出自己的评判。

大概从 50 年代中前期开始，"偶记"/札记作为一种方式成为茅盾的写作日常。翻查茅盾日记，这些札记式的写作多半是与"夜读"紧密相连的，常常是晚上读书，白天札记，少数时间也存在晚上写作的情况。从 50 年代后期到 60 年代，茅盾的日记记得很详细，无论工作事务还是日常琐事，巨细靡遗。尤其是关于读书、写作，已经形成了日常的固化模式，几乎每天的日记都会有"晚作札记一小时""做札记至五

---

① 茅盾：《前言》，《茅盾评论文集（上）》，人民文学出版社 1978 年版，第 1 页。

② 孙犁的小说集（《采蒲台》《风云初记》《风云二记》）、刘溪的《草村的秋天》、羽扬的《三号闸门》、李克与李微含的《地道战》、井岩盾的《辽西纪事》、李维西的《性急的人》出自《夜读抄（一）》，《茅盾全集》第 24 集，黄山书社 2014 年版，第 379—394 页。曲波的《林海雪原》、杨沫的《青春之歌》和梁斌的《红旗谱》出自《读书杂记》，《茅盾全集》第 25 集，黄山书社 2014 年版，第 175—187 页。

时""上午作札记""下午仍作札记至五时""作笔记两小时"等关于写作的记载。只关注这部分日记的话,会以为茅盾是一位困坐书斋的学者。实际上,他的主要身份还是文化官员,经常出席各种会议、演讲和迎来送往的官方场合。在政务之外选择以"夜读"和"偶记"的方式进行读书和写作,可以看作是茅盾对外在身份的一种"平衡",是作为作家和批评家的茅盾力求在官员身份之外寻觅内在安顿的一种方式。

三、作为批评文体的札记

札记、眉批都是中国传统学术文体。札记是"以简短随意的方式记录读书摘要和心得体会,最能体现传统学人'熟读精思'的读书习惯"。① 洪迈在《容斋随笔》中曾对札记的功用做过如下诠释,札记"可以稽典故,可以广见闻,可以证讹谬,可以膏笔端,……"②明、清是札记治学的繁盛时期,出现了《日知录》《廿二史札记》《潜邱札记》等对后世影响极大的札记著作。清王筠《菉友臆说》谓学者治学,"或学而有得,或思而有得,辄札记之"。③ 眉批(评点)产生时间有起于梁代、唐代、南宋诸说,南宋吕祖谦的《古文关键》是最早把文本与眉批合为一体的评点典范。④ 吴承学先生认为,评点"之所以兴盛于宋,除了宋代文学批评发达的原因之外,与宋人读书认真的风气有关。宋人读书,讲究虚心涵泳,熟读精思,喜欢独立思考,倡自得悟入之说。所以读书有心得处,多有题跋或笔记……"⑤可见,从宋朝开始,札记和评点已经成为中国古典文学的一种批评现象而存在了。当代学者谭帆甚至将评点看作"一个独特文化现象",其"内涵远非文学批评就可涵盖","远远超出了'批评'的范围,形成了'批评鉴赏''文本改定'和'理论阐释'等多种格局'"。他以明末清初的小说评点为例,突出评点者对小说文本情节改定和删削等"介入"性批评行为,认为在这一过程中"表现了评点者自身的思想、意趣和个性风貌"。⑥ 对评点的"介入"功能的发掘,实则是揭示了评点者对小说文本的二次创作过程。

1996 年,为纪念茅盾百年诞辰,中国现代文学馆推出了《中国现当代文学茅盾眉批本文库》,这套原始文本向我们揭示了茅盾晚期文学批评的"秘密":立足于具体文本,在细读的基础上,结合个人的阅读体验和审美趣味,对相关字句进行勾画、

---

① 《"控名责实 札记为宜"——论〈管锥编〉的文体特征及批评学意义》,《淮阴师范学院学报》2010 年第 5 期。
② 熊宪光、万光治编:《中国古代文学史长编》(3),上海古籍出版社 2007 年版,第 579 页。
③ 王筠:《〈菉友臆说〉序》,王筠著、屈万里、郑时辑校:《清诒堂文集》,齐鲁书社 1987 年版,第 86 页。
④ 罗剑波:《论文学评点之兴》,《齐鲁学刊》2019 年第 1 期。
⑤ 吴承学:《评点之兴——文学评点的形成和南宋的诗文评点》,《文学评论》1995 年第 1 期。
⑥ 谭帆:《小说评点研究的三种视角》,《中文自学指导》2001 年第 4 期。

批点，然后再将成形的思考形成于札记。如评论杨沫的《青春之歌》，札记谈论的是几个主要人物的塑造，如林道静、王晓燕、江华等人物形象，并将《青春之歌》的人物描写与《红旗谱》相对比，认为前者着墨臃肿，而后者"几笔就可以勾勒一个人物的面貌"。眉批则留下了更为详细而零碎的意见。在刚接触到《青春之歌》文本时，便感到小说的开头"平铺直叙，且不简练"，建议"这一章的第一至第五段可以删去，而把车到北戴河站作为本章的开端"，并且还亲做示范："可以这样写：车到北戴河，下来一个女学生，浑身缟素打扮，拿着一包乐器。车上的乘客从车窗伸头来看着她，啧啧地议论着"，也可能觉得自己的这段"代笔"还不够精炼，又用括号注明："这是大概的轮廓，文字还得琢磨"。① 这有点类似于传统评点批评中的"文本介入"，即评点者通过对相关文本的"修订"性批评，彰显出自身的文学个性。除了《青春之歌》，它如《林海雪原》《苦菜花》《红旗谱》《迎春花》《高高的白杨树》《在和平的日子里》等均有体现。如批评茹志鹃在《新当选的团支书》中"叠字多用，有时会加强气氛，但有时也觉单调"。② 文学方面的意见之外，茅盾还注重写作中的词法、句法的表达。眉批本中经常可以发现他在书页空白处写下的"不恰当""这一长句可删""这一段写得好"等字样，有时甚至对不通顺的字句给以修改。《林海雪原》中作者描写老爷岭用了一句"谁知这老爷岭到底巍峨有多高？"茅盾指出，"'巍峨'二字可删。或者，应当移在'老爷岭'之上，并加'的'字。"但他也并未完全予以否定，认为像文中这样的表达方式，"只在诗句中有之"。还尝试为其改作"谁知老爷岭，巍峨有多高？"但马上又意识到这也不是好诗句。③ 像这样的阅读，已经不是一般意义上的文本细读，而是进入到对作品的重新构思之中，庶几同于金圣叹批《西厢记》的感受，"圣叹批《西厢》是圣叹文字，不是《西厢记》文字"。④ 这样的眉批本与原文本已然是两个不同的文本，正如哈斯宝所言："摘译者是我，加批者是我，此书便是我的另一部《红楼梦》。未经我加批的全文本，则是作者自己的《红楼梦》。"⑤

茅盾的这些眉批与札记，数量巨大，多数在茅盾生前并未发表，有些虽然发表，

① 中国现代文学馆编：《中国现当代文学茅盾眉批本文库 1：长篇小说卷 1：青春之歌》，中国国际广播出版社 1996 年版，第 3 页。
② 中国现代文学馆编：《中国现当代文学茅盾眉批本文库 1：中篇小说卷》，中国国际广播出版社 1996 年版，第 213 页。
③ 茅盾：《读书杂记》，《茅盾全集》第 25 集，黄山书社 2014 年版，第 176 页。
④ 金圣叹：《贯华堂第六才子书西厢记·读法》，《金圣叹全集》第 3 册，江苏古籍出版社 1986 年版，第 19 页。
⑤ 哈斯宝：《〈新译红楼梦〉回批·总录》，哈斯宝著，亦邻真译：《〈新译红楼梦〉回批》，内蒙古人民出版社 1979 年版，第 135 页。

但仍然保持"偶记"的形态,它们的存在,让我们对茅盾晚期的文学批评有了新的认识。茅盾晚期的札记与眉批,着重从文本和个人经验出发而不是从理念或政策出发。反而是像"笔墨"这样的传统批评话语不断地出现在不同的札记中,他认为,"一个作家须要有几副笔墨,既能写金戈铁马,也能写风花雪月"。① 笔墨本来是传统水墨画的技法,"具有灵活的结构性,稳定的程式性,丰富的表现力和独特的文化符号意义"。② 黄宾虹曾用论笔五法——"平、留、圆、重、变"——和论墨七法——"浓、淡、泼、破、积、焦、宿"——来概括中国画的笔墨精髓。③ 茅盾这里的笔墨,显然在艺术技法上有对传统中国画精髓的借重。他也曾明确文学艺术上笔墨的含义,即是指"艺术形象的多样性"。④ 他认为传统的中国文学如《水浒传》,也同传统的中国画一样,"笔墨变幻",背景广阔。在评论当代文学的创作时,"笔墨"也经常成为他肯定或批评艺术形象的"高频词",甚至在书信中也用笔墨来表明自己对一些作品的喜爱:"这三篇的作者都有驱使笔墨的必要手段,而且看得来各人有自己的风格。"⑤这是一个非常意味深长的现象,对文学作品炼字炼意的重视,彰显了茅盾的文学批评对传统的借重,也体现出他将传统的批评话语应用于当代文学批评的潜在流露。

第三节　张爱玲 20 世纪 40 年代小说中的心理写实主义⑥

一、西方文论中的心理写实主义

张爱玲(1920—1995)于 20 世纪 40 年代上海发表的一系列小说作品中,有意识地借鉴了西方现代主义的修辞技巧。现代主义作家在描写人物的时候,不再局限于其外在的行为表现,更重视呈现其内在的心理现实⑦。与此同时,人物内心独

---

① 茅盾:《"艺术技巧"笔记一束》,《茅盾全集》第 24 集,黄山书社 2014 年版,第 571 页。

② 郎绍君:《笔墨论稿》,《文艺研究》1999 年第 3 期。

③ 尚辉:《从笔墨个性走向图式个性——20 世纪中国山水画的演变历程及价值观念的重构》,《文艺研究》2002 年第 2 期。

④ 茅盾:《"艺术技巧"笔记一束》,《茅盾全集》第 24 集,黄山书社 2014 年版,第 571 页。

⑤ 此为《茅盾全集》未收之佚信,是 1957 年茅盾为《人民文学》所送三篇小说致刘白羽的信,参见拙作:《茅盾 1950 年代佚简佚文及相关史实考释》,《新文学史料》2021 年第 1 期。

⑥ 原载《中国比较文学》2024 年第 4 期。作者徐可君,上海交通大学人文艺术研究院青年学者。

⑦ 此处"心理现实"所对应的概念是"心理写实主义"。在西方文学批评的框架中,"人物心理写实"指的是一种现代主义的叙事笔法,其特点是关注人物内在的心理动因、精神状态、思想过程,有时作者会使用意识流、内心独白、迅速闪回过去的记忆等技巧来表现人物的内心活动。

白①对小说文本的渗透也值得注意。通过巧妙地使用自由间接引语②,作者深入人物的内心意识,打破了主观和客观的界限,突破了传统小说中作者与其笔下人物完全分离的现实主义写法。事实上,心理写实主义、人物内心独白,自由间接引语等"现代主义"的修辞技巧,都与"意识流"这一西方现代主义的叙述技巧密切相关。"意识流"的写法盛行于第一次世界大战后的西方文坛,这种小说技巧及其带来的效果无疑改变了文学的面貌,为现代主义文学的重要分支。最早发明"意识流"这一概念的是美国哲学家、心理学家威廉·詹姆斯(1842—1910),他在其重要著作《心理学原理》中提出了"意识流"的概念。詹姆斯对"意识"的特征提出了极富独创性的看法:"意识,并不是以一截一截分裂的形式出现的……它并不是一个拼凑成的整体,意识是流动的。意识可以被比作自然界的一条河流,或者一条溪流。为了便于之后的讨论,我们在此将它命名为思想流,意识流,或曰主观的生活。"③詹姆斯的研究,不仅改变了心理学界对人类意识的看法,并且深深地影响了西方文学界。詹姆斯的"意识流"概念启发了文学家,他们用它来描摹人类混沌流动的思绪和情感。早在 1918 年,英国作家梅·辛克莱(1863—1946)首次将意识流的概念运用到文学语境中,她是在评论英国 19 世纪作家理查逊(1873—1957)的半自传小说《朝圣》中使用这个概念的④。到了 1934 年,理查逊在其评论中写道,"普鲁斯特、乔伊斯、伍尔芙等作家都同时在作品中运用这一新的写作技巧,虽然他们使用的方式不尽相同"。由此可见,在当时的西方文坛,"意识流"的写法已经被广泛地运用到了文学创作中去。

"意识流"的写法对文学创作的意义和独特贡献在于,它指导作家去挖掘作品中人物的心理现实。在意识流小说中,人的"意识"宛如一幅流动的图景一样在读者面前缓缓展开。詹姆斯对"意识流"的发现和定义,使西方文坛从现实主义向现代主义过渡。在西方 20 世纪的现代主义文学作品中,人物内部的心理现实与外部的物理现实有机地结合起来,形成一种有趣的互动和对照。作家们对"意识流"写作技巧的运用,改变了传统的文学书写方式。众所周知,传统的现实主义作家擅长观察、描摹客观的外部世界,而现代主义作家则注重主观的人生体验和心理感受,他们认为,人物的内心世界与外部的物理世界具有同等重要的地位,其意义甚至超

---

① "人物内心独白"是西方现代主义小说中常见的修辞概念,通常与意识流的现代笔法相结合。
② "自由间接引语"是一种重要的现代主义修辞技巧,常出现在西方意识流小说中。
③ 转引自 Stevenson, Randall, *Modernist Fiction: An Introduction. Lexington*, University of Kentucky, 1992。引文的中文为笔者自译。
④ 参见 Yalzadeh, Ida and Naomi Blumberg, "May Sinclair", Britannica (10 Nov. 2023). 2 May 2024. https://www.britannica.com/biography/May-Sinclair.

过了后者。英国小说家伍尔芙(1882—1941)认为,外部的事件能激发人们内心的心理活动。外部的观察也许在物理事件上只是一个细微的瞬间,但反映在人物的意识中,却能产生巨大并且持续的影响。

现代主义笔法的主要功能在于打破传统小说中客观世界/主观世界,外部环境/内部环境,物理体验/心理体验的二元对立模式,在客观的物理世界中融入主观的情感意识,从而使人物的处境更加清晰,人物的形象更加鲜明。另外,由于作家有时需要使用自由间接引语来推动心理写实的深度,作者的叙述声音(第三人称)与小说中人物的叙述声音(第一人称)巧妙地融合在一起,这样的写法拉近了读者与小说中人物的距离,使小说显得别具一格。

二、《金锁记》中的自由间接引语、意识流与蒙太奇

张爱玲 1943 年在上海发表的小说《金锁记》得到了学者夏志清极高的评价,他称之为"中国从古以来最伟大的中篇小说"。虽然已有许多研究指出,张爱玲受到《红楼梦》及其他中国传统旧小说的影响很深,然而在形式上,张爱玲更多借鉴的是西方现代小说的技巧和笔法,这与她的教育背景、阅读经验有关。除了大量阅读中国古典小说,张爱玲对西洋文学亦有较为广泛的涉猎,因此她的文学修养可谓是贯通中西的。夏志清在《现代中国小说史》中反复指出,张爱玲小说中的人物心理描写极尽深刻之能事。从这点看来,她还是受西洋小说的影响为多。在《金锁记》中,张爱玲运用心理写实、自由间接引语、人物内心独白、电影蒙太奇等西方现代主义的修辞技巧,分别对女主人公曹七巧及其情人——浪荡子姜季泽的心理活动进行了深入透彻的描绘,以下是几处较为典型的例子。

第一处是作者深入描写姜季泽这个人物的"内面",以他和曹七巧的一场暧昧对话为描写的重心。曹七巧向她丈夫的弟弟,即三叔姜季泽抱怨自己婚姻生活的不幸,并流露出对其丈夫的不满和厌恶。她把自己的丈夫说得非常不堪,接着不由自主地哭了起来。姜季泽见曹七巧如此肆意地在自己面前发泄,觉得七巧对自己是个麻烦,因此想要摆脱她。张爱玲运用心理写实的笔法来呈现季泽的内心活动:"季泽看着她,心里也动了一动。可是那不行,玩尽管玩,他早抱定了宗旨不惹自己家里人,一时的兴致过去了,躲也躲不掉,踢也踢不开,成天在面前,是个累赘。何况七巧的嘴这样敞,脾气这样躁,如何瞒得了人? ……他可是年纪轻轻的,凭什么要冒那个险?"这段心理描写的独特之处在于,虽然作者总体上是从第三人称的视角来叙述姜季泽的内心活动,然而,作者将"自由间接引语"引入了这段心理描写中,将姜季泽这个人物的性格特点凸现了出来,令人印象深刻。一般而言,"自由间接引语"同时包含了第一人称叙述和第三人称叙述,作者在叙述笔下人物的同时,

也赋予了这个人物自身的叙述声音。或者也可以说,作者所描述的人物通过作者的叙述声音,来表达自身作为第一人称所可能直接表达的话语,因此"自由间接引语"也被称作"自由间接话语"。

《金锁记》中还有一处心理写实的典型场景。作者描写季泽去拜访七巧,假意对她表明心迹,这也是整部小说的一处戏剧性高潮。曹七巧患骨痨的丈夫死去之后,姜家分了家,七巧孤儿寡母并未分得多少好处。虽然如此,季泽仍贪图她分得的家产,于是向她表白自己多年来压抑的爱情。张爱玲花了较多笔墨去呈现曹七巧的内心活动,也通过心理写实的笔法,同时引入了自由间接引语:"七巧低着头,沐浴在光辉里,细细的音乐,细细的喜悦⋯⋯这些年了,她跟他捉迷藏似的,只是近不得身,原来还有今天!可不是,这半辈子已经完了——花一般的年纪已经过去了。人生就是这样地错综复杂,不讲理。当初她为什么嫁到姜家来?为了钱么?不是的,为了要遇见季泽,为了命中注定她要和季泽相爱⋯⋯。他难道是哄她么?他想她的钱——她卖掉她的一生换来的几个钱?仅仅这一转念便使她暴怒起来。就算她错怪了他,他为她吃的苦抵得过她为他吃的苦么?好容易她死了心了,他又来撩拨她,她恨他。"从这段引文中可以看出,作者对曹七巧纷乱复杂的思绪进行了重点描绘。曹七巧的内心早已扭曲、灵魂亦被金钱腐蚀,她一切行动的出发点自然是自身的利益不受损害。曹七巧的悲剧有着时代和社会的因素,她出生于中国新旧社会的转型时期,封建家庭制度对女性的压迫仍然很深,而她的出生背景又很低微,所以嫁到姜家来做姨太太。

与之前描绘姜季泽内心活动的场景一样,张爱玲分几个层次来表达曹七巧复杂的心理现实。首先,季泽表白后她本能的反应是喜悦,因为这满足了七巧的虚荣心。她要为自己在姜家所受的一切委屈找到一种心理补偿,那么季泽对她的"爱情"无疑能提供这种补偿。其次,虽然曹七巧通过姜季泽对她示爱的举动得到了一丝心理安慰,然而这不过是接下来要发生的戏剧性情节的一幕序曲而已,作者的真正意图在于表达七巧内心的戏剧性转折,即之后她"暴怒"的心理体验。曹七巧的内心独白反映出她自私多疑的本性。七巧的丈夫病逝后,她人生的所有指望就在于维护自己分得的那份家产,所以只要是和金钱有关的事务,她都格外小心,生怕自己一不留神便遭人算计。经过一番试探之后,七巧得知季泽不过是贪图她的钱财,而非真心爱她,盛怒之下她将扇子掷向了季泽,气走了这位风流少爷。季泽离开后,张爱玲对曹七巧之后的心理活动进行了独具匠心的刻画:"她要在楼上的窗户里再看他一眼。无论如何,她从前爱过他。她的爱给了她无穷的痛苦。单只是这一点,就使她值得留恋。多少回了,为了要按捺她自己,她进得全身的筋骨与牙根都酸楚了。今天完全是她的错。他不是个好人,她又不是不知道。她要他,就得装糊涂，就得容忍他的坏。她为什么要戳穿他？人生在世，还不就是那么一回事？归根究底，什么是真的？什么是假的？"

《金锁记》全篇的主题在这一幕戏剧高潮中得到了充分体现。曹七巧对于人生的理解是悲观消极的，是享乐虚无的，是逃避现实、自欺欺人的颓唐。从七巧这段对人生、对爱情的反思中可以看出，在小说的主题层面，张爱玲的确受中国传统旧小说的影响很深，尤其是《红楼梦》这样描写中国封建贵族家庭没落的杰作。张爱玲深入挖掘曹七巧的心理，将第一人称叙述与第三人称叙述巧妙地结合。曹七巧牺牲爱情所换来的金钱、地位，最终不过变成了黄金的枷锁，不仅扼杀了她周围的人，也杀死了她自己。曹七巧从头到尾就是一个悲剧人物，她的一生苍凉而颓废。曹七巧在成功逼死了自己的儿媳妇、逼走了女儿的未婚夫之后，躺在鸦片烟铺上回望自己的人生。张爱玲在此处运用了自由联想的笔法，以一只翠玉镯子切入女主人公曹七巧的内心意识，将过去和现在的经历并置起来进行对比，达到了出其不意的效果："七巧似睡非睡横在烟铺上。三十年来她戴着黄金的枷。她用那沉重的枷角劈杀了几个人，没死的也送了半条命。她知道她儿子女儿恨毒了她，她婆家的人恨她，她娘家的人恨她。她摸索着腕上的翠玉镯子，徐徐将那镯子顺着骨瘦如柴的手臂往上推，一直推到腋下……然而如果她挑中了他们之中的一个，往后日子久了，生了孩子，男人多少对她有点真心。七巧挪了挪头底下的荷叶边小洋枕，凑上脸去揉擦了一下，那一面的一滴眼泪她就懒怠去揩拭，由它挂在腮上，渐渐自己干了。"这段曹七巧临终时的内心意识流可谓是《金锁记》中最为出彩的部分之一，读来让人很是唏嘘。这段特写运用了现代电影中蒙太奇的技巧，由翠玉镯子这个意象引入，突出她骨瘦如柴的模样，接着从现在切换到过去，七巧的思绪飞到了她年轻的时候。作者神来一笔，暗示她并非毫无选择，她年轻时也曾有人追求过她，如果她挑了其中的一个和他结婚，或许她能通过一段普通的婚姻得到真正的幸福，然而她不愿意，她向往的是黄金的枷锁。曹七巧和她的娘家人把婚姻看作是一种手段，是捞得金钱与社会地位的一条捷径，这种扭曲的婚姻观导致她最终毁了别人，更毁了自己。七巧临终时，留给自己的只有徒劳的悲哀。张爱玲小说中苍凉颓废的美学，通过这段人物特写达到了顶峰。

值得玩味的是，《金锁记》中的意识流、自由间接引语与蒙太奇笔法，被作者频繁使用在不同的人物，尤其是曹七巧和姜季泽两人身上。因此，虽然小说中的自由间接引语生动地呈现出了人物的主观意识，但其实作者是在用一种客观抽离的第三人称视角来统领小说的叙事。在张爱玲这里，人物内部的心理现实与外部的环境形成了一种微妙和谐的互动关系，这也体现出张爱玲20世纪40年代的小说中雅俗共赏的特性：传统的家族叙事与现代主义的笔法被有机地结合在了一起。

三、《倾城之恋》的心理写实特征:参差对照法

张爱玲在 20 世纪 40 年代上海发表的《倾城之恋》也同样穿插了大量的人物内心独白、自由联想、心理写实的现代笔法,生动地描绘了白流苏面对爱情与婚姻百转千回的思绪。白流苏是一个封建大家庭的没落小姐,离婚七八年后无奈之下回到娘家,却备受娘家人的冷落和嘲讽。小说开头围绕四爷、三爷、四奶奶的几段对话充分说明了这一点。生活在这样一个精明势利的封建家庭,白流苏感到十分压抑与不快。小说中多处呈现女主人公内心的挣扎:她那朦胧的女权意识、叛逆的反封建意识在这样的家庭环境中不堪一击,因此最终不得不向现实无奈地屈服。白流苏 28 岁,她的父亲嗜好赌博,这个赌徒把流苏家弄得倾家荡产,因此她认为只有重新嫁人,才能改变自己的命运,同时改善她日益艰难的经济状况。白流苏与其目标对象范柳原之间的爱情游戏,就如同一场博弈。

在《倾城之恋》中,张爱玲给白流苏安排了一个看似大团圆的喜剧结局,对于白流苏来说,她的前景却并不乐观,她在和范柳原的这场角逐和对垒中,虽然看似胜利了,但他们的婚姻并不是终点,而只是乱世中的一连串机缘巧合罢了。

张爱玲对白流苏的心理活动格外地关注,从最初她对自己家庭的看法,到之后她对待范柳原的方式,白流苏的每一步都做得恰到好处。作者娴熟地运用了心理写实的笔法,意在说明白流苏精明世故的性格特征,她的行动是经过反复的思考、推敲、盘算、假设的,可谓费尽了心机。

《倾城之恋》中有一处典型的心理写实。白流苏见了徐太太之后,突然又回到自己的房间里考虑自身的处境:"流苏觉得自己就是对联上的一个字,虚飘飘的,不落实地。白公馆有这么一点像神仙的洞府:这里悠悠忽忽过了一天,世上已经过了一千年;可是这里过了一千年,也同一天差不多,因为每天都是一样的单调与无聊。……这里,青春是不希罕的。他们有的是青春——孩子一个个地被生出来,新的明亮的眼睛,新的红嫩的嘴,新的智慧。一年又一年的磨下来,眼睛钝了,人钝了,下一代又生出来了。这一代便被吸收到朱红洒金的辉煌的背景里去,一点一点的淡金便是从前的人的怯怯的眼睛。"作者使用了自由联想的手法来表现白流苏的内心活动,流苏的思想由实入虚,从具体的客观物理环境向抽象的心理现实转移。白公馆显然是个贵族家庭,有着考究的家具和精致的对联,流苏却由一副对联联想到了自身的处境,她感到自己在家中毫无地位。流苏进一步思考所得出的结论是,她的青春并不会被稀罕,因为这个贵族家庭永远有新的孩子出生,而别人的新生则暗示着她的衰老和死亡,她意识到自己注定会被忽略,最终埋没在家族辉煌的历史中。"朱红洒金的辉煌的背景"既是流苏的归宿,也是她的坟墓。在白公馆这个如

古代宫殿般奢华的封建大家庭，她如果不采取行动，试图改变自己的命运，那么等待她的只能是遭人嫌弃、欺侮，然后被人彻底遗忘。这段心理描写细腻而透彻，为白流苏之后与范柳原周旋的一系列情节埋下了伏笔。

范柳原和白流苏经过几番周旋，双方都是精明人，都不愿意吃亏，所以各自盘算、试探了很久之后，他们终于确定了恋爱关系，这是范柳原第二次邀请白流苏去香港之后发生的事。于是他们公然在香港同居了，不久后柳原决定去一趟英国，留下流苏一人在港，她顿时感到寂寞难耐，感情胜利之后，无限的空虚感迎面而来。不久之后，太平洋战争突然爆发，香港瞬间沦陷了。范柳原急忙从英国赶回香港，和流苏团圆。讽刺的是，战争反而加深了他们对彼此的依赖，他们也终于渐渐卸下伪装。白流苏对婚姻的急切追寻，由于战争的介入，立刻失去了其原本的意义。他们随时面对死亡的威胁，因此流苏感觉她和柳原此刻是心意相通的，彼此便成了一条船上的人。白流苏的这段内心独白中暗含了一种深刻的讽刺，作者暗示出白流苏和范柳原之间的爱情或婚姻不过是一个偶然，一个天时地利人和的必然结局，这样的感情反而显得坚不可摧，因为彼此利益相连，生死相依。

《倾城之恋》与《金锁记》的心理写实主义有所不同。在《倾城之恋》中，人物的心理描摹大多集中在白流苏身上，而张爱玲对范柳原的心理活动却并没有做过多细腻的意识流式的呈现，反而选择了更为直截了当的表达方式。范柳原的简单直白与白流苏百转千回的思绪产生了一种参差对照的效果。张爱玲在其散文《自己的文章》里指出，她"喜欢悲壮，更喜欢苍凉。……悲壮则如大红大绿的配色，是一种强烈的对照，但它的刺激性还是大于启发性。苍凉之所以有更深长的回味，就因为它像葱绿配桃红，是一种参差的对照"。对于《倾城之恋》，张爱玲提出了自己的阐释："我喜欢参差的对照的写法，因为它是较近事实的。《倾城之恋》里，从腐旧的家庭里走出来的流苏，香港之战的洗礼并不曾将她感化成为革命女性；香港之战影响范柳原，使他转向平实的生活，终于结婚了，但结婚并不使他变为圣人，完全放弃往日的生活习惯和作风。因之柳原与流苏的结局，虽然多少是健康的，仍旧是庸俗；就事论事，他们只能如此。"

由此可见，《倾城之恋》的心理写实主义不同于《金锁记》，作者对白流苏和范柳原的心理活动做了不同的处理，将小说的重头戏全部放在了白流苏内心的小剧场中。白流苏的矛盾纠结、算计与步步为营，被生动细腻地刻画出来。相较之下，范柳原的封建男权意识并没有因为他在英国的生活经历而得到改变，他依然期待一个顺从的、低眉顺目的妻子，并用玩世不恭的态度对待爱情和婚姻。与范柳原相比，白流苏的审慎与算计，乃至最终的"逆袭"其实是悲哀的，因为她的胜利并没有改变他们之间不平等的性别地位,也无法确保她日后的幸福。这种灵活运用参差对照的手法,促成了张爱玲心理写实主义的成功。

四、《茉莉香片》的心理写实特征:强烈对照法

张爱玲在20世纪40年代发表的另一部中篇小说《茉莉香片》围绕少年聂传庆奇特的心理体验展开,作者大量运用了心理写实、人物内心独白、自由联想的现代笔法来描绘聂传庆的病态心理,笔法之细腻令人叫绝。

在聂传庆的心目中,他的母亲因为懦弱而嫁给了自己并不爱的男人,放弃了当时的男友言子夜——言丹朱的父亲,聂传庆中国文学课的教授。传庆母亲的命运早已注定,而他便由此联想到自身的处境,他的悲剧性在于永远无法挣脱自己的命运。传庆转念一想,一切都是造化弄人,他本可以成为言教授的儿子,或许甚至可以取代言丹朱的地位,丹朱身上阳光乐观、自由健全的人性都是他所没有的,因此丹朱拥有的一切都使传庆更加敏感自卑、自我厌恶。小说中的一处心理写实极为精妙地展现出聂传庆扭曲的心理。在中国文学课上,传庆难掩心事,于是便走神了。张爱玲在此处运用了一个巧妙的文字游戏,传庆对"如果"这个"果实"进行了形而上学的思考:"传庆想着,在他的血管中,或许会流着这个人的血。啊,如果……如果该是什么样的果子呢? 该是淡青色的晶莹多汁的果子,像荔枝而没有核,甜里面带着点辛酸。……传庆相信,如果他是子夜与碧落的孩子,他比起现在的丹朱,一定较为深沉,有思想。同时,一个有爱情的家庭里面的孩子,不论生活如何的不安定,仍旧是富于自信心与同情——积极、进取、勇敢。丹朱的优点他想必都有,丹朱没有的他也有。"聂传庆的思绪纷繁,由"如果"这个词语引发了一连串的假想,他忍不住去假设当初他的母亲若是嫁给了言子夜,会是怎样的结局。他认为自己的悲剧是他的母亲一手造成的,于是疯狂地嫉妒丹朱的好人缘,嫉妒她的一切,并通过背地里诋毁她获得心理补偿。他对丹朱的憎恨、轻蔑,夹杂着深刻的嫉妒和羡慕。小说结尾中,传庆的阴暗心理终于暴露无遗并直接表现为暴力,读者或许会惊讶于男主人公的病态程度,但作者早就为这个结局埋下了极为细腻的伏笔,从之前的几段心理描写中可见端倪。

聂传庆归根结底是个懦弱的男人,就如同他的母亲冯碧落一样,无法摆脱中国封建家庭的旧伦理,他变态的根源在于他被自己的幻想和假设("如果")所折磨,因此他永远没有勇气去正视现实,无法克服自己的恐惧感,也无法摆脱他面对命运的无力感。张爱玲通过细致入微的意识流描写,成功地塑造了聂传庆这个人物。

如果将《茉莉香片》与《倾城之恋》进行比较则不难发现:《茉莉香片》中,张爱玲

使用的是"大红大绿"的配色法,即采用强烈的对照来表达人物的性格特点和心理活动。聂传庆和言丹朱截然不同的家境和人生经历导致了两人个性的天壤之别,而这亦是聂传庆最终彻底走向癫狂的根本原因。言丹朱的天真、善良、开朗与聂传庆的阴暗、恶毒、扭曲形成了一组强烈的对照,这两人就好比爱与恨的两极,完全是对立的。在《茉莉香片》中,张爱玲把叙事的主体聚焦到了聂传庆身上,通过呈现他主观的心理现实来书写人性中的阴暗面。

五、张爱玲的现代主义与对照的内面书写

柄谷行人(1941—)在其著作《日本现代文学的起源》一书中对日本现代文学中"内面的发现"进行了精彩的阐释,他认为:"导致写实主义小说的,乃是下功夫追求仿佛叙述者不存在似的那样一种叙述法。不断移动的叙述者、没有固定的视点、没有时间性的透视法,因此'现前性'与'深度'都归于消失。写实主义叙述法的完成形态,就是'第三人称客观描写'。"①通过对《倾城之恋》《茉莉香片》《金锁记》的文本细读就可以发现,张爱玲通过在文本中纳入自由间接引语,将第一人称与第三人称叙事融为一体,通过主人公的内部视角来观察、感受、记录客观世界中发生的一切,这种心理写实主义隔空呼应了柄谷对于写实主义文学的理解,但其本质上也体现了张爱玲的现代主义笔法,这和伍尔夫提倡运用意识流来呈现客观世界的观点是如出一辙的。

综上所述,张爱玲采纳西方现代主义的叙事技巧,通过自由联想、蒙太奇、自由间接引语来捕捉人物的意识流,以此表达对立冲突的意识,将人物的爱恨全部照亮。对于人物"内面"的书写与呈现,在张爱玲的小说中,是通过参差与强烈的对照法来达成的。张爱玲摆脱了传统现实主义小说中呆板的"说书人视角",转而选择了一种独特的叙述声音:以上所引述作品中的人物内心独白,虽然整体上是第三人称叙事,但作者巧妙地运用自由间接引语来展现人物内心的挣扎,试图用一种客观的笔调去呈现人物的主观意识,从而反映出其超越时空限制的心理模式。因此,张爱玲20世纪40年代小说中的现代主义风格与独特的心理写实主义方法不应忽视,它是张爱玲小说俘获人心、风靡全球的审美魅力的重要来源。

第四节　学人学术生涯视域下的中国新时期文艺美学四十年②

20世纪80年代是一个思想解放风起云涌的变革年代。就文艺界而言,朱立

---

① 柄谷行人:《日本现代文学的起源》,赵京华译,生活·读书·新知三联书店2019年版,第62—63页。
② 原载《艺术广角》2023年第5期。作者潘端伟,上海视觉艺术学院副教授。

元先生曾深情回忆:"整个80年代,文艺理论界所开展的一场场的学术争鸣和讨论接踵而至,从文艺与政治关系问题、形象思维和人道主义、人性论问题的争鸣,到'文学主体论'、'审美反映论'和'审美意识形态论'的讨论,可以说是唇枪舌剑、你来我往、热闹非凡,那种为了追求真理而不畏权威、敢于畅所欲言说真话的精神形成良好的学术气氛,人们长期期待而不至的'百花齐放,百家争鸣'的宽松局面终于出现了,这又怎么能不叫人久久难以忘怀呢?"①今天学术界很多一流学人都起步于那个令人难以忘怀的年代。祁志祥教授也是在那个时代投身学术事业,开启了他与时代同频共振的文艺美学等学术研究。通过一位学者个人的学术史,我们可以透视其自然的生命的风采及其学术传承与发展的轨迹,也可以折射出该学科形态、学科知识发展和学术话语体系的变迁,同时还能反映出学科与社会环境的互动。结合时代回顾祁志祥教授四十年的学术历程,可以看到这代学人与新时期中国文艺美学学术发展的内在互动关系。

一、教学为业学术为志

张汝伦曾说:"学术工作隐含卓越的要求,学术工作的内在逻辑不会允许平庸,平庸的学术根本不是学术,而只是三家村学究谋生的手段。你要从事学术工作,就必须追求一流,追求卓越。"②可以说,这是他们这一代优秀学人的座右铭。祁志祥教授四十年的学术生涯就是从起步、探索到不断追求卓越的历程。他曾感慨:"20世纪80年代是思想解放、百废待兴的年代,是理想至上、学术虔诚、激情燃烧的岁月……那是我的人生扬帆起航的时候。"③1981年,他以牛犊之勇直接寄文给中国社科院钱中文先生请教学术,开启了这对忘年交长达六七年(1981年底至1987年)的书信往来。这些通信后来奇迹般地保存并出版。在《钱中文祁志祥八十年代文艺美学通信》中,我们看到了一位老学者的虚怀若谷、实诚仁厚的人格风范,也看到了一位年轻人一心向学的赤诚、抱负和学养。钱先生与祁志祥教授这段学术缘分,完全可以成为学术人类学的一个非常典范的研究案例。

祁志祥教授的学术之志始于青年时代的一腔热情,也始于他对学术视野的深切思索与责任担当。1983年2月,还是中学老师的他感叹:"就我视野所见,中国古典美学似乎有许多未开垦的处女地。堂堂中国,没有一部中国古代美学史,岂不

---

① 朱立元:《我记忆中的1985年"方法论热"》,《文艺争鸣》2018年第12期。
② 张汝伦:《我们今天为何读研究生》,《文汇报》2008年11月15日。
③ 钱中文、祁志祥:《钱中文祁志祥八十年代文艺美学通信》,上海教育出版社2018年版,第3页。

羞乎?"①当时,以《中国美学史》为名的著作还没出版。35年后的2018年,祁志祥教授独著的三卷本《中国美学通史》在人民出版社出版。这是他主持并独立完成的第一个国家社科基金项目成果。10年后,他独著的五卷本《中国美学全史》又在上海人民出版社出版,这是2016年上海市高校服务国家重大战略工程项目成果。1987年2月,还未去华东师范大学读研究生前,他就立下志愿:"对于'中国古代文学原理',我一直在潜心探索,平生誓言志为此目的奋斗。"②6年后的1993年,他在研究生三年级动笔、工作后利用近2年的业余时间完成的《中国古代文学原理——一个表现主义民族文论体系的建构》由学林出版社在"青年学者丛书"中推出。13年之后,此书被教育部组织的专家评为高等教育"十一五"国家级指南类规划教材。之后,由古代文论到美学,再到佛学、人学、国学、中国思想史,学术领域不断拓展,一人独著的著作近40部,发表论文500余篇,出版文字约2 000万字。他以惊人的勤奋和创造力,履写了一位学人"以学术为志业"的学术传奇。

二、民族立场发掘特色

每一个时代的学术热点、方法思潮,都会影响该时代的学者的学术走向和研究成果。80年代,学术界自觉地开展了对我国古典美学和古代文论的民族特色问题的探讨。陈伯海等学者撰文指出:"弄清这个问题,不仅有助于我们更好地清理和总结丰富而珍贵的民族文学遗产,还能够推动当前民族化的马克思主义文艺学的建设,指导文艺创作沿着社会主义内容与民族形式相结合的道路前进。"③还是中学语文教师的祁志祥也敏锐地捕捉到了文论民族化的气息。"建构具有民族特色的文学理论体系,曾经是20世纪80年代改革开放之初中国文学理论界和中国古代文学理论界学人的共同心愿。"④随之祁志祥教授将其作为自己的研究方向。"鉴于当时通行的文学理论教材将中国文论与西方文论'一锅煮'的情况,我就在想:能否立足于中国古代文论资料,写一部更为有效地解读中国古代文学作品审美特质的文学原理著作。"⑤研究生三年师从徐中玉先生,他都在做这样的资料搜集储备和理论框架建构酝酿工作。这才有了《中国古代文学原理——一个表现主义

① 钱中文、祁志祥:《钱中文祁志祥八十年代文艺美学通信》,上海教育出版社2018年版,第47页。
② 同上书,第121页。
③ 陈伯海:《民族文化与古代文论》,《文学评论》1984年第3期。
④ 祁志祥主编:"十一五"国家级教材《中国古代文学理论》,华东师范大学出版社2018年版,第1页。
⑤ 祁志祥:《中国美学的史论建构及思想史转向》,商务印书馆2022年版,第68页。

民族文论体系的建构》的诞生。这是他的第一部学术专著。相对于西方文论中的"再现主义,"他洞察到中国古代"凡诗文书画,以精神为主"的表现主义实情。他以此作为该著理论框架和叙述结构一以贯之的内在主旨,建构了一套架构完整、逻辑清晰的中国古代文学理论体系。在当时,从历史节点看,它承前启后;学术理念上,它中体西用;编写体例上,它体大思精;在传播环节,它纲举目张,适教宜学。笔者认为,"回顾这四十年的论著和教材,偏于历史梳理的多,进行理论体系建构的少,建构而又有明晰的本土理念、体系的少之又少。在众多论著和教材中,祁先生当时所建构的理论体系的学术价值和意义是显而易见的。"①2008 年,该书易名为《中国古代文学理论》,作为普通高等教育"十一五"国家级规划教材,由联合申报单位山西教育出版社出版。2011 年 11 月,该书获上海市教育委员会颁发的上海市普通高校优秀教材奖二等奖;2018 年改订后,由华东师范大学出版社再版。

扎根民族文化,是祁教授一以贯之的学术立场。如果说对中国古代文论的研究还属于形而下的术的层面,那么后来的人学、国学研究则是在追求形而上的道的高度。"超越对国学'术'的层面的专注,走向对国学'道'的层面的深究,重铸人们心中的价值堤防。"②他认为,"完全割断继承的价值体系的建构无论多么华丽炫目,注定是脱离实际的、无法践行的,难以成为人们心悦诚服的价值信仰。一个民族不能没有自己的价值信仰,不能没有自己的人文精神,这是国家和民族的脊梁。"③

三、方法自觉文化开源

80 年代打开国门,西方学术思潮不断涌入,中国学界开始思考如何在研究方法上加以变革,以实现理论建设的创新,于是出现了"方法论热"。文学理论界开始跳出学科自身的范围,向其他兄弟学科寻找可以借鉴的方法。各种研究方法如雨后春笋般涌现,先是"老三论"系统论、信息论、控制论,后是"新三论"突变论、协同论、耗散结构论,另有多维的文化学分析方法突破了过去单一的线性思维方法。1985 年被称为"方法年"。这一年文艺学界先后在北京、厦门、扬州、武汉等地召开了一系列全国性的学术会议,集中讨论方法论问题。这些讨论打破了僵化的思维方式和研究模式,促进了文艺学研究方法的多元化、系统化、科学化。刘再复指出:"方法论本身并不是目的,但是,新的方法论,新的审视方法可以帮助我们接近真

---

① 潘端伟:《基于本土话语的中国古代文学理论体系建构》,《古代文学理论研究》2020 年第 1 期。

② 祁志祥:《国学人文导论》,商务印书馆 2013 年版,第 2 页。

③ 同上书,第 14 页。

理,改变某些不正确的文学观念,踏进更多未知的领域。对方法论的兴趣,是一种接近真理的热情表现。只有对文学研究事业抱着真诚的热忱,才有责任感去熟悉新的方法论,而不会满足于已知的东西。"①

祁志祥当时对文学研究事业不仅"抱着真诚的热情",而且有着鲜明而自觉的方法论意识。"美学研究的成果更新离不开美学研究的方法更新的。"②系统的方法即是祁志祥在建构古代文学原理体系时使用的基本方法。"'系统'的方法或者叫'整体'的方法是本书的重要的方法之一。"③他以此法将古代文学理论的重要范畴或命题组合成一个大系统,建构了"中国古代表现主义民族文论体系"。其次,该书另一个引人注目的方法是"文化学"方法。他说:"用文化学的方法来考察中国古代文学理论的文化成因和品格,就成为本书最引人注目的方法。说它引人注目,是由于这种文化考察在书中占了约三分之一的篇幅。"④全书30万字,约有10万字从宗法文化、儒家文化、道家文化、佛家文化、训诂文化五方面分析中国古代文论的民族特色及其生成原因,使全书充满了一般文论著作不具备的文化色彩和思辨力量,突破了过去就文论文的单一思路。再次,"原始以表末"的历史主义方法在该书中得到了可贵的贯彻。该书阐述每一个古代文论范畴,都追根寻源、由源溯流,将其发生、发展、演进的历史脉络梳理分析清楚,体现了中国文学批评史的专业积累,使全书的理论表述充满了有厚度的历史感。该书后来所以能够通过激烈的竞争胜出,荣获"十一五"期间唯一的一部国家级指南类规划教材,与系统方法、文化学方法、历史主义方法的运用密切相关。

这部出道之作在方法论上的制胜之道,后来贯穿在作者一生的治学中。得力于系统的方法,《佛教美学》(上海人民出版社 1996)初步建构了佛教美学原理体系,《人学原理》(商务印书馆 2012)建构了"人学"的逻辑范畴体系,《国学人文导论》(商务印书馆 2013)建构了中国古代"内圣外王"的人文价值谱系,《中国美学原理》(山西教育出版社 2003)建构了中国古代美学范畴体系,《乐感美学》(北京大学出版社 2016)则用四编、十二章、几十个范畴建构了"乐感美学原理体系"。得力于文化学的方法,他出版了《中国美学的文化精神》(上海文艺出版社 1996),从宗法文化、儒家文化、道家文化、佛家文化、训诂文化五方面综合分析中国古代美学的民族品格;出版了《中华传统美学精神》(上海人民出版社 2017),系统分析儒道佛的

---

① 刘再复:《近年来我国文学研究的若干发展动态》,《读书》1985 年第 2 期。
② 祁志祥:《乐感美学》,北京大学出版社 2016 年版,第 3 页。
③ 祁志祥主编:"十一五"国家级教材《中国古代文学理论》,华东师范大学出版社 2018 年版,第 2 页。
④ 同上书,第 3 页。

美学范畴;出版了《中国佛教美学史》(北京大学出版社 2010),这是佛教文化的研究结果。得力于历史主义的方法,他后来写了一系列的史书,如《中国美学通史》(人民出版社 2008)、《中国现当代美学史》(商务印书馆 2018)、《中国美学全史》(上海人民出版社 2018)、《中国文学美学史》(山西教育出版社 2014)、《中国人学史》(上海大学出版社 2002)、《先秦思想史:从神本到人本》(复旦大学出版社 2022),体系了作者上下几千年的深邃的历史视野。

四、本体本位理论创新

回顾 80 年代的文艺界,如果说 1985 年下半年之前讨论的重心是文艺学方法论科学化问题,1985 年之后讨论的重心则是以文学的"主体性"为标志的文艺学价值取向问题。这一个时期,刘再复、钱中文、童庆炳等学人,对文学的性质、文学的意识形态性与审美性及其关系问题进行了系统的论述。时刻关注学术动态的祁志祥自然也不会置身事外。这段时期他开始在文学本体论、美学本体论等基本理论问题上发力,就"文学是什么""美是什么"不断撰文,表达自己的创新性思考。

中国古代文论与中国古代审美心理有着密切关联。祁志祥教授从研究古代文论到研究中国古代审美心理,再到研究美学原理,也是顺其自然的事情。而美学成为他后来的学术主阵地。基于对现代性反思与反叛,20 世纪后半期出现一种"后时代"思潮,美学学科亦如此。"后"有着否定的意味。"后美学"基于对原有"美学"理论的批判和否定,宣告"美学终结"。这种"美学终结论"直接表现为对本体论、对形上之思,乃至对美学研究的客观标准与真理性探求的片面否定。现代性的"美学"主要将艺术作为独立于真理和道德之外的鉴赏对象来研究和阐释,而消费社会的文化工业化,则撕裂了主体的理性根基,用经验取代了先验。传统的美学观念都已经无法解释当代艺术活动。于是西方 20 世纪后期以降,否定传统美学的各种新思想层出不穷。起初是"后现代",接着是"解构主义",再后来是超越文学、美学边界的"文化研究"。在经历了 80 年代短暂的蜜月期之后,"美学热"迅即沦落为"美学冷"。本体论美学出现了危机。很快,一批觉醒的美学学人不甘于此,转向美学的"现象学研究":艺术哲学、文化研究、生活美学、生态美学、身体美学,不一而足。种种地方性、局部性和差异性的带有文化政治色彩的美学理论潮水般涌来。反美学、超美学、后美学、女性主义美学、后殖民美学、生存美学等各种名头的激进美学思潮纷至沓来。表面上看来好像很繁荣,实际上使得美学研究变得空心化,将美学的本源性问题蜕化为一个个派生性的表象化、碎片化问题。

"美学终结论"让"反本质"的"解构主义"大行其道,成为中国美学学科建设不得不面对的现实困境。但一味解构之后的美学往何处去呢?钱中文先生提出"文学是审美意识形态"论、"新理性精神"论加以应对。对此,祁志祥旗帜鲜明地坚守本质主义立场。他指出:美学无论从这门学科诞生的最初历史,还是从当代审美活动实践和美学研究的逻辑来看,其学科定义还是"以研究'美'为中心的'美的哲学'",因而"其学科名称还是保留'美学'的译名为好"①。1998年,他在《学术月刊》上发文提出"美是普遍快感的对象"。2001年,他在《文艺理论研究》上发文,提出"文艺是审美的精神形态"。2016年,他出版《乐感美学》,提出"美是有价值的乐感对象",并围绕这个本体论原点建构了"乐感美学"学说。他说明:"'乐感美学'不是解构之学,而是建构之学,是美学原理之重构,力图站立在新的立场,建设一种更加符合审美实践的新的美学理论。"②这是他对美学原理的总结,也是他的一贯立场,体现了一个学者的理论功底,更体现了一个学者的学术独立。

五、借花献佛返本开新

新时期以来,学界一直力图建构中国本土的文艺美学学术话语体系,突破"美学在中国",构筑"中国美学"。这是筑牢当代中国文化艺术繁荣发展根基的前提。因而,回溯文化源头,把握中国文艺美学的民族特色及其内在精神,构成了20世纪中国美学研究的一个基本向度。中国佛教作为一种极富思辨性的、博大精深的宗教哲学,在阐发宇宙观、人生观、本体论、认识论、方法论时透示出丰富的美学意蕴,对中国文艺学、美学产生了多方面的、极其重要的影响。我国学术界对佛教及禅宗美学思想的研究起步于20世纪80年代初。李泽厚、刘纲纪主编的《中国美学史》第一卷绪论将"禅宗美学"归为中国美学"四大思潮"之一。之后孙昌武《佛教与中国文学》(1988)、王志敏《佛教与美学》(1989)、曾祖荫《中国佛教与美学》(1991)、蒋述卓《佛教与中国文艺美学》(1992),皮朝纲《禅宗美学史稿》(1994)等对这个问题作出了相关探索。而祁志祥教授则在继承前人成果的基础上融汇出新,在佛教美学的史论建构方面达到了一个新高度。

祁志祥教授的佛教美学研究缘于研究中国古代文论的需要。"笔者原本是主攻中国古代文论的。古代文论中常常夹杂着佛教用语,不了解佛教,就无法深入理解古代文论,因此开始关注佛教及其与古代文论的联系。"③在此基础上他调整角度,系统研究佛教如何看美的问题。1997年,21万字的《佛教美学》出版,分佛教流派美学、佛教义理美学、佛教艺术美学三编初步搭建了佛教美学原理架构。在佛教

---

① 祁志祥:《乐感美学》,北京大学出版社2016年版,第35页。
② 同上书,第1页。
③ 祁志祥:《中国佛教美学史》,北京大学出版社2010年版,第390页。

义理美学中，祁志祥教授对佛教世界观的美学品格、佛教人生观的美学精神、佛教宇宙观的美学因子、佛教本体论的美学神韵、佛教认识论的美学色彩、佛教方法论的美学意蕴作了全面析微，堪称独得。2003年，14万字的《似花非花：佛教美学观》出版，从17个要点分析佛教美学意蕴，更加通俗易懂。2017年，37万字的《佛教美学新编》出版，从六个方面完善了佛教美学原理的逻辑结构：佛教对现实美的基本否定、佛教对本体美的独特肯定、佛教对现实美的变相建构、佛教艺术的美学风貌、佛教美学的美学意蕴、佛教宗派的美学个性。与此同时，由论入史，以史证论，2010年出版41万字的《中国佛教美学史》。祁志祥教授的本质主义美学观也渗透在佛教美学研究中。与好多佛教美学论著不回答佛教的美本体观不同，祁志祥的《佛教美学》明确揭示：佛教否定世俗人认可的美，呈现出"反美学"的倾向，又肯定"涅槃"、佛道境界是"极乐"的美，体现出"在反美学中建构美学"的特征[1]。他在写史时也是如此。"当我们开始追寻中国佛教美学的历史踪迹时，首先必须回答：什么是'美学'？"[2]美学是"美"之哲学。《中国佛教美学史》聚焦、梳理中国历史上各时期的佛教经典如何看极乐之美的思想。到目前为止，这仍然是国内外唯一的也是名副其实的佛教美学史专著。祁志祥教授关于佛教美学的史论互证研究，使他成为中国当代佛教美学跨学科研究的代表人物。

六、宏观布局微观落子

很多成功学者既拥有宽旷的学术视野，对细微问题又有敏锐的觉察。这是一种体大思精的格局。但这何其难也！不明底里的"体大"往往"思而不精"，容易大而无当；反之，"思精"而无"体大"统领布局，则易生零散琐碎之弊。祁志祥教授的学术总是呈现出一种大格局、大视野的气象。毛时安先生评价他的《中国美学全史》"大情怀、大手笔、大功力"，是极其贴切的。[3] 这种大格局的学术视野，首先是基于其年轻时候就觉醒的历史使命感，其次是基于他对学术终极目标的追求。他认为，学术研究固然有学科价值、功利价值，但更重要的是有作者人生自我肯定、自我实现的终极价值，这是推动他奋力前行的内在动力。

宏观布局是需要一个个微观个案研究去支撑的。这种"微"，不仅指题"小"，还指思"细"，即思维缜密。思维的缜密表现为清晰而明确的问题意识。对此祁志祥教授是有自己独到心得的。一方面，他努力做好代表人物、代表论著、基本范畴的

---

① 祁志祥：《佛教美学：在反美学中建构美学》，《复旦学报》1998年第3期。
② 祁志祥：《中国佛教美学史》，北京大学出版社2010年版，第1页。
③ 毛时安：《大情怀、大手笔、大功力——读祁志祥教授的〈中国美学全史〉》，《上海文化》2019年第8期。

研究。这是以对材料的充分占有、原著的深入研读为前提的。比如写作《中国现当代美学史》时，他"深挖历史，以宽广的视野全面考察历史人物，让历史上对美学学科发展都有所贡献的人物都尽量得到研究和展示"①。另一方面，他由点及面，在个案研究中兼顾系统、建构系统。如《中国古代文学理论》《中国美学原理》《人学原理》就是由几十个范畴研究构建起来的。他的《中国美学全史》则是由几百个人物、经典的个案研究构筑起来的学术宫殿，被杨春时教授誉为"尽显中国风格、中国气派的鸿篇巨制"②，被袁济喜教授誉为"通古今之变，成一家之言"③。祁教授在整体系统中定位个别，用扎实的个案研究支撑整体，在由约返博、由博返约中往返互动，将点与面、个案与系统互相促进，形成了独特的治学门径，取得了令人高山仰止的学术成就。比如毛时安先生就曾用"石破天惊，前无古人"的"重大事件"评价他的《中国美学全史》④，陆扬教授就曾用"堪称美和美感研究以及日常生活美学的一部百科全书"评价他的《乐感美学》。

　　以祁志祥教授为线索回顾中国文艺美学四十年的发展历程，我们可以看到这一代学人自觉的使命担当、远大的学术理想、深厚的学术积淀、清醒的方法论意识。而史论互证、纵横结合是包括祁志祥教授在内的这一代优秀学者获得学术成功的共通路径。"史"是纵向打通，古今贯通，"论"是横向勾连，左顾右盼。如果说祁志祥的"论"著是"有学问的思想"，祁志祥的"史"著则是"有思想的学问"。恩格斯说："历史从哪里开始，思想进程也应当从哪里开始，而思想进程的进一步发展不过是历史过程在抽象的、理论上前后一贯的形式上的反映。"⑤正是逻辑与历史相统一的方法，以及个案与整体相结合的方法，保证了学术成果充满了宏观的思辨力量和个案的学问根底，达到了"思想"与"学问"的完美统一。

　①　潘端伟：《中国现当代美学转型之路的独特探索》，《理论月刊》2018 年第 10 期。
　②　杨春时：《尽显中国风格、中国气派的鸿篇巨制》，《中国图书评论》2018 年第 11 期。
　③　袁济喜：《通古今之变，成一家之言》，《人文杂志》2019 年第 11 期。
　④　毛时安：《大情怀、大手笔、大功力》，《上海文化》2019 年第 4 期。
　⑤　马克思、恩格斯：《马克思恩格斯文集》（第 2 卷），人民出版社 2009 年版，第 603 页。

第五章　外国美学研究

主编插白：20 世纪 80 年代，我国文艺美学界曾兴起了"方法论热"，其中的"老三论"系统论、控制论、信息论为人文研究引入了科学主义方法，推动了中国新时期美学的转型。汪济生、黄海澄、王明居是这种转型并取得重要成果的代表人物。对此，我在《中国现当代美学史》中曾有专章评述。我以及学界大多数学者普遍以为，系统论、控制论、信息论在中国学界的引入是西方理论译介的结果，忽视了苏联理论的作用与贡献。上海大学中文系曹谦教授通过独特的研究弥补了这一视野盲区。他指出：80 年代初期，中国自然科学界译介了大量苏联控制论、系统论和信息论成果。我国对苏联哲学界"系统论是辩证法具体化"观点的讨论，为此后系统论以及控制论、信息论从自然科学跨入人文社科领域开辟了道路，推动了 80 年代我国美学和文论研究科学主义方法论的转型。

来自意大利，在巴黎及美国多所大学执教的阿甘本教授是当代西方最活跃的美学学者之一。"神圣人"（Homo Sacer）是阿甘本美学的核心概念之一，可它的来龙去脉及其内涵并不清晰。上海交通大学韩振江教授致力于研究阿甘本美学。他的研究揭示："神圣人"既是神圣的，又是受诅咒的。关于"神圣人"概念的复杂性，或许在文化人类学视角下可以得到合理解释。其一，"神圣人"的双重性质源自原始时期农神节、酒神节等大型节日庆典中人们杀死"人神"仪式与替罪者仪式的融合。其二，杀死"神圣人"而不算犯罪，有两个原因，一是在农神节中杀死作为"人神"的"神圣人"是正常的事情，因为死亡即生命的更新。另一原因是，如果被选中的农神节国王不履行节日职责，那么依人间法律，杀死他不算犯罪。其三，"神圣人"的神圣性与亵渎性并存，源于农神节核心仪式就是神圣的加冕与亵渎的脱冕的交替，以及农神节中国王—小丑的形象演绎。由此可知，亵渎神圣也是农神节仪式之一。在审美意义上，亵渎神圣的重要形式就是对神圣的滑稽模仿，这恰恰是西方古代戏剧和艺术诞生的途径和土壤。

美学、文学与政治的关系,历来是一个非常重要而又纠缠不清的问题。一方面美学宣称超功利,文学要求自律,另一方面美学又不能彻底摆脱政治功利,文学也不能彻底离开政治。然而,关于政治的概念,我们的认识却比较模糊,产生过许多误解。华东政法大学的张弓教授通过对法国当代著名美学家雅克·朗西埃基于"政治"(politics)和"治安"(police)的区分提出的追求平等的"元政治"概念的研究,指出美学和文学不能脱离的政治主要指这种"元政治",即审美的艺术对预设平等的追求。因此,美学和文学服务的政治不是指"服从于权力",更不是"图解政府政策""服务治安管理",而是有责任促使社会中的每一个人都成为平等、自由发展的人。雅克·朗西埃的这种美学和文学的政治观,对于建设当代中国的政治美学和文艺政治学,具有可贵的借鉴价值。

笛卡尔的身心二分几乎奠定了法国哲学之后几百年的认知范式。但到了梅洛-庞蒂,身体—知觉被放在重要位置得到重新考量,德勒兹接过梅洛-庞蒂的衣钵,继续探索感觉的逻辑和身体的解放。于是,在当代法国哲学与美学思想中,身体、知觉、感觉作为首要问题被提出来,受到人们高度重视与关注。华东师范大学中文系吴娱玉教授将哲学认知与绘画表现结合起来,在西方现代绘画分析中揭示出一种新的哲学-美学的感觉认知模式。她以现代西方画家塞尚和培根为例,聚焦二人的绘画对身体的呈现和对感觉的释放,探索德勒兹对梅洛-庞蒂的继承与推进,分析美学从传统的重"知觉"到当代的重"感觉"的演变轨迹,勾勒出一条从斯宾诺莎、尼采、梅洛-庞蒂到德勒兹的感觉谱系。

第一节　苏联系统论、控制论、信息论与
中国新时期美学的转型①

"方法论热",是20世纪80年代在中国大地上兴起的一个标志性思潮,它对我国美学、文艺理论乃至整个人文学科的转型发展都曾产生过巨大的影响。如今学界普遍认为,"方法论热"是一次以引介西方理论为主的热潮,殊不知,在当时新方法论引介过程中,苏联理论实际上占据着重要位置,扮演着非常重要的角色。以下让我们来钩沉这段苏联系统科学理论译介与影响的历史。

所谓80年代"方法论热",指的是在80年代被大量译介的"三论"(即系统论、

---

①　原题《"方法论热"期间苏联理论扮演的角色——以哲学、美学和文论为视角》,发表于《学习与探索》2021年第10期。作者曹谦,上海大学中文系教授。

控制论、信息论)以及在此基础上又被广泛译介的"新三论"(即耗散理论、突变论、协同论)在中国学界的登堂入室。实际上,新老"三论"概括起来就是一论,即"系统科学"理论。自20世纪40年代末奥地利生物学家路·冯·贝塔朗菲首次提出了普通系统论以来,它与复杂工程等科学技术相结合,广泛应用于信息工程、系统工程、经济管理、社会学等众多领域,发展出了控制论、信息论以及耗散理论、突变论、协同论等一系列科学理论。系统科学在上世纪60、70年代迅速崛起,美苏两个超级大国都大力发展和传播,并在70、80年代居于世界的领先水平。

苏联在系统科学研究方面不仅成果斐然,而且十分活跃。早在20世纪50年代末就有系统论的研究论文出现,"一般把《哲学问题》杂志1958年第八期发表的B.H.卡列缅斯基的文章《从物理学、控制论和生物学看机体之作为"系统"的某些特点》看作是苏联系统研究的起点"①;1962年,苏联科学院成立了专门研究机构"控制论委员会"。1970年前后苏联进入了系统论研究的黄金期:1969年1月,苏联科学院召开了"全苏系统问题讨论会";同年,创办了《系统研究年鉴》;1971年8月在莫斯科召开的第十三次国际科学史大会上,苏联学者宣布:"在苏联自然科学、社会科学、技术科学和哲学中,系统研究已经形成为一个统一的系统运动的潮流。"②苏联学者认为:"系统方式是现代科学认识的一种强大武器,它能够使人们在完全崭新的基础上,从统一的系统方法的立场对自然界任何复杂过程进行研究。"③

一、苏联"三论"译介研究进军人文学科

20世纪70年代末、80年代初,我国进入改革开放的新时期,我国学界在实现"四个现代化"、迎接"科学的春天"等美好愿景感召下,开始打开国门,瞄准世界科学的前沿。这一次总算跟上了世界新兴科学的潮流,开始大规模译介系统论、控制论、信息论文献。鉴于苏联在当时系统科学研究领域的领先地位,苏联的成果成为我国学界研究系统科学理论重点关注对象之一。

70年代末80年代初,我国首先在科学技术的名义下在自然科学或与自然科学密切相关的领域里开始对系统论、控制论和信息论展开了比较系统的译介。这一时期译自苏联的系统科学理论在数量上与译自西方的旗鼓相当,代表性论文诸如Г. П. 麦利尼科夫的《语言、语言学与科技革命》、A. H. 兰德舍夫的《七十年代

① 王炳文:《苏联对系统理论的研究》,《外国哲学》,1981年第1辑,第331页。
② 同上书,第332页。
③ 参见王林:《国外系统理论研究简介》,《哲学研究》1980年第2期,第78页。

控制论》、Г. В.比留科夫的《关于"人工智能"的可能性》、В. И.西福罗夫《信息论和科技进步》、В. И.彼得罗夫的《工程控制论和科学技术的发展》、Р. Г.皮奥特罗夫斯基的《"人工智能"跟语言学有关的各个方面》、К. К.普拉托诺夫和Г. Г.哥罗毕夫的《从信息论分析心理现象》等，代表著作诸如列尔涅尔的《控制论基础》、佩特罗夫斯基的《控制论与运动》、卡法罗夫的《控制论的方法在化学和化工中的应用》等。

　　然而，系统科学从创建之初就被视为一种具有一般方法论意义的"元科学"，极具哲学价值，苏联学界高度重视系统科学的哲学研究，从而构成了苏联系统科学研究的一大特点。80年代以后，我国人文社科学界短时间内译出不少苏联的一般系统论及其哲学成果，其影响力则明显高于来自美国和西欧的译介。比较有代表性的专著有：茹科夫的《控制的哲学原理》、乌约莫夫的《系统方式和一般系统论》、萨多夫斯基的《一般系统论原理：逻辑-方法论分析》、伊谢耶夫的《人和控制论》。而译介苏联关于系统论、控制论、信息论的哲学研究论文或综述更是灿如繁星，诸如Н. И.茹可夫的《普通系统论和控制论的出现改变了世界科学图景》、В. Н.萨加托夫斯基的《评А. И.乌耶莫夫的〈系统方法和一般系统论〉》、刘伸的《苏联哲学界关于信息概念的争论》和《苏联对人工智能的社会哲学问题的讨论》、А. И.茹科夫的《类比型和参量型普通系统论》、Н. И.叶莫夫的《知识结构中的一般系统论和控制论》、Н. Т.阿布拉莫娃的《控制论的哲学问题》等。在80年代早期人文社科领域，译介来自苏联系统科学著述的数量和影响力都明显超过了译自西方的系统科学著述。

　　其中，Н. И.茹可夫的《普通系统论和控制论的出现改变了世界科学图景》是一篇在我国新时期率先被译介进来的重要论文。文章将系统科学视为百年来"彻底改变世界"和人们"思维方式"的重大科学成果之一。[①] 对于正处于立志实现"四个现代化"的新时期中国来说，系统科学无疑是一剂令人振奋的催化剂。随后我国迅速展开了对系统论、控制论、信息论的大规模译介，完全契合了在新时期从上至下普遍渴望科学、推崇科学的时代氛围。

　　在苏联学者看来，现代科学的特点，就是"把对客体的系统上结构研究的任务提到了首要地位"；"系统，即由许多互联系的成分组成的复杂整体"，必将"成为主要的研究对象。"[②]这在现代自然科学、现代社会科学乃至人文学科都是如此。以上

　　① Н. И.茹可夫：《普通系统论和控制论的出现改变了世界科学图景》，李树柏译，《哲学译丛》1979年第1期，第48页。

　　② 王炳文：《苏联对系统理论的研究》，《外国哲学》1981年第1辑，第333页。

这些判断在我国学界获得了广泛认同。苏联学者在研究系统科学时,还格外关注方法论问题,认为:"随着科学和技术的迅速发展,方法论问题变得越来越突出,方法论研究范围不断扩大,正在成为现代科学知识的一个特殊的部门。"①苏这一观点无疑极大启发了我国学者,与其后我国如火如荼的"方法论热"显然有直接的关联。

1981年王兴成发表了一篇颇受关注的论文《系统方法的形成及其研究》。该文引用马克思的话说:"马克思在和拉法格的谈话中指出,每门科学只有运用了数学才算完善。"②而系统论正是一门运用数学知识以求对研究对象进行精密研究的科学,所以一种研究只有采用了系统科学的方法才称得上"完善"。值得注意的是,该文12个引注中有10个来自苏联系统论的研究成果,包括多罗申科的《苏联关于系统研究著作的科学计量指标》、A.N.乌叶莫夫的《系统方法和普通系统论》、B.C.丘赫金的《反映、系统和控制论》等。③

同年,林兴宅在《文学评论》1986年第一期上发表的《论系统科学方法论在文艺研究中的运用》论文,就提出了系统科学方法应用于文学批评和文艺研究的五大原则,即"整体性原则"、"结构性原则"、"层次性原则"(即等级原则)、"动态性原则"以及"相关原则"(即联系原则)。④ 林兴宅被公认为80年代将"方法论"应用于文艺理论研究的代表人物之一。虽然林兴宅这篇论文没有一个注释,因此并不能断定作者所举出的系统科学方法原则一定来自苏联系统论。但80年代早期我国人文学界在获得系统科学的一般方法方面,苏联研究成果无疑起到了最初的传播和普及的作用,对林兴宅的系统论文艺学研究必然有正面的影响。

二、"三论"研究终获意识形态合法性

80年代之初,正值我国改革开放早期,学界虽然怀着借鉴外来新思想、新方法以实现中国文论转型发展的强烈冲动,但"左"的理论教条还没有根本打破,直接大量引进西方人文思想理论人们还心有余悸。⑤ 而在科学方法论的名义下,引入系统论、控制论、信息论则风险小得多。更为关键的是,从苏联哲学界特别强调系统论与唯物辩证法的紧密联系,论证了系统科学方法论与马克思主义方法论本质上的一致性,从而使得苏联系统论在我国容易获得主流意识形态的认可。我国学界

① 王炳文:《苏联对系统理论的研究》,《外国哲学》1981年第1辑,第337页。
② 王兴成:《系统方法的形成及其研究》,《世界科学》1981年第4期,第39页。
③ 同上书,第41—42页。
④ 林兴宅:《论系统科学方法论在文艺研究中的运用》,《文学评论》1986年第1期,第49—52页。
⑤ 参见朱立元:《我记忆中的1985年"方法论热"》,《文艺争鸣》2018年第12期,第72页。

迅速把握了这一契机，在80年代早期译介了一系列苏联讨论系统科学与辩证法关系的研究论文，其中有代表性的有：А. К. 阿斯塔菲耶夫的《苏联就辩证法与系统方法举行会议》、王炳文的《苏联对系统理论的研究》、魏宏森的《系统论、信息论、控制论给哲学提出了新课题》、闵家胤的《А. И. 乌耶莫夫〈系统方法和一般系统论〉述评》、С. 马列耶夫的《辩证法还是系统论？——评〈马克思主义的社会发展辩证法还是"社会系统理论"?〉》、Д. 格维希安尼的《唯物辩证法是系统研究的哲学基础》等。

　　苏联学者 Н. И. 茹可夫认为："最重要的是：现代科学广泛运用的系统方法（它与历史方法是统一的）是符合唯物辩证法的精神的，并且事实上早已为马克思列宁主义经典作家所采用。"①我国学者王林介绍说："苏联学者一般都认为科学的系统概念是首先由马克思创立的。马克思的社会经济形态概念是第一个经过论证的科学的系统概念，社会经济形态是社会整体性、系统性的最普遍的包罗万象的形式，是运动发展着的系统。""马克思的社会历史理论和辩证唯物主义方法就其本质来说都是系统的，马克思的辩证法首先是社会系统的辩证法。没有关于世界的系统性概念，就不可能最充分、最正确地领会马克思的唯物主义和辩证法。"②王林还明确指出，苏联学界普遍认为，"系统方式和一般系统论的发展反过来又使系统性哲学原则从而也使唯物辩证法丰富起来和具体化。因此，有的哲学家称系统方式是方法论知识中的一个联系环节。通过它的中介实现着辩证唯物主义哲学方法论和较低水平的科学认识的相互作用，把它看作是辩证唯物主义哲学对专门科学认识发生有效影响的'杠杆'。"③

　　1979年6月，俄罗斯联邦社会主义共和国高等和中等专业教育部"唯物辩证法问题委员会"在列宁格勒举行了第9次扩大会议。在这次会议上，与会者对"辩证法与系统方法"这一论题进行了一次影响广泛的讨论。我国学者通过迅速翻译了这次会议的综述文章，几乎同步获得了苏联的系统科学与唯物辩证法关系研究的最新成果。苏联学者乌耶莫夫在会议的"系统方法是辩证法具体化的现代形式"的报告中强调："系统范畴同时还具有辩证法范畴的一些基本特点，具有哲学概念的地位"，他认为，运用"事物""特征"和"关系"等一系列辩证法范畴的"具体化、形式化"的概念有助于建立起"一般系统论的特殊形态结构"。④

①　Н. И. 茹可夫：《普通系统论和控制论的出现改变了世界科学图景》，李树柏译，《哲学译丛》1979年第1期，第48页。

②　王林：《国外系统理论研究简介》，《哲学研究》1980年第2期，第80页。

③　同上。

④　А. К. 阿斯塔菲耶夫：《苏联就辩证法与系统方法举行会议》，王德芳译，《哲学译丛》1980年第2期，第72页。该文原载苏联《哲学问题》1979年第11期，王德芳摘译，舒白校。

受苏联学者"系统科学是辩证法具体化"观点的启发,我国学者在80年代对系统论与马克思主义关系以及系统论哲学意义的讨论,几乎都是围绕"系统论是辩证法思维的具体化"这一核心论点展开的。魏宏森早在1981年便撰文说:"从系统的观点出发,着重从整体与部分(要素)之间,整体与外部环境的相互联系、相互作用、相互制约的关系中综合地、精确地考察对象,以达到最佳地(或满意地)处理问题的一种方法。可以把它看做是唯物辩证法的具体体现。"[1]

提出"系统论是辩证法具体化"观点的代表性论文还有石国强的《系统方法是唯物辩证法的具体化和发展》、刘水振的《系统论的哲学意义》等。

1982年7月10日至14日,由清华大学、华中工学院、大连工学院和西安交通大学四校主办,北京市科协和系统、信息、控制科学研究筹委会承办的"信息论、控制论中的科学方法和哲学问题学术讨论会"在北京召开。参会代表来自全国教育界、社科界和工程技术界。著名科学家钱学森在开幕式上作了《系统思想、系统科学和系统论》的报告。这次研讨会可谓我国"三论"研究的一次全国大检阅。学者们在会中重点讨论了系统论、控制论、信息论与辩证法的关系,认为,系统论"为唯物辩证法的具体化、精确化提供了条件。系统论、信息论和控制论揭示了事物的系统联系和信息联系,这就使事物的普遍联系具体化,并且用数学模型的方法精确地描述这种联系的可靠性,使唯物辩证法的基本规律和基本范畴能更直接地指导科学技术的发展,从而更深刻地揭示了事物运动、发展的规律。"[2]这些观点显然是直接借鉴了苏联学者"系统论是辩证法具体化"观点而展开的。

三、新时期我国美学和文论的转型对苏联"三论"的借鉴

"三论"作为一种新兴的科学方法论被引介进来,又因为它们在哲学上与马克思主义辩证法的亲缘关系,很快"三论"在我国社科、人文领域得到了广泛运用,短时间内经济学、社会学、人口理论、历史学等领域纷纷热议起这些"科学新方法"来,而在美学和文学理论领域中,"方法论"热更是构成了80年代我国美学与文论转型的一道亮丽风景。在这一具有历史意义的美学和文论转型过程中,我国学者对苏联系统科学以及系统论美学思想的运用成为普遍的现象。

首先,我国学者表示,对文艺理论和文艺批评问题进行系统研究时,有必要借鉴苏联的相关成果。在我国新时期"方法论"热潮中,对系统科学与辩证法的关系、

---

① 魏宏森:《系统论、信息论、控制论给哲学提出了新课题》,《编辑之友》1981年第4期,第14页。

② 郭国光:《系统论、信息论、控制论中的科学方法和哲学问题学术讨论会在京召开》,《哲学研究》1982年第8期,第64页。

系统科学方法有没有独立的价值等问题存在激烈争论,为此,文艺理论学者林兴宅介绍说,苏联学者萨多斯基首先认为:"辩证法是系统方法与系统分析的哲学基础。"①接着,他提出了一个系统研究由基础研究到应用研究不断发展的总结构公式,即"系统性的哲学原理——系统方式——系统的一般理论——系统的各种专门理论——系统分析"。林兴宅评价说,萨多斯基这个公式"是很有参考价值的"②,"这方面苏联学术界的争论是值得借鉴的"③。在具体论及系统科学方法与艺术审美方法的关系时,林兴宅依据辩证论证的思路,主张既看到文艺学科的独立性、特殊性,又看到系统方法的普遍适用性。最后他又说,尽管如此,"我们仍然认为:系统科学方法与艺术——审美方法具有深刻的同一性"。④

其次,我国在新时期热烈讨论的控制论美学,其理论资源基本来自苏联控制论美学而非其他。"三论"对苏联美学发展也有重大影响,尤其是 60 年代以后,苏联在美学领域和艺术领域讨论控制论并进而形成了一系列控制论美学思想。苏联控制论美学直接引发了我国新时期的控制论美学研究,其中代表性文章有:黄海澄的《控制论的美感论》、胡义成的《审美控制论论纲》和《苏联东欧审美控制论研究简述》、涂途的《控制论美学的产生及其走向》等。

1989 年,涂途发表的论文《控制论美学的产生及其走向》与其说是在建构自己的控制论美学,不如说是对苏联诸多控制论美学的译介、整合与评论。作者首先介绍说,20 世纪 60 年代有关控制论美学的理论逐渐问世,差不多与西方学者同时,苏联也积极在理论上探索将控制论应用于美学和艺术的可能性,比较有代表性的专著有尤·阿·费里皮耶夫的《创作和控制论》、勒·勃·佩列韦尔泽夫的《艺术与控制论》以及苏联技术科学博士伊·波·古特金的《创作的控制论模拟》,一时间影响很大。在艺术实践方面,该文介绍了苏联物理学数学博士尔·赫·扎里波夫的专著《控制论与音乐》,书中介绍了扎里波夫通过一台被叫做"乌拉尔"的电子计算机进行作曲的成功实验。

控制论美学较以往传统美学的积极意义在于,它凭借现代系统科学思想看到了审美规律的复杂性和系统性。涂途认为:"可以把社会的艺术生活也看作为特殊的自我调节系统,控制论就能研究这些系统的规律。"作者援引苏联著名美学家斯托洛维奇理论写道:"控制论的观点有可能更准确地提出艺术生活的结构和艺术作

---

① 林兴宅:《〈文学研究新方法论〉序》,《艺术生命的秘密》,海峡文艺出版社 1987 年版,第 213 页。

② 同上书,第 214 页。

③ 同上书,第 213 页。

④ 同上书,第 215 页。

品的功用。艺术创作的控制论研究,提供对电子计算机创作艺术品的某些特性进行模拟试验的可能性。"①

涂途将控制论艺术视为"最高级的艺术",这一观点也主要来自苏联学者的观点。作者引用苏联文论家维·恩·屠尔宾的话说:"或早或晚,控制论一定会与艺术发生关系。""这将是最高级的抒情艺术;这种艺术,就其隐秘性来讲,既超过音乐,又超过电影。"②

再次,我国新时期以系统论方法研究审美心理学,其中不乏对苏联系统科学理论的运用。彭立勋在《从系统论看美感心理特性》一文就受到了苏联控制论的诸多启发。彭立勋认为,人脑是一个复杂的控制论系统,人脑对于客观对象的反映是"控制此系统同被控制的外部对象之间所发生的特殊的信息交互过程。因此,人的美感心理过程受内外'双重'因素的决定:一方面,它受到从外部世界获得的'非约束性信息'的决定;另一方面,又受到主体个体(内部)生长过程乃至种族繁衍发展的历史中所积淀于大脑的一切'约束性信息'所决定。"在此,彭立勋引述苏联系统科学学者茹科夫的话论述道:"这两个决定因素外部的和内部的,外来的和内源的——处于密切的联系中"③,"系统的完整性是由系统的结构、由要素联系的方式所决定的"④彭立勋从这一经典的系统论思想出发论证说:"要科学地说明和解释系统的任何一个整体特性,都必须了解和研究系统中各要素相互联系、相互制约的特殊方式。"⑤因此,运用系统论方法研究复杂的美感心理过程无疑能够获得一种更加精确的科学分析。

第四,运用系统科学方法解读普列汉诺夫美学思想。80年代初期,俄国早期马克思主义理论家普列汉诺夫的美学著作《没有地址的信》受到我国学界极大重视。这一时段,有些学者试图利用系统科学理论来解释普列汉诺夫美学思想的合理性并解决一些有争议的问题,黄海澄在这方面的研究很有代表性。普列汉诺夫的生物学的美学起源观点认为,在原始部落时期,"白色皮肤在黑色民族看来是非常难看的,因此,他们在日常生活中总是尽力设法,如我们已经看到的,加深和加强自己皮肤的黑色。"⑥黄海澄认为,这种现象可以运用"美的系统本原论和系统(种

---

① 涂途:《控制论美学的产生及其走向》,《文艺研究》1989年第5期,第70—71页。
② 同上书,第71页。
③ 茹科夫:《控制论的哲学原理》,上海译文出版社1981年版,第145页。
④ 同上书,第61页。
⑤ 彭立勋:《从系统论看美感心理特性》,《文艺理论研究》1986年第6期,第33页。
⑥ 普列汉诺夫:《没有地址的信 艺术与社会生活》,曹葆华译,人民文学出版社1962年版,第128—129页。

族)功利主义"观点得到"圆满"的解释,他写道:"黑色人种作为一个系统,世代生活在热带,他们的黑色皮肤是自然选择造成的。如果他们的皮肤中没有积聚着那么多的黑色素挡住赤道地区强烈的日光照射,他们早就无法生存了。""因此,黑色是他们的皮肤的正色,黑色皮肤是他们的具有正价值的自然素质的形象表现,对于他们作为一个种族的生存与发展,有极大的利益。这种种族功利性决定了黑色皮肤对于他们或在他们看来是美的。"由此作者进一步从美学角度阐发道:"生物学条件之一的地理、气候环境所造成的黑色人种的肤色特点,与由这些条件所造成的黑色人种关于人的肤色的审美理想,必然是对应的、统一的。"①

四、新时期我国以系统论思想对苏联反映论文论的反思

不过,尽管苏联系统科学在上世纪 80 年代在我国人文学界得到了广泛的译介与研究,并直接影响了我国在"方法论热"中的主要思路和方向;但是,80 年代我国的美学和文论的"方法论热"更具解放思想的巨大意义,"方法论热"不断冲击着1949 年以来我国的以苏联反映论为基础的文学理论框架。真可谓以其人之道还治其人之身!

杨春时在 1987 年出版的《系统美学》专著中认为,1949 年后我国占主流地位的蔡仪美学和《文学概论》、以群主编的《文学原理》,都是受了苏联反映论美学和文论影响的中国翻版,具有明显的缺陷。② 在杨春时看来,"审美活动是一个有机整体,它包括不同的环节(创作、欣赏、评价)、层次(人类、社会、个体)、对象(现实美和艺术美),以及审美意识的诸种因素,内容和形式的一系列范畴,总之,是纵向和横向、动态与静态的复杂关系。要把这种复杂关系以严整的概念、范畴体系表现出来,只有运用系统方法。"而所谓系统方法,"我们指的是由系统论、控制论所提供的科学方法。"③

黄海澄的"三论"美学也针对苏联反映论美学进行深度反思。他在代表作《系统论、控制论、信息论美学原理》一书针对苏联反映论美学的鼻祖即以别林斯基、车尔尼雪夫斯基、杜勃罗留波夫为代表的俄国"自然派"批判道,只强调美的属性是"天生的、命定的",不考虑"审美现象是怎样发生的和起什么作用",于是"事物的因果关系链条断了",所以它是一种"机械唯物主义"或"绝对的"客观论。④ 黄海澄主张,应当"从人类的审美机制作为人类系统演化和社会发展中必然出现的调节系统

---

① 黄海澄:《系统论、控制论、信息论美学原理》,湖南人民出版社 1986 年版,第 123 页。
② 杨春时:《系统美学》,中国文联出版社 1987 年版,第 11 页。
③ 同上书,第 31—32 页。
④ 黄海澄:《系统论、控制论、信息论美学原理》,湖南人民出版社 1986 年版,第 65 页。

的角度来肯定美的客观性"①。这种系统调节机制正源自系统论、控制论和信息论的基本思想。

作为将方法论引入文艺批评的第一人林兴宅，在论述中不乏对 1949 年以来我国文论的痛彻反思，也让我们看到了反思苏联反映论的意图。林兴宅在《从思维方式角度看系统科学方法论在文艺批评中的应用》一文中强调，文艺批评应该秉持系统论的整体性原则。他说："我们过去的文艺理论也讲整体性，但过去所理解的整体是一种机械整体"，即"一部文艺作品，也把它看成好像一部机器一样，可以分拆为各种零件，先分成内容与形式两大部分，然后内容再分为题材、主题、人物、情节等，形式再分为语言、结构、体裁。似乎一部作品就是政治内容与艺术形式的相加。"这只是"依靠事物进行机械分割，静止地考察其部分"，然后以各部分相加之后来达到所谓的整体性。而系统论的整体性原则是"首先从整体入手，考察各部分之间的联系方式"。② 这一论述显然是在否定新时期以前在我国大行其道的机械唯物论，而这种机械唯物论正是新时期以前我国文论所秉承的苏联反映论的体现，至少他们在本质上是完全一致的。过去我国美学和文论师从的苏联反映论是一种简单、机械的认识论。而对于系统论，林兴宅则评价道："系统科学方法论的诞生正是人类认识史上的一场深刻的革命，它是引导人们超越知性分析时代，迈向理性自由王国的有力的思维工具，它与艺术——审美的方法有内在的同一性。"因此，"系统科学方法论的整体优化原则，实质上就是人与世界的审美关系的原则"。③

综上所述，系统科学理论（主要是指系统论、控制论、信息论，也包括由以上三论衍生而来的耗散理论、协同论和突变论）首先从自然科学领域引入我国，很快作为一种"元科学"理论和辩证法的"具体形式"转而进入我国哲学领域，再在人文社科领域大行其道，以至于在我国美学、文艺理论和文学批评的转型发展中得到有效的运用。其中每一个环节，苏联系统科学理论都扮演了重要的角色，起到了举足轻重的积极作用。80 年代我国在美学和文论转型过程中对于外来理论的借鉴，并非以往人们普遍认为的那样，主要来自西方国家，实际上来自苏联的理论学说也很不少，方法论热就是一例。但是，我国在 80 年代美学和文艺理论中的"方法论热"以突破旧框架、解放思想为宗旨，因此它在引进苏联系统科学理论的同时，又在对 1949 年以来师从的苏联反映论美学和文论进行着深刻的反思。可见，在 80 年代

---

① 黄海澄：《系统论、控制论、信息论美学原理》，湖南人民出版社 1986 年版，第 70 页。
② 林兴宅：《从思维方式角度看系统科学方法论在文艺批评中的应用》，《艺术生命的秘密》，海峡文艺出版社 1987 年版，第 194 页。
③ 同上书，第 209 页。

方法论热的过程中，我国学界对苏联理论是一种"双向关系"，即既有学习也有批判，采取的是一种为我所用的"拿来主义"的态度。

第二节　阿甘本的"神圣人"与神圣美学[①]

Homo Sacer 是阿甘本哲学美学最核心的概念，也是当代政治哲学最具活力的词语之一。他给 Homo Sacer 的定义："神圣人就是因罪被人民审判的人，这些人不能作为牺牲献给神，杀了他们也不会被判杀人罪。实际上，第一保民法记载'如果杀了民众所认定的牲人，不算犯杀人罪'。这就是为何坏人和不洁的人常被认为牲人的原因。"[②]但是，作为"神圣人系列"核心的神圣人的本质及其来龙去脉，阿甘本却认为是个理论的难题，并且语焉不详。国内外学者对这个概念也争论不休。其焦点在于：拉丁文 Sacer 一词具有"神圣的"和"受诅咒的"相互矛盾的双重含义，从而导致神圣人概念的悖论性：首先是神圣人作为牺牲，却不能献祭给神；其次是被人法所排斥为坏人或不洁之人，然而杀死他们却不为犯罪。也就是说，阿甘本的Sacer 概念留下了三道难题：第一个问题，为何神圣人是神圣的献祭者，又是污秽的受诅咒者？第二个问题，为什么神圣人作为牲人，却不能用于献祭？第三个问题，为什么任意杀死神圣人，而不负法律责任？

有些学者认为，神圣人是现代生命政治中赤裸生命的原型。"本书的主角，就是赤裸生命，即神圣人的生命，这些人可以被杀死，但不会被祭祀。我们要阐述的，就是这些人在现代政治中所起的根本性作用。"[③]他们的共同特点是把存在于古希腊、古罗马、中世纪等古代世界的神圣人概念用现代性的思想来予以解读。我认为，如果要深刻理解阿甘本的神圣人思想的当代价值，也需要在文化人类学视角下把神圣人置于早期社会大型节日庆典活动中予以探究。

一、神圣人与两种节日庆典仪式

阿甘本的难题，大概在弗雷泽的《金枝》和巴赫金的《拉伯雷研究》中可能找到答案。其实阿甘本自己早就意识到了神圣人的含义与古罗马的农神节等宗教节日庆典活动有根本性的联系。"民俗学家与人类学家长久以来便熟稔那些周期性的

---

① 原载《外国文学研究》2024 年第 6 期。作者韩振江，上海交通大学教授。

② Giorgio Agamben, *Homo Sacer: The Sovereign Power and Bare Life*, tr. Daniel Heller-Roazen, Stanford University Press, 1998, p.71.

③ 吉奥乔·阿甘本：《神圣人：至高权力与赤裸生命》，吴冠军译，中央编译出版社 2016 年版，第 13 页。

节庆/庆典(例如在古典世界的酒神节与农神节,以及中世纪与现代世界的闹婚活动和嘉年华),而这些庆典乃是以无羁的放纵和正常的法律与社会阶层的悬置及倒转为其特征。……也就是说,这些庆典开启了一个打破并暂时颠覆社会秩序的失序时期。"①令人遗憾的是阿甘本并没有沿着古典世界的农神节、狂欢节等人类学和民俗学方向探究下去。

我认为神圣人的"神圣性"还得溯源到原始初民时期的图腾神崇拜和宗教祭祀活动。在人类学家看来,原始时期的部落首领或国王、大祭司、图腾神是合为一体的,都具有神圣性。而最早在巫术仪式和宗教庆典中被"杀死"的神圣人就是大祭司兼国王,后来演变成农神节、狂欢节中表演性、滑稽性的节日国王-小丑形象了。

在农神节、酒神节中,人们不再从事生产活动,而是奢侈地把食品、美酒等统统拿出来,与所有人一起共享,纵情狂欢。他们通宵达旦地跳舞和歌唱,也相互欢快地殴打和辱骂,大家互相接触,形成一种颠覆严肃的社会等级的"亲密关系"。在古希腊和古罗马农神节中,奴隶也被允许像主人一样生活,暂时拥有自由民的权利。在这些游戏性的狂欢式活动中,有一个主要的仪式,这就是全民选举一个农神节的国王。挑选的方式是多样的。在古希腊早期或其他原始民族中,这个狂欢节的国王是真实的国王或王子。但后来,国王选择了有血缘关系的继承人或者无亲属关系的替代者,比如乞丐、战俘、病人、奴隶等来充当农神节的国王。在酒神节或农神节中,节日国王被盛装打扮,节日期间拥有国王的实际权力,享受纵欲狂欢的生活,被人们簇拥游行。但等到节日庆典要结束的时候,狂欢国王就会被打掉王冠,剥掉衣服,穿破烂衣服或涂满油彩,就像乞丐一样,被人们用石头或刀枪杀死。巴赫金把推选农神节国王或王后,并在节日庆典结束时把他们杀死的仪式称之为"加冕-脱冕"仪式。他认为这一仪式是农神节、酒神节、复活节等狂欢节的民间节日庆典的核心。因为国王-祭司被杀死,实际上是原始先民在更新人神的生命,这是保持人神控制自然的一种方式。

在原始人的观念中,大祭司/国王的生命与神的生命是融为一体的,即人神。当部落出现各种不可预测的不幸事情,比如天气干旱无雨、部落间战争失败、人畜不旺、生病或死亡等,他们都认为这些事情与首领的生命力衰老有关系。于是,原始人认为,既然神力寄居在祭司或首领的身体之内,那么更新这个"宿主"来使神灵的神力得以更新,所以他们在祭司或首领身体出现衰老或疾病的时候,就会杀死他们。这种定期更新大祭司/神的生命力的仪式,其基本思想是杀死人神生命就是更新生命的观念,即死亡即新生。实际上,这是通过更新自然生命而更换主权者的政

---

① 吉奥乔·阿甘本:《例外状态》,薛熙平译,西北大学出版社 2015 年版,第 112—113 页。

治形式。原始社会,甚至到古希腊社会早期,原始部落或民族还会真的杀死国王或者大祭司,然后选择身强力壮者作新的国王。但随着社会化程度的增加,人们越来越聪明,后来就演变为一种部落的仪式了,即狂欢节。

与此同时,在原始部落还有另一种重要的仪式,即驱邪仪式。当出现天灾人祸的时候,土著部落都会找一个替罪羊,去顶替人们的罪孽,然后把他烧死或用石块砸死,目的是让他牺牲生命去救赎整个民族或部落的人民的罪恶。弗雷泽在《金枝》的第五十七章"公众的替罪者"和第五十八章"古罗马、希腊的替罪人"详细地探讨了狂欢节国王与替罪者融合的驱邪仪式。弗雷泽指出:"定期为人负罪的替罪羔羊也可以是一个人。在尼日尔河的奥尼沙城,为了消除当地的罪过,过去每年总是要献出两个活人来祭祀。这两个人牺是大家出钱购买的。……把收集起来的这些钱拿到本国内地购置两个有病的人来献祭。"[1]"雅典人经常用公费豢养一批堕落无用的人,当城市遭到瘟疫、旱灾或饥荒这一类灾难时,就把这些堕落的替罪羔羊拿出两个来献祭:一个为男人献祭,另一个为妇女献祭。"[2]据弗雷泽研究指出,不仅雅典人用不洁的牲人替罪献祭,而且色雷斯人、卢卡迪人、小亚细亚人等都会用牺牲牲人的生命来禳除灾祸。

在原始时期,杀死/更新国王的仪式与替罪仪式是同时并行的,但在古希腊的狂欢节、罗马的萨图恩节等节日庆典仪式中,这两种仪式逐步融合了,两种牲人也融合为一种。弗雷泽指出,"用神做替罪羊的办法,是把两种曾经彼此不同、彼此独立的风俗结合起来。一方面,我们讲到过,有一种风俗是杀掉人神或动物神,以防他的神灵生命因上了年纪而衰老。另一方面,我们讲到过,有一种风俗是每年清除一次邪恶和罪过。那么,人们如果想到把这两种风俗合并起来,结果就是用临死的神做替罪羊"。[3] 因此,弗雷泽研究了古希腊罗马的萨格利亚节的风俗仪式之后指出,牲人的确作为公众替罪羊而带走人们的罪过,但更早的时候该牲人则是植物神的化身(即人神),杀死牲人是为了更新植物和动物的繁殖力和生命力。

这样来看,献祭给古希腊和罗马诸神的牲人与狂欢节和替罪仪式中的牲人之间的区别也是明显的:即一个神圣,另一个堕落。弗雷泽指出,在古希腊和罗马,替罪者一般会选择犯罪的人、乞丐、流浪汉等,总之,其身份卑贱、地位低下、充满不洁和污秽。这充分说明,只有那些丑陋的、残缺不全的、有罪的人才能替代正常人去向神赎罪。赎罪的人,不能作为牺牲向古希腊和罗马的诸神献祭,因为献祭的人是

---

① J. G. 弗雷泽:《金枝》,汪培基、徐育新、张泽石译,商务印书馆 2019 年版,第 888—889 页。
② 同上书,第 902 页。
③ 同上书,第 898 页。

纯洁的人,而替罪的人恰恰是不洁的人。而献祭者与替罪者之间的区别,是阿甘本所忽略的。

那么,为何阿甘本又说神圣人不能给神献祭,而人们杀死他们又不为犯罪呢?这就涉及到古希腊和罗马的酒神节和农神节中,神圣人作为人神象征和替罪者的双重性所导致的。在狂欢节中一般选择地位低下、贫病堕落者为狂欢国王,也即体现了替罪者的特征。阿甘本所谓杀死牲人不是犯罪,应该是指两种情况:第一种是指在狂欢节之中的杀死人神-国王的行为,因为狂欢节中本来杀死人神就不是犯罪;第二种是指,假如被公众推选的节日国王/替罪者(神圣人)不愿意履行职责时,神圣人被人们杀死也不是犯罪行为。

首先,在古印度的谷物保护神甘西阿姆神的祭祀、西藏新年"协敖"祭祀、古希腊的萨格里亚节、古罗马的萨图恩节等也上演着杀死人神的节日庆典仪式。弗雷泽说:"在更早野蛮的时代,古意大利有个普遍的做法,即:凡是流行崇奉萨图恩的地方,都选出一个人在一段时间内扮演萨图恩,享有萨图恩一切传统的权利,然后死去,或是自杀,或是假手他人,或死于刀杀,或死于火焚,或死于绞刑树上,他是以善神的身份而死的,这个神为人世贡献出自己的生命。"[1]换句话说,在农神节等大型节日庆典中,杀死人神-国王,也就是杀死神圣人,是一个非常正常而普遍的事情。其次,弗雷泽指出,假如神圣人拒绝担任和履行狂欢节国王的职责时,被人们杀死而人们不用担负罪名。在基督教典籍中曾记载,公元 303 年农神节前夕,人们抽签选中一个基督徒士兵达修斯作狂欢国王,但该士兵坚决拒绝这一职务,于是 11 月 20 日凌晨被斩首。后来,达修斯被基督教封为圣徒,他的事迹被记入基督教徒殉教史中。[2] 这个罗马士兵就是比较典型意义上阿甘本所谓的"神圣人",即他不能用于罗马诸神的献祭,但是人们可以随意杀死他,不用担负任何法律责任。换言之,让他去扮演狂欢节国王他不同意,即神的法律推选他要当一个人神-替罪者,他拒绝履职,那么罗马民法就宣布可以任意杀死他。这是神圣人在古罗马农神节中存在的一个确切例证。因此,阿甘本认为神圣人就是一种双重的例外状态,他同时被神法和人法所排除。神的法律不接受你,人的法律也不接受你。神圣人是这两种法律秩序的例外状态中的赤裸生命。

总而言之,严肃宗教节日庆典仪式中,献祭者是神圣的、被杀死的,在狂欢节等民间宗教节日庆典中,献祭者也是神圣的,但也是污浊的,是传统的祭司、国王与乞丐、奴隶等赎罪者的结合。狂欢节中,献祭者如果不参加献祭,就会被民间法律杀

① J. G.弗雷泽:《金枝》,汪培基、徐育新、张泽石译,商务印书馆 2019 年版,第 912 页。
② 同上书,第 910 页。

死,而不承担任何责任。献祭者是神法(宗教节日律法秩序)与世俗政治法律秩序的双重否定,神法要求献祭者牺牲,世俗社会法律要求有人献祭,古罗马基督教有不愿意献祭而被杀的例子。献祭者就是神圣人,即赤裸生命。他是介于官方宗教节日庆典仪式与民间宗教节日庆典之间,介于神法与民法之间的赤裸生命。其政治学意义在于政治的例外状态下被任意剥夺了形式生命的赤裸生命,例如奥斯威辛、关塔那摩等。

二、神圣与亵渎:狂欢节的双重性

农神节、酒神节和狂欢节等庆典仪式的核心是国王-替罪者的加冕与脱冕仪式,表达的是至高身体的神圣性与亵渎性的双重性转化,因此神圣人的身体既是神圣的,也是亵渎的。然而,对于神圣仪式的滑稽模仿及其亵渎的艺术具有颠覆和解构政治权力秩序的功能。

阿甘本认为,拉丁词 Sacer(神圣人)是具有纯洁与不洁、神圣与受诅咒的双重含义的。"'Sacer'指这样一种人或事物:人们只能靠弄脏自己或变脏,才能接触这样的人或物。故而该词具有如下双重含义,'神圣的'或(近似)'被诅咒的'。"①这是一个涉及祭祀和禁忌的神圣领域,凡是用于献祭的物品或人都属于禁忌范畴,一方面它或他是神圣的,不可触碰的,另一方面又是污秽的、受诅咒的。

从历史上来看,神圣人本身就存在神圣与亵渎的两重性。如果从人类学的角度来看,神圣人的这种矛盾的两重性在古代先民时期就存在了。按照弗雷泽的研究成果表明,神圣人是多重身份的集合体,他在世俗政权中是部落首领、国王,在巫术和宗教领域是大祭司,更重要在农神节中大祭司-国王身份应该合二为一,既为最高的统治者、主权者,也是拥有主宰一切自然的超级人神。作为人神的国王本身就是一种图腾神,身体、环境、器物、语言等涉及他的一切东西都是严肃的禁忌,不可触摸的神圣领域。人神之所以神圣,是人们崇拜图腾神,期望能够保有部族兴旺、风调雨顺、百病不侵。但是如果人神-国王不能完成他的职责,部落有天灾人祸发生而且不能阻止的话,那么人们就会把国王杀死,并且这种杀死是侮辱性、亵渎性的。"世界其他很多地区,国王们曾被期待着要为他们的人民的利益而控制自然过程,并在他们未实现人们的期望时受到惩罚。……但由于国王也是大祭司,并被人们认定可以使五谷丰登,因而在缺粮时,人们便愤怒地杀死了他们。"②后来,这

---

① 吉奥乔·阿甘本:《神圣人:至高权力与赤裸生命》,吴冠军译,中央编译出版社2016年版,第112页。
② J. G. 弗雷泽:《金枝》,汪培基、徐育新、张泽石译,商务印书馆2019年版,第152页。

种杀死国王-人神的仪式就体现在了农神节、酒神节等大型全民的节日庆典仪式中了。

那么,为什么在农神节中国王会变成像丑角、傻瓜、乞丐一类的诙谐角色呢?巴赫金认为,在这种加冕-脱冕仪式中本身就包含着国王与小丑的交替性和更新性。狂欢节的精神就在于不把任何东西看作是永恒的,它所庆祝的是交替和更新本身。加冕中预示着脱冕,脱冕中包含着新生的加冕,二者是对立统一的。与此同时,国王与小丑的加冕-脱冕仪式具有积极的意义,因此经常在文艺作品中表现出来。在雨果《巴黎圣母院》中最丑的男人卡西莫多被选为狂欢国王,在狂欢节结束的时候人们象征性地杀死狂欢国王。所以,狂欢节仪式里,实际上是国王(主权者)和牲人(赎罪者),这最高的形式生命与最低的自然生命合二为一了。因此,狂欢节时总要找一个有罪的、丑陋的、低贱的乞丐、流浪者或者罪犯做国王,然后再把他杀死,完成脱冕仪式。

在这里,阿甘本对于游戏与仪式的论述与巴赫金对两种宗教节庆的划分有异曲同工之妙,二者观点高度契合。他与巴赫金一样,重点引用了弗雷泽《金枝》中描述的苏格兰的酒神节和古罗马的农神节的情景。阿甘本认为,酒神节、农神节、巴比伦的新年节庆、中国的元宵节、波斯的新年庆等各种大型庆典都具有两种特征,即既是仪式性的、又是游戏性的,是仪式和游戏的融合。阿甘本说:"例如葬礼——其中仪式和游戏具有临近性。人人都记得《伊利亚特》的第二十三章中普特洛克勒斯的葬礼结束时对比赛的生动又细致的描述。阿喀琉斯整晚都注视着焚烧他朋友尸体的柴堆,呼唤着他的灵魂……。突然间,悲痛停止了,取而代之的是赛车、拳击、摔跤和剑术比赛爆发出来的欢愉和热情,对此我们通过自己的体育赛事已经非常熟悉了。"[①]古希腊和古罗马葬礼仪式来说明仪式与游戏、严肃与戏谑、神圣与亵渎的双重性共存的特征。

阿甘本认为,在社会庆典活动中仪式与游戏是共存的,二者是相互依存和相互转化的。仪式与游戏共同属于社会结构的两个子系统。仪式是共时性能指,是把游戏性经验转化巩固为社会制度。游戏是打破共时性社会仪式的事件,作为历时性能指的游戏可以重新改造社会经验。阿甘本说:"在所有社会中,我们这里所称的仪式与游戏共同构成了历时与共时的指意关系。历史绝不是历时的连续体,从这个视角看,历史不过是仪式与游戏不断生产历时能指与共时能指之间关系的结

---

① 吉奥乔·阿甘本:《幼年与历史:经验的毁灭》,尹星译,河南大学出版社 2016 年版,第 118—119 页。

果。"①由此可知,阿甘本把仪式性庆典与游戏性庆典看作是社会构成的两个相互矛盾的动态系统,二者之间的张力与转化才构成了历史。

三、滑稽模仿:渎神的艺术

阿甘本和巴赫金都认为,官方宗教的仪式性与民间狂欢节的游戏性在相互转化中,这种转化就是对神圣的戏谑性模仿,而作为游戏的滑稽模仿则是文学艺术的诞生之路。古希腊和古罗马时期的农神节,既有严肃的仪式,也有戏谑的游戏。巴赫金认为,狂欢节实际上是对官方宗教节日庆典的戏谑性模仿,即滑稽模仿。在保留狂欢国王加冕-脱冕仪式这个核心精神下,一切神圣仪式就转化为戏谑性的游戏,这一游戏形式就是滑稽模仿,也就是阿甘本所谓的神圣的亵渎。神圣的亵渎,即渎神(profanare)是指把原本属于神圣领域的祭祀活动之物转移到世俗世界中予以使用或游戏。从神圣化与亵渎化的双重视角,阿甘本再次阐释了神圣人(scaer)的双重含义:神圣人既有庄严的献祭给众神之意,也有被诅咒的排除在共同体之外的含义。而神圣人的污秽和亵渎之意,阿甘本认为是一种神圣之物在非神圣领域的运用,一种神圣之物的剩余,即世俗化对神圣领域的触染。

如果说渎神是神圣之物在非神圣领域的非功用性使用,那么作为游戏之一的滑稽模仿就是神圣被亵渎的主要方式。阿甘本认为,滑稽模仿源自古希腊的史诗的颠倒性模仿,即"通过变化用词,它把意义变换为某种荒谬的东西"。②巴赫金称之为"神圣的戏仿",是源自狂欢节戏仿游戏的一种狂欢化文艺形式,也是古希腊到中世纪大量存在的滑稽模仿作品的总形式。

阿甘本也把神圣之滑稽模仿追溯到了古希腊和古罗马的文艺作品,并在中世纪的滑稽模仿形式中给予理论总结。③第一,对原文本的戏谑性模仿,使得严肃的内容转化为滑稽的东西,这也就是巴赫金所谓的"脱冕"和"降格"。第二,在原有的文艺形式中加入了不相称的、不协调的新内容,进而改变了文艺形式本身。第三,滑稽模仿与文学虚构之间保持一种张力,这成为文学的本质特征。从本质上说,文学是一种虚构,但滑稽模仿并不质疑文学对象的真实性。

阿甘本认为滑稽模仿有多重源头。对宗教神圣庆典仪式的滑稽模仿也是其源头之一。这里主要是指中世纪和文艺复兴时期骑士文学和教会文学中的滑稽模仿

---

① 吉奥乔·阿甘本:《幼年与历史:经验的毁灭》,尹星译,河南大学出版社 2016 年版,第 111 页。
② 吉奥乔·阿甘本:《渎神》,王立秋译,北京大学出版社 2017 年版,第 58 页。
③ 同上书,第 59 页。

之作。他认为严肃的宗教仪式中某些神秘的时刻总会有些初入教者进行浮夸的滑稽的模仿，这种也是神圣的亵渎，不过是被允许的。他认为像 12 世纪末的《奥迪吉尔》(Audigier)把高贵的领主放在屎尿等境域中挑战，并真正地戏仿了骑士授职仪式。同样，《堂吉诃德》也是对骑士文学的精明的滑稽模仿，嬉笑声中使得骑士道在西班牙销声匿迹了。阿甘本认为，这些模拟之作"不过是残酷地阐明一种已经在骑士文学和爱情诗中在场的滑稽模仿的意图：混淆和隐匿分离神圣者和神圣之外者，爱与性，崇高和卑下的那道门槛。"①用巴赫金的话来说，就是把高贵与卑下、神圣与亵渎相互转化，这种滑稽模仿是使艺术再生的良药。从语言学上来讲，滑稽模仿是整个意大利文学的传统。"在意大利诗人那里，滑稽模仿并不是简单在某个严肃的形式中插入或多或少的滑稽内容，相反，可以说，(对他们来说，所谓滑稽模仿)是滑稽模仿语言本身。因此，它也就是把一种分裂引进了语言——或者说，在语言(因此也在爱情)中发现一种分裂，此二者说的是同一回事。"②也就是说，滑稽模仿导致了意大利文学中拉丁语与通俗拉丁语、文学语言与日常语言、《圣经》文本与《神曲》等之间的分裂，这种分裂也成为文艺创新的道路之一。

从神圣人所具有的神圣与亵渎的双重性到狂欢节对严肃宗教庆典仪式的滑稽模仿，从狂欢式的滑稽模仿到作为文艺形式的滑稽模仿，阿甘本，甚至是巴赫金到底要表达什么样的基本思想呢？文艺是来自对狂欢式形式的滑稽模仿，滑稽模仿的游戏具有何种意义？如果我们引入阿甘本的潜能概念的话，可能理解滑稽模仿在神圣领域与渎神领域、仪式与游戏之间转化的意义。阿甘本认为，人类本身存在着潜能，或者说人是以潜能-实现模式存在于世界中的。他把潜能分成了三种：第一种是潜能在某种条件和形式下在人的身上实现了，我们称之为实现的潜能；第二种是人们有某种潜能，但没有实现这潜能的条件，也就是不能实现的潜能；第三种是人们有某种潜能，也有实现的条件，但人们主观上不想去实现这一潜能，即无功用的潜能。或者说是潜能不用。在阿甘本看来，潜能在生产和生存领域中的实现，使得人们落入了终日劳作或者社会结构的制度性陷阱中，这是他不愿意看到的。而他特别推崇人们有潜能而不用的这种存在状态，即无功用或无作，而这种无作不是不做事情，而是做自己快乐的事情，也就是说做挥洒生命力、使得人生感到快乐的事情。这种不为阶级社会压抑性劳动服务的、而为自己生命快乐服务的事情之一就是游戏和审美领域，是文学艺术的活动。作为渎神游戏的滑稽模仿，实质上就是一种把人类从制度性压抑的仪式中解放出来的审美活动，也是人类无作的

①　吉奥乔·阿甘本：《渎神》，王立秋译，北京大学出版社 2017 年版，第 68 页。
②　同上书，第 71—72 页。

有为,是生命潜能的快乐之功用。

综上所述,神圣人及其带来的神圣的宗教节日庆典仪式在人类的社会活动中有何作用呢?阿甘本认为,农神节、狂欢节等民间节日游戏与严肃宗教仪式的挪用及滑稽模仿,都是为了让人们能够悬置这些严肃的压抑的日常,悬置其日历和行程,从中抽离出来,做一些属于人的生命潜能释放的事情,做一些由自己决定可以不做的事情。"在每一个狂欢节,例如罗马的农神节中,现实的社会关系被悬置了或扭转了:不仅奴隶可以对主人下命令,王权也被置于一个模拟国王手中,它取代了合法国王的位置。通过这一方式,庆典揭示性地把自己表现为是对现有价值和权力的一种消解。"①阿甘本指出,节日庆典的悬置并不是否定和废弃宗教维度或者人们不再劳作,而是让人们以一种新的庆典方式展示出来,让人们在无功利活动中实现那些属于生命快乐的潜能。最后,用阿甘本充满激情的话来作个小结吧:"吃,不是为了果腹;穿,不是为了蔽体或防寒;醒来,不是为了工作;走路,不是为了去某个地方;说话,不是为了交流信息;交换物品,不是为了买卖。"②

第三节　美学和文学的政治:雅克·朗西埃的启示③

美学和文学与政治的关系历来重要,但在中国传统伦理型美学和现代以来长期革命战争背景下,美学和文学被赋予了"经国之大业,不朽之盛事"的极高地位,造成其从属、服务于政治观念盛行。改革开放后,党的文艺方针调整为"文艺为人民服务,为社会主义服务",促进了中国特色当代美学和文论的发展,可是当前仍有"文艺应该脱离政治""文艺的目的就是它自身"的观点传播,不利于美学和文学与政治关系的正确处理。鉴于此,学习法国当代哲学家和美学家雅克·朗西埃的"美学的政治"和"文学的政治"理论观点有助于正确处理两者之间关系。

一、政治与元政治

中国当代美学与文论界对"政治"概念存在多元阐释,比如,政治就是阶级斗争,政治就是权力,政治就是治理,政治就是政策等等。虽在一定程度上是有效的,却未必完全契合社会主义初级阶段的中国当代美学和文艺理论。雅克·朗西埃在研究美学和文学与政治的关系时提出了一些新的设想:明确区分"政治"

---

① 吉奥乔·阿甘本:《裸体》,黄晓武译,北京大学出版社2017年版,第202页。
② 同上书,第201页。
③ 原载《江汉论坛》2021年第5期。作者张弓,华东政法大学教授。

(politics)和"治安"(police)两个概念,并提出了明确的"元政治"的概念,规定元政治是对预设的平等的追求,并且明确提出了"美学的政治""文学的政治"的范畴,令人耳目一新。

雅克·朗西埃在《美学中的不满》指出:"政治并不是权力的实施和争权的斗争。它是一种特殊空间的布局,它架构了特殊的经验领域,将其中的各种对象呈现为公共性的和属于公共决定的东西,认为主体可以决定这些对象,并对这些对象提出主张。此外,我已经试图说明,在这个意义上,政治就是那个空间中的生存斗争,是关于各种对象是否属于公共之物,主体是否有能力进行公共性的言说的冲突斗争。"[1]因此,朗西埃明确区分了"政治"(politics)和"治安"(police)两个概念,把我们通常所理解的"政治"称为"治安"。"朗西埃把上面提及的内容重新命名了:他把分配体系称为'治安'。朗西埃反复地提及一个短语'治安秩序',用来指称所有的社会等级制度——我们每天在这些秩序中自由行动。他不只是使用'治安化'来表示制定政策……大多数我们想带入政治的东西其实都是治安。""在他的论证的核心,朗西埃用治安来指社会组织,即组成社会整体的各个部分的划分和分配。然后,我们意识到治安是朗西埃用来指称我们通常理解为日常利益集团政治的东西。物品与服务的分配,角色和地位的安排,经济的管理——所有这些都是治安秩序的一部分。朗西埃简明扼要地说,治安命名的是'社会事务的象征性构成'。"[2]这样就可以让我们明白,美学和文学的政治性、美学和文学与政治的关系就不仅仅是美学和文学为阶级斗争、管理治安、宣传政策、国家利益等权力的实施和争权的斗争服务,而是要通过文艺(文学艺术)来"重新架构一个物质的和象征的空间",因为"艺术之所以是政治性的,恰恰是因为艺术相对于这些功能保持了一定的间距,是因为它用某种方式架构了时间和空间的类型,以及它架构了时间和空间中的人民。"[3]这无疑是非常有价值的区分和提醒。我们应该提倡"文艺为人民服务,为社会主义服务",但是,却不应该是一种外在化的、机械化的、概念化、公式化的"政治图解",而是应该以文学艺术的形式来"架构了时间和空间的类型,以及它架构了时间和空间中的人民",使政治成为文艺的内在的构成,去重新建构一种特殊空间的布局,重新架构特殊的审美经验领域,重新塑造出能够驾驭呈现为公共性的和属于公共决定的东西的人民主体,让这些人民大众主体可以决定这些审美的、艺术的对象,并对这些对象提出时代和人民的主张。因此,这种美学和文学与政治的关系,

---

① 雅克·朗西埃:《美学中的不满》,蓝江、李三达译,南京大学出版社 2019 年版,第 24—25 页。
② 让·菲利普·德兰蒂编:《朗西埃:关键概念》,重庆大学出版社 2018 年版,第 76—77 页。
③ 雅克·朗西埃:《美学中的不满》,蓝江、李三达译,南京大学出版社 2019 年版,第 24—25 页。

就并非文艺被动地去"服务"或者"从属于""治安"和"治安秩序",而应该是美学和文学本身就是政治本身,用雅克·朗西埃的概念来说就是"文学的政治"和"美学的政治",或者"作为文学的政治"和"作为美学的政治"。

雅克·朗西埃为了论证美学和文学与政治的关系,还提出"元政治"的概念。他在《美学的不满》中指出:"美学教育和经历并没有承诺,会支持以艺术的各种形式来进行政治解放事业。它们的政治就是专属于它们的政治,这种政治将它自己的形式与那些由不同的政治主体带有歧见地介入所建构的政治对立起来。那么,这种'政治',实际上应当被称为元政治。一般来说,元政治是旨在通过改变情景来终结各种歧见的思想,从民主的表象和国家的形式过渡到地下运动的亚-情景和组成这些运动的具体力量。"①由此,我们也可以按照雅克·朗西埃的启发,进一步把我们的美学和文学的政治真正转化为作为元政治的美学和文学。这种"元政治",按照我们的理解应该是"形而上的政治""根本的政治",朗西埃以他的睿智和灼见把这种元政治的最高表现形式赋予了马克思主义,并且指出了马克思主义元政治的历史唯物主义的根本和形而上性质,并且把这种元政治规定为"生产者的革命"。他的这种规定应该是抓住了马克思主义学说和历史唯物主义的根本和形而上(终极关怀)精髓,那就是要解放全人类,然后才能解放作为生产者的无产者自身。

此外,朗西埃还把这种元政治具体化为"预设的平等"。这个"预设的平等"是朗西埃从法国革命人士和教育哲学家约瑟夫·雅科托(1770—1840)的"智力解放法"中受到启发而形成的一个基本理念:"人类在智力方面是绝对平等的"。他把这种理念运用到民主政治领域。他说:"平等不是一种给予,也不是申诉来的;而是从实践中来的,它是被验证的(verified)。"②朗西埃坚信这种"预设平等"是可以在实践中验证的,在智力和政治上都如此,因此,他把平等作为元政治的目标。当他逐渐转向诗学和美学研究以后,他也就把这种平等作为他的文学的政治和美学的政治的形而上的、根本的目标。在《文学的政治》中他指出:"不只操作一种文学的政治。这种政治至少是双重的。一方面,它标示着将表现赋予社会等级的差别体系的垮台……而在另一方面,这种逻辑在写作的民主前面树立起一种新的诗学,在词语的意指过程和事物的清晰度之间创造出另外的对应原则。它将这种诗学等同于一种政治,或更确切地说,等同于一种元政治,前提是可以将这种替代企图称为元政治,即用充当其基础的某种'真实舞台'和政治陈述。"③由此可见,雅克·朗西埃

① 雅克·朗西埃:《美学中的不满》,蓝江、李三达译,南京大学出版社2019年版,第35—36页。
② 让·菲利普·德兰蒂(Jean Philippe Deranty)编:《朗西埃:关键概念》,重庆大学出版社2018年版,第40页。
③ 雅克·朗西埃:《文学的政治》,张新木译,南京大学出版社2014年版,第28页。

的美学和文学的政治就是一种指向"元政治"的创新的美学的政治和文学的政治。

二、美学的政治和文学的政治

雅克·朗西埃的这种创新可以启发我们：美学和文学的政治主要是指的这种元政治，即在审美体制下的艺术对预设平等的追求。因此，美学和文学的政治主要不是指的"为政治服务""服从于权力"，更不是"图解政策""服务治安管理"，而是使社会共同体中的每一个人都成为平等的人，成为自由发展的人。

关于文学的政治，朗西埃说得非常清楚明白："文学的政治并非作家们的政治。它不涉及作家对其时代的政治或社会斗争的个人介入。它也不涉及作家在自己的书本中表现社会结构、政治运动或各种身份的方式。"他还对其含义进行了阐释："'文学的政治'这种表述势必包含如下含义，即作为文学的文学介入这种空间与时间、可见与不可见、言语与噪声的分割。它将介入实践活动、可见性形式和说话方式之间的关系。正是这种关系分割出一个或若干个共同的世界。"①在雅克·朗西埃看来，文学的政治并不是让作家艺术家进行政治上的表态，或者以文学艺术为武器直接参加到他所拥护的政治反对另一种政治的斗争中去，也不在于在他的艺术作品中直接表现社会的政治结构和政治状况。而是要致力于艺术的纯洁性，用这种与政治紧密相连的艺术的纯洁性去重新架构时间和空间及其人民大众主体，让每一个人民都能够分享审美和艺术的感性经验，达到人类社会应该预设的平等（包括民主、自由）。他开始特别重视文学的政治，因为文学是语言和书写的艺术，而且语言也是人类的一个本质的属性。他运用亚里士多德关于人是政治性的动物的观点的相关论证，也就是说，人作为政治性的动物就是表征为能够运用语言来表达自己的平等的意愿和存在，而不是像动物那样只会发出声音。因此，雅克·朗西埃所说的文学的政治就是一种"对空间和时间的分配和再分配""感性的分割"，他说："这种对时间和空间的分配和再分配，对地位和身份、言语和噪声、可见物和不可见物的再分配，形成了我所说的感性的分割。"②也就是说，文学的政治要通过"对空间和时间的分配和再分配"和"感性的分割"，使得人类从只能吼叫的动物塑造成为能够言语和写作的人，即"说话的生灵"和"政治性的动物"，能够进行民主的写作和自由的言说，从而达到一种"预设的平等"。雅克·朗西埃还从文学的历史发展来看待文学的政治。在他看来，文学艺术是一种艺术体制所决定的。他把艺术体制大致分为三大类：图像（影像）伦理体制，再现（模仿）诗学体制，美学（审美）体制。

---

① 雅克·朗西埃：《文学的政治》，张新木译，南京大学出版社2014年版，第3、5页。
② 同上书，第4—5页。

他在《文学的政治》中特别结合着文学由古典主义的再现体制转向浪漫主义和现实主义的审美体制，谈到了"文学的政治"的这种对人类的平等（民主、自由）的"感性的分割"。他认为是亚里士多德规定了古典主义的再现（模仿）体制的原则，这种文学（诗歌）的政治实质上就规定了一种等级关系，这种古典主义的文学（诗学）的政治，经过一段时间就成为了僵化的教条，从而产生了语言的"石化"。"语言的'石化'，人类行动及意指意义的丢失，就是这种与世界秩序相吻合的诗学等级的解体。这种解体的最明显的方面，就是对主题和人物之间的任何等级的取消，对风格和主题或人物之间任何对应原则的取消。这场革命的原则，即19世纪初期在华兹华斯和科尔律治的《抒情歌谣》中提出的原则，即刻由福楼拜推向极端的后果。从此不再有美丽的主题，也不再有丑陋的主题。"①这样，浪漫主义和现实主义的审美体制就使得任何等级秩序解体了，风格的绝对性（观察事物的一种绝对方式）使得所有的等级都倒塌了。这样就实现了朗西埃所说的预设的平等、民主、自由。这种平等、自由、民主，不仅体现在文学作品，特别是福楼拜、巴尔扎克、雨果等等的小说之中，而且造就了一种新的公共世界的时间和空间及其人民大众。例如，在《驴皮记》中，巴尔扎克开头所描写的古董商店。巴尔扎克说，这个什么都混杂在一起的商店构成了一首无穷无尽的诗歌。"这首诗是双重的：它是高贵物和低贱物，古董或现代物、装饰物与实用物之间伟大平等的诗歌。反过来，它也是众多物品的展现，这些物品既是某一时代的化石，也是某一文明的象形文字。雨果在《悲惨世界》中描写的巴黎下水道也是同样的情况。雨果说，下水道是'真理的水沟'，面具在那里脱落，社会的伟大符号与任一日常生活的渣滓平起平坐。一方面，这里的一切都落入平等的无差别；而另一方面，整个社会的真理都可以从中解读出来，只需分析社会不断沉积在自身底层的那些化石即可。"②这就显示出了文学的政治的政治性，而无需作家艺术家自己去进行表白和实际地参加到政治斗争中去。也就是说，文学的政治或者诗学的政治就通过改变艺术体制来改变语言"石化"的僵化状态，从而从再现体制转变到审美体制，从而打破了亚里士多德以来所"石化"了的文学的等级制度，从而影响和改变了人们的说话方式、行动方式、存在方式，形成了平等、自由、民主的观念和意指方式，从而达到了人们所梦寐以求的平等、自由、民主的写作，而使人们在重新架构的时间和空间中成为新的主体，新的人民，从而能够分享感性分割的分配和再分配的利益和权利，实现了生产者的革命，争取到了平等的说话、行动、意愿、意指、生存的地位和身份。这就是文学的政治或者诗

① 雅克·朗西埃：《文学的政治》，张新木译，南京大学出版社2014年版，第13页。
② 同上书，第20页。

学的政治。

经过一番思考,雅克·朗西埃把他的文学的政治和诗学的政治扩张到了整个艺术,形成了他的美学的政治。他在《美学中的不满》的导言里明确了"美学的政治"的含义,那就是:"将美学看作艺术运作的体制和话语的母体,看作艺术精华的识别形式和对感性体验各种形式之间关系的再分配。""作为艺术的识别体制,美学在自身上是如何承载一种政治或者元政治。"①正如在谈文学的政治或者诗学的政治时那样,雅克·朗西埃要论述的是"作为政治的美学",他所说的美学的政治恰恰就是美学本身,是一种政治性的艺术的识别体制,而正是由于艺术和政治并不是两个永恒彼此分离的实在,"它们是两种可感物的分配形式,二者都依赖于一种特殊的辨识体制",这种在18世纪逐步确定的美学学科就起到了这种艺术辨识体制的作用。因此,"艺术和政治,在它们自身之下,作为一种特殊空间与时间中的独特身体的展现形式而彼此相关联。"②也就如同文学的政治和诗学的政治中一样,艺术也在19—20世纪经历了由再现体制到审美体制(美学体制)的转变,也就是由模仿(再现)的艺术,转变为席勒所说的"自由的表象"或者"自由的游戏"的艺术。这样的美学体制(审美体制)悬搁了凌驾于物质材料之上的形式,以及凌驾于消极性之上的积极性的优先地位,"让其自身变成了一个更为深刻的革命原则,即可感物实存本身的革命,它不再是国家的各种形式的革命。"③那么,美学的政治也就是作为政治的美学,进行了一种更加深刻的人性的革命,由再现(模仿)机制的艺术的等级性转向了美学体制(审美体制)的艺术的自由、民主和平等,也就涉及了社会的生产力和生产关系变革的马克思主义真理,也就是一种生产者的革命,也就是达到了马克思主义学说的最高的、根本的、形而上的、终极关怀的"元政治",也就是解放全人类,建立一种这样的社会共同体,"在那里,每个人的自由发展是一切人的自由发展的条件"。④ 在这里,雅克·朗西埃完成了从席勒的人性美学到马克思的实践美学的跨越和超越,把美学的政治和艺术的政治从旧传统的"治安"和"治安秩序"的政治观念,转变到了马克思主义历史唯物主义"元政治"的观点、立场、方法上,为我们在当下的社会主义初级阶段建设新时代中国特色社会主义伟大事业中正确处理美学和政治的关系、文学艺术与政治的关系,提供了新的思路和新的观念,值得我们学习、研究、借鉴。

---

① 雅克·朗西埃:《美学中的不满》,蓝江、李三达译,南京大学出版社2019年版,第16页。
② 同上书,第26—27页。
③ 同上书,第34页。
④ 《马克思恩格斯文集》第2卷,人民出版社2009年版,第53页。

三、美学、文学的政治观反思

雅克·朗西埃的这种美学和文学的政治观,尽管明显地受到卢梭的平等思想和席勒的人性美学的影响,但是,对于我们建设中国特色当代美学和文论仍然是一种可供借鉴的思想。

作为经历了1968年五月风暴的、后革命时代的、法国西方马克思主义哲学家和美学家,雅克·朗西埃的美学的政治和文学的政治的理论观念,是一种比较复杂的美学理论和文学理论。它不仅包含着对苏联正统马克思主义哲学和美学的反思批判,也蕴含着对他的老师阿尔都塞的结构主义马克思主义哲学和美学的分道扬镳,同时也明显受到了法国启蒙主义先驱者卢梭的平等观和德国古典美学过渡人物席勒的人性美学的影响,还凝聚了他对西方美学和文艺理论从柏拉图、亚里士多德到20世纪和21世纪的各种美学和艺术思潮发展的审视和思考。他的美学的政治、诗学的政治、文学的政治、艺术的政治的追求目标——"预设平等"就是明显来源于卢梭的天赋人权的自由平等理论观念。卢梭主张,人生来应该是平等的,自由的,只是由于私有制和分工使得人类失去了自由和平等。卢梭的《社会契约论》《论人类不平等的起源和基础》等著作,根据18世纪前后有限的人类学思想资源而大胆发挥想象力确立了关于理想化的原始社会的学说以及社会契约论的政治哲学。卢梭明确指出:自然赋予了人类自由、平等的天赋人权,而人类自己却创造了无处不在的不自由和不平等。他甚至认为:谁第一个将一块土地圈起来,并毫无顾忌地说"这是我的",然后找到一些足够天真的人对此信以为真,谁就是文明社会真正的创始人。卢梭的这种历史唯心主义的原始社会观和社会政治理想就成为了雅克·朗西埃的"预设平等"的思想资源。与此同时,雅克·朗西埃还受到德国伟大诗人、德国古典美学从康德到黑格尔过渡的代表人物席勒的人性美学的直接影响,把美学和艺术所造成的"审美自由"作为人类达到人类"政治自由"的必然中介和桥梁,从而提出了"美学的政治"和"文学的政治""艺术的政治"的概念。雅克·朗西埃在《美学的不满》的第一章"作为政治的美学"中专门引述了席勒的《审美教育书简》第十五封信结尾"以寓言方式讲述了特别的艺术雕塑及其政治"[①]。他也许就是在席勒的"自由表象""自由游戏"等概念以及"正是通过美,人们才可以达到自由"的思想指引下,构想了"美学的政治""文学的政治""艺术的政治",并把文学艺术像席勒那样当作人类改变资本主义社会条件下"人性异化"、复归"完整人性"的有效途径。卢梭和席勒的这些思想明显就是一种美学乌托邦的幻象,但是,在人类的"后革命

---

① 雅克·朗西埃:《美学中的不满》,蓝江、李三达译,南京大学出版社2019年版,第28页。

时代"却引起了雅克·朗西埃等西方马克思主义哲学家和美学家的高度关注。这应该是有其一定的时代的必然性的启示,对于我们进一步思考在社会主义初级阶段建设新时代中国特色当代美学和文艺理论有一定的借鉴意义。

第一,朗西埃的"作为政治的美学""美学的政治""文学的政治""艺术的政治"应该可以启发我们,美学和文学艺术与政治有着内在的、必然的固有联系,并不是风马牛不相及的两个实存。这种美学和文学艺术与政治之间内在的、必然的、固有联系,可以让我们改变以前旧有的把文艺与政治的关系当作文艺的外部规律的形而上学的观点、立场、方法。一方面,朗西埃区分"政治"与"治安",提出"元政治"范畴,可以让我们名正言顺地把文艺与政治的关系置于"文艺的内部规律"的范畴;另一方面,"元政治"的概念,能够把政治的概念提高到形而上的、"终极关怀"的高度,从而把文艺为人民服务,文艺为社会主义服务的方针脱离一般人所理解的形而下的、行政操作层次、政策水平上的"政治"(治安),把过去长期革命战争年代和新中国建设社会主义初期流行的以通俗的文艺形式宣传阶级斗争、国家利益、行政政策、治安管理等方面的"文艺为政治服务"的粗放形式,转变为美学、文艺理论、文学艺术的内在驱动。另外,从马克思主义美学和文论关于文艺是审美意识形态的文艺本质论来看,文艺与政治都是一定经济基础所最终决定的社会构成中的意识形态层次之中的成分,因而,作为意识形态整体的不同方面,应该具有内在的同一性。这也就是朗西埃所说的"感性的分割"(感性经验的分享),"可感物的分配形式""时间和空间的分配和再分配""主体和客体的重构"等等。尽管朗西埃的这些说法有些晦涩难懂,玄奥抽象,但是,确实可以引导我们去重新思考、探究文艺、美学与政治的同一性和差异性。实际上,只有真正弄明白了文艺、美学与政治的同一性和差异性,从文艺的内部规律的角度和维度上来处理文艺、美学与政治的关系,才能够真正有希望正确处理文艺、美学与政治的关系。

第二,朗西埃的"文学以文学的身份去从事政治"应该可以启发我们,我们究竟应该如何处理文艺、美学与政治的关系。如果说,前面所述的主要是从文艺、美学与政治的同一性的层面上,从而内在地、必然地,以文艺的内在规律来处理文艺与政治的关系,那么,这里就应该着眼于文艺、美学与政治的差异性来处理文艺与政治的关系。新时期以来,中国当代美学界和文艺理论界已经大体上取得了一种共识:文学艺术是一种审美意识形态。那么,意识形态领域内部不同的意识形态之间应该可以存在相互的作用和反作用,而这种作用和反作用就是这些不同的意识形态之间运用它们的差异性来形成的。因此,作为审美的意识形态的美学和文学艺术就应该运用自己的审美的特征来反作用于政治。这就是朗西埃所说的"文学以文学的身份去从事政治",也就是"作为美学的政治",而不是"文学以政治的身份从事政治"，也不应该是一般所说的"文艺服务于政治"。这样也就把"政治美学"和"美学的政治"的关系正确处理了。因此，雅克·朗西埃说："这两条关系到物质形式和象征空间的构成的路径或许是同一个日常生活布局的两个分支，我们知道，它将艺术的特殊性与某种共同体的存在方式联系起来。"[①]也就是说，文艺以美学体制（审美体制）来进行政治活动，即重新进行"感性的分割""时间和空间的分配和再分配""重新划分了空间与时间，主体与客体，共同之物与独特之物"，而不是把文学艺术直接变成外在政治权力的宣传、阶级斗争的武器、政策的图解、治安秩序的形象说明、人民主体性的图示解释、重大政治事件的记录、进行政治活动的工具。在此，我们想提醒一种现象，那就是不要过分强调文学艺术的"政治的"主题和题材。我们的美学和文艺理论曾经流行过"主题先行论""重大题材论"，提倡"政治主题"和"政治题材"在文学艺术创作和欣赏中的重要性。其实，这种观点已经被中国的现当代的文学艺术实践证明是片面的，甚至是错误的。而且，鲁迅在《革命文学》中说得好："我以为根本问题是在作者可是一个'革命人'，倘是的，则无论写的是什么事件，用的是什么材料，即那是'革命文学'。从喷泉里出来的都是水，从血管里出来的都是血。"[②]所以，"文学的政治""美学的政治""艺术的政治"不在于直接写或者表现政治主题和政治题材，而在于以审美的方式和艺术的方式来写出和表现出文学的政治性。

第三，朗西埃的"文学的政治""美学的政治"应该可以启发我们，实现"文学的政治""美学的政治"的关键在于"美学体制"（审美体制）。雅克·朗西埃在倡导"美学的政治""文学的政治"时，突出了"美学体制"（审美体制）。这个"美学体制"（审美体制）大概来源于乔治·迪基的"艺术体制"。不过，美国分析美学家乔治·迪基的"艺术体制"主要是区分艺术与非艺术的"辨识机制"和辨识标志，艺术体制范畴至少包含三个构成性要素：一是艺术机构，如美术馆、画廊、音乐厅、博物馆、剧院、出版社等机构或美术家协会、作家协会、艺术基金会等政府性文化组织，它是艺术活动得以实践的组织化力量；二是艺术行动者，如艺术家、画廊经理、博物馆馆长、经纪人、艺术批评家、艺术理论家等，它是艺术活动得以进行的创造性主体；三是艺术规范，如史、论、评等艺术话语，它既是艺术机构的组织机制，也是影响艺术行动者行为的一整套审美判断。正是这些"艺术体制"决定了艺术的存在。而雅克·朗西埃的"审美体制"（美学体制）主要是区分不同时代和不同政治的艺术的辨识标志。朗西埃把区分不同性质和不同政治特点的艺术的辨识机制分为三种：影像的

---

① 雅克·朗西埃：《美学中的不满》，蓝江、李三达译，南京大学出版社 2019 年版，第 26 页。
② 王凤霞编：《鲁迅杂文（二）》，线装书局 2009 年版，第 79—80 页。

伦理体制、艺术的诗学/再现体制、艺术的美学体制(审美体制)。在这三种体制中,再现的体制指向的是一种等级的政治,艺术的美学体制指向的是一种平等、自由和民主的政治。在他看来,从再现体制到美学体制的转变就是西方的文学艺术由古典主义的文学艺术向浪漫主义和现实主义的文学艺术的转变,也就是由等级制度的文学的政治或者艺术的政治转向了平等、自由和民主的政治,也就是西方文学艺术的现代化进程。由此可见,在雅克·朗西埃那里,要实现美学的政治或者文学的政治以及艺术的政治,就是要有一种指向平等、自由、民主的"美学体制"(审美体制)。尽管朗西埃的这种美学体制(审美体制)说得比较抽象玄奥,而且也或多或少有着西方18世纪启蒙主义的人性论、人道主义之嫌,似乎说到底在当今的法国和整个发达资本主义世界中也只不过是一种像卢梭理想化了的原始社会和原始自然人的幻象或者席勒的审美乌托邦或美学乌托邦。但是,雅克·朗西埃的这种美学的政治和文学的政治的理论观点,是否可以引导我们在社会主义初级阶段的中国现实之中去寻找一种能够真正达到马克思主义所力图实现的"自由全面发展的人""每个人的发展是一切人自由发展的前提"的社会共同体的精神文明建设的途径呢?是否能够在社会主义制度下去通过美和审美及其艺术来进行审美教育,去逐步实现"自由全面发展的人""每个人的发展是一切人自由发展的前提"的社会共同体呢?我们认为,答案应该是肯定的。

总而言之,雅克·朗西埃的美学的政治和文学的政治的理论观点,通过它的特殊的概念范畴的规定和超越西方传统美学和文艺理论的探索创新,给我们在建设新时代中国特色当代美学和文艺理论,正确而有效地处理美学和文学艺术与政治的关系方面,提供了可资借鉴的思想资源,值得我们学习和研究。

第四节　从"知觉"到"感觉":以塞尚和培根为例[①]

16世纪以后,西方思想中的认知模式和思维方法发生了断裂,人们不再用神谕、想象、魔法、相似性去探索世界,而是在培根、笛卡尔的质疑中开始用分析、推理、实验等理性原则把握世界,寻找让世界如此这般的那个本质结构和根本秩序,在绘画上表现为运用透视原则将事物组织在一个有序的图景中。在笛卡尔著名的蜡块分析中,将蜡块的属性化约为广延,即可延展的、可伸缩的、可变动的东西,是算术和几何研究的对象。事物广延的属性都蕴含在精神之中,于是,数学(算术、几何)、广延(平面、图形、运动)、精神互相对应,共同构成一个平面化的世界。而世界

---

① 原载《美术研究》2022年第4期,作者吴娱玉,华东师范大学中文系教授。

的问题最终要落实在身体之上,于是,笛卡尔将这一模式用于身心的论述,他认为精神不可分,而肉体可分,这种可分性将身体化约为一种广延。笛卡尔的论断几乎奠定了法国哲学关于身心思考的基本范式,使得身体、心灵的概念单纯化,成为没有内在深度和差异的透明体,将认识定义为主观对客观的捕捉和再现。

到了梅洛-庞蒂,身体的位置被突显出来,他认为笛卡尔以来的主客二分赋予我们的只是身体的思想或观念的身体,而不是身体的经验和实际的身体,他从身体出发体悟知觉、思考世界,通过对塞尚绘画的分析展现了他的理论架构。德勒兹受梅洛-庞蒂的启发,改造了柏拉图、康德,经柏格森的洗礼延续了身体-感觉的思想脉络,他从塞尚入手延伸到培根,将"知觉现象学"转化为"感觉的逻辑"。可以看出,身体如同一个漂流瓶随着西方思想史的起伏而跌宕,而我们要追问的是:17世纪以来,身体如何被解读,发生了哪些变化,感觉如何被组织又如何被释放,聚焦于梅洛-庞蒂和德勒兹对绘画的解读,可以看到德勒兹对梅洛-庞蒂的继承与创化,也可以看到身体、知觉、感觉等认知范式的演变轨迹,进而探索一种新的感觉谱系和思考方法。

一、"身体"与"知觉":梅洛-庞蒂对塞尚的解读

1. 身体与世界共在:塞尚绘画中的身体

首先,什么是身体。在西方思想中,柏拉图将世界分为经验世界和理念世界,身体被归属于相对低级的经验世界,笛卡尔的身心二元论是基于"我思"确定了意识的主体地位,区分了内部的心灵与外部的身体。这之后,在西方传统中渐渐形成了一种惯性思维,身体被当作认知对象被简约化、忽略、贬低。但身体不同于思想,思想通过同化、建构和改造等方式思考,而身体显示了一种模糊的存在方式,身体是一个天然的主体,是一个存在的临时轮廓,它不受制于二元对立,具有优先性与含混性,是可见的和可动者,它使事物围绕在自我周围,意味着主动和被动、作用者和被作用者的统一。身体的知觉是视觉、听觉、触觉等经验的综合体,在感知过程呈现的事物是身体各个感官相互交流、共同作用的结果。这种联觉在"向我们说出事物的真相的同时,也是向我们身体的所有感官说出真相。"①身体是一个协作系统,各种感觉在相互作用下形成了一个不可分割的整体。

其次,身体与世界交织。梅洛-庞蒂认为世界的问题从身体开始,在《眼与心》中,他谈到面对世界原初的沉默,必须学会观看:"我们看到事情本身,世界是我们所看到的东西:这种说法表达了一般人和哲学家所共有的一个信念——只要当他

---

① 莫里斯·梅洛-庞蒂:《知觉现象学》,姜志辉译,商务印书馆2003年版,第43页。

睁开眼睛;它们涉及蕴含在我们生活中的更深层次的沉默的'看法'。"①当我注视世界时,世界也在注视我,这不是笛卡尔式的理性直观,而是我观看世界时已身处其中,我与世界同在,在相互影响中获得意义,"世界就是身体的延伸",梅洛-庞蒂将世界作为绝对沉默的他者,通过"身体"建立我与世界的关系。自然与我不是对立,而处于等待召唤、相互召唤的和谐中,在其中见出自身与世界的价值。世界即肉身,无数他者的肉身交织构成了世界的整体性:"世界不是意识的整体,我们的肉身的直觉与混杂的总体性打交道"。②

再次,塞尚绘画中的身体。梅洛-庞蒂以塞尚为例阐释了他的身体现象学,在《眼与心》中谈到眼是可见的身体,心是不可见的精神,身体不同于纯粹意识,这"摆脱笛卡尔通过广延观念理想化的现代几何空间概念,有广延的实体,同质,无限有可以数量地表达、图解地表象的理性规则所支配,由此摆脱了我们的身体经验所见证的事物的全部感觉属性,硬度、颜色、气味、味道,梅洛-庞蒂强调塞尚所开启的'透视变形'为表达提供我们对于世界的知觉黏连"③,梅洛-庞蒂认为正是在画家把身体借给世界,才把世界变成绘画。画家不是依据透视法、几何学、光学原理和颜色分解,而是与风景一起交融与萌生,艺术不是摹仿,而是一种表达活动,将模糊地显现本质作为可认知的对象置于我们面前。

2. 原初"知觉"的呈现:塞尚绘画中的颜色

梅洛-庞蒂脱离原有现象学以自主意识和内在真实为核心的原则,开拓一条叩问事物的沉默本质、描绘世界晦暗的存在哲学。梅洛-庞蒂看来塞尚所要表现的世界已经从外在世界转向了内在世界,试图描绘知觉的整体与世界的统一。

在梅洛-庞蒂看来身体与世界发生关系的方式是知觉(perception)。他批判了传统的经验主义和理智主义对知觉的界定:经验主义将"知觉"与"感觉"混淆,主体拥有感觉能力却不能感知自己,经验主义的知觉是接受外部刺激产生反应的身体机制。而理智主义构建一个先验自我,预设了一个将身体和世界勾连的"普遍思想者",而"普遍思想者"只是事件的旁观者。梅洛-庞蒂认为知觉的主体是身体,身体向世界开放的直接方式是体验。在《可见与不可见》中,梅洛-庞蒂谈及"知觉主体"是匿名主体,在无知领域做"时空旅行的"失忆者,我睁开眼睛注视世界的同时感到世界的回视,像镜子中的自己同时感觉到"能看"与"被看"。我感受到世界的沉默,

① Merleau-Ponty: *Visible and Invisble*, Norethwestern University Press, 1968, pp. 3-4.
② 莫里斯·梅洛-庞蒂:《可见者与不可见者》,罗国祥译,商务印书馆 2008 年版,第 75 页。
③ Carbone: *La Visibilité de l'Invisible: Merleau-Ponty entre Cézanne et Proust*, Georg Olms AG, 2001, pp. 21-22.

我也处于一种"无言"状态,当目光交织于一个临界点,为打破这个寂静,我想要"表达","描绘"不带任何预设的"注视",仿佛被世界完全吸纳,表达也是一种融合状态:既包含我又包含世界,既沉默又有声。梅洛-庞蒂所说的我与世界这种"初始经验"即知觉经验。世界具有一种本源性的意义:它是前(pre)人称的、待命名的,"世界是为了独立于我,是为了无我而存在的。"①前反思、前知觉、前世界意味着万事万物正在沉睡、尚未苏醒,没有人类的足迹和符号,一切等待被标记与描绘。

塞尚的画恰如其分地体现了这一点,塞尚认为用眼睛凝视、用手勾勒事物的轮廓时,看见了事物存在的本质,在每一笔、每一个描摹的瞬间都是事物自身呈现的过程,艺术家贡献自己的视觉经验,为了能交织进自己原初的生活之流,他不得不返回到沉默的根源和孤独的经验中,"只有当世界是一个景象,身体本身是一个无偏向的精神可以认识的机械装置时,纯粹的性质才能呈现给我们。"②艺术家以独特方式让不可言说的世界在画纸上显现意义,绘画通过视觉成为可见物。世界不是物的存在、观念的存在,而是图象的存在、肉身的存在,它能够超越时空,使自身的意义不断重构,从这些可见物之中感受不可见的力量,世界在艺术中向我们打开。艺术家与我们拥有同一个世界,我们与他人、与世界是一种共在、共生的关系。

塞尚表现知觉的最佳方式是色彩,他用色彩代替了素描,他认为色彩能比素描更好地表现物体的整体性,塞尚要画"关于自然"的绘画。梅洛-庞蒂谈到印象派希望描绘的物体打动我们的视觉、冲击我们的感官、把握瞬间的感知,呈现大气中的物体,画面没有绝对轮廓线,而是通过光和空气的笼罩再现物体的颜色。画家采用了互补色,让室内弱光呈现的颜色与阳光下的颜色具有相同外观,印象派通过各种颜色并置而非混合来获得颜色,不再将自然景物与画面一一对应,而是通过各个部分的相互作用恢复印象的普遍真实。但塞尚认为印象派对大气的描画和对色调的分割模糊了物体,使自身的分量消失不见,使呈现的感觉缺乏长度和清晰性。塞尚避免了这一缺陷,他用百叶窗般层层叠加的手法为物赋形,重新发现大气背后的物体,他用色彩并置取代了色调分割,随着形式的变化和接收的光线来调整色彩。他将色彩放在高于线条的位置,取消线条勾勒的轮廓,由色彩完成构图,让暖色颤动起来,运用伦勃朗式的内部光亮使阴影消失,物体不再因光线覆盖而变得模糊,由此带来一种坚实性和物质性,世界的厚度被表现出来。塞尚不是通过颜色来让人想起(suggérer)形式和深度、视觉和触觉,而是追求一种感觉的真实,他不勾勒轮

① 莫里斯·梅洛-庞蒂:《眼与心》,《梅洛-庞蒂现象学美学文集》,刘韵涵译,中国社会科学出版社 1992 年版,第 162 页。
② 莫里斯·梅洛-庞蒂:《知觉现象学》,姜志辉译,商务印书馆 2003 年版,第 81 页。

廓,不用线条框定颜色,不做透视和构图,试图返回未规定的经验、呈现原初的自然,他认为"是风景在我身上思考,我是他的意识",①塞尚在召唤、塑造着世界,世界也同时回应、创造着他。

二、从塞尚到培根:德勒兹论"感觉的逻辑"

与梅洛-庞蒂一样,德勒兹看到塞尚绘画中的身体与感觉,在《感觉的逻辑》中从触觉和视觉开始了他的论述。

1. 培根对塞尚的继承与改写:触觉般的视觉的空间

首先,培根对平面、色彩的处理。德勒兹认为培根延续了塞尚之路。但培根平面相交的深度已经不如塞尚那么强烈,而是从毕加索、勃拉克继承过来的浅层次的后立体主义深度,通过垂直平面和水平平面的融合,对色彩的处理不仅通过覆盖身体上了色的,变化的扁平的点色,而是通过暗含着身体相垂直的轴,结构或骨架的大片的表面或平涂的色彩,改变了本质,是整个色调的变化。但培根依然是塞尚式的,在培根的绘画中,身体不是处于一种形状和背景中,而是处于被色彩变化调节的共存与相邻关系中,穿过轮廓,有一种双向运动的,从平面扩展到骨架,从体积收缩到身体。培根的三大元素骨架、形象、轮廓最终在色彩中达到真正的聚合。从这个意义上来说,培根绘画中的骨架(背景)、形象(形状)、轮廓(界限)有一种古埃及绘画的表现,形状与背景通过轮廓而产生关系,处于拉近的、触觉般的视觉的层面上。在古埃及的绘画中,形状不再是本质,而是偶然,偶然性引入了处于两个层面之间,好像背景向后退了一点,进入了一个远景,而形状向前跃进一步,进入了一个前景。这不是透视,而是区分远景与前景的"浅的"深度,产生了触觉加视觉的世界。前景上,形状被视为可触摸的,这一触摸性可以保存清晰度;远景上,通过触觉性的连接,围绕着形状而被凸显出来。但培根非常警惕印象派的点色法,在印象派绘画中,远处的背景在朝后吸纳形状、不断地淡化它,使形状渐渐失去触觉特性,一个纯粹的视觉世界即将显现,偶尔的光线给了形状一些视觉上的清晰度,但更多时候陷入了"点色派"的阴影之中,模糊的色彩将形状卷进背景并溶解掉了,这使绘画断开了所有与触觉连接。失去触觉力量的视觉呈现出更多随机性、含混性与无意识,这容易使画面成为一种完全为视觉服务的状态。

所以培根放弃了点色法,开启了他新的探索模式,在画面中强调了视觉与触觉,将骨架、形象和轮廓结合起来汇聚于色彩形成整体感和统一性,以培根1976年

① 莫里斯•梅洛-庞蒂:《塞尚的怀疑》,《梅洛-庞蒂文集》(第4卷),张颖译,商务印书馆2019年版,第15页。

的《洗脸池旁边的男子》为例就清晰可见。这幅画分两个层面来解读,第一,骨架、形象与轮廓。画面被大片色彩穿流,使得目光从浅褐色转向红色,中间放入一个箭头,形成一种动力机制,大片褐色单色为背景提供骨架,图中有三个轮廓,第一个轮廓针对脚而言,形象坐于绛红色的坐垫,绛红的色块与黑色小圆点彼此联系,与揉皱的白色报纸形成反差,形象像是从褐色、红色和蓝色的混合色调中流淌而出。第二个轮廓是针对形象脑袋的洗脸池,第三个轮廓是水管,这种构图使得轮廓产生了新的效果,它们不再处于水平面上,而是画出了一个内空的体积,而且带有一个逃遁点,这使整个身体被一种强烈的运动穿过而产生变形和畸形,身体不再是再现的具象而是变化着的形象。第二,三者汇聚于色彩。水管上面的平涂分成两块。百叶窗位于平涂(底色)与形象相联,填补了它们分开的浅深度,并将整体拉到同一个层面上,形成丰富的色彩交流;形象的混合色调与平涂的纯色调交汇:坐垫的纯红色中填入与洗脸池的混蓝色,这使纯红色与混蓝色之间产生共振;褐色的平涂被作为轮廓的一条白色杠杆穿越,但这一条纹不是用来限定平涂,分割区域,使得画面更空灵、轻盈,达到了最大的光线度,以及一种单色时间的永恒性。穿越平涂条状物直接体现了同质的色彩如何根据相邻性而表现出细腻的内在变化,这种条状物加色彩场的结构在抽象表现主义绘画中也有展现,如纽曼著名的拉链系列。条纹对平涂来讲产生了一种临时的、延续的视觉,这使得轮廓拥有了增殖的能力,这里的轮廓并非形象的轮廓,而是画面一个自足的元素,由色彩决定,产生线条,培根的1966年的三联画画面的轮廓中立着一个色彩亮丽的形象,重新找回一种古代绘画中属于光环的功能,光环脱离了神圣的场域用作世俗,放置在脚的周围,依然具有集中形象、保证平衡的功能,并使得一种色系过渡到另一种色系,从而获得了一种时间的动态与力量的流变之感。[①]

其次,培根创造一个触觉般的视觉空间。德勒兹认为绘画有两种方式:通过线条即眼睛的、视觉的,如拉斯科洞穴岩画用线条勾勒的图案;通过色彩即手工的、触觉的,如深度、轮廓、隆起等,触觉最大限度地表现了手对眼睛的从属,视觉变得内在化了,眼睛发展起一种理想的视觉空间,并倾向于根据一个视觉的编码体系来抓住它的形状。当两者没有等级、从属时,就是一种触觉的视觉。培根总是从一个形象化的形状出发,并对其进行干扰,形成一个与之完全不同的其他性质的形状,称为形象。德勒兹认为"形象"不同于"具象"也即"形象化",所谓形象就是在感觉层面可感觉的形状,它直接对神经系统起作用,是肉体的,与形象化不同,形象化意味

① Gilles Deleuze: *Francis Bacon-Logique De La Sensation*, l'Ordre philosophique, 1981, pp. 137-139.

着再现某个对象,或参照了表现对象的某些常规模式。形象化通过形象与一个外在的对象之间存在的理性关系来建立和解释形象之间的关联,从而将过去模糊的形象形象化地再现出来。而形象不具有"具象性""图解性""叙述性",不要表现原型,不讲述故事,而是彻底地解放形象,形象不是形象的再现,而是生成。

2. 培根绘画中的感觉和力量

首先,感觉。德勒兹认为培根的"感觉是从一个范畴到另一个范畴,感觉主宰了变形,是身体变形的催化剂"。① 培根的绘画以系列出现,每幅画中的每个形象,每种感觉都是变换的连续性或系列,每个感觉都处于不同层次、不同领域中。这里的感觉不是康德意义上的共通感,而是具有不可缩减、合并的综合性特征。具体来看:第一,感觉不是情感,情感依赖主体,是一种带有社会性和叙事性的日常经验,而培根笔下没有感情,只有感觉和本能。培根谈道:"我试图画出叫喊,而非惊恐"②,有了惊恐,故事情节就会被引入,而绘画中的感觉构成的形象拒绝再现,避免具象;第二,感觉不是运动,感觉看似是运动的各个停止点或突发点,加在一起可以综合地重新组织起运动,包括它的延续性、速度和力量,正如综合立体主义和未来主义,或杜尚的裸体,试图线条的扭曲制造一种运动速度和机械力量,但德勒兹认为运动解释不了感觉的不同层次,只能感觉的不同层次来解释运动,培根绘画中的运动是一种原地运动,一种痉挛,即看不见的力量对身体的产生的作用;第三,感觉不同层次不同于不感觉器官的不同功能,不是主体对客体的感知和再现,更不是理智对眼鼻耳喉的综合运用,感觉每一个领域都与其领域相互交织、彼此影响,正如塞尚所说各种感觉的逻辑是非理性的、非智力的,是感觉的节奏呈现出的收缩与舒张,这意味着世界在封闭中将我攫取,我朝向世界开放,并打开世界,形成一种感觉的交汇。

其次,力量。画出感觉实际上是呈现一种无形之力,如德勒兹所说,"绘画不是复制,而是获取力量,让看不见的力量变得可见"③,培根画中的椭圆形和线条都是为了让眼睛睁大、鼻孔打开、嘴巴加长、皮肤绷紧,所有器官都进入运动中,让人获得感觉的原始性和统一性,视觉上实现一种多感觉的形象与运动的节奏,显示了一种溢出所有领域并穿越身体的生命力量。④ 具体从两个方面来看:在培根的头部系列画中的力量表现。脑袋的活动不是用于重构运动,而展现了压迫的、膨胀的、

---

① Gilles Deleuze: *Francis Bacon-Logique De La Sensation*, l'Ordre philosophique, 1981, p.41.

② Ibid., pp.42-43.

③ Ibid., p.57.

④ Ibid., p.46.

痉挛的、拉长的、变形的多种力量,这些力量作用在静止的脑袋上,看不见的力量从不同方向冲击着脑袋。德勒兹认为培根的问题是变形而非转化,形式的转化可以是抽象的动力,而身体变形是静止的、在原地进行、将运动从形象中抽取出来,改变形状的精确性,逃避一切具象,画出叫喊,因为叫喊是对一种看不见的力量的截取或测定。

三、感觉强度的谱系:创建一种新的感觉逻辑

德勒兹试图寻找一条不同于笛卡尔的美学之路,于是,他将感觉放置在另一种谱系中重新梳理,此时,感觉不是主体对客体的把握,也不是经验主义所认为的知觉接受外部刺激产生反应的身体机制,而是一种强度的呈现。

1. 内强量的发现:德勒兹对康德、柏格森的创化

康德在《纯粹理性批判》中谈道:"现象中实在的东西任何时候都有一个量,然而这个量并不在领会中被遇到,是因为它只是凭借一瞬间的感觉而不是通过许多感觉的相继综合而发生,因而不是从诸部分到整体地进行的;所以它虽然有一个量,但并非外延量。于是,我把那种只是被领会为单一性,并且在其中多数性只能通过向否定性=0的逼近来表象的量,称之为内强量。所以,现象中的任何实在性都有内强量,即有一个程度……程度只表示的这种量,其领会不是前后相继的,而是瞬时的"[①]。德勒兹在1981年11月24日的课程中提到:"强度就是在瞬间中被领会的量。这种说法本身就足以将内强量与外延量区分开来了。外延量是以前后相继的方式被领会的量,人们可以说它是由多个部分组成的。至于内强量,人们会说:天气热、天气冷、有30度。30度显然不是30个1度相加得到的结果。30厘米长是30个1厘米的总和,但30度不是30个1度的总和"[②]。康德认为内强量和外延量不同,他将直观界定为外延量,被表现出来的只是现实化的部分,而内强量是单一性的、绝对差异的,感觉不是从部分到整体的综合,而是瞬间就能达到的强度,一种更深层的差异。德勒兹认为尽管康德发现了内强量,却没有清晰界定和重视这种非概念性的内部差异,而是将它作为一种知觉预测到的先验原则,将强度和经验的差异混同在一起。

德勒兹认为广延和深度不同,广延没有说明事物的个体性,它展示出来高低、左右、上下不是本质,只有相对性,在经验中被知觉到的性质假定了强度,仅仅展现了"可分离的强度切片"即某些片段性、类似性的特征。这种"强度切片"是差异的

---

① 康德:《纯粹理性批判》,邓晓芒译,人民出版社2004年版,第159—160页。

② Gilles Deleuze: *Différence et répétition*, Presses Univesitaires de France, 1968, p.298.

强度外展于广延之中的体现,广延则是强度展开、外化或同质化的后果,性质占据了广延,界定了感官媒介的物理的质与感官对象的感觉的质。无论广延还是性质事实上都无法抵达真正的事物,事物更深层的本源即深度,深度是一种纯粹的复杂体,深度一旦被把握为外延量就成了广延的一部分,深度在横的维度中被外展为左右,在纵的维度中被外展为高低,在同质化的维度中被外展为形状与底部。但纯粹深度的空间是内强式,人们对深度的判断不能依靠表面的大小,而是一种内含的复杂体。在这种内含状态下,深度与强度联系在一起:正是被感觉的强度的递减强力给予知觉以深度,也就是我们瞬间就能把握到的单一性的、唯一的感觉强度。所以说,强度是无法感觉的东西又是只能被感觉的东西,深度是无法知觉的东西和只能被知觉的东西,从强度到深度建立起一种同盟,深度是存在的强度,强度是存在的深度。当人们感知到的温度不是由多个温度组成,体验到的速度不是由多个速度组成时,每一个温度已然是差异。

　　内强量是可分的,但它被分割必然伴随着本性的改变。没有任何部分在被分割后还保留着相同的本性。人们说的"更小"和"更大"是假定了某一具体的本性变化[1],例如,运动的加速或减速展示出的"更大""更小"的内强部分,其实,本性已经发生了改变,纵深的差异是由各种距离组合而成"距离"不是一个外延量,它是一种具有顺序和内强特征的不对称关系。这种不对称关系是在异质项的系列间建立起来的,它每一次分割都意味本性的变化,在这个意义上,感觉和运动一样,一旦切分就改变其性质,感觉的每个瞬间都是差异、不可代替的,无法等同于空间中某个位置或时间中的某个瞬间。德勒兹深受柏格森影响,柏格森在《物质与记忆》谈道:当阿基里斯超过乌龟时,变化的不仅是乌龟、阿基里斯,还有它们之间的整体状态。在《创造进化论》中,柏格森谈道:往一杯水里放糖时,"我必须等待白糖的溶解"[2],这种糖溶于水中的过程表现了一种整体变化,是一个从有糖的水到糖水的质变过程。如果用勺来搅拌,加快了这一运动,也改变了这个整体,通过对这杯糖水的等待,柏格森展现了一个作为内心、精神真实性的绵延。这种精神绵延不仅属于等待的人,还属于一个变化的整体,因为整体既非给定的,也非可给的,它无限开放,不断变化或者制造新东西,柏格森在绵延内部重新发现了强度的秩序。

　　2. 感觉与身体:德勒兹对斯宾诺莎、尼采、梅洛-庞蒂、柏格森的延续

　　德勒兹背离了笛卡尔的主体哲学,从斯宾诺莎这里获得了不同的思想资源,斯宾诺莎向哲学史提供一个新的思考模式:人们并不知道身体能做什么,这种"不知

---

　　① Gilles Deleuze: *Différence et répétition*, Presses Univesitaires de France, 1968, p.306.

　　② 亨利·柏格森:《创造进化论》,高修娟译,北京时代华文书局2018年版,第11页。

道"是一次对传统哲学的挑衅,"如尼采说,在意识面前我们感到惊讶,但是,'真正出人意外的倒不如说是身体'"①。斯宾诺莎的身心平行论打破传统哲学对身体的钳制,释放了身体的无限潜能,构建了一种行为生态学,所谓"行为生态学首先是对每个事物所特有的快与慢之关系,施加影响和遭受影响之性能之研究"②,在他看来,世界是由无数运动的粒子组成的,界定形体的个体性需要两个维度,一是形体是由微粒之间动与静、快与慢关系界定的;二是施加影响或遭受影响的性能的组合,事物的感受是一种无名力量的强度值来决定的,在不同的遭遇、偶然的配置和未定的交融之下,身体发生不同的变化,斯宾诺莎认为事物之间存在着一种内在的相互作用的力,并将感觉诠释为一个身体对另一个身体影响的强度。

德勒兹从尼采这里深化了身体与力的关系,他认为"每一种力的关系都构成一个身体"③,艺术创造并非精神内省,而是一种身体的整体运动,从身体内在的力量出发,突破"自我"的界限的一种努力,一种构成身体的力与力的现有的关系和结构正有待于发生爆发与突变的瞬间的激动与紧张,艺术创造就处于这样一个临界点之上。正如尼采所说:"首先必须把这样一种状态设想为通过各种肌肉劳作和活动而从极度的内在紧张中摆脱出来的驱迫和冲动,⋯⋯设想为整个肌肉组织在从内发挥作用的强烈刺激推动下的一种自动作用;⋯⋯每一种内部运动(感觉、思想、情绪)都伴随着血管的变化,随之而来的是肤色、体温和体液分泌的变化。"④一种身体突变是多种力的作用,而内在的精神官能如思想等都变成了身体突变附加效应。

而梅洛-庞蒂更加突出身体的意义,与斯宾诺莎观点相似,他认为身体与其他事物是由相同的材料组成的,因此事物能够与身体发生一种内在的相互作用和交流,从而在我们的身体之中形成一种内部等价物。身体类似于镜子,镜子的特征在于能够使万物在自身内部映现出来,而身体也处于与世界其他物质不断交流的情景中,所以,身体可以接受万物的作用,感觉就是在不同的身体之间相互交流、相互作用产生的一种共振。可以说,感觉是身体之间的感触,是无数复杂的、多元的力在相互碰撞时产生的涌流,它标志着身体属于一个相遇的世界,也标志着世界属于这些身体。

如果说梅洛-庞蒂的身体知觉依然是一种主体哲学,那么德勒兹的感觉逻辑是一种无主体的、游牧的、去中心化的解构哲学。德勒兹认为肉体,这种原始的、携带

① 吉尔·德勒兹:《斯宾诺莎与实践问题》,冯炳昆译,商务印书馆 2004 年版,第 21 页。
② 同上书,第 149 页。
③ 同上书,第 88 页。
④ 尼采:《悲剧的诞生:尼采美学文选》,周国平译,生活·读书·新知三联书店 1986 年版,第 359 页。

动物本能的身体,穿越了多种层次的运动与无限可能的变动体,是感觉得以产生的载体。德勒兹所谓的身体不再是笛卡尔以来在心灵控制下的有机组织,有机组织意味着根据理智的指令各种器官被综合在一起进行有序的、中心化的运作,这是对生命之力和机能强度的禁锢,身体只有成为"无器官的身体"才能触摸感觉,身体是独一的,不需要器官,"无器官的身体"不是针对器官,而是排斥有机组织对器官的控制与组织,这是一个强度的身体,一道波贯穿于身体之中,根据不同的广度和力度划出不同的层次或界限。感觉也不是质的、量化的,而是一种强度现实,它不再现元素,而是同素异形的变化、是一种震颤。德勒兹援引了莱布尼茨的微积分理论,认为强度是潜能的、"交错的"复杂体,是由微分元素间的比值构成,通俗化的微分可以用运动来解释:我们所熟知的速度是距离除以时间,但这是一个理想状态中的匀速直线运动,现实中是不可能存在的,真正的运动每时每刻都不同,将运动处理为均质、等量的值不仅不能把握运动反而会失去运动,感觉也是一样,每一瞬间的感觉都是差异的。当感觉穿过有机组织而达到身体时,它带有一种力量的强度和过度的狂热,会打破有机组织的界限,在肉体之中,它直接诉诸神经之波或生命的激动,可以说"无器官的身体"是肉体和神经,当感觉与身体相遇时,各种力量如同一道道波在身体上所起的作用,是"情感的田径运动",感觉实现了一种强度的逻辑。

20世纪的绘画实践以不同的方式反叛着传统绘画的再现原则,探索着感觉的不同呈现方式。从印象派、野兽派、立体主义、达达主义、抽象主义、超现实主义到波普艺术等等,无一不在标新立异、试图最大限度地创造新的感觉,但什么是感觉却是一个谜团。德勒兹在吸收了斯宾诺莎、尼采、梅洛-庞蒂、柏格森之后,开创一条新的感觉逻辑的谱系。传统哲学中的感性物只是认知的对象,而真正的"感性物之存在"不能在经验层面被感觉,只能从超越层面被感觉,于是,德勒兹通过对培根的解读试图在艺术中找到感觉的边界和峰值,让那些曾经被禁锢的、被组织的感觉释放出来,呈现游牧的、自由的状态,这为我们厘清感觉的思想脉络、进而理解当代艺术提供了一种别样的思维模式和全新的解读方案。

第六章　音乐美学研究

　　主编插白：中国少数民族器乐艺术深植于各民族多元且深厚的文化土壤中，是各族群勾连天地人神的重要文化表达与表征。新中国成立以来，少数民族器乐艺术在中华民族多元一体的格局下，形成了自然传承、国家在场、市场发展等多元化的传播局面，在现代社会政治、资本和科技交织交叠之下，构建出多维度、多模式、多路径的全新发展态势。无论于学术理论还是实践发展而言，从"整体论"出发，厘清已有传承与传播的类型与模式，绘拟"全观"的历史与当代图景至关重要。上海音乐学院副院长冯磊先生作为国家重大项目这项子课题的负责人，对此作了专门的研究。他指出：少数民族器乐艺术的传承主要有自然传承、院校传承和"非遗"传承三类，文化持有者、学者和政府相互协调与对话，音乐文化也在适应新的传承方式的过程中发生变迁与转型。少数民族器乐艺术的传播主要涉及国家在场、市场主导和数字时代三个维度，打破以"亲缘、地缘、业缘"为典型的音乐传播关系，转而以一种破除圈层、跨越边界的方式传播、生长和蔓延，建构出全新的关系网络。在理论研究之外，少数民族器乐艺术的传承与传播还涉及应用实践的层面，需从国家政策、院校教育和商业市场三个层面搭建起当代实践的体系与框架，贴合市场与大众需求产出具有实用性的材料。通过学术与实践的紧密结合以及跨学科合作，实现少数民族器乐艺术的繁衍永续。

　　如何以"音乐学的"或者"音乐学家的"方式言说音乐，是具有学科范式意义的音乐学命题。上海音乐学院伍维曦教授试图以"音乐作品"为对象，探讨不同分支学科背景的音乐学家如何面对和诠释这一对象、以何种方式进行书写，以及"音乐作品"对于汉语音乐美学学科范式建设的意义。他同时从"三度创作"的角度，对于音乐学家的"非学术性写作"与音乐实践的关系作了独到的学理辨析。

　　中国的音乐美学有着悠久的历史。上海音乐学院研究员杨赛致力于研究中国古代乐制史。《汉武帝歌诗与汉乐府制乐》是他系列研究中的一个新篇。文章指出：汉武帝热衷于歌诗创作，为汉乐府制乐的隆盛发挥了关键的促进作用。其歌诗代表作《秋风辞》采用楚辞体,用楚乐,以"兮"字为句,旋律性很强,表现了踌躇满志的一代雄主形象,奠定了汉乐府雄浑悲壮的审美取向。他命李延年为协律都尉,设置汉乐府,大量采集俗乐和胡乐,制作了《郊祀歌》十九首、《横吹曲》二十八首,完善了宗庙歌《安世房中歌》十七首,实现了从周、秦雅乐到汉乐的转变,对后代清商乐的发展产生了深远影响。

中国传统音乐美学有着与西方音乐美学截然不同的书写习惯与研究理路。复旦大学艺教中心青年学者赵文怡博士研究指出:中国古代音乐美学无论是概念、范畴还是命题,都呈现出一种有别于西方音乐美学"思性"传统的"诗性"表达。追根溯源,这种"诗性"的表述习惯与中国音乐美学理念中的古典范式诗性根因有关,从而不断调和着音与声、内容与意蕴、美感与气韵之间相辅相成、互为依托的平衡关联。虽然这种诗性根因在乐论文字中时常"体匿性存",但当具体的音声与文字互印时,仍然"无痕有味",有迹可循。这种"诗性"恰好可以用一对意涵相反的词语来形容,即"直白"与"含蓄"。作者以古琴为例,通过对其"器""乐""技"中多重能指与所指的探讨,揭示中国音乐美学在音与意、意与象间如何"直白"并"含蓄"地操作。

江南丝竹音乐是20世纪初产生并流行于长江三角洲的重要乐种。作为国家非遗项目传承人,上海财经大学艺教中心主任阮弘副教授长期致力于江南丝竹的演奏与研究。她指出:20世纪初,随着农村人口大量进入市区,节庆庙会时演奏的民间丝竹音乐在城市繁荣发展起来。城市的多元化、商业化和大众化推动了传统音乐在近现代的转型。在城市居民的居住环境与变化了的欣赏要求中,以往乡村中那种锣鼓喧天的合奏形式逐渐被废弃,"清丝竹"演奏形式应运而生,江南丝竹受到青睐。相对于传统八大曲,江南丝竹曲目名为"丝竹文曲"。文曲以箫代笛,不用打击乐器,音调柔美,旋律婉转,节奏舒缓,风格典雅。文曲演奏是江南丝竹从农村到城市嬗变的一种重要体现。

上海三联书店的编辑王赟是上海声名鹊起的音乐评论人士。他通过对伦敦交响乐团与中国钢琴家的合作、英国钢琴家席夫对巴赫作品的演绎两则评论,阐述了对西方古典音乐肌理与灵魂的独特理解。

第一节　中国少数民族器乐艺术的传承与传播[①]

在源远流长的历史长河中,中国少数民族器乐深深根植于各民族多元且深厚

---

① 原载《中国音乐》2022年第6期。作者冯磊,上海音乐学院副院长。

的文化土壤里,同时与自然生态、社会政治、科技经济不断交融与碰撞,呈现出富饶且多样的文化形态,是我国多民族文化中不可忽视的瑰宝。作为重要的文化表征,器乐音乐折射出各族群是如何在多元语境中体认和建构所处之世界,演奏主体如何通过手中的器物勾连天地人神,进而定位自身和认知自我。

传承与传播是中国传统音乐文化存续至今的基础,少数民族器乐因其族群与文化的多样性,展现出多维度、多模式、多路径的传承与传播形态。1988年费孝通先生首先提出了中华民族多元一体格局的概念,地理条件、生产方式、文化交融、人口混杂、族际交往都是中华民族多元一体格局逐步形成的历史进程,30多年来中华民族多元一体格局不仅是民族问题研究的主流理论基础,也为中国共产党所吸纳并发展为民族理论与民族政策话语体系的有机构成部分。2014年习近平总书记在中央民族工作会议上指出:"多民族是我国的一大特色,也是我国发展的一大有利因素。各民族共同开发了祖国的锦绣河山、广袤疆域,共同创造了悠久的中国历史、灿烂的中华文化。我国历史演进的这个特点,造就了我国各民族在分布上的交错杂居、文化上的兼收并蓄、经济上的相互依存、情感上的相互亲近,形成了你中有我、我中有你,谁也离不开谁的多元一体格局。"同年党中央提出了"中华民族共同体意识"的概念,2021年习近平总书记在中央民族工作会议上强调了铸牢中华民族共同体意识的主线地位,正是在中华民族多元一体与民族共同体的意识与理论的关照下,少数民族器乐艺术在多元一体格局下的自然传承中,在多民族文化的相互融合发展中,在国家力量和市场经济的推动中,形成了独特的传承与传播态势,尤其在全国文化大发展大繁荣的格局下,少数民族器乐逐渐走出了发源地,走向了全国乃至世界,在与他者文化的碰撞中相互交融且重塑自我。随着科技时代的来临,人工智能的崛起,与新冠疫情所掀开的"后疫情时代"相交叠,"数字"与"云"的音乐和生活方式,为少数民族器乐的传承和传播开启了全新的篇章,也带来了新的机遇与挑战。

如何将形式多样、内容丰富的少数民族器乐与世界多元文化相融合,通过非物质文化遗产保护与传承、大众传播、艺术教育、科技等手段,借由市场经济和数字媒体平台的力量,让少数民族器乐更好地嵌入当下的文化生态环境,实现有效并有机、良性且永续的传承与传播,是身处少数民族器乐艺术发展的十字路口的我们,当前面临的重要问题。若要解决"何去何从"的问题,对中国少数民族器乐传承与传播"来时路"的梳理尤为关键。

一、少数民族器乐艺术传承与传播之"整体论"

通过回顾学界对于少数民族器乐的研究不难发现,针对传承与传播问题的关注和讨论并不充分。首先,在目前所收集的与少数民族器乐相关的 2 752 份期刊文献中,以传承与传播为主题的仅有 175 份,占比 6.3%。其次,由于少数民族器乐的多元与复杂性,在以个案研究为主体的过往文献中,存在着"见树不见林"的现象,即缺乏对中国少数民族器乐传承与传播整体性的观照。如表 1 所示,175 份以传承和(或)传播为主题的文献,可大致划分为七类,其各自数量和占比由高至低依次为单一民族或族群类、单一乐种或音乐形式类、某一地区或区域类、其他类①、宏观研究类、单一乐器类、特定曲目或曲调类。由于现实情况差异较大且受制于实际田野考察之局限,绝大部分文献都聚焦于某一民族、某一音乐形式或某一地区的器乐传承和传播,相对宏观整体的研究仅占比 7.43%。

表 1 少数民族器乐传承与传播主题文献分类与数量

分类	单一民族或族群	单一乐种或音乐形式	某一地区或区域	其他	宏观研究	单一乐器	特定曲目或曲调
数量	44	40	35	27	13	12	4
占比	25.14%	22.86%	20%	15.43%	7.43%	6.86%	2.29%

此外,当前大部分相对单一化的研究,也较少关注甚至遮蔽了民族民间音乐在传承与传播过程中不同利益相关者(方)、不同人群、不同力量之间的层次、维度、关系及其流动和由此所形成的助推传承与传播的动力。

自 1926 年斯马茨在《整体论与进化》一书中开始使用"整体论"一词以来,该理论在人类学研究中被不断完善和丰满,成为观察人类社会应有的态度、方法与手段。"整体论"将人类社会的过去、现在和将来视为一个动态的整体,强调对其共时性和历时性的双重观察,以及生物性和文化上的综合分析。②

随后马文·哈里斯在其《后现代的文化理论》一书中阐述了理解和实践整体论的四重角度与内涵:(1)方法论角度;(2)功能主义角度,即局部和整体的有机结合及功能的充分发挥,强调通过对各个部分间功能的相互作用,理解整体文化系统;(3)综合角度,即对生物的、社会的、文化的、历史的、当代的等各个角度内容的综合研究;(4)过程角度,即对具体文化形成、演化与发展过程及其整体性原因的探究。③ 换言之,"整体论"的核心在于局部与整体之间的、过程化的有机性综合

---

① 与乐器或器乐相关的综合性研究,例如何岭:《农民明星、导演与制作人:唱片媒介介入下民间音乐传播的新兴角色——以贵州省境内新兴传播现象为调查案例》,《艺术探索》2006 年第 S1 期,第 128—134 页。

② 参见李泳集:《浅谈人类学的整体观》,《中山大学学报》1987 年第 3 期。

③ 参见庄孔韶主编:《人类学概论》,中国人民大学出版社 2006 年版,第 27 页。

研究。

纵观当前对于中国少数民族器乐艺术传承与传播的研究,恰恰缺乏整体论的观念与思路。针对这一局面,从"整体论"出发聚焦已有传承与传播的类型与模式,通过多学科、多视角、多维度交互联动,观照不同时间节点、不同历史语境、不同类型与途径的少数民族器乐传承与传播,通过学院与民间、政府与市场、现实生活与虚拟空间等多个维度的考察与分析,立体化构建少数民族器乐保护、传承与发展的整体景观,是当前研究与实践的当务之急。这一方面要求我们把握好历时与共时的坐标轴,用历史的眼光分析少数民族器乐艺术传承与传播的发展脉络,以及是如何形成当前的局面的;进而探究在各个关键时间节点上,在政治、经济、文化、科技和生态的多元景观中,少数民族器乐传承和传播的空间与张力。另一方面,整体性、立体化的研究要求将田野普查、个案研究和市场调查相结合,从"如何传—为何传—谁在传—传什么"的分析框架着手,考察已有传承和传播类型与模式的形式、特征、效果、优势与问题。唯有此才能形成真正由点到线及面的整体综合性研究。"整体论"视域和视角的介入有助于中国少数民族器乐艺术传承与传播的整体性建构,使得民族器乐艺术研究超越碎片化的个案研究,具有宏观视野和人类学、传播学、管理学等多学科互融的视角转向。

值得注意的是,少数民族器乐艺术的传承与传播,既是理论课题,同时也是实践问题。就当前传承与传播的应用实践而言,虽然呈现出百花齐放、兼容并蓄的繁荣态势,尤其在科技与媒体的加持下大量文化持有者都积极卷入民族文化传承和传播的行动中,但同时也浮现出诸多值得警惕和反思的问题。这一方面是由于整体性学术和理论研究与指导的缺位,另一方面是因为缺乏体系化的建设、管理和宏观把控。无论是"非遗"运动、市场化发展还是自媒体平台的介入,都将民族器乐的传承与传播裹挟进政治、资本与科技的洪流中,在回应文化持有者的需求以及平衡民族器乐的地方性与世界性、原真性与大众化上,都要求我们进一步完善少数民族器乐的传承与传播建设体系,在充分了解当前的文化、政治和市场需求与局势的前提下,有计划、有策略、有序地推动传统文化的传承与传播实践,有理有据地回答少数民族器乐艺术的传承与传播应当如何"承前"与何以"启后"。

二、少数民族器乐艺术之传承研究

中国少数民族乐器种类繁多、音乐复杂多样,其传承方式亦是因历史、族群、生态等因素的差异而各有所别。杨民康曾将少数民族音乐传承划分为狭义性传承与广义性传承,前者是指在封闭的时空环境中,传统音乐文化传承通常是纵向的内部传承,后者则是指在开放的时空环境中,在狭义性传承基础上扩展、延伸出来的音乐文化的外部传承活动。① 这一划分简洁明了且边界清晰地从时间、空间、传承主体和传承形式上做了区分，但仍存在一定局限。比如宽泛的二分化模糊或抹平了具体的不同传承类型的特性，且又因过于干脆利落而在一定程度上忽视了"内一外"人群和力量之间的交互。

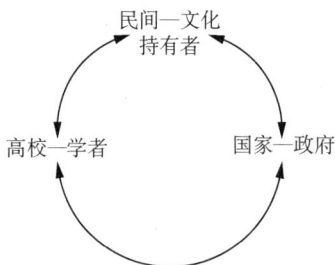

图 1　少数民族器乐传承的三个维度

根据目前所掌握的材料来看，将少数民族器乐传承的经典模式划分为三类或许更为合适：即自然传承、院校传承和"非遗"传承。每一种类型都牵涉民间一文化持有者、高校一学者和国家一政府等不同维度、不同角色、不同身份的人群间的合作与角力（如图 1）。我们需要通过田野考察，去探索不同类型传承模式的机制、特点与问题，从"整体论"的视角出发，考究它们与各民族历史文化、与各乐器及器乐表演特性、与利益相关者的不同诉求之间的关系。通过回答"为何传承、如何传承、何以传承"等问题，尝试挖掘少数民族器乐艺术中，尤其是文化持有者本位认知中的文化"内核"，并分析在非自然传承的路径中，文化内核的保留和传承，以及当代语境下的传承实践，为少数民族器乐音乐的保存和发展带来的利弊。

其一是自然传承。在现代媒体全面覆盖少数民族社区生活前，民间自然自发地传承是其最主要的存续方式。即使在高度现代化的当下，民间传承的力量也是不容忽视的。民间如何传承其器乐音乐与文化，传承的主体、传承的对象，具体传承的方式等，从根本上来说这是各族群传承族群历史、维系代际交互、体认"音乐"概念的重要途径。这种源于生活场景和生命本真的传承方式，在民间展现出极大的生命张力的同时，亦由于现代化、城市化发展，尤其是青年劳动力外出务工，诸多原生文化社区中的少数民族器乐的自然传承出现了断代现象。但与此同时，青年一代又以筹组传习团体和乐队，或是制作短视频和直播等新兴的方式加入传承的新"序列"中。此外，当代的自然传承实则很难完全剥离国家、"非遗"和市场等层面的力量而"自圆其说"，而是在多方的合力、协调与对话中展开的。因此，这既要求我们对自然传承的概念和内涵以及传承类型的划分及其相互关系做进一步思考与反思，同时也需要我们采用历史的和动态的眼光认知和理解民族民间音乐文化的传承。

其二是院校传承。院校传承是中华民族多元一体化格局下所形成的特有传承

① 杨民康：《论音乐艺术院校少数民族音乐传承的广义性特征——兼论传统音乐文化传承的狭义性和广义性》，《民族艺术》2015 年第 1 期，第 139—143 页。

方式之一,在国家力量的介入与关心下,起源于偏远发源地的少数民族器乐被纳入国家教育体系中,在政府政策的关照下,形成了在教育体系中的系统性传承。近年来,少数民族器乐院校化、专业化教育是多所高等艺术类院校工作的重心之一,但就目前的情况来看,专业化培养主要集中于少数民族聚居地区的院校。其中比较典型的培养方式有:1.开设少数民族乐器演奏专业。例如新疆艺术学院音乐学院中国传统音乐系设有木卡姆表演专业,并设有艾捷克(高音、中音)、胡西它尔(高音、中音)、萨塔尔、弹布尔、独它尔、热瓦普(喀什热瓦普、北疆热瓦普)、库木孜(柯尔克孜族)、冬不拉(哈萨克族)、马头琴(蒙古族)等诸多少数民族乐器的演奏专业;延边大学艺术学院设有伽倻琴、奚琴、短箫、横笛、长唢呐、筚篥等6个民族器乐专业方向。2.开设选修课。例如广西艺术学院为理论方向研究生开设了京族独弦琴课程,民乐系开设了天琴弹唱课程;新疆师范大学也为民乐系开设了手鼓、艾捷克、萨塔尔、弹布尔的选修课。云南艺术学院的巴乌、葫芦丝等乐器演奏设置在国乐系之下。3.编制教材。例如在20世纪60年代延边大学艺术学院伽倻琴教师金震和赵顺姬以手刻钢板油印等办法编印了第一部《伽倻琴曲集(1—5)》,中国音乐学院的王以东编写了《新疆手鼓节奏与演奏技术训练》,这类教材通常面向专业演奏人才。此外,李民雄(上海音乐学院)、李真贵(中央音乐学院)等前辈也都编写了涉及少数民族打击乐的相关教材,这类教材则面向更广。

少数民族音乐在艺术类院校的传承与培养一直受到学界的关注,自2008年起先后举办了三届"全国高等音乐艺术院校少数民族音乐文化传承与学术研讨会",先后就教育体制①、学科建设②、体系化与"双体系"③等议题展开讨论。时至今日,少数民族器乐专业化培养日益成熟,不同地区和院校都在积极探索适合本区域、本民族和不同乐器的传承和发展的路线。那么,少数民族器乐在进入高等艺术院校后,其形制、音色、曲目、技巧等的认知问题;从民间进入高校后,民族器乐从器物到演述,再到审美的变化问题;民间深植于地方民俗,以演奏者为主体的习传和演奏方式,与"学院派"典型的以作曲家和作品为中心的习奏模式适配问题等种种问题都需要我们对少数民族器乐的专业化教育展开深入考察与研究。

---

① 赵宋光:《在"首届全国高等音乐艺术院校少数民族音乐文化传承学术研讨会"闭幕式的总结发言》,《中国音乐》2009年第1期,第14—15页。

② 樊祖荫:《中国少数民族音乐的研究与教育现状及展望——在中国少数民族音乐学会第十二届年会暨第二届高等音乐艺术院校少数民族音乐教育传承研讨会上的主题报告》,《民族艺术研究》2011年第1期,第5—9页。

③ 谢嘉幸:《教学生唱自己家乡的歌——少数民族音乐传承的系统工程》,《中国音乐学》2013年第1期,第20—23页。

专业院校旨在通过严格专业的体系化教学培养出了一批高素质表演人才,但同时少数民族器乐的普及工作也是不容忽视的院校传承的组成部分。张欢提出的"双重乐感"的理念及"双重乐感体系化重建"①不仅适用于艺术类院校,而且可应用到普通高校的音乐文化教育中,广泛开展双重乐感教育,让青年一代从音乐感知体认文化多样性,这正是多元一体格局下各美其美、美人之美、美美与共的核心与动力。实际上当前对于少数民族器乐普及性教育的研究和实践都相对缺位,这主要可从教材与师资两方面着手寻找原因,分析普及教育目前遭遇的困境及其原因,才能为后续提出解决方案提供基础。

实际上,少数民族器乐院校传承还涉及乐器及器乐分层分类的问题,专业人才培养或者是普及推广;哪些族群器乐音乐的院校传承具有更大的空间与可能性,哪些又具有一定困难,只有审慎地思考上述问题才有可能切实有效地开展全国整体性的少数民族器乐院校传承。而针对少数民族器乐在专业院校和普通高校的传承工作,目前鲜见全面系统的研究,故而当前的首要任务即是对全国高校做普查,唯有清楚掌握少数民族器乐院校教育的实际状况,方能查漏补缺,进一步建设和完善教学体系。

其三是"非遗"传承。对我国非遗保护而言,官方的制度体系是非常重要的基础,可以说从局部到整体,全国与地方并行。官方对于民族文艺的保护制度,也是国家力量在中华民族多元一体化的格局下推进的,实现了对民族文艺、民间习俗、民间文艺、传统工艺等非物质文化遗产的系统性保护。早在联合国教科文组织颁布《保护非物质文化遗产公约》之前,我国早已出台相关的保护政策文件,比如1998 年宁夏颁布的《宁夏回族自治区民间美术、民间美术艺人、传承人保护办法》,2000 年文化资源丰富的云南省出台《云南省民族民间传统文化保护条例》等,此后贵州、福建、宁夏、广西等多地均出台了民族文化的保护条例。在地方性法案出台的同时,全国性的保护政策也随之而来:1998 年第九届全国人大就开始就民族民间传统文化立法问题开展了调研;2000 年全国人大、文化部、国家文物局在云南联合召开"全国民族民间文化保护工作立法座谈会",就国家和地方立法工作进行了研讨,此后逐步形成《中华人民共和国民族民间传统文化保护法(草案)》。2004 年草案更名为《中华人民共和国非物质文化遗产保护法(草案)》。此后,经过反复的研讨、修改,2011 年 2 月 25 日,第十一届全国人大常委会第十九次会议审议通过

---

① 张欢:《开"源"广"流"——"双重乐感理论与实践"》,《中国音乐学》2013 年第 1 期,第 16—18 页;张欢主编:《双重乐感的理论与实践:新疆民族音乐教育研究》,新疆人民出版社2009 年版。

《中华人民共和国非物质文化遗产法》，由此民族文艺被纳入国家非遗视角的保护传承中，尤其对少数民族器乐艺术，逐渐形成了国家整体性的非遗传承脉络。

自2003年联合国教科文组织颁布《保护非物质文化遗产公约》以来，"非遗热"更是席卷了全球，引发了大量关于传承与保护的讨论和实践。纵观我国的音乐类"非遗"相关研究，大致可划分为三个阶段：早期主要是有关保护或发展、保存或开发、传承或创新的"辩论"，以田青主编的《音乐类非物质文化遗产保护的理论与实践》①一书为典型；中期随着传承与保护实践的深入，生发了不同层面的理论议题，如媒体化与产业化、舞台化与旅游化、全球化与现代性等；当前《保护非物质文化遗产公约》已问世20多年，"非遗"传承过程中浮现和遭遇了诸多问题，引发了一批反思性的再研究（re-study）②。聚焦"非遗"体系中少数民族器乐的传承研究，当前学界较为缺乏宏观整体的关照与分析。尤其在进入"非遗"话语后，少数民族器乐艺术发生了何种转型、相较于原生的传承方式发生的变化等，如此种种仍是有待深入挖掘和分析的重要议题。

例如，"非遗"运动开展20年以来，传承活动在各级、各地区积极展开，以"代表性传承人"制度为核心的"非遗"名录式、项目化的传承工作可谓是"非遗"保护的核心，也是少数民族器乐当代传承的重要组成部分。然而，"传承人"制度及其传承"体制"，时常与原生的器乐习传传统存在矛盾。例如台湾省排湾族的双管鼻笛，其代表性传承人谢水能，根据政策要求教授两位"非遗"艺生之外，还在地方政府支持下，在当地多所中小学教授鼻笛。他专门为此设计了一套接近现代乐器教学法的教学体系，虽然得以"系统"地开展教习与传承，但也在一定程度上改变了鼻笛原生语境中口传心授的、个人化、即兴性的传承和表演形态。

此外，从文化保存与保护出发但并不属于狭义的"非遗"体系的传承实践活动，较为典型的还有"传习馆"模式和"驿站"或"基地"传承模式。前者较具代表性的，如作曲家田丰开办的"云南民族文化传习馆"。他从云南各少数民族中召集了很多民间艺人和青年人，以在传习馆同吃同住的方式，通过教员向学员口传身授，试图把云南各个少数民族传统的音乐歌舞保存下来。后者如内蒙古"草原音乐文化传承与研究驿站"、云南"源生坊"传承基地等，都在探索少数民族器乐音乐传承模式中贡献了重要力量，并有效调解了官方与民间的龃龉，此类实践有待深入全面的考察与研究。

---

① 田青主编：《音乐类非物质文化遗产保护的理论与实践——个案调查与研究》，安徽文艺出版社2012年版。

② 萧梅、杨晓主编：《非遗之后：中国非物质文化遗产（音乐类）考察研究》，上海音乐出版社2023年版。

三、少数民族器乐艺术之传播研究

新中国成立后,尤以改革开放以来,包括器乐艺术在内的少数民族音乐文化走出原生文化圈进入大众传媒的视域中,并被纳入国家宏观的文化管理体系与市场经济体系,与政治、经济、文化和科技紧密勾连。少数民族器乐多维度、多线程的传播网络被迅速打开,这从根本上改变或者说扩展了音乐的存在方式,其内涵与外延的变化亦带来了音乐形态、主体身份、族群关系的变迁。国家在场、资本市场和科技赋能成为少数民族器乐跨文化传播的主要推手,构筑了全新的文化生态和语境。人类学家阿尔君·阿帕杜莱将全球文化划分为五种景观:族群景观、媒体景观、科技景观、资本景观、意识形态景观。当我们试图探究当代少数民族器乐的传播时,绝不能忽视上述五种景观交织而成的全球化与现代性语境。甚至可以说,传播少数民族器乐艺术的关键在于理解现代性的多维度。这要求我们基于作为方法与对象的"整体论"视角,挖掘种种传播方式和途径背后的传播逻辑与文化背景,分析其中不同层面诉求和权力的共建,并在此基础上采取不同的传播和传承策略和技巧。

值得注意的是,在上述 175 篇少数民族器乐传承与传播主题的文献中,仅有 18 篇是与传播直接相关的,仅占比 10.26%,且缺乏真正具有传播学理论或视角的研究,更缺乏宏观或整体性研究。但该领域值得一提的是王耀华教授的课题"中华民族音乐文化的国际传播与推广"及其成果[①],可谓中国音乐传播研究的体系性和奠基性之作,但其中对少数民族器乐着墨不多。为了更宏观且深入地认知少数民族器乐传播的状态及其与不同文化景观之间的关系,不同于大部分过往研究中以地理性或空间性作为线索的跨文化或跨境传播研究,笔者倾向于依照不同传播路径或者说牵引和推动其多维度传播的动因和力量进行分层研究,其中主要包括国家在场、市场主导和科技时代三大维度(如图 2)。

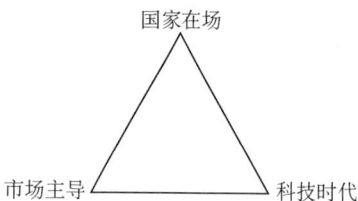

图 2　少数民族器乐传播的三个维度

其一是国家在场,亦即文化管理体系的建设。自新中国成立以来,在民族国家建设与文化体系建设的双重诉求下,在中华民族多元一体格局下,少数民族文艺被纳入国家文化管理体系中,大力推动了从中央到各级地方的各个文化部门对于少数民族音乐文化的关注。例如,20 世纪五六十年代开展的少数民族文艺汇演、文

---

① 王耀华等:《中国音乐国际传播的历史与现状》,人民出版社 2013 年版;王耀华主编:《中华民族音乐文化的国际传播与推广》,经济科学出版社 2015 年版。

艺工作座谈会、"文艺八条"等文艺政策的出台,都是国家力量指导和牵引下,对包括少数民族器乐在内的音乐文化的保护与监管的典型。

无论是自下而上的"进京汇演"还是新中国成立后在浙江、河北、重庆、南昌、武汉、上海、南京、兰州、天津、昆明等地举行的各类型文艺活动,都格外重视少数民族音乐的参与和力量。一直延续至今的地方各级少数民族器乐文娱活动、少数民族特色乐器演奏大赛等都在如火如荼地开展。借由"国家在场",少数民族器乐进入到体系化的文化建设进程中来,与国家建设、政治需求、文化自信、民族团结等主题紧密结合。自新中国成立以来文化管理体系的发展与建设,既为包括少数民族器乐的传播与推广打开了一扇门,带动了各民族之间器乐音乐文化的交流与互动,同时让文化部门构建起少数民族音乐艺术的体系,形成统一管理的思维模式,更是促进了文化部门对少数民族音乐文化的保护与传播。

其二是市场主导,即文化运营模式的构建。自改革开放以来,市场经济渗透到音乐文化发展的各个方面,不断改变和形塑着当代少数民族器乐艺术传统,同时也为其传播和发展带来了新的机遇与挑战。

一方面,近年来世界音乐市场中的少数民族组合成为颇具代表性的文化景观。例如以安达组合、杭盖乐队、HAYA乐团、九宝乐队为代表的一批蒙古族乐队,都在积极探索着少数民族音乐与流行音乐、世界音乐融合的新模式。其中于2002年正式成立的安达组合,不仅在国内各类型展演比赛中积累了丰富的舞台经验,同时远赴30多个国家和地区开展巡演,目前累积在海外演出1 200余场。他们以"世界性"的音乐理念,通过专业营销策划,借力现代传媒的力量,积极探索出一条卓有成效、特色鲜明的少数民族器乐音乐海外传播之路,是当今屈指可数的成功进入海外市场,实现商业巡演模式的民族音乐团队,是少数民族器乐成功"走出去"的典型案例。

另一方面,随着信息科技的急速发展,抖音、快手等自媒体软件的出现,为少数民族器乐的演奏主体即文化持有者提供了"发声"的平台。局内人得以把握媒体时代的红利,通过在各类型电子媒介上发布与少数民族器乐音乐文化相关的视频,透过虚拟空间传播其音乐文化的同时也能带来经济收入。

其三是科技时代,即科技赋能音乐传播。科技的介入,为少数民族器乐带来了全新的传播态势,网络、新媒体、短视频等推动了少数民族器乐在传播方式上的飞跃,跨越了地域和时间限制,尤其是当下数字时代,比如自2020年疫情推动的"云"生活方式全面普及以来,少数民族器乐传播的生成和存在方式亦在数字化媒介的驱导下发生转型,形成数字化、全球化传播的局面,出现了云端音乐会(如国家大剧院齐宝力高云音乐会)、游戏音乐(以萨满鼓为主要元素的尼山萨满音乐手游)等新的媒介传播模式和格局。

数字时代的到来彻底打破曾经以"亲缘、地缘、业缘"为典型的音乐传播关系，转而以一种破除圈层（音乐的、文化的、社会的）、跨越边界（族群的、政治的、音乐的）的方式向全球生长和蔓延，建构了一个超然于现实生活世界、超越于地方知识文化体系、超时空的全球关系网络，让民族音乐和"人"本身，得以一种更多维立体的方式存在并彼此关联。

网络与数字时代（媒介、技术与观念）和少数民族器乐艺术（内容与形式）两端，如何相互勾连、制约、协调和影响，最终实现音乐与文化的跨时空、跨文化、跨语境传播；表演者手中的器物及表演如何从现时的、在场的、"具身"的现场，转化为数字"宇宙"中想象的、超脱的、"离身"的体验，这都是身处数字时代的我们需要思考的。与此同时还需警惕的是，媒介形态的更迭与网络媒体的发展，扩大了少数民族器乐文化的传播范围，但同时也造成了文化精髓被消解或为市场风向所影响等问题。

四、少数民族器乐艺术之当代实践

少数民族器乐传承与传播绝不是金字塔尖的议题思辨，而是涉及国家政策、艺术教育、非遗保护、文化管理和市场推广等多方面的具体实践。从"整体论"视角介入研究的重要目的即在推动与促进少数民族器乐走向社会并服务于大众，通过与国家政策、与各类院校、与商业市场的有机融合，一方面反哺少数民族社群及其文化，另一方面与时代、与科技、与国际接轨，从根本上带动少数民族器乐艺术的正向发展。

如何让从历史长河中走来的少数民族器乐与当前多元的文化景观相融合；如何通过"非遗"保护、大众传播、艺术教育、文化创新等手段体系化地传承和传播少数民族器乐；如何使当代音乐商业市场与传统少数民族器乐音乐的发展相适配；如何在国家规划、政策和项目的扶持与推动下，更进一步完善少数民族器乐传承与传播体系，进而为多元一体的整体格局、为更广阔的文化共同体的构建打好基础，这都是少数民族器乐之当代实践要面对和回应的重要问题。

为了回应上述种种问题，我们需以民族音乐学、管理学、传播学、艺术学、经济学等为基础，以我国文化管理体系为宏观视域，尝试从国家政策、院校教育和商业市场三个维度搭建起当代少数民族器乐艺术传承与传播当代实践的体系和框架。其一，通过对国家文化政策、"非遗"政策的解析，寻找合适少数民族器乐发展的路径和与之匹配的政策扶持；其二，在分析当前传承教育现状的基础上，汇编普及教材，建设课程体系，以综合性人才培养为目标，倚靠教育支撑，来传承和传播少数民族器乐音乐文化;其三,优化少数民族器乐在整体文化管理体系下的大众传播、文化交流、市场推广的方案和策略,产出具有实操性、实用性的报告、参考或指南材料,为当代少数民族器乐传承与传播体系建设与未来发展提供指引。唯有将学术研究与应用实践紧密结合,有计划、有规模、有体系、有侧重地开展少数民族器乐艺术的传承与传播,才能在保护少数民族多元音乐文化的同时,有效整合各民族文化资源、深化民族记忆、强化民族文化认同、保护文化多样性,让包括少数民族器乐艺术在内的中华文化繁衍永续。

第二节　作为对象的"音乐"与作为方法的"音乐学"①

音乐学家主要以书写的方式来面对音乐。音乐学家对音乐的写作,本质上是一种运用话语进行言说的活动。"人类实际上只能言说存在的东西,客观现实的东西和经验实存的东西。"②对于音乐学研究而言,"音乐作品"似乎是一个具有本质意味的重要概念,但在当下的汉语语境下,这一概念却有可能面临两个问题,甚至可以称之为困惑。

第一个问题,由于"音乐学"是一个以研究对象来定义自身的"学科",而用来研究该对象的学理范式与学术方法却来自其他人文学科与社会科学。在我国,"音乐学"的研究对象其实更为广阔,外延也在不断扩大,但并不存在一种整一而系统的"音乐的""音乐学的"或者"音乐学家的"的方法范式。"音乐作品"作为研究对象,显然不可能涵盖而今被音乐学家们所关注的各种"音乐",而如果把"音乐作品"作为一种方法范式来窥视各种纷繁复杂的音乐对象,则有可能面临不同分支学科之间的壁垒,而无法顺利穿越或贯通(例如音乐史学视域中的"音乐作品"及其研究方法可能与音乐美学中的很不一样,音乐人类学家在运用这一概念时,也会有自己的所指)。

第二个问题,在具体音乐学文本的写作中,"音乐作品"在作为对象与方法上的复杂性,则可能深刻地影响这种文本的文体特质与传播效能。音乐史学家的书写与音乐美学家的言说,是否能相互映照、借鉴,为对方提供有学术与思想价值的资源? 或者说,是否存在一种"音乐的""音乐学的"或者"音乐学家的"书写或言说"音乐作品"(乃至"音乐")的可能性,殊途同归,同根共荣? 汉语语境中的音乐学书写,

①　原载《音乐研究》2024 年第 6 期,原题《音乐学式地书写"音乐作品":兼论作为对象的"音乐"与作为方法的"音乐学"》。作者伍维曦,上海音乐学院教授。
②　亚历山大·科耶夫:《论康德》,梁文栋译,华东师范大学出版社 2020 年版,第 279 页。

能否呈现出在一株树木上开出不同的花朵的景观（而非被作为同一园地中的不同植物来欣赏），并为当下和未来的中国音乐学家这一知识共同体，提供不断进行创造性实践的动力？这里谨就"音乐作品"与音乐学学科范式及研究方法的关系，以及音乐学家在对"音乐作品"的主体书写和言说中的思想姿态与书写方式问题略加讨论。

一、"音乐作品"与音乐学学科范式

根据《新格罗夫音乐和音乐家词典》的定义，"音乐作品"是"造音乐的行为或过程，以及这种行为的产品"。"对于音乐作品的创造与演绎在此限定性意义上，一般区别于'即兴'（improvisation），对于后者而言，创作的决定性步骤出现在表演过程中。"[①]不过，在汉语语境中，"音乐作品"是一个（有时甚至是被一部分学者）被滥用的概念，经常被视为"音乐"的等价物，对"音乐作品"的分析与诠释，经常被等同于对"音乐"的分析与诠释。对此，我们希望在一种较为严格的学理意义上，使用"音乐作品"的概念，并注意到使用这一概念时的学科背景。我想在此引用莉迪娅·戈尔的理论："我把作品描述为公共和恒久的艺术品，由作曲家创作，并由通常为音响、力度变化、节奏和音色的结构要素组成。诸如此类。撇开这种描述，有人也许会提出（且已多次向笔者提出），音乐作品包括从最中性而笼统到最富于内容而具体的，从不受意识形态左右到有特定意识形态的一系列情形。我对作品的描述属于后者，即具体的、意识形态的。"[②]

历时性地看，"音乐作品"和"音乐学"一样，都是 19 世纪的产物，二者拥有同源而异流的观念史。"1800 年（或大致这一时间）以前的音乐家并非在作品概念的规范下从事创作"，"他们当然是以歌剧、康塔塔、奏鸣曲和交响曲这些概念从事创作，但这并不意味着他们当时是在创作作品。只是到后来，当人们开始以作品为原则看待音乐创作时，早期音乐、康塔塔、交响曲和奏鸣曲才获得其作为不同种类音乐作品的地位"。[③] 欧洲现代学术语境和知识系统中的音乐学，一度以"音乐作品"为核心对象，并不难以理解。从某种意义上讲，二者都是 19 世纪欧洲资产阶级音乐文化"机制"的重要成分。从观念史（当然也可以说是学科范式或学科范式史）的角度来看，"音乐作品"的两个起点是 19 世纪的文学史与历史学。正是文学史强化了

---

① Stephen Blum: "Composition", *New Grove Dictionary of Music and Musicians* Ⅱ, Oxford University Press, 2001, p.186.

② 莉迪娅·戈尔:《音乐作品的想象博物馆:音乐哲学论稿》,罗东晖译,上海音乐学院出版社 2008 年版,第 112 页。

③ 同上书,第 115—116 页。

乐谱文本在音乐生活中的主导地位，赋予了乐谱（而非其他音乐表达和传播形式）以"作品"的概念，尤其使一部分乐谱文本的经典作品化，具有了观念与方法的可能性；而历史学则将经典作品及其创造者的历史事件及人物的性质强化了，音乐史由此建立起了一个谱系，并试图从中去寻找某种具有必然性的规律。二者，事实上都与19世纪欧洲资产阶级的主流意识形态（启蒙主义、民族主义、种族主义等等）发生了密切的关系，具有某种音乐政治学的企图。"音乐作品"通过"音乐学"得到了传播与理解（包括在非西方语境中的创造性"误读"），并获得了精神与文化上的话语权。它们是同一种观念结构——作为19世纪资产阶级文化理想的音乐——的外化与具化。

共时性地看，作为历史研究对象的音乐和作为艺术表达方式的音乐之间，其实存在巨大的张力。而不同音乐学学科语境下的"音乐作品"，则拥有不同的概念属性。"作品"正像"音乐"一样，在音乐学的"学科"语境中越来越复数化。

音乐作品首先是分析的对象。工具化的分析，当然可以成为音乐学家理解音乐作品的基础（但不能影响，在现代学术语境中、基于不同的学科背景获取音乐作品意义的过程）。音乐以文本或者其他物质外化的形态，具有了被分析的可能性。而作品化的音乐，尤其以文本（乐谱）作为其物理形态。分析的行为，意味着音乐有着形式上的复杂性与规律性；同时也表明，这种"音乐"尽管可能具有其他的社会文化功能，但却可以而且必须被严肃地阅读、审视与思考。在特定的物质、技术与心理条件的相互作用下，音乐可以是一个文本（或者被视为一个文本；或者将这种文本的属性视为音乐艺术最重要的特质），而且其文化属性模拟了思想文本与文学文本，其中包含着对于分析者来说可能具有终极性价值的"大义"。那么这种"分析"，无疑很容易导向"诠释"。"诠释学的功能，根本上在于将另一个世界的某种意义关联转换至自己的世界中。"①音乐文本是一种符号系统，作为诠释的对象，不同的诠释者大致可以将自己所在的学科语境，视为"自己的世界"，应该说，从现代学术研究的立场来看，学科意义上的音乐学已经包含了多个世界。每个世界，都以自己的视角和方式参与音乐及音乐作品意义的生成，而这些世界之间，也存在通过音乐及音乐作品相互诠释的可能性。

当下音乐学的版图，似乎可以分为："作品的音乐"学与"非作品的音乐"学。而且，这种分类，其实并不是按照研究对象来划分，而是根据我们的观察角度。

我们知道，作品属性并不天然或者先验地属于某一乐曲，即便对于高度作品化的当代学院派音乐创作而言，也不是唯一的存在形式，"理想型的作品"更多。试

---

① 里特尔等编：《诠释学（辞条）》，潘德荣等译，华东师范大学出版社2023年版，第1页。

想：一部形式极其复杂、内容非常深刻的当代作品，如果被切割、改编，用于广告和晚会，与那些"通俗"，甚至连乐谱都找不到的音乐混用时，它还是我们所理解的"音乐作品"吗？在这种接受环境中，无论是"作品式音乐"还是"非作品式音乐"都化约成了音乐符号。① 对此，文艺学式的音乐学或音乐史学，不得不面临失语的窘境。"音乐作品"，欧洲资产阶级对于人类文化史最重要的贡献之一，正在成为一种观念史的研究对象。音乐（一首乐曲）是不是一部作品？这是一个问题，其次才是围绕作品/非作品的音乐学研究方法。

而对于当下的汉语音乐学学术话语体系来说，我们发现一个非常有趣的现象："音乐作品"原本是音乐史学的核心概念和研究对象，并由此产生了文艺学的研究范式，但在近年来的研究观念的更新中，尤其是伴随着人文学科式的历史音乐学越来越社会科学化，"音乐作品"已经不再是音乐史学家研究的出发点，而是与其他和音乐活动有关的史料一样，成为研究对象的一个成分，这与历史学在"二战"后就不再是帝王将相等大人物的记录，而更多地关注历史活动的整体与细节的趋势是一致的。严格的学科和学术意义上的音乐史学家，是要将音乐作品的意义转换到历史学家的世界里。正如美籍华裔学者杨联升很早就指出的那样："艺术史、文学史和哲学史的研究者们本身主要关注的是质而不是量。这种办法在他们各自的领域中或许是合适的。但要对文化史有一个充分的理解，我们就不仅要了解杰出的大师们所取得的最优秀的成果，而且也要了解普通作品所达到的水平，以及文化活动的全部参与者全部成就的总量。"②

然而在音乐美学这一领域，"音乐作品"的主导概念却得到了强化，尤其是近年来通过韩锺恩教授等学者围绕音乐聆听感性经验及书写的研究。在拜读了韩锺恩教授的论文《情动于中形于声：通过经验情况写音乐》③后，笔者写下了这样的体会："这篇论文以及作者其他相关论域的系列著述，在涉及与感性要素表里相依的音响材料时，其具体指涉，多体现为古典-浪漫主义时期的'音乐作品'。音乐研究中的'音乐作品'"概念源自文学史，本是文艺学式的西方音乐史的核心，但在近几十年来，由于音乐史学的人文学科性质越来越多地社会科学化，已经逐渐走向边缘并被扬弃，如果音乐作品概念在音乐美学领域中仍然占有如此重要的中心地位，那么表明：其在汉语音乐学语境中还有更多可以被深入挖掘的学理潜质。"

---

① 参见蒂娅·德诺拉：《日常生活中的音乐》，杨晓琴、刑媛媛译，中央音乐学院出版社 2016 年版；埃罗·塔拉斯蒂：《音乐符号学理论》，黄汉华译，上海音乐学院出版社 2017 年版。
② 杨联陞：《中国历史上朝代轮廓的研究》，《中国制度史研究》，彭刚、程钢译，江苏人民出版社 2007 年版，第 6 页。
③ 《中国音乐》2024 年第 1 期。

在我看来，当下与未来的汉语语境中，"音乐作品"主要是一个音乐美学的论域和核心范畴，正是通过后者，作品观念将持续地对汉语音乐学这一知识体系，发生决定性的作用。音乐美学也将对汉语语境中的"音乐作品"这一概念进行基于方法论自觉的再定义，使其成为某种基础性范式。这是源自西文语境的音乐美学"华化"的一个成果。

二、主体言说：音乐作品的"三度创作"

那么，在音乐学家们用书写的方式，言说"音乐作品"时，除了在现代学术概念的系统中，将从对象中提取的意义带入不同的世界之外，是否存在一个他们共同的世界？对于音乐学家来说，如何"音乐学式地"书写"音乐作品"呢？

就汉语音乐美学这个学科而论，以韩锺恩教授为代表的学者们不仅围绕"音乐作品"进行了大量思辨性研究，积累了丰富的学术成果；同时，还将面对作为"音乐作品"具化和外化形式的乐曲时的聆听和阅读的感受进行了充分书写，并形成了独具个性的文体特征与文学风格。这种音乐学文本，是否具有现代知识生产所要求的纯学术意义上的特质，姑且不论，但从主体言说的角度来看，无疑是一种音乐作品的"三度创作"，具有纯学术论文可能不具备的创造性、艺术性与思想性。这种写作实践，无疑为"音乐学式"的书写"音乐作品"提供了宝贵的经验与启示。对此，笔者曾进行过如下的思考：《情动于中形于声：通过经验情况写音乐》一文以及作者其他相关论域的系列著述，"不仅高度关注对感性结构力与音响结构力的关系进行学理化分析与概念建构，而且也非常重视对感性经验的文字描述，并将之视为'音乐学写作'的某种归宿。就笔者长期以来的体会而论：基于概念化语境的现代学术论文的文体，与个体经验音乐音响的感性材料时的情绪及映像式反应，存在不可调和的矛盾。如欲以这种文体来准确、有效、得体、舒适地表达感性经验，可谓削足适履、邯郸学步、磨砖作镜、缘木求鱼。如果说，对于从现象中抽离出概念的思维过程的书写需要训练论文写作的文体意识，那么要对感性经验进行文字表达，也需要具有相应的修辞等级及美学基础，才能做到'观古今于须臾，抚四海于一瞬'，'事发乎沉思，义归于翰藻'。由音乐音响所致的感性经验的文本化，本质上和激发这种经验的音乐作品一样，是一种具有微言大义的隐喻性对象，需要被不断诠释。这种感性经验的书写者的任务，不在于垄断或规训这种经验的意义传达，而是在一种既定的理解传统与话语系统中，释放出意义生成的新的可能性。而这一'三度创作'能否被成功地实践，文体的选择可能比学理的贯通与概念的制作更为重要"。

表达对音乐的感性经验，最适宜的书写形式，无疑是文学。我们在中国古典诗歌中，可以发现大量精彩绝伦、生动传神的为不同场合、针对不同读者而创作的音乐作品;在当代,我们也可以读到很多精彩的乐评。而学术论文的本质是知识的生产,用来满足人们对求知的渴望,纯学术意义上的音乐学写作,绝不是文学体裁,其文体必须简洁平实,文学化的表达,在音乐学学术论文中的运用,应该谨慎而有限。学术论文,可以承担对研究对象的深入分析与深刻诠释的功能(文艺作品当然也可以通过形象思维来诠释主题),但不可能,也没有必要像文学作品那样去指涉对象之后的意义,如果这样做,会让读者困惑,对知识生产无所裨益。非功利性的学术研究是对实践的总结和反思,而文艺创作,则"禄在其中",本身具有社会实践性。

我们再来读一下孙国忠教授的一段话,其中的"论说"可以约等于"书写",只是从理解的技术角度,前者侧重于思想观念的表达,后者更关注包含这种表达的文本的形成、阅读与传播:

> "音乐论说"可以理解为用文字表达的关于音乐现象及问题的审思与见解。"论说"二字既有展开"议论"的特性,也有其呈现"言说"的主体姿态,这种带有个人旨趣的音乐审视和展示论说者智性思绪的音乐文字(writing about music)无疑具有音乐探析和艺术品鉴的"庄重感"和"趣味性"。"音乐论说"可以分为学术性写作与非学术性写作,两者都有存在的必要,因为它们各有所长,目的不同,功能也不一样。……区分两者的关键在于写作的旨趣——论说音乐的目的与意图。①

我们应该尤其注意上面引文中的"主体姿态"。在艺术活动中,对于创造性的实践活动而言,主体性是不可缺少的,而对于一直以音乐作品研究为主要路径的传统音乐学而言,作曲家在创作过程中的主体性,更是学术研究的核心内容。

我们还应该注意"学术性写作"与"非学术性写作"的分野。在我看来,"学术性写作"应有着明确的学科意识与导向。但就我们的中文音乐学话语系统而言,这种意识与导向,似乎只能从音乐学的各个分支学科的学科范式中分别产生(语言形态学、历史学、人类学、哲学、社会学……),而不可能找到一个纯粹基于学理逻辑而成立的"音乐学"的学科意识、范式与导向(尽管我们可以为不同的分支学科寻找到共同的宏观或者具体的研究对象);但,如果将音乐学式地书写"音乐",作为一种主体的创造性实践,那么在"非学术性写作"中却有可能产生一种音乐学的方式,也就是说:一种具有最大公约数的音乐学家的书写言说音乐和音乐作品的方式,是以超越他们从各个人文-社会科学中获得的概念化训练为前提的,音乐学家不仅基于不同

---

① 孙国忠、方文:《孙国忠教授访谈:"音乐论说"场域中的音乐评论》,《音乐创作》2020年第4期,第102页。

的学科方式写作关于"音乐"的学术论文,还基于他们对于"音乐"的共同经验和音乐学家的主体性,"非学术性"地言说音乐(以学术散文、评论、访谈等文体)。尽管这是一种悖论,但悖论在实践中,却常常具有合理性。同时,这种悖论,在思想导向上,还有着一种力图超越现代学科壁垒与概念陷阱,回归古典价值体系下"学以致用"地探究与表达"天人之际"的"知音者"的命意。"所谓置于学科间性合力中间的音乐学写作,其实质就是充分利用多种学科资源,以不同学科的主力理论指向,针对并围绕特定研究对象,形成有效的聚集,以学科间性合力成全与圆满预期设定的音乐学写作目标。"①故而,音乐学式地书写"音乐",从一种主体姿态上看,也可以理解为:音乐学家式地书写"音乐"。须知,我们的许多音乐学家,不仅是杰出的研究者,事实上,也可以成为有学术价值的研究对象。

由于本文主要关注"音乐作品"问题,所以我们谨从音乐学式地书写"音乐作品"的立场,再谈谈音乐作品的"三度创作"问题。由于对于音乐作品而言,"非学术性写作"的主要类型是音乐评论,我们特别关注音乐评论作为"三度创作"的实践形式,与音乐作品的关系。

音乐作品意义的最终产生,是创作、表演与接受合力的结果。从这一角度看,评论对音乐创作活动的历史事件化和语境化具有基础性作用;而严肃的聆听则是把握音乐作品意义的重要方式。如前所述,"音乐作品"这一概念最终于19世纪确立,在20世纪最终完成,此时作曲家作为一个群体的控制力和权威性在音乐生活中显现。由此音乐文本的制作最终成为一种特殊的艺术实践和竞争活动。"作品体制"的确立表明决定音乐作品意义的生成的话语权发生了变化。这种话语权在"作品体制"形成之前由拥有政治、经济及文化资源的人掌握,在"作品体制"形成之后则由作曲家掌握。

但在"作品体制"中,音乐作品的接受者也是音乐实践者。艺术作品是一个被填充的对象,它的意义是不断地可以被重新发挥和产生的,这在一定程度上就是我们分析音乐和诠释音乐的差异。分析音乐最终要求一个客观的结论,这是可以做到的,但是我们在诠释音乐的过程中,永远都没有最后的结果。从19世纪欧洲和西方的音乐经验来看,批评事实上已经成为音乐作品的"三度创作",正是广义上的"批评"最后催生了音乐作品的"意义"。就此而言,音乐学家作为音乐批评家,在利用音乐批评这个工具时,也就意味着他通过音乐认识世界的过程具有了实践的本质。并且能够将经过反思的启蒙主义和现代性与古典的价值观结合,实现"视域融合",而这个"视域融合"依赖实践,只有把学术研究与批评活动结合在一起,才能使

---

① 韩锺恩:《近年来我的学术指向与学科关切》,《音乐艺术》2023年第4期。

音乐学家不仅成为认识世界的人，也成为实践者。通过以"非学术写作"的方式，音乐学家参与了音乐作品的意义生成。这样，音乐学写作，也就和创作、表演一样，成为音乐实践的一种方式。

但我们还需要注意的是：这种"音乐学的方法"实际背离了现代学术学科体系的某些基本原则（也可以说使音乐学家从这种体系的窠臼中解放出来）：当他在进行严格意义上的学术作业时，他必须服从不同的学科范式，但当他在以批评的方式对音乐作品进行诠释时，却有可能获得自由。为"作品"这一理想型的结构寻找一种独特的话语镜像，这本身既是一种诠释（哲学意义上），也是一种创作（文学或艺术意义上）。音乐学家的个体人格由此置入到他的话语系统和言说过程中，"音乐学地"把握音乐的"范式"由此生成了。这也表明：在具有"中国性"的当下汉语语境中，确实可能存在一种具有整体性、结构性和系统性的"音乐学"的范式（尽管我们没有必要从现代学术系统的观念结构上去苛求其自洽的性质，也无须去论证它作为一种独立存在的学科的合理性），并拥有一个与之相匹配的文体形式，这也许就是以音乐学的方法或范式"非学术性"地书写音乐。

第三节　汉武帝歌诗与汉乐府制乐①

汉武帝为汉乐府的兴盛作出了巨大贡献。班固把"协音律""作诗乐""协律改正"当成汉武帝平生的功业。班固《汉书·武帝纪》赞："兴太学，修郊祀，改正朔，定历数，协音律，作诗乐，建封禅，礼百神，绍周后，号令文章，焕焉可述。"《汉书·叙传》："世宗晔晔，思弘祖业，畴咨熙载，髦俊并作。厥作伊何？百蛮是攘，恢我疆宇，外博四荒。武功既抗，亦迪斯文，宪章六学，统一圣真。封禅郊祀，登秩百神；协律改正，飨兹永年。述《武纪》第六。"

一、汉武帝热衷歌诗创作

班固《汉书·武帝纪》多处记载了汉武帝（前156—前87，前141年即位）制作歌诗的情况：(1)元狩元年（前122）冬十月，汉武帝行幸雍，祠五畤，获白麟，作《白麟之歌》；(2)元鼎四年（前113）六月，汉武帝得宝鼎后土祠旁，作《宝鼎之歌》；(3)元鼎四年（前113）秋，马生渥洼水中，作《天马之歌》；(4)元封三年（前108）夏四月，汉武帝还祠泰山，至瓠子，临决河，命从臣将军以下皆负薪塞河隄，作《瓠子之歌》；(5)元封三年（前108）六月，甘泉宫内中产芝，九茎连叶，汉武帝作《芝房之

① 原载《复旦学报》2024年第4期。作者杨赛，上海音乐学院研究员。

歌》;(6)元封五年(前106)冬,汉武帝行南巡狩,至于盛唐,望祀虞舜于九嶷,登灊天柱山,自寻阳浮江,亲射蛟江中,舳舻千里,薄枞阳而出,作《盛唐枞阳之歌》;(7)太初四年(前101)春,贰师将军广利斩大宛王首,获汗血马来,汉武帝作《天马之歌》;(8)太始三年(前94)二月,汉武帝行幸东海,获赤雁,作《朱雁之歌》;(9)太始四年(前93)夏四月,汉武帝幸不其,祠神人于交门宫,若有乡坐拜者,作《交门之歌》。汉武帝作歌持续32年。正史本纪如此详细地记录帝王创作歌诗,绝无仅有。又《汉书·外戚传·李夫人》:"帝愈益相思悲感,为作诗曰:'是耶,非邪?立而望之。偏何姗姗其来迟!'令乐府诸音家弦歌之。"[1]《史记·乐书》载有《天马歌》[2],《汉书·礼乐志》载有《安世房中歌》十七章和《郊祀歌》十九章全部歌词。《乐府诗集·杂歌谣辞》将《秋风辞》《李夫人歌》《瓠子歌》三首署名汉武帝。《先秦汉魏晋南北朝诗》辑有汉武帝《瓠子歌》《秋风辞》《天马歌》《西极天马歌》《李夫人歌》《思奉车子侯歌》《柏梁诗》。《魏氏乐谱》辑有《秋风辞》《天马歌》《西极天马歌》《斋房》乐谱。

　　《秋风辞》是汉武帝歌诗代表作。《汉武帝故事》载:"是行幸河东,祠后土,顾视帝京,欣然中流,与群臣宴饮,上欢甚,乃自作《秋风辞》。"[3]汉武帝即位时年方15岁,次年即尝试复兴儒学,但受到窦太皇太后的压制,以失败告终。直到建元六年(前135),窦太皇太后过世,汉武帝才得以亲政。作此诗时,汉武帝已亲政22年,权力稳固,治国理政成就斐然。《秋风辞》表现了一代英主踌躇满志、多愁善感的丰富内心世界。

　　日本明和五年(清乾隆三十三年,1768),魏皓编写了1卷本《魏氏乐谱》,经平信好(字师古)校订,由书林芸香堂出版,收入50曲。日本安永九年(清乾隆四十五年,1780),魏之琰的门人编成6卷本《魏氏乐谱》,收入242曲。钱仁康认为,《魏氏乐谱》是一份极其宝贵的音乐遗产,日本人称之为"明乐",其实它和明代的民间音乐和戏曲音乐毫无关联,它的来源是很古老的,是南宋以前宫廷音乐代代相传的历史遗留,为中国古代音乐的研究,提供了一部极珍贵的文献。《魏氏乐谱》所载《秋风辞》乐谱,为正平调,今作G调。

　　《秋风辞》在楚辞之后另辟新径,任昉《文章缘起》将其视为辞体之源:"辞,汉武帝《秋风辞》。"陈懋仁注:"感触事物,托于文章,谓之辞。"《秋风辞》文体用楚辞体,音乐用楚声。《秋风辞》凡三解,以"△"标注。九句。第一解为前四句。视点不断转移,由中向上、由上而下,再由下而上,三组画面拼合成一幅层次分明、宏阔萧瑟

　　① 班固:《汉书》,中华书局1962年版,1964年印,第3952页。

　　② 司马迁:《史记》,中华书局1959年版,第1178页。

　　③ 郭茂倩:《乐府诗集》,中华书局1979年版,第1180页。

的动态秋景图。空间由远及近,船上的兰花和菊花透着清秀与清香,引发汉武帝的视觉和嗅觉,怀念逝去的佳人。第二解为第五、六、七句,泛舟中流,纵情行乐,音高、音量和音强不断加强,豪迈有力,雄浑慷慨。第三解为第八、九句,志得意满的汉武帝看着眼前这些身强力壮的船夫、乐手正当盛年,自己却一天天老去,不由得触景伤怀,乐极生悲。《秋风辞》场面宏阔而细腻,感情热烈而深沉。《秋风辞》,全用"兮"字句,有"□□□兮□□□"和"□□□□兮□□□"两种结构。"兮"字总是出现在每句的第三拍次重音处,六句唱二拍,三句唱一拍半。"兮"字音高分别为伬仩五、伬、五、合。"兮"字可看作两部分:既是前半句意义和情绪的延续,又是后半句意义和情绪的引导,演唱者可以在拍子的范围内微微调整前后部分的长度与强度,达到长短相形、高下相倾、虚实相生的效果。这也体现了汉乐府相和歌的特点。《秋风辞》相和形式有三种:上半句(约四拍)相,下半句(约四拍)和;上句相,下句和;一、二、三、四句相,五、六、七句和,八、九句合。一句之中,"兮"前为相,"兮"后为和;两句之中,上句为相,下句为和。君相,臣和。"箫鼓鸣兮发棹歌"也可重复唱,君臣一相一和一合,意气风发。《秋风辞》以秋风、白云、草木、归雁起兴,画面宏阔,收放自如,再写船上的兰花、菊花,进而写到对佳人的怀念,视线上下交合,近远相兼,动静有常,张弛得度,既有生动,又有高致。君臣一起纵情高唱棹歌,场面大气磅礴,以悲叹时光易逝、生命短暂收尾,沉郁顿挫,悲天悯人。

二、汉武帝命李延年重兴汉乐府

左克明说:"汉武帝立乐府,官采诗以四方之声合八音之调,用之甘泉、圜丘,此乐府之名所由始也。"①这个说法并不准确。乐府为秦所置,为少府属官之一,掌管天子供养。② 秦已经建立了乐府制度。高祖、吕后、孝惠、孝文时,汉乐府掌管宗庙乐和郊庙乐。《史记·乐书》:"高祖过沛诗三侯之章,令小儿歌之。高祖崩,令沛得以四时歌舞宗庙。孝惠、孝文、孝景无所增更,于乐府习常肄旧而已。"③

元狩三年(前120),汉武帝重兴乐府。汉武帝宠幸乐倡出身的李延年,任命为协律都尉,掌管汉乐府。汉武帝时期的汉乐府,与汉文帝、汉景帝时期的音乐风格有很大差别。汉文帝任命张苍为丞相,掌管音律。《后汉书·律历志》:"汉兴,北平侯张苍首治律历。"④张苍本为秦代掌管图书经籍的御史大夫,喜好读书,知识渊博。《史记·张丞相列传》:"张丞相苍者,阳武人也。好书律历。秦时为御史,主柱

① 左克明:《古乐府序》,元至正丙戌年(1346年),见《古乐府》,元刻本,第10页。
② 班固:《汉书》,中华书局1962年版,第731—732页。
③ 司马迁:《史记》,中华书局1959年版,第1177页。
④ 班固:《汉书》,中华书局1962年版,第955页。

下方书……张苍为计相时，绪正律历。以高祖十月始至霸上，因故秦时本以十月为岁首，弗革。推五德之运，以为汉当水德之时，尚黑如故。吹律调乐，入之音声，及以比定律令。若百工，天下作程品。至于为丞相，卒就之，故汉家言律历者，本之张苍。"①张苍继叔孙通之后，完善了汉初的礼乐体系，包括音律、服色、历法等。汉景帝前元二年(前 155)，封其子刘德(？—前 130 年)为河间王，刘德孜孜不倦地搜集古代遗留的乐舞、整理礼乐文献。《汉书·礼乐志》："又通没之后，河间献王采礼乐古事，稍稍增辑，至五百余篇。"②刘德将山东齐鲁一带的儒生招募到身边，传承先王乐舞，搜集和整理古籍，复兴儒学。《汉书·河间献王传》："修礼乐，被服儒术，造次必于儒者。山东诸儒多从而游。"③"武帝时，河间献王好儒，与毛生等共采周官及诸子言乐事者，以作《乐记》，献八佾之舞，与制氏不相远。"④《汉书·礼乐志》："河间献王有雅材，亦以为治道非礼乐不成，因献所集雅乐。天子下大乐官，常存肄之，岁时以备数，然不常御。常御及郊庙皆非雅声。然诗乐施于后嗣，犹得有所祖述。"⑤刘德将《乐记》纳入《礼记》中，整理《礼记》131 篇。汉文帝和汉景帝时期的汉乐府受到周、秦雅乐理论与实践的深刻影响。

李延年的出身和儒学都不能与张苍、刘德相比。李延年系赵地故中山国人。《史记·佞臣传·李延年》："李延年，中山人也。"《汉书·地理志》注："中山国，高帝郡，景帝三年为国。"《史记·秦本纪》，中山国为赵武灵王所灭，属赵地。赵地本有歌舞传统。李延年父母、兄弟都是乐倡，地位卑微。《史记·佞臣传·李延年》："父母及身、兄弟及女，皆故倡也。"李延年曾受过腐刑，在宫中担任狗监低贱职务。《史记·佞臣传·李延年》："延年坐法腐，给事狗中。"《史记集解》引徐广曰："主猎犬也。"《史记索隐》："或犬监也。"《汉书·佞幸传·李延年》："延年坐法腐刑，给事狗监中。"颜师古注："掌天子之狗，于其中供事也。"⑥李延年与司马相如面圣的引荐人杨得意任同职。《史记·司马相如列传》："居久之，蜀人杨得意为狗监，侍上。上读《子虚赋》而善之。"依照汉代官制，李延年这样的身份和地位，没有资格参加祭祀乐舞，更不可能掌管汉乐府。卢植《礼记注》："《汉太乐律》：卑者之子，不得舞宗庙之酎。除吏二千石到六百石及关内侯到五大夫子，取适子高五尺以上，年十二到三

① 司马迁：《史记》，中华书局 1959 年版，第 2681 页。
② 班固：《汉书》，中华书局 1962 年版，第 1035 页。
③ 魏征：《隋书》，中华书局 1973 年版，第 2410 页。
④ 班固：《汉书》，中华书局 1962 年版，第 1712 页。
⑤ 魏征：《隋书》，中华书局 1973 年版，第 1070 页。
⑥ 班固：《汉书》，中华书局 1962 年版，第 3725—3726 页。

十,颜色和顺,身体循理者,以为舞人。"①

李延年擅长表演新声俗曲,迎合了汉武帝的音乐审美。元鼎六年(前111),汉武帝赏识李延年的音乐才能,委以重任。《史记·佞臣传·李延年》:"延年善歌,为变新声。"《汉书·佞幸传·李延年》:"延年善歌,为新变声。"《汉书·外戚传·孝武李夫人》:"初,夫人兄延年性知音,善歌舞,武帝爱之。每为新声变曲,闻者莫不感动。"李延年妹妹善舞,受到平阳公主的推荐,被汉武帝封为夫人,并育一子,汉武帝对李延年更为宠幸。《史记·佞臣传·李延年》:"而平阳公主言延年女弟善舞,上见,心说之,及入永巷,而召贵延年。"《汉书·佞幸传·李延年》:"女弟得幸于上,号李夫人,列《外戚传》。"《汉书·外戚传·孝武李夫人》:"延年侍上起舞,歌曰:'北方有佳人,绝世而独立,一顾倾人城,再顾倾人国。宁不知倾城与倾国,佳人难再得!'上叹息曰:'善!世岂有此人乎?'平阳主因言延年有女弟,上乃召见之,实妙丽善舞。由是得幸,生一男,是为昌邑哀王。"②《史记·佞臣传·李延年》:"与上卧起,甚贵幸,埒如韩嫣也。"李延年的妹妹李夫人临终前将李延年托付给汉武帝。《汉书·外戚传·孝武李夫人》:"其后,上以夫人兄李广利为贰师将军,封海西侯,延年为协律都尉。"李延年于太初元年(前104)被封为协律郎。《汉书·武帝纪》记载,汉武帝太初元年夏五月,"定官名,协音律"。《汉书·百官公卿表》载,设乐府为三丞。同年八月,其兄贰师将军李广利受命西征大宛。《汉书·武帝纪》载,汉武帝太初元年(前104)秋八月,行幸安定。遣贰师将军李广利发天下谪民,西征大宛。③ 李延年受宠时的待遇颇为丰厚,为二千石。《史记·佞臣传·李延年》:"延年佩二千石印,号协声律。"④《汉书·百官公卿表》颜师古注:二千石俸每月一百二十斛,仅次于三公及中二千石。⑤ 汉武帝母亲王美人即俸二千石。

李延年协音律的成就很高,受到史家的高度肯定。协律郎的职权一般为:"掌和六律、六吕,以辨四时之气,八风、五音之节。"⑥李延年掌和六律、六吕问题不大,辨四时之气怕是不行。协音律是汉乐府的重要特点和重大创新。《文心雕龙·乐府》:"观高祖之咏《大风》,孝武之叹《来迟》,歌童被声,莫敢不协。"⑦汉武帝命李延年为协律都尉,被史学家称为得人。《汉书·公孙弘、卜式、儿宽传》:"汉之得人,于

① 杜佑:《通典》,中华书局1992年版,第695页。
② 班固:《汉书》,中华书局1962年版,第3951页。
③ 同上书,第200页。
④ 司马迁:《史记》,中华书局1959年版,第3195页。
⑤ 班固:《汉书》,中华书局1962年版,第721页。
⑥ 李林甫等撰、陈仲夫点校:《唐六典》,中华书局1992年版,第398—399页。
⑦ 刘勰:《文心雕龙》,明嘉靖中古翕余氏刊本,第2卷,第3—5页。

兹为盛,儒雅则公孙弘、董仲舒、儿宽,笃行则石建、石庆,质直则汲黯、卜式,推贤则韩安国、郑当时,定令则赵禹、张汤,文章则司马迁、相如,滑稽则东方朔、枚皋,应对则严助、朱买臣,历数则唐都、洛下闳,协律则李延年,运筹则桑弘羊,奉使则张骞、苏武,将率则卫青、霍去病,受遗则霍光、金日磾,其余不可胜纪。是以兴造功业,制度遗文,后世莫及。"①

李延年结局很悲惨。其妹李夫人过世、其兄李广利兵败叛逃匈奴、其弟李季淫乱后宫,李氏由盛转衰,被汉武帝灭族。《史记·佞臣传·李延年》:"久之,寖与中人乱,出入骄恣。及其女弟李夫人卒后,爱弛,则禽诛延年昆弟也。"《汉书·佞幸传·李延年》:"久之,延年弟季与中人乱,出入骄恣。及李夫人卒后,其爱弛,上遂诛延年兄弟宗族。"《汉书·外戚传·孝武李夫人》:"其后李延年弟季坐奸乱后宫,广利降匈奴,家族灭矣。"

三、汉武帝命汉乐府制宗庙乐、郊祀乐和鼓吹乐

汉武帝命汉乐府完善了汉初宗庙乐,制作汉初郊祀乐,完成了汉代礼乐体系的构建。汉初宗庙乐《安世房中歌》十七章为汉高祖、汉惠帝、汉文帝、汉景帝四代所制,汉武帝辑入乐府。汉高祖刘邦即位后,请楚地女巫唐山夫人制作了祭祀祖先的徒歌,与叔孙通所制礼乐并行,包括《大孝备矣》《七始华始》《我定历数》《王侯秉德》《海内有奸》等五章,向祖宗告知刘邦的主要功德,四言诗,杂用楚乐,从周乐命名方法取名《房中乐》,其功能却依秦《寿人乐》,祈求福寿绵长,国祚延绵。汉惠帝时,乐府令夏侯宽配以箫管人声与器声相合,更名为《安世乐》,体现汉朝统治者作乐歌的初衷。与《大风歌》一起,作为祭祀刘邦的宗庙乐歌。汉文帝时,续作《大海荡荡》《安其所》《丰草葽》《雷震震》等四章。汉景帝时,续作《桂华》《美若》《磑磑即即》《嘉荐芳矣》《皇皇鸿明》《浚则师德》《孔容之常》《承明帝德》等八章,为送神歌、颂神歌、享神歌,四言诗,仿刘邦所作《房中歌》。汉武帝定为《安世房中歌》,辑歌词十七章,歌谱今不存,音乐融合了周乐与楚乐,用于汉初皇帝祭祀祖宗,包括迎神、颂神、享神、送神等仪节,歌颂汉高祖、汉文帝功德,以求得福佑。《安世房中歌》反映了汉初七十年间社会发展的重要成就,吸收了《诗经》《楚辞》的表现手法,吸收了楚乐,达到了较高的艺术水平,为汉乐府的进一步发展打下了基础。

汉初郊祀乐逐渐兴盛,汉武帝时达到顶峰。汉武帝从即位起就着手制作郊祀礼乐。《汉书·礼乐志》:"至武帝定郊祀之礼,祠太一于甘泉,就乾位也;祭后土于汾阴,泽中方丘也。乃立乐府,采诗夜诵,有赵、代、秦、楚之讴。以李延年为协律都

① 班固:《汉书》,中华书局 1962 年版,第 2634 页。

尉,多举司马相如等数十人造为诗赋,略论律吕,以合八音之调,作十九章之歌。以正月上辛用事甘泉圜丘,使童男女七十人俱歌,昏祠至明。"①汉武帝命汉乐府制作,司马相如等人作词,李延年等人作曲,自元狩元年至太始四年,历时三十年,完成了《郊祀歌》十九章,包括:祭祀五畤、后土歌曲《练时日》《帝临》二章,祭太一歌曲《青阳》《朱明》《西暤》《玄冥》《惟泰元》《天地》《日出入》七章,颂祥瑞歌曲《天马歌》《天门》《景星》《齐房》《后皇》《华烨烨》《五神》《朝陇》《象载瑜》《赤蛟》十章。其事主要见于《史记·孝武本纪》《史记·封禅书》《史记·乐书》《汉书·武帝纪》《汉书·礼乐志》《汉书·郊祀志》等。《郊祀歌》十九章主以楚乐为主,融合周秦雅乐、俗乐和胡乐,形成新汉乐,反映了汉初的信仰、政治、社会、文化等,对汉乐府的音乐风格与人文价值产生了重大而深远的影响。

元鼎四年(前 113),马生渥洼水中,汉武帝作歌诗《太一天马歌》。《汉书·武帝纪》:"(元鼎四年)秋,马王渥洼水中,作《天马之歌》。"《天马歌》赞颂天马卓异不凡。凡三十六字。十二句。三解。第一解,天赐良马。押下、赭二仄韵。第二解,天马从天而降。押奇、驰二平韵。第三解,天马神态安祥,与龙相似。押里、匹二仄韵。韵位不规则。《天马歌》乐谱正平调,今作 G 调。起讫音为五—五。四十八拍,十二节。

太初四年(前 101),汉武帝于诛宛王获宛马作《西极天马歌》。太初四年(前 101)春,贰师将军李广利斩大宛王首,获汗血马,来作《西极天马之歌》。②《西极天马歌》赞颂天马从西极历经万里来到中原,表现了兴盛的汉王朝大一统的格局。《西极天马歌》凡七十二字。二十四句。六解。三言。第一解,九夷收服,送来天马。第二解,马有两种毛色。第三解,天马从西域到东方。第四解,天马吉时降临。第五解,汉武帝想乘天马登仙。第六解,天马引来苍龙,上升天界。《魏氏乐谱》所收《天马歌》凡九十六拍,二十四节。一节两句。句式为三言,两两成对。上对句有切分音。

元封二年(前 109),汉武帝制作《齐房》,又叫《芝房歌》,歌颂斋房长出灵芝祥瑞。《汉书·武帝纪》:"元封二年夏六月,甘泉宫内中产芝,九茎连叶,作《芝房之歌》。"③《齐房》凡三十二字。八句。四言。周乐。二解。第一解,斋房出现了九茎连叶的异草,太监向朝廷报告,并请画工描摹下来。押叶、谍二仄韵。第二解,上天的精气笼罩在都城上空,才会长出异草,并且越来越茂盛。不押韵。《齐房》乐谱为

① 班固:《汉书》,中华书局 1962 年版,第 1045 页。
② 同上书,第 202 页。
③ 同上书,第 193 页。

黄钟羽,无射均。起讫音为尺—尺。四韵、八句、六十四拍、十二个小节。有上(仕)、尺、工、合(六)四个音。节奏型有一字一拍、一字两拍、一字三拍、两字一拍等类别,比一般仪式歌曲一字一音一拍丰富得多,适合唱颂。仪式歌曲风格,庄严、祥和。

元鼎六年(前111),汉武帝破南越后,赐南越七郡鼓吹乐。《史记·孝武本纪》:"既灭南越,上有嬖臣李延年以好音见。"汉武帝命李延年制作了鼓吹乐《横吹曲》二十八首,在马上吹奏鼓角,为进行曲军乐。《文心雕龙·乐府》:"至于轩岐鼓吹,汉世铙、挽,虽戎、丧殊事,而并总入乐府,缪韦所改,亦有可算焉。"《乐府诗集·横吹曲辞》:"横吹曲,其始亦谓之鼓吹,马上奏之,盖军中之乐也。北狄诸国,皆马上作乐。故自汉已来,北狄乐总归鼓吹署。其后分为二部,有箫、笳者为鼓吹,用之朝会、道路,亦以给赐。汉武帝时,南越七郡皆给鼓吹是也。有鼓角者为横吹,用之军中,马上所奏者是也。"《乐府解题》:"汉横吹曲,二十八解,李延年造。"释智匠《古今乐录》录汉鼓吹铙歌十八曲,其十曰《君马黄》。《乐府诗集》卷十六鼓吹曲辞载《君马黄》歌诗。《君马黄》乐谱为正平调,今作G调。起讫音为五—五。音域为四—仕,八度。四十八字。十句。三解。第一解,君马良,臣马驽,臣马胜君马。押黄、苍、良三平韵。第二解,美人驾马车南归,令人伤心。押"驾车驰马"叠韵。第三解,佳人驾马车北归,不知所终。押北、极二仄韵。句式有三言、四言、五言、七言。七十二拍。一板三眼。《君马黄》以赛马起兴,以美人、佳人作比,表达招贤选能的宏愿。质圹攸蕴,不拘平仄。陈祚明《采菽堂古诗选》:"此或是空谷白驹之思,末排二段古雅,极有风韵。"①

四、汉武帝汉乐府的音乐风格与审美取向

汉武帝命汉乐府收集整理了大量俗乐。赵翼说:"然则乐府本非雅乐也。"②《汉书·艺文志》:"自孝武立乐府而采歌谣,于是有代、赵之讴,秦、楚之风,皆感于哀乐,缘事而发,亦可以观风俗,知薄厚云。"刘勰《文心雕龙·乐府》:"汉武立乐府,总赵、代之音,撮齐、楚之气。"《汉书·艺文志》共录歌诗28家316篇,可分为五类。第一类为汉初帝王及王室创作的歌诗计8家56篇:《高祖歌诗》2篇,《泰一杂甘泉寿宫歌诗》14篇,《宗庙歌诗》5篇,《汉兴以来兵所诛灭歌诗》14篇,《出行巡狩及游歌诗》10篇,《临江王及愁思节士歌诗》4篇,《李夫人及幸贵人歌诗》3篇,《诏赐中山靖王子哙及孺子妾冰未央材人歌诗》4篇。第二类为汉各地歌诗计8家46篇:

① 陈祚明:《采菽堂古诗选》,清刻本,第1卷,第14页。
② 赵翼:《陔余丛考》,清乾隆五十五年湛贻堂刊本,第32卷。

《吴楚汝南歌诗》15篇,《燕代讴雁门云中陇西歌诗》9篇,《邯郸河间歌诗》4篇,《齐郑歌诗》4篇,《淮南歌诗》4篇,《河东蒲反歌诗》1篇,《洛阳歌诗》4篇,《南郡歌诗》5篇。第三类为周、秦故地歌诗,部分带了声曲折谱计7家174篇:《河南周歌诗》7篇,《河南周歌声曲折》7篇,《周谣歌诗》75篇,《周谣歌诗声曲折》75篇,《左冯翊秦歌诗》3篇,《京兆尹秦歌诗》5篇,《周歌诗》2篇。第四类为仪式音乐迎神送神歌诗计2家6篇:《诸神歌诗》3篇,《送迎灵颂歌诗》3篇。第五类为杂歌诗计3家34篇:《黄门倡车忠等歌诗》15篇,《杂各有主名歌诗》10篇,《杂歌诗》9篇。虞集(1272—1348)《中原音韵·序》说:"乐府作而声律胜,自汉以来然矣。"①康熙《御制选历代诗余序》:"至汉而郊祀、房中、铙歌、鼓吹、琴曲、杂诗皆领于乐官,于是始有乐府,名迄于六代。操觚之家,按调属题,征辞赴节,日趋婉丽,以导宫商。"②汉乐府采集以俗乐居多,周、秦雅乐占少数。

汉武帝汉乐府多用俗乐。李延年采集、改编俗乐,在周、秦雅乐风格之外,别开生面。刘勰《文心雕龙·乐府》:"延年以曼声协律。"顾炎武说:"十九章,司马相如等所作,论律吕,以合八音者也。赵、代、秦、楚之讴,则有协有否。以李延年为协律都尉,采其可协者以被之音也。"③崔豹《古今注》:"《薤露》《蒿里歌》,并哀歌也,出田横门人。横自杀,门人伤之,为作悲歌,言人命薤上露易晞灭也,亦曰人死魂魄归于蒿里。故有二章……至孝武帝时,李延年乃分二章为二曲,《薤露》送王公卿贵人,《蒿里》送士夫庶人,使挽枢者歌之,世亦呼挽歌,亦谓之长短歌,言人之寿命长短定分,不可妄求也。"④汉乐府《薤露歌》《蒿里歌》即改编自齐地俗乐。

汉武帝汉乐府采用胡乐。李延年大量使用胡乐制作鼓吹曲(横吹曲)。《晋书·乐志》:"……横吹有双角,即胡乐也。汉博望侯张骞入西域,传其法于西京,唯得《摩诃兜勒》一曲。李延年因胡曲更造新声二十八解,乘舆以为武乐。"胡乐和俗乐的融入,推动了汉代新音乐风格的形成。《乐府诗集·杂曲歌辞》:"若夫均奏之高下,音节之缓急,文辞之多少,则系乎作者才思之浅深,与其风俗之薄厚。当是时,如司马相如、曹植之徒,所为文章,深厚尔雅,犹有古之遗风焉。……艳曲兴于南朝,胡音生于北俗。哀淫靡曼之辞,迭作并起,流而忘反,以至陵夷。原其所由,盖不能制雅乐以相变,大抵多溺于郑、卫,由是新声炽而雅音废矣。昔晋平公说新声,而师旷知公室之将卑。李延年善为新声变曲,而闻者莫不感动。……所谓烦手

① 虞集:《中原音韵序》,见周德清:《中原音韵》,明刻本,第1页。
② 沈辰垣、王奕清等奉敕编:《御制选历代诗余序》,清文渊阁四库全书本。
③ 顾炎武:《日知录集释》,上海古籍出版社1985年版,第5卷。
④ 崔豹:《古今注》,涵芬楼景宋本,卷中。

淫声,争新怨衰,此又新声之弊也。"①

汉武帝汉乐府多赞颂时事。《汉书·外戚传·孝武李夫人》:"上思念李夫人不已,方士齐人少翁言能致其神。乃夜张灯烛,设帷帐,陈酒肉,而令上居他帐,遥望见好女如李夫人之貌,还帷坐而步。又不得就视,上愈益相思悲感,为作诗曰:'是邪,非邪? 立而望之,偏何姗姗其来迟!'令乐府诸音家弦歌之。"沈建《广题》:"汉曲皆美当时之事。"②汉武帝制《郊祀歌》十九章,有十章歌颂汉武帝时期祥瑞,没有一章歌颂先王之德。

在汉武帝的大力推动下,汉乐府替代有着深厚传统的周太乐府,实现了周、秦雅乐向汉乐的转型。周官是儒家构建的一套理想的、不断优化的社会管理系统,但并没有完整实施。秦以法制天下,焚书坑儒,乐府制度还没来得及完善,就被项羽所废弃。汉高祖刘邦初立,命叔孙通重兴礼乐,在实践过程,发现周秦乐制根本行不通。礼乐义理由太乐府学官传承,师生相授,具有较好的稳定性与延续性;音乐与舞蹈由乐工传承,口耳相授,一旦没了稳定的社会秩序,极易散落民间,导致失传。已经失散的周、秦雅乐不可能全部恢复。汉初统治者刘邦及周围的大臣都是楚地人,出身不显,受礼乐思想的影响很有限,长期受到楚地音乐的浸染,好楚声而不喜雅乐,俗乐受到追捧。汉武帝汉乐府的音乐风格与审美取向曾受到保守派的批评。《文心雕龙·乐府》"汉初绍复,制氏纪其铿锵,叔孙定其容典,于是《武德》兴乎高祖,《四时》广于孝文,虽摹《韶》《夏》,而颇袭秦旧,中和之响,阒其不还。暨武帝崇礼,始立乐府,总赵、代之音,撮齐、楚之气,延年以曼声协律,朱、马以骚体制歌,《桂华》杂曲,丽而不经,《赤雁》群篇,靡而非典。河间荐雅而罕御,故汲黯致讥于《天马》也"。陈绎曾《诗谱》:"汉乐府真情自然,但不能中节尔,累度乃是好景。"③

汉武帝热心于歌诗创作,其代表作《秋风辞》画面开合自如,动静张弛有度,君臣纵情高唱,气势雄浑,悲天悯人。歌诗采用楚辞体,用楚乐,每个乐句中都有"兮"字,非常适合相和歌体,有很强的音乐性与抒情性。汉武帝重兴汉乐府,大大扩充了汉乐府的职能。汉乐府采集秦、楚、赵、齐等地音乐素材。李延年乐工出身,善唱俗曲,受汉武帝的青睐,主持汉乐府,和司马相如等文士一起,大量采用俗乐、胡乐制作郊祀乐、宗庙乐和鼓吹曲,实现了从周乐到汉乐的转型,对后代清商乐的发展产生了深远影响。

---

① 郭茂倩:《乐府诗集》,中华书局 1979 年版,第 885 页。
② 同上书,第 227 页。
③ 陈绎曾:《诗谱》,民国五年铅印本,一卷本,第 4 页。

第四节 "直白含蓄"并及中国音乐美学问题讨论①

亚里士多德以十范畴来呈现"存在",后来西方有了"美是什么"的美学之思;箕子以洪范九畴来描绘"天地之大法",后来中国有了"什么是美"的美学之诗。如何描绘世界,世界便如何呈现,这一点在中西方音乐美学研究与写作的不同理路中有着深刻的反映。尤其在面对以文人士大夫为主要参与者、撰写者的中国古代音乐美学理论时,观照高文化论域下产生的音乐实践行为、音乐艺术作品以及由此生发的音响审美倾向,总体呈现出一种有别于西方音乐美学理念的特殊范式。这种美学范式在笔者看来可以称为中国音乐美学理念的"古典范式"。

在此对"古典范式"稍作界定:所谓的"古典范式"是一种依附于中国古典哲学思想,在儒家礼教价值导向与道教寡欲的审美取向下产生的一种早慧的、一直贯穿于整个中国音乐美学史的重要审美范式。这种审美范式独立于中国古代的所有音乐审美意趣、有别于传统民间音乐事项,伴随中国古代统治阶级、士大夫文人阶层对中国古代经典音乐的功能和旨趣的不断抽提凝练而后产生,其运用范畴仅限于统治阶层及文人雅士,适用于他们针对雅乐、文人音乐而进行的音乐实践与乐论品评,并在"情与礼""声与度""欲与道""悲与美""乐与政""古与今""雅与郑"这几对范畴的对峙与互补的动态过程中稳定生存。

在这种"古典性"的统摄下,中国音乐美学从概念、范畴到命题,无一不以一种诗意的方式呈现,通过具有美感的诗性诘问、哲性辩难,将有关音乐之美的问题以一种有别于西方音乐美学思性传统的方式,通过高度彻底化的理论推导,以不断唤来不在场者的方式娓娓道来。这种表述习惯无疑是诗性的,"不像西方古代美学那样具有鲜明的知性意义上的可分析性的人文品格,它们通常是模糊的、含蓄的、多义的与游移的"。②

在这种诗性根因的驱动下,中国音乐艺术之美时常用一种特别的方式进行表达,音声本身的内容与音声之外的意蕴互为依托、相辅相成,形成音与意、意与象之间"体匿性存、无痕有味"的诗意表达与呈现方式。笔者以为,这种诗性在中国音乐美学论域中可以用一对意味相反的词语来形容,即"直白"与"含蓄"。

"众器之中,琴德最优"③,纵观中国古典范式下的音乐审美与实践,古琴音乐

---

① 原载《音乐研究》2021年第5期。作者赵文怡,复旦大学艺术教育中心讲师。
② 王振复、陈立群、张艳艳:《中国美学范畴史》(第一卷),山西教育出版社2006年版,第5页。
③ 嵇康《琴赋》,引自《鲁迅全集》(第九卷),鲁迅先生纪念委员会1948年编印,第39页。

及其理论中的诸多方面所呈现出的能指与所指的多重性与多义性无疑是中国音乐美学"直白又含蓄"运作的一个极佳的实例。因而,本文拟以琴乐及其演奏理论为具体实例,探讨古典范式中国音乐美学理念如何"直白"又"含蓄"地长期活态运作。

较之其他乐器,位列"文人四艺"之首的古琴艺术在中国音乐领域、中国传统文化领域中有着特殊的地位与意义。这种特殊性很大程度来自于其特殊的参与和受众群体,如《礼记·曲礼》中曾提及"士无故不撤琴瑟",这在后世许多文人的诗赋中均能看到切实的佐证。在鼓琴的过程中、在听琴的过程中,文人士大夫依托琴乐将自己个体的生命感悟、生命体验、生命觉醒与具体的琴乐构成天然的契合,指向抽象的审美意旨归属,从而卸去生活的重负。可以说,琴乐是中国古代文人士人们精神世界中不可或缺的重要组成部分,有志之士通过这一特殊的乐器可以托琴言志、借琴抒怀。

嵇康在《琴赋》中对琴乐、琴学的参与者有着这样的概括:"非夫旷远者,不能与之嬉游;非夫渊静者,不能与之闲止;非夫方达者,不能与之无吝;非夫至精者,不能与之析理也。"[①]在文人士大夫长期"自弄还自罢,亦不要人听"的抚琴过程中,古琴逐渐被赋予了多重的文化寓意,不断地通过具体声音与器物表述抽象的古典性。这种表述经由历史的淀积,已经形成一种"自为地言说",这种自为体现在言说的直白与表达的含蓄上。

一、第一种直白含蓄:琴之为器、制度尚象

《易经》曰:"形而上者谓之道,形而下者谓之器",若说中国儒释道三家学说的激烈碰撞并关联其他诸子百家、黄老学说等构成了广义上的三才之"道",那么早在三皇五帝时期,扮演着道器与法器,沟通天人的古琴,就通过其形而下的器,隐喻了法天、法地、法自然的"道"。

关于古琴的形制,在《五知斋琴谱·上古琴论》中有着详细的记述:"琴制长三尺六寸五分,象周天三百六十五度,年岁之三百六十五日也。广六寸,象六合也。有上下,象天地之气相呼吸也。其底上曰池,下曰沼。池者水也,水者平也。沼者伏也,上平则下伏,前广而后狭,象尊卑有差也。上圆象天,下方法地。龙池长八寸,以通八风;风沼长四寸,以合四气。其弦有五,以按五音,象五行也。"[②]由此可见,琴器的制作与格度并非全然依仗音响及发声原理为唯一要义,而是有着"象天、

---

① 嵇康《琴赋》,引自《鲁迅全集》(第九卷),鲁迅先生纪念委员会 1948 年编印,第 43 页。
② 周鲁封(根据徐祺传谱编印):《五知斋琴谱》。中国艺术研究院音乐研究所、北京古琴研究会编:《琴曲集成》第十四册,中华书局 2010 年版,第 385 页。

法地、写物、近身"的多重隐喻。这些隐喻正如朱长文在《琴史》中说的那样:"圣人之制器也,必先有其象,观其象则意存乎中。"①琴就像是一个藏在琴匣中的宇宙剪影,在琴器上每一个部件的巧思安排中,中国古代文人朴素的宇宙观、原始自然哲学观以及对天人合一的期待都展露无遗。这种展露可以说是广义层面索绪尔语言学中的"无声"能指,在文人士大夫以及琴人斫琴师对于琴之器物长期"制度尚象"的有意安排与意象置入的过程中形成了一种无声的心理印迹、构成了无声的表述规约,从直白的器物中言说出了多重的文化隐喻。

琴器的直白能指并非仅仅停留在这一层面,还会与音响联动运作。当琴器被演奏时,这一重无声的器物制度能指便会自然地与琴乐音响联动运作于听者的听感官中,从而产生多元的审美可能、满足多重的审美期待,获得古典范式下"含蓄"表露的审美经验。在这个过程中,有声的乐响关联了无声的器物能指之后,所指便显得丰富起来,聆听也向着更多的可能性敞开,从单一的"听到声音"转而形成"听到历史的声音""听到自然的声音""听到天人合一的声音"等多重具有修辞意味的音响所指。无论是器物之无声能指还是音响的有声能指,两者无疑都是直白的呈现,但最终达成的审美效果却是含蓄、多元的显现。

"制度尚象"的符号隐喻不仅仅停留在琴器的各个组成部件上,在其定弦、调式上亦有着直白呈现、含蓄言说的特殊表述方式。在中国音乐美学思想中,针对音乐的讨论时常与人道、政道,天道相互杂糅、互为关联可见表1。当琴学中涉及琴器部分的美学理念逐渐与其他学说相互交融后,构成了结合五音、五行、五季、五事为一体的弦论。这种弦论并非独立于音响而存在,而是以一种含蓄的方式赋予琴乐音声更多的文化意义,并以此种审美倾向以及长期积淀的审美心理在听感官中起到切实可循的影响。

表1　弦论

一弦	宫	土	四季	君	沉重而尊
二弦	商	金	秋	臣子	决断
三弦	角	木	春	民	触底出
四弦	徵	火	夏	事	万物成美
五弦	羽	水	冬	物	聚集清物
六弦	少宫	—	—	柔以应刚	幽怨
七弦	少商	—	—	刚以应柔	杀伐

---

① 朱长文:《琴史》,《四库全书》子部八,艺术类二。

南朝大家沈约曾说:"五声者,宫商角徵羽,上下相应,则乐声合矣。君臣民事物,五者相得,则国家治矣。"[1]在这一个音声感知体系中,音与自然、声与事物进行了形而上的关联。这里便具有了某种物化的叙词,语言学中对翻译有一个重要的叙述,即优秀的翻译并非是能指与能指的互换、概念与概念的替换,而是整体与整体的对应。在古琴用其本身来对应中国古典哲学中的宇宙观世界观时,琴乐通过具象符号"翻译"出礼教下的社会等级制度、君君臣臣父父子子的礼教思想、天人合一的朴素宇宙观,这样的表述可以归结为一句话,即:"琴之为器也,德在其中"。[2] 进一步,这种关联打通了审美联觉,使得原本直白的表述接洽了含蓄的、多意的聆听,赋予了原本单一音声能指多重的审美意味。

二、第二种直白含蓄:琴之为乐、意从音转

《礼记·乐记》有云:"凡音之起,由人心生也。人心之动,物使之然也。感于物而动,故形于声。声相应,故生变。变成方,谓之音。比音而乐之,及干戚羽毛,谓之乐。"[3]在琴乐的音响表述层面上,琴声、琴音、琴乐无疑是三种不同的能指。这些能指彼此此间又相互关联、互为转化,从最初直白的音响呈现,经由手在弦外—弦在音外—音在意外—意在象外的层层推进,从而引申出丰富多元的所指、生发出不同的"指与音合""音与意合",最终追求"至和"的审美旨归,这一过程无疑是含蓄而又充满隐喻的。

在"声"概念的层面。当古琴的音响作为一种能指时,又可以分成如下两类,即"有声之声",或者称为具体声音,与"无声之声",或者称为想象声音。这两种声音同时并存于古琴的旋律中,呈现出水墨画中墨与留白一般的动态稳定关系。其中,有声之声包括空弦音、泛音、走手音三种。散弹低沉深邃,泛弹清越悠扬,最具有代表性的,当属走手音,在徽与徽的滑动间,将点状音串连成线状乐句,将中国音乐特征与中国普遍审美中对线条的强调与横向张力的追求体现得淋漓尽致。而经由走手音又衍生出另一类音响,即古琴音响中的无声之声。

通常在演奏时,琴人往往会在完成一个吟猱或绰注后持续左手的演奏直至无声也不停止。这时物理上的无声是确实的,持续的演奏也是确实的,那么琴人演奏的或者说我们聆听的到底是什么? 其实这种无声的状态也是一种特殊的能指,一种叙述,是一段时间中"空白"的声音印迹,并且这种"空白"本身便构成了一个独立

① 沈约:《答甄公论》,王利器校注:《文镜秘府论校注》,中国社会科学出版社 1983 年版,第 102 页。
② 司马承祯:《素琴传》,蒋克谦:《琴书大全》,《续修四库全书》子部,艺术类。
③ 阮元校刻:《十三经注疏》,中华书局 1980 年版,第 1536 页。

的审美对象。到了这一层面,处于琴乐有声之声间隙的无声之声就从原本直白的静默转而变成含蓄的、充满隐喻的言说。因为在琴乐中,"无声"作为一种"能指",既是"表述的"又是"审美的",其表述的美即是其自身。这种表述有别于有声之声直白的呈现,是一种"弦外之音""音外之意"的含蓄显露。

因此与之相应地,琴人的聆听显然也分成了两类,有声的直白的聆听和无声的含蓄的聆听。这种无声含蓄的聆听类似一种内心聆听,或者说,一种"意象性的"聆听,聆听的是一种抽象的、"意象式"的声音。与其说是通过聆听的物象内容获得审美愉悦,不如说是借由"意向性"的聆听行为过程获得自省式的哲思满足。这种独特的音响叙述方式与由此养成的聆听习惯,若追溯其哲理性的渊源,不难看出,与中国老庄哲学中对"幽微"与"希"的追求有着直接的关联,且普遍适应于文人阶级。面对这样的无声能指,直白的聆听亦不能完满这一审美过程,只有凝神观照最终在留白的"意"中求得"象"才是一次完整的审美经验。

中国文人通过这种叙述方式与聆听范式,表述自身法天贵真、道法自然的思想,并在无声的观照中从有至无,聆听至道以及与道同一的自身。

在"音"与"乐"的层面,依照上文引用的《礼记·乐记》中的概念,声成文,谓之音;变成方,谓之乐。在古琴音乐体系中,除了一般意义上有声之声通过成文、成方的手法转换为音与乐之外,在琴乐的实际演奏中还存在通过有声之声与无声之声的关联,构成一个完整的音响能指整体的情况。可以说,在实际琴乐演奏中,这样的音响能指是最为常见的,有声的能指与无声的能指互相彼此修饰,用虚空修饰实在,而又以实在指向虚空。在这种虚与实的关联过程中,使得许多充满文人意趣的意象所指得以自行置入。且以这样的音响结构作为一种能指时,亦会带来双重的审美所指,一为针对具体音响而来的审美所指,二为针对想象的声音而来的意向审美所指,这也就构成了古琴音乐所独有的悠然韵味与孤寂况味。当这些音声共同构成又一层的能指,即"乐"能指时,这种虚实的结合、现实与想象的关联、意向与意象的勾连,便在具体的琴乐展开中含蓄呈现且实在体现。

三、第三种直白含蓄:琴之为技、指尖诗话

古琴除了有庞大的乐曲体系、丰富的琴论著述,其技法体系也是琴乐研究中非常重要的组成部分。并且,对于其他中国传统器乐的演奏法而言具有先导性影响。与其他乐器的传承、传习过程不同的是,琴乐的技法既是一种音乐事件又是一种经验现象的总结,可以将之视为一个格式塔来进行观照。究其缘由,笔者以为主要是在琴乐技法的体系中,演奏技法可以分解为"动势"与"态势"两部分。

之所以在这里将琴乐的技法部分分解为"动势"与"态势"来看,是出于以下两

点考虑。首先,关乎技法的命名以及与每一技法相关联的诗意雅号。以笔者自身学琴的经验来看,古琴手势图是每个习琴者必须浏览的课程附件,古琴技法很有意趣的一点在于通常许多技法都有两种名称,一为技法命名,二为具有联觉作用的雅号。譬如右手指法中的"抹",又有一个富有想象力与诗意的雅号"鸣鹤在阴势",诸如此类的还有风惊鹤舞势、宾雁衔芦势、鹍鸡鸣舞势、孤鹜顾群势等,为方便对照,现择取部分琴乐技法按照实际演奏法、手势图联觉雅号以及古人对演奏动势的诗文想象进行表格整理(如表2所示)。

表 2　琴乐技法与诗文想象的联系

实际演奏法	手势图名	诗意联觉
右手举指起势	春莺出谷势	相彼春莺,出谷迁林,爰振其羽,将嘤其鸣,譬右指之初举,待挥弦而发声。
右大指托擘势	风惊鹤舞势	万窍怒号,有鹤在梁;竦体孤立,将翱将翔;忽一鸣而惊人,声凄厉以弥长。
食指抹势	宾雁衔芦势	凉风候至,鸿雁来宾;衔芦南乡,将以依仁;免度关而委去,递哀音而动人。
中指勾剔势	孤鹜顾群势	孤鹜念群,飞鸣远度;堪怜片影,弋人何幕;与落霞以齐飞,复徘徊而下顾。
名指打摘势	商羊鼓舞势	有鸟独足,灵而知雨;天欲滂沱,奋翼鼓舞。
大中指大撮势	飞龙拿云势	灵物为龙兮,非池可容;头角峥嵘兮,变化无穷;位正九五兮,时当泰通;攀拿而上兮,滃然云从。
食中指齐撮势	螳螂捕蝉势	蝉性孤洁,长吟自乐;螳螂怒臂,一前一却;谓齐撮而复反,取其状之相若。
名中食指轮势	蟹行郭索势	蠏合离象,赋性侧行;内容外刚,螯举目瞠;观其连翩之势似大轮历之声。

因此,在古琴技法中,我们可以看到这样一个格式塔:生理动作与意象态势相完型、听觉效果与视觉想象相关联,打通了听觉与视觉间的屏障,结合了当下的经验与视觉的先验,构成这样一种观照整体,并在这种整体观照的过程中呈现美实事。这就仿佛是一次"心物场"的合适作业,琴人通过技法来切换心理场和物理场,而结构其中的"场力"便是共同具有古典范式审美倾向的群体对古典性的经验积累所具有超越性的反映。

其次,另一重"动势"与"态势"的划分,在于古琴技法范畴本身的延异与内部细致的划分。古琴的演奏技法体系十分完整,从技法分类上讲,分左手与右手两大类,右手主要关涉上文所提及的有声之声,而左手则涉及从具象的有声之声到抽象的无声之声的意向转换与聆听的转向。在不同动势的修辞下,会使得技法指向一种更具有联觉效果、能指更为丰富的态势所指。这种情况在装饰性、音效性技法中尤为明显,如右手指法中的"厉",在对这一指法进行不同修辞之后,又可衍伸出"双厉""急厉""缓厉""节厉""长厉""拂厉""摘厉""拂厉""轮厉""摘厉""挑厉"等;又如在左手技法中的"吟",在进行技法上不同修辞后,在不同的琴曲和乐句中,还可衍伸出"长吟""定吟""绰吟""注吟""细吟""游吟""急吟""缓吟""少吟""双吟""飞吟""缓急吟"等等。

当我们用现象学哲学的方式对之进行加括号还原后,剔除掉技法中的表象动势,我们可以得到这样的态势显现:或体现为偏音响修辞的"急""缓""绰""注";或体现为重音乐修辞的"长""细""少""双";或体现在语义修饰的"拂""摘""轮""挑";或体现在心境塑造的"定""节""飞""缓急"等等。当对这些合成的技法进行联觉观照后,还原了形而下的动势,形而上的"态势"得以展现。这种态势,不仅仅关涉单一的技法本身,还可延伸到对琴声、琴曲乃至琴乐的审美感受,每一处的态势运用背后都牵连了庞大的审美旨归、文化规约与听觉期待。在演奏过程中这些还原了表象物化动势之后展现的操缦态势在直白的乐响能指之上加载了更多的能指内容,从而指向更加多元、更加含蓄的所指。

当还原了琴乐中基本的物化叙词即单一的技法所指后,其中的态势其实已经超越了一般意义上的演奏范式,而是一种在文人雅士阶层所约定俗成的、具有玩味性质的雕琢与法天贵真自由妄为的审美修辞叠加,而单独来看这些态势本身,也是超越了一般意义上的琴乐演奏范畴,是一种充满了语义修辞作用、具有诗性联想和情境联觉的、在古典范式下的泛艺术美学、泛文化行为规约的共同的心理倾向和古典性所在。甚至,当琴人在研习和演奏的过程中,也可以将技法作为一个审美对象,获得运动—(意象)联动的审美经验。这一具有审美意味的演奏过程,是经由直白的"奏"之操琴动势之后转而面对含蓄多义的"演-奏"之态势本身,最终消解技法,经由多重能指的表述直面琴乐之美的意象存在。

四、直白的关照、含蓄的观照:如何言说古琴

古琴作为古代文人音乐的代表,其美学言说亦带有"直白含蓄"的意味。就这一点而言,徐上瀛的《豀山琴况》是一个极为典型的例子。在《琴况》中,徐上瀛给出了二十四个"况味"用来表述琴乐的美学旨趣与演奏规约,在这二十四个况味中,作者鲜少对某一况味进行直接的解读,而是倾向于以一种诗意的、写意的、联觉的方式对况味进行诠释,并在一定的情况下用况味来诠释况味,达到交互释义的目的。

可以说，在直接对审美对象进行美学关照后，通过一系列的况味梳理并以其中蕴含的美学旨趣、美学倾向对关照对象进行意向观照是《琴况》中二十四况整体协同作业的主要纲领，也就是说，直白的感性关照并含蓄的意向观照。①

首先，以"和"况为例，在其首要的"和"范畴中，徐上瀛并没有直接回答"和"是什么，而是先通过一系列的技法描摹将形而上的"和"概念落实到形而下的具体操缦语汇中去。通过对"散和""按和"的比对与价值判断引入这一况味中最为中心的一句："吾复求其和者三：曰弦与指合，指与音合，音与意合，而和至矣"②，指出在演奏中包含的"弦—指—音—意"间层层递进的关系。紧接着通过三个步骤完成这一况味的论述，并在该况味的论述中，巧妙地使"天地人神"四者在文字中共时显现：首先，对"弦与指""指与音""音与意"的关系进行具体论述并由此指向琴乐演奏时的技法与音响应当达成的审美体验。在这一层面是形而下的琴乐美事实存在。其次，在以上美事实经验的基础上，通过"弦欲重而不虐"等一系列操之动势并及进一步的演奏态势描摹，指向由此在场的形而中的美实事显现。进一步，再以此指向形而上的人道乃至自然之道，提出"太音希声，古道难复，不以性情中和相遇，而以为是技也"。"太音希声"原指涉的是天道、大道的道隐无名状态。而徐上瀛在此句中直接话锋一转，从对大道的追求转而直指审美主体的内心所思，通过抽象的天道与人心之中的审美旨归进行同构，使得琴况在语言文字中通达天地人神，使审美主体通过琴的况味触及到在"道"关涉下的经验事实，并在这一过程中，显现出先验的道本身。

此外，在其他的许多况味中，徐上瀛索性采用况味互证的方式来解读释义。譬如"远"况以"迟"况作解："远与迟似，而实与迟异，迟以气用，远以神行"；"恬"况以"淡"况作解："诸声淡则无味，琴声淡则益有味"；"雅"况以其他四况作解："但能体认得静、远、淡、逸四字，有正始风，斯俗情悉去，臻于大雅矣"等。整个二十四况的写作超越了单一的听感官经验描述，通过将不同况味间审美意象的互相论证、美学旨趣的互相关联来达到由此及彼的勾联，并通过此种况味互证的方式含蓄表达，不断揭示琴乐之美何所是、琴道何所是。最终，借由这个过程，勾勒出中国音乐美学思想体系下，"人-乐-道"的完型结构。

可以说，徐上瀛的《谿山琴况》是中国音乐美学论域中，对音乐美学范畴进行归

---

① 需要说明的是，在此节中会出现两个相关叙词："关照"与"观照"，两者的内涵有一定关联但也存在一定的差异。其中，"关照"更倾向于一种单方面的、主体对客体的认识与认知过程，而"观照"则是在前者的基础上，通过意向投射又从客体返回主体自身、产生出新的意义。

② 徐上瀛：《溪山琴况》，中国艺术研究院音乐研究所、北京古琴研究会编：《琴曲集成》，中华书局 2010 年版，第十册，第 316 页。

纳、总结的一个典型代表,这一归纳总结的过程即"直白地关照,含蓄地观照",从听感官的直白关照出发,经过感官联觉、感觉联动、感性联系后,最终含蓄观照。

"抚空器而意得,遗繁弦而道宣",中国音乐美学直白又含蓄的诗性表达在古琴各个方面的多重能指下有着恰当的印证。"但识琴中趣,何劳弦上声",乍看之下似乎唯有"空"器才能"意"得;唯有"遗"弦才能道"宣"。但有生于无又无中生有、有无相生,繁弦本就在琴上,要得"空器"便要先经验"繁弦"、要解构"琴中趣"便要先结构"弦上声"。这一过程迂回却直接,在中国音乐的美学表达中时常可见,古琴便是一个典型的例子,通过贴近音乐本身的言说、还原音乐之美本身的表达,进一步联动直白与含蓄协同作业,使得意义自行呈现、意象诗意显现,最终在观照中获得隽永的美。

第五节 江南丝竹文曲曲目探源[①]

江南丝竹音乐产生并流行于长江三角洲的江苏、浙江、上海等地,是我国优秀文化遗产中的一个重要乐种。20世纪初,随着农村人口大量进入市区,节庆庙会时演奏的民间丝竹音乐在城市繁荣发展起来。城市多元化、商业化和大众化的特点对传统音乐在近现代的转型有着不可忽略的影响。也正是在城市的发展中,以往乡村中那种锣鼓喧天的合奏形式,因不能适应近代城市居民欣赏要求和居住环境的氛围,摒弃了锣鼓响器和唢呐,运用只加少量击节性乐器的"清丝竹"形式。在此过程中演化出一种新型的演奏形式,同时也拓展了江南丝竹的曲目,相对于传统八大曲,称其为"丝竹文曲"。文曲以箫代笛,不用打击乐器,音调柔美流畅,旋律往往呈波浪式起伏,节奏较为舒展平稳,优美典雅。文曲演奏是江南丝竹从农村到城市嬗变的一个重要体现。通过立体化、多层次、多角度对丝竹文曲进行溯源,展现了江南丝竹在近现代城市发展的社会背景、生存空间和传承脉络。

由孙裕德、李廷松、俞樾亭、苏祖扬四人组合演奏的文曲,音调古雅,技艺精湛,在国乐界享有声誉。后以孙裕德为会长的上海国乐研究会即以演奏文曲著称。该会经常演奏的曲目有《怀古》《柳腰锦》《浔阳夜月》《平沙落雁》《霸王卸甲》《普庵咒》《秋思》《十面埋伏》《青莲乐府》《月儿高》等。

1944年7月14日《申报》周刊一(春秋)刊登了两篇关于国乐研究会第五次演奏会的文章,尤其引人注目。其一标题为《外国人眼中的中国音乐——中国音乐的灵魂》,译自第八十期俄文《时代》,作者 H·斯维达诺夫,为该杂志总编辑。据此来

---

① 原载《艺术广角》2022年第4期。作者阮弘,上海财经大学副教授。

看,国乐研究会的演奏对观众来说,不仅是纯听感的享受,精湛绝伦的技术的展现,更通过技术和音符体现了音乐的内涵和背后的深意,表达了处于战争时期国人的挣扎和自强不息。在当时西乐渐进的大环境中,这是如此难能可贵和不同凡响。

对文曲曲目的溯源,主要可分为以下几种情况:

一、由琵琶曲改编的丝竹文曲

关于将大套琵琶曲改编成丝竹文曲,还有一段历史缘由。1924 年 2 月,柳尧章先生结识了大同乐会乐务主任郑觐文,经他介绍,柳尧章正式向汪昱庭学琵琶。1924 年 6 月,大同乐会在当时的上海市政厅举办古乐舞大会,郑觐文赠票约请柳尧章去观看。会后,郑觐文请柳尧章谈点看法。柳尧章表示,古乐虽好,然曲高和寡,且挖掘不易,不及另选乐曲改编成为人们熟知的丝竹形式,易被人们接受。受郑觐文之托,柳尧章于 1925 年成功地将汪昱庭先生所授之《浔阳夜月》改编成丝竹合奏曲《春江花月夜》。[①]

1925 年 11 月 5 日《申报》增刊一版刊登了一文,可见当时大同乐会改编《春江花月夜》(原名《秋江月》)的原委:"大同乐会因鉴于通行丝竹曲子,无非《花六板》、《三六板》、《四合如意》等数曲,到处皆然,且乐器作用,不分弦管,一味单和,毫无起伏分合之妙,不足以求进步。该会主任郑觐文柳尧章等,力求改进,新编一曲,名《秋江月》,共十段,有起有伏,有分有合,有整有散,有缓有急,其谱字仍用工尺,惟改为横行。乐器以琵琶为主,各乐器为配,因此曲脱胎于琵琶谱中之《浔阳》大套也,仿西联谱法编制。此谱一出,期使国乐前途,别开生面,一洗从前曲调旧法云。"

大同乐会是最早将大套琵琶曲改编成丝竹合奏曲的,这与郑觐文对中国音乐的主张不无关联。他在 1928 年 7 月大同乐会举办的暑期班上发表演说,对当时社会上"大声疾呼高唱入云的'国乐国乐'"进行评述,以为"考其实际,止有杂乐类一部分的丝竹价值";而他所谓的"国乐",则"是国家音乐的性质,不是普通'丝竹'就可拿来做代表的"。郑觐文进而将"国家音乐"名之为"制乐",并认为它是由"雅乐""大乐"和"国乐"三大类音乐所组成:"雅乐,历史最古,是中国音乐的根本";"大乐"是用于"朝会大节"的"名曰功业的音乐";然后才是"国乐",是"专司对外的",类似于前清燕乐那样的音乐。所以,既然他认为,一般丝竹"规模较小,弄来弄去,……几只单薄得很的老调子,挂了'国乐'的招牌,专用娱乐二字作号召",[②]无怪大同乐

①　陈正生:《大同乐会活动纪事》,《交响》1999 年第 2 期。

②　郑觐文著、陈正生编:《郑觐文集》,重庆出版社 2017 年版,第 437 页。

会在丝竹的曲目上另辟蹊径。

1927年，柳尧章又将当时无人会弹的华秋苹琵琶谱中的《月儿高》挖掘出来，定名为《霓裳羽衣曲》。1927年7月2日，上海的音乐爱好者为了能听到《霓裳羽衣曲》的首次公开演奏，竟然冒着倾盆大雨去听大同乐会的夏季演奏会，演奏会座无虚席。

《春江花月夜》和《霓裳羽衣曲》演奏的成功，使沪上的音乐团体纷纷向大同乐会索谱。然而郑觐文却把这两首曲子视为该会所独有，不肯外传。这两首曲子都以琵琶主奏，而演奏的指法，当时只有柳尧章一人掌握。1929年秋，卫仲乐加入大同乐会，以其特有的禀赋倍受郑觐文的赏识，这两首乐曲的演奏方法才由柳尧章传授给卫仲乐。

当时乐林国乐社主任蔡金台，欲得《春江花月夜》的琵琶演奏谱未遂，便毅然加入大同乐会。正因为《春江花月夜》未能及时外传而广有影响，孙裕德等人便把琵琶独奏曲《浔阳夜月》《汉宫秋月》《青莲乐府》《塞上曲》等移植为丝竹乐曲。

1.《汉宫秋月》

此曲源自琵琶古调，相传为汉曹大家所作。曲意描写一失意宫嫔，永巷长门，凄凉冷落。而承恩妃子的昭阳宫殿里，一片燕语莺歌，隔院传来，愈觉影支形单，触景伤情，抚膺悲痛。前半节音韵，如怨如慕，如泣如诉，满腔幽恨，流溢萦绕。后半节则摹凝铜龙滴泪，铁马叮当，步摇玉佩，风拂晶帘，玎琮铿锵，一段伤怀委曲情绪，悠扬凄咽，增人惆怅。而羁人思妇，酒尽更阑，一弹三叹，不以古今而殊感喟也！

在1928年的丘鹤寿编著的《琴学精华》的提示中，《汉宫秋月》的来源注释为古调雅乐谱。在1929年沈允升编的弦歌中西合谱中的《汉宫秋月》也注上古曲之称。上海国乐研究会的藏谱，与1930年杨荫浏先生编辑出版的第二集琵琶曲谱《雅音集》中的汉宫秋月（一）、汉宫秋月（二）为同一旋律。

丝竹文曲的表现不仅保留了原有的清凄委婉、深邃细腻的古代宫女苦闷哀怨之情，又在中段运用了丝竹配器之长，各声部竞相发挥，相得益彰。最后所有乐器均以大段慢板滚奏，表现了中天皓月渐渐西沉，大地归于寂静之意境。此曲在1941年上海国乐研究会的"国乐演奏会"中为四人合奏形式。

2.《寒江残雪》

乐曲又名《思春》。1930年7月初出版，由杨荫浏先生编著的琵琶谱《雅音集》中，列入第二编琵琶小曲一类。华氏谱列入文板曲。此曲原是一首短小的民间古曲，《寒江残雪》之名取自柳子厚《江雪》的"千山鸟飞绝，万迹人踪灭。孤舟蓑笠翁，独钓寒江雪"的语境。旋律婉转细腻、淡雅脱俗，表现了一幅初春还在残雪覆盖下的江南寂静之景。

3.《妆台秋思》

原是琵琶传统套曲《塞上曲》中的一段。全曲共有宫苑思春、昭君怨、湘妃滴泪、妆台秋思、思汉五段音乐。描写了汉代被皇帝选遣和番的王昭君在异国他乡对故国的思念，音调哀怨惆怅，凄楚缠绵，具有悲秋咏叹的情怀。享有"洞箫大王"之誉的孙裕德先生，早在 20 世纪二三十年代已将"妆台秋思"一段移植为洞箫独奏曲。同时将此段落在上海国乐研究会以丝竹合奏的形式进行演绎和传播。

4.《霸王卸甲》

这是将武套琵琶大曲改编成的丝竹文曲，琵琶用工字变调演奏，尤显凄凉婉转。众所周知，与《霸王卸甲》同以刘项楚汉相争为题材的琵琶大曲还有一首《十面埋伏》。二曲分属两派风格，一南一北，一个注重人物情感的表达，一个注重战争气氛的渲染。为表现悲凉的情绪，《霸王卸甲》中加入了音色呜咽的吹奏乐器埙。

二、由民间乐曲改编的丝竹曲

1. 以《六板》为母体改编的乐曲

《老八板》是一首源远流长的民间乐曲，二百年来流行于全国各地，演出形式从弦索、丝竹、筝曲、琵琶曲扩展到民歌、歌舞、戏曲等，并因旋律、节拍、节奏、调式、织体和曲式结构的变化而产生形形色色的变体，出现了《六板》《八板》《八谱》《六八板》等别名。迄今所知，《老八板》原型记载于英国地理学家、旅行家约翰·巴罗1804 年出版的《中国旅行记》。八板体的基本结构，成为许多民族乐曲的结构程式。这些乐曲既可以在音乐语言变化纷纭中紧紧扣住"工工四尺上"的旋律，也可以若即若离地在节骨眼上显示出《老八板》的旋律轮廓。由于江南民间常把一个曲牌或曲调编为一定拍数的长度，《八板》的长度被编成流水板 60 拍，曲名也就改为《六板》。规定长度并用加花改编得到的乐曲，长度也就是 60 拍的倍数。[①]

在上海江南丝竹中，用《六板》改编的乐曲有：《花六板》《中六板》《中花六板》《慢六板》。其中《中花六板》和《慢六板》两首在八大曲之列。前者旋律精致细腻，优美抒情。采用的加花适度，某些部分寓自由加花于定板式加花之中。后者是在《花花六板》的基础上加花而成，显示了一定的加花技巧，亦是一首以优雅细致著称的乐曲。若演奏时以《慢六板》起奏，然后反向顺序连接，以《老六板》结束，这一套曲称"五代同堂"，又称"五代荣华"。首创此种联奏者为 1936 年成立于上海之丙子国乐会（1936 年在我国农历为丙子年）。该会由丝竹名师夏宝琛和周俊卿负责，会中同仁也都是当时的丝竹高手，如金筱伯（三弦）、张丽森（胡琴）、金忠信（洞箫）等。

---

① 钱仁康：《〈老八板〉源流考》，《音乐艺术》1990 年第 2 期。

演奏"五世同堂"的程序是,当《慢六板》奏至最后一个乐句前的 16 小节(即自该曲第 105 小节起),转成中速缩板减字,接奏《中花六板》;又自《中花六板》的最后一个乐句前 8 小节(即自该曲第 53 小节起)转速接奏《中六板》;以下类推,再自《中六板》的最后一个乐句接奏《花六板》;最后又自《花六板》的末乐句接奏《老六板》结束,全曲约奏 25 分钟。这样的联奏在由周俊卿任艺术指导的引溪国乐会、声扬国乐会、月宫女子国乐会中排练演奏;又金筱伯先生因以教授丝竹为生,辅导的国乐社团很多,他在其辅导的社团推广演习,一时间亦颇有影响。但因此奏法显得冗长繁散,上海丝竹界现已鲜有演奏。①

2. 江南民间乐曲改编的丝竹曲

丝竹名家广为传艺,班社之间交流增多,演出活动频繁。富于代表性的"八大曲"的艺术表演更臻完善,发展国乐的宗旨为更多班社所接受,他们不仅纷纷整理和加工传统古曲,还将江南民间乐曲改编成这一乐种的特色曲目。如《霓裳曲》原为杭州民间乐曲,根据清代民歌《玉娥郎》改编而成,为有别于同名琵琶曲,人们常称其为《小霓裳》;《灯月交辉》亦原为杭州民间乐曲;由江南民歌小调改编的乐曲还有《紫竹调》《无锡景》等。

3. 其他地区的民间乐曲改编的丝竹曲

乐师们还以江南丝竹的配器技法移植其他地区的民间乐曲,扩大和丰富了表演曲目。如《鹧鸪飞》原为湖南民间乐曲,后成为上海市区、郊县的丝竹班社经常演奏的曲目;福州的《一枝梅》,系吹打曲牌《月映梅》改编成的丝竹曲。丝竹社团与广东音乐社团经常交流,因而互相影响,《走马》《平湖秋月》等原为广东音乐名曲,后也被吸收改编成丝竹音乐。还有广东大埔的客家音乐《怀古》《琵琶词》;潮州的《南正宫》《骑驴吹仔》以及由泰国华侨传入的《暹逻诗》等,也相继被改编成丝竹曲。

三、同戏曲曲艺相关的曲目

丝竹音乐与江苏、浙江、上海一带的地方戏曲、说唱音乐等,有着千丝万缕的联系。清代中叶,江南曲艺盛行,滩簧与清曲主要用胡琴伴唱,人们重视胡琴的作用不在演唱之下,其演奏技法和风格都得到迅速提高和发展。业余性的曲艺清客用胡琴演奏业余十番乐曲,同样业余十番的演奏者也用曲艺胡琴的经验去充实他们的合奏。江南曲艺胡琴,特别是滩簧胡琴,在其中起着决定性的作用。滩簧系统的戏曲音乐里至今存在着丝竹风格的旋律,丝竹乐曲中也至今保留着滩簧风格的创作痕迹。例如,《中花六板》和《慢六板》的戏曲演唱痕迹尤为明显,乐句起在眼上,

---

① 周皓:《从〈老六板〉—〈慢六板〉—〈五代同堂〉》,《北市国乐》2004 年第 202 期。

收在板点上。

在曲艺现场演出中,民间艺人在正式说唱正篇曲文之前,通常用乐器演奏一些流行曲调,以起到序奏、练手法、显示技艺、安静听者、预示说唱即将开始等诸多艺术和实用功能。清代时,南方曲艺的弹词、滩簧叫南词。如宁波的"四明南词",虽以曲艺坐唱为主,但为招徕听众,常以丝竹演奏为开唱的"披头"曲目。又因南词伴奏乐队有三、四、五、七、九、十一、十三之分(每档持一件乐器,如三弦、月琴、琵琶、二胡、扬琴、笙、箫、笛、喉管、筝等),一奏就将近半个小时,因风格幽雅清越,而颇得听众欢迎。实际上他们也就是兼操丝竹的"唱书班"。《南词起板》即为南词在演唱前演奏的开场曲,在上海江南丝竹发展的早期即被移植为丝竹曲目。弹词艺人常把《三六》作为开场曲或插曲演奏,故而形成琵琶、三弦合奏形式,人称《弹词三六》。江南地区普遍流行的曲艺品种宣卷也用丝竹伴奏,有时还独立演奏丝竹曲。宣卷是宣讲宝卷的简称。系由唐代寺院僧侣的"俗讲"、宋代的"说经",以及此后受各代鼓子词、诸宫调、散曲、戏文、杂剧等形式影响逐渐发展演变而成的。首先流行于华北,特别是河北一代。清同治、光绪年间和民国初年,扩展到江南以上海、杭州、苏州、绍兴、宁波等城市为中心的广大地区,并已逐渐演变为以说唱民间传说与戏曲故事为主的民间说唱曲艺。清光绪末叶至民国初年,吴地宣卷形成了自己的派系,称为"苏州宣卷"。20 年代初,宣卷在形式上有较大改革,这一阶段称为新法宣卷。因所用乐器和演奏风格向苏滩靠拢,开场时先奏丝竹曲目《三六》或《四合如意》等乐曲,又称丝弦宣卷。此外在丝竹曲中还有一首以道情音乐填词(郑板桥)改编而成的《渔歌》,演奏时用鼓和板伴奏、以突出道情演唱风格。丝竹音乐与曲艺的联系由此可窥一斑。

在一种地方戏曲和民间器乐的形成过程中,势必会发生互相影响、互相渗透、互为补充的文化交流。上海的地方戏曲沪剧初名花鼓戏,约产生于 18 世纪末。19 世纪末,花鼓戏由农村流入城市,并易名为本地滩簧(本滩),从本世纪初留存的音响(唱片)来看,本滩并不具有 40 年代以后的伴奏形式。由此可知,江南丝竹同沪剧之间,并不存在依附关系。20 世纪初,江南丝竹的演奏形式,由农村流入上海市区,并成为上海市民的一种重要娱乐方式。此后,申滩为抬高自己的身价,仿效昆曲、京曲(京剧)的名称,易名为"申曲"。此时的伴奏形式,特别是申胡(主胡)的运弓、运指,以及旋律加花,便具有浓厚的江南丝竹的演奏风格。为此,今日的沪剧主胡(演奏者),演奏江南丝竹能不失真韵。此外,由苏北流入上海,并在上海才得以发展的淮剧,其主胡的弓法、指法,以及滑奏技巧,也不同程度地受着江南丝竹演奏方法的影响。

昆腔和南曲唱奏至明代晚期,蓬勃发展,遍及了以环太湖流域为中心向四方传播、扩展的音乐格局。一大批精于当地传统音乐的士绅清客，当时也深受"水磨"昆腔雅致音乐格调的影响。到了晚清，不仅有太仓成立独立的江南丝竹社"盛和丝竹社"，亦有无锡成立"昆曲社"，这些社员不再唱戏、伴奏，而是专司乐器，成为职业乐手。《朝元歌》原是昆曲《玉簪记》中"琴挑"的一折唱腔，音乐讴歌了陈妙常与潘必正这一对青年男女的爱情故事和他们俩对自由幸福的向往与追求。上海国乐研究会数十年来用多件乐器的组合，以丝竹合奏形式演绎了这首极具雅致和富有诗意的曲目，也展示了丝竹音乐在音乐气质上的多样性。

20 世纪 30 年代，丝竹音乐的发展与上海城市的发展变化紧密相连。上海发展的历史久远，约从六千年前开始逐渐冲积成陆。春秋时属吴。战国时先属越后属楚，秦属娄县。唐天宝十年（751 年）属华亭县。南宋时成贸易港口，咸淳三年（1267 年）立上海镇。元代至元二十九年（1292 年）立上海县，属松江府。上海"南瞰黄浦，北枕吴淞，大海东环，……尽境皆然。"（明万历《上海县志》）至明清经济发达，它以其地理上的优越位置，形成了"江海通津，东南都会"。正所谓"黄浦江汽笛声声，霓虹灯夜夜闪烁，西装革履与长袍马褂摩肩接踵，四方土语与欧美语言交班驳你来我往，此胜彼败，以最迅捷的频率日夜更替。"特别是在 1843 年，被辟为通商口岸后，上海的经济、文化迅速地繁荣了起来。在这样的历史背景下，一种独特的生态环境和心理习惯渐渐形成。上海位于沿海线的中央，可北上亦可南下，这不但有利于经济的发展，而且便于融汇中国各地以及西方的音乐文化。上海有利的地理条件使之成为一个对中西文化兼收并蓄的地方。上海文明的最大心理品性是建筑在个体自由基础上的宽容并存。地方戏曲、说唱等传统音乐在市民阶层大有市场。上海不是京剧重镇，但一些京剧名角的开始阶段，都是在上海唱红的。"海派京剧"的创立更是一个明证。评弹艺术也改变了原来以苏州为中心、以江浙农村城镇为主要流布地的旧有格局，逐渐形成了以上海为集散中心和新的评弹艺术发展基地。20 世纪二三十年代，上海音乐文化的传播媒体已相当发达，同时出版业、电台广播及唱片业也迅速发展起来。正是由于上海电台的传播，广东音乐走向了全国；随着广播事业的发展，更出现了评弹艺术的空中书场。以"上海百代"为首的唱片公司也争相抬头。

正是在这样的大环境中，丝竹音乐迅速地发展起来。当时，上海有 20 多家公私电台竞相邀请丝竹团体去电台直播丝竹乐，有的电台有自己特约的丝竹乐队，定期播奏丝竹乐曲，还欢迎观众点播。许多丝竹乐曲在各种类型的音乐会上演奏，还灌制成唱片。许多班社着手整理和加工传统古曲，他们既植根于江南丝竹的沃土之上，又能兼收并蓄，博采众长，从琵琶古曲、杭州丝竹、广东音乐、南方曲艺等诸多乐种中汲取营养。上海国乐研究会等社团在传统八大曲基础上拓展了文曲的形式和曲目，并由此形成标志性的音乐风格，便是这一现象的一个缩影。

第六节　西方古典音乐的肌理与灵魂①

一、伦敦交响乐团与中国钢琴家的精彩合作

2024年10月，伦敦交响乐团在上海东方艺术中心完成了亚洲巡演的收官演出。这是指挥大师安东尼奥·帕帕诺入主这支世界顶级交响乐团后的首次亚洲巡演，而上海也成为本轮巡演在中国的唯一一站。连续三晚的演出，安东尼奥·帕帕诺携手中国著名钢琴家王羽佳，用音乐接连穿越奥地利、北欧、俄罗斯与法国，将"伦敦之声"的多元与高深展露无疑。笔者有幸领略了其中两晚的演出现场，在惊叹于"钢琴女王"王羽佳巅峰不却的同时，对收官场难以复制的音响奇观久久不能释怀。有资深乐迷表示，伦敦交响乐团收官场的演出"完全可以入选年度最佳之一"。"脑补一下当一支顶级交响乐团发挥十成功力会达到什么效果吧！"

当晚的演出，以柏辽兹的歌剧《罗马狂欢节》序曲开场。当强劲的铜管和哀婉的英国管接踵而至后，我便不得不佩服帕帕诺在音色调配上的功力。瓦莱里·捷杰耶夫与西蒙·拉特时代的伦敦交响乐团是带有些桀骜不驯的，音乐的平整与柔和度上，常维持不了最契合音乐表情的那种状态。但深耕英国乐坛数十年的帕帕诺，却如同"魔术"一般将声响磨滑了，天鹅绒质感的音乐从帕帕诺的指尖缓缓流出。帕帕诺麾下的伦敦交响乐团确实多了分细腻与精致，哀伤的抒情旋律经帕帕诺捏撮，抽绎出别样的温润与丝滑，但高亢凛冽的音乐性格并未从乐团风格中被剥离。主题间强烈的戏剧冲突，帕帕诺以热情、繁复的手势推演出一片壮阔恢弘的音乐背景，音块饱满且色彩丰富。而强奏后的谐谑曲段落，乐队弦乐声部干练果敢，坚实而统一的内芯将音乐推向壮丽无比的尾声。张与弛、缓与急、厉与柔，在帕帕诺这里实现了完美统一。

随后的拉赫玛尼诺夫《升f小调第一钢琴协奏曲》，由王羽佳钢琴主奏。在经历昨晚的肖邦钢琴协奏曲的"不入味"后，笔者多少有点担心：这位站在钢琴"巅峰"的女人能否在今晚维持那无与伦比的超绝状态。事实证明，担心是多余的。对于拉赫玛尼诺夫的处理，王羽佳绝不会让听众失望。

当晚，王羽佳一袭带亮片的墨绿长裙，光彩夺目。在木管铿锵的号角声后，便

---

① 本文由两篇音乐评论构成，分别刊载于《澎湃新闻·上海文艺》2024年10月11日、2025年1月30日，上海文艺评论专项基金特约刊登。作者王赟，上海三联书店编辑。

是王羽佳威猛迅捷的三连音和弦以及紧随其后的排山倒海般雄壮的下行音阶。王羽佳的触键清丽雅致，音色颗粒饱满剔透，即便极快的弱奏也清晰可辨，而突强的柱式和弦则依旧保持持续的刚毅，音色饱满，一彰踌躇满志。拉氏的这首作品相较于此后的钢琴协奏曲和交响曲，标志性的长线条抒情旋律较少。而对于该曲的处理，王羽佳有意夸大了速率的变化，以添入音乐脉动的延伸感。帕帕诺与王羽佳的配合十分默契，虽然乐队张扬且个性鲜明，但在气口的处理和启奏时音量的控制，都在尽可能将钢琴的声线予以突出。王羽佳凭借无懈可击的技术和出色的控制力，在与乐队的竞奏中几度群峦叠嶂，波涛汹涌，令人血脉贲张。当笔者目不暇接地注视着王羽佳在琴键上如峰翅颤动般极速的双手、耳畔回响着几乎超越了钢琴表现力边界的惊人音响时，那种极致的体验感非语言所能传达。

富有抒情幻想性的第二乐章，王羽佳的琴声异常柔美，宛如冥想式的吟诵，音乐似弥漫着黎明湖面微波摇曳的光泽。曾以超绝炫技而闻名的王羽佳，将这一曲柔板演绎得同样震撼。这并非听觉上奇峰险岭、巨浪激流的那种震撼，而是在灵魂深处凝练心境、积蓄能量的那种震撼。即便琴声纤弱至毫末，依旧饱含着拉氏深沉的呼吸以及那欲言又止的情愫。第三乐章新颖动人的半音和声中，王羽佳的狂奔依然精准细腻，流光溢彩，尤其是对中央插部一些自由分散的旋律的处理，王羽佳以闲适且狂放的速度、音量变化，将其弹得甜美而不失狂放酣畅。

当晚，在听众经久不息的欢呼声中，王羽佳返场加演了四首曲目，分别为西贝柳斯《练习曲 Op. 76 No. 2》、勃拉姆斯《三首间奏曲》第 3 号、肖邦《升 c 小调第20 号夜曲》以及皮埃尔·桑坎《托卡塔》。"钢琴女王"的琴键之舞，雄辩地宣示着巅峰不却的绝佳状态。

上海东方艺术中心拥有上海最大的专业管风琴，并具有惊人的音区跨度。但囿于现代古典曲目配器的便携性，这一被誉为古典音乐中最崇高乐器，在上海音乐会的演出现场很少使用，听众很难领略这一"乐器之王"所呈现的音响奇观。然当晚下半场曲目圣-桑的《c 小调第三交响曲"管风琴"》，作为一部难能可贵的将管风琴作为重要演奏乐器的浪漫主义风格作品，不仅满足了上海听众的夙愿，也彰显出帕帕诺在选曲时因地制宜的独到眼光。

圣-桑的《c 小调第三交响曲"管风琴"》无论是形式结构的新颖还是作曲技法的成熟，都可视为圣-桑作品的标志之一。而这部作品剧烈的情感波动以及令人望而却步的复杂配器，也令不少乐团在演绎时常常失于驾驭。当晚，伦敦交响乐团的演绎不仅完美诠释了法式交响的精髓，更在管风琴的助力下，将本轮巡演上海站所呈现的音响奇观推上高潮。

当晚，乐队各声部都表现出绝佳的状态。帕帕诺起步很慢，小心翼翼地引导着弦乐组微弱而缓慢的下行哀叹与木管微弱的回应。随后的行进动机,帕帕诺谨慎地提示着各声部加入,速度加快且主题旋律和附点节奏的协和度紧密,层次分明,熠熠生辉,尤其是英国管吹响的第二主题明亮且行进紧密。第一乐章发展部,圆号和长号响而不燥,焕发着金属般的质感,小提琴部三连音的轮廓感也很强。第一乐章后半部分宽广丰腴的弦乐在帕帕诺的推衍拉伸中不仅醇如丝绒,且饱含浓情,其表现力、合成度、平衡感几近完美,背景上的管风琴音色则为这一完美的和声平添几分庄重和崇高。第二乐章中类似于谐谑曲的第一部分,弦乐组的核心动机清晰干练,时而恬静,时而自信满满。其第二部分庄严明亮的管风琴在C大调主和弦上的吟诵,令人振奋。乐队与管风琴的重奏中,时而听见明亮灵动的竖琴与钢琴的伴奏,如湖面月之涟漪,美不胜收。在音乐辉煌壮丽的高潮中,帕帕诺敏捷果断地收束,音乐在C大调主和弦上落下帷幕。

返场乐队加演了福雷《帕凡舞曲》,为本次伦敦交响乐团上海巡演画上圆满句号,也将当晚这场难以复制的音响奇观永远铸刻在上海这座城市。

当然演绎之出彩,是上海乐迷之幸,也是王羽佳和帕帕诺之幸。我们有理由期待这位炙手可热的中国钢琴家王羽佳,在世界乐坛永不褪色;我们更有理由期待安东尼奥·帕帕诺时代的伦敦交响乐团,将为世界乐坛注入更多惊喜,成就辉煌。

二、英国钢琴家席夫对巴赫作品的杰出演绎

"西方音乐之父",德国十八世纪的巴赫,音乐史上毋庸置疑的一座高峰,其大量作品因臻于完美的音乐结构和复调技术,被后世无数音乐家视作"圣经"一般的存在。纵是莫扎特、贝多芬、勋伯格等音乐大师,在巴赫那无可挑剔的作品面前,也尽显谦卑与渺小,如同凡人对待心目中的"神"。而《赋格的艺术》,作为巴赫生前的最后一部作品,几乎展现出巴赫在音乐领域所有的能力和知识。《赋格的艺术》中,巴赫不仅深度发掘复调音乐对位法的所有可能,还做了大胆创新。可以说,《赋格的艺术》是对中世纪以来复调音乐写作技术的总结和突破。或许,没有任何一部作品可以像《赋格的艺术》那样展现出最完整的巴赫,以及巴赫音乐中的整个宇宙。

2025年初,阔别上海舞台五年的英国钢琴大师安德拉什·席夫,以年逾七十的高龄重返上海交响音乐厅,弹奏巴赫这部伟大的鸿篇巨制《赋格的艺术》——由14首赋格和4首卡农组成的时长至少70分钟的作品。巴赫自1742年便开始创作这部作品,直到1750年去世前,作品都没有最终完成。巴赫原计划创作的是一首拥有三个主题的大型赋格,并将其连成一体,即巴赫计划中作品的规模比留存的手稿更大。但"对位法第十四"中巴赫刚刚拼出第三个赋格中自己的"签名主题"后,手稿便中断了。这一绝笔,可谓巴赫对彼岸世界的最后"告解"。以至于曾奉献

该曲经典演绎版本之一的中国钢琴家陈必先每每弹到此处便情不自禁地流下热泪,似乎巴赫的心灵在彼岸世界的归宿之地尚未找到,离开尘世的钟声已然敲响。

回看当晚安德拉什·席夫的这场钢琴独奏音乐会。这位被誉为"当今最具穿透力和严肃性的键盘大师之一",对待这首作品,自然怀着无比的虔诚,无论是演出前对于试音的专注谨慎,还是对于演奏钢琴的精挑细选。演出前,席夫还通过音乐厅各平台请求观众在弹奏到该曲的绝笔之处后,保持片刻的安静,直到自己示意后再行鼓掌。当晚,席夫一承儒雅的姿态,缓步走向钢琴,小心翼翼地坐下并翻开琴谱。从"对位1"的触键起,席夫便以别样的自如以及行云流水般的灵动诉说着巴赫的虔诚与"神性"。

在我的印象中,席夫的个性一直是如此谦抑内敛,但在弹奏时,儒雅深沉的风格中往往能现出柔中带刚之势。随着赋格的发展与演变,精美复调在镜像般的反转中随琴声铺展、扩张。对于听者而言,这首赋格"对位1"中的"伟大主题"原本是相当简单的,而巴赫通过对其几乎所有发展途径的尝试,则让当晚的音乐会成了一场智力的游戏。听众需要观察"伟大主题"这一种子如何生根发芽、发展壮大,分辨之后每一段赋格曲的各种对称和组合关系,包括反向、镜面、多重赋格等。对于不熟悉乐曲的听众,永远不知道巴赫会在何处陡生妙笔、另辟蹊径,最后惊叹于最简单的建筑材料居然能以一定的逻辑构建出的宏伟大厦;对于熟悉乐曲的听众,在享受组合对称所带来的和谐大美的同时,可细细领略席夫对于不同赋格在情感上个性化差异的点化,倾心于跟随席夫的指尖走完巴赫生命中的最后一段旅程。

席夫的弹奏不同于多数钢琴家在处理该曲细节考究上的刻意变化和煽情,也不同于古尔德的"极限运动",而是用内向、平整、柔和甚至鲜用踏板的处理方式,做出万花筒般音量、力度等细节上的变化。尤其是对于踏板的谨慎,让席夫的琴声更为纯粹质朴,更接近羽管键琴的那种虔诚圣洁之音——巴赫的时代尚没有现代钢琴,无法弹奏出不同的力度,或许《赋格的艺术》原本就是为羽管键琴所作,虽然巴赫并没有规定必须用什么样的乐器来演奏该曲。在这场高妙的智力游戏中,听众跟随着席夫在巴赫的世界内漫步,路途是平坦的,景色是淡雅的,心境是平和的,仿佛是走在朝圣之路,绝非惊艳与猎奇。

同样,在"对位6"中面对时值的紧缩和变奏,繁简交替、动静结合的灵活性,虽不似触键深重、声音质感硬的惯常处理,但席夫通过对这一灵活性的微妙处理,既能弹出让钢琴的行进动力感增强的密集音符,又能弹出高亢明亮的强拍,而非以绵软一以贯之。值得一提的是,席夫对于赋格中卡农的所有细节几乎都弹得精确、灵敏、细致。那种亮中带柔、柔中潜藏风格的音符,静水深流般地复述着巴赫起伏的心绪与广博的智慧。席夫的弹奏速度虽然均匀、质朴、谨慎、虔诚而无刻意炫技甚至装腔作势,但整体上是偏快的,自然在个别细节或乐句间的气口上少了分回味的余地,但相较于过分浪漫化的巴赫,而这样节制、理性、超然的纯正巴赫风格确实太难得了。有序和自由,在席夫的弹奏中实现了完满的统一。有序和自由的调和,这是巴赫的心境,是席夫的大师手笔,也是我们现代人的生活状态。

《赋格的艺术》中,不仅有着精妙的智力游戏,还有巴赫心中的哲学宇宙。14首赋格和4首卡农相连,犹如一条关乎人生和整个宇宙的哲学轴。在时间维度上,不同的对位法展现了人生的不同阶段;在空间维度上,不同的对位法又展现了世界的不同面向。包罗万象的情感素材,高度浓缩其中,往往成为演奏家的最大挑战——在控制住技术感时疏忽了不同赋格的情感张力。而席夫对于每一首对位的弹奏在力度、音色上皆有微妙不同,且有序、规整的结构框架下,还是可以听出疏密间小的拉伸、收缩,以及力度、弹性的变化。例如"对位3"中相当半音化的倒影关系似乎预示着父母离去的悲痛。席夫对于主题的主音的弹奏罕见地多使用踏板,速度也更慢,娓娓道出哀悼时的平静肃穆,而至倒影变奏时弹得更重,渲染出凝重之感。

最后的"对位14",席夫稍稍放慢了速度,触键的感觉更为空灵,似是一份沉思冥想中的告解,行进中几度细微的"凝结"感既是对彼岸的几分困惑,也可能是对世间的不舍。当音乐戛然而止时,听众都顺从着席夫的建议屏息思索,足足有一分半钟的时间,全场寂静,而巴赫那未完成的部分似乎在耳边以另一种无声之声流淌着。音乐会现场从演奏家到听众,用这一分半钟的时间共同告慰巴赫这位近乎于"神"的伟大音乐家。

当晚席夫返场了七次,加演了巴赫《哥德堡变奏曲》第一首"咏叹调"、巴赫《C大调前奏与赋格》、巴赫《意大利协奏曲》的三个乐章、巴赫《G大调第五法国组曲》中的"阿勒曼德"与"古格舞曲"。这些作品似是《赋格的艺术》中巴赫的那条时间轴线上的几个片段,如幻灯片般浮现,为当晚这场令人久久难以平复心绪的音乐会再添难忘的一笔。

第七章　戏剧美学研究

主编插白:20 世纪下半叶,世界戏剧理论界出现了一种新动向。法国学者韦尔南和维达尔-纳凯提出一种新的悲剧理论,借助对古希腊剧场的社会、审美与心理三个功能领域的考察,凸显古希腊悲剧开展历史叙事的独特时间结构:多重时间性。王曦副教授近些年致力于剧场美学研究。她指出:多重时间性起初是悲剧创作介入城邦政治、发挥讽谏作用的结果,通过不同时代的社会观念、伦理意识的交叠共存,使得批判性的视域得以呈现。当代剧场研究者从中看到艺术介入社会现实的潜能,开始将剧场表演视作一种新型历史书写,希望运用多重时间性,呈现社会结构与伦理观念中的多重历史逻辑,防范单线性历史叙事对社会矛盾的虚假和解,发挥戏剧干预政治、推动社会进步的积极作用。

在中国现代话剧史上,田汉是南国社的精神领袖和核心人物。南国社把戏剧教育、戏剧创作与戏剧演出紧密结合在一起,产生了巨大的社会影反响。从 1928 年到 1929 年,田汉率领南国社先后在上海、南京、广州、无锡多地举行话剧公演和其他艺术活动,创作了大量剧本,影响遍及全国。陈军教授长期致力于话剧研究。他以"创作-演出-接受"三维立体的研究范式,阐释、揭示田汉南国社时期戏剧创作、演出、接受之间的关联与互动。田汉的创作从南国演员身上汲取灵感和资源,同时对南国演员的表演方式和唯情演技产生重要影响。南国社演员的表演真挚感人,反响强烈,既有肯定,又有批评,推动了南国社后来转向左翼戏剧运动阶段。从此田汉成为中国现代革命戏剧运动的奠基人。

文戏改良是越剧发展史上一个重要事件。改良文戏的得失究竟应如何评价?是否昙花一现后就走向衰弱?它对新越剧的改革影响何在?以往的研究认为,文戏改良从 1938 年夏天开始走向红火,持续了四年后逐渐衰落,影响有限。曾嵘副教授通过对演出广告、评论、戏刊、戏单的研究揭示,文戏改良红火了四年后其实并没有衰弱,相反依然非常红火,只是红火的表象下蕴藏着深刻的危机。以袁雪芬为代表的新越剧改革者继承改良文戏的成果,同时从改良文戏遗留的突出问题——陈旧的剧目意识和杂驳的舞台表现出发,在剧目、表演、音乐和语音等方面进行变革,取得了越剧阶段性改革的成功。

越剧《梁山伯与祝英台》是越剧百年历史和越剧改革80年历史中成就最高、影响最大的一部作品。其衍生的作品遍及曲艺、音乐、唱片、电影、电视剧。周锡山研究员以研究戏剧美学享誉学界。他站在新时代越剧文化价值与艺术内涵再审视的高度,重新梳理和总结此剧的思想意义和艺术成就,对于加强越剧美学研究,推进越剧的保护、传承与发展,具有重要参考意义。

歌剧戏剧结构因素是一个专业性很强的美学话题。陈莉女士既是歌剧歌唱家,也是歌剧学博士。她以实践与理论相结合的方法,对歌剧戏剧结构的创作规律作出了独特探索。以音乐承载戏剧是歌剧的本质属性。歌剧综合性强,其戏剧结构因素呈现出有别于其他戏剧体裁结构的多元性,包括时间结构、角色结构、主题结构、情节结构。这些结构因素在歌剧创作中体现了独特的审美品质、要求和规律。

第一节　论剧场中历史叙事的多重时间性[①]

20世纪、21世纪之交,多重时间性问题在国际人文学界引发热议,最著名的事件当属德里达以马克思的历史哲学反驳福山的历史终结论。德里达以《哈姆雷特》剧中老国王幽灵形象联结马克思著作中要求审判当下世界秩序的"幽灵们",即那些在资本主义体系下被驱逐、消抹的存在,那些殖民主义、种族主义、帝国主义战争的牺牲者。他们代表尚未消解的、不公正的过去,挑战西方主流的线性进步历史观下以胜利者姿态出场的当代资本主义全球秩序,主张以公义的未来秩序改写当下时刻。德里达引用哈姆雷特面对幽灵时的感慨:时代"颠倒混乱",有待"重整乾坤"[②]。凝聚在幽灵形象中的历史逻辑,彰显了主体意识与客观历史的断裂;它是质疑当下既有秩序的时代"脱节",即所谓"不合时宜"[③]。

与历史哲学领域对多重时间性的探讨呼应,21世纪西方学界兴起一种转向剧场、展开历史叙事研究的新思潮[④]。研究者关注过去、当下与未来的历史层次在剧

---

① 原载《文艺研究》2021年第6期。作者王曦,复旦大学中文系副教授。

② 雅克·德里达:《马克思的幽灵:债务国家、哀悼活动和新国际》,何一译,中国人民大学出版社2016年版,第5页。

③ 同上书,第3、5页。

④ Cf. Adrian Kear, *Theatre and Event: Staging the European Century*, Palgrave Macmillan, 2013, pp.16-17.

场中交叠共存的时间结构,从中发掘文艺实践介入社会现实的历史叙事方案。值得重视的是,对剧场多重时间性问题的探讨,并非源于一时的社会议题或学术风尚,而是有其剧场研究的学术史脉络。这要追溯到 20 世纪六七十年代,法国历史学家让-皮埃尔·韦尔南,以及他组织的古希腊研究学派的理论贡献①。他们对古希腊悲剧时间结构的研究,提供了一种从客观社会存在与行动者主体意识的历史罅隙入手、考察社会转型期历史叙事的方案。他们对悲剧叙事中交叠的历史层次及冲突的伦理观念的判断,提挈 21 世纪对于剧场多重时间性的政治美学探索。

具体而言,韦尔南与历史学家皮埃尔·维达尔-纳凯,在研读法国古典学家、社会学家路易·热尔内手稿的基础上,颠覆了以修辞学为宗的古典学路径,开创了在历史人类学与文学社会学进路下考察悲剧及古希腊历史的古典学新路径。他们主张从古希腊剧场的社会、审美与心理三个功能领域入手,立足于剧场的社会政治功能,重新考察悲剧的文本结构与剧场审美机制②。根据他们的考据,剧场是公元前六至前五世纪古雅典从贵族世袭制向城邦民主制过渡时期的一项社会发明,它与古雅典的民主制度和法律制度相伴而生,是一种与城邦法庭和议会具有同等地位的社会机制。剧场由雅典城邦执行官批准设立,融合了表演、城邦大型政治实践与公民社会参与等功能领域,在酒神节庆期间对所有公民开放③。正是在这一剧场观念下,韦尔南和维达尔-纳凯提出了关于悲剧时间结构的重要主张:古希腊剧场的社会教化功能,决定了悲剧叙事势必处在神话时代和雅典民主时代交叠共存的时间秩序之中,以此呈现诞生悲剧艺术的历史时期的社会张力④,从而塑造雅典公民的政治与伦理观念。维达尔-纳凯的学生、法国古典学家尼科尔·洛罗从两位学者的研究成果中提炼出"多重时间性"这一术语,用以指称古希腊悲剧区别于线性时间秩序的独特时间结构——不同时代的交叠共存⑤。洛罗尝试将两位学者的悲剧理论当代化,主张在西方民主政治的当代困局中,重审古希腊剧场介入城邦公共生活的时间结构与历史逻辑。继而,剧场中的多重时间性作为一种历史叙事范畴,引发人文研究者的普遍关注。

本文从三个层次展开讨论。第一,就剧场的社会功能领域而论,悲剧的独特时

---

① 参见弗朗索瓦·多斯:《从结构到解构:法国 20 世纪思想主潮》下卷,季广茂译,中央编译出版社 2004 年版,第 301—304 页。

② Cf. Jean-Pierre Vernant and Pierre Vidal-Naquet, *Myth and Tragedy in Ancient Greece*, Zone Books, 1990, p.9.

③ Ibid., pp.32-33.

④ Ibid., p.34.

⑤ Nicole Loraux, *The Divided City: On Memory and Forgetting in Ancient Athens*, trans. Corinne Pache and Jeff Fort, Zone Books, 2006, p.245.

间结构是城邦政治引导的结果。悲剧诗人同时面对作为悲剧竞赛赞助人的王公贵族与城邦民主政治家,着意营造交叠的历史层次,迂回表达城邦中相互冲突的社会原则。第二,就剧场的心理功能领域而言,古希腊悲剧中不同时代的交叠,体现为主人公在心理状态与行为动机诸方面的自我矛盾。雅典公民通过观看剧中英雄的"自我分裂",在不同时代观念信仰的交锋中,习得将自身行动和周遭社会经验纳入理性反思的批判性视域,获得一种现代伦理观念。第三,当代剧场研究者致力于发掘这一范畴的政治美学价值,希望诉诸剧场历史叙事的多重时间性,呈现社会结构与伦理观念的多重历史逻辑,继而重构艺术介入社会现实的批判性视域。

一、交叠的历史层次:制造"悲剧性的转折点"

韦尔南和维达尔-纳凯非常重视悲剧叙事中交叠共存的多重历史层次。他们注意到,悲剧叙事往返于古希腊过往的神话世界与雅典的民主城邦,在两个世界的价值原则和时间秩序之间斡旋[1]。古希腊悲剧不仅是一种文学虚构样式,以我们熟知的神话和史诗为题材,还在剧场中执行实际的社会政治职能,是当时处在萌芽状态的雅典民主政治的有机部分。过去(史诗和神话时代)与当下(雅典公共生活)的历史层次在剧场中交叠重合。韦尔南称:"悲剧的真正素材就是城邦的社会观念,尤其是正在广泛兴起的法律观念。"[2]悲剧诗人将当时尚未定型的法律观念搬上舞台,起诉、控告、辩护、定罪等正在发展的法律词汇在悲剧中得以表达,公民在其中习得法律论辩的语言与思维方式[3]。

比如,韦尔南和维达尔-纳凯皆以埃斯库罗斯的《欧墨尼得斯》为例,探讨悲剧叙事中交叠的历史层次如何赋予剧场以社会政治职能。这出剧的叙事背景设置在雅典最高法院的所在地亚略巴古山。正义女神雅典娜遴选出十名公民组成临时法庭,公开投票裁决俄瑞斯忒亚在阿波罗的神谕下为父亲阿伽门农复仇、杀死母亲的案件。在两方票数相同的情况下,雅典娜动用法律论辩技巧,平衡城邦新神(司光明与法规的阿波罗)与旧神(掌血亲复仇的复仇三女神)的冲突。她既合法地赦免了俄瑞斯忒亚的罪过,又平息了复仇三女神的狂怒。最后,歌队在黑夜祭祀庆典中欢送复仇三女神归于地底,以守卫城邦的福祉。维达尔-纳凯指出,在雅典娜安排的黑夜祭祀之后,复仇三女神厄里倪厄斯更名为善好三女神欧墨尼得斯,成为司养育活动的城邦保护神;但这同时意味着,旧时代的神祇及其代表的社会原则,始终

---

① Jean-Pierre Vernant and Pierre Vidal-Naquet, *Myth and Tragedy in Ancient Greece*, pp. 7-8, 11.

② Ibid., p. 25.

③ Ibid., p. 26.

在城邦生活中占据一席之地,其复仇的残暴面相依然留存在城邦战争等活动中①。韦尔南在相似意义上指出,旧时代的神祇们向观剧的雅典公民传达敬畏与恐惧的原则,它们虽与城邦过往的神话世界相连,却也依然存在于雅典公民的社会意识中。敬畏与恐惧,实则是城邦新兴法庭制度的支撑性原则②。在雅典剧场中,新神与旧神代表的不同时代的社会原则艰难妥协,它们共同为城邦的新兴民主秩序奠基。

进而言之,在两位研究者看来,脱胎于神话英雄传说的悲剧表演,其意并不在歌颂旧时代王公贵胄的宗族世系与丰功伟绩,而是在观剧的公民中发挥妥帖的政治教化功能。其时,伴随民主制度与法律观念的迅速兴起,史诗与神话时代的习俗信仰不复是城邦公共生活的主导现实;悲剧以迂回的方式,透过依然留存在公民意识中的神话世界秩序,传递城邦当下的社会经验。韦尔南将容纳这一多重历史层次的悲剧时刻,称为“悲剧性的转折点”:“悲剧性的转折点因而发生于一段间隔从社会经验的中心发展出来之时。这段间隔,就其足以使对立得到清晰呈现而言,它是足够宽的,对立的一方是法律的与政治的思想,另一方是神话的与英雄的传统。然而它也应该是足够近的,因此双方的价值冲突依然让人感到痛苦,这种交锋也还在不断发生。”③在韦尔南看来,所谓悲剧性的转折点,必须在悲剧所建构的时代(悲剧英雄的时代)与它被建构的时代(悲剧诗人的时代)之间,拉开一段不近也不远的合宜距离,使不同时代的社会观念和伦理意识展开交锋。

那么,何为合宜的距离呢?韦尔南以两位悲剧诗人忒斯庇斯和阿伽松为时间节点来做出界定。忒斯庇斯于公元前 534 年最早表演悲剧,据称是古希腊历史上第一位演员;阿伽松则是公元前五世纪后期与欧里庇得斯同时期的悲剧诗人④。在韦尔南看来,忒斯庇斯的时代与悲剧历史叙事中英雄的时代隔得太近,阿伽松则隔得太远。前者对英雄的歌颂难免是助长王公贵族优越感的“反动”颂歌,这导致民主改革者梭伦在观看悲剧后愤然离席;而在阿伽松的时代,主观虚构的故事早已与神话和英雄毫无关联,“对他和他的公众来说,对整个希腊文化来说,悲剧的主发条已经绷断了”⑤。构成雅典特定历史环节且能有效发挥社会政治功能的悲剧,就

① Jean-Pierre Vernant and Pierre Vidal-Naquet, *Myth and Tragedy in Ancient Greece*, p.260.

② Ibid., pp.418,419.

③ Ibid., p.27.

④ 参见罗念生:《论古希腊戏剧》,《罗念生全集》第八卷,上海人民出版社 2007 年版,第6、16 页。

⑤ Jean-Pierre Vernant and Pierre Vidal-Naquet, *Myth and Tragedy in Ancient Greece*, p.28.

位于这两个时间节点之间。

进而言之,韦尔南对悲剧叙事时间距离的界定,基于剧场内外和悲剧叙事内外的社会权力对抗。在悲剧的历史叙事之内,英雄的时代关联着王公贵胄的宗族世系与信仰;而在悲剧的历史叙事之外,在悲剧所处的时代,城邦行政执行官(如梭伦等人)的现实关切却是剥夺贵族世袭特权,推行民主改革。不难想见,在悲剧大放异彩的时代里,雅典贵族作为"choregoi"(字面意思是"歌队的领导者",实际功能是城市酒神节悲剧竞赛的赞助人),一方面要求诗人们歌颂象征着贵族阶层昔日荣光的英雄们,英雄的出身、意志和行动连接着奥林波斯神统,甚至比这更古老的地底旧神;另一方面,雅典贵族们又希望他们的英雄先祖在悲剧中以支持城邦建制的和解性形象出现,以此保障自身的宗族世系与城邦政权的紧密关联①。

然而,对雅典的民主政治家们来说,放任古老的贵族、潜在的僭主们在悲剧剧场中夸耀自己的世系是危险的。如果不能像梭伦所希望的那样制止这种表演,那么就要如伯利克里所做的那样,让悲剧的剧作与剧场成为雅典民主的组成部分,让民主制度的思想观念和法律论辩的语言方式融入剧场,使城邦公民在观剧的同时受到法律与民主政治的语言教育②。悲剧诗人夹在悲剧竞赛的赞助者们与城邦的民主政治家们中间,立场反复摇摆,因此以一种迂回的方式,反映雅典社会经验中存在的历史层次的交叠。

悲剧诗人面对的一方是贵族,另一方是民主派与平民,这不仅是说两方分别是悲剧竞赛的赞助人与观众,而且诗人本身就处在这个世界,面对当时的雅典城邦生活。他并不真的活在英雄活动的传说与史诗的世界中,而是必须一面活在"当代",一面创制脱胎于旧日传说与史诗的悲剧。即便悲剧诗人博古通今、诗才天纵,也不可能真正弥合这两个时代之间的距离,而只能将社会经验呈现在韦尔南所强调的"悲剧性的转折点"中,表达为多重历史层次的交叠重合。

在悲剧诗人的笔下,上古的英雄一方面充当雅典民主生活方式的代言人,是民主城邦中合格的"政治人",另一方面又蓦地在一个扑朔迷离的时刻,折返彰显王公贵胄血统的信仰之中。在埃斯库罗斯的《七雄攻忒拜》中,厄忒俄克勒斯从一位完全符合雅典城邦"政治人"要求的国王,突然陷入被诅咒的宗族世系的过往,在疯狂欲望驱使下进入令人费解的状态,最终以兄弟相杀收场③。悲剧诗人以此拉开两类语言、两种生活、两个时代的间隔,在"当下"复现存在于神话与史诗中的遥远时

---

① Jean-Pierre Vernant and Pierre Vidal-Naquet, *Myth and Tragedy in Ancient Greece*, pp. 26, 27.
② Ibid., pp. 27, 28.
③ Ibid., p. 36.

代,而在悲剧虚构的"旧日"里,当代的话语方式、观念立场和心理状态却常常浮现。在城邦民主政治的发轫期,雅典公民在剧场中既习得了新兴的民主与法律制度,又真切地感知到在城邦公共生活中依然发挥作用的血亲伦理——它蛰伏在主人公宗族世系的过往中。

在韦尔南看来,倘若悲剧诗人可以随意选择题材,使悲剧中原本存在的多重历史层次丧失,即意味着悲剧之外实际的权力对抗关系已然瓦解,城邦公民的心理与意识也会发生相应的改变,这表明悲剧生命力的消失。他由此提出一则时代界限严格的悲剧定义:"悲剧出现于公元前六世纪末的希腊。在一百年内,悲剧看起来就已经枯竭了,而当公元前四世纪亚里士多德在其《诗学》中着手建立悲剧理论时,他再也无法理解悲剧了,也就是说,悲剧人已经变成了陌生人。悲剧承继史诗与抒情诗,而消逝于哲学处于全盛的时刻。"①韦尔南直言他对《诗学》悲剧理论的不满。在亚里士多德那里,悲剧诗人的本职是按照事理所然的可能性编制或虚构情节,至于情节及人物是否来自历史、史诗和古老神话,却是偶然之事,无关悲剧诗人及悲剧创作的概念实质②。与亚里士多德的观念正面对峙,韦尔南认为悲剧不过是仅维持一个世纪的特定历史现象。在《诗学》的时代,悲剧已然消逝。韦尔南界定的历史时代,是剧场的政治职能和伦理教化功用依然有效的时代,交叠的历史层次作为界定悲剧时间结构的本质特征,是悲剧叙事之外现实的权力对抗关系使然。

在更直接的意义上,两位研究者道破悲剧的时间结构是城邦政治干预的自然结果。对此,韦尔南举了一个例子:普律尼科司的悲剧《米利都的陷落》的遭际。尽管公元前五世纪的悲剧将题材限制在英雄传说上,但原本存在其他的选材可能,公元前494年,悲剧诗人普律尼科将两年前波斯人在爱奥尼亚城邦米利都造成的悲惨事件搬上了剧场,这就是《米利都的陷落》。韦尔南强调:"它不是传说悲剧,而是历史悲剧,甚至可以说是时事悲剧。"③这一做法造成的震动被希罗多德记录下来:"结果全体观众都哭了起来。于是他们由于普律尼科司使他们想起了同胞的令人痛心的灾祸而课了他一千德拉克玛的罚金,并且禁止此后任何人再演这出戏。"④就这样,时事或历史题材的悲剧,通过雅典公民的决意,在严格意义上的

---

① Jean-Pierre Vernant and Pierre Vidal-Naquet, *Myth and Tragedy in Ancient Greece*, pp. 29, 30.

② 亚里士多德:《诗学》,陈中梅译注,商务印书馆 1996 年版,第 82 页。

③ Jean-Pierre Vernant and Pierre Vidal-Naquet, *Myth and Tragedy in Ancient Greece*, p. 244.

④ 《希罗多德历史:希腊波斯战争史》下册,王以铸译,商务印书馆 2010 年版,第 410 页。根据资料,公元前五世纪雅典常用的银币每枚值四德拉克玛,可买一百余升大麦。这笔 250 枚银币的罚金可以购买 26 千升以上的大麦,足够一名雅典平民生活八年。

悲剧刚刚出现的公元前五世纪初就被禁止了,而且是以这种"杀一儆百"的方式。

因此,在消极的意义上,多重时间性的悲剧时间结构是政治直接介入艺术创制的结果。当然,反过来讲,政治之所以如此紧张地进行介入,正是因为悲剧艺术具有极其强大的政治力量,它不仅仅面对古代、面对传说,而且面对当时的公众与城邦政治。此后,这种看似外在、偶然的消极强制被内化为悲剧叙事独特的时间结构。

二、现代伦理意识的生成:"习惯性格"与"神力/魔性"的冲突

在悲剧叙事中,多重时间性还体现为标示"悲剧性的转折点"的人物性格"突转":主人公的心理状态与行为动机总是在神话时代与雅典民主时代这两个相异的历史层次上展开,呈现为一种自我分裂的状态。基于对悲剧中交叠的历史层次的开创性研究,韦尔南提出一种区别于亚里士多德的悲剧人物性格论。韦尔南认为,亚里士多德看重的戏剧情节的"突转",不单服务于戏剧情节组合的需要[1],还呈现为推动这种情节突转的英雄性格的突变,此种性格突变无法被纳入亚里士多德规定的连贯一致的"习惯性格"之中。悲剧主人公的社会经验、行动意义、生命价值总是在两个层面展开,分属于不同历史时代的社会观念与伦理意识。在这里,英雄的角色性格分裂为公民伦理性格的典范和仿佛着魔般的难懂与疯狂。悲剧中两类语言、两种生活、两个时代的交叠,在人物性格上体现为主人公心理状态与行为动机的自我矛盾。韦尔南称之为"习惯性格"与"神力/魔性"的冲突共存:"英雄生命的每一时刻似乎都在两个层面展开,每一层面似乎都能自足地解释戏剧的突转,然而戏剧却意图将这两个层面呈现为不可分割的。悲剧人物的每个行为都隶属于某种性格和习惯性格的体系与逻辑,而该行为同时又会显露出一种彼岸世界的神秘力量,一种神力/魔性。习惯性格-神力/魔性,就是在这一距离之间创造了悲剧人物。"[2]在此,韦尔南刻意强调,戏剧突转应该被解释为同时塑造着英雄性格的两种力量之间的对立。悲剧中由城邦的伦理实践奠定的行动趋向性("习惯性格"),总是与另一种驱动力处于不间断的冲突之中,后者将主人公带离了按共同体中"正当的尺度"行事的常轨,转而使主人公进入一种被"疯狂可怕的力量"控制的状态,即韦尔南所谓的"神力/魔性"的层次。这一层次在悲剧中表达为超自然的力量:不可违逆的上界神谕,下界复仇女神的不可抗力,家族世代延续的诅咒等等。通过拉出"神力/魔性"的层次,韦尔南凸显出为传统悲剧理论忽略的"习惯性格"之外的因素,

---

① 亚里士多德:《诗学》,第 82 页。

② Jean-Pierre Vernant and Pierre Vidal-Naquet, *Myth and Tragedy in Ancient Greece*, p. 37.

它们是悲剧中实然存在的多重心理状态,归属于不同时代的社会观念与伦理意识。

韦尔南赞赏的厄忒俄克勒斯在悲剧中前后相去甚远的心理状态,正属于不同历史层次。在《七雄攻忒拜》的开头,厄忒俄克勒斯有条不紊地部署城邦事务,此时的他并不将共同体的安全依托于超自然力,而信任审慎的政治行动,他如此谴责歌队:"事情与神明无关。若城市陷落,我看神明们自己便会离开","但愿你祈神不会给我招不幸。须知服从掌权者是幸运之母",而待得知自己的兄弟带敌军入侵,厄忒俄克勒斯转而陷入一种"毁灭性的愤怒"。一反之前不信神的形象,他反复吟唱由诸神强加的不可违逆的命运,与这一命运"合谋",做出违背政治人角色的疯狂行动,且将行为抉择归于家族不可逃避的诅咒。

韦尔南看重厄忒俄克勒斯违背习惯性格的多重心理,但这并不在传统戏剧理论的分析范围。比如,德国古典学家维拉莫维茨-默伦多夫认为,在悲剧《七雄攻忒拜》中,埃斯库罗斯对于厄忒俄克勒斯的性格塑造"欠缺笔力"因为他在剧中的行为前后自相矛盾。显然,这一评价依循的是《诗学》标准,在这一标准下,角色前后行为的不一致意味着性格的崩解①。

这可以清楚地从《诗学》关于刻画英雄性格的要求上看出。在亚里士多德看来,行动内含生活目的,能揭示人物的本质;而性格隶属于行动,是受制于人物伦理位置的行动趋向性。如此,悲剧英雄的性格不仅应当符合城邦伦理所期待的德性,即"悲剧倾向于表现、摹仿比今天的人好的人";而且主人公的性格应当是内在一致的,"即使被摹仿的人物本身性格不一致,而诗人又想表现这种性格,他仍应做到寓一致于不一致之中"②。由于对"悲剧人"的陌生,亚里士多德批评欧里庇得斯在悲剧《伊菲革涅亚在奥利斯》中对伊菲革涅亚的性格塑造,他似乎认为悲剧诗人原本应当在惊恐悲伤和从容赴死之间选定一方作为她的性格,而不该让这一角色陷入自我分裂的境地。

韦尔南从根本上反对这种观念,他认为人物性格的不一致性是悲剧的必然,"伟大的悲剧艺术致力于将(对两种心理模式的)相继参照变成同时参照"③。投射在主人公矛盾心理状态中的多重历史层次,正是悲剧叙事的巧妙之处:一方面,主人公要说当时雅典的公共生活语言,也就是法律辩论和民主政治的语言,他们是台下观剧的雅典公民的同时代人,作为雅典公共生活中的政治人的典范,规矩又理智;另一方面,他们说来自神话与宗教的语言,丧失了符合当时公共生活标准的审

---

① 亚里士多德:《诗学》,第63、112页。
② 同上书,第36、112页。
③ Jean-Pierre Vernant and Pierre Vidal-Naquet, *Myth and Tragedy in Ancient Greece*, pp.36,37.

慎性格。主人公同时置身于城邦伦理与神界律令的辖制之下,被两个时代的社会观念、伦理意识支配:"在每个主人公身上,我们都将再次发现那种我们已经注意到的过去与现在、神话世界与城邦世界之间的张力。同一个悲剧角色,在一个时刻,似乎被投射到了遥远的神话的过去,他是另一个时代的英雄,充满着令人望而生畏的宗教力量,具现了传说中的古代君主的所有过分之处;但接下来的时刻,他似乎又在以与城邦同时代的方式说话、思考和生活了,仿佛身处他的同伴之中的雅典城邦市民一样。"①与传统的亚里士多德式评价相反,在韦尔南的观念中,厄忒俄克勒斯是在希腊剧场中被塑造得最为成功的形象之一,因为他极好地表现了被诅咒的命运。我们前面提到的"魔性"与"习惯性格"的冲突和突变,是社会转型时期不同时代的社会观念交叠共存的必然。

在悲剧心理中,这是外部的、他者性的"魔性"对人物原本性格的替换,"魔性"成了悲剧主人公的新的"习惯性格";主人公对这种替换是自知的,但他不能将其压抑回城邦生活的原有秩序与规范中,而是使自身脱出既定的生活根据,陷入不定与未知之中。在悲剧中,这种不定与未知被视为"厄里倪厄斯"的原则,旧神的原则。它在悲剧叙事内部再次分裂出两个时代,属于旧神的时代和属于宙斯的奥林波斯神统的时代,英雄们原本活在后一时代中,但前一时代并非消失不见,它只是藏在了地底,潜在暗夜里,随时可能借着人物性格有意识的转变,乘着血缘世界与城邦世界的矛盾风暴,复现于阳光之下。

而在悲剧叙事之外,在悲剧剧场产生的现实社会之中,这种矛盾真实地涌动着。僭主与民主,贵族与平民,血缘与城邦,财富权力与政治义务,它们既是构成雅典社会现实的"当代"要素,又被视为旧时代的秩序与当前秩序的对抗。悲剧作为脱胎于古老传说与史诗的新式创作,在独特的时间结构中迂回反映这些真实的矛盾。正因为此,在这种反映中,英雄不再是单纯受到歌颂纪念的对象,也并非如亚里士多德所认为的那样,只是作为引发怜悯与恐惧的好人,而是成问题的人,有矛盾的人。"魔性"与"习惯性格"在悲剧人物身上的断裂和转换,对应的是不同社会现实领域的原则性矛盾,它们属于不同的历史层次,展现了上文提到的悲剧所建构的时代与它被建构的时代之间社会观念和伦理意识的交锋。

值得注意的是,在韦尔南悲剧研究的历史人类学实证路径下,悲剧主人公矛盾冲突的行为动机与心理状态,是古雅典社会尚处在萌芽阶段的伦理观念使然。"现代"伦理观念的基础直到亚里士多德时才被表述清楚,即承认人的意志能自愿控制

---

① Jean-Pierre Vernant and Pierre Vidal-Naquet, *Myth and Tragedy in Ancient Greece*, p. 34.

其行为,因而人是自身行为责任的起因。① 但对于公元前六至前五世纪的雅典公民而言,这种观念尚不能被完全理解。韦尔南讨论的悲剧人物性格中的"魔性"维度,在历史人类学路径下正传递了古希腊公民尚未成熟的伦理意识。彼时的行动者尚不是自律自足的主体,他们置身"行动者无掌控权且要被动服从的时间性秩序"②,其行为动机徘徊在不明所以的外力与模糊的自我意识之间。与此同时,在观剧活动中古希腊公民逐渐培养出一种批判性地对待自身行动的现代伦理意识,韦尔南称之为"责任的悲剧性意识"。跻身诸神时间与城邦时间交叠共存的临界区域,悲剧主人公不再是作为典范的英雄,而是被呈现为扑朔迷离的难题,在剧场的法庭中接受审判。雅典公民在剧场中观看悲剧主人公在自我分裂中走向毁灭,其行动意志与周遭世界背道而驰;如此,雅典公民在观剧行为中将自身行动和周遭社会经验同时纳入理性反思,习得对自身行动的审慎抉择,古希腊悲剧见证了与律法制度相伴而生的责任意识,一种现代的伦理观念逐步形成。

进而言之,韦尔南所看重的塑造现代伦理观念的"悲剧性意识",实则是雅典公民在观剧行为中塑造的一种"问题化视域"。③ 剧场对古希腊城邦社会现实并非一种单纯的镜像式反映,悲剧叙事穿梭于构成城邦过往的神话时代与作为城邦公共生活的当下,它呈现了产生这种艺术的那个时期社会生活内部的对抗冲突,上演了不同时代的社会力量及其秉持的价值原则之间的艰难妥协。剧场上上演的对抗冲突不仅发生在社会的和政治的领域,也发生在观念的和心理的领域,呈现为潜在的僭主与城邦新兴民主派之间的纷争,血亲伦理与法治原则的斡旋。雅典公民习得一种与既定时代秩序和观念原则拉开反思距离的问题化视域,这即是由悲剧历史叙事的多重时间性塑造的现代伦理观念。

饶有意味的是,韦尔南和维达尔-纳凯一方面将他们对悲剧时间结构的探讨局限在不到一个世纪的历史中,另一方面却又提出一种不受限于既定社会结构的行动者主体意识,即上文阐释的悲剧性意识与问题化视域。这一论述张力,受到世纪之交转向剧场、展开政治美学探索的国际学者们关注。他们从中获得一种在主体意识与客观实存的裂隙中考察剧场历史叙事的方案,并进一步将其发展为区别于实证编史学的多重时间性的剧场编史学。这使剧场艺术的政治美学介入有径可循。

① 亚里士多德:《尼各马可伦理学》,第 114 页。
② Jean-Pierre Vernant and Pierre Vidal-Naquet, *Myth and Tragedy in Ancient Greece*, p.82.
③ Ibid., p.43.

第二节　田汉南国社时期戏剧创作、
演出与接受的关联互动[①]

田汉是南国社的精神领袖和核心人物,南国社虽然包括文学、戏剧、电影、音乐、美术等多个部门,但以戏剧成就最大,它把戏剧教育、戏剧创作与戏剧演出紧密结合在一起,产生了巨大的社会影响。早在 1927 年冬南国社就举行了为期一周的"艺术鱼龙会"的戏剧演出,从 1928 年到 1929 年,田汉又率领南国社先后在上海、南京、广州、无锡多地举行话剧公演和其他艺术活动,创作了大量剧本,影响遍及全国。

受戏剧作为综合艺术和集体创作的影响,南国社时期田汉的戏剧创作、演出与接受之间也存在互动关联,本文拟把三者勾连起来做一个三维立体的研究,从而深化田汉戏剧创作、演出及南国社等相关研究。

一、田汉戏剧创作与南国社演出的互动

田汉南国社戏剧创作与演出之间存在着互动关系。田汉南国社的戏剧创作方式有两种:一是多以演员的生活经历和个性特点为素材进行创作,度身写戏。他说:"(他早期的)这些戏每每是发现了好的演员才想到演什么戏最出色,才想到写什么戏,才想到这戏应该是哪种题目,要捉牢哪种人生相。"[②]南国社开展的艺术运动是一种"在野的艺术运动",以"私学"公然向"官学"对抗,吸收了不少具有艺术天赋而又经济困窘的青年学子,田汉早期的戏剧主人公多为贫困的艺术家,其中就有南国社演员的形象投影。例如《南归》是根据青年演员陈凝秋的恋爱经历写的;《苏州夜话》中卖花女的形象则有演员唐叔明的生活遭遇。《落花时节》据田汉自己交代:"此剧实则以左舜生君为模特儿,全剧无一女子实则写对于痴心女子的幻灭。"[③]据闫折梧《南国演员的介绍》中记述,《湖上的悲剧》是因为王尼南女士住在李公祠中怕鬼才写起的,而《狱中记》则可以看到康白珊女士的身世。《名优之死》的创作灵感除了晚清名须生刘鸿声的死,也有田汉好友、二十年代著名演员顾梦鹤的感召,田汉坦白地说:"因为他的境遇和才能才供给我写这剧本的最直接的动

① 原载《戏剧艺术》2023 年第 4 期。作者陈军,上海戏剧学院教授。
② 田汉:《在戏剧上的我的过去、现在及未来》,见阎折梧编:《南国的戏剧》,上海萌芽书店 1929 年版。
③ 同上书,第 47 页。

机。"①这些戏剧多反映青年男女在现实生活中痛苦的遭际,他们对未来有天真的向往,可是残酷的现实却让他们备感失落和迷惘,流于幻灭和感伤。可以说,田汉早期的不少戏剧作品正是演员们台下生活、思想、心理的真实写照和生动反映。田汉在《我们自己的批判》中曾这样解剖南国社:"我们中间本有不少自称'波希米亚人'的一种无政府主义的颓废的倾向,他们也喜欢我的味道,我也为着使戏剧容易实现得真切每每好写他们的个性,所以我们中间自然然就酿成一种特殊的风格。好处就是我们的生活马上便是我们的戏剧,我们的戏剧也无处不反映着我们的生活,虽说这种生活的基调立在没落的小资产阶级上。"②

值得注意的是,南国社时期田汉还有一种写剧方式:集体即兴创作,边写边演、先演后写。据陈明中《诞生期的南国》介绍,《苏州夜话》是冒险登台上演的,本是拍摄《断笛余声》野景,后受到当地朋友怂恿,假青年会会址公演一日,临时假布景、临时在旅邸仓储编排,唐叔明演卖花女、陈槐秋演老画师,结果大受苏人欢迎,但老实说它的成功是靠演员的经验和素养来支撑的。这就难怪田汉说:"南国无以为宝,唯以人才为宝。"③在杭州公演《湖上的悲剧》时,因为没有现成剧本,也发生台词不熟的情况。这期间,杭州观众有连看四晚者,发现每晚不同而大加攻击,才迫使田汉在飘雨的西湖中写成一半,后回沪续成。包括《古潭的声音》《苏州夜话》《生之意志》《名优之死》,以及民众歌剧《雪与血》等都是"先有个舞台上的试炼才写成的。"④因为没有定本,所以不少剧作都有一个生成性的过程,如《名优之死》原来是两幕,在南京公演时改为三幕。有的则是到一个地方公演,为了本土化需要临时加演的,如去杭州公演,加演《湖上的悲剧》;去南京公演,加演《秦淮河之夜》;去广州公演,加演《孙中山之死》等,都是边写边演、先演后写。据不完全统计,从 1924 年到 1930 年"南国艺术运动"时期,共创作话剧 27 部,其中只上演过而未写成文学定本传世的十一部。

应该说,南国社时期田汉这种写剧方式直接奠定了他早期戏剧的艺术特色,这主要表现在以下两点:

(1)塑造漂泊的艺术家形象系列。因为田汉戏剧创作多以南国的青年演员为原型,因此艺术家系列成为他早期创作的主人公。南国演员都是穷困的社会底层

---

① 田汉:《田汉戏曲集·自序》第四集,上海现代书局 1931 年版。
② 田汉:《我们自己的批判》,《南国月刊》1930 年 2 卷 1 期。
③ 田汉:《南国社话剧股第二次公演演员介绍》,《田汉文集》第 15 卷,花山文艺出版社 2000 年版,第 31 页。
④ 田汉:《在戏剧上我的过去、现在及未来》,阎折梧编:《南国的戏剧》,上海萌芽书店 1929 年版,第 47—48 页。

人物,为追求艺术而不惜与家庭决裂,为此,忍受社会的不解、亲人的疏离和现实的压迫,如演员唐槐秋,父亲要他做官,他偏要丢官不做来做戏。左明为了研究戏剧跟家庭脱离关系,成为无产无家且又是失业失恋的人。"南国诗人多漂泊,天涯来去无定踪"。南国学子多以波希米亚穷艺术家自况,漂泊流浪是他们人生的主旋律。闫折梧在《南国演员的介绍》中是这样介绍陈凝秋的:"他是一个孤独地来到人间的孩子,振振翼子要飞向海天,他的历史谁也不清楚,可是由他阴沉的态度,雄健的身躯,可以告诉您他是另一个世界——灵的世界中的诗人,他漂流南北,伴着他的除了一根手杖一顶帽子外,便是一双破鞋。"①创作上多采用现实主义、浪漫主义和新浪漫主义相结合的方法,表现他们的灵肉冲突和艺术理想。

(2)感伤抒情和唯美的风格。田汉早期剧作多抒发知识青年的时代苦闷和个人身世的不幸,剧作洋溢着感伤颓废的情调,一般通过情绪的流动来表现主题内涵,不注重剧情的紧凑严密,而突出人物的精神世界的丰富、生动,多采用大段的内心独白和诗意抒情的语言展示人物的情绪、心理等,艺术上有唯美倾向。例如《南归》里诗人的喃喃自语:"我孤鸿似地鼓着残翼飞翔,想觅一个地方把我的伤痕将养。但人间哪有那种地方,哪有那种地方?我又要向遥远无边的旅途流浪。"梁实秋的《看八月三日南国第二次公演以后》就批评了南国的浪漫的小资产阶级情调和田汉话剧重抒情、弱情节的特点,他说:"我把三个戏(指《湖上的悲剧》《强盗》《莎乐美》)都看完了。我大致是满意的。南国的诸君子都很庄重诚恳的从事,这是我最钦佩的。他们这样继续努力下去,成绩是不可限量的。但是田先生的伤感主义的戏和唯美派的肉欲主义的戏,我希望他们不要演了罢。以南国社全体社员的精神力量而专排这一类的戏,我看是可惜的。"②田汉则在《第一次接触'批评家'梁实秋先生——读〈看八月三日南国第二次公演以后〉》中给予了回应,内容涉及观众、编剧法、批评家的责任等,反击说:"唯美派也不坏,中国沙漠似的艺术界也正用得着的一朵恶之花来温馨刺激一下。"③后来田汉在《我们自己的批判》中也做了冷静的分析:"(南国学子)这些人虽然事实上无产而思想和情绪是属于小资产阶级的。这不独充分表现于他们自己的言动和作品中,就是我也很受他们的影响,因为在这一期我写的剧本多半以他们或她们做 Model,所以我虽竭力保持自己那种模糊的倾向,但在不知不觉间也留下许多无政府主义的个人主义的阴影。"④

---

① 闫折梧:《南国演员的介绍》,阎折梧编:《南国的戏剧》,上海萌芽书店1929年版,第78页。
② 梁实秋:《看八月三日南国第二次公演以后》,《南国周刊》1929年第6期。
③ 田汉:《第一次接触'批评家'梁实秋先生——读〈看八月三日南国第二次公演以后〉》,《南国周刊》1929年第6期。
④ 田汉:《我们自己的批判》,《南国月刊》1930年2卷1期。

英国戏剧理论家 J．L．斯泰恩在《现代戏剧理论与实践》一书的作者序言中开篇第一句话就写道："剧本创作的风格与把它搬上舞台的那种戏剧表演流派是分不开的，这已成为一个越来越为人们所接受的原则。"①也就是说演出和剧本是一体的、共生的。田汉的戏剧创作对南国的演出也产生重要的影响，因为"演什么"由剧本(最起码有一个构思框架)提供，"怎么演"也从剧本中得到启示。南国社戏剧演出特色主要有两点：一是本色表演。田汉领导的南国社的戏剧演出很大程度依赖演员个人的表演天赋和现场发挥，缺少艺术磨炼。南国社的剧本创作和演出都很随意和仓促，对演员太放任，"舞台上常常发生无政府状态。"②其即兴演出的方式与文明戏相近，但由于田汉是度身写戏，主人公多是艺术家，跟他们生活经历和气质相近，有体验的共通性共感性，所以他们演起来轻车熟路，本色自然。二是情盛于理。田汉说过他早期作品特色是"情盛于理"③，这同样也是整个南国剧社的表演风格。与剧本风格相一致，演员表演往往热情有余、冷静不足，他们在舞台上喜欢即兴演出，重视情绪的体验，表演夸张热烈、随心所欲而不加控制。例如南国明星演员陈凝秋演到痛心处，常痛哭流涕、情不自已，几乎连戏都演不下去。唐槐秋和唐叔明在《苏州夜话》中演到父女相认时也是声泪俱下，引发观众情感上的共鸣。南国社戏剧演出的效果是真挚感人，特别有感染力。据陈明中在《诞生期的南国》中记载，有一次南国鱼龙会演出时，日场只有一个观众，且是一个厨子拿着一元戏票进来，尽管如此，南国剧社仍为他一人照常演出，"幕举时《父归》登场，演员仍兴奋如故，及演至剧中衰老归家爸爸登场未几时，台下唯一之观客——厨役——忽起身饮泣而去。"④从中可见南国社演出具有极强的煽情效果。南国社舞台表演的缺点是：不重视对情感的理性操纵，在"体验"的同时"表现"不足。陈白尘在回忆南国社时说："当时演员们，都没有受过任何演技训练，他们对于观众的艺术感染力与其说凭借于演技，毋宁说是凭借于饱满的真实感情的自然爆发。"⑤潘孑农在《唐槐秋与中国旅行剧团》一文中曾分析唐槐秋的演路历程，他开始演田汉感伤的浪漫主义戏剧起步，演出本色自然，较为情绪化；到成立中国旅行剧团巡演曹禺的戏剧作品

---

① J．L．斯泰恩：《现代戏剧理论与实践》第 1 册，刘国彬等译，中国戏剧出版社 2002 年版，第 1 页。

② 朱镶尘：《给田汉——关于南国社在沪第二次公演》，《戏剧的园地》第 1 卷第 3 期，1929 年 8 月。

③ 田汉在《在戏剧上我的过去、现在及未来》中说："情盛于理，并且泰半或为留学生时代，及刚归国时代，对于舞台无甚经验与研究，所以结构欠匀整，对话欠圆熟。"参见阎折梧编：《南国的戏剧》，上海萌芽书店 1929 年版，第 47 页。

④ 陈明中：《诞生期的南国》，阎折梧编：《南国的戏剧》，上海萌芽书店 1929 年版，第 86 页。

⑤ 陈白尘：《从鱼龙会到南国艺术学院》，《中国话剧运动五十年史料集》第 2 辑，中国戏剧出版社 1959 年版，第 13 页。

后,才完全掌握了现实主义演技方法,以刻画人物性格见长,注意内心体验与外形体现的结合。潘子农在该文中评价说:"作为一个话剧演员,唐槐秋以'南国'时代富于浪漫主义色彩的本色演技,逐步演变到现实主义的性格演技,他以其粗犷的线条,树立了朴实无华的表演风格。"①

尽管南国社演剧受到时代的局限存在种种缺陷和问题,但其优长也是非常鲜明、不可抹杀的,郑君里在《角色的诞生》一书中就指出:"然而,从历史的观点看,南国社的唯情的演技强调演员以真挚的态度感应角色,强调创造角色的情绪生活的重要性,突破了文明戏遗留下来的庸俗的、僵化的、过火的演技,却是向前迈了一大步。"②这说明南国社在奠定话剧文学地位的同时对中国话剧演剧艺术的发展也作出了自己应有的贡献。

二、南国社戏剧演出对接受的作用

南国社在戏剧上的投石虽然小,但青年间的反响却相当大。"到南国看戏去、到南国看戏去"在青年中成了一种时尚。南国社赴杭州、南京、无锡、广州等公演,几乎每一次都掀起观演热潮,观众队伍也在不断壮大,颇有市场。"仅是一次公演,南国社便刊印了一万册公演特刊送给观众。"③杭州公演时观众纷纷写信来要求再演,一些高校也请他们去做讲座。在南京公演六日,虽然演出地点偏僻又遭遇一场大雪,但每场观众都很踊跃。演《苏州夜话》时,台下到处是观众断续的低微的涕泣和悲叹,幕开之后,电炬复明了,一个个观众在用手帕擦他们的眼睛。一群中央大学学生冒雪前来看戏,又念着剧词跑步而归,群情亢奋,激动不已。南国社还接受陶行知先生邀请赴南京晓庄学校为农民和孩子们演出,陶行知在《我对南国戏剧艺术的感想》中说:"我从前在上海看戏,觉着我是我,戏是戏,中间没有一点融洽、感动。台上是台上,显不出戏的人生的意味;我觉得那些戏,那班演戏的人都是假的……上次在京(指南京)看南国社的公演,感触就完全不同,觉得南国的戏是感人的,是与观众打成一片的,台上台下分不清界限。观众与戏中人共同喜乐,观众与演员共同过着艺术的生活。"④洪深在《南国社公演简记》中则这样描述南国社的观众群体:"他们都是诚诚恳恳来看戏的,不是来看热闹、凑热闹的,更不是扛着他自己的面

---

① 潘子农:《唐槐秋与中国旅行剧团》,《舞台银幕六十年——潘子农回忆录》,江苏古籍出版社1994年版,第59页。

② 郑君里:《新版自序》,《角色的诞生》,中国电影出版社2001年版。

③ 参见李歆编著:《田汉南国社话剧史料整理及研究》(第1册),学苑出版社2019年版,第38页。

④ 陶行知:《我对南国戏剧艺术的感想》,《中央日报·南国特刊》1929年7月7日。

貌,堆满了华美的衣饰,到人多的地方给别人看的。他们坐着静静地听,细细的看,有耐性,能了解,表同情。我们遇到这样的观众,哪怕再吃苦些,也是高兴的。"①

南国社的公演自然吸引各地媒体的关注,不断有记者、文艺界人士、戏剧爱好者来探班,演出后报纸上很快就有关于南国社的种种评论,有专业人士发表的剧评,有观众自发来信,也有一些业余评论,形式多样,既有关于田汉戏剧创作(文学)的评论,又有对南国社剧场演出(演剧)的评论。从南国社演出的接受来看,观众主要喜欢南国社的演出有三点:1.揭露黑暗的社会现实、抒发青年人的内心苦闷。南国社的戏剧与旧剧或游乐场的剧是完全不同的,它不专在娱乐观众,而是立足对社会现实的反映和内心情绪的渲染,让观众有所认识和思考,从一个侧面表达二十年代青年人对自由、民主、光明的憧憬和追求。或表现战争和贫穷对人生的影响,如《苏州夜话》;或反映灵肉分离的悲剧,例如《古潭里的声音》,或表现现代中国新旧思想的冲突,如《生之意志》等;或揭示劳资矛盾的存在,如《午饭之前》……所以观众在看戏时能感同身受,对社会人生有觉悟。《苏州夜话》演出时,当唐叔明饰演的卖花姑娘说"我们要打倒两个仇敌,一个是战争,一个是贫穷",台下掌声雷动。因为这些话反映了当时百姓的真实心声,代表他们的愿望和要求。2.艺术审美的力量。一些剧作如《湖上的悲剧》《苏州夜话》等情节都有传奇性,且都是以悲剧结局,强烈的主观抒情性压倒了客观叙事性,颇能打动观众。此外,田汉剧作诗意盎然,具有形象鲜明、情韵浓郁、修辞动人等优长,使人看了不觉得厌倦,字里行间洋溢着诗人的才华。火雪明在《谈谈南国社的四个剧本》中这样谈他对白薇自杀那段戏的感受:"白薇,当饮弹之后,困坐在沙发上唱出来的,那几首心鞭抽动弦音的诗,真是一字一咽、一咽一泪的酸素的酝酿。我听到那里,我的血管的热力,伸达于全身,而喉头的干燥,像一团火在那里燃烧般的难过。"②总之,南国社演出的剧作多是一些可歌可泣的戏,具有动人的艺术力量。3.演员的倾情投入、真情演绎。南国社麾下人才济济,有唐槐秋、陈凝秋、唐叔明、左明、万籁天、杨闻莺、易素、吴似鸿、吴家瑾、顾梦鹤、杨泽蘅、王尼南、俞珊等,皆赤诚、率真、有志之青年,也有一定的表演天赋,他们为艺术所感召聚集到"南国"的大旗之下,以穷干、苦干的艺术精神自励,演出态度总体严肃认真。田汉、洪深还亲自参与表演,他们扮演的《名优之死》中的刘振声,皆拿捏得当,性格鲜明,其他演员的表演真挚动人,例如观众评价《苏州夜话》唐叔明的表演:"这是一幕悲喜剧,唐叔明女士的卖花女得到大大的成功。她的表演的细腻,深刻,自然,都使人觉得不是在那里看戏,是实在的事情。观众受

———————————

①　洪深:《南国社公演简记》,《时事新报》1928年12月18日。
②　火雪明:《谈谈南国社的四个剧本》,《时事新报》1928年12月30日。

到的感触实在是不小。"①严梦对另一演员王尼南在《湖上的悲剧》中的表演评价："哀痛、至情、恐怖、安慰都在王尼南女士湾湾的眉黛下蕴锁着：一声声幽怨的人声，如弃妇的哀诉，如杜鹃的啼血，我以为王女士也是南国有希望的一朵鲜花！"②观众沉醉于舞台的艺术气氛之中，情感上产生强烈的共鸣，甚至涕泪俱下、情不自禁，内心的苦闷和抑郁也得到了暂时的宣泄。

总之，田汉领导的南国社是戏剧运动的急先锋，其演剧活动扩大了新兴话剧的社会影响，带动了沉寂一时的新的话剧运动的复兴，改变了此前文明戏在观众中产生的某些不良观感，使新兴话剧为观众所正视和认可。当时的《民国日报》称"中国之有新戏剧，当自南国始"，《民生报》称"有了南国的戏，新剧才恢复了生命。"③

三、观众接受对南国社"左转"的影响

南国社在获得广泛赞誉的同时，也听到了不少批评的声音。从观众的批评反馈也能反映南国社演出存在的问题和不足，主要表现在：1.构思随意，情节上有破绽。这可能是由于田汉的一些作品演出事先无成熟的固定剧本，往往仓促起意，即兴编排、边演边写、先演后写的创作模式和情盛于理的审美风格也带来质量的不稳定性。顾仲彝在《评〈湖上的悲剧〉》中就具体分析了《湖上的悲剧》在情节上令人难以置信的地方，例如白薇开始是个鬼，后来发现是一个活人，她的行动神出鬼没，风雨无阻，情节太离奇。此外，"白薇见梦梅而却走，情理上也是不会有的。"④她最后的自杀亦令观众颇为疑惑，即使是自杀也应该是投河或自缢，枪杀是违背情理的，不知她自杀的手枪哪里来的？等等，吴铁生在《为〈湖上的悲剧〉致田汉的信中》也指出情节结构的牵强之处，剧中普通百姓的语言多为知识阶级独用的语言。这种结构上的随意、疏弛和破绽在田汉早期戏剧创作上还较为常见和不可避免，对此提出批评的主要是一些专业人士。2.观众构成和接受面比较狭窄。田汉受小山内薰、岸田国士和楠山正雄等日本戏剧理论家影响，也受到国民党的民众教育思潮的激荡，一直是民众戏剧坚定的践行者，但由于他智识阶级的主体身份，又秉持社会和艺术的二元立场，使其民众戏剧的接受观众较为偏狭，接受者主要还是知识分子和有闲阶层，不能为大多数底层民众所享受。1929年南国社在南京公演后，一位叫章冠群的二等兵写信给田汉说："票子卖得那么贵……据我看那些在场的观众，除

①　田汉：《我们自己的批判》，《南国月刊》1930年2卷1期。
②　陈明中：《南国在西湖》，阎折梧编：《南国的戏剧》，上海萌芽书店1929年版，第122页。
③　陈明中：《南国在南京》，见阎折梧编：《南国的戏剧》，上海萌芽书店1929年版，第132页、139页。
④　顾仲彝：《评〈湖上的悲剧〉》，阎折梧编：《南国的戏剧》，上海萌芽书店1929年版，第191页。

了我们几个寒酸刺眼的丘八外,多半是些富豪的先生奶奶。"①南国社的票价不低,在南京演出时票价一元,远超一般观众的消费水平,其观剧群体多以青年学生、知识阶层和有闲阶级为主,所以章冠群尖锐指出南国社的"民众戏剧运动"中的"民众"多是少爷小姐,真正为社会服务的劳苦群众是没有清福来享受南国艺术的。南国社在广州演出时,一位署名"护花长"的观众指出:"南国的戏艺术是有的。我觉得可惜离开了平民——中国的平民。""离开了平民就失掉了平民。戏剧的艺术单靠非平民的人们欣赏很容易变成贵族化。"②3.南国戏剧展现的多为小资产阶级的生活,离社会现实和平民生活还有距离。南国社在广州演出时有观众就指出:"田先生的戏在情感方面说,确实很热烈,但在情节、性格、思想各方面细究起来,或许竟有美中不足的地方吧? 我觉得(直觉地)田先生的戏剧离开现实的人生不很近,仿佛是超而又越的东西,在现代中国果否需要这样的戏剧?"③同样,那个二等兵在写给田汉的信中,也批评田汉的剧作是站在小资产阶级立场谈艺术,沉浸在温柔的艺术之宫里,"你的作品是多么背着时代背着势情?!",建议田汉"莫要自命清高、温柔、优美",被饥寒压迫的大众等着"更粗野更壮烈的艺术"。④

田汉非常重视来自外界的批评的声音,且一般都给予回复,《南国》系列期刊上就经常刊登观众来信和复函,阎折梧编的《南国的戏剧》中就有意识地收集了不少报刊上的来信、评论和争鸣,读者可以从中了解南国社在当时的社会反响。在《我们自己的批判》中,田汉也旁征博引大量的评论,例如针对二等兵章冠群的来信,他就直言:"这封信给南国的力量是很大的。因此我从得此信后有意识地或无意识地改换我的作风,我的戏剧上的作风也正和我批评徐悲鸿先生在美术上的作风一样,只显清高、温柔、优美,不知不觉同民众的要求背驰了。"⑤而在接下来田汉创作的《一致》中,可以看出南国社"改换作风"的努力,即不再是怯弱的诅咒,幻灭的感伤,零星断片的感喟,以及与实演技术相背的表演,而有了"时代的要求",努力走近广大民众,展示出"更粗野更壮烈的艺术"。田汉在《一致》喊出了战斗的呼唤:"被压迫的人们,集合起来,一致打倒我们的敌人,一致建设新的理想,新的光明。光明是从地底下来的!"金凰在《戏剧年头的南国》中这样评价说:"近演《一致》新剧,情绪的紧张,精神的维系,'表演技术'的贯彻,使台前观众,隐隐看见了背后的时代! 刺

① 章冠群:《一个二等兵的信》,阎折梧编:《南国的戏剧》,上海萌芽书店 1929 年版,第 210 页。
② 田汉:《我们自己的批判》,《南国月刊》1930 年 2 卷 1 期。
③ 闫折梧:《南国在南国》,阎折梧编:《南国的戏剧》,上海萌芽书店 1929 年版,第 183 页。
④ 章冠群:《关于民众戏剧的讨论》,阎折梧编:《南国的戏剧》,上海萌芽书店 1929 年版,第 210 页。
⑤ 田汉:《我们自己的批判》,《南国月刊》1930 年 2 卷 1 期。

激,跳跃,狂喊,追求,阿,这是有伟大的成功。"①

　　可以说,南国社后来"向左转"与他及时接受观众的批评有一定的关系,正是在观众的反馈中,田汉对时代和民众的戏剧需求有了深切体悟和认知,在1930年4月发表的《我们的自己批判》一文结尾,田汉就反思说:"过去的南国热情多于卓识,浪漫的倾向强于理性,想从地底下放出新兴阶级的光明而被小资产阶级底感伤的颓废的雾笼罩得太深了。"②宣称南国社将"转换一个新的方向",这个新的方向就是"左翼","即投入共产党领导的左翼文艺战线。"③1930年6月,在无产阶级戏剧运动的推动下,他改编梅里美小说《卡门》为话剧上演,革命倾向性明显,且有标语口号的呐喊。这跟南国社当初从事"在野的艺术运动"的理念和实践已经有了根本的改变,田汉曾在《告南国新旧同志书》中强调:"我们当认清我们的路始终是民间的。无论在哪一种政治制度之下。这因为任何政治总是立足在某种一定的制度之上,艺术运动是对于一切将要固定、将要停滞的现象底一种冲破力!"④但从《我们自己的批判》和《卡门》演出开始,南国社已经自觉主动汇入无产阶级戏剧运动的洪流。1930年8月,以上海艺术剧社为中心,联合南国社、辛酉、摩登等戏剧团体成立了"中国左翼剧团联盟",后又改组为以个人名义参加的"中国左翼戏剧家联盟"(简称"剧联")。1930年9月,南国社被国民党当局查封,南国社解散。1931年,田汉被推选为中国左翼戏剧家联盟的负责人,又于次年加入中国共产党。1932年田汉在《北斗》杂志上发表了《戏剧大众化和大众化戏剧》,与左翼以强调无产阶级性的"大众"取代"民众"相一致⑤,田汉完成从力倡"民众戏剧"到"戏剧大众化和大众化戏剧"的转变,认为"谁不能走到工人里去一道生活,一道感觉,谁也就不配谈大众化"。⑥从此田汉的戏剧道路进入一个新的发展阶段——开展左翼戏剧运动阶段,田汉最终成为中国现代"革命戏剧运动的奠基人"⑦。

　　以上是对南国社时期田汉戏剧创作、演出、接受的贯穿考察,可以看出三者之间具有内在的逻辑关联和生长性,也不可避免地存在冲突和调适,展示出叠加的动态的戏剧生命过程及其显影。众所周知,话剧以综合艺术和集体创作为本体论要素,从系统论的观点来看,话剧是一个复杂的动态系统,它包括戏剧创作、剧场演

---

　①　田汉:《我们自己的批判》,《南国月刊》1930年2卷1期。

　②　同上。

　③　董健:《田汉传》,北京十月文艺出版社1996年版,第359页。

　④　田汉:《我们自己的批判》,《南国月刊》1930年2卷1期。

　⑤　参见江棘:《现代中国"民众戏剧"话语的建构、嬗变与国际连带》,《文学评论》2021年第1期。

　⑥　田汉:《戏剧大众化和大众化戏剧》,《北斗》第2卷第3、4期合刊,1932年7月20日。

　⑦　《沈雁冰同志在田汉同志追悼会上致悼词》,《人民戏剧》1979年第5期。

出、观众接受的整个过程。本文力求尊重和遵循戏剧艺术的本体特点,采用创作-演出-接受组合研究的方法,试图在创作-演出-接受的历史运动过程中,在各要素之间互相撞击、影响、渗透、制约中去把握南国社时期田汉戏剧,不仅知其然,而且知其所以然;不仅揭示"是什么",而且分析"为什么"和"怎么样",从而加深我们对田汉早期戏剧特点和风格的认知与理解。

第三节　越剧改良文戏研究三题[①]

改良文戏是越剧发展史上一个重要的阶段。1938 年 1 月,姚水娟带领戏班入沪,同年 9 月第一部新编戏《花木兰代父从军》演出,拉开改良文戏的大幕。改良文戏持续时间大约四年,到 1942 年 10 月新越剧改革为止。它是越剧从农村传统文化向城市现代文化、古典剧种向现代戏曲转换过程中的重要时期。

学术界对改良文戏的研究成果,主要见于《中国越剧大典》《上海越剧志》《越剧发展史》《越剧艺术论》等,对它的历史发展、代表性艺人、剧目、音乐、成果及局限等进行了深入研究,成绩斐然。以往研究认为,改良文戏"从 1938 年夏天开始逐渐红火,持续了大约四年便走了下坡路,逐渐衰落"。[②] 笔者认为这一观点值得商榷。所谓衰弱,是指剧种由盛而衰,表现在观众大量减少、舞台艺术质量的退步等方面。笔者查阅了改良文戏时期的演出广告和报纸剧评后,认为改良文戏的演出相当红火,完全谈不上"衰弱"。"衰弱"之说是后来的研究者从改良文戏的局限与弱点出发,从理论层面给出的推衍。本文主要讨论问题是:越剧改良文戏"衰弱"了吗? 后来的研究者认为它(必然)衰弱,那么它繁盛的外表下有何深刻的危机? 改良文戏的危机对新越剧的产生和改革有什么重要影响?

一、改良文戏衰落了吗?

《中国越剧大典》谈到改良文戏衰落最重要的证据,是 1942 年 2 月 26 日刊登在《越剧日报》一篇题为《越剧的危期到矣》的文章,其中写道:"各戏院均惴惴于心,百物昂贵生计堪虞影响娱乐事业,夜市萧条单靠日场营业势受打击"。[③] 衰弱的内

---

①　原载《戏曲艺术》2024 年第 131 辑。作者曾嵘,上海政法学院副教授。
②　钱宏主编:《中国越剧大典》,浙江文艺出版社 2006 年版,第 47 页;卢时俊 高义龙主编:《上海越剧志》,中国戏剧出版社 1997 年版,第 2 页;高义龙:《女子越剧撷拾》,《高义龙文集》,上海文化出版社 2016 年版,第 219 页。
③　钱宏主编:《中国越剧大典》,浙江文艺出版社 2006 年版,第 47 页;高义龙:《女子越剧撷拾》,《高义龙文集》,上海文化出版社 2016 年版,第 219 页。

因在于改良的局限性和弱点,体现在新剧目缺乏积极意义,格调不高,演出形式杂驳等。① 笔者认为,"孤岛"②的沦陷使得上海全域被日军占领,政治、经济、文化生态发生巨大变化,对包括越剧在内的娱乐业影响很大。从今天我们的眼光来看,改良文戏本身也确实存在时代积极意义不够和格调不高的问题,但是不能因此推断出改良文戏就此衰落这个结论。

1. 仅从当时的报纸评论得出结论可能被误导

笔者查阅当时的各类报纸,发现刊登有关越剧或盛或衰的文章很多。有说越剧非常火红的,如1941年1月12日《绍兴戏报》上蔡黄英《翠瘘小语》记有:

> 女子越剧,自前岁春姚水娟率领越升诸姊妹,出演海上后,继之而来者,有王杏花领导之四季春,筱丹桂领导之高升舞台,施银花领导之第一舞台,赵瑞花领导之瑞云越升联合剧团,嵊(嵊县)新(新昌)名角,咸萃海上,声势浩大,气焰万丈,凌申曲而架评剧,占地方戏剧第一把交椅,近更变本加厉,歇浦一隅,开演女子越剧之剧院,竟达二十余家,几占全沪游艺场所三分之一,如斯胜状,其始料所未及哉。

又如1942年6月10日《申报》上梅花馆主写道:

> 绍兴女子文戏,初盛行于杭嘉甬越一代,民二十以后,始普及于沪上,今则人才济济,声势浩大,在各种地方杂剧中,居然有独着先鞭之势力,不可谓非异数也。

1948年5月20日《时事新报晚刊》刊有署名马景一的小文,中有"万戏尽低头,越讴第一流,眼看众士女,都向此中求"一说。唱衰越剧的文章除了《越剧的危期到矣》一文,还有不少,如1946年9月15日《越剧报》头版文章"越剧业当前危机",认为"高热浪影响卖座,大包银亏蚀主因"。甚至同一时期说火红说衰退的,声音不一。如1941年2月2日,《绍兴戏报》头版头条署名春水的文章《用科学眼光来检讨今年春季的越剧界》,称"女子越剧在上海已到热狂的最高峰",而第二天2月3日《绍兴戏报》见:"新年已过,营业已减色","日场打一六七折,甚至对折,夜场也无以前之踊跃"。3月1日《绍兴戏报》又有:"今年越剧界的营业,大不如前,但是要扩充的戏院,却是很多,而新出的班子也很多。"报章内容不乏夸张、失实,甚至故意捧、贬等不客观的情况存在。如1941年2月14日《绍兴戏报》,称赞筱丹桂《杨贵妃》盛演多时。笔者查阅演出广告后得知,《杨贵妃》从1940年11月1日每

---

① 钱宏主编:《中国越剧大典》,浙江文艺出版社2006年版,第47页。
② "孤岛"时期是1937年11月上海沦陷到1941年12月日军侵占上海这一历史时期。

天夜场演出到 1942 年 1 月 19 日(中间有短暂停演),演出两个半月共 83 场。[①] 因此,仅凭报纸上一篇评论文章,判断改良文戏衰落与否,可能会被误导。

2. 改良文戏的演出一直很红火

笔者查阅改良文戏时期的演出广告后认为,改良文戏持续的四年多时间,不管是"孤岛"时期还是上海全面沦陷后,演出情况一直红火,甚至越来越红火。

1917 年 5 月 13 日,初入上海的小歌班在《申报》登出首个演出广告,此后《申报》《新闻报》等报纸几乎每天登有越剧的演出广告,留下了众多宝贵的越剧演出史材料。由于"珍珠港事件"的爆发,《申报》《新闻报》1941 年 12 月 9 日至 14 日停刊七日,15 日复刊后各戏班如常登有广告。从演出广告来看,尽管日军全面占领整个上海市,但是姚水娟所在的龙门大戏院、筱丹桂的浙东大戏院、袁雪芬的大来剧场、尹桂芳、商芳臣、施银花、王杏花所在戏院,包括男班花碧莲戏班的永安天韵楼,日场和夜场照常演出,并且演出场次和战前相比未见异常。其中袁雪芬新戏《仇情》1941 年 12 月 20 日开演,连续演出 20 场。筱丹桂 12 月的新戏《女儿心》连演 18 场,姚水娟新戏《杜鹃泪》演出 18 场,与战前的演出成绩相当。战争并未使得改良文戏的观众减少,艺术水平衰退,显示出颓败之势。相反,1942 年各主要戏班的演出情况较战前更为火红,主要依据是新戏的连续上演场次这一标志性信息。

改良文戏之前,越剧各戏班和其他剧种一样,通常一天一换戏(连台本戏除外)。戏班主要以头牌艺人为号召,每天更换剧目,求得观众的持续关注,有了新编戏也是如此。如梅朵阿顺班 1917 年 9 月 1 日夜场首演《琵琶记》、9 月 16 日夜场演出全本《鸡鸣记》、11 月 22 日夜场首演《飞熊记》等。[②] 1938 年姚水娟入沪演出半年后,苦于卖座的传统戏只有 17 个,[③]于是她聘请专职编导加大新编戏的创作和演出比例。新编戏需要专职编剧、专门的布景及服装,这和幕表戏状态下的新编戏成本高许多,只演出一天不划算,从此越剧的新编戏开始有了连续演出。

1938 年 9 月 12 日,姚水娟的第一部新编剧《花木兰代父从军》上演,夜场连演三场。复排加入导演张子范后更名《花木兰》,于 12 月 8、9、10 日再演三场。姚水

---

① 黄德君:《上海越剧演出广告》,中国戏剧出版社 2009 年版,第 1347—1400 页。
② 同上书,第 10—15 页。
③ 当时在姚水娟戏班搭班的范瑞娟曾回忆到,1938 年 1 月 31 日至 4 月 30 日、7 月 1 日至 9 月 30 日,总计 149 个演出日中,共演出 118 个剧目,只有《碧玉簪》《盘夫索夫》《梁祝哀史》《文武香球》《孟丽君》《赵五娘》等 17 个剧目能够反复演出。高义龙:《女子改良文戏摭拾》,《高义龙文集》,上海文化出版社 2016 年版,第 213 页。

娟前三部新编戏市场反映平平,但从第四部戏《燕子笺》开始,演出场次逐渐增加。姚水娟在剧中一人饰演两个角色,时人评价"剧本是雅俗共赏,表演是认真紧凑,行头是簇新富丽,甚至于可和平剧相互媲美"。①《燕子笺》12月26日夜场开始,连续演出14场。这在1938年是个很好的演出成绩。从此,越剧戏班从单一依靠头牌艺人为号召力,转向艺人+新剧的双重号召力,加大戏班的市场竞争能力。不能说一天一剧目卖座不好,新戏一定收益高,但是同一剧目能够连续演出,连续演出时间越长,表明剧目很受欢迎,票房很好。

随着新编戏的大量上演,越剧排片惯例发生变化,从改良文戏之前的日场和夜场一天一换,到日场演传统戏一天一换,夜场连演新编戏若干场,到新越剧时期,日夜场连续演出新编戏成为排片常态,特别是雪声剧团、芳华剧团等有着"三编两导"创作力量的一线剧团。袁雪芬曾说过,每部新编戏的演出时长主要看观众反应,看售票情况,没有坐满就要换新戏。② 连续演出一个月的新剧,老板会给戏班众人发"满月"礼,连续演出两个月则是"双满月"礼。有时也采用饥饿营销策略,演出两周后尽管满座仍然更换新戏。③ 新剧连演的场次,是衡量剧目是否受欢迎、市场反响如何的重要指标。

姚水娟戏班从上海全面沦陷后的1942年1月,至10月28日袁雪芬新越剧改革之间的11个月间,除去2月10日至20日"封箱"和7月13日至8月15日"歇夏"未登台,演出情况如表1所示。

表1　姚水娟戏班1942年演出情况

艺人	剧目	持续时间	场次	戏院	备注
姚水娟 李艳芳 钱秀灵	真假千金	1月2日至1月13日	18场	龙门大戏院620座	/
	孽海情天	3月16日至3月27日	16场	皇后剧场430座	/
	泪洒相思地	4月1日至6月17日	87场		演出场次最多
	香菱	6月20人至7月11日	29场		/
	泪洒相思地	8月21日至10月8日	45场		/
	蒋老五	10月9日至11月19日	46场		复演,时装戏

---

① 何海生:《我对于越剧的今昔观》,《姚水娟专集》,姚水娟戏班刊印,1939年。
② 袁雪芬:《值得花毕生精力塑造的艺术形象——〈祥林嫂〉的改编和表演艺术》,《求索人生艺术的真谛——袁雪芬自述》,上海辞书出版社2002年版,第208页。
③ 纪乃咸:《海外游子陆锦花》,学林出版社2002年版,第21页。

由上表来看,1942年姚水娟戏班主要演出新编戏,共演出六部新戏,新戏平均连演的场次为40场。新戏之间用老戏来垫戏,演出天数很少。从4月至11月,姚水娟因为《泪洒相思地》《香菱》《蒋老五》三剧,受到观众的热烈欢迎。4月1日首演的《泪洒相思地》连续演出87场,刷新纪录,成为1942年乃至改良文戏的新剧之王。1942年姚水娟戏班所在的皇后剧场,人头攒动,热闹非凡。

被姚水娟视为最大竞争对手的艺人是筱丹桂。她与姚水娟齐名,早在20世纪30年代中期,在宁波演出时被当地报纸称为"越剧皇后"。筱丹桂戏班1942年前十个月连演剧目与场次情况如表2所示。

表2　筱丹桂戏班1942年演出情况

艺人	剧目	持续时间	场次	戏院	备注
筱丹桂 张湘卿 贾灵风	多情嫂嫂	1月25日至2月4日	22场	浙东大戏院 500座	/
	花好月圆	3月27日至4月4日	16场		
	潘巧云	4月8日至4月11日	12场		
	劳燕分飞	4月17日至4月2日	26场	丹桂剧团成 立纪念演出	/
	蝶魂花影	5月9日至5月20日	13场		
	因果	5月22日至6月2日	16场		
	因果(续)	6月5日至6月15日	18场		
	好媳妇	6月26日至7月16日	30场		
	女公子	7月17日至8月7日	27场		
	桃李争春	8月14日至8月23日	10场	恩派亚剧场 700座	/
	杨贵妃	9月26日至10月13日	21场		复演

筱丹桂戏班在这10个月中有31天未演出,11部新戏连续演出超过十余场,五部戏超过二十场,新戏中虽没有爆款剧目,但是基本每一部新戏都受到欢迎。8月14日戏班进驻恩派亚大戏院(700个座),剧场硬件条件更好,更高档,标志着戏班进入一个新的、更红火的阶段。

姚水娟和筱丹桂是改良文戏时期最有影响力的艺人,属于剧种的第一梯队阵营。紧跟其后第二梯队的重要戏班约有四、五个,连演剧目及场次情况如下:

艺人	剧目	持续时间	场次	戏院	备注
商芳臣 林黛英	满清三百年	3月11日至4月12日	38场	民乐剧场 520座	连台本
	红杏出墙记	5月2日至6月10日	55场		连台本时装戏

艺人	剧目	持续时间	场次	戏院	备注
商芳臣 林黛英	痴情男女	7月19日至8月15日	30场	九星大戏院 894座	/
	牛郎织女	8月16日至8月28日	14场		时令戏
	狂风暴雨	9月12日至9月22日	13场		/
	唐明皇游月宫	9月23日至10月9日	22场		
竺素娥 支兰芳	仍然小姐	1月14日至1月26日	25场	通商剧场 250座	/
	冤家	2月28日至3月14日	23场		
	红娘	4月1日至4月18日	30场		
	恩爱村	4月26日至5月14日	22场		时装戏
	观世音	5月15日至5月30日	16场		
	新恒娘	5月30日至7月5日	49场		复演
	梁祝情史	8月8日至8月21日	15场		新编
	对头	9月4日至9月11日	10场		/
徐玉兰 施银花 姚月明	恨恋	1月1日至1月11日	20场	老闸大戏院 491座	
	忍耐夫妻	3月31日至4月6日	13场		
	表姨娘	4月21日至4月27日	14场		加入王杏花
	暴雨梨花	4月28日至5月8日	18场		
	香消玉殒	5月23日至5月29日	12场		
	碎心	6月5日至6月16日	20场		
尹桂芳 竺水招	赌看换空箱	5月4日至5月10日	11场	同乐剧场 386座	/
	都是难为情	6月8日至6月16日	17场		加入傅全香
	难为情	6月29日至7月6日	18场	老闸大戏院	/
	黄金与美人	7月11日至7月19日	11场		
	碧桃红	9月9日至9月19日	12场		
	红粉飘零	10月19日至10月29日	12场	龙门大戏院 620座	剧场条件更好

　　商芳臣戏班是女班中为数不多的以连台本戏为特色的戏班，在连续两部热剧《满清三百年》和《红杏出墙记》之后，戏班一跃进入有着891个座位的九星大戏院——当时越剧最大的演出场地，显示了戏班强大的号召力。竺素娥、支兰芳戏班

1942年1至10月有8部连演的新剧，5部连演超过20场，其中《新恒娘》在1941年《恒娘》基础上复演，以"布景电影化、剧情话剧化"为特点，演出49场，亦属当年的爆款剧目。徐玉兰与施银花/王杏花戏班、尹桂芳与竺水招/傅全香班同年有6部新戏连演十余场，实力不容小觑。

第三梯队大约有四至六个戏班，也有能够连续演出的新剧，不过超过十场的新剧不多。如赵瑞花戏班、施银花戏班、邢竹琴与王水花戏班、陈素娥与尹树春戏班、姚月花与邢月芳戏班等。由此可见，改良文戏时期十余个女班，凭借连演剧目越来越多，场次越来越多，越剧演出市场如烈火烹油，一片繁荣红火的景象。

二、改良文戏繁盛下的内在危机

从1938年9月至1942年9月四年期间，以姚水娟为代表的改良文戏，在上海演艺市场上取得了巨大的成功，"越剧"成为剧种继小歌班、绍兴文戏后又一个称谓，得到上海观众的普遍承认。但是，尽管1942年女子越剧如日中天，繁华的表象下存在深刻的内在危机。正如研究者所说，改良文戏的新剧目缺乏时代意义，格调不高，演出形式杂驳等，这些缺陷很可能在不久的将来，在理论上导致剧种停滞、倒退的严重后果。改良文戏的繁盛与危机，是20世纪三四十年代上海特殊社会文化生态下的复杂文化现象。

1. 特殊的文化生态是导致改良文戏危机的重要外因

改良文戏能在上海"孤岛"时期爆发式发展起来，并且在战后迅速恢复繁盛场面，与上海这一时期特殊的文化环境直接相关。1940年8月1日，日本外务大臣松冈洋右提出建立"大东亚共荣圈"的口号，为侵略行为粉饰太平。1941年底日军全面占领上海后，一方面对进步文化进行严厉打击，报纸、杂志、广播、话剧演出等受到严密控制，对一方面对戏曲、小说、流行歌曲等通俗艺术不加干涉，甚至加以鼓励和扶持，以营造歌舞升平的虚假景象。[①] 如此文化生态下，京剧、越剧、沪剧、淮剧等戏曲的演出几乎没有影响。甚至越剧因为善演"才子佳人"剧，在战前遭到主流文化轻视和批评，却在战争的夹缝中意外繁盛起来。

"孤岛"和沦陷期对地方戏"友好"的政策，使得多个剧种的戏班蜂拥而至。越剧所有的知名艺人纷纷聚集上海，既有越剧早期的名旦"三花一娟"，也有后来的"越剧十姐妹"，还有在上海舞台上耕耘二十余年的男班，齐聚上海展开激烈竞争。激烈程度可从戏班数量上略知一二。1938年8月有12个越剧女班，一年后增加

---

① 姜进：《可疑的繁盛——日军阴影下的都市女性文化探析》，《华东师范大学学报（哲学社会科学版）》2008年第2期，第58页。

到二十余个,到1941年11月,有36个女班同时在沪演出。① 姚水娟之所以下决心进行改良,最主要目的是为了保持戏班的上座率,这种以商业目的为导向的需求,决定了她在艺术道路选择上是以观众至上,甚至可以说是以娱乐观众至上,因此什么样的戏卖座就演什么样的戏。非常典型的是筱丹桂。她经常演出的剧目是《马寡妇开店》。报纸曾称筱丹桂演该剧时,"脱衣哺乳,不稀奇"。② 这与她长期被戏班老板张春帆控制,名为侄女实为小妾的状况直接相关。激烈的商业竞争环境,以赢得观众和市场为目的的主导思想,影响着女子越剧的趣味和发展,剧目的庸俗、离奇甚至色情在所难免。

2. 姚水娟和樊篱的艺术选择

浸染在20世纪三四十年代特殊文化环境中的戏曲艺人,由于生存压力、经历、水平、眼界、目的甚至身边智囊团人员的不同,影响了改良文戏在艺术道路上选择。

姚水娟入沪演出半年后,敏锐地发现仅仅演出老戏是不能满足观众的需要,她聘请了越剧第一个专职编剧樊篱,为她编写具有"适合时代性的剧本"。③ 樊篱曾是《大公报》的记者,有着编演文明戏的经验,这两点对于越剧来说是崭新的异质性因素,对越剧的革新起着重要的作用。樊篱凭着前新闻记者的敏感,认为剧目应该"适应时代和观众的需求",④他选择了"花木兰从军"这一题材为改良文戏的开篇之作,在当时抗日背景之下,戏还没演出就引发巨大的社会反响。《花木兰代父从军》充沛的时代意义扩大了越剧的社会影响力,使得更多人,特别是知识分子和学生群体关注到越剧,成为越剧的潜在观众。"因为向来只能迎合低级趣味的观众的越剧,居然也能演这富有文学意味的剧本。"⑤知识观众的介入,不仅是在数量上扩大了越剧观众的群体,更是改变了越剧老观众的构成成分,对越剧发展的影响更为深远。

可惜编演具有积极现实意义的题材这一道路,樊篱和姚水娟并未继续走下去。这与姚水娟改良的目的和樊篱的艺术观直接相关。樊篱是文明戏的实践者。他读中学的时候就对文明戏感兴趣,开始业余演剧生涯。在浙江共和法政学校读书时,发起组织了文明戏社团"鹤声社",自编自演了一年多时间的文明戏。1915年,他来到上海,参加上海"开明剧社",跟随文明戏的重要倡导者陈大悲和郑正秋两年多,⑥对文明戏有着深入的了解和实践。文明戏经历了1914年"甲寅中兴"之后,

---

① 钱宏主编:《中国越剧大典》,浙江文艺出版社2006年版,第41页。
② 《绍兴戏报》1941年1月18日。
③ 樊篱:《姚水娟女士来沪鬻艺一周年献言》,《姚水娟专集》,姚水娟戏班刊印,1939年。
④ 同上。
⑤ 《姚水娟专集》,姚水娟戏班刊印,1939年。
⑥ 高义龙:《越剧史摭拾》,《高义龙文集》,上海文化出版社2016年版,第198页。

271

剧团逐渐职业化和商业化,情趣日趋世俗化和市民化,家庭戏和哀情戏盛行,而郑正秋正是代表剧目《恶家庭》的作者。① 受此影响,樊篱认为越剧的固有本质是悲剧,因此为姚水娟编写具有悲情性质的剧目,是他编创的重要方向。他为姚水娟编写的 17 部剧目,如《蒋老五殉情记》《孔雀东南飞》《冯小青》《啼笑因缘》等,从女性视角出发,描写女性的不幸遭遇,都以悲剧结尾。这几部剧都成为姚水娟代表性的剧目。另外,樊篱的编剧与文明戏类似,都是幕表戏,有详细的提纲,但是没有完整的剧本和台词。1944 年,胡知非接替樊篱为姚水娟写戏,他和樊篱、闻钟、关健并称改良文戏编剧的"四大金刚",有着同样的小知识分子出身和文明戏编演经验,创作方式和审美情趣相似,姚水娟代表作《泪洒相思地》就是胡知非的手笔。

3. 舞台呈现的创新与杂驳

改良文戏和新越剧在艺术道路选择上最大的不同,在于学习对象不同,引发的结果和性质不同。

改良文戏时期,随着题材的拓展,剧目分为传统戏和时装戏,传统戏主要沿袭男班学自古典剧种的程式化表演方式。不过,女班的表演发展出自己的特色,那就是在程式化基础上非常重视人物充沛的内心感受。姚水娟在科班得到金荣水的亲授,金荣水在教学中注重人物内心情感的表达,姚水娟包括同门师姐竺素娥都很重视体会人物心理,通过细腻的动作传达人物情感。"做工之熨帖,表情之细腻,堪谓绍兴文戏中凤毛麟角"。② 从姚水娟的代表戏《碧玉簪》来看,为表现女主角在特定情形下的情绪与心理,她的表演中既有生活化的摇手、摆头、跺脚,也有程式化的碎步、雀步。③ 深谙此道的还有马樟花,她曾与袁雪芬搭档演出整三年,对袁雪芬影响很大。尽管改良越剧的表演更细腻更生动,但是依靠学习和模仿古典大戏,走古典传统大戏的路子,创新程度是有限的,没能从根本上改变越剧的面貌,"并没有脱出旧样式,创出新样式"。④

时装戏的出现对越剧的舞台呈现影响很大。1938 年 7 月施银花、屠杏花首演时装戏《雷雨》,穿着西装、旗袍上台,让观众非常新鲜。当时最成功的时装戏当属姚水娟演出的《蒋老五殉情记》。樊篱身兼编剧和导演二职,将文明戏的演出经验搬到越剧舞台上来,带着艺人体验生活,按照剧情来置景,引入初步的灯光和音效,使用追光,模拟打雷、波涛等效果,出现真的人力车,甚至台上搭台等等,其舞台表

---

① 胡志毅主编:《中国话剧艺术通史》,山西教育出版社版 2008 年版,第 43—46 页。

② 章秀珊:《我对姚水娟的热望》,《姚水娟专集》,姚水娟戏班刊印,1939 年。

③ 宋光祖主编:《越剧发展史》,中国戏剧出版社 2009 年版,第 76 页。

④ 卢时俊:《新越剧的历史功勋——四十年代越剧改革》,《文化艺术研究》1994 年第 1 期,第 39 页。

现形式与传统戏曲舞台相比有着很大的不同。报上评论该剧时谈到:"要非罗炳生出场时的几句唱和除掉一些锣鼓乐器之外,几乎使人疑是文明戏场面"。①"有农场、旅馆、大菜间、写字间等等之立体布景……可谓开越剧之别有生面也。"②时装戏的演出,不仅拓展了越剧剧目的范围,学习自文明戏的自然主义表现方法,为越剧的表演艺术注入新的血液。但是由于女子越剧异性扮演的特殊性,能同时令人信服地扮演古装和时代的女小生,只有尹桂芳、陆锦花等少数优秀的艺人。20世纪四十年代的时装戏,除了《祥林嫂》《浪荡子》等极少数的剧目保留下来外,基本都消失在历史舞台中。

由于激烈的商业竞争,各戏班和艺人为了争取观众,在服装、道具、营销等方面各尽所能,各种浮夸的噱头,充斥着越剧的舞台。如:

> 海上艺坛,有一时期,风行歌舞,电影之新片,京剧之新戏,莫不以歌舞资串插,几致无片不歌,无戏不舞,一若非歌舞不足以资号召也者。而十足之土产之女子越剧,在这时期,亦大变作风,步法京剧,除竞排新戏外,亦添插歌舞。时姚水娟隶天香,筱丹桂隶大中华,两院都排貂蝉新戏,在大宴一场,姚有电灯舞,筱有彩带舞,今则姚之新戏,都有插曲,而筱之杨贵妃之醉酒一幕,载歌载舞,翩翩欲仙,是则无剧不歌,无戏不舞,女越亦犹是也。③

应该承认,改良文戏的女班艺人们主动汲取城市文化的营养,通过编演大量新剧目(包括时装戏),拓展了剧目范围,密切了与城市观众的联系。舞台形式上突破以往"一桌两椅"的形式,打破了老演老戏、老戏老演的局面,取得了历史性进步,为剧种的城市化和现代化迈出了最为可贵的第一步,推动了剧种发展。④但是正是因为复杂的历史文化生态,使得它也留下了历史局限。正如时人所批评的:"越剧所采用的故事。大都是根据因果小书(或说鹦歌戏)而加以渲染的,其剧情总不外是提倡忠孝仁义,暴露奸淫邪恶,而杂以爱情滑稽等穿插,不过,这些群情虽原不坏,但以失其时代性。"⑤

后来,大概他们也感到越剧需要改良,忽然将平剧搬来演唱。我看过的,像萧何月下追韩信,三本铁公鸡,独木关等,这一改良不打紧,反将越剧变成平剧化,非驴非马。⑥

---

① 《评〈蒋老五殉情记〉》,《绍兴戏报》1940年11月16日。

② 《力报》1940年10月18日。

③ 落红:《缤纷集》,《绍兴戏报》1941年1月21日。

④ 钱宏主编:《中国越剧大典》,浙江文艺出版社2006年版,第43—45页。

⑤ 朱松卢:《为改良地方剧问题》,《姚水娟专集》,姚水娟戏班刊印,1939年。

⑥ 何海生:《我对于越剧的今昔观》,《姚水娟专集》,姚水娟戏班刊印,1939年。

以袁雪芬为代表的有着远见卓识的艺人，正是认识到了改良文戏繁盛表面下的危机，从改良文戏遗留的突出问题——剧目意识的陈旧落后及其舞台表现杂驳出发，开始新越剧的改革，从此翻开越剧发展的新篇章。

三、改良文戏的危机对新越剧的直接影响

1942 年 10 月袁雪芬年仅 20 岁，相对于姚水娟和筱丹桂这样头牌旦角来说，她仅仅是一位后起之秀。为什么她具有着超越同辈艺人的眼界呢？"从主观上说，是出于她刚正不阿的品质而无法容忍社会的黑暗、艺人的苦难和越剧舞台的种种不良现象，也出于她好学向上的作风"。① 同时进步话剧《文天祥》《党人魂》《葛嫩娘》等表现民族正义和爱国主义的戏，富于教育意义。剧目新，形式新，有完整的剧本，正规的排练制度，逼真、严肃的表演，以及运用现代的布景等，使得袁雪芬豁然开朗，找到了心中向往的有价值的戏剧艺术。②

1. 编演具有现实主义的时代新戏

袁雪芬以进步话剧严肃的创作作风为目标，拿出自己包银的百分之九十聘请编导，开始新越剧改革。《雪声纪念刊》中明确表明：

> 旧有的剧情，或因限于当时的环境，或因迎合低级趣味起见，或因……故演出的大抵是才子佳人，落难公子中状元，私订终身后花园，千篇一律，都是这一套玩艺儿，这是因为内容的贫乏，所以我们决意，把有益社会及有教育性的魂灵，打到这躯壳里去，使成为一个有血有肉有魂灵的东西。③

雪声剧团一系列新剧提倡时代新思想、新风气，如《黑暗家庭》宣传禁止鸦片，《红粉金戈》赞扬以身许国，《父母子女》称赞互爱互助，《家庭怨》主张丈夫负有责任，《太平天国》宣传男女平等。1945 年 2 月 3 日演出广告直接打出了"宣扬民族精神，提倡女子解放"④的口号。这些反映了时代的、城市的、女性观众的呼声，引发观众强烈的共鸣：

> 《父母子女》今年第一部时装戏也是第一部针对社会现实的创作，描写父母子女天性之爱，发扬人类应有的互助精神，本剧不但意义深长，因为切合现实的关系，所以观众莫不动容。这时恰巧是柴米大受威胁的时期，所以台上

---

① 宋光祖主编：《越剧发展史》，中国戏剧出版社 2009 版，第 96 页。
② 袁雪芬：《甘苦得失寸心知——越剧改革 40 年的回顾和认识》，《袁雪芬文集》，中国戏剧出版社 2003 年版，第 128、129 页。
③ 《雪声纪念刊》，雪声剧团刊印，1946 年，第 60 页。
④ 黄德君：《上海越剧演出广告》，中国戏剧出版社 2009 年版，2008 页。

在说"柴米钱"的时候,有几位竟然涕泣起来了。①

改良文戏时期姚水娟主要得到一两个知识分子的助力,1944 年前主要是樊篱,之后主要是胡知非来编剧,而雪声剧团,有着一群知识分子组成的剧务部负责创作,既有于吟、吕仲、蓝明、洪均、徐进、南薇等编剧和导演,还有舞美设计韩义、舞台监督萧章、技导郑传鉴、宣传陈疏莲等专职人员。雪声剧团的主要编剧南薇,对雪声剧团有着重要影响。他曾在报上发表文章,谈新越剧的编剧主旨、意识及其表现,反映新越剧的编剧思维:

> 素材取决于主旨和动机。主旨是剧本的纲领和重心。主旨要纯正⋯⋯意识是故事的灵魂,没有意识的作品是行尸走肉⋯⋯剧情应不落窠臼。若述儿女私情,贵在不庸俗,不肉麻。②

南薇对于袁雪芬舞台形象的正面性很重视,他从雪声剧团一贯主张的戏剧的教育意义出发,认为女主角应该是好人,应是善良、美丽,受到同情和尊敬的,因而他反对袁雪芬饰演反面人物。在此之前,戏班分配角色,通常按戏份来安排,没有人物意义的概念,如姚水娟就在《天雨花》中饰演女主角苟含春,一个杀人通奸的荡妇。角色安排上可见改良文戏与新越剧对戏剧意义的理解是不同的。正是因为袁雪芬和南薇对剧目意义的一贯强调,雪声剧团演出《祥林嫂》是偶然中的必然。《祥林嫂》顺利上演,成为新越剧的里程碑,推动了剧种的发展。

2. 舞台呈现的变革

袁雪芬在科班和其他越剧旦角一样,同样学习的是程式化表演。随着新编戏的大量演出,袁雪芬逐渐认识到,越剧采用"象征化和现实化的动作都不合适⋯⋯应该采用两者的中和,就是在象征的动作中掺入现实的动作。"③这个象征化动作指的是京剧的程式化表演。袁雪芬没有继续学习京剧的表演,而是选择取法昆剧,它载歌载舞,更柔美、更适合女演员表演。袁雪芬结缘昆剧有些偶然。1938 年底袁雪芬在东方第一书场看到了昆剧的表演,当时"传字辈"艺人第二次遭遇战火烧毁行头之事,非常落魄,在第一书场演出三个月后维持不下去而停演,袁雪芬碰巧看到了他们最后的演出,非常感兴趣,还稍微学习了一点。④

新越剧改革时,雪声剧团反复实践、不停摸索,1945 年特意邀请昆班艺人郑传鉴来指导身段,将昆剧程式性动作进行剪裁提炼、组合拼贴,以适应越剧的音乐和

① 《雪声纪念刊》,雪声剧团刊印,1946 年,第 52 页。
② 南薇:《南薇杂写》,《社会日报》1945 年 3 月 27、28、29 日。
③ 袁雪芬:《谈谈动作》,《雪声纪念刊》,雪声剧团刊印,1946 年,第 169 页。
④ 唐葆祥:《昆剧传字辈史话(伍)仙霓社的艰苦奋斗》,《上海戏剧》2013 年第 5 期。

舞台节奏,终于在表演上有了新的关键性突破。

随着越剧女班在上海的蓬勃发展,越剧的地域性逐渐淡化,突出表现在舞台语言和语音上。越剧诞生之初使用的是浙江嵊县的方言,在移植其他剧种的官带戏和宫闱戏时,开始使用嵊县方言中的读书音。进入上海演出,面对上海来自五湖四海、华洋杂处的观众,特别是新越剧学习昆曲和话剧的表演艺术之后,越剧在语言上主动变革,舍弃了嵊县方言中一些难懂的土语,改用昆曲中的中州韵和普通话的语音因素,形成越剧特有的"越白"。舞台语音的革新,使得更多的观众能够听懂越剧。"地方戏所用的语言,本身也正在变化,正在向普通话接近。以越剧为例,现在越剧里的语言和十年前不完全一样,在那个时候,北方观众是不会听得懂的。"①

以姚水娟为代表的改良文戏和以袁雪芬为代表的新越剧,在上海"打擂台"四年之久,从新戏的连演记录来看,最终还是袁雪芬的雪声剧团棋胜一筹。雪声剧团从第一部新戏《古庙冤魂》开始,新戏基本能够保持连演3周,连演4周也是常态。特别是1944年9月雪声剧团移师九星大戏院后,连演天数更是水涨船高。同时期姚水娟的新戏通常连续演出2至3周,超过3周的剧目就不多了。1946年7月姚水娟因结婚离开越剧舞台,1947年10月筱丹桂离世,而新越剧的戏剧理念下汇集了越来越多的戏班和艺人,推动越剧艺术发展到新的历史阶段。

改良文戏把握难得的历史机遇,在战争的隙缝下,激烈的市场竞争中,将越剧从一个地方小戏推上城市化发展的快车道,取得商业上的巨大成功。这份商业业绩掩盖了低级趣味下的艺术危机。新越剧改革继承改良文戏的"正面资产",从改良文戏留下的"不良资产"——剧目缺乏积极的时代性这一问题出发,在新编戏的舞台表达上,成功寻找到剧种独特的舞台语言,推动了剧种的发展。

改良文戏与新越剧重要的区别在于:以姚水娟及其智囊樊篱为代表的改良文戏,改良的出发点是更好地参与商业竞争,形式上主要受到文明戏和京剧的影响;而袁雪芬及其剧务部的改革出发点是革除改良文戏中不健康的内容,建立新越剧,形式上主要受话剧和昆曲的影响,采用导演和技导的双重导演制度,确立了既生动自然,又有戏曲的规范和神韵的演剧表演风格,初显现代戏曲的艺术生命力,对越剧的发展起到了方向性引领作用。

改良文戏的繁盛、危机以及新越剧的崛起,是特殊的历史文化生态下的文化现象。笔者对改良文戏"危"与"机"及其背后原因的深入剖析,目的是探讨改良文戏和新越剧这两个越剧史上重要的变革阶段,其本质的意义、联系和区别,并不对两

---

① 卢时俊:《谈越剧语音的改革发展及存在的问题》,《说戏论艺——上海越剧院建院卅周年舞台艺术文选》,香港长江印刷有限公司1985年版,第504页。

者进行价值评判。笔者认为,在越剧百余年的历史中,每一段历史代表着一群鲜活的越剧人,她(他)们在离我们并不太遥远的过去,努力生活,奋力求艺。不论她(他)们在越剧艺术发展过程中留下多大的创新足迹,都值得后辈敬仰和尊敬。艺术道路的选择很复杂,有偶然因素,有必然条件,是艺术观甚至人生观的体现。从历史现实角度来看,越剧从业者和观众多数还是具有一般道德和文化水准的普通人。若不考虑研究对象的历史背景和时代环境,用超越一般道德水平的要求来审视它,可能对历史过程中的文化现象和代表性艺人评价偏低,影响了历史评价的公正性。当然,我们对于袁雪芬及其新越剧改革更是由衷地敬佩。袁雪芬将越剧建设为"有价值的戏剧"的高远志向,使得她超越越剧史上其他改革者,带领越剧走向一个新的境界。越剧史上袁雪芬只有一位,她是名副其实的越剧宗师。

第四节 越剧《梁山伯与祝英台》的思想意义和艺术成就[①]

一、越剧《梁山伯与祝英台》的产生

越剧《梁山伯与祝英台》根据中国古代民间四大爱情传说中的《梁山伯与祝英台》改编。

越剧第一经典《梁山伯与祝英台》产生于20世纪的上海。

上海是越剧从民间小戏成长为艺术成就达到国内外一流剧种的演出中心、创作中心和发展中心。上海越剧名家辈出、流派汇聚、名作林立,建成了本剧种的艺术高峰,并发展至全国、走向国际。

上海是20世纪上半期的中国文化中心,只有上海,才能成为越剧的发展中心和艺术中心。反过来,越剧为上海文化、江南文化和海派文化作出了重大的贡献。

20世纪上半期的上海,也是中国的戏曲中心。以艺术成就最高、唱腔最为动听的昆剧、京剧和沪剧、越剧、苏剧、锡剧等为代表,16种南北戏曲汇聚上海,形成了中国戏曲继元明清三代之后的又一个戏曲艺术高峰,达到世界一流水平,与同期西方戏剧东西对峙、相互媲美。

以袁雪芬以及十姐妹为代表的越剧大家名家成长和云集于上海,1949年后,大家名家和众多越剧团,从上海走向和遍布全国,越剧成为全国第二大剧种。

越剧艺术的高度成就,体现在以《梁山伯与祝英台》《西厢记》《红楼梦》《祥林嫂》"四大经典"为代表的一大批优秀剧目,其思想主旨、文化内涵和美学价值达到

---

① 原载《艺术广角》2023年第3期。作者周锡山,上海艺术研究中心研究员。

领先水平。其中名列四大经典之首的《梁山伯与祝英台》,是越剧两次改革的重大成果,其生成、发展和袁雪芬参与的提高的过程,更具有典范的意义,值得做深入全面的研究。

越剧梁祝戏在 20 世纪与越剧一起成长。

早在越剧的前身——男班落地唱书刚产生时,已有《十八相送》《楼台会》等单折演出①。

此剧在绍兴文戏阶段,也是女绍兴文戏的看家戏。

《梁山伯与祝英台》在初期的演出之后,至 1930 年代后期,随着越剧这个剧种的日趋成熟,经过多位著名表演艺术家的修改,成为越剧经典剧目之一。

越剧《梁山伯与祝英台》是众多越剧名家争相演出的经典剧目,其演出的名家之多,可谓数量名列第一。在越剧进入鼎盛时期后的演出,由各路名家演绎了多个版本:1936 年 6 月 26 日至 1938 年 1 月 31 日 512 天中,姚水娟演出《梁祝》76 场,占传统戏剧目之首。在此期间,越剧皇后筱丹桂演出《梁祝》41 场。此后,在1939 年至 1953 年,此剧不断有名家演出各种版本的《梁山伯与祝英台》。

二、四组杰出艺术家组合的艺术特点

中华人民共和国成立后,剧名基本都是《梁山伯与祝英台》,其中最重要的是四组杰出艺术家合演的著名版本。

1. "傅范版"和"袁范版",由名旦傅全香和袁雪芬分别和小生范瑞娟合演。

这一版的演出中一共有 12 场经典的折子戏,其中"送兄"、"英台哭灵"是"傅范版"和"袁范版"的特色戏。尤其是"送兄",描写送别梁山伯的途中,祝英台借景抒情,唱段描述了美好的四季、花语,诗意地表达了梁山伯与祝英台的依依惜别之情,和祝英台暗示爱情的深意,这场戏加深了梁山伯与祝英台在情感的沟通与互动,让结尾悲剧的色彩更加浓厚。"英台哭灵"则更是"袁派"唱腔的代表作。

范瑞娟的"范派"小生,以"山伯临终"这一幕为经典唱段。她运用"弦下腔",吸收了京剧等北方剧种醇厚质朴、大方豪放的唱腔,南北音乐完美结合。整体风格典雅质朴、音域广阔、小腔与拖腔起伏跌宕,既有越剧本身的婉约细腻,又有男调的大丈夫之风,尤其是她首创的转调,成为"范派"的标志性表现手法。

2. "徐王版"《梁山伯与祝英台》,由王文娟与徐玉兰主演。徐玉兰吸收了传统越剧中的"喊风调",在高亢激昂的同时,也注重刚柔并济。她所创的"徐派"唱腔加

---

① 丁一:《越剧〈梁祝〉的由来和发展》,嵊县政协文史资料委员会编:《越剧溯源》,浙江文艺出版社 1992 年版,第 235 页。

入了绍兴大班和京剧的高亢音调,突破了越剧原本婉约的格调。而王文娟的"王派"特点是自然而流畅,加花不多,较为平易质朴,又兼韵味悠长。她的唱腔中,高音清亮,中低音区浑厚柔美,能体现人物最细微的感情变化。

3. "尹戚版"《梁山伯与祝英台》。"越剧皇帝"尹桂芳曾多次扮演过梁山伯,首演于1939年的永乐戏院,之后与众多名旦都合作出演过,其中最出彩的,要属与戚雅仙的版本。

4. "戚毕版"《梁山伯与祝英台》,是戚雅仙与毕春芳的合作的经典之作。

越剧《梁山伯与祝英台》得到几乎所有大家名家的重视,纷纷精心演出,连续不断演出,在艺术上取得了同样的高度的艺术成就,各呈异彩,异曲同工,充分体现了这个经典剧目的极大艺术魅力。

由于研究资料的缺乏,其他版本的演出难以全面研究,只有袁范版的《梁祝》留存的资料最全。必须指出的是,尹桂芳的小生艺术成就是最高的,范瑞娟接近尹桂芳;而艺术成就最高的花旦筱丹桂,青年夭折,没有留下她演出祝英台的音像资料;名旦戚雅仙、竺水招的艺术成就令人瞩目,也没有留下完整的音像资料。尤其是筱丹桂这样即使在越剧名家林立的群体中,她取得了超越众星的辉煌艺术成果,包括了她主演的祝英台。可惜她青年夭折,未尽其才。我已有《越剧皇后筱丹桂艺术生涯和有关争议述评》2万多字的长文①,介绍和评论。

按照资料的完整性,我们主要只能研究傅范版和袁范版的《梁山伯与祝英台》的越剧演出及其戏曲电影。而且袁范版的《梁山伯与祝英台》是袁雪芬主持的越剧改革期间,她们引导南薇和徐进等,修改此剧剧本,设计和创新了音乐,袁雪芬的这个功绩巨大。

三、袁雪芬主持的《梁山伯与祝英台》改编过程

民国二十八年(1939年),袁雪芬与马樟花在大来剧场合作演出《梁祝哀史》时,初步剔除了老本中不少封建迷信的情节和庸俗色情的表演。

"新越剧"时期,雪声剧团两次推出此剧。这次由南薇、成容和袁雪芬合作,对骨子老戏《梁祝哀史》进行重新修改和整理。

第三次是1949年的修改。

雪声剧团1945年5月演出的《新梁祝哀史》,已经是一个较好的洁本。但是梁山伯尚未摆脱"呆秀才""傻瓜"之类的呆蠢的歪曲描写,祝英台的面目也不清晰。

---

① 参见拙文《越剧皇后筱丹桂艺术生涯和有关争议述评》,《中国戏曲评鉴》,上海辞书出版社2022年版。

于是在1949年重新改编《新梁祝哀史》，首先是浓缩和修改情节；其次是突出梁山伯和祝英台之间忠贞动人的爱情主线。

经过整理后的《新梁祝哀史》，在保存这一民间传说原有的风貌的同时，也使老戏获得重生。

1949年，东山越艺社演出了南薇改编和导演的《梁祝哀史》，由范瑞娟饰梁山伯，傅全香饰祝英台，张桂凤饰祝员外。年底赴京，并在怀仁堂招待毛泽东、周恩来等观看演出。

1950年8月在北京剧场上演后，北京《新民报》给出"四幕七场悱恻哀艳大悲戏""布景华丽、灯光新颖、服装鲜艳、唱功繁重、表情细腻"等评价。

在1951年，华东越剧实验团排演《梁山伯与祝英台》时，做了第四次修改。剧本由袁雪芬、范瑞娟口述，华东戏曲研究院编审室改编，徐进（1923—2010）等执笔，保留"化蝶"。黄沙导演，刘如曾、陈捷、顾振遐等先后参加音乐整理，苏石风、幸熙布景设计，吴报章灯光设计。范瑞娟饰梁山伯，傅全香饰祝英台，张桂凤饰祝员外，吕瑞英饰银心，魏小云饰四九，金艳芳饰师母。

1951年由华东戏曲研究院创作室集体改编的越剧改编本经过不断修改，树立了梁祝这一对青年男女的光辉形象，突出了封建礼教对青年男女在爱情上的摧残，语言上保持民间文学的特色，具有较强的艺术感染力，并恢复了一度因迷信而取消的具有浪漫主义色彩的"化蝶"，凸显了主人公追求美好爱情的坚强意志和乐观主义精神。改编本被周恩来总理誉为中国的《罗密欧与朱丽叶》。

徐进等人的集体改编所依据的底本是南薇的改编本，由袁雪芬、范瑞娟口述。改编工作是在"推陈出新"的文艺方针指引下进行的。出新首先要出思想内容之新，要歌颂主人公真挚的爱情和他们向往婚姻自由的理想，突出反封建的精神。为此增写了《劝婚》，表现祝对包办婚姻的抵制。

越剧《梁山伯与祝英台》受到国家领导人的喜爱和重视。

1950年8月，毛泽东主席首次观看了傅范版《梁山伯与祝英台》。

1951年10月7日晚，毛泽东在怀仁堂第二次观看越剧《梁山伯与祝英台》

1952年第一届全国戏曲观摩演出大会，本剧因"民间艺术色彩浓郁"而获剧本奖（首位）、音乐作曲奖、舞美设计奖、演出一等奖，范瑞娟、傅全香获表演一等奖，张桂凤获表演二等奖，吕瑞英获表演三等奖。

当时的国家主要领导人都欣赏了她们的演出，他们和文艺界人士一致认为这是"一个可以代表国家表演艺术水平的剧目"。不久，文化部发通知，把越剧《梁山伯与祝英台》拍成彩色电影。

四、思想内容和成就

袁范版的《梁山伯与祝英台》继承这个骨子老戏的菁华,删去所有庸俗的杂质,取得很高的思想成就。

我认为越剧《梁山伯与祝英台》的思想意义,以目前的眼光看,绝不是"反封建",也不是从根本上挑战父母之命媒妁之言的旧婚姻制度。当时的观众都懂得的,在旧时代这个婚姻制度是合理的,无法从根本上挑战的,这是时代条件决定的。我已有多篇论文和专著指出,西方同时期与中国相同,都是父母之命媒妁之言[①],而且陈寅恪指出西方女性的地位更低、婚姻更不自由[②]。

越剧《梁山伯与祝英台》打破了非传统思潮所宣传的中国古代男女极端不平等的错误观点,显示了在当时历史条件下,中国古代超过西方的男女平等的真相,从而具有以下的思想意义。

1. 女子具有读书和学习文化的权利,表现了古代中国高度的文明程度。

旧时代不要说妇女,男子识字的也少。西方也完全一样。从法国获诺贝尔文学奖的勒克莱齐奥的介绍可知同期西方妇女大多没有接受教育的机会。他说:"19世纪的《对话大辞典》,教女人怎样说话,尊重她们的丈夫——那时候女人不上学,就靠这种书受教育。"[③]

与同期西方相比,中国女子受教育者颇多,即以有著作的女子诗歌绘画来说,《全唐诗》中,女性作品有十二卷,女诗人120余位,作品六百余首,上自皇帝王妃,下至尼姑伎女,遍及各阶层。据胡文楷《历代妇女著作考》,在明朝,女诗人的数量有245人。清朝女诗人的数量猛增到近3 000人。刘光德《中国古今女美术家传略》,凡辑古今女性美术高手2 200余家,古近代的女性美术家的数量颇大。这两个惊人的数量,是整个西方无法望其项背的。

祝英台离家到杭州的学校读书,固然是虚构的,但在古近代开明的家庭中,女子具有学习的权利。女子能作诗、绘画的,数量可观。故而《梁山伯与祝英台》描写祝英台得到家长允许,女扮男装外出读书,并无不真实之感。

---

① 参见拙文《〈临川四梦〉和西方名著的婚恋观比较与评论》,抚州汤显祖国际研究中心:《汤显祖学刊》第八、九辑合刊,商务印书馆2021年版;收入拙著《中国文学与世界论集》(四川大学国家级重点学科比较文学基地项目"比较文学与世界文学研究丛书"),(台湾省)花木兰出版公司2023年版。

② 《吴宓日记》第二册,生活·读书·新知三联书店1998年版,第20—21页。

③ 王寅:《"人可能是充满希望的悲观主义者"——专访勒克莱齐奥》,《南方周末》2011年8月25日。

2. 歌颂优秀女性的出众智慧,表现了古代社会不少女胜于男的现象。

明代冯梦龙《古今小说》第二十八卷《李秀卿义结黄贞女》开首即说:"常言:'有智妇人,赛过男子。'"他列举了一些赛过男子的优秀女子。《红楼梦》中少女胜过男子更是成群结队①。因此,祝英台比梁山伯聪明,是任何观众都认为自然而然的,没有观众会表示疑问或不服。

3. 明确主张和肯定女子在家长安排或在家长的同意下,有自择佳婿良偶的权利。在这样的文化背景下,祝英台敢于自择良偶,主动向梁山伯传达爱意。祝英台看中梁山伯,是因为他完全符合自己的择婿的条件,年轻健康,相貌可人,性格忠厚、老实、温和、乐观,知书识礼有文化,传达了优秀女性正确的价值观和人生观。《梁祝》中的师母,是特殊的家长,由她帮助确立梁祝的爱情。

4. 鲜明反映女子在家庭中的重要和平等的地位。

剧中师母的形象和她的言行,可见女性在家庭中和学校中与老师平等的地位。

祝英台作为女儿,在家中的地位是很高的。剧中祝英台,得到父亲爱护和珍惜,并能尊重女儿的意愿,让她外出游学。

其父逼迫女儿放弃情人、嫁于马家,虽然是封建压迫和专制制度的产物,但是其父将她许配给马文才,在情节发展上有其合理性:一则他不知女儿心中有人,已经许配马家,他必须遵守信诺;二则马文才家经济条件好,梁山伯是个穷书生,祝英台嫁过去一定会过着远不如娘家的衣食住行的待遇;还要操劳家务、赡养老人,生活一定艰辛。其父的这个许婚和坚持婚约的行为,是出于爱护女儿的美意。他们父女的冲突是观念冲突。

梁祝悲剧,与《红楼梦》宝黛的爱情悲剧一样,是王国维和钱钟书都主张的叔本华所说的"第三种悲剧"的典型佳例,即不是受恶人之害的第一种悲剧、不是盲目的命运造成的第二种悲剧,而是普通的境遇和普通的人物关系中发生的悲剧。

5. 从梁山伯与书童四九和祝英台与丫鬟银心的亲密关系,可见古代善良、有修养的人家,公子小姐对待书童、丫鬟和仆人,是亲密的,甚至形同兄弟姐妹的关系。这真实反映了中国古代各个阶级和阶层的人际关系的一个真相。

尽管在 20 世纪下半期,越剧《梁山伯与祝英台》的错误地规范为反抗封建礼教中的男尊女卑和抵制封建"包办婚姻",追求恋爱自由这个狭小范围,但其内在的丰富的思想意义,在剧中暗中流转,并散发出引人的魅力,因此得到广大观众的由衷喜爱。

---

① 参见拙著《〈红楼梦〉的人生智慧》,北京海潮出版社 2006 年版;《曹雪芹:从忆念到永恒》,济南出版社 2013 年版,即将在日本出版日文版。

五、艺术成就与影响

越剧《梁山伯与祝英台》取得了令人惊叹的高度艺术成就。其中有些艺术成就,是继承《梁祝》题材传统作品的杰出成果,最显著的是:

其一,《梁祝》题材的作品,在中国和世界文化史上首创了女扮男装的人物塑造模式。

女扮男装是中国独创并取得巨大艺术成就的人物塑造方法。西方除了个别剧作如莎士比亚《威尼斯商人》和莫里哀《情仇》(改编成沪剧《花弄影》)之外,很少有此类文艺作品的杰作和名著。中国文学艺术史上,在东晋梁山伯与祝英台的民间故事之后,有北朝乐府《木兰诗》,叙女英雄木兰女扮男装,代父从军,建功立业;明代徐渭《四声猿》杂剧之四《女状元辞凰得凤》,刻画了才华出众的唐代"女状元"黄崇嘏乔装男子,安邦定国(史实是被推荐而任司户参军)。现代则有戏曲和评弹的《双珠凤》《孟丽君》《女驸马》等,产生了女扮男装的系列性杰作,有力地展现了中国女性富于诗意的智慧和胆略。

其二,《梁祝》题材的作品,是《西厢记》在中国和世界文化史首创的"知音互赏式"爱情模式的新发展。

知音互赏式爱情模式中的男女青年在文化上是知音,双方又互相欣赏;他们必须用文艺形式表达爱情,如琴声和诗歌(如《西厢记》)、绘画和诗歌(如《牡丹亭》,杜丽娘在自画像上题诗)。而唐明皇和杨贵妃则是在一起创作和演出《霓裳羽衣曲》的过程中,由一般的帝王后妃的关系,转化为两位天才艺术家的知音互赏式的爱情。越剧《梁山伯与祝英台》则由祝英台在"十八相送"途中,用诗的语言是以比喻、猜谜、暗示、启发等手段,表达她对梁山伯的深厚爱情。

其三,在中国和世界文化史上首创了男女同学的优美关系的艺术表达。

"梁祝"故事中,祝英台女扮男装进入书院求学,她追求性别平等、追求学习权利平等和自由恋爱的意识,构成了中国女性自觉发展史的重要部分,鼓舞了千百年来的女性。这也显示了中国传统精神风貌。

越剧《梁山伯与祝英台》在前人基础上取得的巨大艺术成就,主要有以下4个。

其一,删除这个骨子老戏原有的庸俗、带色的情节和言语、动作,将"梁祝"故事情节做合理化、清晰化、精细化的改编。

其二,将梁山伯和祝英台的人物形象做净化和提高,达到典型化的高度。

其三,将梁祝同学关系和恋爱关系,改编为简洁而又动人、含蓄而又温馨、合乎人情而又富于诗意的异性友爱组合。

其四,将越剧处于国内外一流的高度的音乐艺术中最优美的曲调,作喜剧与悲剧色彩强烈的对比和有机组合,取得极为感人、极为动听的艺术效果。

越剧《梁山伯与祝英台》的巨大艺术成就和剧中人物祝英台的女扮男装、女子越剧的梁山伯的女扮男装,两个女扮男装的叠加效应所产生的非凡魅力,也征服了所有的国内外观众。

由于越剧《梁山伯与祝英台》傅范版所取得巨大的思想、艺术成就,于是越剧《梁山伯与祝英台》成为毛泽东主席唯一亲自提出拍摄的戏曲电影。而精通艺术的周恩来总理亲自提出修改意见。他在审看样片时,提议在"楼台会"和"山伯临终"之后加上一个祝英台思念梁山伯的场面,让剧情更连贯,于是剧组又补拍了"思兄"一场,增加了四句唱词。

1953 年,该剧由上海电影制片厂拍成彩色戏曲艺术片。这是中华人民共和国成立后第一部国产彩色影片。

越剧电影《梁山伯与祝英台》忠实而创造性地继承了原作的思想内容和艺术特色,取得了高度成就。

越剧电影《梁山伯与祝英台》进入国际文艺领域后,她在承担宣传中国传统文化的意义的同时,还承载了极其重要的政治意义。因为当时国外的媒体舆论普遍对刚刚成立的新中国政府抱有偏见,他们认为共产党压制文化发展,只拿军事题材的舞台或戏曲作品作为政党对外的宣传品。

在新中国第一次参加重大的国际会议,即 1954 年日内瓦国际会议时,因为我们与美国及其"联合国军"在朝鲜战场上较量并获胜,所以我国代表团遭受到了以恼羞成怒的美国为首的西方国家的排斥,局面对我们来说非常不利。而能否在本次大会上打开局面,对于新中国来说是很重要的。当日内瓦会议陷入僵局时,周总理亮出了他本次大会的大王牌!中国代表团给日内瓦会议的所有与会代表发去一份请帖。请帖上用各种语言写着:"邀请大家欣赏一部来自中国的彩色电影,中国的《罗密欧与朱丽叶》!"受邀观看的各国外交官全部给影片所感动。其艺术魅力就连电影大师卓别林看后也是热泪盈眶,钦佩不已。在会议结束后,周总理风趣地说了这样一句话:"本次大会中国能够取得成功,多亏了'两台'! 一是茅台,二是《梁山伯与祝英台》!"

越剧电影《梁山伯与祝英台》能感动所有的西方外交官、世界各国的观众,其原因是电影综合了越剧原作的思想和艺术成就,并以电影的有力表现方法,鲜明、形象而有力地展现中国的形象,让他们看到了一个美丽的中国。

这个美丽的中国,第一是美丽的山水,"上有天堂下有苏杭"的杭州湖光山色、江南小桥流水,令人陶醉。第二是美丽的人物和和谐的人际关系。美丽的女子具有读书和学习文化的权利,美丽的女子的聪慧和才华超越了男子,美丽的女子追求理想的婚姻的卓绝努力,中国的家庭父慈女孝,女儿得到家长由衷的宠爱;其中又穿插了师母与学生的深厚情谊,公子小姐和书童丫鬟的真诚感情,将中国古代人际关系美丽的面貌推现在大家面前。第三是美丽的服装,明代服饰是历代服饰中最美的。至于那"胡琴一响,心醉神迷",能够使男女老少、不分中外的观众陶醉的优美的越剧唱腔,更是沁人心扉,动人心弦。

第五节　歌剧戏剧结构审美因素探索①

综观歌剧戏剧结构的历史逻辑,不难发现歌剧的戏剧结构从诞生到发展以来,从意大利传播至法、英、德、奥、俄等国,均呈现出不同的戏剧结构特征。歌剧作为舶来品在传入中国以后,与中国戏曲、民歌、曲艺、方言等民族传统艺术语汇文化相结合,形成具有自身特色的戏剧结构。基于戏剧结构的复杂性特征与综合性影响因子,其戏剧结构的基本因素依旧具有构成其经典体裁的特性原则。笔者将从剧本共性的本质特征出发,尝试性地探讨歌剧戏剧结构因素中的基本四要素:时间结构、角色结构、主题结构、情节结构,以下内容将分而述之。

一、歌剧戏剧的时间结构

从歌剧创作到歌剧舞台呈现的整体过程来看,歌剧具有戏剧的时间结构特征。戏剧结构的概念,本身则具有宏观性与狭义性的不同内容之分,而本文中的戏剧结构则是狭义的戏剧结构概念——特指剧本文本的叙事结构。因此,关于歌剧的戏剧时间结构特征,本文将从歌剧剧本的恒定性时间结构特征、剧本结构的适应性特征、剧本结构的节奏性特征等方面进行阐述。

第一,歌剧剧本具有恒定性时间结构特征。它的艺术呈现具有歌剧恒定大小的规模特征。歌剧作为一种即时性的舞台戏剧艺术,其宏观轮廓具有约定俗成的时间结构。结构框架的大小通常取决于受众的戏剧感知、情感接受、专注力的持久性因素的影响。只有在观众的有效接受范围内,歌剧的演出才会有意义。如果戏剧时间太短,戏剧性内容则显得不够丰富;如果戏剧时间太长,戏剧内容则超出了观众能够持续定睛欣赏的耐力范围,从而导致多余的戏剧内容成为徒劳。因此,歌剧演出时间通常是在两个半小时至三个小时的时间范围内,且中间含有中场休息时间。为了满足时间结构的需要,短小的联剧体歌剧也会成套演出,幕场结构较少的真实主义歌剧也会将两部作品组合起来,成为歌剧双雄会的演出形式,从而符合

① 原载《文化中国》2023 年第 3 期,作者陈莉,上海音乐学院歌剧学博士,讲师。

了歌剧的非连续性情节的时间结构规律。不完全符合时间规律的戏剧作品也是存在的，如瓦格纳长大的乐剧等，以及部分相对时间结构短小且独立演出的室内歌剧等。因此，歌剧的体量大小决定了剧本的时间结构，剧本时间结构一定小于歌剧的整体时间结构，但同音乐结构、舞台及表演结构共同构成了恒定时间结构规律。从某种环境的独立性出发，当歌剧剧本构成一种阅读文本时，它的时间结构就已经确定了。在戏剧结构与不同类型的音乐结构合成的过程中，其基本结构保持不变，但音乐可因作曲家的创作技法不同而异，或者是因歌剧类型的不同而形成音乐上的形式变化。

第二，剧本结构具有适应性特征。作为创作型文本，笔者之所以强调适应性而非创造性的理由是：创造性是作为任何编剧的基本特质，但就歌剧剧本的创造性而言，其适应性的能力本身就是创造能力，或者说歌剧剧本的适应性要大于常规编剧的创造性能力。这是歌剧作为戏剧结构与音乐结构的同一性所决定的。[①] 戏剧文本很容易被转化为各种不同类型的阅读文本，如小说、歌剧剧本、话剧剧本、电影剧本等。对于歌剧剧本的创作，笔者从历史发展逻辑中不难感知到编剧对于歌剧剧本创作的爱恨交织的心情。纵观历史，经典的歌剧剧本均是在时间结构上做了大幅度的删减（尤其相较其他失败的剧本）——从整体时间结构，以及所涉及的剧词、人物、事件等。经典的歌剧剧本在结构上一定是遵循简洁性的审美原则，而这种简洁性是基于同音乐结构形成同一性的适应性，基于戏剧结构对于歌剧整体结构的适应性。因此，它需要恰当地创造性地对剧本进行删减，从而使之具备歌剧戏剧结构的适应性品质。依据能量守恒定律，其删减掉的部分并非就会完全消失于歌剧的整体结构中，而是转化成其他形式的语言结构，如音乐结构、舞台呈现结构，或者是以戏剧结构的暗含结构、隐性结构和开放性结构的方式而存在，从而以多种形式存在于歌剧的整体结构中。剧本结构的弹性空间大小则取决于编剧对于适应性能力的取舍与创造幅度。换言之，表演时间和所陈述的时间的一致性是另一种时间分离的补充，这种分离更为重要。这表现为现实的时间和只被唤起的虚构时间，还有一种方式是将舞台上的事件和对话的当前时间与非当前时间分开。[②] 那么，当前时间只在对话中谈论，非当前时间在对话中的谈论亦是在适应性结构的显现。

第三，剧本结构具有节奏性结构特征。节奏性结构在戏剧中通过"施力者"和"受力者"的反响获得。从文本上看，这样的节奏结构并非逻辑缜密的节奏性结构，

---

① 参见李诗原：《中国歌剧怎么做？——一个基于基础性美学问题的百年检视》，钱仁平主编：《中国歌剧年鉴 2020》，上海音乐学院出版社 2022 年版，第 40—104 页。

② Bianconi, Lorenzo, *Opera In Theory And Practice, Image And Myth*, The Uni. of Chicago Press, 1988, p.109.

而是具有抽象特征的节奏性特质,且可以通过抽象性填充使其成为完整统一的节奏性结构。因此,剧本结构显现出来的戏剧性节奏是富有弹性和可匹配性特征的节奏结构。宏观上显现出跳跃性特征的完整结构。这种跳跃性可以是来自场景结构的切换,也可以是来自表演中的时间速度差。总体上,事件的节奏性结构和舞台呈现的节奏持续是相同的。在歌剧戏剧结构中,充满了向前和向后的参照物,剧本结构通过体现文本外的历史事件或史前史的近、中、远景,将戏剧的结构拉回至过去事件的体验。这是一种节奏性的张力与情感结构的势能,并通过对向前推进的过去事件的感受,可以明显看出这一类型结构的目标导向。这种目的论结构可以是阶段性的,也可以直指戏剧的最终目的。这样的节奏性结构的功能无处不在,尤其在歌剧中的理想状态下,歌剧绝对属于当下进行时的戏剧,因此,史前史是对台上事件的一种令人厌倦的阐释,必须在节奏上加速进行。因为它无法推动行动,所以在这一点上千万不要用错。构成歌剧场景时间结构的几个交错的节奏包括:音乐节奏、台词节奏和戏剧动作的节奏、角色情绪的节奏等。除了音乐节奏外,其余构成了剧本节奏性结构,并纵横交错性地相互关联。最终形成歌剧的理想节奏性结构,并将时间结构的意识透过受众进而规范到文本结构。

二、歌剧戏剧的角色结构

歌剧中的角色,以塑造性格鲜明、具有典型身份和意义的人物形象为首要任务。然而,歌剧中的角色结构设置所蕴含的程式化体系和声部划分系统体系,却有着特殊的方式与方法。这一点同戏曲中的"行当"虽有相似性,但却有着极大的差异化特征。歌剧中以音乐为主要表现手法塑造剧本中的人物角色,其刻画技法必不可少。作为以音乐形式为主导表现手法的歌剧而言,歌剧演员必须具备综合形式的舞台呈现能力,尤其是演唱和表演的能力;创作者则要具备掌握用以刻画人物的艺术手法。歌剧编剧务必要熟悉角色结构的性能、特征等,才能准确地刻画出经典、鲜活且凸显适应歌剧体裁特质的角色人物。歌剧中的角色结构则分为隐性结构和显性结构。隐性角色的结构或隐性结构的角色,只是起到对事件或情感的加速作用,而对动作本身没有推进作用,也不具备显性色彩特征,通常以对话、书信、预言等戏剧形式勾勒出。显性角色结构则存在色彩及组合的划分规则,如下:

第一,角色的色彩结构划分。歌剧自诞生以来以美声唱法为国际声乐演唱方式,伴随着多声部声乐演唱和创作的发展,角色以声乐为主要载体的表现形式,对于声部和角色的色彩结构布局至关重要。合唱的人声色彩类型包括:女高音、次女高音、女中音、男高音、次男高音、男中音、男中低音、男低音。歌剧中的角色对于人声的划分依据则更加复杂,根据人声音质的天赋品质的色彩类型,还包括音域、换声点、共鸣区域、性格特征,以及其色彩戏剧性功能等属性,可进一步细划分声部类型为:轻型抒情男高音、抒情男高音、戏剧抒情男高音、戏剧男高音;抒情男中音、戏剧男中音、男中低音、男低音;抒情花腔女高音、戏剧花腔女高音、轻型抒情女高音、抒情女高音、戏剧抒情女高音、戏剧女高音、花腔女中音、抒情女中音、戏剧女中音等。由于人声声部的划分同历史流派的断代史划分在某种程度上有一定相似性——彼此无法以一刀切的绝对性或主观性判断来分类。因此,在色彩相似或相邻的声部结构中往往具有交集地带、共性特征,同一位声乐角色有可能兼具一种或几种类型属性。歌者所属类别越多、兼具的交集地带越宽广,该演员对于歌剧中的角色色彩结构把控范围就越广泛。下文将通过表格的形式罗列角色的色彩结构,以及所关联的人物性格特征,并按四大声部分类,且各类别自从上而下的色彩结构划分顺序依次为:轻巧、明亮逐渐转至暗淡、浓郁、浑厚、厚重的色彩。如表 1 所示。

表 1　角色(色彩)结构

声部	角色色彩结构类型	人物角色	性格特征
男高音	轻型抒情男高音	温柔的王子或绅士	忧愁的/喜悦的/患有相思病的/温柔的/轻快灵巧的
	抒情男高音	诗人/贵族/绅士	深情的/富于幻想的
	戏剧抒情男高音	英雄/情人	强烈占有欲/嫉妒心/悲剧性的/复仇的
	戏剧男高音	英雄/受害者	执着的/愿意付出的/勇敢的/饱受精神折磨的
男中音	抒情男中音	平民阶层的不同职务的男主/工匠/童话般的人物	充满信心的/智慧的/滑稽戏剧性的/善良的/有点才华的
	戏剧男中音	英雄人物/将军/斗牛士/父亲等;大臣/副将等各类角色	帅气的/成熟的/勇敢的/充满智慧的/将智慧用于阴谋的/邪恶的/官腔的/丑陋的
	男中低音/男低音	父亲/国王/魔鬼/长者	邪恶的/位高权重的/年迈的/慈爱的/严厉的
女高音	轻型抒情女高音(轻型抒情＋花腔)	青年女子/女仆/迷人风情的小女人	轻佻/卖弄风情/妖艳迷人/诡计多端/华丽的
	抒情花腔女高音	俏皮女仆/贵族小姐/小女孩/纯真姑娘	纯洁/热情/多愁善感/热情的/温柔的/俏皮的/可爱的/单纯的/头脑简单的/坚毅的/独立的/明暗的/爱怜的

声部	角色色彩结构类型	人物角色	性格特征
女高音	戏剧花腔女高音	公主/皇后/夫人	高贵的/容易受伤害的/发疯的/焦虑的/神经质的
	抒情女高音	美丽少女/公主/青梅竹马的未婚妻/邻家女	纯情/天真无邪/高雅/纯真可爱
	戏剧抒情女高音	为爱而生的女主	纯洁/思想单一/爱得专一/嫉妒心强
	戏剧女高音	女英雄/爱情的输家/爱情拒绝论者	固执的/富于牺牲精神的/缺少女人味的/失意的/自杀性的
女中音	花腔女中音	曾由阉人歌手扮演的英雄角色/少女	英雄性的/滑稽喜剧性的/灵活的/独立有主见的
	抒情女中音	女扮男装的角色/预言者/女仆/闺蜜/母亲	柔和的/多愁善感的/感伤的/敢爱敢恨的
	戏剧女中音	老女人/母亲/女巫/邪恶的女人/异域美女	性感豪放的/放荡不羁/控制欲强的/超强神秘力量的/异域风情的

第二，角色结构的色彩配置。俗话说："没有不美的色彩，只有不会搭配的组合。"一部歌剧的角色需要符合音乐和声的色彩配置，如同交响乐的配器一样，需要由不同的音色来组合及关联戏剧的人物，并能确保在独唱、重唱与合唱等人物配置中呈现丰富的人物色彩，并更立体地凸显戏剧性。角色的色彩编码依据幕、场、景、曲的音乐结构分组。角色结构的色彩搭配呈现出人物性格和形象的对比，并通过戏剧动作感动彼此、感染受众。通常，歌剧中的角色结构的色彩基于其演唱形式可划分为：群体（台上或幕后）、多人（2～8人通常最多）、群体和多人、单人（台上或幕后）。群体的色彩配置基本由其合唱的属性决定，根据戏剧内容还需另做要求，比如，士兵场景的全男性群体、烟草女工或修道院修女的全女性群体、集市上小朋友的童声群体，以及村民、贵族聚会等混合群体组合。由于歌剧的体裁特征决定了主要角色人数不可以太多，最常见的是两人组合、三人组合，其次则是多人组合（4—8人）。两人组合的角色色彩结构既可以是对比结构、又可以是统一结构。色彩对比的二人组合：爱情中的男女、夫妻、父女、母子、母女（戏剧关系融洽为前提）、主仆、情敌（男，少有女性）、敌人或仇人等；色彩统一的二人组合：革命中的接班人、闺蜜、姐妹、兄弟、主仆、国王与大臣、母女（戏剧关系对立）、情敌（女）、侍女、宫女等。三人组合中，色彩组合呈并列或主从关系的既对比又关联结构：三角恋（也有完全对比色彩的）、三

幽灵、三大臣、三姐妹或一主二从、长者和子女等。四人以上的色彩结构则属于角色关系的复式色彩结构组合,可以是二加二、三加三、二加二加二、三加三加三的组合形式等;还可以是混合式色彩结构组合,二加三、二加二加三等色彩结构组合。

第三,角色结构的发展模式。首先,酝酿角色结构,从人物出发,展开戏剧矛盾,并安排好幕场结构的角色分组,还要在角色结构中设计使人物成长变化的事件。主角的好坏、善恶、正义与邪恶都要通过戏剧人物关系的多重矛盾线为基础才能彰显,从而使人物呈现出多维和多面性特征,并使之在戏剧结构的矛盾陈铺—发展—冲突—解决的过程中不断成长、变化。其次,合理设置角色结构的人物突破点。无论编剧使用什么结构技巧创作戏剧结构,剧中人物都需要拥有合理的性格突破口,比如:任何老实柔弱的人物在戏剧动作中也必定需要一个横向结构的突破点——脾气爆发;任何彪悍强势的人物或英雄也会在戏剧结构中找到他(她)最脆弱的软肋触点——弱点。再者,角色的戏剧初心与被希望创造的最终形象之间的发展关系。这是由事件的启动构成角色的结构逻辑。角色作为独立的人物动机,其经历的事件是一连串因果贯穿的复杂戏剧结构,从而推动角色结构的发展,并在歌剧中激发出大量的咏叹调和重唱。同时,咏叹调的分曲数量多寡也表现了人物的角色结构等级。唯有从整体到局部把控好角色结构的发展模式,人物才会鲜活,戏剧才能最终体现其深层的内涵立意。

三、歌剧戏剧的主题结构

关于戏剧的主题结构,剧本为音乐提供了可行性的基础,同时,戏剧主题对于音乐结构的发展适应性也变得顺理成章。了解剧本历史发展的逻辑规律的客观时差变化,可以使受众更加理性地认识到歌剧主题的模式化概念结构。这种结构隐含在主题中,并构成戏剧的主题结构,且由音乐配合着统一地呈现于舞台。主题中所隐藏的戏剧行动,在戏剧结构的外表下并不能立刻被观察到。许多主题结构是依托于场景而存在,并在历史的嬗变中被不同剧作家所青睐,如爱情场景主题、监狱场景主题、睡眠场景主题、妒忌与仇恨主题、饮酒场景主题、书信场景主题、暴风雨主题、赌牌场景主题等。这些戏剧主题结构不仅有着深厚的历史文化渊源,且在发展过程中有的形成主题与主题之间的相互结构规则。

随着剧本创作发展的历史嬗变,主题结构的布局也随之发生着变化。例如17至18世纪一些以爱情主题结构为主的歌剧,发展到19世纪时,爱情主题结构则退居到全剧戏剧结构高潮的次级高潮结构点,甚至在有些剧本中直接开门见山放置在第一幕开头,抑或者比开头更早的史前史远景。动作进展则增加了阴谋主题结构、嫉妒主题结构、仇恨主题结构、狩猎主题等一系列主题结构,逐级将戏剧性的高潮一浪高过一浪地推向至高点,抑或是将主题重点转化为更深层次的说教主题等;再如,监狱主题场景源自最早的歌剧之地狱主题,该主题结构在历史上的意、法、德、美等各国歌剧中都很常见。它不仅象征着 17 世纪爱情主题在悲剧性地狱主题中的分离、19 世纪贝多芬笔下的阴谋主题和爱情主题的凯旋,还使笔者联想到 20 世纪斯特拉文斯基笔下的汤姆·拉克威尔的墓地主题及疯人院场景结构……在西方历史中与监狱主题密切关联的"拯救歌剧"早于法国大革命,但"拯救歌剧"却是大革命所产生的艺术流派。在中国民族歌剧《江姐》《洪湖赤卫队》中,监狱主题结构则彰显了革命斗争精神——英勇顽强和视死如归的爱国主义精神;暴风雨主题更是在 18 世纪和 19 世纪意、法歌剧中惯用的戏剧结构,并和战争时刻紧密联系。它既可以是柏辽兹笔下史诗般的风暴主题,亦可以是奥赛罗开篇的海上英勇奋战,还可以表现为中国封建家庭孽缘悲剧下的精神风暴等。这种主题结构的延续和发展成为歌剧场景中不可或缺的部分,并在各国剧本之间也存在着主题结构上的差异。歌剧的主题结构如同生动的版画一幅幅贯穿于戏剧结构中,并作用于戏剧人物情感。

四、歌剧戏剧的情节结构

关于戏剧的情节结构,无论从情节的复杂化还是历史背景体现的剧本价值,在世界各国的歌剧剧本之间都有着本质的区别,且存在情节结构上的差异。情节结构在剧本的整体结构框架中蕴含着戏剧结构的共通性规律与原则。通常,在舞台上呈现的现场戏剧结构中,歌剧避免了复杂的史前戏剧结构和隐藏性戏剧结构的情节。显性的戏剧结构则依据歌剧剧本的时间结构,划分为三幕结构框架居多。独幕或二幕歌剧具有可拆分的三部性结构特征,它是一种合并式的结构;四幕、五幕等戏剧结构也通常具有可以合并为三部结构的特征,它是一种拆分式的结构。因此,笔者将情节结构视为三大单元板块,戏剧动作为每个情节单元提供了不同的主题场景、情感节奏,并在规定的、有布局的时间结构中完成情节结构设置。情节结构包括情节线的设置、情节发展的方式和技巧、情节结构与人物的关系,以及"情节启动器"的运用。

歌剧戏剧结构需要有清晰的人物情节主线,同时,还要设置与主线人物相关联的情节副线,从而形成情节主线与副线的结构交织进行。两者既互补又统一,并在动作中将情节主线的能量推进到极致。法国歌剧的情节通常是复杂的,重视人物情节线的背景因素,其人物的情节线则是以表达更宏观的社会伦理或教育意义为主。意大利歌剧的情节线主要作用在人物本身,通过将人物的情感基础在情节设置中转折、再转折……地螺旋上升、加速至高潮乃至更激烈的戏剧高潮。剧本中人物纠缠在一起的情节线数量的多寡，则是由戏剧化张力需求决定。歌剧可以通过场景实现情节的复杂化特征。这在歌剧中主要表现在分曲的结构，比如，通过切换宣叙调与咏叹调、连接卡巴莱塔的情节结构，还可以通过加速的艺术手法催化戏剧中的情感，并将犹豫、迷茫与喜悦等情绪顺理成章地进行转换，以至最终奔向情感高潮的当下放空、放纵或狂欢，或是为不可预知的未来所下定某种决心，或是走向更深邃彷徨的迷宫，或是通过人物的思想交代了下一步的情节内容等。

情节启动器是情节结构中的珍贵稀有"物品"，不易多，通常在歌剧中，一件致命或深刻的"物品"就足以令观众信服，它如同情节结构中小巧且极具内核能量的金刚钻。在爱情题材中表现为普通平凡的随身信物——茶花女的生命象征；在历史英雄题材中表现为象征民族君王命脉的植物——麦克白的死亡预言"树木"；点燃奥赛罗的嫉妒火种的"手帕"；托斯卡眼中所燃起妒忌的"折扇"；在革命英雄题材中象征革命精神的"红梅"和革命情感摇篮的"洪湖水"；在家庭伦理故事中导致雷雨天悲剧引爆的"电线"……情节启动器往往在戏剧的开端就会埋下伏笔，或在情节结构中有所显现。主题和情节结构等因素在艺术手法的编织下，在思想内容和形式逻辑上形成高度契合的统一，并在平衡与互相激励中推进了戏剧动作的发展。

笔者通过结合一定体量的歌剧案例（总谱、剧本、舞台实践）研究，探究歌剧的戏剧结构，并梳理出歌剧戏剧结构因素——包括时间结构、角色（色彩）结构、主题结构、情节结构。首先，在歌剧的时间结构中，歌剧剧本具有恒定性时间结构特征，它是符合自然的科学规律，同时，它也符合创作主体与接受者的普遍审美原则和心理规律。在歌剧的时间结构中，剧本结构具有适应性特征，这也要求编剧创作剧本时，需同作曲家的音乐结构合作与配合。这也表现在与普通戏剧的文学结构相比，歌剧的戏剧结构则要进行适应性的删减和创造；在歌剧的时间结构中，剧本结构具有节奏性结构特征，这种特征在艺术作品中无处不在，可以说万物都具有自身的节奏性，并给予受众以节奏感，然而，歌剧的节奏性结构则是在宏观结构架构的运动程序中，具有适应性的戏剧性节奏，换言之，编剧需要创作使剧本结构具有适应性的节奏性特征的文本。其次，在角色（色彩）结构中，色彩编码则表现为声部的划分，那么，熟悉色彩编码规律并运用于审美创造中则至关重要。它是构建歌剧戏剧结构的基础和重要因素。角色的选择需要符合色彩的规律，也就是音乐中和声的规律；角色结构的色彩配置，具有一定搭配特质，在研究中不难挖掘其戏剧性的构建与色彩搭配的复杂关系和重要性。角色结构的宏观布局需呈现为发展性模式。再次，戏剧的主题结构和戏剧的情节结构亦是重要的戏剧结构因素，较之其他体裁戏剧剧本结构设计，貌似歌剧的戏剧结构更为简洁或简单，但是，恰巧这样的简约而富有艺术性的戏剧结构审美，更符合歌剧戏剧结构的本质要求和创作审美规律。

第八章 绘画美学研究

主编插白：神经美学是近来世界范围内美学研究出现的热点现象之一。上海社会科学院的胡俊研究员致力于神经美学的译介与研究。她以神经美学的视角对中国山水画的审美意象创构作出的解读别有心会。中国山水画运用线条勾描和水墨笔法来再现物象，在审美早期快速激活大脑视觉皮层中的视觉神经元和视觉神经通路，欣赏者更快识别物体、更流畅进行审美感知加工。中国山水画采用"以大观小"等空间构图审美法则，在审美中后期激活了大脑的情感边缘系统、内颞叶的记忆创造系统、背外侧前额叶的推理系统、颞极的语义系统等，引发主体对真实山水的想象、情感记忆及社会意义的赋予，创构出充盈着生命和性情的山水意象，达到言志、抒情和悟道的目的。中国山水画强调实境和留白的虚境融为一体，虚实相生中气韵生动，生成意境之美。这主要是通过大脑反思内省的默认网络与镜像神经元系统、奖赏系统等区域的同时性激活，达到"情"与"境"的高度统一，在情感共鸣中产生审美愉悦。

数字媒介改变了艺术作品的创造、欣赏和保存方式，也改变了人们对于艺术数据的访问、获取和传播路径。上海外国语大学的青年教师王静博士以《美术经典中的党史》《艺术里的奥林匹克》《诗画中国》等为代表的新形态文化类节目的研究为据，揭示媒介化、视听化、档案化是数字时代美术经典传播的独特方式，勾画了审美活动从审美创造、审美欣赏到审美评价的完整流程结构。数字媒介重塑美术经典的审美公共性，由此构建出美术经典传播的新图景。

中国外销瓷是海上丝绸之路艺术传播的一张重要名片。上海大学的任华东教授研究指出：中国外销瓷在釉色、纹饰、造型方面拥有极为丰富的美术元素，在审美风格上呈现为前后相继的三副审美面孔，即"中式面孔""中洋杂糅面孔""洋面孔"。这些面孔的形成经历了向域外输出到被域外追捧模仿，再到中外陶瓷美术交流融合的过程，承载着中国人及瓷路沿岸各民族多元的审美文化诉求。其中，"中式面孔"在世界范围内千余年来的风行从侧面显示，中国陶瓷美术曾较早地对域外众多国家和民族产生过强大且持久的审美影响。

第一节　神经美学视角下中国山水画的审美意象创构[①]

人类既有共通的审美神经机制,都会产生共同的审美愉悦体验,但不同的文化背景却会导致审美脑机制的文化差异性,这是因为知识、文化、环境、民族、个人经历等因素会在审美过程的后期阶段,通过海马记忆系统、边缘情感系统、激发个人体验的默认系统等,对相同的审美对象形成不同的认知意义,引发不同的审美情感,从而产生差异性的审美体验。中国人的审美感受、审美思维和审美体验的独特性,可以体现在中国书法、中国画、中国诗词等审美载体上,我们可以通过欣赏中国山水画,来分析中国审美神经机制的文化独特性。西方风景画追求真实地再现自然,中国山水画不追求形似,不通过颜色和形状来简单地模拟创作者眼中的自然景物,不注重绘画作品对初级感知觉皮层的强烈激活,而侧重于散点透视,移步换形,再现创作者脑中山水景象,运用地点视角的不断变化,激活欣赏者海马、海马旁回等内颞叶系统,再通过联想、回忆,增添欣赏者记忆中的山水景色,创造新的脑中之象,激活镜像神经元系统,抒发情感,更多激活边缘情感系统,并在山水之中寄寓"道""理""德"等多重社会意义,所以会更多激活前额叶的推理脑区和意义加工脑区等,从而生成心中的山水意象,最后,也是最关键的是,中国山水画会通过空间留白,增添想象的时空,在创造山水意象的基础上,渲染寂然、空灵、悠长的意境,激活了欣赏者进行思想巡游和个人内观的大脑默认网络,从而沉浸在个体追忆过去、思考未来的情感和认知体验中,同时进行社会性的推理和自我观照,建构心中山水的审美意象,体悟山水中的审美意境。

一、物象的再现:线条与水墨

线条是中国山水画的基本造型手段,中国山水画主要是利用各种不同的线条来勾勒物象的内外轮廓、边界,表现物体的形态,然后随物赋彩,添加青绿赭等几种简单颜色来渲染山石树木等,甚至中唐之后盛行的水墨山水,出现"以黑代色""墨即是色""墨分五色",仅用黑白的明暗对照,来表现物体的颜色、结构和空间位置等,体现了中国人对自然所独有的视觉体验和审美情感。所以我们参照西方风景画的审美结构元素,对比发现中国山水画是以线条和黑白水墨为其审美特质之一,下面我们从神经美学角度来辨析它们对大脑视觉审美激活的独特作用。

一方面,中国山水画的线条及其走向能够激活"方位-朝向选择性""运动方向

---

① 原载《学术月刊》2024年第5期。作者胡俊,上海社会科学院研究员。

选择性"的神经元。中国山水画的线条表现，主要在用笔上有勾和皴两种方式，从隋唐以前山水画的"空勾无皴"，发展到五代时期山水画的"皴染俱备"。魏晋时期的早期山水画主要是以勾的笔法，以粗细匀称的线条描画山石形体，变化较少。到了隋代，使用细密均匀的线条来勾描山石树木的轮廓，略有顿挫，比如展子虔的《游春图》。唐代开始，线条表现生动起来，有粗细、疾徐、转折的变化，比如吴道子的画作可谓是一日写尽嘉陵江景色，线描则如风动，具有运动感和速度感。五代之后，这种勾画山石形体的笔法更加多样，有长短、粗细、顿挫、方圆、断续、浓淡等许多变化，以描绘山石的不同特征。为了进一步表现山石的体积感、质感和空间感，只凭变化多端的线描勾勒是不够的，于是中国古人后来还创造了皴法、染法和点法。不同的勾、皴、点、染等手法运用，使得线条和形状变化多端，每个线条的走势和方向各不相同，极其生动，创造了一种线条自身的运动感。当中国山水画中有关线条及其走向的视觉信息经视网膜编码成视觉神经信号，投射到视觉大脑皮层之后，视觉皮层中的"方位选择性""运动方向选择性"等细胞就会激活起来，主动接受和分析这些线条的形状以及走势、方向的神经信号信息。

另一方面，中国山水画中的黑白元素能够激活"明暗选择性""颜色选择性""空间频率选择性"神经元。黑与白是中国山水画色彩的基调与骨架，墨中可以注入水，根据墨与水的比例，进行了墨色浓淡分类，根据水墨所呈现的不同层次，分为"焦、浓、重、淡、清"五色，有人也把留白算在内，即"墨分六色"，显现了不同墨色从最浓到最淡的不同程度明暗效果。大脑视觉皮层中的"明暗选择性"神经元，有的喜欢明亮，有的喜欢黑暗。也就是说，有些神经元的感受野中央区接受光照的时候，会被激活；而另一些神经元的感受野中央区在没有光照的时候，才会被激活。正因为视觉大脑中有专门喜欢不同明暗程度的视觉神经元，所以中国水墨山水画中的黑白明暗对比，能够给大脑中的"明暗选择性"视觉神经细胞形成强烈的刺激。这种水墨山水画对视觉大脑的强烈吸引力，中国古人也是切身感受到了。唐代王维《山水诀》中指出："夫画道之中，水墨最为上。肇自然之性，成造化之功"①。清朝华琳的《南宗抉秘》中写道："墨有五色：黑、浓、湿、干、淡，五者缺一不可。五者备，则纸上光怪陆离，斑斓夺目，较之著色画，尤为奇姿。"②黑与白，简易而不简单，其运用甚至比西方风景画按事物本来色彩来着色更难。白色是无色，而墨色可以在宣纸上变化出各种层次明亮度的效果，这是中国画发展的生命力所在。这里的

① 王维：《山水诀·山水论》，王森然标点注译，人民美术出版社2016年版，第1页。
② 华琳：《南宗抉秘》，于安澜编著，张自然校订：《画论丛刊》（三），河南大学出版社2015年版，第884—885页。

黑白之色，其实不再是事物本身的色彩，而是带来不同明暗度对照的绘画元素，我们大脑初级视觉皮层中的"明暗选择性"神经元会主动接收这些视网膜传递过来的体现物体明暗程度的神经信号，进行活跃分析。

可见中国山水画通过线条、黑白对照等特殊的绘画元素，能够契合大脑视觉初级皮层的多种神经元的喜好，于是"明暗选择性""颜色选择性""方向选择性""运动方向选择性"等视觉神经元对中国山水画中的视觉特质信息会强烈激活，多种视觉神经元在审美活动的初期就能够主动接受和分析山水画中的形状、颜色、运动、明暗、空间、位置等。

中国山水画凭借线条和水墨等特有视觉艺术特质，能够更快速地激活大脑视觉加工的两条神经通道：有关物体识别加工的腹侧视觉神经通道和关于空间位置和运动状态的背侧视觉神经通道，从而高效完成对视觉信息的感知和识别。中国山水画因为主要采用线条表现山石树水的形体，从而达到识别物体的目的，而且中国山水画的色彩比较单一，大脑需要色彩加工的时间较少，从而在物体识别的时间性、流畅性上更具优势。神经科学实验表明加工流畅性更容易强烈激活内侧眶额叶皮层[①]，而内侧眶额叶的激活是和审美体验密切相关[②]，从而激发审美愉悦反应。

二、山水意象的创构："以大观小""三远法"和"步步移"

西方风景画一般是采用焦点透视法，追求单点固定位置所观之物的视觉真实。过去我们一般认为这具有一定的科学性，遵照人类视觉的观看规律，而中国山水画没有一个聚焦点，视点发散，比较散漫，我们进而联系到西方的科学严密的逻辑思维，并由此来比较中国古人的散点化、感悟式思维。然而从审美神经机制的角度来看，西方风景画是从一种单一的固定的视角，如同一个照相机在某一固定点的机械拍摄，这体现了一种高度写实的绘画观念，通过一个固定的视点来忠实地再现眼睛所见的事物。西方风景画表现出近大远小，色彩与光影的运用，只为了呈现出客观事物之象，显示出固定视点的一种初级视觉信息的真实，即直接来源于眼前的外部世界，只反映出眼睛的视网膜上的映像，至多经过眼睛的视网膜等初级感官的输入，进入大脑的初级视觉皮层，也就是说，西方风景画上的信息相当于创作者把他

---

① Kirsten G. Volz, D. Yves von Cramon, "What Neuroscience Can Tell Us about Intuitive Processes in the Context of Discovery", *Journal of Congnitive Neuroscience*, Vol. 18 (2006): pp. 2077-2087.

② Tomohiro Ishizu, Semir Zeki, "Toward A Brain-Based Theory of Beauty", *PLoS ONE*, Vol. 6(2011), pp. 1-10.

在某一位置上眼睛的视网膜乃至大脑视觉初级皮层刚刚接受到的初步视觉信息真实地再现出来。而中国山水画的创作，不是从某一角度进行写生写实，而是需要饱览大好河山之后，把各种山水景象记忆在大脑之中，然后再进行一种写意的绘画创作，把眼睛从不同角度不同位置所看到的山水景象，按照意念和情感重新进行整体构图，以描绘出心中的山水意象。所以中国山水画更注重通过绘画来表达社会理想、抒情言志等，整体的绘画理念就不是关注眼睛视网膜以及视觉初级皮层所接受到的视觉信息，而更加强调初级视觉皮层向情感评估、意义价值等大脑脑区的连接，即基本视觉信息向基本感情表征的审美价值评估转化。

2021年，韦塞尔在《视觉感知到审美吸引力》[1]一文中，依据神经美学实验结果，提出审美吸引力本身和视觉皮层的特征识别区或分类选择视觉区，没有直接关联，比如物体选择性的枕侧皮层、场景选择性的海马旁回位置区和枕部位置区、视觉运动选择性的颞中复合体等。这些脑区在观看不同等级审美吸引力甚至是没有审美吸引力的风景图像时，都被激活，从而排除和审美吸引力的直接关联，说明这些视觉特征识别脑区只是和一般认知的物体识别相关，而和审美吸引没有直接关系。相反，一项全脑分析显示，与视觉特征选择性和场景选择性的脑区相邻的腹侧和外侧簇的脑区，都被审美吸引力所调节，高度吸引人的风景图像能够激发这些脑区的更大活性。也就是说，直接视觉特征的相邻脑区皮层，比如涉及到物体识别后与此相关记忆、联想和基本感情的腹侧视觉通道，可能参与与审美评估更直接相关信息的计算。这些观测到的脑区激活，反映了从基于特征识别的视觉表征到基本感情表征的一个局部转换，这些相关脑区是与审美吸引力有着直接关联。

西方风景画是追求单点固定位置所观之物的视觉真实，而中国山水画是通过散点透视法，包括以大观小、三远构图法、步步移等审美法则，对不同位置的山水树石房舍等景象进行观察，并把所观之物记忆在大脑中，然后按照主观意图和情感来对脑中之象进行取舍、组合，形成完整的全场式的心理意象构建，最后在画面空间上达到全景鸟瞰式构图，呈现一种心理真实、意象真实、艺术真实和审美真实的山水画面，从而更加激发欣赏者的审美吸引力。

中国绘画史上对于焦点透视的论述，最早出现在南北朝山水画家宗炳《画山水序》中，比西方的绘画透视方法的运用早一千多年。"去之稍阔，则其见弥小。今张绡素以远暎，则昆、阆之形，可围于方寸之内。竖划三寸，当千仞之高；横墨数尺，体

---

① Ayse Ilkay Isik and Edward A. Vessel, "From Visual Perception to Aesthetic Appeal: Brain Responses to Aesthetically Appealing Natural Landscape Movies", *Frontiers in Human Neuroscience*, Vol.15, （2021）, pp.1-22.

百里之迥。"①宗炳提出张开一块薄而透明的"绡素",放在眼前,透过它来看远处辽阔的景物,可以从空间位置远近大小的比较,来显现出近大远小的透视效果,类似于近代西方在16、17世纪时隔着玻璃以透视物体,并在玻璃上标注所观物体的位置的方法。

中国古人虽然早在公元400年时已懂得这种透视法,然而中国山水画却始终没有实行运用这种透视法,没有采用目之所及的视网膜成像的焦点透视法来绘画眼中所见之物,并且在山水绘画上大多避开焦点透视法,即使有个别画家使用这种透视法,也被主流否定和批评。

沈括用"以大观小"的山水之法来质疑李成单一、固定视点的画法,认为这局限于"以下望上,只合见一重山"的视觉生理表现,只能画出具有视觉局限性的某一处风景,导致人无法画出整座大山及前后景物的整体和谐有序的宏阔山水景象。李成的画法只能是单点观看时视网膜上的成像真实,但不是游观整体山水后还原山水物象的真实,也不是中国山水画所追求艺术意境的真实。

如果拘泥于用眼睛去观看,不脱离视觉器官的生理局限来绘画,就无法描绘中国山水画中的"重重悉见"。那么如何才能见到重重山峦呢? 沈括认为,唯有采取"山水之法,以大观小",不拘泥真山真水中的局部视域,而以大道来"观"具体微小的万事万物。这里的"观"不再局限于视觉,还包括视觉体验的类比、记忆、联想、想象和情感等的内观,是中国山水画独特图式的思维之法。沈括以"观假山"为喻,通过"以大观小"的认知方法,帮助人们去感悟、类比和想象宏阔"真山水"之景象,可以增加山水画的丰富性,描绘出山水画中的叠嶂层峦、溪谷涧石等,让人觉得中国山水画具有"可行、可望、可游、可居"的和谐境界。可见中国古典山水画追求艺术意境的真实是一种脑中物象的真实,一种添加了艺术想象和审美情感的真实。

为了达到"以大观小"的整体视觉效果,在山水画的空间构图上,北宋郭熙在《林泉高致》中开创了"三远法":"山有三远:自山下而仰山巅,谓之高远;自山前而窥山后,谓之深远;自近山而望远山,谓之平远。"②以高、低、平等不同角度的不同视点来观察、审视和摹写景物,把不同视点下的所见不同物象放在同一幅绘画作品中来表现,突破了单一视点观察景物的局限,显示了由于观者空间位置的变化带来视觉效果和审美体验的变化。这种通过不同视点来观物取象的做法,使得画家能够随心所欲地裁景构图,创造出一种人在山水中畅游的身临其境的观感,让观者情不自禁地体会到山水之真、自然之美。当这种山水之"真"、自然之美与画家和观者

---

① 宗炳、王微著,陈传席译解,吴焯校订:《画山水序·叙画》,人民美术出版社1985年版,第5页。

② 郭熙著、鲁博林编著:《林泉高致》,江苏凤凰文艺出版社2015年版,第80页。

的人生之真、生命之美相天人交汇之时，实际上也就近似达到了中国哲学、中国艺术的精神核心——道，表达出天人合一、物我同化的自然之道及其理想境界等。

除了"以大观小""三远法"的主体意识下空间构图模式外，中国山水画还运用了"步步移、面面观"的创作理念。相对于中国山水画，西方风景画显得一展无余，缺乏审美空间的丰富性和纵深感，既不能让观者在远观细品中获得个人深度感悟和体验，也难以通过观者的审美联想的意识流动生成相关审美意象甚至审美意境；而中国山水画往往因为不限于单一视点的固定物象，而是让人能够在山水画面营造的时空意象中穿梭，不由产生无限的冥想，生发出绵延往复、幽深淡远的审美体验。郭熙在《林泉高致》中提出一种"步步移、面面观"的动态观看山水画方式，随着物象的移动变化，带来丰富流动的心理意象的体验，产生流连忘返的审美愉悦情感。"山近看如此，远数里看又如此，远十数里看又如此，每远每异，所谓'山形步步移'也。山，正面如此，侧面又如此，背面又如此，每看每异，所谓'山形面面看'也。"①随着移步换景，能够欣赏到不同面的山形，观者的每一次赏鉴品味，都能获得不同的心理意象体验，激发不同方面的联想和想象，产生多层面的感触、滋味和体悟，更容易获得心灵的情感共鸣，从而对审美主体产生更高级别的审美吸引力，达到一种审美愉悦的深度心理体验。

正因为中国山水画的绘画目的在于言志、抒情和悟道，不再拘泥于写实、再现景物和摹仿自然的表象，所以其采用"以大观小""三远法""步步移"等散点透视的空间构图及其审美法则，从而更加容易激发观者的审美共情，达到和画者的审美共振。欣赏者打开中国山水画卷，画中的景象于是以横轴的左右顺序或者竖轴的上下顺序来展开，由于没有西方静态单一视点的限制，观者可以游目而观，达到身心自由的境地。观赏中国山水画，比如黄公望的《富春山居图》，画面展现出全景式的山水意象，让人感觉自由畅游在山水之间，可以远观或近望，视点可以移动或叠合，既有使用广角镜头产生深远感，又有推进放大的特写部分。视角也是千变万化，没有限定固化。中国山水画观赏的方式十分自由，没有拘束，不仅可以从不同视点看到山水的不同形面，而且还可以做到正如南朝画论家宗炳在《画山水序》提出的"澄怀味像"②，既可以调动海马记忆系统来联想、想象和丰富相关山水意象，又能调节大脑的情感边缘系统和意义推理系统等对山水意象进行细细体悟，所以更容易激发观者的审美注意、审美欣赏和审美愉悦体验的发生，也更容易提高主体对中国山

---

① 郭熙著、鲁博林编著：《林泉高致》，江苏凤凰文艺出版社 2015 年版，第 38 页。

② 宗炳、王微著，陈传席译解，吴焯校订：《画山水序·叙画》，人民美术出版社 1985 年版，第 1 页。

水绘画的审美吸引力。

三、审美意境的生成：虚实相生及留白

中国山水画与西方风景油画相比，更加注重虚实相生，有更多的留白部分，审美追求的境界是那无穷的空间和充塞这空间的生命之道。中国山水画中的留白，既是一种色彩和明暗度的对比协调，又可以作为背景来烘托和突出画面中的具体形象，更是一种空间的盈余和可创造性，可以让欣赏者自己进行回忆、想象、联想和创造，是一种对画面上已有自然景观的实境内容在大脑中的延续和补充，在观者脑海中自我创造和生成相关自然山水的脑中意象，营造出更多的山水虚境，并在虚实之中拓展出无尽绵延的艺术意境，从而更容易激活大脑的默认系统，使得观者沉浸于一种放松神游的精神状态。

一项由中国和西方学者共同合作的神经美学实验发现①，与西方现实主义风景油画相比，中国传统山水画对放松和游神的主观评价较高：人们观看西方风景油画会集中注意力关注画面的细节，更加关注画面物体的识别；在欣赏中国传统山水画时，人们可能会体验到一种相对较大的走神精神状态，在此期间，他们可能会变得放松，并倾向于进入可能与绘画本身内容无关的精神状态。所以瓦塔尼安认为人们在观看中国山水画时会沉浸于绘画作品之中，经历了精神旅行和迷失自我的思想巡游状态。

观看山水画能够使人产生沉迷其中的精神巡游的心理状态，是因为观看山水画更多地激发了大脑的默认系统，默认网络是与个人的自我参照、反思体验有关。克拉-孔迪通过实验发现，默认系统在审美过程的后期是更加强烈地激活。② 而且韦塞尔和斯塔尔等人的实验表明，不同吸引力等级的绘画作品都激活了枕颞感觉区，但最吸引人的绘画作品能够激活人的默认系统，产生最高等级的美的体验，这说明审美体验涉及感官和情感反应的整合，特别是与个体性相关。③ 中国山水画

① Tingting Wang, Lei Mo, Oshin Vartanian, Jonathan S. Cant and Gerald Cupchik, "An Investigation of the Neural Substrates of Mind Wandering induced by Viewing Traditional Chinese Landscape Paintings", *Frontiers in Human Neuroscience*, Vol. 8, (2015), pp. 1-10.

② Camilo J. Cela-Conde, Juan García-Prieto, José J. Ramasco, Claudio R. Mirasso, Ricardo Bajo, Enric Munar, Albert Flexas, Francisco del-Pozo, and Fernando Maestú, "*Dynamics of brain networks in the aesthetic appreciation*", *Proceedings of the National Academy of Sciences*, Vol. 110(2013), pp. 1-8.

③ Edward A. Vessel, G. Gabrielle Starr and Nava Rubin, The Brain on Art: Intense Aesthetic Experience Activates the Default Mode Network, *Frontiers in Human Neuroscience*, Vol. 6, 2012, pp. 1-17.

为什么更容易激活大脑默认系统,带来思接千载、神游八荒的精神状态,可能正是由于中国山水画中虚实相生的运用,和艺术化留白的处理,给观赏者带来无限遐想的审美想象和天人合一的审美意境。

古人曰"虚实相生乃得画理",中国山水画通过画面疏密、笔墨浓淡的虚实关系,来达到气韵生动和神采之妙,在世界美术史上独具特色。中国山水画论非常重视虚实关系,如清朝孔衍栻在《石村画诀》中提出:"有墨画处,此实笔也。无墨画处,以云气衬,此虚中之实也。树石房廊等,皆有白处,又实中之虚也。实者虚之,虚者实之。"①在中国传统山水画中,画内为"实",画外为"虚";有为"实",无为"虚";墨黑为实,空白即虚;在画面上山石树木用墨线勾勒晕染,此是实,而天空、水面、云雾、雪、路等则用留白来表达,则为虚。实境是有象之境,是画面上实在的景象与作者情感的交融;而虚境是无象之境,是在画面中留有余地,"空故纳万境",给观者在实境之外以充分联想和想象,是象外之象的延伸与作者和观者情感的交融。

中国山水画中"虚实结合用得最多的表现手法就是'计白当黑'的留白"②,在画面中留有一些空白之处,以无当有,以白当墨,与实景相生相成,使山水灵动之气穿流于整幅作品,给观者无限的空间进行遐想,提升画作的意境之美。如南宋画家马远,他常在画面上只画一个角落,留下大面积空白,空白的"无"与画处的"有"正是"虚""实"关系的体现。八大山人笔下的鸟和鱼,比如《鱼石图卷》和《孤禽图》中虽然只是单鸟或孤鱼,但周边的空白可以想象为环绕着鸟儿的无际天空,或者鱼儿遨游其中的水波,可谓一片神妙的虚景空间。元代画家倪瓒在《渔庄秋霁图》中一河两岸式的构图,上段为远山和空白的天空,下段为近处的山石树木,中段是在远山和近山的实景中留出大片空白,此处可以想象成为远山和近树之间波光粼粼的水面虚景,画面构图的虚实结合形成相互辉映、明媚清秀的湖光山色之美景。

"可见留白不是空白,是以画面上的'无'焕发出读者心中无限的'有'。"③画面中的空白是画面整体中的一部分,空白的"虚"使人产生联想,"留白"并不是没有,而是"计白当黑",留白在作品的接受过程中能够让人产生丰富的联想和想象。清代张式《画谭》中写道:烟云渲染为画中流动之气,故曰空白,非空纸。空白即画也。留白将客观的真实境像"白"转化为充满作者主观情意的艺术形象,使得景物情感化,达到情景交融的境地。

山水画的意境也在"留白"的审美空间里得以养成。"空白在一定意义上也体

---

① 孔衍栻:《石村画诀》,于安澜编著、张自然校订:《画论丛刊》(二),河南大学出版社 2015 年版,第 475 页。

② 徐作先:《传统山水画虚实相生的美学内涵》,《美术界》2019 年第 11 期。

③ 同上。

现为画中流行的'气',即谢赫六法所说的'气韵';正因如此,虚景才可能转化为实景"①,于是"留白"的"虚"与笔墨的"实"融成一片,灵动,有生命的气息。所以山水画正因为有留白,才带来灵动的空间结构与空灵的审美境界。

相较于西方风景画侧重实境的描绘,中国山水画更强调虚实相生之后的产物——意境,意境的结构特征就是虚实相生:中国山水画由实境到虚境,"实"的存在是为了更好衬托"虚",虚的部分让观者引发审美想象,"虚境"是对"实境"内涵象征和"审美意蕴的升华,由实境诱发和开拓的审美想象的空间"②,升华了引起欣赏者无限遐想的审美想象及其诱发出来的审美情感和审美体验,在实境构建的特定内涵的物象之外,体现着无穷的意境和气韵之妙。"虚实相生成为意境独特的结构方式。虚实的对立统一,是中国画'无画处皆成妙境'的'象外之意''画外之境'之意境产生的主要因素。……虚与实是中国画意境生成的主要的表现形式,有虚与实才能产生'气韵',画中的留白是中国画回肠荡气的气息活眼。"虚实结合既能够再现客观的物象,又能够表达出主观的内在精神和气韵。"中国画作品的意境美产生和形成,是画家通过对作品的'虚实相生'的凝练"③,是画家的主观情感表达与观赏者的认知情感交融引起的情感共鸣相互作用和启发而成的,是"情"与"境"的高度统一。

中国山水画中的虚实相生,形成作品的"气韵生动",带来画面的境界空旷并引向深远,"将自然的生命和人的精神同时纳入山水意境之中,给观者以无尽的想象空间"④,"引领人们超越狭隘的世俗世界,去领悟宇宙和人生之道的精神体验"⑤,感受到无限辽阔宽广、充满生机和活力的一片天地,这也体现了天人合一的中国哲学思想。可见,中国山水画的创作不追求外在景物形态的逼真摹写和再现,而是为了在自然山水和画家主观心灵意识交融之中表达出情感和思想,一方面是对自然的深度体验,以审美观照来重新创作山水意象,并文化内涵来赋予山水旨趣,另一方面是对自我个体生命的深切体悟,以及对宇宙中人的生命体验的反思和生命意义的求索,两者的相互作用,使得山水画成为人类精神的安放地,画者和观者都能通过体悟山水意象来探寻人生和回归内心,使得个体生命与宇宙节奏获得互动连接,人在体验山水意象中感受到人与宇宙生命的情感共鸣,山水意象之美也在虚实

① 熊显林、孙文博:《中国山水画留白探析》,《艺海》2014 年第 3 期。
② 徐作先:《传统山水画虚实相生的美学内涵》,《美术界》2019 年第 11 期。
③ 同上。
④ 鲍月、沈爱凤:《从古代山水画看中国艺术哲学的"虚"与"实"》,《中国社会科学报》2022 年 8 月 23 日。
⑤ 华强:《山水画的深邃之美》,《艺术百家》2005 年第 8 期。

相生之中走向无限的宇宙人生的精神境界。

一项观看西方风景油画和中国山水画后进行认知任务的比对实验,结果表明观看中国山水画后,具有更强的认知控制和注意力。① 这有力地说明,中西绘画审美神经机制的差异,不仅在于中国山水更广泛更强烈地激活默认系统,而且中国山水画能够增加审美愉悦,促进大脑神经奖赏回路的激活,所以观者在欣赏中国山水画之后,由于多巴胺等快乐神经递质的分泌,有利于提升学习的效果,提高了认知控制和注意力关注程度。可见,中国山水画通过人脑中具身模拟的镜像神经元系统的激活,及其调控情感的边缘系统、进行记忆和联想的海马系统(内颞叶等高创造力系统)、一般意义推理背外侧前额叶系统、腹内侧前额叶-内侧眶额叶等奖赏系统、进行自我情感、认知内省和社会观照、社会推理的人脑默认系统等脑区的高度同时性激活,欣赏者对中国山水画进行审美深度体验,创构出丰富的审美意象,产生愉悦的审美情感,于是欣赏者在大脑中创构出萦绕于心的悠长辽远的审美意境。"从神经美学角度来理解,经过审美判断、审美情感双向认同的美的'意象''审美意象''审美意境'所引发的审美体验,是人脑体验审美愉悦的高峰时刻。"②

从文化差异的角度来看,中国山水画和西方风景画激活审美体验的路径是同中有异的。虽然中国山水画和西方风景画都能产生让人愉悦的审美情感,但中国山水画激活的初级感知区比较简单,西方风景画激活的初级感知区比较丰富。中国山水画激活审美神经机制的路径,是先通过线条表现形体,让人知道,这是什么,用墨色的明暗来表现空间的位置。然而神经美学实验表明,审美吸引力与初级感知区激活的关联不大。审美活动和一般认知活动都可以激活初级感知区,初级感知区是认知活动和审美活动的共同的一般脑区,其与审美吸引力没有直接关系,因为神经美学实验发现初级感知区在美、丑、中性的感知刺激中都被激活。实验表明,自然风景的审美吸引力不来自视觉皮层中有关物体选择性、场景选择性、位置选择性、运动选择性等的区域,而来自视觉特征选择性皮层的相邻皮层,位于腹侧视觉通路的后端位置,其往往是和语境联想、语义解释、意象、期望、联想、个人过去经历和情感等相关,参与到审美评估更直接相关的计算信息。

那么审美吸引力不来自视觉特征的真实再现的刺激,而依赖于观察者的期望和丰富的语义和语境关联,基于计算的基本感情的表征。中国山水画的线条和水

① Tingting Wang, Lei Mo, Oshin Vartanian, Jonathan S. Cant and Gerald Cupchik, "An Investigation of the Neural Substrates of Mind Wandering induced by Viewing Traditional Chinese Landscape Paintings", *Frontiers in Human Neuroscience*, Vol. 8, 2015, pp. 1-10.
② 胡俊:《神经美学与审美意象理论的创构》,《文学评论》2022 年第 5 期。

墨这些看似简单的表现元素,其实已经能够强烈刺激大脑初级感知皮层中的腹侧和背侧视觉通路。其他无关的,都减去,以免让大脑注意力过多停留在视觉层面。

神经美学家们对已有 15 个神经美学实验[①]的数据进行分析,发现观看绘画与一个大脑分布式的系统激活有关,包括枕叶、参与物体(梭状回)和场景(海马旁回)感知的腹侧流中的颞叶结构,以及前岛叶——情感体验的关键结构。此外,还观察到双侧后扣带皮层的激活,这是大脑默认网络的一部分。这些结果表明,观看绘画不仅涉及到与视觉表征和物体识别有关的系统,而且还涉及到潜在的情感和内在化认知的结构。

正因为中国山水画能够通过线条和单纯的墨色层次来自由地表现物体的形状及其空间位置,借助以大观小、三远法、步步移等散点透视来形成主观的审美构图法则,以及使用留白手法来产生虚实相生、气韵生动的审美效果,这样中国山水画不是通过直接模拟自然山水而得以表现,欣赏者也不是直观所见,而是让欣赏者通过观看、联想、回忆、想象等方式,来构建脑海中的山水意象的艺术世界,创造一个丰满生动的新的山水元宇宙。中国画在用笔墨的表现上,看似至简,其实是通过简化的方式来刺激初级感知觉的大脑区域,稍作停留感知到物体形象和位置之后,并从初级感知觉区更快地转化到并更强烈地激活海马记忆区、情感边缘区、前额叶的思考推理区等,从而更有可能最终激活默认系统,并高度同时性激活镜像神经元系统、边缘情感区、记忆联想区、意义加工区等,开始思想的巡游、精神的沉浸和山水想象,这样会产生审美的山水意象,乃至审美的山水意境,因此持续激活大脑的深度审美体验。从神经美学的角度来看,大脑中审美山水意象的创构乃至审美山水意境的逸出生成,正是中国山水画审美神经机制区别于西方风景油画的审美文化差异的关键之处。

第二节　媒介化、视听化、档案化: 数字时代美术经典的传播[②]

数字时代,传统艺术的传播边界不断被打破,各种新兴媒介介入并重塑文化艺术的消费版图。传统美术经典收藏于美术馆或博物院,陈列于高规格展览空间。这些珍贵的名画、藏品具有保存和展出的特殊要求,普通观者难以得见。而数字技

---

① Oshin Vartanian, Martin Skov, "Neural correlates of viewing paintings: Evidence from a quantitative meta-analysis of functional magnetic resonance imaging data", *Brain and Cognition*, Vol. 87, 2014, pp. 52–56.

② 原载《艺术传播研究》2023 年第 3 期。作者王静,上海外国语大学讲师。

术提供了高清晰的局部图像、智能化的交互设计、多样态的视听元素与沉浸式的观看体验，让更多观者能够在开放的虚拟展厅与共享的交互界面中随时随地欣赏经典画作，在个体日常生活空间内展开原本属于公众性的审美活动。上述变化是对杜夫海纳提出的审美公众性的当代回应。借用现象美学观点，艺术作品只有经由人的承认才能够成为真正意义上的审美对象，获得自身的"充分存在"①。换言之，只有通过公众的认可，审美对象才能够达到存在的充实性。② 在这里，杜夫海纳不仅强调了审美经验所具有的现实性与公共性，同时，还向我们提示了审美活动过程中"传播"的重要价值——处于艺术传播链条上却未诉诸受众的作品，甚至丧失了艺术与审美的合法性。从这一维度来看，"传播"本身就是艺术隐含着的另一面，是对艺术的内在规定。

经历大众传媒对视觉文化的长期训练，人们的图像审美能力普遍提升。继文学类、文博类节目的"破圈"带动美术馆消费热潮后，以《美术经典中的党史》《艺术里的奥林匹克》《诗画中国》等为代表的图像审美类文化节目应运而生，并作为传统美术经典数字化传播的重要形式之一，呈现出媒介化、视听化、档案化的新特征，深刻影响着当代大众审美文化的基本结构。

一、媒介化：从"画体"到"画意"

谈及美术经典在当代传播中的"媒介化"，是将其更本质地理解为"媒介"的原初含义。在《牛津英语词典》中，"媒介"的原初解释是中间、中间人、居中位置、中间物、中间阶段。此概念不仅指向用来记载、传输信息数据的通道，亦可以是艺术创造的材料与沟通不同文化环境的载体。约翰·彼得斯在追溯媒介的词源变迁时指出，媒介一词具有超越符号学层面的内容含义。在 19 世纪前，媒介曾被更本质地理解为构成事物间相互联系的"元素"或周遭"环境"③，整合异质、混乱与秩序④。彼得斯以航船的行驶轨迹让海洋在自然中显现为比拟，揭示作为技艺创造物的航船与人结合成为认知海洋的"中间媒介"，通过船舶抛下的锚点，人类与天空、海洋、船舶实现环聚与分离。马丁·海德格尔（Martin Heidegger）指出，桥梁把大地聚

---

①　潘智彪：《走向审美普遍性——论杜夫海纳的审美公众理论》，《中山大学学报（社会科学版）》2010 年第 5 期，第 10—11 页。

②　杜夫海纳：《审美经验现象学》，韩树站译，文化艺术出版社 1996 年版，第 609 页。

③　约翰·杜海姆·彼得斯：《奇云：媒介即存有》，邓建国译，复旦大学出版社 2021 年版，第 54—55 页。

④　埃德加·莫兰：《方法：天然之天性》，吴泓缈、冯学俊译，北京大学出版社 2002 年版，第 29—30 页。

集成河流周围的景观,使得大地与天空、神圣者与短暂者聚集于自身。① 以此种"中间媒介"的视角重新审视美术经典,绘画亦从本质上为自身创造出一个"画体",让人类栖居于其间的"画意"变得可见。

1. 由"意"至"象"的形态与媒介转化

一般而言,美术经典多为主题性绘画或历史画,有着以图证史或以图咏史的功能。由重要事件累积而成的历史意象,发挥重大作用的人物与群体,以及在社会变迁中极具代表性的人文景观②,都成为经典之作的表达对象和范畴。因此,一幅幅作品就如同历史行进中抛下的"锚点",为观者提供可被反复读取的生命存在数据,塑造完整自由的感性观念意识,并创造出一种抽离日常与认知生存状态的"反环境"③——无论是作品背后隐含的思想观念、艺术家还原历史时的创造性,还是典型形象传达出的丰富历史暗示④,都揭示出美术经典的重要审美价值之一,即以直观的视觉艺术语言激活观者的感性认知与历史观念系统,从而产生投射于现实世界的联想含义。

早在一千多年前,中国唐代批评家张彦远就以"本于立意,归于用笔"⑤概括绘画本质。张彦远认为,绘画的本质境界是庄子的"离形去知,同于大通"⑥,即人类存在的一种天然、完满的环境。然而,这种本体的"意"必须由"用笔"显现并揭示——"笔"作为一种物质性媒介,将主体身心之意、书写之意(笔法、疏体、密体等技艺规则)、客体之意彼此融合为一个文化与自然的整合体。如同船舶使海洋变得可以通航,并将海洋转化为可感知的元素型媒介一般⑦,绘画作品所揭示的以"意"为主要构成成分的艺术世界,在本体论范畴将"意"理解为意识性、想象性的非实体元素。绘画是"意"借以显现、连接并生成各种整体性关系的动态过程,具象之"画体"构成抽象之"画意"在特殊时空中具体转化、显现的中介物。

---

① Martin Heidegger, *Poetry, Language, Thought*, Perennial Press, 2001, p. 150.

② 杜少虎:《历史的审美叙事与价值建构——关于重大历史题材美术创作若干理论问题的思考》,《史学月刊》2016 年第 12 期,第 111 页。

③ 参见 Marshall McLuhan and Quentin Fiore(eds.), *The Medium is the Massage*, Bantam Press, 1967, p.84. 麦克卢汉认为,正如鱼类不知沉浸于其中的水的意义,如果没有一种"反环境"的对比与经历,人类亦无法认知自身生存的境况。

④ 参见徐里、冯远、许江、范迪安、施大畏:《丹青史诗与时代精神——纵谈中国美术重大历史题材创作》,《美术》2017 年第 5 期,第 6 页。意识形态性、历史真实性与典型性被认为是历史画的三个主要特征。

⑤ 张彦远:《历代名画记》,秦仲文、黄苗子点校,人民美术出版社 2016 年版,第 13—14 页。

⑥ 陈鼓应译注:《庄子今注今译》,中华书局 1983 年版,第 205 页。

⑦ 约翰·杜海姆·彼得斯:《奇云:媒介即存有》,邓建国译,复旦大学出版社 2021 年版,第 125 页。

2. "意"元素的隐喻式澄明

正如张晓凌所述,"历史画并非对历史实在的写实性再现,而是对历史事件、人物的表现性叙事与图像建构,是烛照过去并使之呈现与返场的隐喻式澄明"①。

绘画不仅是艺术家对历史的视觉化描绘,更意味着超越历史与现实、作为人类存在之"意"元素的重新澄明。在中国古代艺术理论中,"意"具有超越于言象之外、幽微难测的义涵。"意"是一种存在于纯粹能指(言、象)与纯粹所指(理、道)之间的交织形态②。我们将美术经典的传播视为由象至意的形态与媒介转变过程,即将观者带入位于实在之体与超越之体、纯粹能指与纯粹所指之间的张力地带。古代艺术理论家大都认为第一流的绘画作品是"自然"的,同时,观看者只有通过"凝神遐想,妙悟自然"③才能够获得真正的审美经验,从而揭示出一流作品中"自然"的双重内涵:属于画体(作品的人工性)的部分始终以趋向天然为最高标准,这里的"天然"指创作者心体的无为自然、不受拘束;观者在体悟画意(作品的本真性)的过程中进入审美自由状态,即超越图象之外、天人为一的自然之道。正是物质性、人工性与天然性、本真性之间的张力,开启艺术作品的审美世界。

海德格尔声称"大地在艺术作品中时而咆哮、时而涌现、时而翱翔"④。物质性作品与隐喻之意之间的关系亦由"意"的运动、转接与显现关联。主体或观者心智的自我能动性及其流动于整体"意"元素环境中的轨迹经由具体作品而外化。主张"物质一元论"的美国学者德昆西曾指出,心智体现为将物质从过去运动至现在的"自我能动性",他将这种动态转化的势能定义为"兜接"⑤。绘画艺术将德昆西所述的现实世界的"物-心"兜接关系颠倒为审美世界的"意-体"兜接关系,从而具有方法论层面的意义。简言之,从媒介/媒介化的路径考察美术经典,即打破传统二元论的修辞方式,确立美术经典对于揭示"意"元素的根本价值,还原这种"兜接"势能,将画体作为一个个聚合思想、意义与存有的居中者,赋予其伦理层面和存在价值意义上的内涵。

二、视听化:从物理交互到混杂交互

当美术经典被视为一种揭示"意"元素的媒介并在各式屏幕上呈现时,其媒介

① 张晓凌:《历史的审美叙事与图像建构——重大题材美术创作论纲》,《美术》2017 年第 4 期,第 10 页。
② 彭锋:《什么是写意》,《美术研究》2017 年第 2 期,第 21—26 页。
③ 潘运告主编:《唐五代画论》,云告译注,湖南美术出版社 1997 年版,第 187 页。
④ Martin Heidegger, *Der Ursprung des Kunstwerkes*, Reclam Press, 1986, p. 154.
⑤ 克里斯蒂安·德昆西:《彻底的自然:物质的灵魂》,李恒威、董达译,浙江大学出版社 2015 年版,第 192 页。

内涵不仅拓延至文化技艺、自然环境、意识元素乃至世界本身,亦成为媒体机构、信息桥梁、传播系统中的构成部分。视听化的美术作品不仅表征着重大历史事件、人物或情境,更创造和揭示出一个不同于美术展览馆的混杂交互界面,这种新形式的交互界面让历史与现实、艺术家与新受众得以聚集。

为突出传播媒介非物理性的意义与表达功能,斯蒂文·约翰逊曾在 20 世纪 90 年代提出"文化交互界面"概念,并将其阐释为不同事物、客体与媒介相互理解的"译者"①——一个形塑、整合文化传播并建立媒介与人有机关联的系统。在列夫·诺曼维奇对于运动影像艺术的进一步讨论中,交互界面的物质性被放大,他指出"建筑结构的特殊性"会深刻影响观者的体验,电影院的信息栏、休息间、陈列橱窗、银幕等因素都被纳入其中。② 与之相若,对于传统绘画而言,由画体向画意的信息转换主要通过展览场所的物理交互界面实现,诸如墙壁、陈列方式、人工照明、导览介绍以及观者置身其间的行动轨迹等。此类型交互界面包含多层次内涵:以人的身体及构成界面的物质性媒介为基础;不同性质的交互界面决定了受众参与并操纵图像的程度,如场地的大小、光线的明暗决定观者能够走近的距离与观看方式;界面背后隐含着艺术力的分配,如艺术家的表达不得不受到策展人的艺术意志影响与话语支配。换言之,交互界面自身的媒介逻辑将内嵌于人们的审美经验中,并影响着文化数据的传递。

而以电子媒介为载体的美术经典传播中,创作者通过数字技术将原本的物理交互界面转化为混杂交互界面,尤其呈现出"意"元素生成与流动的动态过程。如《美术经典中的党史》《艺术里的奥林匹克》《诗画中国》将视听表征的媒介语言注入传统绘画艺术,通过二维平面向三维空间的视觉转化,将画意显现的瞬时性空间延展为情境中的生成与历史性的流动,以多元视听媒介重构作品的审美世界;与此同时,节目通过影像、纪录、访谈等多元交互手段,将内容生产从以"作品-观者"为核心的艺术欣赏扩展至"创作者-作品-评论家-观者"构成的审美活动系统,以视听化的方式还原审美活动的形态结构,完整展现出审美创造、审美欣赏、审美评价三个子系统。

1. 审美意向与审美情感的视听化

"只有被创作者的个性光辉照亮时,历史的事实、材料、细节才具有感染力。"③无论是美学理论抑或绘画理论,始终强调画家的情感深度与艺术创造性、多

① Steven Johnson, *Interface Culture: How New Technology Transforms the Way We Create and Communicate*, Basic Books Press, 1997, p.14.

② Lev Manovich, *The Language of New Media*, MIT Press, 2001, p.73.

③ 水中天:《历史画与绘画中的历史》,《油画艺术》2015 年第 3 期,第 37—38 页。

样化之间的深层关系,绘画主题的独创性往往取决于艺术家认识生活的深度,是其思想感情的深化①,这种情感深化的过程很难为欣赏者所知。而在美术经典的视听化过程中,围绕画家创作、采风经历的纪录片、访谈、图片和影像资料构成节目的重要内容。如在《美术经典中的党史·井冈山会师》中,短片《王式廓在延安》讲述了画家如何从一名文艺青年转变成革命者,并以深厚的革命激情创作出一批贴近延安人民生活的美术作品;在对创作者沈尧伊的采访中,画家提到油画《革命理想高于天》创作于1976年前后,他为了表达内心对于周总理逝世的哀恸情感,便将毛主席旁边负伤的战士刻画成周恩来的形象。节目通过讲述画家在创作中的情感体验升华,让观众深刻理解画家如何体味对象的完整性、丰富性、多样性,并创造性地建构出高于生活真实的艺术形象。在审美活动中,主体对于对象的审美经验并非直接的物之经验,而是物之情感属性的经验。因此,审美创造是一种兼具意向性与实践性的活动,数字媒介则运用视听手段将这种情感意向外化,为更多观众直接参与审美活动提供了认知基础。

2. 审美形象与审美空间的视听化

审美欣赏即进入丰满的对象世界,一个由"澄怀""味象"进而"得意"的世界,完成由象媒介至意媒介的审美转化。换言之,"意"通过具体的形象符号或绘画语言得以显现。黑格尔(Hegel)就曾指出"形象与空间"的媒介作用,他将绘画的"表面"视为其再现物的中介,并将西方绘画艺术中的透视阐释为主体收心内视的过程。②"透视"即为"内在化",因此,艺术家通过透视将三维空间转化为二维平面,也将主体精神灌注生命转化为内容意蕴。康德(Kant)认为,在具象艺术中,诸理念于感性直观中得以表现。③卡西尔则声称:"有一种概念的深层,也有一种纯形象的深层。前者依靠科学来发现,后者在艺术中展现。"④席勒亦认为审美创造的是一个"不会像认识真理那样抛弃感性世界"的"活的形象"⑤。无论是"内在化""感性直观",抑或"纯形象的深层""活的形象",以上美学观点旨在论述"画意"与"画体"的不可分割性与同一性。绘画作为感性幻想的艺术,需要借助空间形象来表现理念,并利用视觉使形象产生可普遍传达的共通感。因此,二维形象本身作为

① 尚辉:《史诗的图像建构——历史画作为党史百年叙事的图像志》,《美术》2021年第7期,第16页。

② 参见黑格尔:《美学(第三卷)上册》,朱光潜译,商务印书馆1981年版,第226—228页,第231—232页。黑格尔认为这种内心生活的显现与多样化的外在事物形象结合,而又离开具体存在退回到它本身,因此,他将内在化称为"收心内视的自为存在"。

③ 康德:《判断力批判》,杨祖陶、邓晓芒译,人民出版社2002年版,第74—75页。

④ 恩斯特·卡西尔:《人论》,甘阳译,上海译文出版社2004年版,第234页。

⑤ 席勒:《审美教育书简》,张玉能译,译林出版社2009年版,第45页。

中介之物,在其形象的深层是生命感的内化与意蕴再现。

在美术经典的视听化传播中,创作者们通过视觉特效活态化呈现画面空间形象与主体的创作精神,注重深层的生命感传达,将美术作品的二维表面重新还原为三维审美空间,反向塑造了黑格尔所揭示的艺术"内在化"过程。如《诗画中国》节目通过 CG 技术将山水空间转化为自然生动的直观景致。在范宽的《溪山行旅图》呈现中,镜头穿过前景的低平溪岸,观众追随镜头运动深入丛林之间,顺着山间行者的视线仰望,急速拉开的远景画面强调出后景山脉的垂直动势。正如元代赵孟頫所言:"宽所画山,皆写秦岭峻拔之势,大图阔幅,山势逼人,真古今绝笔也。"①数字技术便是将审美空间与审美对象的生命精神传达出来,通过惊奇震撼的视听效果直接作用于观者的感官和心灵,唤醒观众对经典作品的深度理解与生命体验。

3. 审美评价与审美引情的视听化

美术经典的视听化不仅通过虚实结合的数字特效,让原本悬挂于白立方的美术作品挪移至眼前,促使观者产生有意识的感知活动与视觉体验,进而对画面上的形象产生幻想,赋予其生命化与戏剧化的活动;还通过评论家的审美评价实现从"移情"到"引情"的功能。在以 C.J.杜卡斯(Curt. J. Ducasse)为代表的西方现代美学家看来,艺术作品是情感的外化或对象化,艺术鉴赏就是要探索和开掘审美主体化与客体对象化的情感价值。在传统移情观念基础上,杜卡斯将人的审美心理细分为移情、近情和引情三种,其中又以引情最为重要——发掘注入客体的情感含义,并凭借无利害的审美观照凝聚观者的注意力。② 在这里,杜卡斯所强调的情感含义指艺术家心理与对象物属性的化合物,又被其称为事物的审美内涵——审美形象的象征和寓意,即上文所述的"意"元素的隐喻式澄明,这也是审美活动中最深刻、关键一环。

在美术经典的视听化呈现中,主要通过艺术家的创作自述与评论家的艺术评论共同揭示未呈现于作品表面的"意"元素,以此引导、激发观众的更深层次审美兴趣。以《美术经典中的党史》为例,美术评论家首先展开对于绘画艺术语言的分析,包括构图、色彩、线条、材料、画法等,视听创作者则同步在画面上进行视觉提示,如对画面构图予以线条勾勒、突出评论家强调的形象等;其次,评论家进一步引导观众深入理解画面内容、表现形式与社会发展、艺术演进之间的关系,画面镜头语言则以具体的视听表征引导观众从某个细节观察到另一个细节,体察图像所构建的历史逻辑与认知经验;最后,凭借评论家对于审美客体与审美感知之间的符号化关

①　参见高木森:《宋代绘画思想史》,浙江人民美术出版社 2019 年版,第 65 页。
②　C. J. 杜卡斯:《艺术哲学新论》,王珂平译,北京大学出版社 2022 年版,第 249 页。

系揭示,充分提升观众的审美力,从而将大众导引至事物的情感意义之源,揭示视觉-图像符号的象征和寓意。如《遵义会议》中,评论家尚辉指出"窗口"的刻画寓意着革命的深夜,原本"窗外"幽深的暗夜隐现出点点燎原星火,数字化技术让火光在原场景中焕发另一层光彩,敞开的窗口仿佛折射着新长征路上的胜利;《革命理想高于天》中,王平评论女战士手中的小花象征对于开创美好生活的向往,视听镜头亦将评论家所指的意象符号活态化,实现对于艺术语言、艺术形象、艺术意蕴循序渐进的引情作用。

三、档案化:从个体书写到公众记忆

"意"的生成、外化与流动形成一个个虚拟化、数据化、网格化的聚合体,美术经典构建的艺术档案被保存在开放的数字空间内。这些档案所捕捉的东西不只是逝去的历史、文本或资料,同时涵盖各种让话语实施得以发生的功能性复式关系。① 作为重新激活的艺术话语实践系统,美术经典的档案化主要将其从美术作品、艺术家和主题传统的分析中抽离出来,转向对于差异性实践与话语功能的考察。

1. 多元形态的认知主体

大众媒介与数字技术运用不仅拓展了美术经典的使用范围与呈现方式,同时也塑造了多元形态的艺术档案使用者②。人们依据自身的审美经验抵达作品的画意,关于历史真实的真理涵容于艺术真实的真理之间③,巧妙地嵌入美术作品的构图、场景、造型等诸元素中。在美术经典的数字化传播过程中,通过对于审美活动系统的视听化,让观众理解艺术家如何将历史事件、文化景观转化为艺术作品中的典型形象和场景,进而经由作品展开主动、真实的审美欣赏活动,形成对于作品更广义的文化价值的理解。当个体最大限度地成为审美主体,也就摆脱了历史叙事的对象身份。与此同时,美术经典也就超越艺术鉴赏的领域,转化为观众展开认知实践的话语构成要素,在社交媒介中引发热点话题与舆论影响。如《艺术里的奥林匹克》就深入艺术与体育的交汇之处,引入文化、艺术、体育等不同领域的专家与研究学者,从超越艺术的视角形成一份独特的艺术档案——通过书法、绘画、诗歌、雕塑等中外艺术形态与体育文化的交融,重新激活中华民族内修于心、外修于形的修

---

① 张一兵:《认知考古学:活化的话语档案与断裂的谱系发现——福柯〈认知考古学〉解读》,《南京大学学报》2016 年第 6 期,第 7 页。

② Michel Foucault, *The Archaeology of Knowledge*, Routledge Press, 1972, p.129.

③ 参见海德格尔:《海德格尔文集·林中路》,孙周兴译,商务印书馆 2017 版,第 55 页。海德格尔认为作品的被创作存在既是作品的现实在场,同时也是真理的固定形态。

身观念与哲学内涵,从而将经由美术经典所聚合的艺术欣赏主体拓展为多元形态的认知主体。

2. 多重构序的叙述视角

美术经典的档案化实现了个体书写与公共记忆的深层联结。在《美术经典中的党史》中,100 幅主题性美术作品在内容上按照历史的连续性(1921—2021)展开,而在其档案内部,每个艺术档案都来自创作者的差异性书写,其中关涉大量不同时代的艺术家层累构成的图像记忆,档案变成了一个由个体形成的集体合力的系统。在这个系统中,精神构序(画意)与图像构序(画体)都来自不同艺术家的非线性链接。从时间维度来看,历史画或主题性绘画更根本性地基于艺术家所处的时代视角、历史立场或某种现实回应[①],作为一种视觉性的史诗书写,构成面向历史的记忆、面向时代的抒怀,以及面向未来的精神传承,形成多重构序的叙述视角。如在《美术经典中的党史》节目尾声,总是基于当代叙述视角展现绘画作品中历史场景的今日景貌,讲述今人对于创作蕴含革命精神的继承与发扬。在《江山如此多娇》的呈现中,作品本身打破江南春色与北国隆冬的时空界限,以长城内外、兼容并包的景致展现毛泽东诗词《沁园春·雪》的雄阔意象,体现出“各美其美、美美与共”的中华美学精神。视听创作者在构建艺术档案的过程中,巧妙地以这种艺术精神映射“一带一路”倡议下各国的互联互通、合作共赢,展现各国参会代表在画作前的合影影像,延展了艺术档案使用的可能性和时空范围。

3. 多样差异的话语系统

艺术档案的拓展不仅体现在档案与历史的关系上,还对蕴含其间的私人化与公众性进行挖掘,建构关于大众日常生活的陈述系统。主题性美术作品作为主流意识形态的重要领域时常被认为致力于宏大叙事,直接表达党和国家的意志,而忽视了艺术作品蕴含的审美情感与审美价值。在艺术档案生产中,大众媒介改变了传统艺术媒介的话语系统,除了将焦点置于传统观念中连续性的历史话语外,更转向局部的、差异性的日常话语。例如,在文国璋先生石版画《我认的主义一定是不变了》呈现中,节目以影像方式讲述了周恩来总理从国外给旅欧青年带牛角面包的故事,既体现出远赴重洋、求学探索的艰辛,也反映出旅欧青年在共产主义信仰下缔结的深厚友谊。日常生活作为记忆、行为和身体的集散地,含括历史和记忆的点点滴滴,体现着历史的拓殖和记忆的延展。[②] 档案的拓展正是通过将美术经典关联的历史事件转化为分享日常、微小的细节,让每个普通观众都能够找到情感共鸣

---

① 尚辉:《重识主题性绘画的叙事特征与审美价值》,《美术》2018 年第 9 期,第 10 页。
② 安婕:《福柯如何看电影》,《文艺研究》2018 年第 8 期,第 93—94 页。

312

和情绪联结,在聆听个体叙事的同时建构公共记忆。

在数字媒介时代,具有普遍社会性的面向大众的艺术传播愈发重要。如迈克·费瑟斯通(Mike Featherstone)所述,新媒介档案构建了一座包含所有文化财富的数据之城。① 当艺术作品走下美术馆精心设置的神坛,主流媒介主要通过探索美术经典与数字技术的结构方式与路径,将经典传播的各种场景向虚拟化和数字化延伸。

第一,美术经典的媒介化,即更为根本性地将美术经典视作一种蕴含丰富审美价值与构成人类生存意义的中间媒介。绘画创造不是对自然的单纯模仿,也不单依靠强有力的情感流露,由艺术作品所展开的世界是人类栖居于其间的"意"的世界,是画家融于自然之境的意匠与骨气。数字技术从作品的内、外部重新构建了以"画意"为核心的艺术传播路径,将诗、画、音、舞、剧、曲等不同形式糅合成新的艺术形态,在多屏时代释放形成审美公共空间的新潜能。

第二,数字技术加持下美术经典的视听化,不仅是运用 XR、全息影像、裸眼3D 等数字技术对艺术作品本身进行转化,引发大众自发、愉悦的观看,更通过审美活动的高交互性弥补了技术媒介的低交互性。在以虚拟画框为基础的可供性选择中,观众从对绘画的观看转向积极的审美行动,成为绘画空间、影像空间、社会空间与现实空间的积极闯入者,在新媒介激发的艺术实践行动中重塑经典的公共性。

第三,生产机构和作为把关人的大学教授、相关领域专家成为引导大众进行审美活动的主体,围绕艺术经典档案的形成提供个人的积极行动,从多元主体、多重视角、多样话语的维度进行审美理性的建构。在媒介技术的转化和审美主体的引情作用下,具有了让大众进入诗画意境的可能性,进而推动构建高质量的艺术档案,生产出全新的经典传播空间。

第三节　中国外销瓷美术在"海上丝绸之路"传播中的三副审美面孔②

在中外艺术传播与交流史上,"丝绸之路"扮演着重要角色。中外雕塑、绘画、乐舞乃至服饰、民间艺术等各种艺术门类借由这条通道,展开了频繁、持久且影响深远的传播与交流活动。大致而言,唐中期特别是"安史之乱"以前的中外艺术传

---

①　Mike Featherstone, "Archiving Cultures", *British Journal of Sociology*, 1, 2000, pp.165-166.

②　原载《艺术传播研究》2024 年第 4 期。作者任华东,上海大学教授。

播主要借道"陆路"展开,但自此之后尤其宋代以降,由于陆上丝绸之路的渐趋没落、经济中心的不断南移、航海技术水平的提高,这种艺术传播也逐渐移至海上,"海上丝绸之路"遂日益活跃起来,取代"陆路"成为中外文化交流的主要途径①。其间,陶瓷器物一方面因可以被大量用作航海"压舱之物"以确保行船的稳定性与安全性,另一方面也因为属于中国人的发明,具有重要的商品价值以及独特的艺术魅力,所以也随之而更加活跃,成为借这一途径所输出的最主要的中国文化器物之一。笔者自 2016 年以来参与了国家社科基金重大课题"丝绸之路中外艺术交流图志"的研究,主要承担中外瓷器艺术交流部分。在这个过程中,笔者一方面深感这一学术领域对丝路艺术研究的重要性,另一方面也发现它对当代中国艺术学下属的其他学术领域例如艺术传播学、艺术比较学、艺术人类学等同样有着重要的价值,值得学界对之展开更为系统、深入、持久的探讨。这一领域的研究甚至对重新认知与评价中外文化交流史也意义非凡,例如针对"西学东渐"等概念中所隐含的文化单向传播甚至文化优越性意味,从更广的丝路发展史视野来看,包括中国瓷器艺术传播在内具有千余年历史的中外文化传播与交流活动,从来不是单向的,而是双向甚至多向的——它们彼此影响,互动共融,一起推动世界文化与艺术的不断发展。本文的撰写正是出于上述学术考量,既深入梳理与提炼"海上丝绸之路"上中国外销瓷美术的三副审美样貌,也要借此管窥其对艺术传播学、中外文化交流史等其他学术领域的意义与启发。

一、作为"陶瓷之路"的海上丝绸之路与外销瓷美术

如前所言,唐中叶后,中国瓷器借道"海上丝绸之路"在中外文化艺术传播与交流中的重要地位愈发凸显。这一凸显甚至让 20 世纪的学术界提出了一种新的说法——"陶瓷之路"。

"陶瓷之路"是日本历史学者三上次男于 1969 年在其同名学术著作《陶瓷之路》中提出的一种说法,是对开辟于公元前后并兴盛于中世纪东西方之间的"海上通路",也就是我们今天所惯称的"海上丝绸之路"的另一种命名。1964、1966 年,主攻东西方交流史研究的三上次男曾两赴埃及,对开罗郊外福斯塔特遗址出土的六七十万枚陶瓷片展开调研,发现虽然这些陶瓷片大多是"埃及制品",但它们"竟有百分之七十到八十都是在某一点上仿中国陶瓷的仿制品",并且"这些仿制品是

① 陈迎宪:《南海瓷路探源》,广东省博物馆编:《海上瓷路国际学术研讨会论文集》,岭南美术出版社 2013 年版,第 6—13 页。

在中国陶瓷输入的同一时代仿制出来的"①。遗址出土的中国陶瓷片的时间跨度从公元"8—9世纪"到"16—17世纪"近千年,基本包括了各个时期中国各大著名窑口如越窑、德化窑、龙泉窑、景德镇窑、漳州窑等生产的陶瓷器。在进一步对丝路沿线国家及地区出土的陶瓷器物进行深入比较和研究后,三上次男认为这条兴盛于"中世纪"的东西方"海上通路",不仅"成了打破中世纪各地区的孤立主义和给各地区带来了时代共同性的重要因素,这是无可争辩的事实",而且"陶瓷"在这条海上通道中扮演着极其重要的角色,认为"陶瓷就是这一事实的象征之一"。在这个意义上他提出,"这是连接中世纪东西两个世界的一条很宽阔的陶瓷纽带,同时又是东西文化交流的一座桥梁。我想还是把这条海上的通路姑且称作'陶瓷之路'吧!"②

随着三上次男的《陶瓷之路》于80年代初被介绍到中国大陆,这一学术著作连同其观点,在中国当代海上丝绸之路研究中产生了广泛影响。这一观点以最概括的语言道出了"陶瓷"尤其是"中国外销瓷"在"海上丝绸之路"中的重要地位。作为中国人的发明并主要借助"海上通道",来自中国的"外销瓷"自唐末以降被源源不断地输送到世界各地,在制瓷技术被中国垄断的中世纪,受到世界各地区人们的追捧乃至狂热崇拜。它与"中国"共享同一个英文"china"便很能说明问题。对此有学者甚至认为,"站在人类文化发展史的高度,无论就物质文化而言,还是就精神文化而论,相对于丝绸与茶叶、'四大发明'乃至儒学道教等等,中国瓷器显然在上述四个方面更拥有着相当大的唯一性。作为历史上最具国际影响力的中国发明、中国制造、中国输出之瓷器,以其命名中国应该说是再恰如其分不过了"③。

不过,考察三上次男对"陶瓷之路"一词的使用我们会发现,不仅其所指主要侧重于"贸易之路",而且其对中国学界的影响也主要发生在考古学、文化学,尤其是中外陶瓷贸易史研究领域中。很多时候,"陶瓷之路"主要被视作"贸易之路","外销瓷"这一说法就是最好的注脚。中国"外销瓷"作为中世纪中外文化交流中一项重要的"贸易品",这当然是不争的事实。但除了"商品-贸易属性"之外,我们认为"外销瓷"在釉色、纹饰、造型等许多方面其实具有非常丰富的美术元素,承载着中国人与丝路各地区人们多元的艺术与审美文化诉求,是构成"陶瓷之路"中外陶瓷文化交流的重要维度之一。基于这种认识,我们曾提出中外瓷器文化艺术交流的"三大动力说",即"瓷器所具有的'艺术-审美属性'维度同它所具有的'日用-商品

① 三上次男:《陶瓷之路》,李锡经译,北京文物出版社1984年版,第17页。
② 同上书,第154页。
③ 侯样祥:《"瓷",凭什么你是中国?》,《贵州大学学报(艺术版)》2019年第4期。

属性'及'高技术-稀缺资源属性'一起构成了中外瓷器文化交流的'三大动力',理应成为学界研究不可偏废的重要一维"。在这个意义上说,我们完全有理由将陶瓷之路上的中国外销瓷视为一种重要的艺术门类。正如有学者所言,"丝绸之路艺术,包括建筑、雕塑、绘画艺术,织物染缬和服饰艺术,乐舞艺术,陶瓷及其他工艺美术,民族民间艺术,口传文学的艺术类别。它们反映丝绸之路沿线地区和国家的艺术及其相互交流与影响的整体风貌"①。因此,在"贸易之路"之外,我们认为将"海上丝绸之路"同时看作一条"中外陶瓷美术交流之路",从"美术学"角度对之展开系统性研究,不仅是学界比较薄弱而且是不可或缺的重要维度。

二、中国外销瓷美术的三副审美面孔

笔者认为,若从美术学与审美风格角度展开研究,则"海上丝绸之路"上的"中国外销瓷美术"主要包括"颜色釉""釉下瓷绘""釉上瓷绘""圆器造型"与包括"雕塑瓷"在内的"琢器造型"等五种具体美术样式,而这五种美术样式及其相互之间的组合搭配,在审美风格上又主要呈现为三副"审美面孔"特征,即"中式面孔""中洋杂糅面孔"及"洋面孔",下面分别尝试论之。

1. 第一副审美面孔:中式面孔

"中式面孔",即一种在釉色、纹饰、造型等方面具有鲜明中华民族艺术特色的审美风格。它是"陶瓷之路"上出现最早也最为常见的审美风格,几乎贯穿了自公元8世纪以降至19世纪的千余年历史,显示了中华民族传统陶瓷美术及其所承载的中国传统文化强大而持久的世界影响力。例如"瓷路"上常见的有中国特色的"釉色瓷"品种有"青釉瓷""白釉瓷""青白釉瓷"等;常见的传统造型,如梅瓶、葫芦瓶、斗笠碗、花觚、观音瓷塑;常见的中国传统"装饰方法与门类"如"素三彩""斗彩""五彩"等。与"釉色""造型""装饰方法与门类"相比,这种"中式面孔"在各种带有中华民族审美特色的"纹样"中体现得更为鲜明。这些纹样主要包括三类:第一类是"花鸟-瑞兽纹",诸如传统陶瓷中常见的牡丹纹、竹、梅、莲花、菊、松、龙、凤、麒麟、蝙蝠、鹿、喜鹊等纹样。例如现收藏于南昌大学博物馆的"清雍正景德镇窑粉彩牡丹竹石纹外销茶壶",其中的牡丹、竹、石等装饰图案是中国传统的经典纹样,象征着富贵、高洁、永久等审美文化意蕴;第二类是"山水-建筑纹样",如具有中式风格的亭台楼阁、寿石庭院及带有文人画气息的小桥岸柳、远山近水等人文自然景观纹样;第三类是"人物-风俗纹",即传统绘画及各种工艺美术中常见的童子、仕女、

---

① 程金城:《丝绸之路艺术的意义与价值——兼及"丝绸之路艺术学"刍议》,《兰州大学学报(哲社版)》2017年第2期。

高士、罗汉、八仙等人物纹样;与各种人物图案相关的小说戏曲故事、风俗物件等纹样,如鬼谷下山、昭君出塞、张敞画眉、杨门女将、博古杂宝、囍字寿符、如意八卦纹等,皆是瓷路上常见并带有鲜明中华民族传统审美格调的纹样。

　　作为海上丝绸之路最为常见的"中式面孔"外销瓷,其传播方式有的是采取官方"朝贡贸易",即"外国商船载贡品、土特产来华",朝廷"收取贡品等物后,以赏赐方式回酬外商所需中国货物"①,例如明朝的郑和下西洋;也有的是通过民间贸易方式进行。由于"中式面孔"外销瓷及其承载的中华传统文化的强大吸引力,曾导致"仿制品"的大量涌现,即域外文明以"模仿"的方式制作"仿中式面孔"的"本地陶瓷",例如现藏同济大学博物馆的"英国仿中国山水楼阁图柳亭纹青花盘"。该青花盘的纹饰出自英国人之手,仿自中国外销瓷中的"山水-建筑纹"。飞鸿、山水、舟楫;亭台、楼阁、庭院等图案,是18至19世纪外销到欧洲的景德镇青花瓷器中最为常见和著名的纹饰之一,具有鲜明的中国装饰艺术特色,深受欧洲人喜欢。在英国人的仿制中,因在其主体纹样中通常会有"柳树"与"亭台楼阁",故此类纹样被学界习称为"柳亭纹"。出于生产方便等原因考虑,这一图案还被英人做了"图式化"处理,即印成统一规格的"贴花纸",使其成为欧洲各大瓷厂争相生产及延续至今的经典纹样之一。仔细观察该青花盘的纹理可以发现,它采用了"贴花纸"工艺,纸的纹路在烧制后清晰可见。倘若将该盘与现藏景德镇中国陶瓷博物馆的类似青花盘——"清乾隆青花山水楼阁图外销瓷盘"做简单比较不难发现,英国人在主题纹样、平面二维画法、由近及远的"三段式"构图等方面在有意模仿中国传统装饰方法,但这种模仿也并非完全"照葫芦画瓢"。例如他们将外销瓷盘中在高远处显得颇为空灵的飞鸿纹样处理成了两只相向而飞的燕子;在对林木亭台等纹饰的处理中,他们也没有追求中国外销瓷盘的"绘画性"与"意境化"中式审美格调,而是着意突出其"装饰性"与"设计感",各种纹样几乎填满了整个画面。值得注意的是,英国人对中国外销瓷纹样的模仿,其动机并非仅仅来自于"艺术与美学诉求",还有十八至十九世纪以他们为代表的欧洲人对东方生活与情感世界的想象,尽管这种想象很多来自于传教士的见闻并掺杂各种误读,但却是当时风靡欧洲的"中国风"②的重要组成部分。彼时,以中国为代表的东方世界对欧洲人来说是充满着无限诱惑性的。从这个意义上说,我们也可以把"仿中式面孔"的域外陶瓷看作中国外销瓷的"变种",是中国外销瓷美术的域外传播所导致的文化与艺术效应之一,是"陶瓷

①　林梅村:《观沧海——大航海时代诸文明的冲突与交流》,上海古籍出版社2018年版,第33页。

②　甘雪莉:《中国外销瓷》,三联书店(香港)有限公司2008年版,第73—75页。

之路"上中外美术交流中的重要审美文化现象。

这种情况并不仅仅发生在欧洲,在亚洲等其他地区也是如此,例如著名的"高丽青瓷"从釉色到器形都曾有意模仿中国宋朝的越窑青瓷。浙江越窑青瓷是唐宋海上丝绸之路出现较早且曾大规模对外输出的著名外销瓷品种,是中国青瓷艺术的代表,两宋以后逐渐式微。高丽人对越窑青瓷的仿制非常成功,不但极为神似,且于"青"之外更以"翡色"胜之。这使得"高丽翡色青瓷"在当时不仅被高丽王朝推崇备至,甚至也让大宋臣民心向往之,并曾一度外销大宋[①]。上演了一出中国瓷器的"输出外域"→"外域仿制"→"外域仿制后回销"的"循环传播"盛景。

2. 第二副审美面孔:中洋杂糅面孔

"中洋杂糅"也是中国外销瓷美术中常见的面孔之一,其基本审美征是,中外各种纹饰与造型元素奇妙的杂糅在一起,亦中亦洋又非中非洋,充分体现了"陶瓷之路"上中外美术的交流特质。与"中式面孔"几乎贯穿瓷路始终不同,"中洋杂糅面孔"虽然出现的也比较早,但却时断时续,规模也时大时小。例如公元8至9世纪末,曾大量销往中西亚地区的中国长沙窑外销瓷上就经常出现此类风格的图案,但10世纪入宋以后却忽然消失了。一直到公元14世纪左右的"元青花",又出现了许多此类风格的外销瓷,但随着元朝短暂的统治也没有延续太久。"中洋杂糅"风格的外销瓷艺术真正大规模连续出现,始于主要销往欧洲的明末"克拉克瓷"。有学者将发生于17世纪初的"克拉克事件"[②]视为"继永、宣年间郑和下西洋之后海上丝绸之路的又一轰动事件。通过东印度公司的着意运作,中国瓷器在这条百舸扬帆、万帆瞩目的航线上一时声名远播,此后'China'便成了'中国'的代名词,进而演化为正式译名"[③]。借助于地理大发现、新航路的开辟及对外殖民扩张,欧洲逐渐取代了其他地区成为中国外销瓷的主要倾销地。"中洋杂糅面孔"的外销瓷美术主要体现在纹样与瓷绘方法方面,大致可分为如下四个亚类:

第一种是"中式主题纹样加异域辅助纹样",例如现藏景德镇中国陶瓷博物馆的"晚明景德镇窑青花开光高士图克拉克外销瓷盘"。该盘中心绘中国高士图,盘外沿小开光内饰有荷兰国花"郁金香"图案。这是荷兰在中国景德镇专门订制的外销瓷。第二种是"中式主题纹样加异域造型",如"清乾隆青花花鸟纹外销奶壶"(现

---

① 马争鸣:《高丽青瓷与浙江青瓷比较研究》,《东方博物》2006年第2期。

② 一般而言,所谓"克拉克事件"指的是1603年荷兰东印度公司在海上截获一艘(有说两艘)满载中国瓷器的葡萄牙商船,并于同年在阿姆斯特丹举行以"克拉克"(Kraak的音译)为题的专场拍卖活动。

③ 曹新吾:《"克拉克瓷"西踪东迹丛考》,郭杰忠主编《海上丝绸之路:陶瓷之路》,中国社会科学出版社2017年版,第273页。

藏景德镇中国陶瓷博物馆)。该壶将中国传统文化中常见的孔雀、湖石、菊花等纹样装饰在西式奶壶造型上,并添加了一个欧式铜质羊角形流。将银质、铜质等各种金属材质与造型镶嵌在各式中国外销瓷上,带有非常强烈的中外杂糅味道。

第三种是"中式主题纹样加异域装饰方法",例如"清乾隆景德镇窑粉彩张敞画眉图外销瓷盘"(现藏南昌大学博物馆)。其制作于1740年,主题纹样是中国传统故事"张敞画眉"。盘外围边饰为18世纪中期流行于欧洲的典型梅森瓷"卷草纹开光",盘中央边饰也是当时很流行的欧洲古典风格的"垂铃纹"。该盘在画法上既有中国传统的"二维平面"绘画特征(例如对人物面部表情的处理方法主要是线条勾勒法),又吸收了西方"透视学"方法,用景物的远小近大、明暗光影制造空间立体效果(主要体现在其对"围墙"的处理中),因而技法上也是杂糅的。该盘的颜料与工艺手法是"粉彩技艺",用这种装饰的瓷器叫做"粉彩瓷"。一般认为"粉彩瓷"是中国传统陶瓷艺术中的重要艺术门类之一,但实际上它的核心原料及装饰手法最早来自于西方。康熙晚期,广东的工匠艺人与清宫内务府造办处的工匠们,将源自西方的"铜胎画珐琅"技法成功移用到瓷胎上,创制出"瓷胎画珐琅"。因无论是其核心材料"氧化砷",还是工艺手法与画意上对事物立体感的追求均系从西洋借鉴而来,故当时俗称"洋彩"。据《景德镇陶瓷词典》释,"清代雍正、乾隆年间都称粉彩为洋彩"[①]。此种材质与技艺传到景德镇后,聪明的工匠们将其与本地传统的"五彩瓷绘"融合在一起,即唐英所谓"圆琢白器,五彩绘画,摹仿西洋,故曰洋彩"[②],从而使其进一步"地方化"与"民族化"。不仅入列景德镇"四大名瓷"[③],而且远销欧洲等世界各地。从中外艺术交流的角度看,欧洲人对"色丰彩艳"的"粉彩瓷"的喜爱,除了他们对中国瓷器的钟情这个原因之外,也应该与粉彩瓷所散发的"洋味道"有关。在西洋画法中的明暗处理、透视等技法传入中国的过程中,"粉彩瓷"扮演了非常重要的角色。有学者认为,以它为代表的18世纪中西美术交流对清代美术的影响,"是我国历史上第一次大规模的中西美术交流,在我国美术史上也是罕见的现象,很值得我们深入研究,对今天的中西文化交流也具有借鉴作用"[④]。所论确是。

第四种是中外瓷器色彩的融合,其最经典的体现是"中国仿伊万里外销瓷"。"青花""矾红""金彩"的结合是这种瓷器装饰艺术的典型特征,是中日欧三地审美文化的融合。"伊万里瓷"本来是17世纪上半叶的日本在研制出瓷器后生产与销往国外尤其是欧洲的日本外销瓷品种。当时正值中国明清换代,瓷业不振,瓷器外

① 石奎济、石纬编著:《景德镇陶瓷词典》,江西人民出版社2014年版,第334页。
② 唐英:《陶冶图说》,熊廖编《中国陶瓷古籍集成》,上海文化出版社2006年版,第304页。
③ 景德镇"四大名瓷"指青花瓷、玲珑瓷、粉彩瓷、颜色釉瓷。
④ 杨伯达:《十八世纪中西文化交流对清代美术的影响》,《故宫博物院院刊》1998年第4期。

销遭受重创,而欧洲对中国瓷器的需求又与日俱增,日本的"伊万里瓷"恰好满足了这种需求。它将中国的青花艺术与欧洲人喜欢的"金彩"融合在一起,销往欧洲后颇受欧人青睐。不仅欧人大量购进乃至仿造①,而且在明清完成换代瓷业重振以后,为了重新抢回国际市场,清王朝也曾一度仿制了很多"伊万里风格"的外销瓷。例如现藏日本出光美术馆的两个伊万里风格瓷盘,一个为18世纪"意大利威尼斯仿制日本伊万里风格花鸟纹瓷盘",另一个为"清代景德镇仿日本伊万里风格花鸟纹外销瓷盘"。由于中日欧当时都在生产这种风格的瓷器,而且手段高超,正如两个瓷盘所示,如果不加仔细辨别,许多伊万里瓷器有时很难分清到底出自哪里。

总之,如果说支撑"中式面孔"的文化逻辑是中国陶瓷美术带有"垄断性"的"对外输出"和域外文明对它的追捧及"照单全收",那么在"中洋杂糅面孔"中则开始出现域外文明通过"订制"等方式对中国外销瓷进行"有条件选择"的情况。"中洋杂糅"风格一方面反映了域外对中华陶瓷乃至文明的持久性青睐,另一方面又显示出他们渴望在这一由中国人所掌握的特殊艺术中寻求本民族文化的审美表达意图——当然,这一意图也预示了某种"去中国化"的趋势及某种"新面孔"出现的可能。

3. 第三副审美面孔:洋面孔

"洋面孔"的中国外销瓷在主题瓷绘纹样及造型上显现出比较纯粹的异域审美格调,中国风格的纹饰或以辅助形态出现,或完全消失。它表征着异域文化对本民族文化带有"自觉性"与"纯粹性"的审美表达意图,是"中洋杂糅"风格的进一步发展。这种风格的外销瓷虽然在"瓷路"的各个时期会偶有闪现,但真正形成规模是在18世纪左右。在欧洲对中国瓷器巨量需求的刺激下,带有"文化自觉性"与"民族纯粹性"的域外审美表达意图,借助中国陶瓷材质与工匠之手被表现出来,中国的外销瓷开始进入批量订制时代。这种订制现象即便在欧洲各国于18世纪中后期普遍掌握了制瓷技术后也还大量存在。"洋面孔"的中国外销瓷大致可分为四个亚类,这里先介绍前三个:

第一是"异域动植物"纹样瓷,常见的主题纹样有大象纹、狮子纹、鹰纹、猎犬纹、贝壳、椰枣、葡萄藤、石榴、鸢尾花、蓟花、樱草花、康乃馨、郁金香、玫瑰、烟叶纹等。第二是"异域风景-建筑"纹样瓷,例如田园风光、城堡要塞、贸易港口、帆船海景、教堂纹样等。第三是最为常见的"异域人物-风俗纹"外销瓷,其主题纹样有宗教人物、神话传说故事、狩猎图、出海告别图、休闲餐饮及农耕生活场景、异域文字、纹章等。限于篇幅,我们不妨借助第三亚类中的一个案例——"清乾隆墨彩耶稣诞生图外销瓷盘"(现藏南昌大学博物馆)来简要透视一下"洋面孔"的审美风格。

---

① 陈进海:《世界陶瓷》(第三卷),万卷出版公司2006年版,第452页。

该瓷盘描绘的是耶稣诞生的故事,是陶瓷之路上常见的一种宗教人物纹瓷,因主题多围绕耶稣展开,故"这类形式的器物被称'耶稣瓷'"①。"1740年之前,中国瓷器上只有水中施浸和耶稣受难这两个西方宗教主题"②,18世纪中期之后主题渐趋多样。在《圣经》的描述中,耶稣诞生于马棚后有几位博士前来拜访并送他宝盒。该瓷盘绘有来访的博士、圣母玛丽亚以及耶稣的父亲约瑟。耶稣头部绘有光环,一只毛驴伏卧其前,也许是博士坐骑。耶稣诞生、受洗等故事在西方极为普及,并因此常被表现于各种艺术形式中。该墨彩瓷盘的主体画面来自荷兰画家 Jan Luyken 的版画设计,其版画设计的书于1734年在阿姆斯特丹出版后不久便被送到中国景德镇等地,用于做瓷器装饰的样图,边饰也是当时流行于欧洲的"代尔夫特"风格③。值得注意的是,该盘所使用的颜料与工艺是"墨彩"。这种颜料的主要成分其实就是"氧化钴",即俗称的"青花料"④。"青花料"在超过1 280度以上的高温环境下呈现为"蓝色",是为"青花瓷",而在七八百度低温环境中则显现为"灰黑色",故可将其用在低温釉上彩绘中。在景德镇瓷业行话中,因这种"灰黑色料"尚未被煅烧成浓艳成熟的青蓝色,故被戏称为"生料",即未烧"熟"的"用于釉上彩的珠明料"⑤。有意思的是,青花生料与粉彩彩料的烧成温度均为七八百度左右,所以这种灰黑生料既可以与粉彩料搭配,制作色彩艳丽的釉上彩瓷⑥,也可以单独使用,绘成单色的"墨彩瓷"。青花料的这一特性被聪明的景德镇瓷绘艺人运用到外销瓷生产中,就像这幅"耶稣诞生图"所展示的,它很传神的将西方"版画"的艺术特色仿制到瓷上,以"瓷上版画"的另类形态回销欧洲各地⑦。直到如今,墨彩瓷绘在景德镇釉上彩瓷绘中仍然是一种重要的装饰艺术形式,其中流淌的应该说既有中国艺术也有西方艺术的血液。

除了以上三个亚类,还有第四个——异域造型瓷器,例如青花波斯大盘、长颈瓶、军持、水匜、瓜棱瓶、花浇、僧帽壶、象形烛台、多曲式碗等。中国外销瓷在18世纪20至30年代进入批量订制时代后,出现了大量欧洲人成套定制的餐具、茶具、咖啡具等日用和陈设瓷,如瓷糖罂、西式盐罐、刮盘、凹口盆、温盘、汤盆、潘趣碗、欧式宽边浅腹瓷盘、盐瓶、矾红彩旋纹瓶、多口状花插、镂空盘等。这些异域造型的

① 简·迪维斯:《欧洲瓷器史》,熊廖译,浙江美术学院出版社1991年版,第13页。
② 孟露夏,柯玫瑰:《中国外销瓷》,张淳淳译,上海书画出版社2014年版,第88页。
③ 同上书,第28页。
④ 石奎济、石纬编著:《景德镇陶瓷词典》,江西人民出版社2014年版,第333页。
⑤ 同上书,第426页。
⑥ 青花生料与粉彩料搭配使用时主要被用来勾勒粉彩瓷绘中人物、花鸟及山水的轮廓,之后彩绘艺人再于灰黑色轮廓中填绘各种粉彩料,将粉彩瓷入窑二次烧成。
⑦ 当然,也有许多此类题材的瓷器是传教士为了在中国传教而订制。

中国外销瓷器有些是模仿自异域的陶瓷器形,也有一些来自于对域外民族所使用的其他材料和造型的仿制,例如现藏新加坡亚洲文明博物馆的"唐越窑青釉外销瓷碗"。其造型为"多曲式",浅腹、圈足、因外形似"海棠",故又名"海棠式造型",内外施青釉,青中闪黄,是典型的越窑釉色。这件瓷器出水于9世纪上半叶唐末"黑石号沉船",应是借波斯或阿拉伯商船,行经印尼苏门答腊岛海域外销到西亚地区的中国越窑外销瓷,在造型上模仿自萨珊"多曲式金银器",例如现藏于陕西历史博物馆的"唐萨珊多曲摩羯纹金杯"。萨珊王朝(公元224—651年)是最后一个前伊斯兰时期的波斯帝国。正如该摩羯纹金杯所示,萨珊"多曲长杯"多为八曲或十二曲,口沿和器身呈变化的曲线,宛如一朵盛开的花。这种多曲萨珊金银器在传到北魏及唐朝后"经历过一个由仿制到创新的演变过程"①。这种变化突出表现在上述"唐越窑青釉外销瓷碗"中,例如减少分曲数量至"四曲",淡化之前那种夸张的曲瓣,同时对器物内部突出的金属锻压棱线做"柔化"处理,使内壁变得光滑柔和,符合中国人的生活与审美习惯。不仅如此,这种经中国人改造并蕴含了国人审美趣味的多曲式器物,借助9世纪的海上瓷路以一种"文化循环"的交流方式重回西亚地区。只是此时,萨珊波斯帝国已灭亡近两百年,西亚地区也早已是伊斯兰的天下。纵使订购之人当年多么显贵,他也无法料到,连同这件瓷器在内的六万余件中国外销瓷遭遇海难,沉沙印尼苏门答腊海域千年。而20世纪末"黑石号"出水之时,当初作为订购之器的越窑青瓷所承载的已不再是对财富的向往与对高贵身份的彰显,而是当年船员的绝望呼救之声与瓷路千年文化回流大戏的历史记忆。

关于"洋面孔"的中国外销瓷美术,我们特别需要注意的一点是:它们毕竟是借中国工匠之手制作出来的,由于中外之间在生活与思维方式、艺术传统等方面存在显著差异,所以即便表现的是异域题材与主题,也难免会打上很深的中国烙印,例如现藏景德镇中国陶瓷博物馆的"广彩'帕里斯的裁判'希腊神话故事图外销瓷盘",其装饰题材来于古希腊神话"帕里斯的裁判"。有意思的是,由于上述原因,中国瓷绘工匠在描绘这一西洋故事时出现了理解与表现方面的偏差:例如帕里斯手上的"苹果"几乎看不出苹果的模样,更像一块软塌塌的面团;又如,由于对解剖学的无知,中国工匠在表现人体比例、肌肉与骨骼时很难做到准确表达,人体看上去比例失调,极为臃肿。尤其是对肌肉质感与明暗关系的刻画,瓷绘艺人似乎更乐意遵循中国的艺术传统,用"线条"而非"色彩"及"光影"去表现三维立体空间,最终呈现出的仍是中国绘画的二维平面性特征。这在帕里斯的胸部以及持矛的雅典娜背部肌肉的刻画上表现得非常明显。由此也可以发现,欧洲人试图借助中国外销

---

① 赵青:《多元文化互通的佳作——摩羯纹金杯》,《文物天地》2018年第8期。

瓷对本民族文化进行"纯粹性"的审美表达,是不可能做到"绝对纯粹的"。

三、作为"中学外渐"与中外美术融合之路的"海上丝绸之路"

行文至此,笔者要做两点总结和一点补充说明:

第一,"中式面孔"外销瓷美术几乎贯穿中世纪"海上丝绸之路"之始终,这一事实说明具有中华民族审美风格的瓷器艺术以及它所承载的中华文化,在很长时间里曾引起异域文明的极大兴趣。尤其是在制瓷技术为中国人所主导的时代,域外文明除了大量购进中式瓷器之外,多有"仿制中式瓷"之风,且流行于东非、中西亚、东南亚、欧洲等地。毫不夸张地说,"中国陶瓷"就是繁盛于中世纪东西方之间的"海上通道"的标志性象征物。近代以来,由于西方文明的暂时强势,"西学东渐"成为中西文化与艺术交流的主导形态,这常常让我们产生一种文化自卑心理,但上述史实表明,在此之前其实存在过一个可以称作"中学外渐"的历史传统:包括中国外销瓷美术在内承载着灿烂中华审美文化元素的丝绸之路诸器物与艺术,在漫长的历史时期里曾经是"中学外渐"的重要表现形式。对此我们应当抱有充分的文化自信,明白所谓文化的强势与弱势有时是相对而言的,并且是可以相互转化的。

第二,通过分析三种中国外销瓷的瓷绘美术风格可以发现,如果说支撑"中式面孔"的文化逻辑是中国陶瓷艺术带有"垄断性"的"对外输出"和域外文明对它的全面追捧,那么在"中洋杂糅面孔"中就开始有了域外文明通过"订制"等方式进行"有条件选择"的痕迹,而"洋面孔"的出现则表征着他们意欲"自觉的"乃至"纯粹的"在中国外销瓷上寻求对本民族文化的审美表达,尽管这种表达因借中国人之手不可避免地会有文化误读等情形。因此,中国外销瓷美术的形成与发展不仅是中国文化的一种"单向输出",也是中外陶瓷艺术与文化在交流中"双向"以至"多向"互动生成的结果。因而我们所说的"中学外渐"过程其实也是一个"中外互鉴"的过程,从更大范围看,它是包括陶瓷在内的中外"丝绸之路艺术"传播、交流、融合的结果,因而构成了人类艺术交流史上的重要一环。

最后,是必要的补充说明:我们将中国外销瓷作为一种美术类型,从审美风格角度对其"三副面孔"的探讨,是基于它在釉色、装饰或绘画、造型等方面具有极为丰富的美术元素,承载着来自多个地区和民族的多元审美趣味及审美理念这个事实——这并不意味着外销瓷的这些审美特征是可以脱离其"实用功能"而存在的。毕竟,陶瓷艺术的审美性与功能性、工艺技术性是很难截然分开的,外销瓷美术自不例外。所以,我们在对陶瓷美术的艺术审美特征进行分析的时候,经常会涉及对其"功能性"、"技术-工艺性"乃至不同民族生活方式的"差异性"等方面的探讨,这是此类研究对象区别于其他艺术形式的一个重要特点,也是在研究过程中特别需要谨记的。

第九章 影视美学研究

主编插白：福柯是 20 世纪最有影响的思想家之一。这种影响从人文社科广及艺术领域。福柯曾就文学、音乐、绘画、电影等诸多艺术门类发表过不多的意见，带来的反响却相当深广。其电影思想尤其如此。一方面，福柯论电影被动且稀少；另一方面，他的电影评论又备受关注。上海戏剧学院支运波教授将福柯的电影美学思想概括为三个方面：一是从"事件论"出发，以独异性和事件化对电影做了历史分析；二是从"权力观"出发，以生命政治学阐释了电影的政治批判意义；三是从"异托邦学"出发，解读电影异托邦的差异政治，最终揭示电影作为国家治理工具的文化政治功能。

电影是对原有现实素材的再现与再创。在上海开放大学姜美教授看来，这种再创必须融入创作主体的社会性反省，才能引起广大受众的视觉刺激和精神冲击。一是注重"意味"的反省，实现内容的再现与再创，引发受众的内容理解和审美解读；二是注重"组合"的反省，实现形式的再现与再创，彰显形式所赋予的生命价值；三是注重"符号"的反省，实现情感的再现与再创，追求受众的审美情趣和情感共鸣；四是注重"灵魂"的反省，实现创作精神的再现与再创，产生内在的独有价值与教育意义。

作为文化工业的产物，电视真人秀自诞生以来引发了种种"疯癫"，将电视屏幕变成了一个巨大的实验场。如何理解电视真人秀的美学特质？上海戏剧学院包磊副教授指出：电视真人秀是人类社会生活的虚拟的"镜像游戏"。在这种游戏中，真人秀成了被他人全方位考察的实验样本，观众则跳出自己身处的社会角色，以一种无所不知的视角观赏真人秀，仿佛成为实验室内观察实验样本的研究者。这种全知全能的视角与福柯、布尔迪厄、阿多诺等社会学者对于大众媒体的"祛魅"反思高度契合，是一种科学研究的"观察态"。而人们在设计或参与这些真人秀时，则接近一种生活上的"游戏态"。

第一节　事件、生命政治与异托邦:福柯的电影批评①

作为 20 世纪最有影响的思想家之一,福柯在广泛的人文社科与艺术领域都产生了非凡的影响。然而,于此却存在着一个比较吊诡的现象。那就是,福柯对人文社科与艺术领域的影响远远超过他在这些领域所阐发的理论观点。例如,虽然福柯就文学、音乐、绘画、电影等诸多艺术门类都做过阐发,他却都没有就此研制出一套独立的专门理论。而福柯本人经常性的自我否认体现出的矛盾性又颇让研究者们为难。其中,福柯的电影思想,尤其如此。一方面,福柯论电影稀少且被动;另一方面,他的电影评述又备受关注。可是,我们又发现:"福柯的著作都与他看的电影有关",②福柯的全部著作也与电影批评之间形成了紧密的互文关系、不少概念为反思电影问题提供了富有洞察的见解(比如福柯的作者理论)、他的告诫也在电影实践中多有体现。③ 总之,福柯以多样的面孔在电影研究中存在着。可是,福柯的电影批评理论究竟是什么,却颇具吸引。

一、独异性的历史分析

和许多当代法国哲学家一样,福柯也爱电影、爱看电影。据说,曾经在巴黎高师时,他就经常去法国电影资料馆看电影。1975 年福柯还曾主持拍摄过一部根据《我,利维埃尔⋯⋯》改编的电影。但福柯关于电影的评论并不多,共九篇直接与电影相关的访谈,都与《电影手册》有关。这些访谈大致可以从三个方面来看待。其一,福柯的电影评论与其著作之间存在潜在的紧密关系。如《皮埃尔·里维埃的归来》与知识考古学之间,《关于保罗的故事》与权力学说之间等等;其二,福柯对电影哲学和电影评论有着深远影响,比如福柯在 1974 年谈到的大众记忆,就电影在表现历史和质疑现实主义方面是电影理论中最常被引用的术语。④ 他的《什么是作者》提出的作者论对电影拍摄产生了深远的影响。他和法国导演勒内·阿里奥合拍过的电影也间接启发了美国史学家怀特的"视听史学"概念的提出;其三,福柯的权力、圆形监狱、精神病学、装置、话语等等许多概念长久以来始终规约着电影理论

---

①　原载《北京电影学院学报》2023 年第 4 期。作者支运波,上海戏剧学院教授。

②　帕特里斯·马尼利耶、道儿·扎班杨:《福柯看电影·译序》,谢强译,华东师范大学出版社 2017 年版,第 2 页。

③　唐宁:《电影与伦理:被取消的冲突》,刘宇清译,重庆大学出版社 2019 年版,第 187 页。

④　Shekhar A. Deshpande, Historical Representations in the Cinematic Apparatus and the Narratives of Popular Memory, Ph.D., Southern Illinois University, 1991, p.22.

和电影批评。不仅如此,福柯甚至还罕见地谈到了导演的问题。总之,就当时法国电影评论界而言,福柯是一个事件,也被视为"是一个经常性的、不可替代的重要参照"。①

福柯如何谈论电影呢? 可以说,他首先是以历史分析切入电影评论的。他的第一篇谈论电影的《反追溯》开篇伊始,就旗帜鲜明地强调了作为"视听历史"的电影与官方历史之间,福柯个人与其他历史学家之间历史分析观的差异,即"真实与虚假的生产"机制问题,这也是福柯历史分析和政治批评的核心观点。②《皮埃尔·里维耶归来》作为编导之一的福柯重在如何让历史发生,让日常生活的历史无意识重现。福柯认为电影既是像文学和学校教育这种文化一样是政治装置的一部分,而且是一种"更有效的"装置方式和"大众记忆再编码的方式";也是一种包含了经验与知识的抵抗官方历史书写的更鲜活的"大众记忆"。电影书写的大众记忆"是那些没有权力书写、做出自己的书的人、那些没有权力编纂自己历史的人,这些人同样有一种方法可以记录历史、展开回忆、依靠它生活并使用它"。③ 通过对《拉孔布·吕西安》《午夜守门人》《悲哀与怜悯》的分析以及编导电影的经验,福柯重申了电影具有重现历史的存在模式上的价值与意义,并在质疑官方历史自明性的基础上凸显了电影在历史分析、政治批评上体现的独异性价值,以此获得自身书写历史的特殊美学。

福柯不仅认为电影是由一系列事件构成的,而且事件问题还居于他电影研究的核心位置。④ 九篇关于电影的论述,涉及民众记忆、情色、权力与爱、精神病院、农民的悲剧、激情以及纳粹,涉及电影实践与书写的哲学,福柯是在寻找另外一种书写历史的方式,也是一种在线性叙事策略之外的"事件化"历史书写。这至少传递出电影与历史的政治关系、与存在的影像美学关系和作为艺术的表现策略这三重批判的形而上学。福柯一开始对于事件的初步见解就是来自于其批判话语理论。只是到了 1970 年日本做的演讲中,才将事件与变化相提并论。在 1978 年的《方法问题》访谈录中,才最终得以详细阐释。何谓事件化? 福柯指出:"我说这个词是要表达什么意思呢? 首先是对自明性的反抗。……其次,事件化意味着

---

① 帕特里斯·马尼利耶、道儿·扎班杨:《福柯看电影》,谢强译,华东师范大学出版社 2017 年版,第 59 页。

② Graham Burchell, Colin Gordon and Peter Miller, *The Foucault Effect: Studies In Governmentality*, The University Of Chicago Press, 1991, p.79.

③ 米歇尔·福柯:《声名狼藉者的生活·福柯文选Ⅰ》,汪民安编,北京大学出版社 2016 年版,第 246 页。

④ 帕特里斯·马尼利耶、道儿·扎班杨:《福柯看电影》,谢强译,华东师范大学出版社 2017 年版,第 100 页。

重新发现连接、遭遇、支持、阻塞、力量与策略等在某个特定时刻建立了随后被视作自明、普遍与必要之物的情形。"①即,事件化是抵抗现有的自明性,以及再自明化。

再者,事件还有一个重要属性,即"事件是一种独异性"。② 对于事件化的第一功能,福柯认为其中一个显著特征是"使独异性变得可见"。③ 在这里,福柯是在"突出"的意义上理解独异性的。这也是福柯审视电影这门艺术的一个基本纲领。不管是赋予电影优于文学的大众记忆编码效度,还是摄影机完成的对身体不可见性的发现与开发(《萨德,性的教官》);不管是重申电影对于精神病院的完美呈现(《关于保罗的故事》),还是导演阿里奥对电影的高超驾驭;也不管是电影对于二战前后政治历史的复杂关系,抑或是电影如何参与了现实历史的再自明化,福柯都在作为事件化的独异性上审视电影的真假生产机制和作为批判美学的。这是看待福柯电影批评理论不可忽视的一个要点。

二、生命政治的批判范式

在《方法问题》中,福柯重申了事件思想的"理论—政治功能"。而在电影中,福柯则发现了电影的生命政治属性,从而贡献了当代电影批评的新范式。《反追溯》中,福柯畅谈了该如何理解电影。对此,他指出了电影在记录和展现生命上所具有的特权:权力装置管治下的"声名狼藉者"(没有权力的大众)利用了电影这种记忆再编码的方式去"记录历史、展开回忆、依靠它生活并使用它"④去抵抗生命政治的部署,而这些"微不足道的生命"也有着"诗样的生活";⑤电影具有"教导民众"的社会历史目标,主张"应该占有这个记忆,规训它,支配它,告诉人们必须回忆什么",⑥以重塑大众感知,从而实现历史的再自明化。对于大众记忆,福柯暗示了电影作为一种装置对压制性功能的挽救,即它与大众记忆构成了同一性,在面对制度权力和文化机构的表征时,那些表达制度内大众记忆的电影不仅不再是被压制的档案,相反还是制度性话语的一部分,从而失去了它在大众记忆中的地位。特别是

① 转引自:刘阳:《事件思想史》,华东师范大学出版社 2021 年版,第 81 页。
② Clayton Crockett, *Derrida After the End of Writing: Political Theology and New Materialism*, Fordham University Press, 2018, p.100.
③ Graham Burchell, Colin Gordon and Peter Miller, *The Foucault Effect: Studies In Governmentality*, The University Of Chicago Press, 1991, p.76.
④ 米歇尔·福柯:《声名狼藉者的生活·福柯文选Ⅰ》,汪民安编,北京大学出版社 2016 年版,第 246 页。
⑤ 同上书,第 294 页。
⑥ 同上书,第 248 页。

对于那些处于权力管治下的无名者、声名狼藉者而言,电影不再主要是为权力者服务的,而是成为被压制者的代表,并赋予了一种话语能力和文化合法性。福柯使大众记忆复杂化的处理方式与他对于事件独异性的看法形成了一致。

福柯对于绘画可见性与不可见性之间的变革性分析,也自然被其运用到电影批评中。比如,福柯反对只是在人物呈现的可见性上理解电影的可见性;比如,福柯从摄影机视角出发所看到的身体的政治与美学新机制;再比如,对精神病院中隐秘精神和导演视角的别致论述,等等。福柯在珍稀的几篇电影访谈中,多方面地呈现了电影在记录生命、书写记忆、呈现隐秘经验、塑造感知和抵抗美学,以及电影本身作为一种治理装置的生命政治学。一般而言,生命政治作为一种管治和正常化的权力技艺作用于我们的行动,并在身体和人口两个维度上发挥着不同的作用。就身体而言,它感兴趣的是利用、增强和分配,能量的调节功能;就人口而言,它强调的是关于出生率、死亡率、健康水平和预期寿命的调节与生产,以及影响这些变化的条件因素。总之,它是一种生命被纳入计算之后的管治技术。而电影的生命政治框架支持了这样一种认识,即电影既是国家管治的工具,又是抵抗的载体,并在整体上遵循着类似于生命政治的运作机制和政治美学逻辑。

其实,即使在成为电影之前,摄影术就与创造关于生命知识的需求紧密交织在一起了。一开始为了在胶片上记录影像,摄影术依赖于将人的运动分解成有固定间隔的静态图像从而形成了电影帧。后来,在19世纪90年代形成了可以随着运动物体的轨迹进行图像拍摄的技术。最早电影摄像机(1895年)的名字都追随了西方原始电影光学设备的脚步,并做出了一个强有力的声明:电影将捕捉或制造生命本身,这指出了电影反映和创造生活方面的特殊作用。[①] 显然,这种图像技术一开始是为了分析生物运动而设计的,后来又被运用到内窥镜、超声波以及诸多当代科学成像技术中。所以,正如人们现在所看到的那样:科技与影像始终是生命政治所关注的核心领域。由此可见,电影诞生伊始就都与生命相关。或者说,它是一种观看与书写生命的机械装置。当然,早期对电影的描述大多倾向于将技术与生、死和哀悼问题联系起来。而电影理论、电影哲学也倾向于一种对生命的反思和抵抗美学。[②]

可是,生命政治批评与事件的独异性之间存在怎样的关联呢? 当代西方曾有些学者指出了电影生命政治学的内涵。他们认为:"电影可以被理解为生命政治。

---

① Deborah Levitt, *Zoetropes: Cinema, Literature, And The Modernity Of The Living Picture*, University Of Southern California, Ph. D, 2004, p.17.

② Louis-Georges Schwartz, "Cinema and the meaning of 'Life'", *Discourse*, Vol. 28, No. 2, 2006, pp.7-27.

因为,在这个意义上,它通过一种技术设备直接将生命过程记录下来,然后再将它们放映出来。被理解为生命权力的电影将强调这些电影过程是作为捕捉的过程,通过这种方式,表演者、技术人员和观众的活的身体直接被捕获在一种特定的技术装置中,甚至在生产和消费快乐的过程中。然而,对电影做全面的生命政治分析,则必须把它视为一个冲突的场所:一方面是身体的欲望和创造力,另一方是它们被技术捕获。"①但是,现代政治作为一种生命政治,其管治逻辑是消除差异而制造统一性的主体。对此,如同福柯把死亡政治与生命政治视为一枚硬币的两面一样,从而杜绝了独异性主体,或者以自我关怀的养修方式回避了主体的权力遭际;而阿甘本则发挥了生命政治中死亡的极端时刻,用赤裸生命杜绝了生命中独异性存在的可能。包括吕克-南希对独异性三个"区别性特征"——独特、好奇和显露——②的概括都共同支持了"独异性抵抗生命政治"③的立场。这种主体独异性的缺失进一步彰显了以生命政治进行电影批评的美学张力。

三、作为异托邦的差异政治

电影的生命政治批评直接由福柯开启。尽管,电影的生命政治研究作为电影理论中的新近出现的前沿研究至今还没有被充分展开,但这一批评范式所展开的空间是巨大的。可以说,"绝大多数以叙事为驱动的政治电影都是生命政治电影"。④ 可是,从生命政治角度看待电影究竟意味着什么呢? 福柯对异托邦的阐述,以及对权力作为视听媒介的强调或许可以帮助我们在某种程度上解答这一疑惑。

福柯在三个场合概述了异托邦概念,之后就再未论及。第一次是在 1966 年的《词与物:人文科学考古学》的前言中提到异托邦,用来指涉扰乱句法规则和人心的独异性安排,并且在语言学上与虚幻的乌托邦做了区分;第二次是在同一年的关于乌托邦与文学系列主题一部分的电台广播中,以比较有趣的方式谈论了异托邦;最后一次是在 1967 年 3 月 14 日建筑研究会上发表的演讲《另类空间》上,英译为《另

---

① Michael Goddard and Benjamin Halligan, "Cinema, the post-fordist worker, and immaterial labor: from Post-Hollywood to the European art film", *Framework: The Journal of Cinema and Media*, Vol. 53, No. 1, 2012, p. 173.

② Jean-Luc Nancy, *The Sense of the World*, Trans, Jeffrey S. Librett Foreword by Jeffrey S. Librett, Minnesota: University of Minnesota press, 1997, p. 71.

③ Illan Rua Wall, *Human Rights and Constituent Power: Without Model or Warranty*, Routledge, 2012, p. 127.

④ Matthew Holtmeier, "The modern political cinema: from third cinema to contemporary networked biopolitics", *Film-Philosophy*, No. 20, 2016, pp. 303–323.

类空间》或《差异空间》。第一次主要针对的是文本空间,还没有论及异托邦的空间性;第二次是在一个大约十二分钟的简短广播中,但直接与第三次的演讲相关;第三次就是针对社会空间所论述的异托邦生产的差异空间政治。

异托邦这个词来自希腊语,最初是一个医学术语,指身体器官或组织部分的错位、缺失、突出,或者像肿瘤那样。通常,它指的是一种特殊的组织,在不同寻常的地方发育。这些组织并没有病变或存在特别危险,只是被放置在了其他地方,形成了脱位。福柯在《另类空间》①中对这一概念做了创造性阐发。

福柯首先考察了空间转向,认为19世纪时间是人们感知世界的原则,因而也是哲学家们关注的焦点。到了20世纪,空间则成了人们的存在方式。在揭示空间取代时间的转换中,福柯也指出了空间概念从中世纪等级化的定位空间到伽利略开启的广延性空间,再到当前的定位空间的伴随着时间的空间史。接着,福柯从巴士拉的《空间诗学》出发,强调当代的空间诗学不是同质的、虚空的空间,而是关系的空间;强调他所关注的并非巴士拉的内部空间,而是域外空间、异质的空间和空间的政治。在描述他称之为异托邦学的六个特征时,列举了度假岛、墓地、咖啡馆、产妇、走婚旅馆、精神病诊所、剧场、电影院、花园、集市、博物馆、图书馆、浴室、美国汽车旅馆等许多互不相干的空间形式,福柯似乎是在用这种方式强调异托邦的暧昧、吊诡、独异与生产性的域外空间差异政治学。

福柯认为异托邦是一些特殊空间,在其中社会所促成的一系列关系被暂时中止,以确保社会自身的运转和稳定。它们是使社会成为可能的内在差异。异托邦暂时建立了一个不同的世界和不同的时间性,它们最终稳定了现实世界的时空安排。福柯提到的所有异质空间都具有这种再次位置化和再次正常化的政治逻辑。不管是度假村,还是监狱、收容所,或是寄宿学校。如果说,异托邦是指那种以截然不同的方式重新排列、指向新的可能性的地方的话,那么重新排列的又是什么呢?毫无疑问,福柯研究空间的安排形式及其历史是为了理解生活在空间中的生命形式和"生命的本质"。② 福柯认为如果空间是任何形式的公共生活的基础,那么空间也必须是所有权力行使的基础。他似乎时刻在提醒这些异托邦空间对于社会的政治功能。

这些异托邦中,福柯也提到了电影。他认为电影在二维屏幕上看到了三维世界的投影。电影类似于镜子,人们在镜子中看到了自己,意识到了自身的空间—社

---

① 福柯:《另类空间》,王喆译,《世界哲学》2006年第6期。

② Trevor J. Barnes, "Placing ideas: Genius Loci, heterotopia and geography's quantitative revolution", *Progress in Human Geography*, Vol. 28, No. 5, 2004, pp. 565-595.

会地位,以及自身的世俗存在。① 福柯用镜子的譬喻来阐述异托邦的特性,同时论述了再现和真实之间的映射、反馈关系,以及主体通过异托邦的空间化往返凝视而重塑的政治效果。观看电影的人会暂时忘却自我及其日常生活,迷失在屏幕中,只是为了重新发现自我和自我的真实世界。无论在社会秩序之内还是之外,电影既是满足愿望的地方,也提供了颠覆、异质和过渡的可能,它受制于现实,又与正常化相干,作为正常化的工具与抵抗的可能形式。

福柯在《另类空间》中一直贯彻了意识形态观念。所以,大卫·哈维才指责福柯说:"福柯的异托邦空间假定了它是以某种方式在主流社会秩序之外的,或者,它们在这种秩序的定位可以被分割、削弱,或者像监狱里那样,从内部反转。它们被理解为绝对空间。因此,异托邦内部不管发生了什么事,都被认为具有颠覆性的,具有激进的政治意义"。②

作为一种异托邦,电影在使某种社会空间变得可见的同时,自身又是某种特殊的空间,以保证社会的运作和稳固,并促使社会的一系列关系则被暂时搁置,从而最终稳定了现实世界的空间安排。福柯提到的所有异托邦也都有一种恢复性的、正常的逻辑,它们在空间、时间上孤立地终止正常秩序的同时对于强化秩序也有着至关重要的作用。在《反追溯》对龙达勒这个人物的第三维度的解读,在与卡内关于阿里奥的访谈中所谈到的里维埃事件,在《萨德,性的教官》对弗洛伊德主义与萨德主义的区分,在《保罗的故事》对精神病院的阐释等等,福柯在电影中所关注的无不是异托邦的差异政治。显然,电影在再现历史,重构大众记忆方面具有重大潜力。它是由各种各样的由意识形态、政治话语所构成的历史所组成的。电影是历史再现的必要工具,它挑战主流意识形态规范和权力,并且电影在另一方面也塑造了大众感知。

如同用玛格丽特的绘画阐释了艺术何以是异托邦而非乌托邦一样,福柯也用异托邦解释了电影艺术的本质属性之一,他对电影的关注与他对一些微不足道的生命、边缘地带和隐秘经验的兴趣相一致,在将其纳入知识与权力的装置中的政治诉求一脉相承。按照德波的看法,景观也是现代社会国家管治的最重要工具,而电影则是一种最明显的景观影像。福柯的生命政治框架支持了这样一种认识,即电影既是国家意识形态的工具,又是抵抗的载体;既作为国家管治图谱中的文化记

---

① Lorenzo Fabbri, *Beyond Neorealism: Cinema, Biopolitics, And, Fascism*, Ph. D. Cornell University, 2014, p.54.

② David Harvey, *Cosmopolitanism and the Geographies of Freedom*, Columbia University Press, 2009, p.160.

忆,又形塑大众感知;既是一种乌托邦,又是一种真实的空间,在现实与虚幻之间充当异托邦的绝对差异政治,而异托邦不仅仅是物体存在和事件发生的地方,而且是权力、管治和惩戒发生的一个要素。

生命政治的逻辑是以算法逻辑生产出顺从的无个性的统一体,个体性的行为接受一整套与正常化相关的知识体系、科学技术与价值观进行实践的,因此,生命政治可以说关于生命的一系列的规范化权力与技术。而独异性是指"主体的唯一性,这种唯一性是通过'我们'(普遍性)而产生的,但无法在'我们'中被捕获、被包含或被理解"。① 它解答了生命政治中主体性与普遍性(我与我们)对立的矛盾问题。按照吕克-南希的观点,独异性是一种差异唯一性,每个独异性都各不相同,同时又共享一般性,每个个体都处于普遍化的逻辑中。② 而福柯用电影对此做了很好的注脚,传达了他对于电影这一艺术特质与美学的当代理解。

第二节 从电影《九色鹿》谈艺术创作的主体反省③

美作为道德的象征,关键在于一种主体间的社会性反省,即为他人设身处地地思考。电影艺术的"主体间的社会性反省",表现在一是电影创作者主体对原始素材创作者主体与不确定的作品受众主体之间的社会性反省;二是对电影本身在内容上写实的场景、情节、情感等多维感官需求与受众主体对社会道德、价值观念等的正能量精神需求之间的社会性反省,因而电影会在画面内容追求写实的"再现",但同时这种"再现"不会是简单的、复制性的事件"再现",而是融入了创作者思想、时代元素,尤其是精神因素层面的隐性社会价值观和社会发展层面的显性艺术表现,这样的一种多元融合可以更好地引起广大受众的视觉刺激和精神冲击。这既是社会发展的必然结果,也是社会继续发展的前进方向。

《九色鹿》作为一部唯美的国产经典动画影片,以其电影艺术的"再现"与"再创",融合政治、文学、宗教、舞蹈、绘画等多种艺术,对受众感性认识社会,理性体悟人生,激发兴趣和创新精神,在主题导向、内容意义、艺术影响等有着直接的作用,同时也成为接触敦煌文化的艺术启蒙,因此,它曾获得水墨动画片制作工艺国家文

---

① Sarah. Sorial, *Heidegger and the Problem of Individuation: Mitsein (Being-with), Ethics and Responsibility*, Ph.D, UNSW, Australia, 2005, p.89.

② Illan Rua Wall, *Human Rights and Constituent Power: Without Model or Warranty*, Routledge, pp.124—125.

③ 原载《电影评介》2021 年第 14 期。题目有改动。作者姜美,上海市长宁区业余大学、上海开放大学航空运输学院教授。

化科学技术奖一等奖、加拿大汉弥尔顿国际动画电影节特别荣誉奖,被誉为"活"的敦煌壁画。

一、"意味"的反省:内容的再现与再创

电影艺术在受众对象不明确的情况下,总是会假想不同受众的多样需求,从电影创作者自我素材内容理解基础上综合社会精神需求,在视觉性层面进行更为高位的艺术与文化品味的主题诠释,从素材写实"再现"上追求文学、绘画、舞蹈等其他艺术的融合,在非视觉性层面努力唤起受众潜在意识的情感体验与精神审美等的结合。因此,英国视觉艺术评论家克莱夫·贝尔认为:"艺术是有意味的形式。"[3]任何艺术都只有明确了所要传递的"意味",其内容才能更好地引发受众的内容理解和审美解读。

1. 创作主题的延续与本土化

电影的创作主题往往不是简单、浅层次、单视角的,而是复杂、深层次、多视角的,是电影的情节内容的精炼、外延和暗示,是电影创作者的主题追求、价值追求和审美取向。动画电影《九色鹿》在延续宗教为纽带融合的文化体系基础上,体现了本土化特点,向人们传达和歌颂善良与诚信的同时,潜移默化地将以善为美、崇尚感恩的中华民族传统美德的道德观传递并感动了每一位观众。

根据本生故事编撰而成佛经称《本生经》,现存巴利文《本生经》成书于公元5世纪,有547则本生故事。《鹿王本生》故事就是其中之一。《鹿王本生》是讲述佛教创始人释迦牟尼生前所经历的事迹。而所谓"鹿王本生",取意自释迦牟尼的前世是一只九色鹿王。九色鹿舍己救人的本生故事原文记载于《大正藏》第3卷,《鹿王本生经》在中国六朝时期共有两个译本,一是3世纪吴地著名译经家支谦根据原文译写了《佛说九色鹿经》,另一是康僧会译《六度集经》中的《修凡鹿王本生》,两者基本内容一致,都是《鹿王本生》故事的前身。

根据本生故事绘制成图像谓《鹿王本生图》。《鹿王本生图》传入中国后,先在新疆克孜尔石窟,后又在敦煌莫高窟获得再现,其画面的主要情节与本生故事的宗教功能和意义完全一致。敦煌《鹿王本生图》即《九色鹿经图》属敦煌壁画早期作品,在敦煌石窟中仅存1幅,此画是国内外现存《鹿王本生图》故事中,年代最早、画面最清晰、内容最丰富、艺术性最高、保存最完好的一幅。它于北魏时绘于敦煌257号洞窟西壁中层,全图纵96 cm,横385 cm,分别表现了10个故事情节。情节从南向北依次分为:①溺人水中呼天乞救;②九色鹿闻声至岸边;③九色鹿跳入激流,溺人骑上鹿背,双手抱住鹿颈部;④溺人长跪谢恩。从北向南依次为:⑤皇后说梦,国王悬赏;⑥溺人贪财告密;⑦国王驱车出宫,溺人车前引路;⑧国王乘马入山,侍者

身后张盖;⑨九色鹿荒谷长眠,好友乌鸦啄而警告;⑩九色鹿直面国王,控诉详情。

2018年动画电影《九色鹿》根据敦煌《鹿王本生图》改编而成,但在创作主题上跳出了释迦牟尼的本生宗教主题,采用社会性的寓言性教育主题定位,呈现了本土化特点,也更容易让中国受众接受和欢迎。动画电影《九色鹿》在叙事情节与结构上有《序幕》《神鹿指迷》《鹿游林中》《闹市卖艺》《鹿救溺人》《使臣见王》《王后索鹿》《恩将仇报》《国王猎鹿》《作恶自毙》和《尾声》共11场剧本,讲述了古代荒无人烟的戈壁滩上,一头美丽的九色神鹿救起了一个在采药时不慎落水的弄蛇人,可惜的是弄蛇人在获知只要抓住九色鹿就可以获得丰厚报酬时,非但不思报恩,反而见利忘义向国王告密。当国王的队伍来捉拿九色鹿时,弄蛇人的恶行终究被当面揭露并最后跌进深潭淹死,九色鹿顺利逃难飞去,这是一个恶人得到应有惩罚的典型寓言性故事。

2. 艺术景别的选择与表现力

电影的艺术景别,是电影镜头和画面视觉形式的综合表述语言,通过各种不同的艺术景别使用,表现影片剧情的叙述、人物思想的表达、人物关系的处理,使影片视觉效果、导演语言风格更具有表现力。表面上看是造型手段,实际上是绘事方式,它决定了影片风格、叙事、视觉和导演等表现力。

《鹿王本生》故事的表现形式早在公元前2世纪,印度巴尔胡特围栏圆型浮雕《鲁鲁本生》(Rum Jataka)就是根据这则本生故事雕刻而成。《鹿王本生图》在新疆和敦煌完成了文字故事向视觉语言的转换,艺术形式所不同的是文字艺术改成造型艺术,浮雕改为壁画。

《鹿王本生图》壁画的构图形式打破了一般故事情节单向顺序排列进行叙事的方法,采用两边向中间集中、画面中央是故事高潮和结尾的特殊布局,两边又都采用了中国传统绘画构图方式中的长卷式卷轴画构图形制,对于卷轴画的欣赏往往使欣赏者能够感受到时间的连续性与空间的转换性。特别是对于佛画来说,也方便礼佛者边走边看,将高潮部分设置在画面中央,也便于礼佛与参悟。《鹿王本生图》赋彩颜色淳朴,壁画的底色以当地开采的土红(赭石色)来作为大地色,其他颜色以中国画里的石绿、石青、黑色、白色为主,这些颜色都服从于底色,往往不加调和,以纯色示人,并用平涂罩染的中国绘画手法层层晕染。这种大面积的底色与小面积的对象色的鲜明对比,使画面色调既统一和谐又有对比,装饰风格强烈。《鹿王本生图》沿袭了佛教绘画以线造型的特点,并带有浓厚的西域风格与中国早期绘画的装饰风格,线与色相并重。其中线条主要运用中国画中的铁线描与兰叶描,画面中人物身体的曲线与飘带的处理相互映照,使整个画面产生了优美的韵律感和时间流动感。

动画电影《九色鹿》中的景别完整地再现了敦煌壁画原画中的叙事结构、人物造型、色彩特点、故事风格等，以及敦煌藏经洞出土的画稿所展示的人物白描风格，以及民间画工对色彩的搭配，把古代连环画式的叙述手法转换为现代电影镜头语言和蒙太奇剪辑的表现手法，取得了极佳的表现力。

二、"组合"的反省：形式的再现与再创

贝尔认为："就审美来说，这些形式的排列、组合确实感动我们，这一事实足以说明问题了。"不同的组合体现了创作者的不同主题定位，这也是创作者所想通过形式的不同组合更好地传递内容，让形式承载内容的底蕴，彰显出形式所赋予的生命价值。

1. 人物造型的写实与艺术化

电影中的主角和配角的组合，是电影创作中情节冲突的关键体现，也是作品主题的核心体现。如何既遵循原有素材的写实，同时又体现多种元素综合的艺术化，这是创作者根据主题表达需要，进行形式的再现与再创进行重新"组合"的构思、策划反省。动画电影《九色鹿》中人物造型基本按照《鹿王本生图》壁画中的原型创作。九色鹿作为动画片中的主角，是叙事的核心，也是影片造型的基础。《九色鹿》的造型较为写实，线条勾勒十分柔和，与壁画中的鹿王色调一致，通体洁白色，简单明快，其背上的彩色斑纹形状流畅柔和，使其具有空灵的气质与神秘感，但却不失女性形象的优雅与温柔。电影中的捕蛇人是矛盾冲突的核心，他的造型却较为复杂和夸张，五官为壁画中的小字脸画法，眉毛连在一起，肤色灰黑暗沉，这样的造型象征了他心中的邪念与阴暗，符合人物面目可憎的性格特点。影片中舞女与皇后的造型与姿态也类似于敦煌壁画中的飞天与乐伎，在造型上古拙、生动。

2. 场景空间的真实与生动性

场景是影片拍摄重要的造型元素之一，也是影片叙事的基本载体和特定空间环境。场景的选择必须根据影片的叙事和主题，给受众创造一个人物活动、情节过程真实的体验，为了这一点，拍摄人员往往会精心选择相关场景，甚至还原、制造相应的场景。同时在尊重真实的基础上，还要尽力体现生动性，让受众在欣赏的过程中产生美的体验和情感的熏陶。

动画电影《九色鹿》中，敦煌壁画的色彩特点都有较精准的表达。整体选用了《鹿王本生图》壁画中出现的赭石、石青、石绿、白色等颜色为基调，再将隋代和初唐的一些壁画风格融入其中。《九色鹿》场景里出现的地面沿用壁画中的赭石色作为主色调，动画片中出现的树木花草和远处的山水，颜色基本还是石青或石绿穿插其中作为衬托，同时画面中的人物及背景也用纯红、土黄、绿色、褐黑等颜色，并以金

色、红色和黄色这类明度较高的色彩辅助，使整体色调丰富却又不失单纯。另外，在处理环境关系、人物关系时，拍摄人员还根据动画制作的需要，利用不同颜色的底色变化来表现各个场景和人物心理及性格的变化。如开篇使臣风雪迷路用的是冷色的蓝色调，风雪过后大地复苏的场景底色转为暖色的红色调，捕蛇人的人物肤色随着他内心邪恶的变化由原先的赭色转变为黑色，仅从这些色彩的变化上就可以读出画面的情境及故事的变化。而大面积地使用蓝色、石青、石绿等是隋唐时期壁画的特点，这样既很好地还原了敦煌壁画古朴典雅的色彩风格，又使它具有更强的视觉冲击力和韵律感。敦煌壁画由于时间的流逝而变得沧桑，历史感较强，特别是有些颜色经过时间、风沙的风蚀变色、斑驳不堪。《九色鹿》也将这种特有的色彩及肌理效果通过国画颜料与宣纸的渗透、晕化、渲染带入了剧中，如人物肤色的处理，背景颜色的处理，使整个动画片更富于神秘感与神圣感。

可以说，动画创作者并没有被原作所局限，而是在忠于原故事情节、原图基调基础上做了大胆而概括的处理与添加，使整个故事的叙事更加饱满丰厚。所以《九色鹿》既是对敦煌文化的传承与创新，又是一次敦煌艺术的启蒙，让世界由此感受敦煌之美，并通过电影使中国的敦煌文化蜚声海内外。所以，动画电影《九色鹿》也被称为中国壁画动画片。由此可知，借鉴敦煌壁画的风格是《九色鹿》成功的重要因素之一。除了创新以外，运用大量的中国传统元素，对传统文化和艺术的继承和发扬也是动画电影成功的重要条件。

三、"符号"的反省：情感的再现与再创

艺术作品的主题转化为形象时，是导演创作情感的再现与再创。任何一个取景、人物造型，甚至是微不足道的小道具，都成了一个个富有象征意义的"符号"，既是作品所要传递的"符号"，也是创作者所要传递的"符号"。受众也正是在这由一个个"符号"构成的情节中，产生了相应的审美情趣和情感共鸣。《九色鹿》电影中的"九色鹿"，在电影叙事和戏剧结构中是善和美的"符号"，是仁者、诚信的"符号"。

1. 传统艺术的呈现与载体化

创作者基于中国传统艺术的影响与当时艺术发展现状，总是会在创作时兼顾两者的融合，对于现在而言，则是可以多维度地体现传统艺术的弘扬与传承。改编后的《九色鹿》电影作品弘扬和传承了丰厚的本土传统艺术，在艺术造型上采用对比的手法，凸显纯洁与邪恶的对比。在剧照音乐上，《九色鹿》作曲者蔡璐、吴应炬使用了中国独有的戏曲音乐和民乐，以箫和琵琶为主乐器，这也是敦煌壁画中常见的乐伎的乐器，同时辅以其他乐器。这种典型的中国敦煌艺术的呈现和中国戏曲音乐、民乐等载体的处理手法既符合了故事情节，更贴近了敦煌壁画，把欣赏者带

入了浓厚的民族文化氛围和壁画情景当中,感受到中国传统艺术的魅力,因而雅俗共赏,生动活泼,别具韵味。

2. 现代艺术的辐射与多样化

现代艺术的发展不仅给《九色鹿》这样优秀作品带来了巨大的辐射空间,也给中国现代艺术的发展提供了多样化的艺术繁荣机会。动画电影《九色鹿》因为本土化的原因,无论是内容上的教育内涵,还是情感上的刺激感染,都使得观看过的,或者只是听说过的人们为之感动,都一直保持良好的、持续的影响作用。因而《九色鹿》也以动画电影的形式辐射到了芭蕾舞剧、音乐等,更具了中国化特点。

芭蕾舞剧《九色鹿》于 2018 年 4 月 23 日在北京天桥剧场奇幻开幕,伴着悠扬神秘的轻缓旋律,将珍藏瑰宝的敦煌博物馆成功搬上了充满奇幻色彩的舞台,其中一位女孩独自走进了一间尚未开放的展馆,在一幅壁画前浮想联翩、遐思万千。恍惚间,女孩幻化为展翅飞翔的妙音鸟纵横其间,高大、美丽、轻巧的鹿王从画中缓缓走出,将她带入一个未知、奇幻的神秘世界……舞剧通过参观敦煌博物馆的形式,将喧嚣热闹的古丝绸之路市集以及充满神秘色彩的"九色鹿"的传奇故事生动形象地呈现在舞台上,向人们传达和歌颂善良与诚信,潜移默化地将以善为美、崇尚感恩的中华民族传统美德传递并感动了每一位观众。

2018 年 10 月,霍尊为第三届丝绸之路(敦煌)国际文化博览会再次改编、制作了音乐作品《九色鹿》,在制作的过程中,方文山的作词经过霍尊的作曲,融入了敦煌的传统音乐元素,整首歌非常能体现出敦煌的神秘与瑰丽。演出现场以放大的敦煌壁画作为背景,加上变幻莫测的舞台灯光和科幻数字技术显现的九色鹿造型,身着一身中国刺绣白衣的霍尊,低缓唯美深情的演绎使《九色鹿》这首歌一举荣获CCTV15"全球中文音乐榜上榜"第一。

四、"灵魂"的反省:创作精神的再现与再创

电影艺术通过对多种艺术的融合与发展,让电影艺术具备了内在的独有价值与教育意义,因而相比其他纯文学或纯艺术作品而言,更容易唤起受众的审美情感。所以德勒兹说:"时间是二维的,空间是三维的,而电影可以抵达的第四维度是灵魂。"

1. 中国精神的写照与感染力

文化艺术是人类精神的真实写照和体现,同时又反过来推动着人类精神的进一步丰富和发展。电影作品中的内容与主题,都渗透和体现影片创作者的世界观、人生观、价值观等,体现着创作者对作品的认识、情感和对生活的感受和追求,也最能集中地反映时代精神和社会风貌。1981 年上海美术电影制片厂改编出品的动

画电影《九色鹿》，由钱家骏、戴铁郎执导，潘絜兹编剧。胡永凯、杜春甫、范马迪等人担任人物造型设计，冯健男、尤先端、汪依霓等担任背景设计。当年创作团队为了电影背景场景的设计，寻找灵感，沿着古丝绸之路，长途跋涉，历经2个月才到达莫高窟，5名主创人员在千佛洞整整待了23天，其中冯健男老师更是临摹了21幅壁画，画了5本速写。虽然片长只有24分钟，创作者们却画了近2万张原动画，仅动画片中的森林、大山等背景就画了200多张，全部按照敦煌壁画中的形象而画，靠手绘将九色鹿形象以最真实、生动的形式呈现在电影荧幕前。创作团队人员的这种敬业、勤奋、尊重事实、精益求精等中国精神在他们身上得到了很好的体现，这也是动画电影《九色鹿》能够经久不衰的重要核心原因。

电影《九色鹿》播出37年后的2018年，中央芭蕾舞团舞蹈学校创作团队也如同当年的上海美术电影制片厂的艺术家们一样，多次奔赴敦煌莫高窟采风，将同样取材自敦煌壁画《鹿王本生》中的那段神秘、奇幻而又发人深省的经典故事进行再次改编，搬上了芭蕾的舞台，九色神鹿首次以芭蕾的形式从壁画里"跳"出来向我们演绎了一段"仁、善"的追求。芭蕾舞剧《九色鹿》演出创造的三个"首次"颇为引人关注：一是芭蕾舞剧《九色鹿》是中国首次以敦煌壁画为创作灵感、以童话故事为舞剧题材，真实反映民族精神及中华传统文化的原创童话芭蕾剧目；二是中央芭蕾舞团舞蹈学校首次专为孩子们打造，旨在提升学生艺术素养；三是作品由中央芭蕾舞团舞蹈学校的同学们首次以整台舞剧表演的形式向社会各界进行汇报、展示。中央芭蕾舞团舞蹈学校能够结合新的时代要求，本着古为今用、推陈出新的精神，也同样用自己的行动演绎、实践这一精神，积极主动挖掘、使用中华民族的丰厚历史资源、文化资源和思想资源，在芭蕾舞剧《九色鹿》中融入了中华优秀传统文化元素，使之成为文艺创作的源头活水，此举寓意颇深。

2. 教育意义的普及与时代化

中国精神与中华优秀传统文化是一脉相承、一以贯之的，中华优秀传统文化是过去的中国精神，中国精神是当下的优秀中华文化。中国精神更是民族精神和时代精神的统一，而中国电影应该遵循中华民族的审美心理、欣赏习惯和美感标准，让中国精神的传统特点和时代特点，走向社会，走向学校，让更多的人感受到其中的魅力和影响，发挥出更多层面的、更深层次的教育意义。《鹿王本生》用绘画的形式描绘了关于"诚信与善良"的人性诠释，越过千年的历史风云仍然影响、震撼着新时代的老师和学生，富有较强的教育意义与时代精神。因此，多地版小学语文课本也将生动有趣的《九色鹿》故事编入教材，成为小朋友心中喜欢的经典动画形象，因此在许多不同版本的小学课本中，其作为一篇课文出现的频率是很高的。比如，苏教版语文教材小学四年级课文、上海语文S版小学语文二年级、鄂教版小学语文一年级等教材都选录了《九色鹿》。低年级选用音汉同读,选录课文都配上了生动可爱的图片,让学生在学习的同时深刻领悟九色鹿救助他人,不图报答的优良品质,谴责言而无信、恩将仇报的可耻行径,教育孩子要明白诚信和善良的做人道理。

鲁迅说:"文艺是国民精神所发的火光,同时也是引导国民精神的前途的灯火。"我们在《九色鹿》的教学设计中,老师们可以结合新时代要求,通过国民教育、道德规范、思想引导等途径,带领学生一起观看《九色鹿》影片,同时下载敦煌的视频资料,老师也可以与同学一起编写剧本,以多种形式来了解中华民族的优秀文化,传承中国古代的神话传说与中华民族优秀的精神品德,用多样的艺术手法向学生们传递向善与因果等朴素的宗教哲理。

动画电影《九色鹿》除了感官享受更注重对心灵的洗涤与震撼。对于国民的教育意义以及对传统文化的传承意义,特别是注重对传统艺术及文化内涵的挖掘使中国动画片本土化、民族化,并通过电影的数字传播手段让中华文明更迅速更广泛的走向了世界,让中国精神成为社会主义文艺的灵魂,成为一代又一代中国人在民族复兴道路上的精神依靠。

第三节　镜像游戏:拟态实验下的电视真人秀①

以"游戏"为主要形态的电视真人秀,无论是益智问答、才艺竞技、工艺制作、相亲交友还是旅游冒险、学徒养成等何种表象,不变的是优胜劣汰的实境真人游戏。荷兰学者约翰·赫伊津哈曾将游戏的表现形式概括为两个方面:"首先,它是一种脱离常规生活的假定或假装行为;其次,这种假定性的活动所依据的规则是自规定性的,即由游戏共同体自己制定,无需得到他人认同。"②这种假定性与戏剧活动中的假定性如出一辙:对于社会生活的虚拟让人暂时逃避现实责任。其实,在现实生活中,相当部分的青年在学校毕业后选择终身职业时,会选择放弃经济回报丰厚但相对乏味的工作岗位,从事演艺等相对自由但"朝不保夕"的工作,也多少出于经历富有戏剧性的生活的期待。在这种不必负责的"游戏态"下,长期生活在规则之下的人们突然获得了一种前所未有的"自由",并不用为之付出任何现实代价,从而产生一种巨大的快感和满足,足以消解现代社会中的压抑和单调。这种游戏态产生的效果与戏剧活动所带来的纾解压力、获得审美、引人思考十分接近。可以说,真

---

① 原载《中国电视》2023年第5期。作者包磊,上海戏剧学院副教授。
② 董华峰、余香凝:《电视真人秀节目:一种电视节目的形式乌托邦——基于节目生产者视角的真人秀节目形式分析》,《新闻界》2017年5月,第83页。

人秀的参与者们所追求的不仅是丰厚的物质奖励,也有合法地"游戏人生"的诱惑。

一、电视真人秀所创造的"拟态"环境天然适合社会学实验

每一种媒体的出现和普及都会带来大众文化形式的更新以及人类社会生活方式的变化。在纸媒时代,一个传统美国家庭的早晨往往从一份早报和牛奶、煎蛋开始;在广播时代,清晨的第一声播报开启普通中国家庭新一天的工作、生活;在电视时代,阖家其乐融融围坐在电视机前等候"春节联欢晚会"的开始,已经成为大多数中国家庭的节日必备事项;在网络时代,人与人最远的距离不是飞行的里程,而是面对面相顾无言各自处理自己的社交信息。真人秀所带来的在真实时空中"游戏人生"的体验方式,是社会大众积极自我表达,尝试改变生活状态的一种努力,也是雅克·拉康(Jacques Lacan)笔下以游戏互动寻找"自我"的一种"镜像"。

以导演《极限挑战》闻名业界的严敏在接受《智族GQ》杂志的采访时曾提出,他理解的真人秀之所以被称为"国民综艺"至少缘于三层含义:第一层,它是全体国民、全年龄段的人都可以欣赏消费的内容;第二层,它能真实反映国民在现实生活当中所遭遇的矛盾和困惑;第三层,始终和全体国民站在一起。这个"三层论"也可以总结为娱乐消费、反映生活和揭示生活三个层面。也就是说,当观众在观看或者参与优秀的真人秀节目的时候,首先吸引他们的是"有趣""好玩"这些浅层的娱乐性;让他们产生"欲罢不能"的感觉的,是戏剧性所带来的对于人物命运及事件发展的持续关注,并且多多少少会引起他们的思考:To be or not to be。但让观众真正产生认同感的,一定是节目对现实的映射和反思,而要产生这种效果,就离不开艺术以外学科的介入和应用。他认为,"我们长久把它矮化为了第一层"。①"矮化"的原因,涉及编导人员的业务水准以及文化思想水平的局限。从戏剧的角度来看,电视节目由于其结局基本上为"皆大欢喜",很容易成为一般意义上的"喜剧"。"对于不能免俗的真人秀而言,只有设置得当的游戏流程,才能在喜剧式的结局中使观众认识到娱乐表面之下的悲剧性。而悲剧往往具有强大的批判精神,因为在悲剧中,人的反抗总是以他的殉难或失败告终,这就对那些导致悲剧英雄毁灭或失败的根源构成强烈的怀疑和否定,从而达到批判效果。"②而纪录片之所以易于为知识分子所接受,也部分地缘于它与生俱来的"忧患意识"。真人秀本身的戏剧性已经具备了通过人们喜闻乐见的方式反映社会现象的功能,在记录方式上又继承了纪录片的部分元素,如果停留在"逗人发笑"的层面上,便是一种创作上的"暴殄天物"

---

① 《智族GQ》杂志2021年电子版第十期。
② 周光凡:《传统与现代化的戏剧性冲突》,上海社会科学院出版社2007年版,第220页。

了。正是在这种戏剧性设置必须依托社会科学层面的思考的基础上，形成了一种"认知的鸿沟"，最终造成编导作品的内涵深浅不一。

然而，"虚构"是影视作品的一把双刃剑，既拓展了创作的自由度，也限制了作品的真实性。对于同样的题材和思考，具有纪录性和实验特征的真人秀更能够直击主题。美国著名政论家、新闻记者沃尔特·李普曼在1922年出版的《公众舆论》中第一次提出了"拟态环境"。他认为，在人们内心和现实社会的中间有一个媒介所创造的"拟态环境"。"真实的环境在总体上过于庞大、复杂，且总是转瞬即逝，令人难以对其深刻理解，我们实在没有能力对如此微妙、如此多元、拥有如此丰富可能性的外部世界应付自如。而且，尽管我们必须在真实环境中行动，但为了能够对其加以把握，就必须依照某个更加简单的模型对真实环境进行重建。"①可以说，真人秀的场景设置就等同于这种"拟态环境"的"实验室"布置，只要设置得当，它就如同一个人类行为与情感的"实验室"。相反，如果场景设置不符合"实验"要求，"自变量"失控，很可能发生因"变量参数"误差引起的实验数据失真，导致结果的不可信。譬如，我们在日常的工作生活中经常遇到"少数服从多数""服从集体""扎堆看热闹"等场景，在这些场景里，原本有不同的判断或选择的个别人很容易受到其他人的影响，这种同一个群体里大多数成员的选择对于少数个人的"阿希效应"显示了理性判断以外的安全感等元素在人类社会行为中的影响力，是从众的经典例证。这个美国社会心理学家所罗门·阿希最早提出来的理论发现影响一个人是否会屈从于群体压力的以下三个因素：

1. 多数人群的大小。也就是说，持相同选择的人数越多，对于这个持不同意见者产生的压力也就越大；

2. 是否有一个人支持被试者的正确选择。当一个人被孤立的时候，他人的"支持"就显得格外重要，即使只有一个人支持被孤立者的观点，也会产生极大的鼓舞；

3. 正确答案和多数人所持立场的差距。如果一个人是人群里孤立的一个，那么他所坚持的正确观点与其他人的错误观点差距越大，这种差异感对于他自身的压力也就越大。

这种影响潜伏在人的心理深处，是思想层面的挣扎和矛盾冲突，很难外化为可视的画面，而如果频繁地使用"单白、独白"的形式又很容易让观众觉得乏味，因为这种纯粹应用声音作为信息传递媒介的艺术形式不适合电视观众期待的"读图快感"。也就是说，把上述影响过程用话剧或者影视剧来表现困难较大。古罗马诗人

---

① 沃尔特·李普曼：《舆论》，常江、肖寒译，北京大学出版社2018年版，第15页。

昆图斯·贺拉斯·弗拉库斯曾经说"诗如画",指出了文本与影像的紧密联系。在人类获取资讯的过程中,"读图"以其获取的便捷性产生直接影响。根据美国社会学家查尔斯·库利的观点,人们会通过与他人的相互作用形成自我。[①] 进入传媒社会后,这种心理随着媒介的发展逐渐表现出"镜中人"的特征,影像世界中的人物行为和互动反过来也会对现实生活中的人们产生行为和心理上的影响。事实上,"图像"对于人类行为的影响由来已久。从原始社会开始,人类就通过画图和读图的方式作为互相交流的补充手段,文字的产生是人类文明发展到一定阶段的里程碑事件,但增加了人际交流中的"编码"和"解码"的流程,虽然丰富了交流内容,但形式上增加了阻碍。影像技术的发展使人类重新获得了"面对面"交流的快感,但也延伸了互相干扰和作用的范畴。《电影的形式与文化》一书的作者罗伯特·考克尔曾这样阐述:"视觉景象使事物直接呈现在我们面前。这种对事物真实性的信服延展到了对事物影像的信服。凭借经验,影像与词语相比能够直接而迅速地被人接受和理解:在那里,完整,真实。"[②]既要通过影像来让不同文化程度的观众都能够直观的"看见",又要在"真实"形态下完成这种理论化内容的"可视化",就必须找到一种介于"真实"与"理论阐述"的共同媒介。真人秀通过设计适当的游戏,并记录它的真实过程,就自然而然能够产生戏剧性影像片断。因此,真人秀的形式天然适合人文科学的影像化呈现,它可以被称为一种经过视像艺术化处理的科学实验。

二、电视真人秀的"实验"通过影音观测体现科学性

视觉呈现本来就是电视的强项,这使得电视真人秀所进行的"社会学实验"相对于别的学科有一个比较大的优势就是可视性。在动辄使用数十台摄像机、众多麦克风以及不间断的连续拍摄下,真人秀参与者的任何活动都被记录了下来,形成难得的实验记录。尤其是最常见的以人和人的关系导致的行为导向为主题的恋爱、社交、生存真人秀,简直就是典型的相关课题研究,可以应用观察研究法和实验研究法等客观导向研究,不必依赖受访者的自我行为报告,具有很高的可信度和可视性。而其他的诸如心理学、传播学等"看不见"直观现象的学科就需要一种能够"转化"的手段进行"影像化",在"做游戏"等适合影像化记录的实验中,实验过程自然展示,实验结果可观察。这与戏剧排练的过程及在舞台上"积极展开行动"的要求极其相似。因此,许多知名的社会学家、心理学家同时也参与真人秀节目的策划

---

① 乔恩·威特:《包罗万象的社会学》,王建民等译,人民邮电出版社 2014 年版,第 62 页。
② 雷蒙·威廉斯:《漫长的革命》,倪伟译,上海人民出版社 2013 年版,第 356—358 页。

和录制,提供节目主题,或为其搭建构架,设计情境和规则。譬如,美国社会心理学家菲利普·津巴多教授就曾于2002年应邀担任了英国真人秀《人类动物园》的分析专家。美国国家科学院院士、麻省理工脑研究院院长罗伯特·戴西蒙也担任了江苏卫视制作的《最强大脑》的嘉宾。

以社会学实验中最早及最常用的观察法为例,有以下几种具体方法①:

(一)观察是人类获取知识的基本方法之一。它分为常人方法论、参与观察法、非参与观察法、网络分析法、语言和非语言编码五种。

1. 常人方法论是对社会规范和发生时间的客观性描述。通常采用个案分析的方法,也适用于公共关系活动研究。这种方式在纪录片中使用较多,真人秀只有在部分的"后采"等个别访谈或补充说明中有所运用。譬如在湖南电视台的配音秀《声临其境》的现场竞技之外,节目对担任评委的业内资深人士进行额外的单独采访,请他们描述自己当时的判断和体会,解释评判的依据和选手技术的难点所在,让观众在获得娱乐享受的同时也学习到了知识点。

2. 在参与性观察活动中,研究者在不暴露自己身份的前提下兼具观察者和行动者的双重身份。打个不恰当的比方,就如同间谍人员打入一个组织后的工作内容。在极似真人秀的韩剧《鱿鱼游戏》中,潜入选手队伍,一起努力"闯关"的游戏设计者便扮演了这样的"间谍"身份,并乐在其中。在另一部极具实验观察真人秀特征的德国电影《浪潮》中,"浪潮运动"的发起者历史老师文格尔自己扮演"元首"并进行观察,既是"运动员"也是"裁判员"。而在真人秀节目中,以"村长""何老师"等角色身份掌控节目进展的"隐形主持人"们实际上也部分地从事了这方面的工作。

3. 非参与观察的研究者始终都保持旁观者的身份,防止被观察者产生道德方面的顾虑。社会学实验表明,被观察者在知悉自己的行为被观察和不知道自己被观察记录时会采取迥然不同的行为模式,因此,非参与观察的方式能够保持观察者的客观立场,但难以深入了解被观察对象的内心世界,容易被表征所迷惑。这种状态与人们在观看节目时的个体观察和判断的行为方式相似,通常采用描述手段。在技能展示型的才艺选秀中,节目策划者一般都采取这种简单的方法,但这种方式比较冷静客观,工作中"纪录"的占比较多,为了增加节目的"卖点",真人秀往往会对选手的经历进行加工,以迎合观众的情感需求。

4. 网络分析法适用于研究大量人群的行为互动。这种方法容易厘清组织团体的内部状况,发现不同的人在群体中所扮演的角色,从而摸清社会结构。这种方法在电视节目制作中也不常用,因为以静态的调查为主,缺乏可见的人物行动,但

---

① 胡申生主编:《当代电视社会学》,上海大学出版社2006年版。

在电视节目数据分析和样本采集等科研过程中需要使用这种方法。

5. 语言和非语言编码是一种系统地描述信息的应用研究计划,其目的在于确定被观察者们在互动过程中的行为模式。在一些社会学著作中未将其单列,在电视节目中的应用也非常少,在带有明显社会学应用特征的《拉古纳湖畔》等真人秀节目中有适度应用,在一些剧情类的作品中也会应用到其中的一些成果。譬如,在美国电视连续剧 *Lie to me* 中,通过判断对方语言举止来测谎的专家为警方提供了大量的帮助,但也给自己及身边伙伴们带来了"生活是否适当需要一些作为调节剂的谎言"的思考。

(二)实验研究法分为实验室型和非实验室型两大类。有时候,被观察对象离开他们的日常生活环境,或他们意识到自己正在被观察,可能导致结果失真。也就是说,在实验室的有违于生活常态的人工环境下,被观察者的沟通方式和行为方式都会发生针对于环境变化的保护性修饰,因而产生失常和变形。可以说,一些真人秀节目把录制场地安排在荒无人烟的小岛、与世隔绝的别墅、废弃的工厂等不受打扰的自然形态的地点,是为了减少"失真"。这样做的坏处是容易"失控"——经常发生意外事件,这些意外事件一方面为节目增添了预料之外的戏剧性,另一方面也容易造成安全生产事故,给节目带来毁灭性的打击;而另一些为数不多的真人秀节目把参与者"关进"专门为了节目任务设计的"游戏场",就是为了以牺牲一些参与者适应环境的时间以换取更大的变量可控。对于节目而言,并不像真正的社会学实验那样需要明确的研究目标和严谨的实验结果,只需要游戏过程的"好看",能够产生戏剧性。因此,节目的设计与策划中会着重放在"实验方案"的完善上。沿用工业控制的分类,可以分为三种实验方案①:

1. 事前—事后控制组实验设计。这是一种最基本、最典型的实验设计。其基本原理是:将参与测试者进行随机分组,设定实验组可以接受实验处理,而控制组不给予实验处理,两组均进行前测与后测。

2. 事后控制组实验设计。也是一种基本的控制实验设计。其基本特征是:随机选择被测试者并进行分组,接受实验处理的只有实验组,控制组不接受实验处理,两个组均只有后测。

3. 所罗门四组实验设计是一种较为复杂的实验设计方式,是一种以最简单的形式把前面几种设计组合起来所得到的一种新的实验设计。实验分为两个实验组和两个控制组,可进行多种实验数据比较。

在这几个实验方案中,依稀可以看到《恋爱达人》《诱惑岛》《钻石王老五》《男才

---

① 邢虹文:《电视与社会——电视社会学引论》,学林出版社 2004 年版,第 62—64 页。

女貌》《终极减肥者》等竞赛交友、体育锻炼等类型真人秀的影子。这些社会学的实验方案提供了切实可信的戏剧性行为发生的观测点,为真人秀的戏剧性结构形成打下了基础,编导们只需要在实验手册的指导下找到能够引起社会关注的主题,落实场地和人员,完善具体步骤和细节,最后形成的节目自然既有可看性,也具备一定的思想深度。可以说,优秀的电视真人秀就是一场难辨真假的科学实验。

三、电视真人秀实验性乐于套用戏剧的展现形式

在节目实践策划过程中,心理学等人文科学往往通过人物设置、道具使用、事件制造等实验方法为真人秀的戏剧性产生做好铺垫。

英国著名魔术师兼心理学家达伦·布朗曾经在网飞公司的《达伦·布朗:就范》中尝试把性格温和的年轻白领"改造"成"杀人凶手"。他选择了四位性格懦弱、屈从性比较强的受试者分别参加一场"豪门慈善晚宴"。一开始,他通过现场的"嘉宾"不断对受试者进行干扰,以极富正义感和正确性的理由迫使他们一次次背离自己的原则开始"指鹿为马",譬如为荤菜插上素食的标签,直到在"为了孩子"这种"政治正确"的口号下昧着良心隐瞒老人已经"去世"的真相。其后,还是在"正义"的理由的掩护下,测试方通过现场的员工诱导受试者殴打尸体以制造楼梯间坠亡的假象,并在老人"苏醒"之后以"崇高"的借口继续怂恿受试者将老人推下高楼,酿成"悲剧"。在这个实验记录影像中,只有一位叫做克里斯的小伙子最后拒绝将老人推下楼顶,显示出了人类理性的光芒。① 在这部"影片"中,老人的健康状况的变化是自变量,受试者的反应是因变量,慈善晚会的现场是一个能够阻隔受试者获取外界信息的完全封闭的理想实验环境,而实验开始所计划的借走受试者手机等细节进一步阻断了受试者从外界获得信息的可能,完善了封闭环境。因此,完全可以将其看作一个心理学实验。在这个典型的心理学实验中,采用的是戏剧的形式,全过程充满了戏剧性,结局充分显示出"情理之中,意料之外"的戏剧化特征。这种"真人秀"形式的实验或者说实验形式的"真人秀",比其他电视节目和实验类型能够更好地让普通人接受制作者的思想观点,也比大多数的影视剧更能让观众找到情感共鸣。因为对于观众来说,他们更希望在与他们相似的普通人身上看到那些可能发生的"戏剧性事件"。②

在"戏剧性"这层"糖衣"的包裹下,电视真人秀成了社会学等多学科的证明案例和"试错"展示,并将电视从大众传媒升级为多学科理论应用的研究平台,而不

---

① 程盟超:《从好人到杀人》,《中国青年报》2018 年 4 月。
② 李建平:《舞台上的故事——"戏剧性事件"》,上海书店出版社 2020 年版,第 64 页。

再满足于其作为电视工业生产的"复制"与"粘贴"。电视在行使基本的商业功能时，通过播放有量化长度和规模的形象，并按照自身的文化坐标将时间社会化。① 虽然美国学者托尼·施瓦兹以及加拿大学者哈罗德·英尼斯、马歇尔·麦克卢汉从大众传播的角度予以了充分肯定和充满美好前景的预言，但法兰克福学派的创始人马克斯·霍克海默与社会批判理论的奠基人西奥多·阿多诺，这两位德国学者在瓦尔特·本雅明质疑艺术品"工业化复制"的基础上，针对电视所带来的"文化工业"威胁展开了更为激烈的批判。他们提出，法国社会学家皮埃尔·布尔迪厄研究背后的理念，就是要颠覆观察研究者与他研究的世界之间的自然关系，就是要使那些通俗常见的变得不同寻常，使那些不同寻常的变得通俗可见，以便明确清晰地展示上面两种情况中都被认为理所当然的事物，并用实践的方式来证明，有可能充分彻底地将客体以及主体和客体的关系都作为社会学研究的对象，并将后者称之为"参与性对象化"。② 这不但与贝尔托·布莱希特在"史诗剧"中创造的"陌生化"努力有着异曲同工之妙，也为设计者、参与者和观看者共同开启了一个建立在时空叙事艺术基础上的"镜像宇宙"，从而获得一种"实验性"。

总之，科技的进步使电视真人秀成为"元宇宙时代"的提前预演。这种预演包括了人类现有伦理规则在虚拟世界中的延续和改变。电视的影像化呈现使得它背后所涵盖的繁复理论变得通俗易懂。与以前的科技革命改变的是人类使用的工具、能源以及人类与世界的连接方式不同，以新智能技术、新生物技术、新材料技术为代表的第四次科技革命将要改变"人类自身"。尤其以人工智能技术为代表的信息技术、大数据技术对生命科学、认知科学、哲学乃至于所有的理论和实践提出了巨大的挑战。③ 在这个人类文明发展的十字路口，真人秀的设计与展示无疑具有一定的影像前瞻性，便于突破广播电视传播与制作工艺的苑围，综合传播学、戏剧学、社会学、美学、游戏学、心理学等多门学科，成为技术革新领域、艺术创新风口以及社会结构研究中的又"一只小猪"。

① 理查德·戴恩斯特：《形象/机器/形象：电视理论中的马克思与隐喻》，《电视与权力》，郭军译，天津社会科学院出版社 2000 年版，第 81 页。
② 周宪：《文化工业/公共领域/收视率——从阿多诺到布尔迪厄的媒体批判理论》，《新闻与传播研究》1998 年第 4 期。
③ 周丽昀等：《人工智能与人类未来的跨学科对话——从"交叉"到"融合"》，《哲学分析》2021 年第 5 期，第 181 页。

第十章　设计美学研究

　　主编插白：设计学是美学与工学的交叉学科。设计美学是美学研究的重要组成部分，它渗透在社会生活的方方面面。中国邮票一百四十多年的发行史实际上是一部完整的邮票设计美学史。上海师范大学周韧教授通过对中国邮票设计历史的研究考察揭示，邮票的图像艺术、色彩、齿孔或者造型形式，是以实用工具性为起点，在观念和技术推动下逐渐成为超功利的审美对象，蜕变成艺术作品。从"工具性"到"超功利性"，就是中国邮票设计史的演进逻辑。从中可以看出设计美学始终包含着实用与艺术这两种功能，功利性与超功利性的辩证统一。

　　有数据统计，近代在华外籍建筑师群体有来自 22 个国家的 3 000 多人。亨利·墨菲(1877—1954)是与中国渊源最深的一位美国建筑师。他在民国时期参与了城市规划、大学校园、商业建筑的设计，贡献巨大。以研究外滩建筑历史著称的畅销书作家肖可霄对墨菲在民国时期的大学校园建筑设计作出了独到考证与阐释。相比同一时期中国国立大学普遍采用西式建筑风格的时尚，墨菲提出"适应性建筑"的设计理念，肯定了中国古代建筑的审美价值，照顾与适应中国传统的建筑审美习惯，在此基础上融合西方建筑风格，传播西方文化价值，由此启发了之后的吕彦直等创立了中国建筑流派。

　　时尚艺术作为日常生活审美化的重要表征，在设计美学层面应当如何理解和把握？上海工程技术大学胡越教授提出应当从时尚学、艺术学和设计学三个交叉的论域加以探究。由此出发，他阐述了时尚艺术设计所应具备的设计美学观念，构建了相应的框架体系。基于时尚学理论，提出顺应大众潮流、追求创新创异、平衡矛盾统一。基于艺术学本源，提出创制时尚艺术符号、保有艺术格调品味、探究人类社会价值意义。基于设计学意旨，主张营造文化审美情境、优化大众生活方式、构建事物感知系统。读者从中可对时尚艺术的设计美学实践获得某种启示。

第一节　中国邮票设计美学的演进逻辑①

与哲学美学较为成熟的理论体系相比,设计美学是一门新兴的美学分支。虽然"设计"一词诞生较晚,但设计本身却与人类发展史中的造物活动密不可分。实践哲学学者认为艺术是人类在漫长的造物实践历史中逐渐分离出来的,但在西方古典美学中,大多是以文学、音乐、雕塑、绘画等纯艺术作为经验对象进行研究,对设计关注很少。

设计美学要求将审美重点介入人类的具体创造活动中,从而建立审美观念来解释造物与审美内因与外在之间的普遍联系。因此,设计美学是建立在对物质对象的审美判断上,有了审美判断的依据,人类一切创造物才有可能受到美的关怀与指引,进而使设计对象走在现代设计美学的轨道上成为审美文化的对象。② 由于人类的设计造物活动始终离不开科技的发展进步及造物本身所追求的实用功能,这也是研究设计美学与康德等经典美学中所强调"审美的非功利型""美是不涉及概念而普遍使人愉快的"思想所体现在审美内涵上的本质差异性,设计美学始终在追求功能主义与精神审美之间的辩证统一。

邮票是传播一个国家或地区文化最具代表性的微缩"百科全书",邮票设计属于典型的平面设计艺术。邮票不仅是具有经济价值的邮资凭证,同时也是具有人文精神的艺术作品,是极具欣赏价值与研究价值的美学对象。中国邮票作为近代商业社会发展需要下诞生的邮政工业产品,同时作为近现代平面设计媒介,已经具有一百四十年历史,其发展的历史进程系统包含了设计美学从发生到发展的演进脉络,因而可以成为研究设计美学演进的绝好经验对象。

一、邮票图像语境的功能拓展和审美嬗变

设计美学的本体意义及其价值告诉我们:由理性对感性实行的审美判断在人类设计的轨迹中始终表现出双向互动的关系,设计作品本体的存在现象不仅反映出表象和深层次结构之间的关系,而且还反映出它们共同的审美特征。邮票是应近代邮政工业发展需要所发明的一种附属产品,是一种代表、象征政治权力的邮资凭证。邮票的载体是白纸,但白纸作为一般等价物,其价值和具有天然货币属性的金、银不可能相提并论,这种成本低廉的一般等价物一经面世就不可能作为一种单

---

①　原载《民族艺术研究》2023 年第 6 期,题目有改动。作者周韧,上海师范大学教授。
②　邢庆华:《设计美学》,东南大学出版社 2011 年版,第 29 页。

纯的"白纸"存在，必须赋予它必要的政治符号意义从而保证其经济价值。这也成了邮票从由政府一开始主导发行就必须印有代表面值的数字和象征其政治权力的发行机构铭记的原始动因。

1. 从近代的"钞票"审美观到建国十七年图案审美艺术化的初步建立

1878 年，大清海关总税务司所发行的中国第一套"大龙邮票"①一套三枚，分别印刷了"壹分银""叁分银"和"五分银"三种字样来进行面值区分，并印有汉字"大清""邮政局"和英文"CHINA""CANDARINS"等字样来代表发行机构，如果画面仅仅标注面值和发行机构铭记，那么邮票幅面难免会留有较多的空余空间，这也为人们提供了设计图案的余地。诞生初期的邮票图案，首当其冲的作用就是作为一种政治象征符号强化其货币功能。"龙"的形象作为象征皇权的政治图腾印在邮票上则既可强化邮票的政治功能，又可起到庄严肃穆的辅助装饰作用。图案尽管也兼具一定的艺术价值，但这种艺术性与其作为有价证券的本体功能相比，其实微不足道，这个时期的邮票，本质上就是作为一种纸钞之外的"辅助钞票"，主要还是强化了政府对其所赋予的经济价值。

中华人民共和国的邮票发行一开始就具有高度的"计划性"，邮电部邮票发行局也成立了邮票设计室等专业的设计部门，建立了从事邮票设计的专业队伍。从1949 年发行纪 1《庆祝中国人民政治协商会议第一届全体会议》开始，每一套邮票的设计师、版图雕刻师的名字都有明确的姓名记载，其图案设计也和具体的创作者名字紧密地联系在了一起。这一方面既体现了对美术工作者的尊重，另一方面也说明了此时的设计师不仅是邮票产品流水线作业中的一名执行者，其设计也代表了个人的艺术创作水平。随着新中国集邮活动的活跃与 1955 年 1 月 28 日《集邮》杂志创刊，邮票的影响力进一步扩大，邮票设计的艺术口碑对设计师个人的声誉影响很大，这也更加激发了设计师们的创作热情。

中华人民共和国成立以来，邮票的选题开始变得丰富起来，尤其是特种邮票，每年国家都计划发行一定数量的祖国文化题材的邮票，如《伟大的祖国（五组）》《东汉画像砖》《中国古生物》《剪纸》《金鱼》《菊花》《唐三彩》《丹顶鹤》《中国古代建筑——桥》《蝴蝶》《黄山风景》《民间玩具》《熊猫》《金丝猴》《殷代铜器》等，相比于政治性更强的纪念邮票，这些题材对于设计师来说，具备了更强的艺术表现空间。

邮票的功能转变和技术解放也是促进其艺术发展的一个重要因素。晚清、民

———————————

① 晚清、民国时期，官方没有发布统一的邮票名称，其均为后来集邮界的俗称或习惯称呼。中华人民共和国成立以后，开始有计划发行邮票，并由官方发行邮票目录确定邮票名称。故本文涉及晚清、民国邮票名称统一采用"双引号"，中华人民共和国邮票名称统一采用"书名号"。

国时期邮票的货币功能优先，尤其是普遍采用雕刻凹版印刷技术，其色彩单一、图案乏味，形似繁缛的纸钞，严重制约了设计手法的多样性。中华人民共和国成立之初，邮票的价值属性一开始就有它的宣传属性在其中，而雕刻凹版的单调表现手法显然无法满足这种功能需求。所以，从《中华人民共和国开国1周年》纪念邮票开始，就尝试采用胶雕套印的印刷技术以满足邮票多样化的图案语言表现，之后多套邮票陆续尝试采用胶版、影写版或者影雕套印的印刷技术，取得了不错的效果。至1960年以后，单纯的雕版工艺在邮票印刷中已经极少采用了，这一方面从技术上解放了邮票图案的视觉形态，另一方面则是使设计师获得了极大的创作空间。如韩象琦设计的《儿童》采用了色彩丰富、线条表现活泼的民间绘画手法；孙传哲设计的《剪纸》采用与主题内容相契合的剪纸形式表现；孙传哲、刘硕仁等设计的《金鱼》《菊花》等邮票开始初步尝试采用写意国画或工笔重彩国画进行表现，这些创作手法使邮票图案更具艺术韵味。除了职业邮票设计师以外，《熊猫》《牡丹》等一批邮票还专门聘请了国画大师吴作人、田世光来创作原画，再由孙传哲、邵柏林根据画稿进行设计。由此可见，功能的转变也促成了邮票设计思想和审美观念的内在转变。

2. 从重视设计图案的政治宣传功能到审美艺术化的发展与嬗变

1949年到1966年，随着我国邮票题材范围的扩大，邮票设计中的艺术性也逐渐增强，使这个时期留下了许多弥足珍贵的邮票艺术作品。而1966年"文化大革命"开始以后，邮票的发行与设计工作也不可避免地受到影响。邮电部于1967年3月31日下发了《关于取消纪、特邮票编印志号的通知》，邮票发行计划彻底被打乱，原有的纪特邮票发行被彻底取消，一些原来计划中的文化类选题也被当作资本主义"毒草"取消了。1967年4月20日，中国邮电部军管会在北京发行了第一套"文字邮票"①《战无不胜的毛泽东思想万岁》，正式拉开了"文字邮票"的序幕。因为邮票志号的取消和发行的无序性，"文字邮票"中"红光亮"的独特设计风格几乎就是同时期宣传画的微缩。这个时期的邮票审美，政治性压倒了艺术性，也将其宣传功能发挥到了极致。

从1970年开始，邮电部发行新的编号邮票，邮票画面开始逐步摆脱早期"文字邮票"的"红光亮"风格，也不再印政治口号、毛主席语录和人物肖像。编号邮票题材内容也丰富起来，《熊猫》《出土文物》《儿童歌舞》等多套文化性主题邮票问世。在设计表现上也重新运用了一些过去被批判的写意国画、民间剪纸等艺术手法，这个时期设计师的艺术发挥空间也逐步扩大。1974年开始，邮电部开始发行J、T志号的新纪特邮票，早期的J、T邮票基本延续了编号邮票的设计风格。1976年"文

---

① 文字邮票，即后来集邮界对"文化大革命"前期发行的无志号邮票的统称。

化大革命"结束后,各行各业都紧紧围绕"以经济建设为中心"的方针改革发展,邮票的审美内涵也随之发生了深刻的变化。

首先是邮票题材的政治功能削弱和审美艺术化。虽然邮票作为传播国家形象和承载国家意识形态的重要媒介,其政治功能绝不可忽视,但中央同时也认识到了邮票是传播中华文明的载体和满足人民群众精神文明需要的艺术产品。[①] 因此,从 1978 年开始,中国国粹艺术、生肖文化、民俗文化、名胜古迹、古代文物、历史名人、古典名著、民间故事、神话传说、诗词歌赋、成语寓言等各种反映中华民族传统文化的题材被逐步搬上了邮票画面。如陈全胜设计的《三国演义》、周峰设计的《水浒传》等古典名著主题邮票,设计师运用传统国画中工笔重彩与连环画技法,通过多组画面表现了原著中的一些重要场景,深受集邮爱好者好评。与此同时,对特种邮票的选题,邮电部也开始广泛征集民意,通过对集邮爱好者征文、召开座谈会等各种方式来挖掘新的题材,以满足广大集邮者和群众的需求。地方选题方式的实行,也让更多的地方设计人才有机会参与到邮票设计中来,许多民间、地域风格浓郁的创作风格也融入了邮票设计中,这极大地拓宽了邮票的创意思路和艺术风格。其次是邮票功能逐渐商品化。改革开放以后逐步实行政企分开的管理思路,邮票也逐渐成了一种特殊的商品。1998 年 3 月,邮电部被正式撤销,其职能由信息产业部与国家邮政局接管,后来成立了中国邮政集团公司来负责邮票的发行和销售。这也意味着国家对邮票的选题和内容不再直接进行行政管理,只实行监管、审批和审查的责任,将更多的权力交给了企业和市场。而邮票作为中国邮政集团最重要的"商品",需要靠更吸引人的题材内容和更优秀的设计来赢得市场。在这种背景下,邮票的审美需求和艺术需要得到极大释放,实现了"日常生活审美化"。

2002 年 5 月 10 日,为了更好地满足市场需要,中国邮政发行了我国第一套个性化专用邮票《如意》,之后又陆续发行了《鲜花》《同心结》《一帆风顺》《天安门》《花开富贵》《吉祥如意》《五福临门》《岁岁平安》《和谐》《国旗》等多种主题邮票以满足市场不同的个性化需求。个性化专用邮票的诞生,标志着我国邮票发行思维的进一步市场化,从最初允许企业、单位可以根据自己的需要设计图案,到允许把个人肖像放到附票上,越来越多的机构、个人都可以参与到邮票的设计中来。当然,随着个性化专用邮票的推出,附票的图案设计由于设计者水平参差不齐,不可避免会出现审美庸俗化的倾向,但总体而言,对于更广泛地开拓邮票市场和让更多的设计师参与到邮票设计中都无疑起到了良好的推动作用。

---

① 周韧:《国家名片与文化传播:中国邮票文化蕴涵的艺术表达》,《云南社会科学》2020 年第 3 期,第 150 页。

二、邮票功能设计、视觉形式与精神审美的发展

晚清、民国时期，设计师不过是整个邮票生产环节中的一名"工匠"。中华人民共和国成立初期，邮票设计实现了初步的艺术转型，但当时的历史环境依然束缚了邮票艺术和审美的进一步发展。改革开放以后，风格迥异的各类艺术家、设计师逐步成为邮票设计的创作主体，凸显了设计师在整个邮票生产环节中的独特地位，他们甚至迈出国门与世界级邮票设计师双向交流，使得中国邮票的设计水平逐步与国际接轨。

与纯粹的艺术作品更加注重精神层面的审美需求相比，设计活动是为造物而服务的。因此，设计的原初目的，或者说设计之美从一开始就必须满足造物工具意义上的合目的性。一把剪刀即使花纹雕刻得再漂亮、造型再优美，如果不能剪纸裁布，那么它就不能被称为"剪刀"，只能说是一把形状像"剪刀"的雕塑或装饰品。我们不能认为物质意义上的合目的性就不是设计美的真实表现，恰恰相反，作为设计美的显现，内在精神所向往的审美形式的合目的性终究会寻找到最合适的物质形态。正如人类创造的器皿、建筑、汽车等各种物器，都经历了从工具性到超功利性的发展过程。邮票作为一种邮政产品，在漫长的历史发展过程中也同样经历了从功能主义到精神审美相统一的辩证发展过程。

1. 齿孔：从工具到精神审美的邮票本体象征

邮票齿孔和图案、铭记、面值要素一样，已经构成了邮票的重要识别符号之一。但邮票齿孔并非与生俱来，而是基于功能需求而创造并最终演变为邮票的一种精神审美乃至本体象征。1840年，英国发行的世界上最早的"黑便士"邮票并没有齿孔，使用时需要用剪刀剪开，很不方便。1848年，阿切尔发明的邮票打孔机解决了这个不便，从此邮票也从"无齿"时代进入了"有齿"时代。邮票齿孔的直接工具价值就是方便裁分整版邮票，并根据邮资需要任意组合使用。

同时，邮票齿孔也是重要的防伪功能之一。1866年10月，法国集邮家勒格拉在他的论文《关于邮票齿孔的研究》中提出测量齿孔度数是研究邮票的一项内容，也是鉴别邮票真伪和区分不同版次的一个重要依据。勒格拉对邮票齿孔度数的防伪理论，引起了集邮爱好者的关注，也使邮票发行机构意识到邮票齿孔功能除了用于方便裁切，也可以应用到邮票防伪①上来，这也成了邮票齿孔在发展过程中的第

---

① 齿孔度数简称齿度，是表示邮票齿孔密的量度，以度为单位，它是以20毫米长度内有多少齿和孔的数量来表示的。一个国家发行邮票时使用的齿孔度数基本上是固定的，如美国邮票基本上是按11×10.5度标准打孔的，中国邮票的齿孔度多数是11度、11.5度、12.5度和14度。

二次功能拓展。

中国发行的第一张海关"大龙邮票"晚于阿切尔发明邮票打孔机和勒格拉的齿孔防伪理论。因此,中国邮票从诞生开始就自然具备了邮票齿孔。但此后七十年时间,邮票的齿孔蕴涵虽然几乎已经停滞于这两种功能,但却逐渐发展成为一个邮票习以为常的本体符号。

在有齿邮票已经成为绝对主流的时代,偶尔出现的少数"无齿邮票"成了醒目的奇葩。1894年改版慈禧寿辰纪念邮票、1897年日本版蟠龙邮票和1898年伦敦版蟠龙邮票分别推出过双横连、四方连或阔边的无齿版本,从现存档案资料中,我们已无法确切地查证这些无齿邮票究竟是为吸引市场而推出还是无意间漏打了齿孔。1915年发行的"开国纪盛"和"北京一版"样票因为未打齿孔流入市场成为"无齿邮票"。当然也有在革命战争时期发行的解放区邮票因为环境艰苦不具备打孔条件,如解放区的"稿"字邮票、山东战邮1944年发行的第一套毛泽东肖像等无齿孔邮票。

一种非常有趣的现象是在有齿邮票时代,无齿邮票却因为其市场稀缺性成了邮票收藏者眼中的香饽饽,价格也大多高于同类图案、版次的有齿邮票。这也是一种邮票齿孔功能为满足集邮爱好者猎奇需要的审美功能创新,但究其本质来说,这种审美性依然具有较强的功利性目的。其时,邮票发行部门为了增加集邮者的收藏兴趣,也专门配套发行了少部分如《孙中山诞生九十周年》《梅兰芳舞台艺术》《儿童》《熊猫》《金丝猴》《麋鹿》等一批无齿孔邮票。这些无齿孔邮票一般发行量较小,发行的重要原因之一就是供集邮者欣赏和收藏,因此,在邮票收藏市场上具有较高的经济价值。

此外,也有一些小型张邮票采取了无齿形式设计。与传统邮票不同的是,小型张由于边纸面积较大,加之没有打齿孔,外形看上去似乎不像邮票,整体看上去反而更像是一张政明信片,比如1987年发行的《曾侯乙编钟》(小型张)、1989年发行的小型张《马王堆墓帛画》,尽管它们的图案设计合理、印刷精美,但被不少集邮爱好者质疑"看上去不像邮票"。从中我们也可以看出,邮票齿孔已逐渐脱离了它原有的纯粹工具性意义,转入了精神层面的审美意义,成为邮票之所以"像邮票"的本体象征。因为就"符号体系或者符号复合体而言,它的类特征对我们就是第一重要的,因为它们是外在的信息资源"[1]。

APS异型打孔技术的发明是邮票发展史上的又一次技术革新。1998年6月27日,我国发行了《何香凝国画作品》邮票,在邮票边缘的齿孔中部对称打了两个

---

[1] 克里福德·格尔茨:《文化的解释》,韩莉译,译林出版社1999年版,第113页。

椭圆形的齿孔,这也是中国第一套采用异型打孔技术的邮票。异型齿孔最初也是一种用于邮票防伪的新型技术,但椭圆形打孔的视觉缺陷在于邮票未撕开和撕开是两种完全不同的视觉感,对半撕开以后很像一个比较长的豁口,以至于问世之初一些邮迷因为不清楚这是"故意"打造的齿孔形状,还以为是邮票被撕烂了。但这种技术却为设计师提供了新的灵感来源,让齿孔开始真正融为邮票审美趣味的一部分。在设计上,一类是直接通过异型的齿孔设计来增加趣味感,如1999年的《澳门回归祖国》小型张,在邮票的四个角分别打了一个五角星的齿孔,2002年发行的《步辇图》小型张采用了四角"十字形"齿孔设计,2004年《甲申年》邮票设计了"六角星形"齿孔防伪技术,《保护人类共有的家园》采用了"哑铃"形状的打孔。另一类则是完全颠覆以往邮票齿孔成方形排列的固定形式,直接设计为与画面图形、寓意相吻合的齿孔排列。如2004年发行的小型张《神话——八仙过海》,因为画面中汉钟离的宝扇和飘逸的袖口破出主图画面到了边纸上,齿孔也就顺着图案排列打成了一个"耳"形。2005年发行的《世界地球日》邮票,设计师陈绍华和郝旭东将齿孔直接设计在画面中,而且排列与画面中的地球圆形造型完全吻合,并在四周又设计了四个"星星"形状的异形齿孔。2008年发行的《改革开放三十周年》小型张,齿孔索性设计排列成了醒目的"30"形状,《婚禧》个性化专用邮票将齿孔排列成两个交错重叠的"桃心",寓意着夫妻之间的心心相印。

至此,邮票齿孔已不是单纯地作为工具性意义而存在。它既成了邮票本体审美的一种符号象征,也超越了物质层面上升到精神层面的艺术审美,成为邮票设计美学的一个有机组成部分,是邮票设计创意及寓意表达的一个重要元素之一。邮票齿孔的审美发展演变,也正如阿恩海姆谈到的"这种结构之所以会引起我们的兴趣,不仅在于它对那个拥有这种结构的客观事物本身具有意义,而且在于它对于一般的物理和精神世界均有意义"①。

2. 邮票设计的视觉形式:从工具性到艺术性的蜕变

作为人类在造物过程中寻求自我解放的一种精神实践方式,设计与纯艺术一样,无法离开视觉形式的发展与变化。所谓视觉形式,指的是直接呈现在感官之前的事物之外形,它与事物内部之质料相对,也就是指感官对象的物理形式,诸如线条、色彩、结构、媒介、符号等。②图案、齿孔当然属于邮票视觉形式范畴,此外也包括邮票色彩、造型结构等其他多个方面。相比黑格尔对艺术创造和审美中所强调

---

① 鲁道夫·阿恩海姆:《艺术与视知觉》,滕守尧等译,中国社会科学出版社1984年版,第625页。

② 曹晖:《视觉形式的美学研究——基于西方视觉艺术的视觉形式考察》,人民出版社2009年版,第42页。

的一种"绝对精神",德国建筑理论家戈特弗里德·桑佩尔(Gottfried Semper)却强调视觉形式发展的"物质意义",认为"材料""技术"和"需要"是艺术风格产生和发展的决定性要素。[①]

设计作为一种以造物为基础的实用艺术,其审美内涵通过与人类生活的密切关联体现出它的价值与意义,这是与其本身的实用性和功利性无法分开的。从马克思主义"反映论"的角度来看,这种审美的精神属性必须建立在物质本身的基础之上。

(1)邮票色彩的审美演变

晚清、民国时期的邮票发行一共长达七十余年。尽管这段时期的许多邮票由于历史久远、存世量较少早已价值不菲,成为邮票收藏者的挚爱,但从审美角度来看,这七十余年来的多数邮票更像一件程式化的精致工业产品而非艺术作品。其中一个最重要的原因,就是邮票的视觉形式更多地因为其工具意义而存在,并未完全释放其精神上的艺术审美属性。

晚清、民国邮票绝大多数采用单色设计。其中最主要的原因就是邮票色彩不是作为艺术的审美要素而存在,而是作为邮票的一种功能属性。1898年,万国邮联规定三种最常用的邮票统一刷色,确立了以邮票刷色来区分邮资,弥补不同国家在通邮过程中货币换算困难的识别方式。这种以色彩划定面值的规定,使邮票色彩失去了艺术上的审美蕴涵。当然,在绝对的功能主义制约下,设计师仍然会想方设法地融入自己的艺术审美,少量邮票在设计中采用了双色或三色以上的套色搭配。如1898年英国伦敦华德路公司印制的"蟠龙邮票"就采用了深红、黄色双色套色,"宣统登基纪念邮票"、香港中华等三个版本的"孙中山像邮票"也采用了双色的刷色设计,1945年发行的"平等新约纪念邮票""庆祝胜利纪念邮票"甚至采取了三色的刷色设计。一方面从中反映了康德认为在艺术创作中所存在的某些"先验性",另一方面我们也可以更清楚地认识到"精神"与"物质"的矛盾辩证统一。从"精神"上来说,设计师天然理解色彩作为视觉艺术的一个不可或缺的组成部分,也有强烈的表现意愿。从"功能"上来说,邮票色彩作为面值的功能符号,即使采用双色甚至三色设计,如"平等新约纪念邮票"画面中的中、美、英三国国旗用红色、蓝色凸显[②],但邮票的整体感观仍然要保持以面值色彩为主的存在,这是在功能制约下无法逾越的审美障碍。

---

① 陈平:《桑佩尔的建筑与装饰理论及其背景》,《新美术》2001年第1期,第38页。

② 当时的中华民国国旗图案为"青天白日满地红",与美国"星条旗"、英国"米字旗"恰好都为红、蓝、白三色,因此邮票套色采用了相同红蓝两色来局部体现三国国旗。

此外,技术因素也不可忽视。当时在邮票印刷中最普遍采用的雕刻凹版印刷术,虽然可以绘制精致的图案且具有较好的防伪作用,但在色彩表现上却远不及珂罗版印刷术,而且其套色的成本极其昂贵。因此,大规模的彩色印刷也不现实。正是因为这种功能与技术的双重制约,使中国邮票在长达七十年的时间中,一直以近乎"黑白"色彩的视觉审美形式存在。

中华人民共和国成立以后,邮票的功能属性发生了改变。计划经济体制下的邮票商品价值降低,而作为国家话语媒介的政治宣传功能增强。视觉表现乏味的雕刻版印刷被更适合表现丰富视觉语言的印刷技术手段所逐渐取代,再加上邮票图案设计上政治、文化题材的猛增,这两个因素使得邮票色彩不可能再以一种"单色"方式存在。所以,简洁的图形、版面、线条和新的绘画手法都在邮票设计中得到尝试,如《庆祝捷克斯洛伐克解放十五周年》《庆祝朝鲜解放十五周年》《知识青年在农村》《中日青年友好大联欢》等多套邮票都运用了当时政治宣传画中流行的"新年画"风格,而中国画技法也开始逐渐运用在《菊花》《丹顶鹤》《黄山风景》《熊猫》等邮票中,这些多样的表现风格,使色彩不再是一种单纯的功能附庸,而真正具备了艺术的"精神"作用。

"文化大革命"时期,"文字邮票"以"高大全"的"宣传画"形式,色彩上以"红光亮"的风格占据了主流风格。这一时期的邮票虽然是彩色的,但其实是以功能主导审美的另一个极致,和晚清、民国时期的邮票形式上虽有所不同,其本质却是如出一辙。

改革开放以后,邮票在市场经济背景下逐步商品化,这也使得邮票的视觉形式从功能化走向艺术化,这一变化在色彩上也得以充分的展现。首先,色彩不再是政治功能的附庸,像《纪念"五一"国际劳动节九十周年》《中国共产党成立六十周年》《"一二·九"运动五十周年》《国际和平年》《"三八"国际劳动妇女节八十周年》等纪念邮票题材,不仅图形抽象、简约,色彩的运用也并不一味以红为主,而是追求与主题图形的契合。其次,色彩表现更加精神化,邮票图案、图形的色彩摆脱真实世界对象的色彩束缚,像"十二生肖"系列特种邮票,运用了多种民间艺术手法和具有亲和力的民间色彩进行表现,1987年发行的《今日农村》设计者用金山农民画的鲜艳色彩语言诠释了对改革开放下新农村的理解;2001年黄里设计的《水乡古镇》邮票则完全用的黑白水墨国画技法表现了江南的烟雨朦胧印象,仅在标题用小块红色作了点睛式的设计衬托。这里的黑白配色,不是没有色彩,反而是一种审美精神化的真正表现。

同时,对色彩表现的"形式化"美学追求,正如英国形式主义美学家克莱夫·贝尔(Clive Bell)对艺术理解为一种"纯形式"的美学追求,将色彩的表现作为艺术创作中的一种"有意味的形式"①。最突出的设计表征就是专色油墨的大量使用,如1990年王虎鸣设计的《韩熙载夜宴图》底色并不追求与故宫原画的一模一样,而是根据邮票及印刷品自身的艺术特点将底色设计成了专色金,既保持了原画神韵,又体现了邮票作为独立平面设计作品的艺术价值;2005年9月发行的古代名画《洛神赋图》邮票采用胶雕版14色三次套印,技术难度极大,同年11月发行的《复旦大学建校一百周年》纪念邮票采用十色胶雕版印刷,并首次采用了中国最新研制成功的高科技防伪油墨——豪华金属光泽凹印油墨。除了应用印刷油墨,也巧妙运用材质本身的色彩,1997年7月1日发行的小型张《香港回归祖国》第一次采用金箔材质来设计和印制,材质的金色与相仿的油墨专色金相比体现了更强的视觉质感和装饰趣味,以及光线照射下的微妙变化,正如托马斯·门罗(Thomas Munro)敏感地注意到"在谈到颜色时,重要的是注意它们的光线照射,例如在彩色灯光的照射下,颜色或形状的许多微小的变化,或者两者同时发生的微小变化,都会影响到质地"②。这些都说明邮票色彩已经基本摆脱了功能的束缚而具有了相对独立的审美趣味及艺术精神价值。

(2) 邮票形式的审美观念发展

沃尔夫林从认知心理学的角度解释了视觉形式的风格转变。他认为"观看并不是一面一成不变的镜子,而是一种充满生气的理解力,这种理解力有其自己内在的历史,并且经历了很多阶段"③。在今天看来,邮票小型张、小全张、连票、各种花哨的边纸设计甚至五花八门的异形邮票都已经让人习以为常。但这在邮票发展的早期阶段来说是令人难以置信的,这是因为邮票在历史发展中的变化导致其视觉形式和审美方式的转变。

晚清邮票基本上是以最普通的矩形或方形小票形式存在。直到1936年,才发行了第一张具有历史意义的小型张——《"中华邮政"开办四十周年纪念》。邮票图案采用的是该套纪念邮票中"驼队塞外雪地攀行,上空飞机翱翔"的"贰分票"票面图案,面值"壹圆"。1941年,交通部邮政总局发行"节约建国"特种邮票小全张,虽属未采用试用样张,但实为中国邮票设计史上的第一套小全张邮票。民国时期小型张、小全张发行数量屈指可数。从功能来看,小型张、小全张一方面可以通过边纸主题字样来满足特殊纪念事件的需要,再者也可以满足邮资功能的灵活要求。所以,"壹圆"的小型张和"贰分"的小票虽图案相同,采用的却仍然是代表不同面值

① 克莱夫·贝尔:《艺术》,中国文联出版社1984年版,第4页。
② 托马斯·门罗:《走向科学的美学》,滕守尧译,中国文联出版社1984年版,第247页。
③ 海因里希·沃尔夫林:《艺术风格学》,潘耀昌译,中国人民大学出版社2004年版,第266页。

的单色刷色,而小全张的邮票组合形式也可以满足高面值的邮资需求。从设计角度来看,小型张、小全张裁掉边纸后和普通邮票几乎没有任何区别。这个时期的邮票设计总体平淡无奇,并没有发展出其他什么有意味的视觉形式。

中华人民共和国成立以后,于1956年、1958年分别发行了第一张小型张《中国古代科学家》和小全张《关汉卿戏剧创作七百年》,基本沿用了民国时期的简单设计思路,只是在边纸设计上突出了邮票主题字样,但小型张、小全张画面中的邮票却采用了无齿形式的设计,这也意味着小型张小全张画面对邮票有了全新的理解。小型张、小全张作为一种独立的邮票形式,并不需要裁切使用,边纸自然是邮票中不可分割的一部分,这从《关汉卿戏剧创作七百年》画面中的3枚邮票呈"品"字形排列并在中间邮票下方设计了一朵单线勾勒的"玉兰花"也可以看出。

之后发行的《梅兰芳舞台艺术》《牡丹》小型张,边纸运用了四方连续图案和二方连续图案设计装饰,进一步体现了边纸作为小型张邮票整体的不可分割性。改革开放以后,我国恢复了全张型的邮票发行,邮票设计语言也有了进一步突破,《里乔内第31届国际邮票博览会》的边纸图案采用了与票中票的图形呼应,《中华人民共和国成立三十周年》边纸与票中票构成了一幅完整的国徽礼庆图案,再到《第二十三届奥林匹克运动会》和《孙中山诞生一百二十周年》小型张边纸又采用了简洁的二方连续图案与金色花纹装饰。此后的小型张、全张设计,无论是在边纸中采用装饰纹样设计还是将边纸与票中票作为一个整体画面设计,都体现出一种对艺术本身的审美追求,小型、全张邮票的票中票与边纸已经构成了一个密不可分的整体。如2005年发行的《洛神赋图》小全张,票中票和边纸分别表现的是顾恺之的名画《洛神赋图》和曹植的著名诗篇《洛神赋》,两者是不同时代且不同类型的艺术名作,设计在一套小全张的两个部分既各显旨趣,又相互呼应,成为一个结构严谨的整体,具有很高的艺术欣赏价值,也彰显了邮票自身审美价值的独立性。2009年发行的《唐诗三百首》邮票,因幅面所限不可能展示三百首唐诗内容,设计师则采用了六张小票来突出六首主要唐诗,将其余294首唐诗用微雕的形式排列设计在边纸上进行展示,看上去既有图案装饰性,又整体契合了主题。这些邮票的视觉形式,已经充分地体现了卡西尔所提出的心灵主动观点,而不仅仅是实用功能的简单附庸,因为"形式不能单只是印到我们的心灵上,为了感受到它们美,我们必须花费苦心将它们完成"①。

再如以连票进行邮票整体设计的这种视觉形式,在晚清、民国时期几乎就不存在,像"孙中山像"这种类型邮票,一套虽有十几枚,但除了用色彩区分面值外,图案

---

① 塔塔尔凯维奇:《西方六大美学观念史》,刘文谭译,上海译文出版社2006年版,第248页。

却完全相同，而一套多达近二十枚的"烈士像"邮票，人物肖像也相当独立。其他的纪念、普通邮票虽然图案也有所不同，但由于使用相互独立的色彩以区分面值，在视觉上也难以形成图形连接。

中华人民共和国成立以来的邮票设计，色彩剥离了面值功能从而开始解放色彩的创作空间，此外又有了题材上的扩充。《第一届全国运动会》16 枚邮票采用了过桥双连的形式，这是邮票连票形式的雏形，但这套邮票每枚邮票的图案仍然是相对独立的。真正意义上的第一套连票是《中华人民共和国成立十五周年》，方寸大小的邮票幅面显然难以充分表现全国各族人民团结在天安门欢庆的宏大叙事，而连票这种形式则可以巧妙地处理这个难题，这是功能对设计审美的直接驱动。之后的《化学纤维》《水乡新貌》《故宫博物院建院六十周年》《童话〈咕咚〉》《刻舟求剑》也是如此。一些中国传统的长卷轴古画题材如《韩熙载夜宴图》《挥扇仕女图》《高逸图》等邮票几乎只能通过连票的视觉形式才能体现，而一些长宽比更为夸张的《清明上河图》《洛神赋图》《千里江山图》等更是采用了多排相连的设计方式来解决视觉阅读问题。而这样的长卷设计，不仅是将邮票画面的简单相连，还必须考虑其作为邮票这种独立艺术形式的整体比例和美感，以及与边纸的装饰呼应，从中我们也可以看出艺术的表现在某种程度上成了表现对象内在逻辑的外在展现。正是由于这种认识、内在逻辑乃至技术的转变，推动了邮票作为一种设计艺术的发展，像《唐诗三百首》《宋词》《元曲》等邮票设计中，文字的微雕工艺既有精妙的整体装饰效果又可通过放大镜清晰观察来感受阅读的乐趣；而《大闹天宫》的 AR 技术顺应了时代的发展潮流使邮票与智能移动终端形成了有机结合，通过高科技手段来进行视觉形式的丰富表现。

三、"原创"与"二次创作"：邮票设计和艺术创新的辩证统一

高尔泰认为"艺术是人所创造的美。假如说一切美都是人类无意识的创造物的话，那么艺术则是人类有意识地根据美的规律创造出来的存在物。换言之，它是本质先于存在的存在物"①。邮票设计作为平面设计，衡量其艺术性和美学价值的高低，一个重要的标准就是其是否具有创造性。不过邮票设计让我们困惑之处在于由于其媒介形式的特殊性，似乎存在着所谓的艺术"原创"与"二次创作"的审美标准问题。

原创属于作者、艺术家、设计师进行的全新创作。尽管艺术水准会因人而异，但其独创性却毋庸置疑。而二次创作是指使用了已存在的艺术作品进行再创作，

---

① 高尔泰：《美是自由的象征》，人民文学出版社 1986 年版，第 167 页。

其艺术是否具有创造性通常会引起不小的争议。这一点在邮票设计上也得以体现。晚清、民国时期，邮票设计中采用二次创作的现象非常罕见，仅有 1932 年发行的"西北科学考察团纪念邮票"采用了元代名画《平沙卓歇图》作为邮票画面进行了二次创作。该邮票设计对原画采用雕刻制版后在画面上配上了对称的麦穗装饰花纹以及线框装饰的文字，整体看上去颇像一本西方古典风格却有着中国绘画风味的精装书封面，不失为在古画"二次创作"上的一次有益设计尝试。

中华人民共和国成立后，明显的变化就是邮票题材范围的扩大，尤其是增加了一些直接反映中国古代文化和中华文明的题材邮票设计。比如早在 1952 年就开始发行的《伟大的祖国——敦煌壁画》，之后又有《东汉画像砖》邮票。改革开放以后，国家日益重视中华文化的传承与传播，大量文物、古代名画、书法作品、近现代名家书画等各类题材都开始出现在邮票设计中。这些题材需要在二次创作中对原作进行高度的还原。那么，这种二次创作是否具有原创邮票作品同样的艺术创造性呢？这恐怕也是一个颇值得玩味之处，其特殊性甚至不同于一般的平面设计。比如一本介绍世界名画的画册，其整体的装帧设计却是一次艰辛的艺术创作过程，而如果邮票以《韩熙载夜宴图》直接命名，那么就必须最真实地还原原作，那这究竟是一种毫无艺术创造性的机械复制？还是同样具有艺术价值的二次创作？

苏珊·朗格也意识到了这个美学命题，她谈到"一个希腊花瓶，虽然它的形式是传统的，它的装饰与许许多多传统的装饰也略有差异，但它几乎总是一件创造品，因为它的创作原则恐怕始终是主动的，从和起的第一块粘土时就是这样"[1]。邮票设计也同样如此，新中国早期的《敦煌壁画》《东汉画像砖》邮票设计手法比较简单，孙传哲用最简单的拓印手法将壁画和画像砖设计成邮票图案，并采用雕刻版技术印刷，为这类题材做了一次开拓性探索。1978 年的《奔马》和 1980 年的《齐白石作品选》小型张进行了精心的设计构思。《奔马》小型张通过边饰纹样的装饰，与徐悲鸿作品构成一个整体，仿佛一张微缩版精致装裱的国画。而《齐白石作品选》小型张将齐白石作品与他的白描肖像相对应，并搭配了本人的生平介绍，整体格调清新素雅，明显借鉴了中国传统线装书风格作为设计灵感来源。而像《韩熙载夜宴图》这类中国长卷轴古画邮票，采用连票设计思路本身就是艺术上的一个突破，把看似难以完成的任务通过形式创意搬到了邮票上，当然在设计中也绝对不是简单机械地复制照搬。

这种二次创作需要极高的艺术智慧，像《清明上河图》《洛神赋图》等古代传世名画题材类的邮票设计，由于受限于当时的创作技术条件，直到 2000 年以后才逐

---

① 苏珊·朗格：《情感与形式》，刘大基等译，中国社会科学出版社 1986 年版，第 52 页。

步发行。将这种画风细腻、原作又气势恢宏的作品微缩在邮票方寸之中,对于设计、创意以及技术的运用要求,与原创邮票艺术设计相比,甚至有过之而无不及。若为邮票专创原画,设计师在创作之前会充分考虑到邮票的特点。如田世光也专门谈到了创作《牡丹》邮票原画时与平时绘画创作的不同,靳尚谊在创作《孙中山诞生一百二十周年》邮票油画原图时也充分考虑到了邮票的媒介特性。而相比原创作品,古画邮票的素材是现成的,这对设计师反而有了更大的约束性。设计师需要在诸多限定条件之下最大化地发挥自己艺术创作的主观能动性。像 1999 年发行的《汉画像石》邮票,在设计中"'迎宾图'因像石庞大,构图复杂,缩成方寸难以表达其艺术效果,便忍痛割爱而换成'舞乐图'"①。这种二次创作,不仅具备艺术性更是艺术与技术的高度辩证统一,正如竹内敏雄在他的《艺术理论》一书中所谈到的"艺术往往既是美的,同时又是技术的。把它理解为创造审美价值的技术和人工生产美的活动,这不是使之无缘无故地陷入二元性分裂之中"。② 理解竹内敏雄所说的"二元性",不仅包括在技术与艺术两方面,也包含在邮票作品本身的"审美二元性"上,即邮票题材对象(文学、绘画)作为艺术作品与邮票作为平面设计艺术作品二者之间的辩证统一。

中国邮票发展史同时也是一部平行发展的邮票设计史,更是一部具有丰富的设计美学蕴涵的演进史。邮票设计语言和审美内涵的发展,也是邮票作为艺术本体所呈现的美学精神和时代特征的演变。邮票作为一种典型的平面艺术设计,审美观念与艺术风格的变迁既是由于政治、文化环境影响下人们对邮票作为艺术本体认知的时代变化,也是科学技术发展推动下的嬗变,更多的是艺术家、设计师不断追求自我艺术意志表现的结果。即使是在邮票以功能主义为第一驱动力的发展初期,我们也可以看到设计师对色彩、视觉形式的艺术精神追求。

正如德国美学家沃林格所说,"不应当否认艺术发展的事实,而是应把艺术发展的事实放入到正确的视觉中去看待,即不再把艺术的发展看作是技巧的发展史,而应看作是艺术意志的发展史"③。设计作为一门实用艺术,与纯艺术对审美精神的绝对追求不同,设计美学始终包含着实用与审美这两种功利与非功利性精神的辩证统一,但绝不能因此就认为设计是纯粹技术的附庸,而否定蕴含于其中的艺术精神。

---

① 王兴武:《〈汉画像石〉组稿始末》,《上海集邮》1999 年第 1 期。
② 竹内敏雄:《艺术理论》,卞崇道等译,中国人民大学出版社 1990 年版,第 56 页。
③ W.沃林格:《抽象与移情》,王才勇译,辽宁人民出版社 1987 年版,第 128 页。

第二节　亨利·墨菲和民国校园建筑设计[①]

本文主要从墨菲其人、墨菲与民国校园建筑设计、墨菲与他同时代的外国建筑师的异同、墨菲的中国弟子几个维度，解剖这位著名的建筑师与民国建筑，特别是校园建筑设计的关联。

一、墨菲其人

墨菲，1877 年出生于美国康涅狄格州，他父亲是名马车制造商。1900 年，美国登记在册的机动车数，不超过 8 000 辆。可见，马车制造商的墨菲父亲，在那时代，为家挣得一份丰厚家产，也为墨菲的教育奠定了丰厚的物质基础。

中学时代，墨菲就学于著名的私立学校霍普金斯。1895 年，墨菲进入耶鲁大学攻读艺术专业(耶鲁大学 1913 年才成立建筑系)。耶鲁大学的求学经历，为他得到中国第一个建筑设计项目——长沙的雅礼大学和湘雅医学院，起到非常关键的作用。雅礼大学的英文名称是"Yale-in-China"，如果将其直译过来，就是"中国的耶鲁"。

从墨菲的家境和教育程度来看，对比建筑师，远胜跟随父亲学习制表工艺的柯布西耶、当过拳击手的安藤忠雄、做过记者和电影剧本撰稿人的库哈斯。

建筑里，空间不仅是一个引导行为的媒介，也是用来进行精神交流与艺术互动的手段以及进行美学表达的对象。优渥的家境，出色的教育背景，某种意义上，笔者认为墨菲的建筑师性格里，有种"精神的贵族优越性"，这可能，也是他日后能理解中国紫禁城皇家建筑的 DNA。

大学毕业后，墨菲曾在一家画室打工。这是墨菲手绘图纸功力出色的原因。那时代，没有 AI，没有 CAD 图纸，一手漂亮酷肖实景建筑事物的绘图，是打动业主的重要理由。1900—1905 年，墨菲受雇于纽约建筑事务所 Tracy & Swartwout。勤奋、聪颖，这五年，墨菲由一名普通绘图员，成长为工地总监及分公司总经理。

之后，他进入一家专门为有钱人设计住宅的事务所，认识日后合伙人丹纳，并负责了 3 位客户的住宅项目，其中一位则来自著名的洛克菲勒家族——小约翰·洛克菲勒。后者，是墨菲在中国的大金主。

1906 年 7 月，墨菲回纽约，合伙丹纳开设建筑师事务所。两人事务所改名为墨菲和丹纳建筑事务所，地址位于纽约市麦迪逊大街。

[①]　原载《艺术广角》2023 年第 5 期。作者肖可霄，文史学者，文化工作室主理人。

1914 年 5 月下旬,墨菲首次来到中国,这也成为他一生事业的重要转折点。

1914—1935 年,墨菲仿佛是建筑界的明星,活跃于中国近代建筑舞台,留下许多杰出作品,以校园类规划和建筑设计为主,例如长沙雅礼大学和湘雅医学院(今湘雅医院和湖南医科大学)、北京清华大学和燕京大学(今北京大学)、南京金陵女子大学(今南京师范大学)、上海沪江大学等。

1927 年 4 月 18 日,包括蒋介石在内的国民党人在丁家桥举行了国民政府成立典礼,宣布定都南京。经历十多年的混战,南京第一次成为真正意义上的中央政府。

1928 年,受到南京国民政府邀请,墨菲与另一位美国建筑师古力治一同作为"国民政府顾问",主持并修订了南京《首都计划》。

能成为南京"首都计划"建筑顾问。这对一名外国建筑师来说,是当时莫大荣誉和肯定的象征,这也是墨菲在中国建筑界学术地位的顶点。

1935 年,墨菲离开上海,回美国。50 多位曾与墨菲共事的中外建筑师,参加了为他返美饯行的宴会,包括了建筑界的陶桂林。这位曾在中国进行长达 21 年建筑活动的美国建筑师,随后回到故宅——康涅狄格州。

1954 年,亨利·墨菲在家逝世,享年 77 岁。

有意思的是,墨菲这个有"著名建筑师"标签的名字,在他的家乡不那么热门,幸运的是,他曾经的雇员培根先生(1910—2005),这位后来著名的费城总规划师,他的演讲和著作里,常出现墨菲的名字。

二、墨菲与民国校园建筑

1914 年 5 月下旬,墨菲首次来到中国,这也成为他一生事业的重要转折点。

墨菲盛赞北京紫禁城——"这是全世界最好的建筑群。像这样庄严、壮观的建筑群是不能在世界其他任何一个国家被找到的"。

正如安藤忠雄的光之教堂,是向柯布西耶的朗香教堂致敬一样,之后的中国岁月里,亨利·墨菲就这样带着美利坚的视角,吞咽北京紫禁城,以"适应性建筑",充填民国建筑灵魂,钱、军阀、教会,在变幻政权中,搭建宏伟建筑,用钢筋混凝土仿制斗拱。据统计,在墨菲主要参与的 9 所中国学校项目中,有 6 所系教会大学创办。

1914 年,通过耶鲁大学关系,墨菲被中国雅礼会选中,作为湖南雅礼大学的设计师,并由此翻开了墨菲在近代中国建筑活动的崭新一页。

这年,墨菲带着他的设计图从日本辗转到上海,最后抵达长沙。在这他与雅礼会的成员一一会面,同时他见到了胡美、颜福庆。耶鲁的光环,十分有利墨菲和业主的沟通。墨菲盛赞耶鲁高材生胡美——非凡的乐观主义和理想主义精神,是雅礼项目的灵魂。毫无悬念，墨菲也和第一位在美国耶鲁大学获得医学博士学位的亚洲人颜福庆，惺惺相惜，赞颂他是外国人和当地人之间的链接。

关键人胡美、颜福庆，对墨菲之后被委任为湘雅医学院的建筑设计师起到决定性的作用。[①]

长沙雅礼大学的定位，在当时民国大学独树一帜，设计之初就明确了新校园的建筑风格，就是在保留中国传统建筑遗产的"旧瓶子"里，装入现代社会的建筑理念这一"新酒"。这背景就是，西方教会为了减小中西文化差异给传教带来的阻力，主张建筑表现基督教对中国文化的适应性。但是，因种种原因，雅礼大学的前期设计和规划，是在墨菲没来中国之前完成的，甚至是墨菲亲眼见到中国建筑之前就完成的。这次尝试，绝非墨菲严格意义上的"适应性建筑"。

从雅礼大学规划建筑设计上看，墨菲的设计理念，是"中西混搭"，实用性的基础上，他试图在西方现代与东方传统建筑中寻找一个平衡点，再用一个新的结构元素将旧的结构碎片以这种穿针引线的方式连接起来。空间，在墨菲看来，是一个不断被刷新的"容器"，在同时代很多外籍建筑师更多的是去谈建筑的材料、预算、环境的时候，墨菲似乎关注建筑的内部空间。

例如雅礼大学教学楼，为了不让屋顶空间被浪费，拥有良好的采光和通风，墨菲在中国传统的大屋顶上设置了五扇老虎窗。他的这一做法虽然获得了较好的通风采光效果。但是，这个"符合功能主义的设计原则"的做法，其结果是"破坏了欲追求的中国古典式屋顶的整体形象"。[②]

1919年，墨菲为上海沪江大学做了规划。

沪江大学（University of Shanghai）创办于1906年，校址位于黄浦江畔的杨树浦军工路，今为上海理工大学。初名浸会神学院，1909年开设浸会大学堂，1911年两部分合并为上海浸会大学，1914年中文校名定为沪江大学。

沪江图书馆，是墨菲为沪江大学留下的建筑作品之一。从资料看，沪江图书馆于1928年11月17日正式开馆。4万美元建筑费，主要由教师、校友和学生委员会筹集约5 000美元，学院慷慨捐赠超20 000美元，其余部分由希曼遗产支付。[③]

11月17日，图书馆举行开馆典礼。民国书法家谭延闿题写牌匾"图书馆"三字，外交部部长王正廷、中国公学校长胡适、东方图书馆馆长王云五等社会名流出席。

---

① 方雪：《墨菲在近代中国的建筑活动》，清华大学硕士学位论文，2010年。
② 董黎：《岭南近代教会建筑》，中国建筑工业出版社2005年版，第88页。
③ *The North-China Herald and Supreme Court & Consular Gazette*, Nov. 24, 1924, p. 310.

阿根廷作家博尔赫斯曾说过:"如果这个世上真的有天堂,天堂应该是图书馆的模样。"

沪江图书馆,是无数学子的天堂,它共两层,支架为全钢骨结构,扩建后面积2 263平方米,馆内设施先进,甚至用升降机传递图书,软木地板上铺有油地毡,墙壁四周安装暖气片。墨菲设计的、这当时设施一流的校园图书馆,为沪江大学的莘莘学子,提供了绵绵不绝的精神养料。

1919年5月,司徒雷登担任北平燕京大学(今北京大学)校长。

墨菲和司徒雷登是老相识,他们在设计南京金陵女子大学时就与燕京大学校方有接触,司徒雷登对墨菲的建筑才能,信任且欣赏的结果就是,1921年燕京大学新校园总体规划和建筑设计交给了墨菲。

北平是个历史古城,墨菲通过对中国几个校园的设计,加上对紫禁城建筑的认真观察后,得到一个东方哲学式的结论:中国的校园环境,它的建筑应是一个整体,得考量空间与材料、光线与阴影、声音与肌理,学校的整个建筑身体,是栖居在建筑本体里的,要把它们用一个完整的组群来设计。

在他构思的燕京大学校园,以玉泉山为校园东西轴线,其他用途建筑按中轴线布置。建筑具体实施中,墨菲刻意让燕京大学建筑群在外部尽量模仿中国古典建筑,主体结构由混凝土和砖墙组成,屋顶用木屋架屋盖铺中式琉璃瓦,内部使用功能上,则尽量采用当时西式最先进的设备,例如暖气、热水、抽水马桶、浴缸等。

可能是墨菲对燕京大学校园建筑笼罩中西的场所感,甚至感受到它的雕梁画栋的物质实体,能精妙入微地与燕京大学达成自成一体的、独立而完整的世界,司徒雷登对建成后的校园很满意,他说:"凡是来访者无不称赞燕京是世界上最美丽的校园。"①

燕京大学建筑,代表着近代教会大学建筑的一流艺术成就,可谓集东西合璧之大成者,已被列入北京市重点文物保护单位,其保护理由为:"整组建筑采用中国传统建筑布局,结合原有山形水系,注重空间围合及轴线对应关系。格局完整,区划分明,建筑造型比例严谨、尺度合宜、工艺精致,是中国近代建筑中传统形式和现代功能相结合的一项重要创作,具有很高的环境艺术价值。"②

遗憾的是,厦门大学和墨菲擦肩而过。

1921年4月6日,厦门大学在集美学校的即温楼、明良楼为临时校舍,举行开学仪式,邓萃英任校长。邓校长来厦门时,墨菲带来了茂旦洋行设计的演武场群贤

①　唐克扬:《从废园到燕园》,广西师范大学出版社2020年版,第350页。
②　陈远:《谁设计了"最美校园"》,《文摘报》2013年8月24日。

楼群（囊莹、同安、群贤、集美、映雪）的设计图纸及厦门大学校园规划图、建筑工程造价估算表等。

墨菲是懂得当时中国人的民族情绪，在设计的总平面图上，楼群建筑设计像隶书、篆书大字形的排列，每三座楼房又作品字形状。可是，务实的陈嘉庚却不赞成品字形校舍，认为如此设计必然会多占场地，会掣肘运动场的设置，因而他主张把图中品字形改为一字形。

由于墨菲的茂旦洋行工程造价估算过高，陈嘉庚不同意把校园建筑工程交给茂旦洋行承包，而且不赞同采用进口的昂贵建筑材料，主张就地取材，采用闽南一带盛产的既坚固又美观的花岗岩，并表示要自行设计，自行购料，自行雇工施工。[①]

纵观墨菲在中国及东亚设计的校园建筑群，大致秉持相对一致的建筑范式，其主要设计来自美国名校弗吉尼亚大学校园。弗吉尼亚式的校园设计，具有简明、庄重、整体空间可沿轴线不断生长的特性。好像是向弗吉尼亚大学致敬，墨菲设计的清华大礼堂，也采用了和史丹佛·怀特（Stanford White）在 1903 年重建弗吉尼亚大学圆厅图书馆同样的结构形式，即关斯塔维诺穹顶（Guastavino）建造体系，甚至连中部都像圆厅图书馆那样留了一个采光口。

公允地说，早期设计湘雅医学院、金陵女子大学时，墨菲其设计手法尚不成熟，可建筑设计这种具有转化力的体验，只能来自委托业主的反馈以及亲身经历和亲眼所见，建筑师必须要走入建筑的"血肉之中"。因此到了设计燕京大学校园时，墨菲的建筑思想和表现手法，进入高峰期。从各方面看，燕京大学校园规划及建筑组群设计，是墨菲的代表作。

三、墨菲和他同时代的外国建筑师

美国建筑师艾略特·哈沙德，20 世纪 20 年代末 30 年代初，他的建筑设计事务所在上海很有影响力。

看他儿子迈克尔·哈沙德回忆，认为是当时的美孚石油公司推荐哈沙德到上海处理几个进展不顺利的项目，并给他提供了为期两年的合同。而另一个说法则是早在 1918 年就在中国上海成立自己事务所的建筑师墨菲想要为其上海分所寻找合适的经理人，哈沙德是最佳人选。

墨菲对他的美国同乡——哈沙德，很是照顾。

哈沙德一家于 1921 年 1 月 1 日抵达上海，他们就住在墨菲位于广东路的公寓里。1923 年的一份整版广告中写着："在上海的美国建筑师"只有三位：罗兰·A.

---

① 　陈于仲编著：《大学校园建设规划论》，电子科技大学出版社 2008 年版，第 199 页。

克利(R. A. Curry)、墨菲事务所以及艾略特·哈沙德。

1923年墨菲关闭其上海办事处之后,作为当时远东地区唯一一位美国建筑师协会的成员,哈沙德在上海大展身手。1923年墨菲结束了上海分事务所的业务后,哈沙德就作为独立的建筑师在上海承接业务。1924年,哈沙德的工作室有四名员工,包括他的妻子Kent Crane和E. Lane,同年他开设了副业——中国木工机干燥窑公司,专门制造木门窗。

随后哈沙德在上海设计了一系列优秀建筑,如美国乡村俱乐部(1923—1925)、西侨青年会(1928)、基督教科学总部(1934),以及最著名的永安百货公司新大楼(1933—1937),他的业务也扩展至汉口和厦门等地,如汉口标准石油公司办公楼(1923)、厦门美国领事馆(1928)。①

邬达克,是墨菲强劲的竞争对手,也是事业好友。

邬达克,1893年1月8日出生在斯洛伐克一个建筑世家,毕业于布达佩斯皇家学院,23岁当选为匈牙利皇家建筑学会会员。

1918年,邬达克被命运之手牵到上海,在他旅沪的近30年,把西方的建筑观念、技术,融合在中国的上海的城市文脉里,留下风格多元的经典建筑作品。

邬达克许多建筑项目,具有开创性。如真光大楼、广学大楼在上海率先探索了在大型公共建筑上采用艺术装饰风格,大光明电影院、国际饭店进一步推动了艺术装饰风格在上海的传播,它们还是当时远东最大的放映厅和第一高楼,诺曼底公寓(武康大楼)则是上海第一栋外廊式公寓。

奥匈帝国的解体使得邬达克在法律上身份模糊,无法享受治外法权保护带来的安全感。所以一旦与中国业主发生纠纷(如工程延期、工地事故等),邬达克肯定得不到会审公廨的法律帮助;如果在中国法庭被中国人起诉,他也不指望能够得到任何同情。邬达克必须非常小心谨慎,避免犯哪怕是最小的错误。这使得邬达克的建筑,不仅仅是关于对空间的驯化,还是一种对抗时间恐惧的深层防御。这和墨菲的舒展、放松的建筑感觉,是不一样的。

邬达克是留心中国传统建筑的。1940年,邬达克用英语撰写了一篇短文《中国拱桥》,发表在《马可·波罗》杂志上,他高度评价了拱桥,认为这种建筑样式达到了真正理性的建造和功能化设计的统一。

邬达克和墨菲是同行,同行之间免不了竞标。

1921—1922年间,邬达克所在的事务所,建造了中西女塾,一所由美国南卫理教会传教组织在上海创立的女校。

---

① 周慧琳:《近代上海四大百货公司研究》,同济大学出版社2021年版,第109页。

邬达克是竞标获得这个项目的。要知道,美国建筑师墨菲也参加了竞标,通常,学校是墨菲的优势领域。但结果是,邬达克的方案因为完美符合客户"学院派哥特式"建筑的理想而成功中标。

1923 年,邬达克拿下"美国花旗总会"项目(如今地址福州路 209 号),这座美式建筑,是邬达克在"克利洋行"工作时期最具影响力的代表作之一,至今得以完好无损地保留。耐人寻味的是,通常这类美资背景的建筑项目,身为美国人的墨菲,胜算是很大的。

同行之间,惺惺相惜。1935 年,墨菲离开上海回美国。50 多位曾与墨菲共事的中外建筑师,参加了为他返美饯行的宴会,邬达克也特地出席了。

对比和墨菲同时代的外国建筑师,墨菲更具有以下 3 个特色:

其一,专业,被誉为"中国通"。

除态度认真和对工作的热情能够打动业主,墨菲自身专业的设计能力,至关重要。

较同时期许多外籍建筑师来说,墨菲对中国传统建筑,特别是对清式宫殿建筑的把握,更透彻。

在中国传统文化语境中,基本没有西方的"建筑"观念。传统文化中,"建筑"应该叫做城郭、宫殿或皇宫、寺庙之类,现在建筑师常引用的古代文献资料是《周礼·考工记》《洛阳伽蓝记》《营造法式》等,从书名看,它们多从营造方面来着眼,而非"建筑"理论。

墨菲高明之处,是将中国古典建筑的韵味深入到西式墙体肌理。甚至被称为"中国通"的墨菲,1926 年,美国佛罗里达州,一个名叫克罗尔加布尔斯的小镇上,他设计了一个仅有 8 个家庭的微型的"中国村"(Chinese village)。

不开金口的梁思成,对燕京大学(北京大学)项目,曾评价道:"(燕大建筑)颇能表现我国建筑之特征,其建筑师 Murphy(墨菲),以外人而臻此,亦堪称道。"

其二,灵活,中西合璧。

所谓"新建筑形式",也不是啥新花样,早在 20 世纪初期教堂建筑中,就早有体现,并非墨菲独创。

学者方雪对墨菲 1914—1935 年主要建筑作品做统计,认为他的风格摇摆不定,"西方古典主义"也经常作为他的建筑风格而出现。[①]

事实上,用郭伟杰(Jeffrey W. CODY)语言来说,墨菲一直在妥协,一种介于西方技术和中国风格之间的妥协,一种在动荡金融局势下努力维生并在设计上融

①　方雪:《墨菲在近代中国的建筑活动》,清华大学硕士学位论文,2010 年。

汇中式建筑语言的妥协,一种游走在宏大城市规划和苦涩政治现实之间的妥协。这使得墨菲的中国建筑项目,以一种谨慎的态度来介入场地中,力求在不破坏原有意境的同时,通过建筑实现人与周边环境最亲密的接触。

当然,这种"妥协"或者灵活,让墨菲在中国收获了丰厚的商业回报。

据统计,1910—1912 年,墨菲和丹纳的事务所,在美国设计收益仅 1.9 万美金。到 1915 年 5 月,亚洲项目仅占 23.4%,但收益已达 190 万美金。而 1918 年 4 月,他在亚洲项目已占全公司总项目的一半(49.6%),获得收益更是较 3 年前翻了 3 倍,达到 625 万美金之巨。[①]

为更好响应中国业主需求,1918 年 8 月,墨菲把分公司搬到了上海,租下刚落成不久的有利大楼(今上海外滩 3 号)顶层一套公寓,和相邻的 6 间办公室。至于上海注册名,他入乡随俗,改为茂旦洋行。

其三,宣传,树立建筑权威。

墨菲认为,他在中国找到了"建筑密码",就是如何在建造一座新建筑的同时,保存并维系那些中国建筑特有的 DNA。

于是,墨菲用自己的行动来表达,他的建筑是在中国人可以接受的意义上,带有更多的西方建筑特色,反之在西方人可以接受的意义上带有更多的中国古典建筑特色。从他的教会学校建筑作品里,可以感知建筑空间在整个世界与人的领地之间,在实体世界与心理世界之间,在物质世界与精神世界之间起到调和作用,这占有哲学高度的建筑特色为他赢得不凡的声誉。

为此,墨菲很注意自身品牌的营造,常在国内外走动,宣传如何继承、保护中国传统建筑的观点。

四、墨菲和他的中国弟子

后人曾整理出一份"第一代中国建筑师"名录,这份名单中的部分建筑师,或直接受过墨菲指导,或对墨菲作品有相当的了解。

曾为墨菲工作过,或跟墨菲合作过的中国建筑师有:吕彦直、李锦沛、范文照、董大酉、庄俊、赵深等。每位中文名字后,是一串显赫的建筑清单。墨菲和中国建筑师同行以及和他弟子间的良好合作,是中美间建筑师交融创新的写照。

吕彦直,是墨菲的中国大弟子。1918 年,吕彦直获美国康奈尔大学建筑学学士后,进入纽约墨菲建筑师事务所工作;1921 年回国,进入墨菲事务所上海分所工作。墨菲与吕彦直,亦师亦友。

---

① 方雪:《墨菲在近代中国的建筑活动》,清华大学硕士学位论文,2010 年。

吕彦直最值得赞誉的设计,是南京中山陵。1925 年 3 月 12 日,孙中山在北京逝世,国民党中央执行委员会按其遗愿归葬南京紫金山,成立了由张静江等 12 人组成的孙中山先生葬事筹备委员会。筹备处在上海。

中山陵建造,是一项具有历史意义的重大工程,陵墓设计图案至关重要。葬事筹备委员会向海内外悬奖征求陵墓设计图案。最后,委员会共收到应征方案 40 余件。

当时年仅 31 岁的吕彦直在上海报名后,潜心研究中国古代皇陵和欧洲帝王陵墓,据《征求陵墓图案条例》设计要求,参照紫金山地形,经过两个多月的烦劳工作,精心绘制出平面呈一大钟形的平面图,及建筑物立面图等 9 张设计图和 1 张祭堂侧视油画,撰写了《陵墓建筑图案设计说明》,对布局、用料、色彩提出初步设想。

宋庆龄、孙科和朴士(德国著名建筑师)、王一亭(著名画家)等中外评判顾问,分别对不署名的中外建筑师、美术家应征图案,写出书面评判意见。结果,吕彦直的设计图案,获首奖,二奖为范文照,三奖为杨锡宗。

从建成的中山陵建筑看,吕彦直用西方建筑技术和材料,表达出中国古代建筑的式样。这是得到恩师墨菲设计精髓的。

处理建筑细部等方面,吕彦直也显露出墨菲影响的痕迹。例如,与墨菲对屋顶的处理手法相似,中山纪念堂南立面,吕彦直也采用带玻璃窗的歇山屋顶式样以符合建筑室内的功能需求。令人痛惜,吕彦直 1929 年患病去世,没能亲眼看到他设计的中山陵竣工。

董大酉(1899—1973),是中国近代著名建筑师,也是墨菲的中国弟子之一。

1921 年,董大酉从北京清华学校毕业,为庚款留美学生,1922 年 7 月入美国明尼苏达大学建筑科学习。1927 年曾在纽约的墨菲建筑师事务所工作,受到墨菲的建筑理念影响。有资料显示,受墨菲推荐,董大酉 1930 年 7 月任上海市中心区域建设委员会顾问兼建筑办事处主任建筑师。

董大酉代表项目:"大上海计划"(旧上海市政府大楼、江湾体育场、旧上海市图书馆、旧上海市博物馆)。

上海的八仙桥青年会(如今的锦江都城经典上海青年会酒店),1932 年全部建成开放,是 3 位"海归"设计的,他们是:李锦沛、范文照、赵深。以前笔者不能理解,为什么"喝洋墨水"的他们却将青年会建筑设计成北京前门城楼、蓝色琉璃瓦屋面这个"民族风"呢?

笔者猜想,这除了业主的设计需求外,还和他们共同的老师——亨利·墨菲(Henry Killam Murphy),是密不可分的。墨菲最大的建筑特色,是"适应性建筑",就是将中国飞檐翘角斗拱民族元素,移植到建筑体块中。

出身美国的李锦沛,毕业后,曾在墨菲的纽约事务所工作过,还参与了墨菲的南京金陵女子大学等项目。而范文照、赵深,都是美国宾夕法尼亚大学建筑系毕业,专业上,都和墨菲有极为密切的沟通合作。

所以,业主的需求,加上深受美国建筑老师墨菲的影响,还有当时 1929 年国民政府"大上海计划"的建筑基调,如今的八仙桥青年会,才在钢筋混凝土框架外,用天花彩绘,仿宫殿的隔扇、菱花格心、古典云纹图案,焕发出浓浓的民族风。

历史告诉我们,在一个时期占主导地位的世界观,往往会在那个时期的空间结构和空间特性中找到它的表达方式。换言之,每一个年代和每一座建筑都具有独特的时间感和速度感。

如果说,公和洋行(巴马丹拿建筑集团),用汇丰银行、海关大楼、沙逊大厦(和平饭店)等近 20 栋经典建筑塑造了上海外滩天际线的话,那么美国建筑师亨利·墨菲,则在 1914 年至 1935 年间,他和他的茂旦洋行,为我们国内留下了许多杰出的近代建筑作品,可以说,他重塑了民国大学的建筑线条。

墨菲不仅有自己的建筑表达,而且他用的自己的场域,带动国人对近代中国建筑的关注,他最大的贡献,在于他的建筑事务所,可能是最早吸纳中国籍员工的外国建筑事务所,从他麾下走出了多位中国第一代建筑师,而后者又创作了无数经典作品,他们的建筑线条,藏在中国大学校园的朗朗读书声中,藏在石头和金属的缝隙里。

第三节　时尚艺术之设计美学理念探究[①]

时尚艺术作为日常生活审美化的重要表征,是从时尚与艺术的同质性基础到最终实现本体变异的文化后果,是本不在同一存身界面的时尚与艺术,在同一现场现世之际暧昧相拥的产物。时尚艺术既是一种时尚的艺术化表现方式,也是一种艺术的时尚化表达载体,当然更可以被解读为两者高度叠合后的设计创意生成结果。这种设计创意的生成结果既可以被看作为时尚界面的延展,亦可以被看作为艺术界面的延展,更是设计行为的创制结果。因而对于时尚艺术之设计美学理念探究,需要在时尚学、艺术学和设计学三个相互交叉的理论界面中展开。时尚是大众传播的引擎,给予艺术以海量的受众,艺术是精神意旨的载体,给予时尚以意义的价值,而设计则是两者得以融入现实生活界域的路径,时尚艺术正是在这样的架构下不断进行循环再生与审美升级,从而延续着螺旋上升的设计审美历程。

---

① 原载《艺术广角》2022 年第 3 期。作者胡越,上海工程技术大学教授。

一、基于时尚学理论的流行制造

时尚艺术的首要特征之一,便是追求时髦,这不仅是人们日常生活的主流取向,同样也是现代生活中普遍的审美文化现象。面对形态各异的时尚现象,主流学界解释为:当一种样式、一种观念、一种行为方式的新颖程度构成行动取向的原因时,时尚也就产生了。也就是说,作为一种日常现象,时尚和风俗习惯一样,都是出自于每一位个体对自己的身份和社会地位的关照。对时尚的引领者而言,时尚能够增添其个体魅力,而对于时尚的模仿者而言,它却能以超越现行社会形式,又被社会所允许的奇装异服出现,并使其重新确立自我。此刻,时尚又成了促使个体滋生个性主义的动力,而将人类的虚荣心变得更加审美化与个性化。因而,时尚是一种生活方式,能将社会的从众性和区分性统一起来。如果我们从现代性审美的体验层面出发,西美尔(Simmel)确实对时尚展开了尤为精辟和深刻的论述,更是对于时尚艺术的设计美学而言,显得尤为关键。①

1. 顺应大众潮流

西美尔看来,时尚首先具有"从众性",其成因主要有两个方面:首先是个体对群体的依附感,其次是个体自我保护的本能,最后是从众性来自现代人对确定社会统一体的依附感。人类的内心始终有着一种强烈的从众本能,即需要获得他人认可的本能,从而在社会生活中找到归属感。而时尚恰好可以通过海量的同形拷贝,将各不相同的人汇聚到一个符号中心上来,这种聚集很自然地使不同个体获得相互之间的认同,令到不同的社会个体自我感觉成为大众的一部分。其次,从众性还来自人类对于自我的本能保护。对于时尚的模仿行为,可以给予个体不孤独地处于社会中的保证,于是个体就不需要纠结于作出哪种选择,而成为群体的追随者,以及社会内容的复制者。模仿无疑是个体保护自我的有效方式,它能使个体安全地逃脱现代社会中的各种风险和不确定性,融入大众之中,因为,个体在跟随社会潮流的过程中无须为自己的言行负责。此外,这种自我保护的本能还可以消除个体在大众中的不安与羞涩。因为当个体在不合适的场合引人注意,或不合时宜地受人关注,便会使之感到不适,甚至由此产生羞耻。然而在对时尚的模仿行为中,不论个体的外在形式或表现方式如何夸张,时尚对个性的消弭作用会使其看起来总是合适的,从而使个体在成为被关注的对象时可以心安理得。

时尚的从众性使个体得以在"风险社会"中确证自我行为的合法化。个体对于时尚的追逐即是对同一性的模仿,从而使其觉得已然成为这个社会"共同体"中的

---

① 齐奥尔格·西美尔:《时尚的哲学》,费勇等译,文化艺术出版社 2001 年版。

372

一员,其所有的行为方式都可以"共同体"的姿态出现,自我的单一动机被"共同体"的群体行为所隐藏,从而使自我的行动获得了为社会认可的合理性,不用担心受到他人的质疑。就此而言,时尚就表征着"大众"行为,即便这种行为看起来是如何的夸张怪诞。从时尚的这一属性来看,时尚艺术的设计美学首先需要把握大众的从众性,争取获得大众的认同,让大众感觉到是潮流的、入时的,并且可以被大众通过简单和低廉的方式模仿和复制。因此,顺应大众潮流,设计创制出大众可以理解和追随的风格与样式是首要的理念。

2. 追求创新创异

时尚具有"从众性",但另一面则是截然相反的"区分性"。时尚不仅能使不同的个体相互聚集,也可以使不同的个体、群体得以区分。如西美尔所言,时尚最初产生于上流阶层,是少数精英的特权,一旦较低阶层开始接近较高阶层的时尚,较高阶层就会抛弃旧的时尚转而翻出更新的时尚。时尚的这种"区分性"能使不同阶层、群体或个体得以确证自我的身份和地位。由此可见,时尚源于等级社会的体制,在这种体制中,精英阶级率先采用了新颖的时尚风貌,而较低阶层为了竞争更高阶层的社会地位,会逐级模仿那种风貌,时尚因此就从上层精英逐渐渗入下层阶级。当某种时尚风潮为普罗大众所效仿的时候,精英阶层为了保持其社会优越性与特殊性,就会转而发展出更新更异的风貌,从而使他们与社会大众区别开来。

时尚一方面能够造就不同个体和群体的同化,同时又能不断突破同一群体之间的界限,这无疑是一个既矛盾又一致的社会阶层互动过程。社会上层想差异于大众,就会最先采用还未被人采用的新事物,实践仍未能被人实践的新行为;而社会下层若要接近或成为社会上层,就必然想方设法去采用这些新事物,实践这些新行为,哪怕这种模仿只是貌似一样,时尚便在这样的循环往复中不断被创制出来。"从众性"与"区分性"一样都是造就时尚不可或缺的一体两面,如果"同化"的需求和"分化"的需求两者中有一方面缺席的话,那么时尚的大厦也将会因此而倾覆。

这就是说,时尚艺术的设计美学必须在满足可以被模仿,被复制的大众认同性同时,保持求新求异的创造性理念。现代社会个体普遍都有受到他人关注的欲望,而对时尚艺术的追求正好能够迎合现代个体引人注目的心理,通过追逐时尚艺术意味着个体或将成为社会大众的视觉焦点,甚至走向大众的更高层级。如霍洛维茨所言,精英时尚以加强社会地位的差别为特征,即产品数量的有限性和消费群体的针对性。因为如果特定时尚更广泛地传播的话,就势必会降低它们的价值。而大众时尚则恰恰相反,它们是要依靠以大众消费为目标的海量产品,并表现出对流行风尚的追求。所以突出设计创制的与众不同,强化个体区别于群体的识别符号是时尚艺术设计的又一个必备理念。

3. 平衡矛盾统一

西美尔之后,恩特维斯特尔(Entwistle)和塞拉贝格(Sellerberg)等学者也从社会学理论的视角进一步丰富了时尚理论体系的建构。恩特维斯特尔认为,时尚是大型城市中个体的一种生存技巧,它能够使个体在大都市中以一定的方式遭遇陌生人。现代社会中的时尚更是获得了一种新的含义,即:它是一种现代人用来确证其身份认同的社交工具,个体借助时尚可以隐秘地漫游于城市,抑或反之,借助时尚的魅力而引人注目。时尚于是乎成为保护个体存生于现代都市的一层必要的遮罩。人们借由时尚为自己获得一种令人印象深刻的个体特征,但与此同时,这些特征也必然凸显出一致性,因为时尚本来就是对某种单一形态的强化。[①]

但是,时尚的这种"一致性"始终处于一种产生和消亡的循环状态,时尚的标准也始终不停地变化着。因此,时尚的统一性与差异性之间存在着一种强大的内在张力,传递出个体或群体既想迎合与追随某种组织性,但同时又想保持特立独行,由此来确立个体性的矛盾心理。在统一性与差异性的内在张力中,时尚表达了从众性和区分性之间的紧张关系,这是一种既要同于又能异于大众的悖逆关系。时尚的这种"矛盾性"探讨在塞拉贝格那里得到了进一步的阐释,即:一方面,对时尚的追逐体现了社会精英与社会大众的距离;而另一方面,时尚确实也是一个复杂的矛盾统一体,从而进一步明确了时尚在现代社会中的内在动力,以及矛盾性。那么,时尚艺术的设计美学如何才能在自身极为矛盾的时尚系统中获取平衡与协调呢?

作为个体现代性体验的形式之一,时尚艺术同样脱离不了由于时尚本身诸多的内在矛盾冲突,而引诱现代个体对之展开的不断追逐与效仿。具体来说,时尚艺术需要满足在消费者心中同时存在着的个体对社会差别和身份认定的两种心理诉求。亦即:一方面,他们愿意通过对时尚艺术的消费和参与,来融入一个标识为时尚艺术的社会群体的身份认定;另一方面,他们又希望将自己和大众加以区分,通过拥有时尚艺术的新事物来凸显其个性和社会独特性。于是,追逐时尚艺术的过程也就成了一个自我推动的过程,因为塑造个性和模仿他人这两个对立的阶段会自动互为因果。这就推导出了时尚艺术设计美学基于时尚学的第三点理念:善于平衡时尚艺术的矛盾性与统一性。时尚艺术的设计创制一方面需要具有鲜明的特征符号来确立个体的识别性需求,与此同时也需要保有大众所能够认同和接受的风貌,以满足其群体性满足。

---

① 乔安妮·恩特维斯特尔:《时髦的身体:时尚、衣着和现代社会理论》,郜元宝译,广西师范大学出版社 2005 年版。

374

二、基于艺术学本源的意义探求

与时尚相叠加的艺术性则是时尚艺术的另一个重要特征,"艺术"最初的功能是根据巫术、宗教、政治等需要创造一些标识性的形象。出于各自不同的"情境",会出现像古埃及艺术那样的永恒感,也会出现像非洲艺术那样的粗放感,或者像中国青铜纹样那样的狰狞感。在历史发展过程中,艺术逐渐积累起自己的传统,具备了独立的审美价值,在贡布里希(E. H. Gombrich)那里,艺术的发展是在艺术家不断解决由社会和艺术传统自身所提出的问题过程中形成的,是由艺术家们谱写而成的。① 而最近的景象如美国艺术理论家约翰·拉塞尔(John Russell)所言:"假如生活在这个世界上有什么是值得信任的话,那么它就是艺术。正是艺术帮助我们生存,而不是为了别的什么原因。正是艺术告诉我们所处的时代,也正是艺术使我们认识了自己。艺术提供娱乐,同时,而且更主要的是,它揭示真理。数百年来,在对许多至关重要的事件影响上,艺术发挥的作用大于其他一切。它揭示了当今世界和未来世界之真理,它包罗了整个人类历史,告诉我们比自己更加聪明的人们在想些什么,它讲述人人都想听的故事,并永远固定了人类进化过程中多次关键性时刻。"② 由此可见,现代艺术给予人们内心丰富而细腻的体验,帮助人们摆脱人生无尽的虚空,从而使人们获得存在感与生活的意义。于是,在艺术学的视角看来,时尚艺术的设计美学又有着追求生活意义的理念。

1. 创制时尚艺术符号

自文明发生以来,全世界不同地域的人类都会通过造型与造物,如雕刻、建筑或神圣物件,表达重要的生命母题,如生殖力、生与死、宗教信仰等,同时也表达着人类对于宇宙万物的理解与想象,符号于是也成为人类文化的重要注脚。随着人类文明的不断进步和发展,符号也从低级走向高级,其抽象程度也越来越高。艺术本身就是由人类情感的符号形式所创造,因此,艺术世界也被认为是由人类创造所构成的符号世界。艺术把形象抽象到符号世界中,用尽可能简单的形式体现出复杂的事物,于是乎艺术的价值也得到了升华。

随着现代科学技术的高速发展,尤其是工业革命对艺术的发展产生了广泛而深远的影响。例如,19世纪摄影术的发明就对现代艺术的发展方向起到了颠覆性的作用。再在新艺术运动观念的推动下,古典主义艺术开始逐渐消解,艺术开始走向大众、走进生活、走向自然。随着时代的滚滚向前,艺术家们坚决地抛弃了古典

---

① 贡布里希:《艺术的故事》,范景中译,广西美术出版社2014年版。

② 约翰·拉塞尔:《现代艺术的意义》,中国人民大学出版社2003年版。

主义写实画家的创作方式,去努力地寻求一种更深刻的现实观念。艺术家们重新审视了这个图像化的世界所带来的额外的认知层面,那些组成各种形状以及可视意象和虚构意象的外在构造的基本元素,在艺术家的眼中变得越来越重要,艺术家将自然这一元素融合并转化成了作品中不可缺少的一部分,以此来描绘这个在20世纪上演过更多历史巨变而变得更为宏大的现实世界。正是出于新的艺术形式不断涌现,艺术家们不再局限于对现实世界中的事物进行直接的描绘,而是更加注重对艺术符号创新的探索与展现。几乎在每一种现代艺术的流派中都能在哲学里找到符号的联系。无论是立体主义、构成主义、未来主义都在追求纯粹、明晰、完美的艺术符号。再有婚恋、娱乐、环境保护、种族冲突等新的社会问题产生,而成为艺术家们关注的题材,使艺术符号更具生活化和亲和力。

就几个艺术发展的重要历史事件来说,20世纪早期的雕塑进行着由自然主义到抽象主义的转变过程。其中康斯坦丁·布朗库西将现代主义符号特征融合到作品中,在《空中之鸟》雕塑作品中,布朗库西把一块不会活动的死物变成了一个无比优雅、轻盈飞扬的造型。具有高度反射性的磨光表面使这件铜雕塑轻盈且充满张力,整件作品简洁明了,没有过多的细节刻画,富有空间的符号表现力,唤起真正纯粹的愉悦和无限的符号联想。

波普艺术家采用天然物品作为符号对象来创作自己的作品,他们试图挑战文化意义上的艺术定位,有时采用讽刺的手法批判当代生活的冷漠和空虚。呼吁人们要热爱生活,追求个性和自由,使艺术走向流行化、大众化、通俗化,加强了艺术与周围环境的积极互动关系,创造出了众多代表流行文化符号的绘画作品,如:安迪·沃霍尔的《玛丽莲·梦露双折画》《坎贝尔汤罐头》等。

20世纪60年代后期的大地艺术,艺术家们开始为某一特定的场地量身定做一些贴近场地且不可单独分离的作品,目的是完全颠覆美术馆和博物馆的收藏综合征,把艺术变成一种体验和感受,在与当地的环境形成互动影响的关系中表现符号的演绎过程。罗伯特·史密斯的《螺旋形防波堤》表达了对自然界和古代艺术图腾的向往。沃尔特·德·玛利亚的《闪电的原野》是由400根不锈钢柱子组成,在电闪雷鸣之中,每根柱子都将会成为一根避雷针,形成一个空间电场。营造出一种远古时期的地球气候变化的迷幻状态,使艺术与自然相融,给人以美妙壮观的景象。

在20世纪80年代以后,装置艺术和行为艺术摒弃了传统表现素材,不再进行记录,而是专注于创作过程本身。艺术家们将身体和日常生活都看作为艺术符号的创作过程,解构了符号自身的概念。如:约瑟夫·博伊斯的《如何向死兔子解释绘画》等。伴随社会的发展,当代艺术正处于这样的情形中,即以其标新立异来创造新的艺术形式,力图在由物质世界向精神世界的转换中寻找更贴近大众生活的可以理解的艺术符号形式。而如波普艺术、装置艺术、行为艺术等艺术创作方式,用更加贴近自然,贴近大众的艺术方式融入普通人的文化生活中,传统的艺术边界被模糊。在当代艺术符号的发展过程中,也带来了全新的艺术符号形式,为大众展现了一个五彩斑斓、多元化的艺术创作图景。由此可见,艺术的创造越来越与时尚艺术的设计创制接近,这就从艺术学的层面为我们提供了时尚艺术美学的理念支撑,即需要设计创制出类似艺术符号创作的,具有时尚艺术特征的符号。

2. 保有艺术格调品味

既然可以被称为时尚艺术,那就自然会涉及艺术性的评判问题。如今,通常被视为能对某个创新的艺术形式及其艺术家做出相对有效判断和评定的主要因素来自以下几个层面:首先来自艺术评论家、艺术史学家、艺术理论学者;然后是具有专业性、权威性资质的相关艺术机构,如博物馆、美术馆等;再者是世界范围内重要的艺术展和博览会等渠道进行展示和流通,并通过艺术市场中的反馈得以验证;最后需要得到专业的艺术媒体平台和大众传媒的宣传和广泛关注,从而影响公众的接受与回应。上述四个层面综合构成了评判艺术家及其风格能否被公认的现实条件,即由艺术生产、传播与流通三个主要部分组成的评价体系,最终制定了某位艺术家及其作品被社会所认可的程序。也就是说,当代社会的艺术必然要遵循某些社会惯习,经受业已制度化的标准检查。

借鉴艺术家及其作品评价的标准,时尚艺术设计美学也需要始终保有一种经得起考察的艺术性的格调,无论采取哪一种艺术态度,抑或艺术风格,从大众传播的目的和商业流通的角度出发,都需要强调设计创制艺术性,而通常采取的具体方式主要有:

第一,成为艺术的创造者而不是商业的制造者,注重设计风格,突出显现个性化的艺术品位,积极树立赋有艺术性的公众形象。特别在设计创制上提升对创作自由的把控权,通过创新的理念和方法,让产品的设计别出心裁地成为前卫的艺术品,而不是一味迎合大众趣味,或者让实践长期保持一种艺术先锋派的姿态。

第二,有意识地选择与艺术家的合作,在艺术圈和时尚界都活跃地加强品牌及其产品的知名度。时尚艺术机构通常可以直接邀请艺术家跨界合作,或以企业设置专项基金资助艺术家的创作和展览,甚至成为艺术家的赞助人或是艺术品的收藏者。

第三,将艺术的各种理念和风格运用在时尚艺术创制中,特别是在产品发布会或是主题展览中展现出艺术的特质,让原本为生活而展示的时尚艺术品变身为一场视觉艺术的盛宴。有时候时尚艺术活动展示环节的心思与精力需要更胜于设计环节本身，从而将各种新奇的概念、想法、创意贯穿于产品秀场上而获取轰动效应。

第四，不被时尚的肤浅形式和流行效应所束缚，也不陷入纯艺术过度脱离现实的精神意旨，防止受众的精神维度陷入过度或单向审美化所形塑的意义虚化世界，创作和产品具有一定的现实考量，这也正是具有反思态度的时尚艺术创制理念。

3. 探究人类社会价值意义

尽管现世的艺术创造无法脱离于商业主义和消费社会而孤立生存，但是基于艺术所坚称的自身拥有对自由精神、独立意识、社会关切、批判思维和存在意义等主体性选择的权力，仍然需要在日常生活中继续承担起解释我们所生活的世界及其意义的重要功能，以此阐明艺术及其历史不至终结的独立价值是成立的。因此，那些被社会机制系统认可的艺术创作，不仅需要对社会和生活有高度敏锐的洞察力，保有艺术直觉和创造力，还要在人文关怀和精神性反思中认定创作的独立性、自觉性和自主性。这可以对应到审美现代性中一个很重要的层面，就是艺术家有可能从审美现代性的内在张力中找到一种被综合认定的社会价值，使其创作能生动地表达时代精神、个性自由、民主意识和审美观念等不同价值。更重要的是，此时的艺术家要能成为具备问题意识的社会观察者，不放弃深刻的人道主义内涵的实践者和建构者。这种具有反思能力的自主性实践"像是一个爱挑剔和爱发牢骚的人，对现实中种种不公正和黑暗非常敏感，它关注被非人的力量所压制了的种种潜在的想象、个性和情感的舒张和成长；它又像是一个精神分析家或牧师，关心着被现代化潮流淹没的形形色色的主体，不断地为生存的危机和意义的丧失提供某种精神的慰藉和解释，提醒他们本真性的丢失和寻找家园的路径"。[1]

当下的时尚艺术设计审美需要借鉴那种艺术的原创精神，时尚艺术家也完全不必局限于职业和体制的传统界定，进而更可置自身为当代环境对人类本性及其社会存在做出体察的思考者；是引领人们步入一种包容、多元、丰富、奇妙又充满矛盾、混杂、无序的新时尚艺术世界的探索者；是不断改变人们对艺术的理解并努力丰富艺术可能性的实践者。从另一个层面来看，这一身份还是取得其作品或行为被展示给更多人观看，甚至激活大众合法参与和体验艺术的通行证。的确，我们正置身一个对"艺术家"最为宽松且有利的时代，艺术创作的权力和自由将更多地被给予了新兴的时尚艺术家们。

作为艺术存在的意义，公众总是期望从艺术家那里深切感知当代艺术并发现其价值。于是，时尚艺术的设计创制也应被赋有更深刻的意义追问，从观念和问题的角度切入时尚艺术的创造性和当代性，从而追求人性本真、表达精神自由和体察

---

① 周宪：《审美现代性批判》，商务印书馆 2005 年版，第 71 页。

社会生存。时尚艺术家身份的有效性、影响力、认可度、社会价值等必然要回到社会之中,接受时尚界、艺术界、文化机制,最重要的是社会公众的综合反馈,这是一个价值判断的过程,也是时尚艺术的设计创制结果不断被选择和被检验的终极标尺。

三、基于设计学意旨的解决问题

对于时尚艺术的设计美学理念探究,不仅关涉时尚学和艺术学两个境域,更涉及设计学的意旨,即解决日常生活问题。因为一方面设计无处不在,设计先于存在,先于生产,设计是人类创造行为的具体表象;另一方面时尚艺术最终还是将以被消费、使用和感受的文化消费产品形式出现在大众面前。在长期的征服自然、改造自然的设计创造活动中,人类的生活用具、生存方式以及环境处处都被设计着。衣食是设计——成长已被设计,钟表是设计——时间已被设计,书是设计——精神已被设计,通讯是设计——交往已被设计……家庭正在被设计,生活方式正在被设计,你实际上已不知不觉地参与进来,把窗子打开:社会正在被设计。[1] 设计已渗透人们生存空间中的每一个角落,生活处处受到设计的关照,设计本身也被看成一种生存行为。

既然时尚艺术与大众生活中的其他事物一样都无法跳出设计的范畴,那么我们又能从设计学中得到怎样的设计创制的理念启迪? 原研哉用一句简单朴实的话语为我们揭示了设计的本质:"解决社会上多数人共同面临的问题,是设计的本质。"[2]也就是说,设计需要透过人们生活的表层现象深层次地关注人,需要解决人与人、人与物、人与环境的关系问题。因而,设计的本质是有目的性和功利性的行为,任何设计又都有物质和精神双重性。作为一种有目的、有针对性的创造性活动,虽然在不同时期、不同人群和不同社会经济条件下都有所区别,但从宏观上看,设计的目的就是来解决社会大众对于物质与精神需求的满足。这里又涉及设计学的三个层面问题,即设计的内涵可以理解为:第一是精神层面,是基于不同人群的需要而进行的创新规划与设想;第二是造物活动层面,是为满足人们生存与生活要求而进行的有目的的造物活动;第三是非物质层面,是为信息社会中的信息表达与处理而进行的创造性活动。于是关于时尚艺术的设计美学理念,又可由此三个层面得到启发。

1. 营造文化审美情境

就设计而言,现代和后现代的一些设计理论和流派对于我们已经不再陌生,不

---

① 迪人:《世界是设计的》,中国青年出版社 2009 年版,第 197 页。
② 原研哉:《设计中的设计》,朱锷译,山东人民出版社 2006 年版,第 40 页。

过,人们大多数只关注设计的技艺和技术层面,而没有考虑设计以外更为复杂和深刻的精神理念。当代设计的话题中有一个是值得充分肯定和重视的,即现代设计的核心从物转变成事。在这样的背景下,我们要针对时尚产品来设计创制关于文化消费的理由及叙事情境,并不断探索具有创造性的阐释。

所谓叙事情境,就是在时尚艺术的设计创制理念中引入产品设计的叙事性设计理念,这不仅是借鉴了叙事性设计理论,还能赋予作为文化消费产品的时尚艺术以情感性和文化性。叙事情境的设计创制给予大众以文化消费的引导和充分理由,并让消费者在使用过程中感受到文化内涵,并且可以寄托情感记忆、增加趣味性,还可以传播文化,让时尚艺术产品更具深度。

具体而言,时尚艺术的设计创制需要能赋予产品以三个属性,即:

其一,相关联性。人、物、环境这三者是相互关联的,互相作用、互不可少的,要能将时尚艺术的具体的"事"置入特有的文化消费情景的环境中,创造出一种文化体验来。时尚艺术原本就是文化的产物,"物"是设计的最终成果,而"事"是人、物、环境的联系者,它自身带有关于时尚艺术的文化特质,亦可成为时尚艺术家的灵感来源。

其二,多样性。不同的人对某一"事"会有不同的体会和感触,在不同的环境下,又有不同的体验,因而时尚艺术的设计创制需要尽可能多地覆盖不同人群的大众。在明确设计创制的主题和核心思想后,时尚艺术家就应该确定需要描述的故事,各种不同的时尚艺术产品的功能、结构、材质和色彩,依据不同消费者的需求,把产品造型、色彩和材质进行链接,把理念变为丰富多样的形态。

其三,深刻性。对于时尚艺术的叙事性设计创制同样要求根据不同人的生活经历,充分激发出内在的情感共鸣,产生强烈的对于该"事"的认同感和购买欲。叙事性设计应是描述一个故事或者情节,从而传递情感和文化。比如,咖啡品牌星巴克,其店面通过听觉、视觉、味觉、嗅觉让人感受一系列的故事,从而给用户难忘的体验。对于时尚艺术产品的语意描述形式会让使用者在物质层次与精神层次都能够得到满足,从而构建起时尚艺术产品与社会大众的交流,激发人们内心的触动、回忆和想象等情绪。

2. 优化大众生活方式

人类有文明现象的历史以来,一切文明成果的出现都可以看成是一部设计史的演绎。在人类早期的钻木取火、枝叶遮体、茅棚穴居和结绳计事等造物活动中,设计一直在恪守一种天职——为解决生存问题。亨利·德雷夫斯曾于 1955 年在《为人的设计》中论述:"在很久以前,原始人用手鞠水喝,但是水会从指缝中漏掉。于是他们用黏土捏出了碗,想办法让它变硬,再拿它喝水。碗还是不太方便,于是再加个把手,就出现了杯子。杯子倒水不方便,就再捏出注水口,于是出现了罐子。"①

从中可以看出,需求—欲望—设想—制作—功效的实现,类似于生物链的设计过程,是设计创造的独特程式,这种设计创造的欲望似乎是人类天生的,每一个人开始有了意识的时候,也就有了它。设计是生活原型的创造。设计家爱多尔·索托萨斯曾说:"设计是一种研讨生活的途径,是研讨社会、政治、性爱、食物和设计本身的途径。说到底,它是建造一种关于生活形象的途径。"②匈牙利艺术家拉兹洛·莫霍利-纳吉也认为,最终所有的设计问题都将汇聚为一个大问题——"为生活而设计"。

设计源于生活,高于生活,是人类生活方式的创造。在人类社会漫长的演变中,设计因人们生活需要创造了丰富多彩的人造物,其功能与形式改变了人类生活方式,改变了世界。尤其是工业革命后,生产的机械化、自动化与电气化解决了制造生产的困扰,设计创意想法将尽可能付诸质形态,设计师尽可能地满足人们的生活需要与欲望,各种各样的生活器具层出不穷。表层上,设计师是在设计一个"物",深层次上是在进行一项功能设计、一种生活方式的创造。

通过对于设计在造物活动层面的探究可知,时尚艺术的设计美学也有理由抱有一种改变大众生活方式的理念,让社会不同群体的人们能够接受用时尚艺术的方式来让生活变得更时尚、更艺术,比如去一次时尚艺术展、使用时尚艺术产品作为生活用品,更重要的是接受用时尚艺术的理念去生活。时尚艺术的设计创制不仅仅是一个物品的重构、诞生,更重要的是人们相信它能为自己更美好地生活而服务。

3. 构建事物感知系统

当代设计彰显其本性的事态是一种集生活世界中的欲望、技术和智慧于一体的活动,如果我们对当代设计的发展进行分析,即对虚无主义、享乐主义和技术主义等的分析,在不同程度上,他们引导了当代世界的设计。唯有从当代的事物本质出发,我们才能更好地去思考如何去进行关于时尚艺术的设计创制。

设计并不能只是囿于技术和艺术自身,而是必须考虑其出发点。在此出发点上,我们可以发现涉及的动因和目的。设计之所以具有可能性,是因为人生存在尤其需要,即欲望。人的生存的欲望多种多样,从身体到心灵还有社会等。正是不同层次和种类的出发,人们发生了生活和生产的事情,并制造了相关的器物。根据这

① 劳斯瑟恩:《设计,为更好的世界》,龚元译,广西师范大学出版社 2015 年版,第 12 页。
② 梁梅:《意大利设计》,四川人民出版社 2000 年版,第 95 页。

些事情,便产生了不同的设计作品。其中有满足身体欲望的设计,如衣食住行的器物;有的满足心灵欲望的设计,如各种文化产品等,而时尚艺术产品则是既能够满足人们的物质欲望,又能够满足精神欲望的统合产品。

此外,设计活动不仅要考虑它一般的出发点,而且需要考虑它的最高规定。于是,设计作为一种满足欲望的工具活动也打上了智慧的烙印。一个时代的印迹,往往也会通过不同的设计表达出来,即设计记录时代印记。西方古希腊的雅典娜神殿、中世纪的教堂、近代的公共建筑就是三个不同时代不同时期的智慧形成的建筑设计作品。同样,中国历史上也有不同的设计具有明显的异样风格,如皇宫、道观和寺庙等。

因此我们可以理解到,时尚艺术同样也是技术、欲望和智慧三者游戏的聚集。技术主义是技术的极端控制,这导致设计只是炫耀其技术性,而产生了形式主义的作品。享乐主义是欲望的没有边界,这诱使设计无限追求满足并刺激人的欲望,特别是身体的欲望。虚无主义则是智慧失去了应有的规定,进而促使了一些空洞的没有意义的设计作品的诞生。

对于这些的问题,设计理论界并没有给予应有的关注。正是在这样的现实中,从事时尚艺术设计创制的人们要思考:如何在欲望、技术和智慧游戏中去设计? 如何在设计中显现它们? 作为这样一种人类造物活动的聚集,时尚艺术的设计就是一种系统化的综合设计。时尚艺术设计为现代设计指明了方向,在设计风格上能够改变一成不变的僵死设计风格,跟上时尚的节奏,将人作为尺度,充分尊重艺术创造方式,使机器生产的产品对于人类自身而言具有人性化和感染力,将我们的生活世界由一个机器化的世界重新带回到一个人性化的感知世界。因此,时尚艺术的设计创制既要将时尚与艺术紧密结合,又要注重事物感知系统的构建,而不是一味依赖技术。总之,对于时尚艺术产品的设计创制需要由一个技术化产物走向大众对于时尚艺术事物的感知系统。

从另一个方面说,时尚艺术本身也存在主题、形象、情节、语言等多种模糊性,同时时尚艺术在创制、审美、欣赏、批评的过程中皆有模糊性变化。时尚艺术在当代设计审美意识下,无论是产品形态的意境美、情感表现的朦胧美,还是表现本质的模糊美,都意味着时尚艺术不仅仅只是传统观念意义上的事物感知。时尚艺术感觉材料的每一事物被赋予准确符号功能的过程,无一例外都伴随着提高、取代、否定和激发控制的模糊性。模糊性自身的高级直觉美感和模糊性所观照的藏拙遮丑的美化效果或"无形胜有形"的意境维度都是审美意识上升的有机形式,具有一定的视觉价值和审美意义。在这个意义层面,更需要将时尚艺术作为一个有机而完整的事物感知系统来进行构建。

当我们先后从时尚学、艺术学和设计学三个角度审视时尚艺术的设计美学理念之时,不难发现对于时尚艺术的设计创制而言,若由时尚之制造流行的理念出发,需要把握大众的从众性,顺应大众潮流,同时需要突出设计的与众不同,强化个体区别于群体的识别符号,还要不断推陈出新,并善于平衡时尚艺术的矛盾性与统一性。若由艺术之探求意义的理念启航,同样需要设计创制出类似艺术创作的具有时尚艺术特征的符号,并需要始终保有一种经得起考察的艺术性格调,以及从观念和问题的角度切入时尚艺术的创造性和当代性,从而追求人性本真、表达精神自由和体察社会生存。最后,若由设计之解决问题的理念考量,则需要基于不同人群的需要而进行文化审美情境的营造,并为满足人们生存与生活要求而进行大众生活方式的优化,更要为信息社会中的信息表达与处理而进行事物感知系统的构建。因此,时尚艺术的设计美学理念应当是建立在多维度复合审美框架下的,存在自身内在审美逻辑的,不断循环再生与审美升级的,生生不息的系统美学观念。

第十一章　艺术传播研究

　　主编插白：生成式 AI 模型中的"文字转图像"技术正在被广泛应用，其崭新的交互方式向大众宣告了当代艺术正步入"艺术大众化"时代。汤筠冰教授的研究揭示：生成式 AI 技术促使艺术传播媒介发生了巨大转变。艺术媒介从"聚块"模式发展为多元形态。艺术媒介不仅具有传统质料媒介被动反映内容信息的属性，而且具有新媒介能动生成内容信息的创生属性。艺术传播的方式也从传统的"再现"走向"再生产"。人机艺术传播中的"媒介在场"和"社会在场"共同建构着社会景观，塑造着社会现实。

　　人工智能、数字化技术的迅速发展，不仅引领了艺术创作的革命，也促使美育进入了全新的发展阶段。人工自然美，作为数智时代的产物，成为这一美学转型的核心概念。邹其昌教授基于数智时代的背景，从人工自然美的基本原则、发展历程、教育价值等方面展开探讨，分析人工自然美在手艺美学、机械美学和数智美学时代中的演变，探索人工自然美对美育体系转型的影响以及在未来美育体系中的地位和作用，提出了许多初步构想。

　　在全媒体快速发展的今天，新传播媒介的崛起给我国社会公益事业提供了新的机遇。善良是天下最美的语言。公益是道德美中的一个重要组成部分。全媒体的全民属性将有助于打造一个所有人都能够参与的公益社会。孙智华教授指出：目前我国大多数的公益传播实践缺乏相应的媒介意识，未能很好贴合全媒体属性，严重降低了公益活动的传播效能和社会影响力，阻碍了我国公益事业的发展。她从全媒体公益宣传及作用原理、全媒体资源整合、传播模式创新以及元宇宙和大数据四个方面探讨全媒体时代的公益事业发展的可能路径，以期达成"人人公益"的最终目标。

第一节　生成式 AI 影响下的艺术媒介本体论转向[①]

媒介对现当代艺术的转型起到至关重要的作用。从古希腊的大理石雕塑，到文艺复兴时期的油画，再到当代的装置艺术，媒介成为艺术的重要表现形式。这其中，艺术媒介包含"材料""媒材""质料"等多种含义。从亚里士多德提出"质料—形式"说开始，本体论就致力于对事物的质料和形式研究。在数字化媒介社会中，VR艺术、遥在艺术等新艺术样态兴起，艺术作品的材料实体正被逐渐消解，艺术媒介正不断生成物质性的新载体。在生成式 AI 技术兴起的新时代，媒介的变迁会给当代艺术带来怎样的变化？艺术媒介在艺术传播中扮演什么样的角色？艺术媒介本体论发生了怎样的转向？这都是我们亟待探究的问题。

一、美学与艺术学理论中的媒介

"媒介"（Medium）一词在《英汉大词典》的词义中，除了有"中间物""媒介物""传播媒介"的含义外，有词义专门解释为"（艺术创作所用的）材料，（艺术的）表现方式"。[②] 从词汇本源上理解，"媒介"与艺术息息相关，对艺术传播和发展起到至关重要的作用。

虽然媒介词源上有艺术材料之意，但是，美国美学家奥尔德里奇认为媒介并不完全等同于艺术材料，两者之间是有区别的，"例如物质本身，或者在某种一般意义上的物质，但并不属于艺术材料。石化物质（石头）、有色物质或喧闹的事件本身也不是艺术材料，当我们的探究接触到艺术的'器具'——在这个词的简单而通俗的意义上——例如乐器中的小提琴、钢琴、长笛、单簧管时，我们就接触到了艺术的基本材料。这些东西是生产或制造出来的。画笔、颜料、彩色蜡笔和油画布同样如此。石料和青铜块亦复如此。所有这些都是作为器具的艺术材料。——在'物质'同艺术有关的那种基本的、亚审美的意义上，这些东西便是作为器具为艺术家服务的艺术材料"。[③] 美国哲学家杜威也持类似立场。他认为只有当材料被艺术家充分使用的时候，才得以成为艺术媒介。只有在材料被当作艺术媒介的时候才能呈现出艺术审美，发挥其媒介的作用。杜威阐述了媒介连通艺术创作的过程："关于进入艺术作品构造之中的物理材料，每一人都知道它们必须经历变化。大理石必

[①]　原载《上海师范大学学报》2024 年第 1 期。作者汤筠冰，复旦大学教授。

[②]　陆谷孙：《英汉大词典》，上海译文出版社 1993 年版，第 1111 页。

[③]　V. C. 奥尔德里奇：《艺术哲学》，程孟辉译，中国社会科学出版社 1986 年版，第 51 页。

须被雕凿;色彩必须被涂到画布上去;词必须组合起来。在'内在的'材料、意象、观察、记忆与情感方面所发生的类似的变化却没有得到如此普遍的承认。它们也一步步被再造;同样,也必须对它们实施管理。这种修正是一种真正的表现动作的建立。像动荡的内心要求那样沸腾的冲动必须经历同样多、同样精心的管理,以便像大理石或颜料,像色彩和声音那样得到生动的表现。实际上,并不存在两套操作,一套作用于外在的材料,另一套作用于内在的与精神的材料。"①杜威、奥尔德里奇以传统艺术作品作为研究对象,具体分析了媒介是如何在艺术作品中既构成作品的外在显现,又关联于艺术家的审美感知。艺术家通过媒介感知、创造和形塑艺术作品。在现代艺术中,海德格尔持有的是媒介存在论观点,即"存在即媒介"。海德格尔将艺术作品看作是"物",具有媒介性特征。艺术作品不仅包含石头、布、木等物质媒介,还包含着颜色、线条、声音等符号媒介。"因为作品是被创作的,而创作需要一种它借以创造的媒介物,那种物因素也就进入了作品之中。"②相对于语言、物等媒介形式,艺术体现出的媒介存在性还体现在"艺术就是真理的生成和发生"。③海德格尔通过分析古希腊神庙的作品指出,"正是神庙作品才嵌合那些道路和关联的统一体,同时使这个统一体聚集于自身周围;在这些道路和关联中,诞生和死亡,灾祸和福祉,胜利和耻辱,忍耐和堕落——从人类存在那里获得了人类命运的形态。这些敞开的关联所作用的范围,正是这个历史性民族的世界。"④神庙展示出的艺术形象揭示了神庙所经历的自然环境的岁月更迭,社会文化的历史变迁。通过鲜明的艺术形象展示出神庙所关联的人类所经历的所有"存在",真理得以生成。海德格尔"存在即媒介"的观点解释了艺术存在的本质问题,即是指美就是艺术的媒介化效果。

近年来,艺术媒介研究也引起了国内美学及艺术学研究者的关注。巫鸿将艺术媒介认同为材质,并对当代中国艺术"材质艺术"实践做了详细的梳理。他认为材质艺术超越了特定艺术形式的限制,在这些作品中扮演着"超级介质"⑤的角色。彭锋认为,艺术媒介发展历程逐步从"隐匿媒介材料"发展到了"突显媒材"。令他担忧的是,随着物质性的兴起,会逐步压倒媒介性,媒介会带来新的危机,有可能面

① 杜威:《艺术即经验》,高建平译,商务印书馆2017年版,第86页。
② 海德格尔:《林中路》,孙周兴译,上海译文出版社1997年版,第40页。
③ 同上书,第55页。
④ 同上书,第25页。
⑤ 巫鸿:《当代中国艺术中的"材质艺术"》,载巫鸿编著:《艺术与物性》,上海书画出版社2023年版,第175页。

临终结的危险。①

从美学和艺术学角度出发,艺术媒介正逐渐从单一的物质材料,与物性、审美情感关联起来。艺术媒介跨越了单纯物质存在的层面,扩展到物质和符号等多维度特性。它不仅是艺术材料,更是一种传达和交流的媒介形式,承载着艺术创作的思想、观念和情感,具备广泛的文化和社会意义。艺术媒介的居间性,既在物质层面连接艺术家和作品,又在符号层面沟通创作者与观众。它不仅是创作的工具,更是文化符号和审美情感传递的中介,并构建出艺术传播行动网络。艺术媒介在审美体验中发挥着不可替代的作用,艺术家通过选择特定的媒介,在作品中融入情感元素。观众在欣赏作品时,通过媒介体验到艺术家情感的表达。艺术媒介不仅传递情感,还唤起观众共鸣,引发审美体验。这种情感传达与审美体验,构成了艺术媒介独特的审美价值。

二、从媒介理论视角重思艺术媒介

亚里士多德对"媒介"持有反对立场,其在本体论的探讨中关注的是物质的质料和形式的二元对立关系。从海德格尔开始,哲学家对媒介进行了深入思考。20世纪60年代这一研究成为研究显学。此时期的学者们基本站在人本主义视角去理解媒介,认为媒介是人们传达信息或符号的中介物。多伦多学派的代表人物是英尼斯和麦克卢汉师徒。英尼斯的"传播的偏向"与麦克卢汉的"媒介是人的延伸"理论均持有机械的人本主义传播观点。英尼斯将媒介分为"偏向时间的媒介"和"偏向空间的媒介",关注媒介对人类文明的影响。麦克卢汉在恩师英尼斯的观点基础上,指出媒介具有感官的偏向,突出的是媒介技术在传播中的重要性。麦克卢汉认为媒介是人的能力的模拟、拓展、增进或替代。麦克卢汉在《理解媒介:论人的延伸》一书中提出"媒介即信息"。这之后,媒介被研究者们不断冠以各种理解,如将媒介等同于"关系""数据""环境"等种种论点。彼得斯在梳理了媒介理论发展史后,提出"媒介即存有"的观点。火、水、天空、船等自然物质都可以是媒介,人与人、人与物、物与物之间进行着各种连接和传播。"我们从广义上理解媒介,它不仅进入人类社会,而且进入自然世界;不仅进入事件,而且进入了事物本身。"②我们仿佛处于一个"万物皆媒"的时代。这一泛化的媒介观虽然招来不少批判的声音,但可以帮助身处 AI 时代的人们重新认知自我,以及重新定义人与世界的关系。

① 彭锋:《艺术媒介的历史——从隐匿到突显,而走向终结?》,《南京社会科学》2020 年第 3 期。
② 约翰·杜海姆·彼得斯:《奇云:媒介即存有》,邓建国译,复旦大学出版社 2020 年版,第 3 页。

以互联网为代表的媒介技术的兴起,促使媒介研究发生了由技术转向媒介本体的理论范式转型。基特勒(Friedrich Kittler)带领德国媒介学派逐步兴起。他受海德格尔有关物和技术追问的影响,在"技术决定论"之路上奔赴得更远。他宣告:"媒介决定了我们的处境。"①颠覆了海德格尔、英尼斯、麦克卢汉的人本主义媒介观,抛弃了人本主义立场,强调媒介的物质性本体论。他认为"媒介是先验存在的,人的概念既是由媒介生发或派生出来的,同时又被媒介技术所湮灭。反之亦然,人的主体性走向消亡的历史,亦是媒介不断演替的发展史"②。基特勒将观众对艺术媒介的感知经验进行了颠覆性和重构性的理解。媒介改造和主导着人的感官,处于"使一个特定文化得以选择、存储及处理相关数据的技术与制度之网络"③的"话语网络"中。基特勒重新思考了人与媒介的关系。媒介不仅充当着中介作用,而且人与媒介是彼此共生的。人创造了媒介,媒介也决定了人的存在。盖恩指出基特勒的理论极具启发性,"媒介系统越来越多地为我们做出决定,而我们除了使用这些媒介却并无太多的选择"④。在这样的时代,基特勒的理论不可忽视。

如今,到了数字媒介转型的关键时刻,媒介研究重新被国内外学者们关注。媒介研究除了在传播学科中形成研究热潮之外,还进入艺术学、哲学、社会学等众多研究学者的视野。在生成式 AI 技术的影响下,研究者开始重新反思"物质"的作用。媒介研究开始剥离以人为中心的研究思路,审视媒介的物质构成与人机关系等议题。

生成式 AI 更加青睐自然语言向物体、图像识别的自动化命令转换,试图模拟人类感知的过程。这些学习算法的架构是建立在人工神经网络基础之上的。AI 算法中存在着多重隐藏的层级。在克莱默尔看来,人工智能的人文反思的基本问题不是"机器有智能吗",而是"机器能理解意义吗"? 要回答这个问题,我们必须区分两种意义形式:内在的、可操作的意义,及外在的、对意义的理解和领悟。对于生成式 AI 技术带来的奇点时刻,⑤人类对待生成式 AI 的开明理性是更值得关注的。

---

① 弗里德里希·基特勒:《留声机 电影 打字机》,邢春丽译,复旦大学出版社 2017 年版,第 1 页。
② 郭小安、赵海明:《媒介的演替与人的"主体性"递归:基特勒的媒介本体论思想及审思》,《国际新闻界》2021 年第 6 期。
③ Friedrich Kittler, *Discourse Networks 1800/1900*, trans. Michael Metteer & Chris Cullens, Stanford University Press, 1990, p. 369.
④ Nicholas Gane, "Radical Post-humanism: Friedrich Kittler and the Primacy of Technology", *Theory, Culture & Society*, 2005, 22(3), pp. 25-41.
⑤ 在人工智能领域,奇点通常指的是一个假设性的时刻,即人工智能的能力超过人类智慧,实现自我改进和自主发展。具体可参见科学家维纳·文奇(Vernor Vinge)在 1993 年的论文 "The Coming Technological Singularity"。

三、生成式 AI 影响下的艺术媒介转向

1. 艺术媒介环境:从"再现"到"再生产"

"媒介"有一个词义为"培养基、环境",这给艺术媒介研究带来更宏大的研究视域。梅罗维茨(Joshua Meyrowitz)结合麦克卢汉的媒介环境论和戈夫曼的"拟剧论",发展成为"媒介情境论"。① 媒介情境论强调媒介与受众之间的关系,着重考察"媒介—情境—行为"之间的互动过程。随着新媒介的兴起,梅罗维茨提出了"媒介三喻"(媒介作为容器、媒介作为语法、媒介作为环境),拓宽了媒介研究的视野。② 在生成式 AI 技术影响下,艺术作品的传播环境和社会情境均发生了转变,媒介环境正逐步从"再现"走向"再生产"。

"再现"的英语单词为"representation"。这一单词在我国学界还有另外一种译法为"表征"。"再现"强调的是人们直接的知觉经验,"表征"则强调其社会性,探讨人类在进行知识生产过程中形成的社会机制及文化意义的祛魅及解构。表征是"通过语言生产意义"。③ 代表人物斯图尔特·霍尔把原本属于哲学认识论的"再现理论"转换为结构主义符号学与文化研究相结合的"表征理论",使得"再现"概念得以"文化转向"。

传统艺术乃至现代艺术,都是围绕着"再现"为要旨。对客观世界的"再现"性描摹成为传统艺术家们追求的目标。对传统艺术的观众而言,"像"成为评价艺术作品好坏的共同标准。电影和电视为代表的大众媒介将"再现"发展成为艺术传播的主要手段。"再现理论"可以追溯到贡布里希,其对视知觉的论述为我们总结了人类观看和呈现这个世界的方式方法。在此基础之上,沃尔海姆从观者的立场阐释视知觉现象。其在《艺术及其对象》中论述了视觉经验"看似"特性,《看似、看进与图像再现》中通过用"观看适于再现"来代替"再现性观看"令其概念更精准与清晰。④ 艺术作品的"再现"贯穿在整个传统艺术发展历程中。观者的评价标准始终是以作品是否客观现实的"再现"为依据。为应对复制技术对传统"再现"艺术的冲击,从 20 世纪初期开始,艺术家们开始用"观念"注入艺术作品实践,其评价标准也变得多元起来。

---

① 具体参见约书亚·梅罗维茨:《消失的地域:电子媒介对社会行为的影响》,清华大学出版社 2002 年版。
② 何梦祎:《媒介情境论:梅罗维茨传播思想再研究》,《现代传播》2015 年第 10 期。
③ 斯图亚特·霍尔:《表征——文化表象与意指实践》,徐亮等译,商务印书馆 2003 年版,第 16 页。
④ 殷曼楟:《论视觉再现与沃尔海姆的观者之看》,《文艺理论研究》2015 年第 3 期。

通过再生产理论来分析艺术作品的传播，就存在着一定的权力层级。(首次)呈现的权力显然大于再现；在艺术作品的生产—再生产的权力层级中，(原初)生产的地位高于再生产。[①] 在传统媒介社会，人们对"原作"的崇拜加剧了对高清晰度、高分辨率的作品的需求，巩固了"原作"的独特地位，进一步建立了艺术作品等级体系和相关的评价标准。然而，随着艺术作品的生产性逐渐转向，传统观念中"原作"的唯一性和完美性逐渐受到挑战。在这个转变的过程中，艺术作品不再仅仅是静态的再现之像，也不再局限于机械复制时代的中介之像，而是进一步演变为能够与 AI 算法互动的生成之像。AI 算法影响之下的媒介系统拓宽了艺术作品的可能性，使其融入更多不同的对象、实践和数据，形成了多样性、海量化的权力角色之间的社会关系流动。

此时，艺术传播的过程不仅是将已有的艺术品再现给观众。相反，艺术作品的生成、传播、再创造形成了一个复杂的生态系统。生成式 AI 可以通过算法不断演变和再生产，创造出艺术作品。观众不再是被动的接受者，他们可以参与艺术创作的过程中，通过与生成式 AI 的互动，创造出属于自己的艺术作品。生成式 AI 技术的崛起使艺术传播的媒介环境发生了深刻的变革。从"再现"向"再生产"的转变，标志着艺术传播进入一个新的时代。在这个时代，艺术作品不再是静态的"被看"，而是需要有观者的参与、互动和生成，使得艺术的意义更加多元。

2. 艺术媒介变迁：从"聚块"到"物质性"

"聚块"(Agglomerations)式的媒介是指大量传媒机构和产业，包括报纸、电视台、广播台、杂志等"大众传媒"，在特定地理区域内，即空间上集中聚集的现象。它们在某个特定地区内形成紧密的集聚状态。这种现象通常在大城市或城市群中较为显著。当代艺术机构多"聚块"式地集中在世界主要城市和都市圈中，形成集聚效应。以上海为例，就形成了当代美术馆、沉浸式剧场等"聚块"艺术媒介。这些"聚块"艺术媒介是以组织传播和大众传播的线状传播为征候的。

温迪·格里斯沃尔德认为"艺术即传播"，艺术必须从创作者手中传递到消费者手中，并将艺术传播模式发展为"文化菱形"理论。她将"聚块"式线性传播模式转变为菱形结构的循环传播模式。"文化菱形"的四个角分别是艺术产品、艺术创作者、艺术消费者，以及更广阔的社会。[②] 亚历山大修订了"文化菱形"的构成要素，在其中加入"分配者"维度。其认为介于艺术生产和接受之间的分配者主要是

---

① 周厚翼：《从"贫乏影像"到"权力影像"——AI 算法时代的影像政治》，《北京电影学院学报》2023 年第 1 期。

② Wendy Griswold, *Cultures and Societies in a Changing World*, Thousand Oaks, Pine Forge Press, 1994, p.15.

艺术界的文化媒介人,艺术的形式和意义必须依赖媒介才能得以表现。[1] 霍华德·贝克用"艺术界"代替了"分配者"的概念。艺术界是"一个人际网络,网络中的人们以他们对行事惯例的共识为基础开展合作,生产出让这个艺术界得以文明的艺术作品"。[2] 艺术界掌握着信息的传播渠道和话语权,通过艺术展览、艺术博览会等组织传播和大众媒介传播艺术作品和信息,并以此定义艺术家与艺术作品的重要程度,建立艺术界的秩序,进而书写艺术史。

媒介理论家马修·富勒与安德鲁·高菲在《邪恶媒介》一书中,用"灰色地带"一词描述当今社会的媒介状况。[3] 他们用"灰色地带"来形容媒介现状,是一种褪色和回撤,是修复的中间环节。这是"一种周一早晨的感觉,一种并非无动于衷、也非冷漠无情的茫然"。[4] 这与罗兰·巴特的"中性"、菲利克斯·加塔利的"混沌互渗"的审美范式概念相似。"艺术把混沌的可变性转换为类混沌的变种。"[5] "灰色地带"中也暗含了 AIGC 的混沌性、隐蔽性特征。在当代社会中,艺术媒介正在经历一场数字化变革,从传统的"聚块"式传播逐渐迈入更加分散和广泛的"灰色媒介"时代。这一转变受到以 AI 技术为代表的数字技术冲击,对艺术创作、传播和观看方式产生了深远影响。这种分散和广泛的"灰色媒介"为艺术创作和传播带来了新的机遇和挑战。数字技术的普及使得任何人都可以成为艺术创作者和传播者,通过社交媒体和在线平台展示自己的作品。观众也可以通过互联网自由选择和获取艺术作品,不再受限于传统媒体的选择和安排。人们可以通过生成式 AI 艺术的文字转图像特性,更自由地通过图形甚至视频的形式表达自己的创意和观念,进行互动和交流。观众也可以更主动地参与艺术创作和传播的过程中,在 Midjourney 等生成式 AI 模型中,通过"垫图""提示词""参数"组合形式,在已有艺术作品基础上进行生成式 AI 艺术作品再创作。

德勒兹带领我们重新理解了"作品"概念,指出艺术作品走向无限的"生成"。[6] 英国新媒体艺术家罗伊·阿斯科特认为在新媒体艺术传播语境中,艺术是一种生成的中介者,提供一种建构的可能性。[7] 生成式 AI 艺术的物质性主要体现在其存在形式与传播方式上。一方面,AI 生成图形摆脱了以往需要依托颜料与纸

---

[1] 维多利亚·D.亚历山大:《艺术社会学》,章浩、沈杨译,江苏美术出版社 2013 年版,第 70 页。

[2] Howard S. Becker, *Art Worlds*, University of California Press, 1982, p. vi.

[3] Matthew Fuller & Andrew Goffey, *Evil Media*, The MIT Press, 2012, p. 1.

[4] Ibid., p. 11.

[5] Gilles Deleuze & Félix Guattari, *Qu'est-ceque la philosophie?*, Minuit, 1980, p. 192.

[6] 参见德勒兹:《哲学的客体:德勒兹读本》,陈永国译,北京大学出版社 2009 年版。

[7] Roy Ascott & Edward A. Shanken, *Telematic Embrace: Visionary Theories of Art、Technology and Consciousness*, University of California Press, 2003, pp. 274-275.

张等材料才可能显现的传统绘画方式,也改变了艺术语言的生成方式;另一方面,强调媒介意义的实现由"物质"转变为"物质性",这包括人与物、文化与技术的关系综合。AI艺术中,艺术媒介实则充当的是"转码"的工具角色。正如克里斯蒂娜·保罗所说:"新的物质性融合了网络数字技术,它以数字为对象嵌入,并具有处理和映射人类和环境的关系的能力。在揭示我们看待世界的方式的同时,需要与数字技术自身编码的物质性,即数字化同步。"①

艺术传播的数字化逐渐使媒介摆脱了工具性,回归其作为"物"的原始价值,就像摄影技术的发明使传统艺术的审美价值愈加崇高和纯粹。混合现实的头显设备即将迎来重大突破,②媒介将具有更巨大的生成和塑造社会的可能。新媒介的基础设施不断生成,意味着媒介的物质性对艺术传播研究具有更重要的意义。这种物质性的基础设施,拓宽了艺术传播的时间和空间的边界,也开创了艺术传播的新应用场景。媒介物不再是结构中的"沉默者",而是进程中的"行动者"。媒介物不再仅仅是构成物,它已经成为一种生成世界的力量。③

3. 建构社会:人机艺术传播中的"媒介在场"和"社会在场"

麻省理工学院教授马文·明斯基于1980年首次提出"远程在场"概念。电影、电视等影像媒介以远程在场的形式表征着传播内容的现场感,并建构成为影像性的媒介世界。新兴媒介扮演着社会组织者的角色,创造了新的虚拟远程在场形式。正如维利里奥指出的,"这就是真实时间的远程技术学所实现的东西:它们由于将'当前'时间与它的此地此刻相孤立而杀死了它,为的是一个可换的别处,而这个别处已不再是我们在世界上的'具体在场'的别处,而是一种'谨慎的远距离在场'的别处,而这谨慎的远距离在场的谜一直未被解开"。④ 媒介逐步成为人们的存在方式,人类交往已根植于媒介之上,媒介成为社会的组织者和行动者。

社会在场理论最早由约翰·肖特于1976年基于人际传播和符号互动理论提出。⑤ 该理论关注人机传播中的数字界面如何影响用户"与他人共同在场的感

---

① Christiane Paul, "Introduction: From Digital to Post-Digital—Evolutions of an Art Form", *A Companion to Digital Art*, Wiley-Blackwell, 2016, p.15.

② 苹果公司的全新混合现实头显Vision Pro设备预告于2024年正式发售。Vision Pro是硬件发展的一个重要里程碑。其设计理念是将现实世界和虚拟世界无缝融合,通过增强现实技术,让用户可以沉浸在更加真实的虚拟体验中。

③ 胡翼青:《西方媒介学名著导读》,北京大学出版社2023年版,代序。

④ 保罗·维利里奥:《解放的速度》,陆元昶译,江苏人民出版社2004年版,第15页。

⑤ Kwan Min Lee, "Presence, Explicated", *Communication Theory*, 2014, 14(1), pp.27-50.

觉"。① 尼克·库尔德利、安德烈亚斯·赫普等学者引入符号互动论、型构理论、社会建构论,乃至鲍德里亚的后现代文化理论,开辟了媒介研究的"社会建构"方向。其关注媒介化对个体交往方式和行为的影响,特别是关注媒介化对个体交往情境的建构与拓展,思考如何使个体的私人实践与参与公共活动勾连起来。② 人类可以使用生成式 AI 技术影响和改变社会的建构和人类交往方式。机器的普遍存在以及我们与机器的沟通并没有使我们成为机器,"社会在场"使得我们更加成为人。③ 生成式 AI 技术不断更新迭代,大有取代人类众多工作岗位之势,人们逐渐将物质性的机器当作与人类平等的主体看待。此时,社会在场就变得十分重要。生成式 AI 使得艺术传播从线性的、由传播主体将艺术符号经由媒介传递给受众的传播模式彻底颠覆,逐步形成以"行动者"为网络的传播体系。一如哲学家拉图尔所指出的,人类和非人类的实体或行动者,形成了相互联系的网络,通过行动者和网络重新塑造社会现实,进而建构社会。

在生成式 AI 艺术传播中,"媒介在场"和"社会在场"两者之间的关系颇为微妙。一味追求"媒介在场",而未平衡好"社会在场",很容易产生"恐怖谷效应"。"恐怖谷效应"实验表明,人类对长相与自身相似的机器人或非人类物体容易产生正向情感,但当机器人与人类的相似程度提高到一定临界值后,人类对其好感度就会骤然下降至谷底,这就是恐怖谷效应。生成式 AI 艺术诞生之初,作品形式尚粗糙就受到人们的追捧。2019 年,人类首幅使用生成式 AI 创作的艺术作品《爱德蒙·德·贝拉米肖像》在纽约佳士得被拍卖。作品虽然较为粗糙,但经过数轮竞拍,最终以打破此前估价数千倍的价格拍出。

随着 Midjourney 和 Stable Diffusion 等生成式 AI 模型已经达到照片级真实感,仅从图像中辨别其真实性变得越来越困难。单从 Midjourney V1 到 V5 版本的迭代,已经使得生成图片在精度和质感上突破对观者在 3D、VFX(视觉特效)上的感知。艺术界也在反思生成式 AI 技术带来的恐怖谷效应。旧金山美术博物馆策展人克劳迪娅·施米克莉在旧金山德扬博物馆举办了一场名为"恐怖谷:人工智能时代的人类"的新展览。旧金山美术馆馆长坎贝尔指出,"恐怖谷"展览带来了艺术家们对于这一新兴科技的探索,并提出了人类和机器未来关系等极具挑战性的

① 邓建国:《我们何以身临其境? ——人机传播中社会在场感的建构与挑战》,《新闻与写作》2022 年第 10 期。
② 胡翼青、王焕超:《媒介理论范式的兴起:基于不同学派的比较分析》,《现代传播》2020 年第 4 期。
③ 邓建国:《我们何以身临其境? ——人机传播中社会在场感的建构与挑战》,《新闻与写作》2022 年第 10 期。

相关问题。

杜威在论述艺术媒介时说："'媒介'首先表示的是一个中间物。'手段'一词的意思也是如此。它们是中间的，介乎其间的东西，通过它们，某种现在遥远的东西得以实现。然而，并非所有的手段都是媒介。存在着两种手段，一种处于所要实现的东西之外，另一种被纳入所产生的结果之中，并留存在其内部。"①生成式 AI 技术影响下的艺术传播媒介发生了巨大变化。艺术媒介已不仅具有"材料""媒材""质料"等传统属性。艺术媒介环境从"再现"走向了"再生产"；艺术媒介从"聚块"式的传播模式发展成为多元形态，在分散且广泛的"灰色媒介"中，艺术媒介的"物质性"被日益关注；人机艺术传播中的"媒介在场"和"社会在场"共同建构社会景观，塑造社会现实。AI 机器正在成为世界重要的行动者，不但可以辅助、参与内容生产，甚至可以创造内容，拓宽人类想象力。人机关系由"人机对立""人机共存"逐步走向"人机融合"。

生成式 AI 艺术包含以 AI 技术为介质生成以及 AI 技术平台为传播手段进行的艺术传播活动。以图像、音乐、视频等为作品样态，以及人机协作的交互过程，孕育出新的审美实践和认知体验。AI 艺术作品成为技术介入和拓展人类感知与认知能力的实验场。从而在艺术的语境中，引发了人们对技术媒介化的主体性、作品本质及其意义生成过程的深入反思。原有的传统艺术分类方式在此基础上也衍生出更为交叉的细分领域。随着算法、大数据、神经网络学习等 AI 技术的发展，"强人工智能"技术发展迅速，并介入艺术传播中，创造艺术作品与情景化的意义空间。以生成式 AI 等技术为介质和平台的新型艺术冲击着传统艺术的特质，带来了超越"灵韵（aura）"的艺术体验，引发了人类交往方式的重大变革。

由于数字信息过载和质量的参差不齐，生成式 AI 艺术呈现出多样性和碎片化的特点，观众需要具备辨别和评估的能力。AI 技术的不当使用，甚至出现具"恐怖谷效应"的 AI 生成作品。同时，知识产权保护、艺术作品的真实性和伦理性也成为亟待解决的问题。

第二节　数智时代人工自然美与当代美育转型②

在全球化和数字化进程不断加速的今天，人工智能（AI）、大数据、物联网等技术的迅速发展，推动了生产、生活及文化创作的深刻变革。传统的审美教育、艺术

---

① 杜威：《艺术即经验》，高建平译，商务印书馆 2017 年版，第 228 页。
② 原载《人文艺术与美育研究》2024 年第 2 辑。作者邹其昌，同济大学教授。

教育等美育形式面临前所未有的挑战与机遇,尤其是"人工自然美"(Artificial Natural Beauty)这一美学范畴的提出,为美育领域提供了崭新的理论视角与教育实践的可能性。

"人工自然美"是指在人工智能及其他科技的助力下,通过人类创造与自然元素的融合所形成的新型美学,既保持了自然的元素,又加入了人工智能和技术手段的创造性。本论文将详细分析人工自然美的内涵、演变及其对现代美育转型的影响,探索如何在美育实践中应用人工自然美,特别是在全生命性教育、三大结构体系和五大类型的美育框架中实现其教育价值。

一、数智时代的人工自然美

1. 人工自然:概念与内涵

人工自然是数智时代一个跨学科的核心概念,涵盖了科技与自然、人工与自然、人工智能与环境生态等多个领域。其基本内涵是通过人类的创造和科技手段(如人工智能、虚拟现实、数字艺术等)对自然环境、自然景观及其规律进行重塑、模拟、增强和创造,生成新的、与自然相似或具自然美感的人工景象、艺术作品或空间体验。

人工自然不仅仅是"人工"与"自然"的简单结合,而是在遵循自然美学原则的基础上,通过人工智能、算法、科技工具等新手段,赋予自然形态和环境新的美学价值。它强调自然美与人工创作的和谐融合,是人类技术与自然界相互作用的一种新型呈现。

2. 人工自然美:新兴美学范畴

人工自然美作为一个新兴的美学范畴,是人工自然概念的延伸与具体体现。人工自然美指的是通过人工手段(尤其是借助数字技术、人工智能等高科技工具)在自然景观、物质形态、艺术创作中所实现的"自然"之美。这种美既不完全是自然界的复制,也不是纯粹的人工创造,而是通过高科技的艺术创作过程,将人工与自然的边界模糊、重塑,最终产生一种新的美学体验。

人工自然美具备以下几个特点:

(1)自然与人工的边界模糊:人工自然美既包括对自然景观和形式的模拟与再创造,也涵盖了科技工具和人工智能对自然元素的干预、拓展与变革。例如,利用人工智能创作的"虚拟自然景观",既可以拥有自然界的美学特征,又不受物理世界的限制,完全是基于算法和程序生成的。

(2)科技与艺术的融合:人工自然美体现了科技与艺术的深度结合,通过数字技术、3D打印、VR、AI等工具,将艺术创作带入一个新的维度。艺术不再局限于传统的媒介和形式,科技带来了新的创作语言和可能性。

（3）生态与人文的对话:人工自然美强调人工与自然之间的和谐共生,注重生态学、美学与技术的多重维度。它不仅关注创作本身的美学价值,还关注创作过程中对自然资源、生态环境的尊重与保护。例如,通过人工智能生成的艺术作品,可以模拟自然景观,但同时注重可持续性,避免对环境产生负面影响。

3. 人工自然美的应用与实例

人工自然美在数智时代的艺术创作和文化实践中,已经逐渐展现出其独特的价值和影响力。以下是几个具体的应用实例:

（1）虚拟现实（VR）和增强现实（AR）艺术:利用 VR 和 AR 技术,艺术家能够创建出完全虚拟的自然景观或将虚拟元素与现实环境相融合,呈现出一种超现实的"人工自然美"。例如,通过 VR 技术,观众可以进入一个完全由人工智能生成的森林世界,感受自然的生动与美丽,同时在其中与虚拟世界中的元素互动,感受人工与自然的交融。

（2）人工智能生成的艺术作品:近年来,人工智能（AI）在艺术创作中得到了广泛应用。例如,利用深度学习算法,AI 可以根据自然界的美学规律,生成出类似自然景观的绘画作品或三维模型。这些作品不再仅仅是对自然景象的模仿,而是通过算法和计算机生成的"人工自然",展现了一种新的创作方式和美学风格。

（3）数字环境艺术与生态设计:在城市设计和建筑艺术中,人工自然美的理念也得到了体现。例如,某些建筑设计师利用人工智能和数码技术,创造出既符合生态环境要求,又具有高度艺术价值的建筑与景观设计。这样的设计不仅美学上具备自然气息,还能够响应环境保护、节能减排等可持续发展理念。

（4）生物艺术与人工生物创造:人工自然美还可以体现在生物艺术（Bio-Art）领域。艺术家通过科技手段,如基因编辑、合成生物学等,创造出新型的"人工生物"或模拟自然生命形式的艺术作品。这些作品的本质是对自然生命的"重塑"和"再生",但其形式和表现方式完全源于人类的科技创造,体现了人工与自然的互动和共生。

4. 数智时代人工自然美的未来趋势

在未来,随着人工智能、虚拟现实、物联网等技术的进一步发展,人工自然美将会有更多创新的表现形式和应用场景。以下是人工自然美在数智时代未来发展的几个可能趋势:

（1）全息艺术与沉浸式体验:未来,随着全息技术和沉浸式体验的成熟,人工自然美将更加注重观众的沉浸感与互动体验。

（2）智能生态艺术创作:人工自然美将在生态艺术创作中发挥越来越重要的

作用。通过大数据和人工智能,艺术家可以更精准地模拟自然生态系统的变化,创造出具有自然感知和环境响应能力的艺术作品。

(3)数字化自然景观与城市设计:随着智慧城市和数字化环境的建设,人工自然美将会成为未来城市设计的重要元素。

(4)人工智能与生态伦理:随着人工自然美的发展,如何处理人工智能和生态伦理之间的关系将成为一个重要议题。

人工自然美作为数智时代的产物,展示了人类在高科技背景下对自然的重新理解与创造。它融合了科技与艺术、自然与人工的元素,推动了美学观念、艺术创作与教育实践的深刻转型。未来,随着技术的进一步发展,人工自然美将在美学、艺术、教育和社会文化等领域发挥越来越重要的作用,为我们提供更加丰富、创新和具有生态意义的艺术体验。

二、人工自然美的基本原则与规律

1. 人工自然美的基本原则

人工自然美并非简单的对自然的复制与模仿,它是一种有着明确目标和深刻内涵的创造性美学行为,具有以下几个基本原则:

(1)本天利人:本源性与人文性共融

"本天利人"(邹其昌,2022)是人工自然美的核心原则,意味着人工自然美的创造不仅要尊重自然界的规律,还需要服务于人类的实际需求与美学体验。这个原则体现了自然与人类的和谐关系,强调从自然中汲取灵感和智慧,但最终目的是为了满足人类在生态、文化、功能等方面的需求。因此,人工自然美不只是简单的模仿自然,而是通过技术和设计的手段,使其更符合人类的需求和审美期待。

例如,智能生态建筑的设计不仅考虑自然环境的适应性,还整合了人类居住的舒适性、能源效率和健康需求,使建筑本身不仅是自然景观的一部分,更是促进人类健康与福祉的"人工自然"空间。

(2)人机共生:技术与自然的深度融合

人工自然美强调技术和自然元素的"共生"关系。这一原则指出,人工智能和数字化技术不应被视为与自然对立的存在,而应作为"自然"的补充与扩展。人工智能不仅通过模拟自然规律来创作,还能够在复杂的自然现象中发现新的形态和结构,实现自然与人工在审美上的有机融合。

例如,通过生成对抗网络(GAN)等技术,艺术家能够创造出既具自然感又能表现个体创意的数字艺术作品,这些作品既传达了自然界的美感,又注入了人工智能算法所带来的创新表现形式。

（3）可持续性与生态平衡

在人工自然美的创作中,始终强调生态和可持续性的价值。美学不再是单纯的外观展示,而是包含了环境保护、资源利用与能源管理等多维度的考虑。人工自然美不仅要做到视觉和艺术的打动人心,更需要考虑其生态功能和环境效益。因此,这一原则强调在人工创造的美学中融合生态保护与功能设计,追求资源的高效利用与可持续发展。

例如,在园林设计中,通过智能感应系统优化植物生长环境,利用数据算法判断最适宜的植物配置和生长方式,不仅提升了景观的美学效果,还使得环境的能效得到了最大化利用。

2. 人工自然美的基本规律

人工自然美作为跨学科的美学体系,体现了许多内在的规律性。其规律并非静态的模式,而是随着技术与自然的结合不断发展、演变。以下是人工自然美的几大基本规律:

（1）虽为人作,宛自天开:自然感与人工智能的和谐统一

这一规律揭示了人工自然美的核心特征:尽管人工自然美是人工创造的产物,但其外观和感知上往往呈现出"自然"的特征,宛如"天开"之作。即使是通过人工智能或数字技术创作的艺术作品,其形式与表达方式依然能够使人产生与自然界相似的情感共鸣,表现出自然的和谐与优雅。

例如,人工智能生成的景观设计可能通过大数据算法模拟自然环境的气候、植物种类与布局,进而创造出视觉和功能上都符合自然规律的空间设计,使人们能够在人工环境中感受到自然的韵律与生命力。

（2）智能化与自适应:动态变化与交互性

人工自然美的创作遵循智能化与自适应的规律。随着人工智能与大数据技术的发展,人工自然美不仅停留在静态的形式表现上,还注重设计作品的动态变化与交互性。每一件"人工自然美"的作品都能够根据不同的环境、时间或观众的参与而发生自我调整和变化,保持其长久的新鲜感和生命力。

例如,智能家居中的人工自然美设计可能会根据天气、时间、居住者的情绪和需求自动调整光线、温度和室内植物的状态。这种互动性和自适应性使得人工自然美不仅仅是静止的"美",而是活生生的、具有持续演化能力的美。

（3）跨界融合:科技与艺术的界限模糊

随着人工智能技术的不断发展,人工自然美表现出强烈的跨界融合特征。人工自然美的创作不再依赖单一的艺术手段或技术工具,而是通过艺术、科技与自然科学的交叉合作,创造出全新的美学形式。这种融合带来了全新的审美体验,也推

动了人们对艺术、科技与自然界之间关系的重新认识。

例如，虚拟自然艺术展览使用了虚拟现实（VR）与增强现实（AR）技术，观众通过这些技术沉浸在数字化的自然环境中，尽管这些环境由人工智能设计和生成，但其呈现出来的自然景象却与真实世界的自然景观难以区分。

（4）多维度全息性审美：视觉、功能与情感的综合体验

人工自然美不仅关注视觉美感，还注重功能性与情感性体验的多维度结合。人工自然美的作品往往具备多重功能，不仅能够提供美学享受，还能通过智能化设计提升使用者的舒适感与情感共鸣。其功能性与审美性的统一，创造了一种具有综合价值的美学体验。

例如，智能生态园林通过利用自然元素和人工智能技术，设计出既美观又具有生态功能的景观，不仅为人们提供视觉上的美感，还能改善空气质量、调节温湿度，为人类的居住环境提供更好的生态支持。

人工自然美作为数智时代的新兴美学范畴，在基本原则和内在规律上体现了人工与自然的深度融合。其基本原则强调自然本源性与人文需求的共融、人机共生的创作方式、生态平衡与可持续性；其规律则揭示了自然感与人工智能的和谐统一、智能化与自适应的动态变化、跨界融合的多维度创造以及视觉与功能的综合体验。随着人工智能和数字化技术的不断发展，人工自然美的创作和体验将更加丰富和多元，推动美学与科技、自然的交融与创新。

实际上，人工自然美的历史演变展示了人类在不同技术时代对自然美的理解与创造的进化过程。从手艺美学时代的自然模仿，到机械美学时代对工业设计与自然的融合，再到数智美学时代的智能化与自然感的无缝对接，人工自然美始终围绕着自然与人类需求的共生展开。各个时代的人工自然美通过不同的艺术创作与技术手段展现了不同的美学价值，也预示着未来人类在人工智能与自然环境的深度互动中，将创造出更多具有生命力和生态价值的艺术与设计作品。在未来的发展中，随着技术的不断进步和人类对自然理解的深入，人工自然美必将继续演化，成为人类文化、生态与科技交织的创新美学形式。

三、数智时代美育转型与人工自然美的教育价值

数智时代的到来不仅引发了技术和社会的革命，也为美育的理念、方法与实践带来了深刻的转型。在这一背景下，传统美育的框架逐渐无法满足新时代的需求，亟需新的美学范畴与教育模式的整合。人工自然美作为数智时代美育中的新兴美学理念，不仅具有独特的艺术价值，还在教育中提供了新的视角与实践路径。本节将结合美育的一大宗旨——全生命性教育，分析人工自然美的教育价值，探讨其在

数智时代美育转型中的作用。

1. 美育的一大宗旨——全生命性教育

全生命性教育作为美育的核心宗旨,强调教育过程中对学生身体、思想和情感的全面塑造。美育不仅仅是对艺术技能的培养,它的目的是通过艺术的体验和创作,帮助学生实现内在的自我完善、情感表达和精神升华。在数智时代,人工智能、虚拟现实、智能设计等科技手段为美育提供了新的教育工具和表现形式,推动了美育的整体转型。

全生命性教育强调人的全面性发展,强调身心灵的和谐统一。人工自然美在这一框架下,不仅在艺术创作中拓宽了学生的视野,更在情感认知、创新思维、社会责任感等多方面发挥着积极作用。

情感培养与审美体验:通过人工自然美的创作与体验,学生能够接触到更广阔的艺术空间,感知和理解传统美学与现代科技相结合的艺术作品,体验更为多元和丰富的审美情感。

创新意识与问题解决:人工自然美鼓励学生在创作过程中挑战传统艺术的边界,使用新兴技术如人工智能、增强现实等工具进行艺术创作,这不仅激发了学生的创新意识,还促进了跨学科知识的融合与应用。

生态意识与社会责任:人工自然美通过对自然景观和生态环境的再创造,引发学生对自然、环境和社会责任的深度思考,帮助他们建立起符合可持续发展理念的价值观。

2. 数智时代美育转型的三大结构体系

数智时代美育的转型是一个多维度的过程,涉及教育理念、方法以及内容的变革。为了更好地适应这个新时代,美育的结构体系需要全面调整和创新。在人工自然美的指导下,美育的三大结构体系——主体美育、创造美育、体验美育,将展现出新的发展方向。

(1) 主体美育:人性美育与情感培养

主体美育聚焦于培养学生的审美感知能力、情感表达与人性培养。在数智时代,人工自然美为主体美育提供了新的发展空间。通过人工智能生成的艺术作品,学生不仅可以感知到美的多样性,还能够在感受自然景观与人工设计相融合的过程中,体验人与自然、人与机器之间的关系。

例如,虚拟现实技术可以让学生置身于仿真自然景观中,体验不同的生态环境,从而在审美体验中培养起对自然美、人工美与人工自然美的理解和感知。这种情感培养不仅停留在视觉和听觉的层面,更触及学生内心的情感共鸣和心理认知。

（2）创造美育：艺术创作与创新思维

创造美育致力于培养学生的艺术创造力和创新能力。在人工自然美的教育框架下，学生不仅仅是技术的操作者，更是创造性的思考者和艺术表达者。数智时代的美育教育强调创意、个性化和自由表达，学生通过科技工具（如人工智能、数字艺术、三维建模等）参与到艺术创作中，推动了艺术创作与创新思维的深度融合。

人工自然美鼓励学生将自然元素与人工设计结合，通过数字平台实现个性化的艺术创作。例如，学生可以利用生成对抗网络（GAN）进行风景画创作，融合自然与人工元素，在创作过程中实现美学价值的升华。这种艺术创作不仅让学生掌握新的技术工具，还培养了他们的批判性思维与跨学科能力。

（3）体验美育：技能教育与实践能力

体验美育关注的是通过实际操作和艺术实践，帮助学生掌握一定的艺术技能和创造能力。在数智时代，体验美育不再局限于传统的绘画、雕塑、音乐等艺术形式，而是扩展到了数字艺术、虚拟现实艺术、3D打印等新兴领域。

人工自然美通过虚拟艺术、生态设计和数字化技术等手段，为学生提供了多样化的艺术实践平台。在这个过程中，学生不仅能够体验到艺术创作的乐趣，还能够提升自身的实践能力和技能水平。例如，学生可以通过数字建模和智能设计创建出自然与人工相结合的生态作品，从而提高他们的动手能力和创新实践能力。

3. 美育的五大类型与人工自然美的融合

美育的五大类型——家庭美育、学校美育、社会美育、工作美育和生活美育，在数智时代面临着不同的教育需求和发展方向。人工自然美的理念和实践为这些类型的美育提供了全新的教育路径与实践方式。

（1）家庭美育：培养自然与人工融合的审美能力

家庭美育作为美育的基础类型之一，主要关注家庭成员尤其是儿童的美育培养。在人工自然美的影响下，家庭教育不仅关注儿童艺术技能的培养，还包括对自然与人工相结合的美学意识的培养。家长可以通过科技工具和艺术活动与孩子一起创作虚拟景观、模拟自然生态等，共同体验人与自然的美学融合。

（2）学校美育：跨学科的美学教育

学校美育是数智时代美育的重要平台，学校不仅要传授艺术技能，还要帮助学生建立全面的美学素养。通过人工自然美的引导，学校美育可以融合数字艺术、人工智能技术等，开展跨学科的艺术创作活动。例如，在科学与艺术结合的项目中，学生可以利用数字技术创造出模拟自然景观的艺术作品，这种方式促进了艺术教育与科技教育的有机结合。

（3）社会美育：创新艺术与社会责任

社会美育关注的是通过艺术与社会责任的结合，提升公民的美学素养与社会责任感。在人工自然美的视野下，社会美育可以通过数字艺术展览、虚拟公共艺术等方式，鼓励公众关注环境、生态和社会问题。例如，环保主题的数字艺术展览不仅能够增强人们的艺术欣赏能力，还能够提升他们的生态责任感和社会参与意识。

（4）工作美育：科技与艺术的融合创新

工作美育在数智时代有了新的发展方向。通过人工自然美的实践，工作中的艺术创作可以与工作技能相结合，促进员工的创新思维和团队合作能力。艺术与科技的融合，尤其是在设计、建筑等行业，推动了工作美育的创新发展。

（5）生活美育：日常生活中的艺术创造

生活美育通过艺术化的日常生活提升人们的审美水平。人工自然美通过数字平台和虚拟工具的使用，帮助人们在日常生活中创造艺术，如使用虚拟现实（VR）技术来设计居住空间，利用 3D 打印技术来设计日常用品等。

4. 美育的三大美学领域：自然美学美育、人工美学美育、人工自然美学美育

在数智时代，随着人工自然美的兴起，美育的三大美学领域——自然美学美育、人工美学美育、人工自然美学美育，也迎来了深刻的变革。

（1）自然美学美育：与自然和谐共生

自然美学美育是传统美育的重要组成部分，其核心是通过自然景观的体验，培养人们对自然美的感知和欣赏。在数智时代，人工自然美为自然美学美育提供了新的视角，通过数字化技术、虚拟现实等手段，可以让学生身临其境地体验不同的自然景观，并感知人与自然的和谐关系。

（2）人工美学美育：人类创造与技术的结合

人工美学美育强调的是人类通过技术和创造力对人工艺术的理解与创造。数智时代的人工自然美，将人类的技术与自然元素相结合，创造出前所未有的艺术形式和表现方式。通过科技手段进行的艺术创作，激发了学生对人工美的独特思考和探索。

（3）人工自然美学美育：科技与自然的和谐融合

人工自然美学美育则是将人工美与自然美的优势结合，通过科技手段进行自然元素的再创造，推动人与自然的和谐共生。在这一过程中，学生不仅能够培养审美素养，还能增强对生态环境的认知和责任感，创造出更加符合可持续发展理念的艺术作品。

数智时代的美育转型，要求教育系统和社会共同思考如何在新的技术背景下培养具有全面素养、创新精神和社会责任感的未来公民。人工自然美作为数智时

代美育中的重要组成部分,为美育的理念、方法和实践提供了新的思路和路径。通过全生命性教育的实现,结合主体美育、创造美育、体验美育的三大体系,人工自然美能够帮助学生全面发展,培养他们的创造力、审美素养与社会责任感,从而推动美育教育的全面转型。

本文结合数智时代的发展趋势,提出了"人工自然美"以及"人工自然美学"等核心问题,并尝试性地探讨了数智时代人工自然美在未来美育转型发展中的独特价值和意义。当然,该领域的探讨才刚刚开始,有待更进一步地展开深入系统研究。

第三节　全媒体视域下的公益传播[①]

一、全媒体时代的公益传播

所谓公益传播,顾名思义就是指"以公益为目标或以公益为内容的传播",其作用原理在于唤起受众心中普遍的同情心。在美国伊利诺伊大学传媒学教授索蒂罗维奇关于媒体宣传和公众对公益计划支持度的关联研究中,研究小组调查了来自不同性别、年龄、种族和阶层的上千位媒体受众后得出结论,以有线电视新闻和娱乐节目为代表的缺乏情境的公益宣传对公众的公益计划支持度呈现负面影响,而使用个性化的媒体内容,主要是以贫困为主题的社交媒体宣传则对公益项目的支持度有着重大的正面积极影响。这意味着传播媒介和传播内容的情境设置在传播过程中有举足轻重的地位。

此外,索蒂罗维奇的研究还表明了公众对于公益慈善事业的支持很大程度上都是一种道德需求,这种需求可能来自心理学家亚伯拉罕·马斯洛于1943年所提出的人类价值的自我实现理论,正如罗素在晚年所指出的那样,"对人类苦难不可遏制的同情"支配着社会的价值观念。这在郑强有关马斯洛需求层次理论和县域志愿者激励机制的调查研究中也得到了证明。根据对江苏宿迁市样本县域社区志愿者参与公益活动意愿的影响因素归因分析可知,自我实现社会价值和乐于奉献是志愿者参与社区公益志愿服务的最重要动机,其认同度得分均在4.06以上,明显高于其他动机因素,而组织动员、自我发展和娱乐等动机因素则在调查样本中处于次要位置,分别为3.64和2.14。且根据志愿者收入类型分析,参与公益活动的动因和金钱并没有太大关联,但和受教育程度呈正相关,这也说明文化程度越高的

---

① 原载《新闻爱好者》2022年12期。作者孙智华,上海视觉艺术学院教授。

群体,其自我实现的价值需求也越高。故而根据调查不难得出这样一个结论:公益传播的内容创作需要遵循一个规律,就是激发受众的实现自我社会价值的需求,只有这样才能打造出符合全媒体时代传播规律的公益内容和模式。

因此,媒体宣传就成为公益传播的重要组成部分,它对于促进公众了解公益事业的性质和目的、动员全社会参与都具有重大意义。我国正式的公益宣传开始于20世纪90年代,彼时正值我国公益慈善事业的起步阶段,整个行业尚处于艰难的探索期,因此公益类宣传的手段也较为单一,大多依赖政府官方渠道的纸质媒体或是电视台等传统媒介。例如1991年启动的"希望工程"项目,摄影记者解海龙拍摄的"大眼睛女孩"宣传海报,给无数人留下了深刻的印象,在中央电视台等官媒新闻报道的大力宣传和报刊等的推波助澜下,这个公益宣传取得了巨大的成功,"大眼睛女孩"的形象甚至成为"希望工程"的象征,其影响力一直持续到今天。

随着我国社会经济的不断发展,公众对于公益事业的关注度持续上升,但传统媒体,尤其是纸媒的宣传模式却日益凸显出:信息渠道单一、时效性滞后、互动性差、传播覆盖面狭窄、受众的自我参与意识不强等问题,已经无法满足当今公益宣传的实际需求。伴随着中国互联网技术革命和自媒体的迅速普及,全社会进入了一种信息爆炸的状态,单个新闻热点话题能在极短时间内迅速占领网络舆情空间,引起海啸般的关注和讨论。其中和公益慈善事业相关话题也是经久不衰,受到社会公众的长期关注。例如每年央视举办的"感动中国"栏目,在评选和播出阶段都会在网络舆论场掀起巨大的话题热度和讨论量。中国社会报主编高一村将之称为"公益弥漫"现象,体现为"从事公益活动的主体的增加以及公益活动模式的创新,每个主体都在用自己的优势和资源进行公益活动"。这反映了全媒体时代参与公益活动的主体已经从政府机关和相应的专业机构,逐渐演变成了普通个体为代表的全社会力量。

为了适应全媒体时代信息传播模式的特征,公益宣传也应该作出相应调整,主要可以归纳为以下几点。首先,应该继续坚持党和政府机关的公益宣传引领作用和大众自发宣传并重的策略。这不单是因为公益事业的核心在其"公共性",政府部门掌握着公共资源分配规则的制定权,也因为广大公众也对政府的公信力具有高度的信任感。更重要的是,政府部门的宣传往往具有前瞻性、指导性、原则性的特点,筑牢了公益宣传的基础底线。而鼓励大众自发进行公益宣传,则有助于补足政府机构宣传时效性和互动性不足的短板,并能借助自媒体形成宣传的良性传播循环。

另外,应当重视"议程设置"对于自媒体等新兴媒介的引导作用。全媒体时代的特点之一就是舆论参与主体的全民化,传统媒体的话语权被稀释,但这并不代表就无法对大众传播进行有效的正面引导。根据传播学理论,"大众传播具有一种为公众设置'议事日程'的功能,传媒的新闻报道和信息传达活动以赋予各种'议题'不同程度的显著性的方式,影响着人们对周围世界的'大事'及其重要性的判断。"①活用"议程设置"将极大促进有关部门在公益宣传领域的宣传成效。例如在近年有关新冠肺炎的重大公共舆情事件中,人们总能看到各种谣言的影子,造成了许多负面影响。相关部门和组织除了第一时间用事实进行辟谣外,也可以在平时有意识地设置议题,把握时机主动发声,针对公众关心的公益话题进行阐述,这不但有利于正面引导舆论,反击各种抹黑和谣言,还能增强政府自身的亲和度和权威性,在面对突发重大舆情时也能够从容处置。

二、全媒体对公益资源的整合

全媒体的核心竞争力之一就是可以运用多元媒介进行资源整合,这在公益领域就显得尤为重要。因为公益事业的本质就是再平衡(Re-balance)呈非平均状态分布的社会资源的过程。具体而言,公益实践可以通过全媒体做到快速贯穿公益行业上下游领域,以专业化的视角进行赋能,提升公益组织的影响力,引领公益事业的规范化发展。也可以有效地带动横向行业的协同运作,利用媒介平台进行互动,引发公众与公益从业者对公益事业的理解与认可、启发与思考,从而促进公益事业的规模化快速发展。以往"兄弟登山,各自努力"的公益组织和相对独立的不同领域的公益项目,都通过全媒体平台打破了各自的壁垒。其中既有政府主导资源整合的正面作用,更多的则是媒介平台和公益组织乃至个人寻求扩大自身影响力和利益可持续的积极探索。

例如,通过组织专家学者对话、从业者访谈和头脑风暴等模式,围绕公益项目、公益行业、公益组织、公益相关法律法规、公益基础设施建设以及相关的政策、制度、机制、平台等方面,进行行业发展的研析与需求的讨论。进而推动公益行业的能力建设、交流合作、知识生产、政策倡导、标准建立等方面的提升,构建出更专业、有效、可持续的行业生态。

此外,全媒体的多元传播模式可以直击突发性案例与公益活动现场,进行全程参与和跟踪,通过专家多维连线点评与用户实时互动的形式,利用鲜活生动的案例展示,输出公益事业的价值理念,引导舆论方向,这种模式能充分发挥媒体作为"支点""桥梁"和"纽带"的作用,将事件、专家、公众进行有效连接,既可以依托新媒体信息获取的实时性、用户多维互动性和群组用户规模覆盖的特点,也可以以媒体的

---

① 郭庆光:《传播学教程》,中国人民大学出版社 2011 年版,第 214 页。

公信力和专家的影响力,促使其发挥社会效益。

在这个方面,很多国外的优秀经验值得借鉴。比如作为全球最著名的非盈利组织之一环球会议(TED)在其 20 世纪 80 年代创立之初就持续关注公益类话题,并邀请了学术界、娱乐界、政界、民间等各行各业的优秀人物共同分享自己关于公益类话题的看法。此外,TED 还从 2006 年起,将所有演讲视频上传至互联网,让全球观众免费观看,在全媒体时代,其中很多有意义的演讲片段被截取出来,在微博、B 站、抖音等媒体平台传播,形成了巨大的传播效应。

另一方面,公益论坛也是实践全媒体资源整合的有效手段。比如已经连续举办六届的中德环境论坛就是一个很好的例证。该论坛云集了中德相关领域的权威专家、著名企业家和政府高级官员定期进行面对面的坦率交流,对促进两国环保交流和全球环保事业的发展都具有重大战略意义。同时,很多民间的公益交流会也发挥着举足轻重的作用,尤其是在疫情时期,大家都通过远程会议进行意见的交流,虽然没有办法面对面交谈,但网络平台的存在消除了地域的局限,也扩大了公益事业参与者的受众基础。

三、公益传播模式的创新

如前所述,我国现阶段公益传播的传播效力不足、覆盖面狭窄,已经无法贴合当下公众的信息接收习惯。在全媒体时代,自媒体的广泛运用已经改变了信息传播的主客体,大众从信息的接受方也变成了信息的制造者和传播者,加上移动互联网技术的普及,公众可以随时随地获取、制造、传播信息。如何能够创作出符合全媒体时代传播规律的公益内容,就成了公益传播的首要问题。在此基础上,本研究根据已有的全媒体时代公益传播案例和过往经验尝试提出一些公益传播的建议。

首先,要讲好故事,做好内容生产。互联网时代的信息传播具有机械复制的特征,习惯于蹭热点、博流量,内容同质化严重,这会让受众产生信息疲劳,在公益相关话题中就会降低内容传播的接受度。针对这个问题,具体可以通过选取独特解读角度、重视挖掘深度信息、采用融合媒体表现形式等方法进行改善。例如在2016 年关于《悬崖上的村庄》的报道中,新京报记者陈杰选取了悬崖村的"天梯"作为报道的切入点,讲述了真实感人的上学故事。他还通过实地走访深入剖析大凉山地区贫困的原因,获得了公众的巨大的关注。虽然该新闻本身并不是严格意义上的公益报道,但却产生了巨大的公益效果。在报道发出后,包括央视在内的多家官方媒体都进行了深入的跟进报道,尤其值得注意的是,许多网友自发前往大凉山悬崖村,通过拍摄 vlog 等形式,在自媒体上给受众带来最直接的"第一手"信息,让这个大山深处的小村庄变成了全民热议的公益话题,并引申出了"如何扶贫"的大讨论,而这次作为讨论主体之一的大众,也从以往的"吃瓜路人"转变成了公益内容的"参与者、制造者和传播者"。

其次,强化融媒传播,进行 IP 化打造,整合相关公益资源。从根本来看,媒体技术的进步促进了公益传播模式的转变。在全媒体时代,各地都可以根据当地特点开发"网络热点"并在产出优质内容的基础上将该地区或者地区的产品进行人格化、符号化改造。这种 IP 化传播的主要形式可以被归结为两大类:一种是多元联动的传播媒介模式,比如"短视频 + 直播"或者"电商直播 + 精准扶贫"等。另一种是意见领袖模式,也就是俗称的"网红直播带货"模式。这两类虽然都立足于 IP 打造,但侧重点不同,前者关注多平台联动,后者注重人设的营造。

根据中国石油大学李晓夏、赵秀凤关于直播助农的相关研究表明,直播助农模式在完成脱贫攻坚,推进公益事业等方面都具有重要价值。网络助农直播不但可以建立以个体农户为主的电子商务产业模式和配套产业市场,还能够盘活农村产品的市场化流通,"赋能下沉市场的消费活力",为促进当地的经济发展起到重要作用。比如四川省石棉县就通过县政府的力量组织了县供销合作社、四川省微电影艺术协会和全县各乡镇 40 余名枇杷种植户一起参与"天府兴村"直播带货公益活动,针对当地村民进行直播和电商相关技能的培训,让大部分人员可以独立进行直播带货实操,切实提升了销量,让农户获得了实惠。

此外,"网红"模式也是公益传播中不可忽视的路径,一些粉丝数量众多的网红或者明星可以通过自己的流量效应在短期内吸引巨大的关注,促进相关产品的销售,给当地带来可观的网红经济效应。

四、元宇宙、大数据和公益传播

除了以上的传播模式创新之外,全媒体的数字化特征和巨量受众形成的大数据资源,运用到公益领域也能够极大推动公益事业向全民公益的方向发展,其中比较突出的例子就是元宇宙和大数据对公益事业的促进作用。

元宇宙本质上是对现实世界的虚拟化,因其涵盖范围几乎包括了人类社会的各个方面,且具有真实的互动交易属性而被称为"宇宙"。因此数字化的公益实践,自然也成为元宇宙概念的一部分。其实类似的公益活动在"元宇宙"概念被提出来之前就已经存在了,并且获得了巨大的社会效益,这就是支付宝的"蚂蚁森林"项目。

2016 年 8 月,蚂蚁森林正式在支付宝的公益板块被启动,用户使用步行替代开车、使用非纸张购买商品和服务等行为因其具有降低碳排放的意义,被计算为虚拟的"绿色能量",用来在蚂蚁森林里浇灌一棵棵虚拟树。而在虚拟树长成之后,蚂蚁森林和公益合作伙伴就会在真实世界的土地上种下一棵真实的树,以鼓励用户的低碳环保行为。这个项目一经推出,便唤起了公众参与的热情,蚁森林用户不单在支付宝平台交流比较"绿色能量",也在微博、微信、B 站等平台晒出自己的植树成绩单,在当时形成了一种全民植树的氛围。根据中新网统计,截至 2021 年 8 月,蚁森林累计带动超过 6 亿人(6.13 亿)的低碳生活,5 年来累计产生"绿色能量"2 000 多万吨。蚁森林联合中国绿化基金会、中国扶贫基金会等 8 家公益合作伙伴,在内蒙古、甘肃、青海、宁夏等 11 个省份已种下 3.26 亿棵树,种植总面积超过 397 万亩。蚁森林的成功,证明了元宇宙概念在公益领域的巨大潜力,也同时提升了公司的品牌价值,真正达到了环境、企业双赢的正向循环。

全媒体的另一个优势是大数据。在全媒体时代,媒介作为传递信息的工具,随着移动互联网迅猛发展与智能终端普及,提供了海量的客户数据,并为相关营销模式分析提供了强有力的支持。北京大学的周华娟通过分析全媒体语境下微信对企业营销模式的影响,指出了大数据能够让企业了解到用户的具体购买习惯、购物逻辑和活跃时间,对于企业营销模式能产生较大的干预。同样在公益领域,大数据可以提供更多的相关分析,比如关于粮食浪费的大数据分析,将有利于从生产端降低粮食浪费的程度;又如关于城市用电的数据分析,也将帮助相关部门精准把握用电需求,提升我们社会的用电效率,以达到节约能源的目的。

伴随着我国公益事业的发展,公益传播也要与时俱进,不断开拓创新。本文通过"全媒体公益宣传及其作用原理""全媒体资源整合""传播模式创新",以及"元宇宙和大数据"等多个方面的探讨和案例分析,指出全媒体的发展将极大促进公益事业的进步,并提供了全媒体条件下推进公益传播的具体建议措施,为构建"人人参与"的全民公益社会提供了新的观察角度和可能的实践路径。

第十二章　品牌美学与创意写作

　　主编插白：品牌美学是美学界的前沿话题。恒源祥作为享誉国际的民族品牌，改革开放以来靠品牌经营获得巨大成功，第二代掌门人刘瑞旗被国际权威人士誉为"中国的品牌营销大师"。实践使他们认识到，品牌问题不仅是商业营销问题，也是一个生活美学、应用美学问题。公司董事长兼总经理陈忠伟是一位怀有文化底蕴和美学情结的企业家。2021年起与第十届上海市美学学会进行战略合作，资助出版了恒源祥美学文选书系《中国当代美学文选》(2022、2023、2024)和《中华美育演讲录》。作为恒源祥第三代掌门人，他结合品牌兴企的经验加以理论提升，对"美好生活"视野下的品牌美学概念提出了自己的理解，探究品牌美学的研究途径，阐述品牌管理的美学策略，展望品牌美学的未来发展，呼吁品牌美学研究成为一项国家工程，值得关注。

　　"国潮"作为一种创意观念，在我国综合国力不断增强的背景下，发展越来越迅速。上海交通大学品牌研究中心主任皇甫晓涛副教授抓住中国产品、中国品牌、中国潮品等"中国元素"，梳理了"国潮"创意观念变迁的历程及其变迁的形式，展现了中国文化的自信，提出了相应的对策。

　　豫园股份有"中华商业第一股"之称。大豫园片区的发展将以"东方生活美学"为抓手。因此，豫园股份成立了"东方生活美学研究院"。研究院秘书长刘喆慧聚焦东方生活美学在当代社会的发展，探讨媒介传播、消费场景及文化身份认同在东方生活美学构建过程中的核心作用与相互关联。通过剖析相关理论与典型案例，揭示东方生活美学如何借助媒介创新、特色场景塑造及精准用户定位，实现传统与现代的交融、本土与全球的对话，为提升文化软实力、推动文化产业升级提供有力支撑。文章采用跨学科的方法，系统梳理东方生活美学的实践路径与理论框架，试图为该领域研究与实践提供全面深入的理论参考与实践启示。

　　文化经济时代，审美作为重要的生产力受到各国高度重视，文化创意成为经济社会发展的核心动力，创意写作作为文学创作的新宠应运而生。创意写作作为艺术创作的一种形态,说到底属于打动人心、使人愉悦的审美创作。上海大学张永禄教授致力于文化创意审美写作的研究。他撰文指出:英、美等发达国家先后实施创意国家战略,把科技创新和文化创意作为国家发展的双驱动力。这意味着,高校文学和艺术专业的培养重点应是艺术创作型人才,而不是文艺批评家。新文科战略也要求高校发展创意写作学科,培养具有创意能力的写作人才,回应时代之需。

第一节 "美好生活"视阈与"品牌美学"考量①

随着信息数字时代的到来,人们的需求从基础的物质生活升华到了美好生活,人们接受的信息量呈爆炸式增长,具有美学意蕴的品牌产品和服务往往能从众多品牌中脱颖而出,影响和引领人们的美好生活。所以,品牌美学的研究和应用越来越深广。品牌美学集理论和实践于一体,理论溯源基于哲学和美学,实践上涉及品牌管理、设计、传播、消费者研究等领域,侧重探索一般美学规律的综合交叉营销科学。品牌需要创造一种不可抗拒的吸引力,这种吸引力并不仅来自产品或服务的核心专长力、质量和客户价值,而主要来自品牌美学的塑造,在消费者心中塑造整体的正面形象。简而言之,我们要寻找中国人的美好生活,就是要为中国人的生活建立一颗"美好的心",从而重建文明的中国,重建中华文明的感性内核②。

一、品牌与"美好生活"的关系

人们对美好生活的体验,品牌发挥着重要的作用,因为品牌的概念包括吸引消费者,建立品牌忠诚度和美誉度,为消费者创造品牌体验,建立品牌市场优势地位等。从更广义的范围上,品牌形成了人们的记忆,品牌是人们记忆的标识,由此构建了一个有形与无形的系统,有形部分由产品、产业、行业组成,无形部分由个人、组织、国家(地区)组成,而有形部分与无形部分之间是相辅相成、互相依存的。从一般商业企业的范围上,品牌是一种记忆的识别标志,是一种精神象征,是一种价值理念,是优秀产品和服务品质的核心体现。培育和创造品牌的过程也是一个不断创新的过程。只有拥有创新的力量,才能在激烈的竞争中立于不败之地,进而巩固原有的品牌资产,多层次、多角度、多领域参与到市场之中。品牌审美活动作为消费者认识品牌的一种特殊方式,是消费者在感性与理性的统一中,按照"美的规

① 原载《文化中国》2022年第4期。作者陈忠伟,恒源祥(集团)有限公司董事长兼总经理。
② 刘悦笛:《生活美学:阐释美好生活之道》,《文汇报》2019年3月。

律"体验品牌真实存在的一种自由的创造性实践。当对品牌进行审美活动时,消费者会从外到内欣赏和感知品牌的外在视觉美和内在价值美,从而达到整体的认知和联系。星巴克总裁霍华德·舒尔茨曾经说过,"星巴克出售的不是咖啡,而是人们对于咖啡的体验",这种体验感恰恰是对人们对美好生活的一种追求,而品牌主题的建立,有效地激活消费者的感官和情感体验,向消费者传递品牌诉求,让人们对于生活有更高的美好追求①。

美好生活是当前人们的迫切需要,也是国家发展的主要目标。以人为本、全面发展是美好生活需要的目标,追求美好生活是人类社会的目标,是发展的内在动力。美好生活问题不仅是社会学问题,更是文化和美学问题。"一个普遍存在真、正义、善、富、美的社会",这是社会对美好生活的追求,是人类社会的社会目标和内在动力。

品牌与美好生活的联系表现在哪些方面?

品牌是美好生活情感价值的必然需求。根据马斯洛的需求层次理论,人的需求是由低层次向高层次发展的。因此,对美好生活的需求也从物质需求发展到了精神需求,对精神的追求必然导致对美的追求。好的生活无疑是有"质量"的生活,所谓衣食住行各方面都需要达到一定的水平,才能满足人民群众的物化需求。美好的生活有更高的标准,因为这是有"品质"的生活。品牌需要创造一种不可抗拒的吸引力。这种吸引力并不仅来自产品或服务的核心专长力、质量和客户价值,而主要来自品牌美学的塑造,在消费者心目中塑造整体的正面形象②。

品牌是美好生活方式转变的外在体现。改革开放 40 年以来,我们党团结带领全国各族人民不懈努力,人们的物质需求早已不成问题,"落后的社会生产"成了历史词汇。在中国特色社会主义进入新时代的今天,在中华民族迎来从站起来、富起来到强起来的伟大飞跃的时候,在中国成为世界第二大经济体、第一大贸易国、第一大外汇储备国的时候,在中国发展成为当代世界历史传奇篇章的时候,人们对发展的高质量、持续性、获得感有了更高的要求,人们对生活的审美需求也在逐步提升③。品牌是美好生活方式转变的外在体现,可以从物质、心理、情感等方面来表现,品牌致力于满足消费者自身的审美需求,美的快感本身是有质量和本质的。事物的外观和感觉会触动人心的本能。人类是以五种感官为体验的生物,倾向于让美包围自己的感官,产生快乐。

<hr>

① 朱颖芳:《品牌美学中的体验式营销》,《中华商标》2008 年 2 月。
② 刘文嘉:《美好生活的中国表达》,《光明日报》2019 年 1 月。
③ 习近平:《在文艺工作座谈会上的讲话》,人民出版社 2015 年版,第 6 页、第 9 页。

品牌是美好生活从好到美的审美升华。中国社会科学院哲学研究所研究员刘悦笛倡导"生活美学",其研究指出,面对当今中国社会文化的变迁,人们对美好生活的追求应该包括两个维度:一个是"好的生活",一个是"美的生活"。好的生活是美的生活的基础,美的生活则是好的生活的升华。美好的生活无疑是有"质量"的生活①。生活美学就是以"美的生活"提升"好的生活",以有品质的生活升华有质量的生活,为人民大众普及生命美育。品牌美学是生活美学的逻辑演绎,可以通过生活美学来实现。现在从事茶道、花道、香道、汉服复兴、工艺美术、非物质文化遗产保护、游戏动漫、社区规划等领域的人越来越多,都在积极投身于生活美学的潮流与实践,在各地传播美育的理念。所以,美好生活不仅仅是一门与"审美生活"相关的学问,更是一种追求"品牌美学"的方式。前者的"学"是理论性的,后者的"道"是实践性的,二者合一,是知行合一的审美②。

二、"品牌美学"的理论与实践

美学思想从意大利文艺复兴传播到法国,建立了唯理主义的美学体系,之后在德国得到了完成。康德美学是德国启蒙美学的总结,也是德国古典美学的开端。康德以其美学作为感觉世界和道德世界的中介,所展示的就是一个以自由为基础,以道德法则为形式,以至善为根本目的的道德世界观,其结论"美是道德的象征"也就是美是自由的象征。康德将审美看作是想象力和理解力自由和谐的结合,是形式合目的性与知行合规律性的统一。而黑格尔是德国古典美学的巅峰,黑格尔著名的命题"美是理念的感性显现",强调了美的感性事物所应该体现的一定思想意蕴。理念并不是个别的抽象思想概念,而是绝对精神,其美学核心观念仍然像其他古典美学家的观念一样,关注人,人的心灵、精神,他说:"艺术在越出自己的界限之中,同时也显出人回到他自己,深入到他自己的心胸,从而摆脱了某一既定内容和掌握方式的范围的严格局限,使人成为它的新神,所谓'人'就是人类心灵深处高尚的品质,在欢乐和哀伤、希求、行动和命运中所现出的普遍人性。"相比较康德,黑格尔的美学理论更加宏大。黑格尔美学将人类及各种艺术实践的历史纳入一个精神与自然、逻辑与历史相统一的庞大结构之中,以此建立了一个融合艺术、人类心灵的历史以及人类文化的恢弘体系,将德国古典美学的讨论,也就是主题与审美、人与艺术等问题推向巅峰。

品牌美学集理论和实践于一体,理论溯源基于哲学和美学,实践上涉及品牌管

---

① 刘悦笛:《生活美学:为生活立"美之心"》,《光明日报》2019年7月。
② 刘悦笛:《走向文明中国的生活美学》,《人民日报》2017年3月。

理、设计、传播、消费者研究等领域,侧重探索一般美学规律的综合交叉营销科学,研究内容主要包括:品牌美的哲学、品牌消费心理学和品牌消费美的应用。品牌美学研究品牌审美心理的本质和起源,它对经济时代营销的影响指向品牌美感的消费。品牌审美心理学主要研究消费者在品牌消费过程中的心理活动规律,进而解释消费者在品牌体验中的消费动机,关注品牌美学在品牌建设和传播过程中的具体方式和方法,从而展现品牌美学在企业营销过程中的独特价值,这是品牌美学应用研究的主要内容①。

"乐感美学"学说创始人祁志祥曾指出,"美"作为令人愉快的事物,具有客观性、形象性,美所以使人愉快,是因为它本身具有适合普遍使人愉快的品质、属性②。而事实证明,从客观方面寻找、归纳"美"的语义的统一性是徒劳无功的,"美"这个词的含义的统一性只有从主体的感觉方面去寻找。黑格尔曾在著名的《美学》中提出,"美的要素可以分为两种,一种是内在的,即内容,一种是外在的,即内容显示了它的意义和特征"③。正如外在形象与内在涵养的结合体现了一个人的美一样,品牌审美也是品牌外在视觉形象与内在文化理念的统一。1996 年,恒源祥品牌在澳大利亚斥巨资拍摄了万羊奔腾的广告片,并在春节前播放给全国人民,给大家带来了美好祥和的节日气氛。众所周知,恒源祥品牌是以羊毛制品赢得广大消费者的信赖的,这个广告展示出万羊欢愉地奔腾在广袤无垠的草原上,"万羊奔腾的场面"深深地打动着观者的内心,自然、纯真又热烈、欢快的感觉令人心向往之,广告播出后轰动全国,成为人们热议的话题。这种内在文化理念与外在视觉强烈冲击的结合,加速了人们对这一品牌的认知,使知名度、美誉度和节日销售大大提高,品牌的核心文化价值理念构建了品牌的内在与外在之美。

品牌美学包括对产品、服务、设计、传播、营销理论的研究,包括消费者行为、消费观念和消费方式,它追求的是消费者的美感和精神愉悦。随着市场经济和品牌概念的不断发展,品牌美学有了成长的机会和空间。品牌美学拓展了品牌研究的面貌和模式,它以消费者为中心,研究产品营销背后消费者的品牌审美感受,深度挖掘品牌审美活动的创造性,从而建立品牌美学的框架体系,品牌美学是品牌传播的结果,是消费者深度参与品牌建设的具体体现。综上所述,品牌美学的研究范围是企业通过产品和服务不断进行创新,不断提高消费者的消费品质、和谐消费和审

① 张良丛:《"美好生活"的美学维度阐释》,《民族艺术》2018 年 6 月。
② 祁志祥:《论美是有价值的乐感对象》,《学习与探索》2017 年第 2 期。另参见祁志祥《乐感美学》,北京大学出版社 2016 年版。
③ 宗白华:《美学散步》,上海人民出版社 2005 年版。

美消费,提升自身生活品质的一种生活品质活动和管理活动①。

品牌美学关注消费者美好愉悦的消费需求,研究方法可以从消费者的动机基础介入,研究可从三个方面入手:

1. 消费心理。品牌美学研究要从消费者心理和品牌接触的心理感受入手。美国营销协会的研究表明,人们通常会在前七秒钟关注某个产品。在这七秒钟里,他们在决定购买一件产品时,有70%是受视觉表达的影响。例如,在二次世界大战后,巴黎普遍处于低迷的气氛中,1947年迪奥(Christian Dior)发布了它的新作"花冠",此种礼服上身的裁剪流顺,腰际下蓬裙绽开,给人一种明亮畅快的感受,一扫战争的阴霾,鼓励巴黎人重新振作找回自我,被评价为有时代意义的新面貌(New Look),这种设计使人过目不忘,成为企业产品和形象最鲜明、最重要的外部特征之一,可见视觉在消费心理中的重要性②。

2. 设计理念。设计是创造和创意美的第一场所。产品的外在美感体现在消费者感官所能感知的各个方面,如形状、色彩、材质等,而这些美感直接来源于设计理念。例如,"海飞丝"采用海蓝色,让人联想到蔚蓝的大海,产生清新凉爽的感受,突出了产品的去头屑功能;"飘柔"的草绿色包装给人以青春的感受,并使人联想到风吹青草柔顺的感觉;"潘婷"杏黄色的包装给人以营养丰富的视觉效果,突出其"从发根渗透至发梢,使头发健康亮泽"的营养型个性。由此可见,包装的色彩会在不知不觉中左右人们的情绪、精神乃至行动。所以品牌美学的研究应用方法,重在设计创意。

3. 品牌理念。品牌理念是品牌的核心,德国的品牌十分注重质量问题,法国的品牌更加注重精致性,而日本的品牌非常讲求舒适、环保等设计理念,这些通过国别的文化理念,增加了自身品牌的美誉度。独特的主题与风格、极致的工匠品牌理念,都从不同的文化角度,给消费者留下了不可磨灭的印象,品牌的内在美只有通过消费者的实际体验才能实现。

如何在品牌管理中运用美学策略?

把握消费者的审美需求。消费者的消费行为取决于需求。马斯洛需求层次理论指出,人的需求是由低层次向高层次发展的。所以消费需求也从物质需求发展到精神需求,对精神的追求必然导致对美的追求③。美国著名经济学家加尔布雷斯曾指出,"我没有理由主观地假设科学和工程方面的成就是人类享受的最终目

---

① 朱玲:《颜值即正义,新消费时代下的品牌美学营销》,《国际品牌观察》2021年6月。
② 宋向华:《关于品牌的美学研究》,《美与时代》2013年5月。
③ 邹卫红:《基于美学视角的品牌经营研究》,《经济研究参考》2016年10月。

的。当消费达到一定限度时,压倒一切的利益可能在于美感"①。

苹果的产品设计之美源自乔布斯主张的"东方禅意美学",这让苹果风靡全球。耐克、星巴克、哈根达斯等为什么能支撑高出同行业平均将近60%的品牌溢价呢?除了这些品牌拥有强有力的、知名全球的品牌资产外,从这些品牌别具一格的美学设计中可以找到答案,耐克的运动绩效美学,星巴克的品味美学,哈根达斯的情感美学。当某品牌产品能产生消费者可以看到、听到、触摸到、感觉到的具体的美学体验时,它所带来的品牌附加值就是实实在在的,让消费者心甘情愿地为其买单②。

品牌既是经济的,也是文化的,文化的渗透大大增强了品牌的人文关怀,提高了审美品质。审美不仅具有一定的稳定性和共性,还具有可变性和个性。消费的审美取向与时代特征密切相关。消费者的审美意识会随着社会的变化而发生很大的变化,审美需求会逐渐上升,并向多样化发展。只有了解消费者的审美需求,才能量身定制适合其需求的产品,主动迎合消费者的心理趋势,注入符合消费者审美的品牌内涵,从而准确有效地将产品传达给消费者,刺激消费,实现品牌建设③。

确立品牌的美学主题与风格。随着全球消费进程的迭代,消费者的生活方式和喜好成为关注点,生活方式成为现代消费者选择品牌的重要依据。生活方式随着时代的变化而变化。在当今快节奏的世界,时尚潮流瞬息万变,品牌需要不断完善、创新,建立自己的审美风格和主题,以满足消费者的视觉审美需求和生活审美体验。美学品牌风格是品牌识别的主要组成部分,必须与主题相结合。在产品同质化、产品和品牌信息多样化的市场环境中,独特的品牌形象最容易吸引消费者的注意力④。

全球最有价值品牌,如可口可乐、苹果、迪士尼等都建立了大量的品牌忠诚市场,它们都有自己品牌独特的主题和风格,使自己获得了稳固的行业席位。强势品牌之所以在产品同质化的今天仍大行其道,其成功不仅在于产品品质和服务质量的高水准,作为品牌整体战略组成之一的品牌美学策略发挥了不可低估的作用。企业在品牌运营管理中,要学会运用品牌美学主题策略,打造属于自己的与众不同的品牌个性。

利用形式美学元素提升品牌价值。实验表明,人们获得的信息70%来自视

---

① 李泽厚:《美的历程》,天津社会科学院出版社2001年版。

② 辛杰:《品牌美学视角下的品牌策略》,《经济与管理》2008年10月。

③ 余鑫炎:《品牌战略与决策》,东北财经大学出版社2001年版。

④ 张体勤:《基于和谐思想的管理美学初探》,《山东社会科学》2005年10月。

觉,消费者一般在 20 秒内对形象做出判断,形成 80% 左右的第一印象。因此,形式价值是消费者对品牌第一印象的基础。形式美的首要元素是色彩,色彩营销已经越来越多地应用到品牌管理实践中①。

以恒源祥为 2022 年北京冬奥会和冬残奥会设计的颁奖典礼花束为例,花束包括六个美丽的花样:红玫瑰、粉玫瑰、白铃兰、黄月桂、乳白色绣球、绿橄榄,分别象征友谊、坚韧、幸福、团结、胜利与和平。花束丝带是北京冬奥会色系中的蓝色,配以相匹配的色调,象征了蓝色的宇宙力量。在北京冬残奥会的花束中丝带变成了黄色,深浅搭配,寓意生生不息、蓬勃向上。这束花已经成为永不凋谢的花束代言,成为品牌形象最鲜明、最重要的外在特征之一,给人带来的丰富视觉效果,彰显奥运会绿色、共享、开放、诚信的人文理念。由此可见,色彩构建的形式美学元素,是品牌形象价值提升的有力载体。

营造独特的审美意境。知名美学学者宗白华先生认为,意境是由高度、深度和宽度创造的想象空间。一切审美活动的最终目的都是欣赏。因此,在传统传播的基础上,加入不同层次的审美元素,用新奇和原创来激发消费者的兴趣,以此来吸引消费者的注意力、强化消费者的记忆②。

可口可乐在全世界畅销的背后,隐藏着这种独特的审美意境,可口可乐的瓶形宛如少女的裙子外形,用以传递可口可乐一贯主张的美好欢乐情感,给消费者留下深刻的记忆。苹果的 iPod 广告风格独特,用一种剪影的方法,表达音乐陶醉状态下人的感觉,突出 iPod 独特的白色机身和耳机,传播音乐无处不在的观念,一时间在全球范围内迅速引起白色效应,使音乐爱好者进入了一个全新的体验境界③。

一个好的创意几乎是品牌美学的生命。借鉴传统文化元素,在继承中创新,融入现代审美氛围,才能创造出独特的创意④。北京 2022 年冬奥会和冬残奥会上,恒源祥提供的抱枕被上采用了具有中国传统文化特色的篆刻形式图样,通过独特的品牌美学弘扬中华传统美德和健康气息,吸引了更多消费者热议和追捧,以此真正意义上实现社会、品牌、消费者的多方多赢。

三、“品牌美学”的未来展望

美学不仅是我们现阶段的要求,更是整个世界的大势所趋。当代数字化社会的生活方式会让生活的多样性更加突出。新的历史时期,美学以一种新的、积极的

---

① 龚璐曼:《基于品牌美学的营销传播策略研究》,《流行色》2020 年 6 月。
② 厉春雷:《论品牌的审美情感形式》,《现代营销》2010 年第 10 期。
③ 贝恩特·施密特、亚历克斯·西蒙森:《视觉与感受》,上海交通大学出版社 1999 年版。
④ 王延祥:《整合营销传播中的美学元素》,《企业改革与管理》2007 年 11 月。

因素正在不断成长,美学与哲学之间会更加紧密联系。西方当代的后现代美学,反映了一个多元多向、失序不宁的生活世界,体现了现代生活的权宜性、危机性、浑沦性。美学研究似乎仍有一个潜存的愿望,即在现象的表露中,诉求整体的秩序以及太和的安详。对于未来的中国美学,周易的哲学观念从五个本体存在的层次与向面提出了中国美学的特点,即宇宙、心灵、道德、礼乐、艺术,认为在其中蕴涵了中国古人重视的涵容、沉潜、刚健、高明、和乐、自由之美。与西方的美学相比,中国美学更注重一个生生不息开创新境的美善诸多价值的实现过程,即多彩多姿的理、思、文、赋、诗、画、歌、舞等。当代不同的美学思想要善于在品牌实践中充分运用,为品牌持续注入源源不断的动力。

如何理解品牌美学的价值意义?

经济价值。在经济全球化的今天,品牌已经成为地区、组织乃至个人关注的焦点。品牌管理的专业化、系统化、国际化是品牌营销的基石。品牌审美是强势品牌取胜的重要原因。强势品牌早已把品牌美学提升为品牌战略乃至企业整体战略的重要组成部分。在品牌管理中,企业要学会运用品牌美学策略来提高消费者的美誉度和忠诚度,产生品牌的溢价效益,构建品牌的高端壁垒,塑造自己鲜明的品牌个性,从而增加自身的经济附加值[1]。

文化价值。品牌美学蕴含着不同时代下,不同文明文化背后的生命意识、生命观念和生命追求语境,一方面展现了摇曳生姿的生命场景之美,另一方面指向了其起源、走向和蜕变的可能性。品牌美学的使命在于将其在继承中扬弃、发展和不断创新,品牌美学要成为美好生活、幸福生活的评价标准之一,在品牌实践中,引领人们追求美好生活的同时,也成为国家、社会乃至个人具有普世之美价值的参照。

如何打造未来中国特色的品牌美学?

未来的企业将不再创造纯粹的产品,而是消费者内心的感受,创造赏心悦目、难以割舍的美好舒适的体验环境,潜移默化地影响消费者的情绪与记忆,积极传递品牌文化,建立消费者的忠诚度[2]。

众所周知,2022 年,北京举办了冬奥会和冬残奥会,颁奖花束采用的是非物质文化遗产的海派绒线编结技艺的绒线花束。花束由恒源祥提供,自 2008 北京奥运会以来,恒源祥连续成为奥运会赞助商之一,也是"海派绒线编结技艺"的非遗传承单位。这束绒耀之花充分体现了美学的特点,也是未来中国特色品牌美学的发展之光。同时,2022 北京冬奥村里的抱枕被也是由恒源祥提供,抱枕内部图案采用

---

① 孙日瑶、马晓云:《中国装备制造业自主创新品牌研究》,《山西财经大学学报》2007 年。

② 郑晶:《品牌美学实现品牌价值创新的挖掘与构建》,《包装工程》2016 年 7 月。

具有中国传统文化特色的篆刻纹样,既体现了北京冬奥会的特色,又延续了恒源祥悠久的通过艺术形式传播奥运精神的传统。另外,在冬奥村中国传统技能技艺文化展示体验区中,展示着恒源祥为北京冬奥会献上的又一件非遗礼物——《绒之百花·春之镜像》艺术装置,主角仍然是绒线花和海派绒线编结技艺,有牡丹、月季、百合、玫瑰、菊花、红梅等全球各地四季代表性花卉 28 种,充分发挥了中国手工技艺本身的特色和精神,充分彰显了这背后浓烈的中国文化自信与魅力。

未来的品牌美学将融合世界的潮流,体现"美美与共 世界大同"的人文理念。从习近平同志的治国思想中,可以深入挖掘品牌美学的内容,为实现人们的美好生活提供理论支持。习近平总书记为中国加快品牌建设指明了前进方向[1]。品牌是高质量的代名词。当我们能够创造出更加闪耀的品牌时,我们就能够照亮高质量发展的前进道路。让品牌点亮中国,让品牌创造美好生活。

中国社会主要矛盾已经转化为人们日益增长的美好生活需要和不平衡不充分的发展之间的矛盾。美好生活是当前人们的迫切需要,也是国家发展的主要目标。以人为本、全面发展是人民美好生活需要的目标,体现了新时期政府治理理念的转变。品牌美学作为文化治理的核心部分,承担着传承和塑造国家文化和国家品牌的历史使命。只有塑造人们新的感性,提升人们对美好生活的认知,才能实现新时代的审美治理目标,才能迎来更美更好的国之未来。

品牌构建了一个有形与无形的系统,有形部分由产品、产业、行业组成,无形部分由个人、组织、国家(地区)组成,有形与无形部分共同形成了一个综合生态系统。根据我们前期的研究成果《国家品牌战略问题研究》的结论之一:国家品牌由组织品牌构成,组织品牌由个人品牌构成,行业品牌由产业品牌构成,产业品牌由产品品牌构成[2]。所以对品牌美学的研究不仅与企业有关,更关系到国家品牌的振兴与繁荣,所以品牌美学研究更建议成为一项国家工程。

第二节 从中国元素到中国潮品:"国潮"创意观念的变迁[3]

"国潮"作为文化自信的外在表现形式,经历了中国元素到中国产品、中国产品到中国品牌、中国品牌到中国潮品以及"双循环"下的"新国潮"等发展阶段,"国潮"创意观念也随之变迁,从被动"他塑"到主动"自塑"、从诉诸产品到诉诸品牌、再到

---

① 贾丽军:《"品牌美学"定义演变与研究意义》,《广告大观》2009 年 7 月。
② 刘瑞旗、李平:《国家品牌战略问题研究》,经济管理出版社 2012 年版。
③ 原载《传媒》2022 年第 1 期。作者皇甫晓涛,上海交通大学媒体与传播学院副教授。

诉诸文化,已然演变为一种自觉的创意理念。近年来,"国潮"之风悄然刮起,愈演愈烈,大有燎原之势。在抖音上搜索"国潮",可以看到花式演绎国潮的文化达人;在微博上搜索"国潮",会找到上千个取名"国潮"的博主;在天猫上搜索"国潮",会出现各种贴着"国潮"标签的服装。可见,"国潮"不仅是创意热店的宠儿,而且已演变为一种时尚,成为年轻人追逐的潮流。

一、国潮创意观念的变迁

"国潮"这股"潮"已经成为顶流,成为广告创意人眼中一张炙手可热的王牌,尤其是创意热店,更加青睐"国潮"。

1. 从中国元素到中国产品

中国元素作为视觉符号,近年来得到了广泛应用,其中广告、服装、环境、工业等各方面都在挖掘中国元素符号。2006 年起,中国国际广告节增设"中国元素国际创意大赛"专项奖,获得了广泛反响和好评,体现了广告创意的较高水平。其主要宗旨是继承、发扬本土文化元素的生命力和创造力,与广告创意和现代商业相结合,推动中国广告业发展,并逐渐形成具有本土特色的广告创意文化,进而在世界范围内发起与倡导中国元素的推广应用,该奖项还为表彰全球广告创意人所取得的成绩起到过积极作用。

2008 年郭春宁为北京奥运会设计的会徽、韩美林设计的"奥运五福娃"、梅高创意为国家拍的第一支形象宣传片、张艺谋执导的 2008 年北京夏季奥运开幕式,无不使中国元素大放异彩,也让世界见识了中国创意人的水平。实际上,这个阶段我国经济发展水平和欧美尚有不小的差距,面对强大的西方经济实力和强势的西方创意文化,还是显得不够自信,对中国元素符号的认知很片面,导致对中国元素符号的使用也比较表象化,多喜欢堆砌符号,缺乏深层次的创意,还未形成自己独特的风格。

随着我国综合国力的不断增强,"国潮"逐渐从中国元素符号的使用,转变到对中国产品的设计中。2009 年,中国政府向全球投放"Made in China"广告宣传片,向世界彰显在当今全球化大背景下,中国已经参与到国际化生产体系和国际贸易体系之中,"中国制造"的产品同样是全球分工协作的结果,凸显"中国制造,世界合作"这一中心主题。这一事件,也标志着"国潮"的重心开始从中国元素向中国产品转移,从中国产品到中国品牌。随着中国融入全球产品生产链,中国企业开始由小做大,中国品牌开始从弱到强,越来越多的中国品牌走向世界。进一步培育出一批具有全球竞争力的世界一流企业和全球著名品牌,是时代赋予中国的使命。以品牌为引领,助力"双循环"发展新格局,筑梦品牌强国、经济强国之路,中国企业阔步迈向品牌经济时代。例如,海尔、海信、格力、美的等家电品牌,比亚迪、理想、蔚来等汽车品牌,华为、小米、OPPO、VIVO等手机品牌,在国际市场上都受到了销售者的青睐,而且使用后广受好评,逐渐形成中国品牌的矩阵,让"国潮"完成了从中国产品到中国品牌的跨越。这一阶段的中国潮品,在创意观念上有了一个非常大的转变,就是开始由他者的"他塑"转变成自我的"自塑",中国企业和中国创意人主动出击,打造内蕴深厚的中国品牌,用中国制造的良好品质和优惠的价格,以品牌为引领,在国际市场上争得一席之地,阔步迈向品牌经济时代。在国际消费品市场上,一个个耳熟能详的中国产品,也正在为更多的全球家庭带去良好的生活体验。被先进技术、文化自信赋能的中国品牌不断释放潜力,得到了国内外消费者的认可。

2. 从中国品牌到中国潮品

从中国元素到中国产品,再从中国产品到中国品牌,为中国潮品的兴起奠定了良好的基础。潮牌,是美国嘻哈文化从文化领域延伸到服装、饰品等其他领域的一种产物,潮牌的概念,从20世纪90年代传入中国,并在服装设计行业中得到应用。在这一阶段,随着中国经济、政治、文化的发展,尤其是文化强国建设战略的推行,为"国潮"的盛行创造了良好的政策条件。从中国元素到中国产品,完成了"他塑"到"自塑"的转变,而本阶段则完成了从产品本身到品牌内涵的转变。2018年,李宁打开"国潮"启示录。此后"国潮营销"来势汹涌,成为营销界新的增长点。先是一批老企业找到了品牌焕新的机遇,后来又造就了一个接一个以国货、"国潮"为标签的新消费品牌,如今就连国际奢侈品牌也转头积极拥抱中国潮品文化。2018年,天猫率先发起了"国潮"行动,通过对消费趋势的挖掘和大数据的结合,联合部分品牌对产品进行再包装优化,进而引发年轻一代的关注,很多老字号、新国货品牌都踏上了风口红利,切实体验了一波指数性增长,"国潮"汹涌来袭,势不可挡。

3. "双循环"背景下的"新国潮"

尤其是近年来"双循环"经济背景下的"新国潮",将传统文化和现代审美结合起来的一种消费潮流,其产品满足了新生代的需求,更传达了新生代的价值观。中国人均GDP已突破1万美元,"新国潮"消费时代来临。2021年,国货品牌关注度达到洋货品牌的3倍。手机、服饰、汽车、美妆、食品、家电依次成为国货关注度增长最快的六大品类。随着华为、李宁、比亚迪、花西子、格力等优质国货的崛起,"新国潮"经济消费开始蓬勃发展,老字号和新品牌都将经历了"新国潮"带来的升华。一批坚持产品品质和中国文化内涵的著名品牌,成为"双循环"背景下我国文化自信的具体展现。同时,这一阶段,也是创意人完成了从注重品牌内涵到文化自信的转变,关于"国潮"的创意行为逐步演变成了创意人的自觉行为。这是一个质的突破。"国潮"开始真正地开疆拓土,从登上热搜的"唐宫小姐姐"和"水下洛神舞",再到三星堆出土黄金面具引发考古潮,从被接受、喜爱,到引领时尚潮流,"新国潮"在体现出消费新趋势之余,逐渐化身年轻群体与优秀传统文化之间的纽带,背后折射出的则是创意人自觉的"国潮"创作意识和日渐增强的文化自信。

二、"双循环"背景下"国潮"创意的对策

"国潮"的盛行实际上是与我国经济的发展与综合国力的增强密不可分,"国潮"的本质实际上就是文化自信"潮",是文化强国战略背景下产生的一种流行潮流,其本质是因为年轻一代相较于上一代的消费者观念,逐渐打破了对"洋"品牌的仰视态度。国家富强了,人民自信了,对自己国家优秀的传统文化充满热爱这是必然趋势。"国潮"之所以能成为现代时尚景观中的一种呈现,实际上就是创意人在我国国力增强的背景下自觉融合优秀传统文化,吸纳并融汇大众审美而创造出来的时尚潮流。

1. 拓展"国潮"的流行领域

艾媒咨询发布的《2020—2021年中国国潮经济发展专题研究报告》中指出,"国潮"经济指将中华传统文化融合现代潮流元素,建立品牌IP,以品牌为载体应用至各品类商品中形成"国潮"。报告认为,国粹潮流随时代发展出现变革,已不满足于传统形式的文娱活动推广和传承学习,逐渐依赖于互联网新模式,通过年轻一代更能接受的影视化作品形式传播和推广。2021年5月10日,百度与人民网研究院联合发布《百度2021国潮骄傲搜索大数据》报告,报告显示"国潮"在过去10年关注度上涨528%。如今的"国潮"已经迈入3.0时代,不局限于新国货,还包括文化、科技等各个领域背后中国力量的全面崛起。创意人的首要任务就是开疆拓土,把"国潮"从手机、服饰、汽车、美妆、食品、家电等六大品类拓展到更多的领域中去,例如今年河南卫视的《唐宫夜宴》《洛神水赋》《龙门金刚》等融合"国潮"的节目,不仅拓宽了"国潮"的领域,而且还在全球范围内展开了传播,其中《洛神水赋》全球点击量超过50亿人次,不仅突破了领域,而且突破了原有的圈层,"国潮"也从物质消费逐渐深入到精神消费。

2. 深挖传统文化,打造精品文创IP

2020年11月,文化和旅游部发布《关于推动数字文化产业高质量发展的意见》,首次将文创IP概念引入其中。《意见》认为,推动中华优秀传统文化创造性转化、创新性发展,必须充分运用现代科技对传统文化进行再开发再创意,形成具有现代意义的文化IP。近年来,已有众多此类文化IP出现,将中国传统文化的精髓通过现代表达手法传达给国内外受众,如《唐宫夜宴》《国家宝藏》等传统文化节目,

故宫、敦煌等"国潮"文创 IP 等。IP 是文化积累到一定量级后所输出的精华,具备完整的世界观、价值观,有属于自己的生命力。五千年丰富的中华传统文化为文创 IP 提供了用之不竭的资源宝库。沉淀千年的传统文化,是中华民族的文化瑰宝,历朝历代都有许许多多文化精神、文化故事、文化符号,如何挖掘这一宝库并将其融入现代创意创作之中,使之成为现代世界的新文化、新潮流。广告创意人及品牌商如果将挖掘的目标定位为获取流量和关注度,不自觉地轻视产品品质,进而造成质量低劣,影响品牌信誉。文化复兴是历史重任,创意界责无旁贷,因此应沉下心来学习和领会传统文化精髓,创作出具有古典和现代结合之美的精品文创 IP。

3. IP 跨界强强联合

在服装、游戏、文创、影视等多个领域,由"国潮"衍生出的 IP 均有崛起之势,甚至被业界当为"财富密码"。IP 跨界强强联合,将"新国潮"与现代消费理念"无缝衔接",成为不少品牌拓展的方向。在消费领域,品牌与"国潮"大热 IP 的强强联合,迸发出无穷的活力。故宫和美妆产品、颐和园和零食礼盒、三星堆和新款汽车等联合方式层出不穷。除了传统文化 IP,国产动漫 IP、国产游戏 IP 也是品牌联名的"抢手货"。例如,华为、完美日记、品胜、九阳、雀巢、妮维雅、欧莱雅等一众大牌都与手游《王者荣耀》合作推出过联名款产品。再如前文提到的《唐宫夜宴》,河南广播电视台专门成立了文创公司,将 IP 实现跨界,不仅做出了唐宫夜宴酒、月饼、配饰等,还和著名的连锁企业名创优品实现了 IP 跨界强强联合,推出"唐宫夜宴唐小妹""唐宫十二时辰"等"国潮"IP,将恢弘灿烂的中华文化与年轻一代的日常消费实现无缝连接。

4. 巧妙运用平台原生力

2021 年 6 月,在世界非遗日来临之际,抖音电商利用平台的原生力策划并推出"遇见新国潮——非遗购物节"。抖音平台的庞大日活带来了丰富多元的玩法和具有高度包容性的粉丝群体。抖音平台及抖音电商也在持续助力"国潮",通过"国潮"与不同产品结合的方式让"国潮"文化真正进入用户视野,真正进入用户的日常生活,为美好生活增添趣味,也可以帮助更多"国潮"文化继续传承。利用平台的原生力激活用户对"国潮"的热爱,这是一种事半功倍的做法,不仅在平台上掀起来"国潮"风尚,多元丰富的达人作为抖音站内的重要组成部分,是这次传播的重要抓手,围绕着以本次非遗购物节主题命名的"遇见新国潮"挑战赛,联动了文化名人、非遗传承人、娱乐跨界达人纷纷上阵,从"新"出发,花式分享"新国潮"好物,激发起每一个用户参与"国潮"和创造"国潮"的积极性,让广大用户成为创造并传播"国潮"的主力军,使得"国潮"的原生力源源不断,让"国潮"得到越来越多人的喜爱。

5. 融通中西文化，促进"国潮"IP 的跨文化传播

从元素到产品，从产品到品牌，从品牌到潮牌再到世界名牌，是"国潮"品牌发展的必由之路。中国梦的实现本质上是文化的复兴，实现文化复兴某种程度上可通过能够承载民族文化的商品在世界范围内的被认可、被认同来实现。要实现"国潮"品牌的世界认可，就必须将中西方文化元素结合起来，打造能够为世界受众普遍认可的 IP，这离不开对东西方文化的深入洞察和了解。马马也公司巧妙嫁接东西方文化中相通含义元素的做法值得借鉴。另外，打造凸显 IP 价值的"超级英雄"也是一种途径。英雄主义文化是人类共通的情结，每个民族都有其独有的超级英雄，例如，蝙蝠侠、神奇女侠、蜘蛛侠、金刚狼、奥特曼、假面骑士等在全世界范围内喜闻乐见。中国五千年的历史中也出现过数不清的英雄人物，如孙悟空(《西游记之大圣归来》)、哪吒(《哪吒之魔童降世》)亦催生了国人对国产动画影视 IP 的更高期待。这些人物既有超现实的能力设定，又有英雄的人格魅力，因而深入人心。这些超级英雄 IP 在动漫和影视的全球传播中早已成为相关国家文化产业经济的重要一环，同时也是他们传播价值理念的重要载体。

第三节　东方生活美学的多维构建①

在全球化与文化多元共生的时代背景下，东方生活美学作为东方文化的重要载体，正逐渐成为全球文化消费与研究的热点领域。其蕴含的深厚文化底蕴、独特审美意趣与生活智慧，不仅是对东方传统文化的传承与延续，更是在当代社会语境中创新发展的文化新质②。深入探究东方生活美学的传播与发展路径，对于彰显文化自信、促进文化交流、推动文化产业繁荣具有重要意义。本论文将围绕媒介传播、消费场景、文化身份认同三个关键维度展开系统研究，剖析其内在逻辑与实践策略，助力东方生活美学在当代社会的深度扎根与广泛传播。

一、媒介传播：东方生活美学的创意引擎与文化纽带

媒介传播是东方生活美学实现文化价值转化的核心路径。唐纳德·诺曼(Donald Norman)提出的"人类大脑活动三层理论"(本能层、行为层、反思层)为理解东方生活美学的媒介传播提供了独特视角③。在这一框架下，东方生活美学产

①　原载《艺术广角》2025 年第 2 期。作者刘喆慧，豫园股份东方生活美学研究院秘书长。
②　此处"文化新质"指传统文化在现代语境中的创新性转化，参见费孝通《文化自觉与全球化》。
③　Donald Norman, *Emotional Design: Why We Love (or Hate) Everyday Things*, Basic Books, 2004.

品的传播需同时满足消费者的感官体验(本能层)、实用功能(行为层)与文化认同(反思层)。例如,传统茶文化通过现代包装设计与数字化营销,既保留了饮茶的仪式感,又契合了年轻群体的便携需求与审美偏好。

1. 传统老字号的创新实践

以童涵春堂的"二十四节气茶"为例,其成功在于将传统中医药文化与现代生活方式深度融合①。产品包装借鉴时尚奶茶的视觉风格,采用插画艺术呈现节气主题,同时在配方中融入依循节气调配的食材(如秋分茶中的百合与银耳),既满足养生功能,又赋予产品文化仪式感。此外,通过社交媒体平台的"节气打卡"活动,用户可分享饮茶体验并参与线上互动,形成"文化＋社交"的传播闭环。

另一典型案例是舍得酒业的文化品鉴活动②。该品牌通过举办"舍得智慧讲堂"与"非遗酿酒技艺展",将白酒的酿造过程与"舍得"哲学(源自《道德经》的"大舍大得"理念)相结合,使消费者在品酒过程中感悟东方智慧。借助复星集团的全球化资源,舍得酒业在海外市场推出限量版礼盒,包装设计融合中国水墨画与西方极简主义,成功打入欧美高端消费市场。

2. 国际品牌的本土化启示

全球知名品牌如 Nike、香奈儿等,均通过深度挖掘本土文化基因实现差异化竞争③。例如,Nike 的"上海腔调"系列运动鞋以石库门建筑为灵感,鞋面图案采用海派旗袍纹样;香奈儿则推出"东方屏风"主题彩妆,将漆器工艺与法式优雅结合。这些案例表明,东方生活美学的国际化传播需兼顾文化独特性与普世审美价值。

3. 技术驱动的传播革新

虚拟现实(VR)与增强现实(AR)技术为东方生活美学提供了沉浸式传播渠道④。例如,故宫博物院推出的"数字文物库",用户可通过 AR 技术"穿戴"清代服饰并参与虚拟宫廷宴席,直观感受东方美学的历史脉络。此类技术不仅增强了文化体验的趣味性,也为非遗技艺的数字化保护与传播开辟新路径。

二、消费场景:东方生活美学的空间叙事与体验重塑

消费场景是东方生活美学从理念转化为实践的关键载体。通过空间叙事与体验设计,传统文化得以在现代城市中焕发新生。

---

① 童涵春堂 2022 年产品发布会资料。
② 舍得酒业 2023 年全球营销战略报告。
③ 香奈儿"东方屏风"系列设计理念,品牌官方新闻稿,2021 年。
④ 故宫博物院"数字文物库"用户调研报告,2022 年。

1. 城市更新中的文化地标:以上海大豫园片区为例

上海大豫园片区在 CAZ(中央活动区)规划中,致力于构建"东方生活美学生态圈"[1]。其核心策略包括:①文化遗产活化:将豫园古典园林与现代艺术装置结合,如九曲桥畔的灯光投影《浮生若梦》,再现江南水乡的诗意场景。②商业空间创新:老字号店铺"南翔馒头店"引入开放式厨房与互动式点餐系统,消费者可观摩非遗面点技艺并参与 DIY 体验。③节庆 IP 打造:豫园灯会通过"线上预约＋线下沉浸"模式,将传统元宵灯彩与 AR 寻宝游戏结合,吸引全球游客超百万人次[2]。

2. 京都的东方美学实践

京都的"町家改造计划"为东方生活美学的场景构建提供了范本[3]。百年町屋(传统联排木屋)被改造为精品民宿、茶室与手工艺工坊,游客可体验和服穿戴、茶道研习与京友禅染制作。这种"慢生活"场景不仅保留了历史街区的原真性,还通过现代服务设计提升了用户体验。

3. 乡村文旅的沉浸式体验

中国乡村文旅项目如莫干山的"裸心谷",将东方禅意美学融入生态度假场景[4]。竹编建筑、山泉茶席与冥想空间的设计,呼应了道家"天人合一"的理念,为都市人群提供逃离喧嚣的精神栖息地。

三、文化身份:东方生活美学的受众定位与群体共鸣

文化身份认同是东方生活美学产业可持续发展的核心动力。精准把握用户需求,需从代际差异、地域文化与价值观三个维度切入。

1. 代际差异与消费偏好

Z 世代:追求"情价比",青睐跨界联名产品。例如,花西子与《剑网 3》联名推出的"洛神"彩妆系列,将游戏角色服饰纹样转化为眼影盘设计,首日销售额破千万[5]。

银发族:注重实用与社交价值。东家文创推出的"银发茶旅"项目,结合茶园观光与养生讲座,成功激活老年群体的文化消费潜力[6]。

---

① 上海市政府《CAZ 发展规划纲要》,2021 年。
② 豫园灯会 2023 年客流数据,上海市文旅局统计。
③ 日本文化厅《京都町家保护与活用案例集》,2020 年。
④ 裸心谷品牌生态设计白皮书,2022 年。
⑤ 花西子官方销售数据,2023 年。
⑥ 东家文创"银发茶旅"项目总结报告,2023 年。

2. 地域文化的符号转化

地域文化符号的现代转化需避免刻板印象。例如，观夏香氛的"北平糖葫芦"系列并未直接复刻传统造型，而是提取冰糖光泽与酸甜气息，以抽象艺术瓶身呈现，引发南北消费者的共同记忆①。

3. 价值观驱动的品牌叙事

品牌需通过价值观传递建立情感联结。上海表的"复兴系列"腕表以《千里江山图》为灵感，表盘采用微雕工艺再现青绿山水，传递"时间与永恒"的东方哲思②。此类产品不仅满足功能性需求，更成为用户表达文化身份的象征物。

东方生活美学在当代社会的蓬勃发展，得益于媒介传播、消费场景构建、文化身份认同的协同创新与深度融合。媒介传播凭借功能与趣味融合、文化价值深度传递，重塑产品文化形象；消费场景以城市文化地标与活力街区打造，激活文化消费活力；文化身份认同通过精准用户定位，凝聚消费社群、拓展市场边界。三者紧密关联、相互促进，共同推动东方生活美学在全球文化语境中传承创新，成为彰显东方文化魅力、提升文化软实力的重要力量。

随着技术进步与全球化深化，东方生活美学将迎来更多发展机遇：

1. 跨文化合作：东方美学与西方现代设计的融合，如米兰设计周上的"竹钢"家具，展现可持续材料与东方匠心的结合③。

2. 技术赋能：元宇宙中的虚拟文化空间，用户可定制"数字分身"参与线上茶会或非遗工坊④。

3. 教育普及：在中小学课程中引入东方美学工作坊，培养青少年的文化感知力与创造力⑤。

东方生活美学不仅是文化现象，更是生活方式的全球性表达。未来，其将在促进文化交流、构建人类命运共同体中发挥更深远的作用。

第四节　创意写作与高校作家培养⑥

文化经济时代，审美作为重要的生产力受到各国高度重视，文化类的创作创意

---

① 观夏创始人访谈，《生活美学杂志》2022 年第 2 期。
② 上海表工艺总监专访，《腕表时代》2023 年第 11 期。
③ 米兰设计周参展设计师访谈，Dezeen，2023 年。
④ 元宇宙技术应用研讨会，清华大学文化创意研究院，2023 年。
⑤ 教育部《中小学传统文化教育试点方案》，2022 年。
⑥ 原载《文艺论坛》2024 年第 1 期。作者张永禄，上海大学中文系教授。

成为经济社会发展的核心动力。英美等发达国家先后实施创意国家战略,把科技创新和文化创意作为国家发展的双驱动力。这意味着,高校文学专业以培养理论研究、批判者及教育者为主的教学理念和模式不再符合社会和时代的发展要求。高校文学和艺术专业的培养重点应是艺术创作型人才,而不是文艺批评家。

这个转变对中文学科提出了很大挑战。长期以来,高校似乎有一种理所当然的态度:中文系做学术研究,不培养作家。20世纪50年代,北京大学中文系主任杨晦曾经在上课时公开表示:"本专业不培养任何作家,请有这种想法的同学马上转系。"古典文学大家朱东润在1977年考入复旦大学中文系学生的首节课上也告诫:"你们想写作自己业余做,复旦没有培养你们当作家的义务。"近年来,陈平原、曹顺庆和葛红兵等一批学者反思中文系的人才培养目标,对中文系不培养作家提出异议。曹顺庆就认为:"这些年,中文系没能很好地培养出作家,甚至就认为'中文系不培养作家'。我觉得这种说法,是非常不理直气壮的,甚至是错误的,应该好好反省。大学里当然能培养也应该培养作家。我个人认为,近些年来,没能很好地培养出作家,是我们中文系的失职。"对于这两种截然相对的观点,需要我们站在时代高点,运用历史经验与写作逻辑相统一的观点,综合文学观念的发展变化、大学教育的使命与职责定位以及写作(包括创意写作)的自身特点做出学理的思考,这有助于帮助我们清理不合时宜的认知和偏执误解,从而有助于大学健康有序发展创意写作教育,推动新时代作家观念更新与作家培养。

一、科学理解创意写作教育的内涵与使命

1. 创意写作的丰富内涵

"创意写作"的意指非常丰富,它可以是一门课程,一种理念,还可以是一门学科(专业),甚至是一种教育教学方法。"创意写作"作为一门课程,与"基础写作"等相对。2018年教育部专业目录中就把"创意写作"列入汉语言文学专业的重要选修课。欧美高校开设创意写作课程已司空见惯,它们一般称为"创意写作项目"(即纳入国家专项资助计划),这是创意写作发展很重要的前置条件,它帮助作家成为高校驻校作家,有稳定生活来源,能安心教书与写作。创意写作作为课程,与传统的基础写作最大的不同在于,它主要不是讲授写作的基本理论,而是以写作工坊为标志性教学方法,引导学生如何提升写作的信心和开展具体的写作实践。

作为课程项目,欧美国家的创意写作课程开设非常普遍。教育主导者更多是把创意写作作为通识教育来开展,重点就是提升学生的表达能力和批判性思维能力。哈佛大学、斯坦福大学和耶鲁大学等名校非常重视写作课程,从大一到大四都开有类似创意写作课程,据苏炜介绍,写作课在耶鲁大学被誉为该校"金课"中的金

课,是学生最难抢选的课程。① 清华大学于 2018 年在全校新生中开设"写作与沟通"很大程度上是学习和借鉴了以上名校的做法。事实上,越来越多的高校(特别是理工科院校)意识到了学生的表达能力不足,这不仅严重影响其专业水平的长足发展,也对学生的整个职业产生重要影响,重视和开设写作课已经成为高校普遍共识。

创意写作还意味着一种新的教育教学方法。对创意写作抱有敌意的人经常质疑:"哪些写作是有创意的,哪些写作是没有创意的?"本质上讲,所有真正的写作都是有创造性的。美国著名创意写作教育学者唐纳利认为,"创意写作"和传统写作的根本区别在于它作为一门学科,有自己的标志性的方法——工坊制教学方法,就像临床试验之于医学,田野调查之于人类学②。今天,工坊制模式越来越得到认可和推广,但对于创意写作来说,它是一种相对成熟而稳定的教学方法,可以作为其标志性教学法。

创意写作要发展,不可避免要成为专门学科,这是中外研究者的普遍共识。1937 年爱荷华大学规定学生可以通过提交文学创作获得学位,标志着创意写作走上了学科化道路。据统计,至 2017 年,在以美国为主,包括英国、加拿大等在内的英语国家中,已有 997 个创意写作项目。其中,文学学士(BA)项目 573 个,艺术学士(BFA)项目 41 个,文学硕士(MA)项目 148 个,艺术硕士(MFA)项目 218 个,博士(PhD)项目 49 个。③ 我国高校在一些有识之士的推动下,希望创意写作获得教育部认可,而不是自主增设或寄生其他学科门下。作为独立学科,创意写作应该有自己的研究对象、方法和概念范畴与体系。在欧美国家出现了迈尔斯、麦克格尔、保罗·道森、大卫·莫利、格雷姆·哈珀、黛安娜·唐纳利等著名学者。葛红兵、刁克利、王宏图、许道军、张永禄、谭旭东、陈晓辉、刘卫东、雷勇、高翔等一批学者在美国创意写作理论启发下,努力进行本土化建设,在潜能激发、创意成规、创意阅读、创意作者、创意思维、创意国家与社区、疗愈写作、数字化写作等方面进行探索。但目前基础研究刚起步,中国创意写作学的道路任重而道远。

2."创意写作"的使命

从根本上说,创意写作是一种直面普通人创造力激发的教育改革运动。创意

---

① 中国作家网:《旅美作家、学者苏炜:中文写作该如何操练?》,http://image.chinawriter.com.cn/n1/2017/0628/c405057-29367257.html。

② 张永禄:《创意写作研究的学科合法性建构》,《中国创意写作研究 2020》,高等教育出版社 2021 年版,第 217 页。

③ 高尔雅:《创意适当的创意写作教育:美国创意写作学科发展史专题研究》,上海大学 2019 年博士学位论文。

写作首先是源于美国的文学教育改革，其目的是改变欧洲古典学、修辞学和语文学等教育对当代人的思想和情感的桎梏，早期试图通过阅读当代文学作品和书写当代生活的写作训练方式，来发掘普通人的创造力和潜能，以摆脱欧洲文化对青年美利坚的"影响的焦虑"。创意写作教育坚信：每个人都有创造力，都有成为天才的潜质，这种潜质的激发借助写作工坊教育的方式得到激励和释放。被美国总统林肯誉为"美国文明之父"的爱默生1837年在题为《美国学者》的演讲中，"希望美国高校能够实现转型，成为真正致力于创意写作与创造性阅读的机构"；①另一位创意写作教育重要推动者休斯·默恩斯1925年出版了创意写作的重要著作《年轻的创造力》，论述校园写作（主要是通过创意写作教学）如何树立学生的创造精神，让青年的美国与年轻的创造力交相呼应，成为美国创意写作教育的分水岭：从自我表达向创造力培养转移②。

培养和发展年轻人创造力的方式有很多，为何恰恰是创意写作教育呢？这可能有偶然性因素，但更多则是和文学及文学创作的性质相关。在早期的创意写作者看来，文学研究和文学是不同的，前者以文学作为对象，文学研究是知识性活动，它以文本接受为首要原则，因此强调"积累、彻底性、准确性以及文本和语言、文本和文化之间的关联性"，但它"始终无法接受文学作品最初是如何产生的""文学不是研究对象，而是惊讶与欣喜的所在，不能仅仅加以了解，而要不断创造与再创造"③。因为文学是想象力的发展，是不断地创造与再创造，加之它的公共性和入门低等优势，通过发展文学写作就很自然成为培养年轻学生的基本途径。随着美国高等教育的进步主义理念的推广，与教育的民主化、多元化和大众化一道，加之美国新闻与报刊印刷业和影视业浪潮相继到来，大量的创意写作专业毕业的学生成为文化创意产业的内容提供者。美国80%以上的作家是通过大学的写作训练培养出来的。他们为促进文化产业发展做出了重要贡献。

创意写作教育作为一种新人文学科，具有鲜明的人文性。它一方面是对文学和文学创作的解放，另一方面是对人创造力的解放。其核心口号是"写作可以教，人人可以成为作家"，其目的是通过以文学写作为中心的写作活动，把文学和自由联接起来。从文学阅读之门进入，通过工坊制写作活动，引导大众在写作中获得自

---

① D. G. 迈尔斯：《美国创意写作史》，高尔雅译，葛红兵审校，上海大学出版社2022年版，第51页。

② Duff J. C. Hughes Mearns: Pioneer in Creative Education. The Clearing House: A Journal of Educational Strategies, *Issues and Ideas*, 1966, 40(7).

③ D. G. 迈尔斯：《美国创意写作史》，高尔雅译，葛红兵审校，上海大学出版社2022年版，第49页。

我解放，走向个体的自由。从这个意义讲，承认和发掘普通人的创造力，通过写作方式让他们获得自由，符合马克思主义的人民史观。

二、新文科战略要求高校培养写作人才来回应时代之需

结合新文科战略和美国文化创意产业发展的历史，发展创意写作是新文科对文学学科转型的必然要求，换句话说，高校发展创意写作是新时代之需。创意写作具有天然的新文科属性。

"新文科"这一国家战略的全面启动和实施，对中国大学文科、中国教育乃至中国社会产生巨大影响，为创意写作在中国高校的发展提供合法性。"新文科就是文科教育的创新发展"这一纲领宣言把新文科定性为创造性文科，"创造性"或"创意性"是新文科的灵魂和根本意涵。

新文科是新时代社会发展对中国高等教育提出的必然要求。当今世界正发生深刻的政治、经济和文化巨变。中国经过近百年的发愤图强，逐步改变落伍状态，正从世界的幕后走向前台，走向世界舞台的中央。变化的世界需要教育跟着变化，包括文科在内的中国高等教育要积极为社会服务，培养当今和未来社会需要的新人才。

社会需求是科技和文化发展的原动力。恩格斯说，"社会上一旦有技术上的需要，则这种需要就会比十所大学更能把科学推向前进"。不断发展中的中国社会对于高质量的文化生活的需求，必将推动新文化和新文科的发展。现实社会需求下催生的文科内涵和形式才是原创的，具有鲜活的生命力和远大前程，也只有这样的新文科教育培养的人才才是符合当今社会发展的有用人才。包括创意写作在内的人文科学要走出高校封闭的体制内的自我循环，直面社会重大需求，做好社会服务。很显然，现代社会的生产方式和特点要求高校为其培养专业化人才。具体到文学和艺术学科，则要求高校文学艺术专业重点培养艺术创作型人才，而不仅仅（或不宜主要）是艺术批评家。过去高校文学学科以培养文学研究、批判者及教育者为主的教学理念和模式不符合社会和时代的发展要求，高校创意写作当以培养服务于文化市场的各种各样的作家为己任。

高等教育要实现高质量发展，专业和学科建设的"小逻辑"就要服务和服从于经济社会发展的"大逻辑"，以需求导向、目标导向和特色导向来进行专业改革，大力打造和扶持特色优势专业，积极升级改造传统专业，坚决淘汰不适合社会需求发展的专业。这个举措对传统的文史哲专业和学科提出了挑战。

对传统文科的改造升级是一个大课题，也是难题，需要花很大力气摸索和推行这个改革。但基本的方向可以大致确定：一是从传统文科门类里面"生长"出对社

会需求有用的专业和学科方向来,比如新闻、出版、秘书等就是从文学中分化出来的应用学科。二是从素质和能力并重的教育改革中培育出新的学科,比如起源于美国的创意写作学科就重视学生的创造素养和能力的教育,因其在促进教育民主化和人的自我解放上起到很大作用,进而无意中帮助美国文化产业的发展发挥重要作用而成为新的学科。三是推进传统思想文化的现代性转化,让传统文化成为活的新文化,在新时代迸发出新的活力,产生巨大的精神动能,起到"培根铸魂"的作用。文化经济时代,人民对高品质文化要求越来越强烈,这客观上要求大批高校文学专业的学生与艺术生一样要直面文化市场,成为艺术的生产者,而不仅仅是文化艺术的解释者和批评者。

新文科要求高等教育落实到人身上,培养有创造力的中国青年。"为谁培养人,培养什么样的人?"这是中国今日教育的根本问题,也是新时代文科人才建设的根本问题。新文科要培养的不是传统文化的忠实拥趸,也不是西方文化的粉丝,而是培养具有自信心、自豪感和创造性的中国青年。新文科培养的人才是中华文化的传承者,中国声音的传播者,中国理论的创新者,中国未来的开创者。面临越来越激烈的国际竞争,唯有高端人才的数量和质量得到保证才是胜出的法宝。国家在下一盘社会主义强国人才战略的大棋,对高校的人才培养的质量提出了新的期待和要求。

新文科如何培养大学生的创造力呢? 我们以为一个重要的举措就是大力开展通识和专业并举的创造力教育。也就是把创造力教育作为大学生的必修通识课,在新文科的各个专业融进创造力教育,形成"创造力 + 专业"的课程教学与实践体系来育人化人。创意写作教育无疑契合创造力提升和创造性写作人才培养,具体到中文系就是培养作家,前述讨论创意写作的内涵时已经明确说明了这一点。同时,美国高校开展创意写作的根本目的和效果也能很好说明其可能性和效果。从这一点上讲,创意写作的根本意义溢出了其学科可能的范围和功能,也溢出了文学教育的属性,走向了人类的基本创造性和自由。因而从这个意义上讲,我们说创意写作是天然的新文科,符合国家的根本战略,在服务地方经济文化发展方面前景辽阔。

三、高校培养作家的路径和方式

在文化经济时代,我们需要解放"作家"观念,把对"作家"的理解和认定权回归到大众手中,坚持"愿意写作、能够写作、正在写作的人"都是"作家",让"写作"成为每个个体日常生活的需要和习惯性行为,回到"作家人人可为"的常识。

那高校该如何培养作家呢? 高校培养作家的方式与传统作家生成有何不同

呢？传统作家基本是自学成才或者采用"师徒制"的私相授受。这很需要学习者个人的悟性和意志力，有的人可能"运气不好"终生无所成就。但现代学校对人才的培养是集体性、专门化和专业性的，它们强调的是包括创意写作在内的学科是由专门知识、技巧和规律构成，通过集体教授和习得可以获得。相比而言，这种方式有利于大批量人才快速有效地培养，这正是现代人才培养的特点与规律。作家阎连科曾在《每个人都可以成为作家》一文中发出"电梯说"的感慨："前两天看了这套书（指中国人民大学出版社"创意写作书系"——引者注），感到非常沮丧，因为在我五十岁的时候忽然发现，一栋七层高的楼房，像我这代人是从楼梯一层层走上来的，但其实它是有电梯的。等你知道这个事情，已经五六十岁了。在中国确实一直在说作家是不可培养的，是没有方法的，看了这套书你就知道确实是有电梯存在的。"

结合当前我国高校开展创意写作的各种路径和经验，我们以为高校开展对于作家的培养存在如下三种形式或状态。

1. 高校是新世纪作家存在和活动的重要场所

在我国，作家存在的方式一般有如下几种：一是处于中国作协系统的专业作家，这些作家属于所在地区的事业编制，旱涝保收，但在市场经济的冲击下，作协系统控编严格，名额极其有限，多地逐步推广签约作家制以限制专业作家制数量；二是兼职作家，这类人有自己的工作单位，他们的主业或是记者，或是教师、作者、编辑等，写作是业余爱好；三是自由作家，以写作谋生，但不依附在作协体制内。这些年随着网络等大众媒体，特别是网络写作兴起，依靠文艺市场生存的作家慢慢增多，但除了一些头部作家外，腰部及以下的作家绝大部分生存状况一般。

21世纪以来，"中国当代文学生产中出现的一个很重要的现象，就是越来越多的作家回到高校，……选择学院化生存的方式"[1]，像王安忆、阎连科、毕飞宇、余华、苏童、东西、田耳、郑小驴等越来越多的作家开始"转会"高校，成为"驻校作家"。无论出于何种目的，作家们进校园，以文学和写作的名义与青年学子们在一起，有利于作家们的"业务"水平能力提升，这事实上也是一种形式的"作家培养"，这种作家模式与历史上的"校园作家群"现象形成了本雅明所谓的"星座化"。

随着创意写作在全国的普及，更多地方作家进入高校（专职、兼职），高校在作家系统的地位越来越高，以作家为纽带，慢慢使作协、作家和高校关系越来越密切，他们会更多地为地方文旅产业、地方公共文化服务，这是大学教学改革，实现新文科专业的重要途径和趋势，也是作家实现和发挥个体价值的有效方式，我们不妨称

---

[1]　叶祝弟：《新世纪文学生产机制批判：关于"作家学院化生存"的思考》，《社会科学》2012年第10期，第183页。

之为中国特色作家培养模式。过去,这种方式主要是依靠作家协会来实现,如今高校的优势可能更加明显。

2. 高校成为新一代作家培养的摇篮

创意写作教育的普及,促使中文学科内部出现分化,从传统的语言与文学的二分,转变为语言、文学和创作的三足鼎立。创作就是要培养现在或未来的作家,越来越多的怀着"成为作家"梦想而进中文系的学生可以光明正大地写作,在校园作家指导下,在校园丰富的文学氛围与便利的文化资源补给下能迅速成为作家。这里面可能有几种情况需要区别认识,对于本身写作天赋很好的人,创意写作教育能早日发现,并帮助他们尽早尽快成才,即所谓写作天才和促成其早日成才。复旦大学陈思和在创办首个创意写作 MFA 硕士时坦言:"MFA(创意写作硕士)并不培养文学天才,因为天才毕竟是少数,但 MFA 至少可以发现天才并经过系统的写作训练,释放学生的写作潜能。"①

二是大多数写作天赋一般的写作者,在大学通过正确方法的引导和自我刻苦训练而成为优秀作家。这种培训是系统的,多层面的,从创意阅读开始,经过模仿写作和工坊制训练等,到作品朗诵和投稿比赛等环节历练,新一代作家就这样"打造"起来。复旦大学、华东师范大学、北京师范大学、上海大学等这些年创办创意写作教育,培养了不少学生,在《人民文学》《上海文学》《北京文学》《诗刊》等大刊都发表过不少作品,还有不少学生出版长篇小说和作品集。

第三种情况则以中国人民大学的创造性写作教育为代表,该模式对国内一些崭露头角的青年作家进行学位教育,对他们做进一步的文学提升。这个"作家"培养方式有点类似鲁迅文学院的作家培训与提升方式,但因它发生在高校,有丰富的高校资源和校园文化生活作为底蕴,因而有其独特性,影响力很大。

这三种模式的高校作家培养模式主要发生在 985 高校,看重第一种含义上的"作家"概念,以培养传统型作家为主。作家叶炜认为,它们主要是培养文学的"农耕者"。② 应该看到,随着创意写作教育体系在大陆的成熟,写作氛围会越来越浓郁,发表条件宽松和形式的多样化,一定会吸引更多有着文学梦的孩子加入到创意写作教育中来。大学重新成为作家的摇篮,大小不一的大学写作现象和写作群指日可待。

3. 高校承担为文化创意产业培养创意人才。高校创意写作人才培养目标和模式有很多,《中国创意写作研究》开设"创意写作在中国"栏目来介绍全国包括港

①　刘巽达:《作家能否"大学造"》,《光明日报》2014 年 11 月 5 日。

②　叶炜:《创意写作的分化:选择"游牧"还是"农耕"?》,《文学报》2023 年 7 月 27 日。

澳台地区 30 多所高校的做法与实践。我们也曾经把高校创意写作人才培养模式分为三种模式：第一种是以中国人民大学为代表的作家 2.0 提升模式；第二种是以复旦大学为代表的专业作家（传统精英作家）培养模式；第三种是以上海大学为代表的文化创意人才培养模式。叶炜也认为："当下的中国创意写作实践已经出现了两个实践路径：一个是主要培养包括作家在内的创作人才，主要面向依然是文学；一个是培养创意人才，主要面向文化创意产业。而这两种探索路径对应的恰好是对于欧美 creative writing 一词的两种内涵不同的译介：创造性写作和创意写作。"他进一步指出："如果把创意写作对于创作人才的培养的一面，看作农耕时代紧盯着一小块文学之田的深耕细作，那么，对于创意人才的培养的一面，则可以看作是创意时代面向无限广阔的文化产业的工业化生产。如果说前一种面向，培养的是在固定园地上耕耘的'农耕者'，那么后一种面向，培养的则是在广袤原野骑马闯荡的'游牧者'。这一点，似乎也是越来越多作家和评论家的共同看法。"① 金永兵教授也坚持："创意写作人才培养的范围更为宽泛，它指向的是大众教育，而非精英教育。我将此定位为培养'写家'，而非传统意义上的'作家'。"②

对于更多的高校中文系来说，创意写作培养的就是直面无限广袤的文化产业的生产者，即广义的作家培养。高校的人才培养要直接服务国家战略和国家重大现实发展需要。随着文化经济时代的到来，创意人才的聚集和创意产业的发展成为衡量国力的核心指标，在目前世界上美国、英国、澳大利亚、日本、新加坡等主要发达国家，创意产业在 GDP 中均占据支柱产业地位，比如美国的创意产业占 GDP 总量的 25% 以上。这当然得益于美国创意写作教育对创意人才的培养。我国近年来确立了创意国家战略，特别是 2016 年 5 月 19 日国务院颁布了《国家创新驱动发展战略纲要》，不仅把文化类创作创意当作经济发展的核心动力，而且更把科技创新当作社会经济的核心动力，这标志着中国的创意国家战略基本成型。考察美国高校创意写作教育的普及和对美国创意产业直接或间接推动力的历史和经验，我们更需要重视通过创意写作教育和创意写作 + 专业的教育方式来培养文化创意产业需要的创意人才，直白地说，就是文化产业上游需要的策划人、编剧人及原文稿、文本的写作人员和传播者等。恰如金永兵所言："创意写作，不仅关乎如何写出具有创造性的文学作品，更涉及训练如何用各种符号语言来表达创意、制造创意，进而使创意成为已有文化产品的新的生长点。因此，创意写作的学科体系，培养的不是拘泥于某一类既有写作方法和风格的文字操作者、使用者，而是具有复合型知

---

① 叶炜：《创意写作的分化：选择"游牧"还是"农耕"？》，《文学报》2023 年 7 月 27 日。
② 金永兵：《新文科与创意写作人才培养》，《中国大学教学》2021 年第 1—2 期，第 26 页。

识体系、对文化语境的总体发展有推动作用的创新者、创造者。"①从这个意义上讲,创意写作要培养的人才有着无比宽广的前景和美好未来。如果高校能及时跟上社会现实需求的变化,大力推行创意写作这样的文学生产性人才的培养,那创意写作在中国的前景也一定值得期待。

创意写作自诞生以来,一直备受争议。从创意写作发展的欧美教训来看,一个重要问题就是它以实践性著称,不重视理论建设。中国创意写作教育一开始就要有建基在实践基础上的理论自觉,这既是对欧美创意写作早期问题的规避,也是中国高校教育学科化特点的适应。创意写作理论建设中的一个很大难点是如何自觉确立和既有文学理论与文学批评的知识生产、理论体系的区别,建立以作家为主体,以文化创意生活为旨归的生产性文学体系,即刘卫东所言的"以创意写作学科建设为契机,凸显作家参与的文学知识生产,建构作家主体性,将文学创意导向创意城市的文学实践,是通向不同于话语生产的新的文学知识生产的潜在路径,走向更为开放、更有活力的文学知识生产。"②这将是一个漫长的过程。但在中国当下,不能学科化的创意写作及其理论体系,迟早会重蹈现代写作学的覆辙。希望在不久的将来,创意写作能获得专博的学科地位。其次,创意写作和作家培养的方式与路径,立足高校又要溢出高校,要以丰富多彩的社区活动形式让写作训练与作家培养"社会化"。社区化与工坊制的结合,是创意写作最有活力的地方所在。高校培养作家,并不是要把作家的写作活动空间框定在课堂或者校园,社区才是开放的创意空间。这与传统写作要求作家深入生活,深入到群众中是一致的。其三,我们不仅仅要解放作家"观念",也要解放作品"发表"观。在社会交往和社交媒体前所未有便利和繁荣的时代,校园作家们要学会推销自己的"作品",在各种社区空间"呈现"和"表演"自己的作品,让作家自己的作品成为公共艺术品或公共性艺术活动的内容。知易行难,完成以上三个难题需要很长的时间。创意写作需要不断地在实践中展开和理论提升中成长,在各种诘难中成熟。我们乐观地预测,中国未来作家们会越来越多不是社会培养,而是高校培养,是高校创意写作教育教学来培养。

① 金永兵:《新文科与创意写作人才培养》,《中国大学教学》2021年第1—2期,第26页。
② 刘卫东:《文学知识生产的潜在路径与可能形式:基于创意写作研究的视域》,《中国文化论丛》2022年第2辑,第326页。

附录一

上海市美学学会 2024 年工作报告^①

即将过去的 2024 年,在上海市社联的正确领导下,在全体会员的协同努力下,上海市美学学会创造性地开展活动,推动了上海美学、美育事业的发展。现将2024 年的学会活动总结报告如下。

一、学会层面组织的活动:立足上海、走出上海

1. 1 月 26 日,全国首届网络主播节,北京市广播电视总局主办,上海市美学学会作为特约伙伴单位参与颁奖典礼,祁志祥会长作为评委会副主席出席颁奖,会员阮弘、周橙奉献了扬琴、二胡演奏曲目。学会理事王天佑为本次活动做出重要贡献。

2. 2 月 19 日下午,祁志祥会长应邀出席江苏省美学学会年会并做大会发言。全国部分省市美学学会联席会议副秘书长潘端伟陪同参会。

3. 3 月 5 日下午,上海市社联在上海社会科学馆召开"2024 年度学术团体负责人大会暨党建工作会议"。祁志祥会长代表学会出席并上台领奖。本会荣获两个优秀奖。一是 2023 年年会作为学术活动月项目获奖,一是年度合作项目获奖。

4. 3 月 9 日上午,上海市美学学会 2024 年第一次理事会在豫园宝华楼举行。豫园商城(集团)股份有限公司承办了本次会议,50 多人参会。学会会长祁志祥与豫园股份副总裁胡俊杰共同为豫园股份成为上海市美学学会的"东方生活美学实践基地"揭牌。豫园股份向与会嘉宾赠送了祁志祥所著的《乐感美学原理体系》,并

---

① 祁志祥,上海市美学学会第十届会长。本报告于 2024 年 11 月 16 日下午在上海理工大学音乐堂举行的学会年会上所作。

就"乐感美学原理"与"东方生活美学"的联系举办论坛。范玉吉副会长主持论坛。祁志祥教授做主旨报告，从"乐感美学原理"的角度阐释了对"东方生活美学"概念的理解。胡俊研究员、恒源祥集团董事长兼总经理陈忠伟做主旨发言。各专委会负责人阐述全年活动计划。学会理事、豫园股份东方生活美学研究院秘书长刘喆慧为承办本次活动作出重要贡献。

5. 3月16日，祁志祥会长出席武汉大学承办的第24届中国古代文论年会，并安排在首日上午做大会发言：《深化古代文论研究的三个维度》。

6. 3月中旬，由上海市美学学会编选、祁志祥担任主编的《中华美育演讲录》在上海三联书店出版。本书与上海交大人文艺术研究院、《艺术广角》编辑部联合编选，系恒源祥美学书系之三。中华美学学会会长高建平应邀担任名誉主编。会员画家金柏松封底插画，湖南师大美术学院吴卫教授书内插画。

7. 4月13日，祁志祥会长偕学会理事潘端伟、王赟应邀出席南开大学"文本分析的理论与方法"研讨会，担任大会主持。

8. 4月17日，祁志祥会长应邀出席胡晓明教授水墨画展开幕式并致辞。

9. 4月28日，"人工智能时代的美育论坛暨《中华美育演讲录》发布会"在天平宾馆举行。会议由上海市美学学会、上海交通大学人文艺术研究院、中国文艺评论（上海交大）基地、《艺术广角》杂志社、恒源祥集团、上海三联书店联合举办。各方负责人王宁、祁志祥、齐红、张利军、顾红蕾、黄韬出席致辞。中华美学学会会长高建平书面致辞。该书作者代表毛时安、胡晓明、孟建、欧阳友权、方笑一参会发言。范玉吉、张永禄等学会领导和会员代表以及来自全国和上海的20多位学者出席会议。

10. 7月6日，祁志祥会长代表学会并作为全国部分省市美学学会联席会议主席赴辽宁大学出席"王向峰先生文艺思想暨当代文艺学学科建设的地方性"研讨会，做主题发言。研讨会由辽宁大学文学院主办，全国部分省市美学学会联席会议协办。联席会议副秘书长潘端伟、上海市美学学会理事李花出席会议。

11. 9月，由恒源祥资助、上海市美学学会、上海交大人文艺术研究院联合编选、高建平任名誉主编、祁志祥任主编的《中国当代美学文选2024》在上海文化出版社出版。

12. 10月19—20日，"中华传统美育精神的传承与创新"研讨会暨全国部分省市美学学会第二届联席会议在福建省漳州市漳州宾馆盛大举行，恒源祥美学书系之四《中国当代美学文选2024》同时发布。会议由全国部分省市美学学会联席会议主办、闽南师范大学文学院承办、恒源祥（集团）有限公司协办。副校长何绍福致欢迎辞，文选编委会主任王宁教授致开幕辞，联席会议主席祁志祥致辞并做主旨报告。恒源祥集团总经理陈忠伟、党委书记顾红蕾、全国十省市美学学会的 7 位会长及其代表,以及特邀嘉宾刘俐俐、赵勇、金雅做大会发言。来自全国各地的专家学者、研究生 160 余人出席了本次盛会。会议穿插了艺术美育成果展示,阮弘的扬琴独奏、李花的诗朗诵和独唱赢得满堂彩,为上海市美学学会争得荣誉。外地学者在恒源祥集团的资助下考察了以土楼为标志的闽南审美文化。

13. 10 月 21 日,上海市美学学会邀请中华美学学会会长、中国社会科学院高建平教授在恒源祥总部作了题为"美学、设计与工艺"的生活美学主题演讲和交流座谈。活动由上海市美学学会与恒源祥(集团)有限公司共同主办。顾红蕾书记主持,陈忠伟总经理总结,祁志祥会长评议。学会会员和恒源祥高管 50 余人出席。

14. 11 月 2 日,第六届时尚传播论坛在东华大学举行。论坛由东华大学主办,上海市美学学会应邀协办,来自上海和全国的 100 多位学者参加会议。祁志祥会长代表学会在开幕式致辞,汤筠冰副秘书长代表学会做大会主旨发言。

15. 11 月 9 日,祁志祥会长应邀赴滁州学院参加安徽省美学学会年会,作《建构中国特色的美学理论体系》大会发言。

16. 11 月 16 日,学会与上海理工大学联合举办以大学美育为主题的年会。

17. 11 月 30 日,学会将与华东师大中文系、上海市写作学会、中国古代文论学会联合举办"技术时代与王元化学术思想研讨会"。会议由学会理事、上海予路文化有限公司总经理杨晓燕负责承办。

18. 12 月 16 日,学会将与上海艺术研究中心联合举办"周锡山先生美学成果研讨会",豫园股份东方生活美学研究院协办,理事刘喆慧负责协办事宜。

19. 12 月 25 日下午,学会作为特约协办单位参办在北京广播电视总台七楼演播厅举行的"你好大主播"第二届网络直播节颁奖典礼。王天佑为组委会秘书长,祁志祥担任评委会副主席和颁奖嘉宾,魏启旦担任总决赛评委,李花、陈莉为演唱嘉宾。

20. 12 月 28 日下午,学会在上海交大闵行校区人文学院 202 会议室举行常务理事会。

21. 上海美学学会公众号全年发布学会动态报道 36 条。副会长范玉吉分管负责。

22. 学会发展新会员 13 名。

23. 学会健全并落实了会员会费收缴机制。

二、各专委会开展的活动:异彩纷呈,有待平衡

(一) 中小学美育专委会的活动

1. 2024 年 2 月 18 日,专委会成员在天平宾馆举行工作会,商讨新年度工作计

划。专委会主任陆旭东主持。

2. 8 月 21 日，专委会在上海教育出版社举办"行知创"整本书阅读项目成果评审会。评审会由学会中小学美育专委会、宝山区教育学院、21 世纪未来教育共同体阅读中心联合主办，上海教育出版社、上海予路文化传播有限公司承办。予路文化传播有限公司总经理、学会理事杨晓燕负责组织实施。祁志祥会长、陆旭东主任出席。

3. 11 月 20 日，中小学美育专委会联合书画专委会，在枫泾中学体育馆举办枫泾中学师生及书画专委会成员书画成果展，出版画册一册。专委会主任陆旭东负责。

4. 上大附中开设人文先修课程《与中学生谈中华经典》，专委会副主任刘华霞策划。

（二）书画专委会的活动

1. 2024 年 1 月 28 日上午，"描龙绣凤"非遗文化艺术联展在浦东尚悦湾一艺一藏艺术馆举行，特邀锦龙堂和金家绣花铺联展作品。上海市美学学会作为学术指导单位参办。会员金晓屏教授负责。

2. 2 月 22 日，中外画家《相约北外滩》世界会客厅雅集在中国证券博物馆（黄浦路 15 号）举行启动仪式。上海市美学学会协办。学会理事、央视国学数字频道上海工作中心主任史赟淇负责。祁志祥会长出席。

3. 8 月 31 日上午，"艺术传承与创新的探索——中国非物质文化遗产凤阳凤画研讨会"在上海联曜创园举办。书画专委会主任钟景豪负责，会员、凤画传人张许承办。祁志祥会长、陆扬副会长、张永禄秘书长出席。

4. 4 月 4 日至 7 日，在曼哈顿举行的纽约国际艺术博览会上，专委会理事陈贵旭先生的竹帘画获"当代艺术家卓越学术创新奖"，纽约当地举行隆重的颁奖典礼。

5. 会员、上海大学美术学院教师夏存的油画作品《龙·源》入选 2024 第十四届全国美展。

6. 会员、上海视觉艺术学院副教授蒋艺的作品《Naober》入选 2024 第十四届全国美展。

7. 8 月 4 日，会员、上海出版印刷高等专科学校教师程士元的"南风知我意"主题画展在新加坡黑土地美术馆展出。这是继去年他在上海朵云轩举行画展后首次举行海外个展。

8. 11 月底，与中小学美育专委会在枫泾中学联合举办书画展，并举行枫中教师顾世雄书画成就研讨会。钟景豪主任负责。

（三）设计美学专委会的活动

1．6月22日，"首届中国人工智能设计理论研究大会"在同济大学举行。会议由同济大学设计创意学院和世界规划教育组织主办，同济大学设计理论与创意学文化研究室和上海市美学学会设计美学专委会承办。专委会主任邹其昌教授负责。

2．11月3日，上海工程技术大学国际创意设计学院与上海市美学学会设计美学专委会共同举办"上海设计与红色文化学术研讨会"。祁志祥会长、专委会主任邹其昌、副主任胡越、于是等出席。

（四）青年学术沙龙的活动

1．5月26日，上海市美学学会青年沙龙与上海市出版协会青年编辑专委会、上海文化出版社联合举行"学术著述与编辑出版"论坛。会议旨在加强美学与出版两者联姻，助力青年学者学术成长。上海文化出版社副总编罗英、上海市美学学会青年沙龙负责人汤筠冰教授分别主持。上海文化出版社社长兼总编姜逸青、上海市出版协会理事长胡国强、上海市美学学会会长祁志祥出席致辞。上海市编辑学会会长、华东师大出版社社长王焰，上海交大出版社社长陈华栋以及祁志祥教授分别代表出版人与著作人做辅导报告。上海各大出版社代表及学会青年学者交流了出版心得与著述要求。

2．10月26日，上海市美学学会2024年第二期青年沙龙在上海仓城影视文化产业园区举行。活动由上海市美学学会和上海仓城影视文化产业园区主办。主题聚焦"美学助推 AI 视频内容生产与版权保护"。学会监事陶奕骏副教授组织落实。祁志祥会长、孙智华理事出席。

（五）舞台艺术专委会的活动

1．3月30日，新会员魏启旦老师为学会会员提供晚上在浦东文化馆观赏《春色满园》民乐会的票务。

2．9月29日晚，立信会计金融学院艺术教育中心主任魏启旦老师为学会会员提供在浦东校区小剧场观赏国庆晚会机会。晚会由魏老师导演，该校星海艺术团演出。

3．11月6日晚，立信会计金融学院艺术教育中心主任魏启旦老师为学会舞台艺术专委会成员提供舞蹈专场观摩票务。

4．11月4日，祁志祥、周锡山、刘喆慧与上海仓城影视文化产业园总经理陈旭春初议将周锡山先生的《汉匈战争全史》转化为影视产品的可行性及操作思路问题。豫园股份刘喆慧安排。

5．另外，上海市美学学会舞台艺术专委会、上海戏剧学院音乐剧中心、上海戏剧学院艺术学理论学科将于 12 月 15 日下午共同举办"文明互鉴与中国音乐剧高质量发展暨《汉密尔顿》评论研讨会"。

各位会员,成绩只能说明过去。人在旅途。2025 年是换届之年,让我们做好新老交接,谱写学会历史的新篇章!

附录二

上海市美学学会 2024 年年会报道

11 月 16 日下午，"以美育人，以文化人"大学美育论坛暨上海市美学学会于上海理工大学军工路校区音乐堂隆重举行。会议由上海市美学学会、上海理工大学美育中心主办，上海理工大学音乐学系承办。会议聚焦当代高校的美育理论和美育实践问题，探讨如何在数智化时代的高校教育中实现美育人和文化人有机结合起来，深化美育研究与实践。上海市美学学会会长、上海交通大学人文学院祁志祥教授，党工组组长兼副会长、华东政法大学新闻传播学院院长范玉吉教授，副会长、复旦大学张宝贵教授，副会长、华东师范大学新闻传播学院院长王峰教授，秘书长、上海大学中文系主任张永禄教授，以及学会常务理事、理事、会员、特邀嘉宾 130 余人参与会议。

地处浦江之滨的上海理工大学是一所具有百年历史底蕴、丰厚文化遗产及鲜明红色基因的美丽学府。它的前身是创立于 1906 年的沪江大学，当年取这一校名的用心也是希望这所大学成为具有国际化视野的一个典范。开幕式由上海理工大学音乐系主任李花副教授主持。上海理工大学美育中心专职副主任朱慧峰致欢迎辞，回顾学校百年历史的美学特色，并期盼双方加强合作。祁志祥教授致开幕辞并作 2024 年学会工作报告。

第一场大会发言由范玉吉教授主持。祁志祥教授做了《如何理解"美育"的内涵》主题发言。祁志祥教授从"美育"概念的提出和历史行程、"美育"的含义等方面入手，认为美育是以形象教育为重要手段、以艺术教育为主要载体，陶冶人的健康、优雅、高尚的情感，引导人们追求有价值的快乐的教育活动，并就如何开展"美育"，从情感、快乐、形象、价值、艺术五个维度给出了建议。上海音乐学院音乐研究院副院长李小诺教授做了《音乐审美体验的生理—心理机制与效应》主题发言，通过对心理声学机制及其社会学意义的探讨,从音乐欣赏的角度介绍了审美体验的过程及效应。上海戏剧学院黄意明教授做了《身心合一的力量:艺术的美育功能》主题发言,以节日艺术为例,强调美育建设应是诗歌吟诵、歌曲演唱、舞蹈编排等多种艺术形式的结合。上海理工大学美育中心专职副主任朱慧锋做了《理工科美育创新探索——论大艺展中的"石榴"精神》主题发言,以情感、价值、正能量三个关键词,介绍了上海理工大学的美育实践工作及成效。王峰教授在评议中认为四位专家的发言既有谓之道的形而上,又有谓之器的形而下,指出美育的功能就是"形而中者",即统一和融汇,并就美育如何融汇审美中的偏移现象提出思考。

第二场大会发言由学会中小学美育专委会主任、华东师范大学附属枫泾中学特级校长陆旭东主持。上海财经大学艺术教育中心主任阮弘副教授做了《美在上财——上海财经大学浸润式美育工作的开展》主题发言,详细介绍了上海财经大学"行知"浸润实践课程体系和美育实践的相关情况。上海理工大学环境设计系主任李文嘉教授做了《"美育"与"美遇"——大学校园环境美育的浸润与创生》主题发言,以上海理工大学的环境美学为切入点,认为校园美育空间建设思路应为物质空间、关系空间与文化空间的协同,对环境美育内涵予以有效拓展,形成多样态美育陶养场域,以密切呼应对新时代高校美育的现实要求。上海立信会计金融学院艺术教育中心主任魏启旦副教授做了《弘扬中华美育精神,构建三维四融美育体系》主题发言,从融管理、融课程、融模式、融活动四个方面详细介绍了上海立信会计金融学院"三维四融"的美育体系建设。上海视觉艺术学院潘端伟副教授做了《上海视觉艺术学院的美育理论建设与实践探索》主题发言,介绍了上海视觉艺术学院如何由"艺术与美学"拓展为"中国审美"模块,再由"中国审美"聚焦到"江南审美"的美育探索之路。张宝贵教授在评议中认为四位专家的发言分别从不同的侧重点介绍了各自所在学校的美育实践工作,展现出学校出色的美育实践成效,同时建议学校在美育实践的特色上可加强与各自办学特点的结合。

闭幕式由上海市美学学会前副会长、上海市社联夏锦乾编审主持。张永禄秘书长介绍了学会收缴会费情况及学会理事增补动议,并进行了举手表决。最后,祁志祥做了会议小结,认为此次论坛实现了"知行合一",对活动的主办方和参与方表示感谢。

辞旧迎新的文艺联欢是学会年会的特色环节。今年的文艺联欢由上海理工大学音乐系承办,上海理工大学音乐系主任李花副教授、上海政法学院吴祖祎同学主持。演出项目不仅有上海理工大学学生管弦乐团的德沃夏克《第九交响曲》的第四乐章和勃拉姆斯《匈牙利舞曲第五号》,还有上海第二工业大学傅议萱副教授的钢琴独奏《夕阳箫鼓》、上海立信会计金融学院魏启旦副教授独唱原创歌曲《水画江南》、上海财经大学阮弘副教授扬琴演奏《山丹丹开花红艳艳》、童祥苓先生入室弟子沈沪林京剧独唱《迎来春色换人间》、上海交通大学人文艺术研究院周丽娴女士独唱《我的中国梦》。最后,上海理工大学学生合唱团的中外歌曲大合唱,将文艺联欢的气氛推向高潮。

附录三

上海市美学学会历史索引

上海市美学学会 1981 年建会。首任会长蒋孔阳,名誉会长贺绿汀。

1999 年,蒋冰海接任第二任会长,出版学会第四届会员论文集《世纪之交的上海审美文化建设》(作家出版社 2001 年 9 月,蒋冰海主编)、第五届会员论文集《上海城市建设的美学思考》(群言出版社 2005 年 4 月,蒋冰海主编)。

2007 年,朱立元接任第三任会长,出版第七届会员论文集《新世纪美学热点探索》(商务印书馆 2013 年 9 月,朱立元主编)、第八届会员论文集《美学与远方》(上海人民出版社 2019 年 11 月,朱立元、祁志祥主编)。

2017 年 6 月,祁志祥接任第四任会长,出版第九届会员论文集《美学拼图》(复旦大学出版社 2021 年 8 月,祁志祥主编)、第十届会员论文集《上海美学家当代文选》(复旦大学出版社 2025 年 6 月,祁志祥主编)。

2021 年起,恒源祥(集团)与第十届上海市美学学会进行战略合作,资助出版恒源祥美学书系《中国当代美学文选 2022》(人民文学出版社 2022 年 9 月)、《中国当代美学文选 2023》(复旦大学出版社 2023 年 9 月)、《中国当代美学文选 2024》(上海文化出版社 2024 年 9 月)和《中华美育演讲录》(上海三联书店 2024 年 3 月)。以上四书均由上海市美学学会署名第一单位编选。

学会自 2009 年第七届换届起活动大事记,时任副会长祁志祥负责记录,并纳入正式出版物记载。上海市美学学会第七届、第八届活动大事记(2009—2017),第九届活动大事记(2017—2021),载祁志祥主编《美学拼图》附录。

2021 年学会工作回顾,载祁志祥主编《中国当代美学文选 2022》附录。

2022 年学会工作回顾,载祁志祥主编《中国当代美学文选 2023》附录。

2023 年学会工作回顾,载祁志祥主编《中国当代美学文选 2024》附录。

2024 年学会工作回顾,载祁志祥主编《上海美学家当代文选》附录。

图书在版编目(CIP)数据

上海美学家当代文选/祁志祥主编.--上海：复旦大学出版社,2025.6.-- ISBN 978-7-309-18068-8

Ⅰ.B83-53

中国国家版本馆 CIP 数据核字第 202530MY36 号

上海美学家当代文选

祁志祥　主编

责任编辑/杨　骐

复旦大学出版社有限公司出版发行

上海市国权路 579 号　邮编：200433

网址：fupnet@ fudanpress.com　http://www.fudanpress.com

门市零售：86-21-65102580　团体订购：86-21-65104505

出版部电话：86-21-65642845

常熟市华顺印刷有限公司

开本 787 毫米×1092 毫米　1/16　印张 29.25　字数 541 千字

2025 年 6 月第 1 版

2025 年 6 月第 1 版第 1 次印刷

ISBN 978-7-309-18068-8/B · 828

定价：166.00 元